教育部高等学校电子信息类专业教学指导委员会规划教材
高等学校电子信息类专业系列教材

FPGA现代电子系统设计原理

陈晓梅 编著

清华大学出版社
北京

内容简介

本书是一部系统论述基于FPGA的现代电子系统设计方法的立体化教程(含纸质图书、电子书、教学课件、源代码与视频教程)。全书共分为8章：第1章EDA技术概述,介绍了基于FPGA设计的优势、FPGA技术应用领域、自顶向下设计方法论、FPGA设计层次、RTL层设计的流程；第2章介绍CPLD/FPGA的结构原理及编程和配置相关知识；第3、4、5、8章,从第3章的VHDL基本语法,到第4章的组合逻辑和时序逻辑基本模块,再到第5章的宏功能模块利用,最后是第8章以项目引导的典型电子系统设计案例,逐层递进,由浅入深地介绍基于VHDL的数字系统描述方法；第6章介绍逻辑设计之后需要考虑的时序分析相关基础,包括时序约束、时序分析的若干基本概念和时钟管理；第7章面向整体系统设计及优化问题,介绍了基本系统设计原则和VHDL优化原则。

为便于读者高效学习,快速掌握基于VHDL的编程与实践,本书作者精心制作了完整的教学课件(8章PPT)、完整的源代码与丰富的配套视频教程及在线答疑服务等。

本书可作为广大高校电子信息工程专业EDA课程的教材,也可作为计算机技术、自动化、电力系统及自动化、智能电网及信息工程、机械电子等工科专业学生的自学参考书。

图书在版编目(CIP)数据

FPGA现代电子系统设计原理/陈晓梅编著. —北京：清华大学出版社,2023.11
高等学校电子信息类专业系列教材
ISBN 978-7-302-63099-9

Ⅰ.①F… Ⅱ.①陈… Ⅲ.①电子系统－系统设计－高等学校－教材 Ⅳ.①TN02

中国国家版本馆CIP数据核字(2023)第047611号

责任编辑：赵　凯
封面设计：李召霞
责任校对：韩天竹
责任印制：沈　露

出版发行：清华大学出版社
网　　址：https://www.tup.com.cn, https://www.wqxuetang.com
地　　址：北京清华大学学研大厦A座　　**邮　　编**：100084
社 总 机：010-83470000　　**邮　　购**：010-62786544
投稿与读者服务：010-62776969, c-service@tup.tsinghua.edu.cn
质量反馈：010-62772015, zhiliang@tup.tsinghua.edu.cn
课件下载：https://www.tup.com.cn,010-83470236
印 装 者：三河市人民印务有限公司
经　　销：全国新华书店
开　　本：185mm×260mm　　**印　　张**：23　　**字　　数**：563千字
版　　次：2023年12月第1版　　**印　　次**：2023年12月第1次印刷
印　　数：1～1500
定　　价：69.00元

产品编号：094247-01

前言
PREFACE

2015年，德国率先提出工业4.0，拉开了第四次工业革命的序幕。以智能化、信息化为特点的第四次工业革命，广泛使用大数据、人工智能、物联网、5G通信、云边端计算等先进技术，在各个行业完成产业升级，从智慧小区、智慧工厂到智能城市，从智慧交通到智慧医疗，从智能电网到智慧能源，再到全球互联网，智慧化、智能化已经在逐步深入地影响和改变我们的生活。而实现智慧化、智能化的物理基础是智慧化器件，包括CPU、DSP、ARM等。FPGA作为智慧化器件的顶配产品，以其高速、稳定、可靠等特点，近年来得到了广泛的关注和应用。

智能化、信息化的进程中，必然需要大量的智能计算、智能决策，而且这些智能计算和决策必须具备快速、低功耗、小型化、灵活性等特点，FPGA技术充分满足了上述几点要求。尤其是近年来的片上系统(SoC)技术，既包括各种硬件IP核，还可以集成嵌入式操作系统和应用软件，软硬协同，将非常复杂的系统整合在芯片上，展示出强大的功能。单独使用沿用数十年的CPU架构产品已经不能满足市场需求，因而选择以软硬协同开发为特征的FPGA架构是必然趋势。可以预见，FPGA的应用将会呈现一个井喷式增长态势。目前FPGA已经成熟地应用到视频信号处理，比如电子眼、人脸识别等。在云计算、边缘计算及智能计算领域，FPGA正在作为加速器而被越来越广泛应用，它既能够提供几乎实时的处理速度，同时还可以降低功耗。在机器人、无人驾驶、无人机等领域，FPGA也越来越广泛地被使用。

世界上著名的FPGA厂商Altera公司被Intel公司收购，Xilinx公司继而被AMD公司收购，FPGA公司被芯片巨头整合，预示着FPGA将与传统CPU芯片进一步集成，发挥其可编程、快速、低功耗、灵活的优势，来赋能传统芯片。随着芯片巨头的入场，FPGA+CPU将会真正成为解决数据中心存储和网络通信的主流解决方案，基于FPGA的AI加速单元和CPU紧密耦合提升AI计算的整体性能，也必将是FPGA赋能传统芯片的典型应用，从而带来前所未有的IT生态改变。

面对这样的需求和应用背景，应用工程师们迫切需要在较短的时间内能够尽可能全面地了解FPGA相关技术。本书是一本阐述FPGA技术全貌的图书，深入浅出地将理论与案例相结合。在介绍FPGA最新应用的基础上，以Intel公司的主要FPGA产品为主线，阐述其硬件结构原理。从VHDL基本语法出发，阐述了基于VHDL的组合/时序基本电路模块的实现方式，并系统介绍了典型IP核的应用，较为详细地阐述了FPGA设计中的时序分析问题，系统论述了设计过程中要遵循的基本原则和优化原则，并结合案例进行解释，最后列举了一些常见的工程应用。本书旨在向读者传递FPGA技术及应用的基本原理，作者以多年的 FPGA 专业教学经验,引领读者快速了解 FPGA 领域全貌,以期在 FPGA 应用中能够事半功倍。

本书的编写工作由下列人员承担:李月乔负责第 4 章;陈晓梅负责第 1,2,3,5,6,7,8 章。全书由陈晓梅审校定稿。此外研究生肖徐东、王行健负责本书第 8 章的部分调试,在此一并表示衷心的感谢。为了使书中内容与仿真软件中使用的逻辑符号一致,故本书中所有符号均采用美标,特此说明。

由于作者水平所限,错误和不足之处在所难免,恳请读者批评指正。

编　者

2023 年 10 月

教学课件

程序代码

目录

CONTENTS

第1章 FPGA相关EDA技术概述

CHAPTER 1

1.1 基于FPGA设计数字电子系统的优势

传统的数字电子系统设计采用自底向上(Bottom-Up)的设计方法,不管是组合逻辑模块,还是时序逻辑模块,设计过程都需要设计者画出详细的逻辑电路,再将不同模块集成为系统。设计者在设计过程中既要考虑逻辑功能,还要考虑物理实现。因而需要设计者既要熟悉电路功能,又要熟悉电子系统的全过程物理实现,乃至底层硅片制造工艺。很显然,采用这种设计方法实现复杂系统会耗时耗力,而且其测试验证必须在物理实现完成之后才能进行,且一旦设计过程存在错误,查找和修改都非常复杂,从而导致设计周期长,参与市场竞争能力差。

相比传统的数字系统设计方法,基于现场可编程逻辑门阵列(Field Program Gate Array,FPGA)的现代数字系统设计方法,则采用自顶向下(Top-Down)的设计方法。设计者可以集中精力完成系统的硬件描述语言功能描述,不需要考虑选型、电路连接和工艺等物理实现因素,而由电子系统设计自动化(Electronic Design Automation,EDA)工具根据设计者的语言描述,自动逐层综合出设计的详尽物理实现。基于FPGA的现代数字系统设计具有以下特征:

(1) 实现专用集成电路(Application Specific Integrated Circuit,ASIC)的半定制设计,降低设计成本,缩短设计周期。专用集成电路ASIC是针对某特定功能而完成的专一设计,从系统级到电路级再到版图级,都需要专业详尽的定制过程,过程非常复杂,一旦定制完成,很难对其功能和性能进行修改。基于FPGA的设计属于半定制的ASIC,但由于有硬件描述语言和EDA开发工具的参与,设计过程得到简化,从而大大降低设计成本,缩短设计周期,增强产品的市场竞争能力。

(2) 设计更加灵活。设计的灵活性一方面体现在整个设计过程可以不受物理实现芯片的限制,而只关注系统的功能描述和完善。功能描述可以依赖于具体逻辑电路结构,也可以仅从模块的输入输出关系进行建模。既可以设计简单的数字系统,也可以设计复杂到包括多个中央处理器(Central Processing Unit,CPU)核及操作系统和用户程序的庞大系统。灵活性另外一方面则体现在EDA工具中有各类库的支持,如逻辑仿真时的模拟库、逻辑综合时的综合库、版图综合时的版图库、测试综合时的测试库等。这些库都是EDA公司与半导体生产厂商紧密合作、共同开发的。同时,还提供了大量的宏模块和知识产权(Intellectual

Property,IP)核,可以供设计者灵活选择使用。另外,FPGA 芯片本身的结构特点也保证了设计的灵活性,其内部丰富的可编程逻辑资源和布线资源,以及兼容多种输入/输出(Input/Output,I/O)标准的 I/O 引脚,可供用户根据外围电路情况灵活选择。

(3) 设计易于移植和更改。整个设计过程完全独立于物理实现,基于 VHDL/Verilog 硬件描述语言(Hardware Description Languague,HDL)完成功能描述,而从功能描述到电路的映射是由 EDA 根据所选用器件自动完成的。因此设计结果可以在不同器件上进行移植,同时也可以方便地进行修改、优化和完善。

(4) 高度的自动化设计。在 EDA 技术中最为瞩目的功能,即最具现代电子设计技术特征的功能是日益强大的逻辑设计仿真测试技术。EDA 仿真测试技术只需通过计算机,就能对所设计的电子系统针对各种不同层次的系统性能特点,完成一系列准确的测试与仿真操作。在完成实际系统的安装后,还能对系统中的目标器件进行所谓边界扫描测试。这一切都极大地提高了大规模系统电子设计的自动化程度。

(5) 能够实现完全的知识产权保护。EDA 工具提供了 IP 封装操作,可以把设计成果封装成 IP 核,使用者仅可以看到模块的封装符号和输入输出引脚,以及模块的使用说明文档,而模块的设计信息完全不可见。从而实现了设计者的知识产权保护,有利于保护核心技术。

(6) 能够综合权衡产品的多方面性能。设计过程可以权衡考虑产品除逻辑功能之外的多个性能参数,比如面积、速度以及功耗。EDA 工具提供了相应的分析工具,可以对设计产品进行相关性能评估。另外,设计过程还可以综合考虑产品全寿命周期的多个环节,提高产品的综合性能。比如,考虑测试维修环节,可以在设计阶段为确保产品方便测试添加特定的结构;比如考虑产品的可靠性,可以在设计阶段为提升产品的可靠性采用特定的结构。

(7) 设计产品具有高速特点。基于 FPGA 设计的电子系统,虽然其设计过程包括高级语言——硬件描述语言和 C 语言乃至嵌入式操作系统等软件元素,但是其最终都被 EDA 自动综合成电路,因而其本质上是采用纯电路结构实现的。电路中各节点的信号传输具有并行性特点,决定了基于 FPGA 实现的产品具有并行信息处理能力,处理速度远高于基于 CPU 的处理速度。另外随着芯片制程的不断缩小,以及工艺的改进,使得 FPGA 工作主频越来越高,这也会进一步提升设计产品的高速性能。

1.2 FPGA 技术应用领域

虽然 FPGA 目前还受制于较高的开发门槛以及器件本身昂贵的价格,应用的普及率与 ARM、DSP 还有一定的差距,但是在非常多的应用场合,工程师们还是会别无选择地使用它。FPGA 固有的灵活性和并行性是其他芯片不具备的,所以它的应用领域涵盖得很广。近年来,以 FPGA 为代表的可编程芯片发展十分活跃,这些芯片被广泛应用在智能手机、平板电脑、汽车、数字电视、音响、网络设备、计算机以及几乎所有的家电产品之中。可编程芯片一直在世界范围内引领尖端制程技术向前发展,现如今已经可以在一枚芯片上实现具有存储器、处理器、各种输入输出等模块的大规模系统。从技术角度来看,主要涉及以下应用场合。

1.2.1 FPGA 应用于人工智能与大数据

提起人工智能与大数据,人们往往把以它们为代表的全新技术革命,称作继蒸汽机、电力、自动化之后的第四次技术革命。人工智能与大数据密不可分。大数据是人工智能的基础，人工智能需要有大数据作为“思考”和“决策”的前提，并依赖大数据平台和技术来完成深度学习。而大数据也需要人工智能技术进行数据价值化操作。

如今，“加速(Acceleration)”已经成为了一个专有名词，用来指代通过专用硬件来对在传统的冯·诺依曼处理器上表现不佳的计算任务进行优化的处理方式。人类已经进入了一个由人工智能技术所驱动的“加速时代”。

目前，在海量、多类型数据格式、低价值密度提纯等大数据实时快速处理方面，主流方法是通过易编程多核“CPU＋GPU”来进行数据处理、应用开发的。设计开发人员一方面希望图形处理器(Graphics Processing Unit，GPU)易于编程，另一方面又希望硬件具有低功耗、高吞吐量和最低时延功能。但由于依靠半导体制程升级带来的单位功耗性能在边际递减，“CPU＋GPU”架构设计遇到了瓶颈。

“CPU＋FPGA”可提供更好的单位功耗性能，且易于修改和编程。瑞士苏黎世联邦理工学院(ETH Zurich)研究发现，基于 FPGA 的应用加速比 CPU＋GPU 架构，单位功耗性能可提升 25 倍，还能实现出色的 I/O 集成，包括外围组件接口总线(Peripheral Component Interface Express，PCIe)、双倍速率同步动态随机存储器(Dual Data Rate Synchronous Dynamic Random Access Memory，DDR4)、同步动态随机存储器(Synchronous Dynamic Random Access Memory，SDRAM) 接口、高速以太网等。

FPGA 公司被芯片巨头整合，预示着 FPGA 将与传统 CPU 芯片作进一步集成，发挥其可编程、快速、低功耗、灵活的优势，来赋能传统芯片。基于 FPGA 的 AI 加速单元和 CPU 紧密耦合提升 AI 计算的整体性能，也必将成为 FPGA 赋能传统芯片的典型应用，将带来前所未有的 IT 生态改变。

1.2.2　FPGA 应用于高速、高带宽的网络通信

随着物联网的提出，人类已经进入万物互联阶段。高速的通信网络是实现发达的互联网络的基础。如何消减通信延时，是实现高速通信的根本所在。使用 CPU(软件)处理时，实时操作系统(Operating System，OS)中的处理开销较大，约为 1μs。而如果采用硬件实现方式，可以将交换延时降到 0.1μs 甚至更低。CPLD/FPGA 作为面向高速网络运算处理的器件，其本身的物理通信性能也在不断进化，从而保证高吞吐量和低延时性能。FPGA 中集成高速收发器在过去十年间，其最大传输速度从 3.125Gbit/s 提升到 32.75Gbit/s。随着芯片巨头的入场，FPGA＋CPU 将会真正成为解决数据中心存储和网络通信的主流解决方案。

1.2.3　FPGA 应用于云计算

在云计算领域，已经有众多研究和产业应用证明了 FPGA 技术可以有效提高各种云端负载的处理性能，同时还可以降低功耗。微软公司于 2014 年率先公布了运用 FPGA 将搜索引擎 Bing 的性能提升一倍的成果案例，这被认为是 FPGA 技术进入云计算领域的一个里程碑事件。随后，亚马逊公司于 2016 年末在其 EC2 云计算平台中首先加入 FPGA 实例，大大降低了 FPGA 的使用门槛。随后，百度云、阿里云、腾讯云、华为云也都迅速上线了云端 FPGA 实例并开启公测。FPGA 正在这些云端应用中为数十亿用户提供高性能、低功耗的计算保障。

1.2.4 FPGA应用于边缘计算

在边缘计算领域，FPGA也同样应用广泛。边缘计算是随着物联网的普及而越来越受关注的一种计算形态，它在靠近物或数据源头的一侧就地提供计算、存储、网络等服务。通常，边缘计算在追求较高数据处理能力的同时，还要求处理器具备小型化、低功耗和灵活应对各种应用场景的能力。而近些年流行起来的SoC FPGA，通过在单个芯片上集成ARM硬核处理器和FPGA，充分满足了上述几点要求。如今，SoC FPGA产品被广泛应用在智能摄像头、自动驾驶、无人机、摄像机、智能语言助手等众多电子产品中。

总之，人工智能(Artificial Intelligence，AI)发展的基础是算力，而算力的基础是芯片。不过，受限于摩尔定律，传统芯片算力的进步远跟不上爆炸性增长的数据对算力的需求，加之传统芯片开发周期通常在18～24个月，而AI项目经常要在几个月内提出方案抢占市场。有业内人士曾谈到："现在，每三个月AI模型就要变一次，工程师想创建一块ASIC或GPU需要花一年半时间设计硅芯片，半导体的设计周期远远大于AI模型更替周期。"此时，具备可编程特性且灵活多变的FPGA成为不二之选。随着云计算、高性能计算和人工智能等发展，拥有不可替代优势的FPGA有望提升在AI领域的地位。同时，也有更多创新者将把目光聚焦在通过FPGA实现AI功能，把人工智能创新理念落地变成现实。FPGA以其低功耗、高性能以及灵活性等特点，必将在如火如荼的智慧化大舞台上大放异彩。

1.3 FPGA自顶向下的设计方法论

传统的电子设计技术，多数属于手工设计技术(如目前多数数字电路教科书中介绍的数字电路设计技术)，通常是自底向上的，即首先确定构成系统的最底层的电路模块或元件的结构和功能，然后根据子系统的功能要求，将它们组合成更大的功能块，使它们的结构和功能满足高层系统的要求。并以此流程，逐步向上递推，直至完成整个目标系统的设计。例如，对于一般电子系统的设计，使用自底向上的设计方法，必须首先决定使用的器件类别和规格，如74系列的器件、某种随机存取存储器(Random Access Memory，RAM)和只读存储器(Read Only Memory，ROM)、某类CPU或单片机以及某些专用功能芯片等；然后是构成多个功能模块，如数据采集控制模块、信号处理模块、数据交换和接口模块等，直至最后利用它们完成整个系统的设计。

对于传统ASIC设计，则是根据系统的功能要求，首先从绘制硅片版图开始，逐级向上完成版图级、门级、寄存器传输级(Register Transfer Level，RTL)、行为级、功能级，直至系统级的设计。在这个过程中，任何一级发生问题，通常都不得不返工重来。

自底向上的设计方法的特点是必须首先关注并致力于解决系统最底层硬件的可获得性，以及它们的功能特性方面的诸多细节问题；在整个逐级设计和测试过程中，始终必须顾及具体目标器件的技术细节。在这个设计过程中的任一阶段，最底层目标器件的更换，或某些技术参数不满足总体要求，或缺货，或由于市场竞争的变化，临时提出降低系统成本，提高运行速度等不可预测的外部因素，都可能使前面的工作前功尽弃，工作不得不重新开始。由此可见，多数情况下，自底向上的设计方法是一种低效、低可靠性、费时费力、且成本高昂的设计方案。

在电子设计领域，自顶向下的设计方法只有在EDA技术得到快速发展和成熟应用的今天才成为可能。自顶向下设计方法的有效应用必须基于功能强大的EDA工具,具备集系统描述、行为描述和结构描述功能为一体的硬件描述语言HDL,以及先进的ASIC制造工艺和FPGA开发技术。当今,自顶向下的设计方法已经是EDA技术的首选设计方法,是ASIC或FPGA开发的主要设计手段。

在EDA技术应用中,自顶向下的设计方法,就是在整个设计流程中各设计环节逐步求精的过程。一个项目的设计过程包括从自然语言说明到HDL的系统行为描述,从系统的分解、RTL模型的建立、门级模型产生到最终的可以物理布线实现的底层电路,就是从高抽象级别到低抽象级别的整个设计周期。后端设计还必须包括设计硬件的物理结构实现方法和测试(仍然利用计算机完成)。

应用HDL进行自顶向下的设计,就是使用HDL模型在所有综合级别上对硬件设计进行说明、建模和仿真测试。主系统及子系统最初的功能要求体现为可以被HDL仿真器验证的可执行程序。由于综合工具可以将高级别的模型转化生成为门级模型,所以整个设计过程基本是由计算机自动完成的。人为介入的方式主要是根据仿真的结果和优化的指标,控制逻辑综合的方式和指向。因此,在设计周期中,要根据仿真的结果进行优化和升级,以及对模型进行及时修改,以改进系统或子系统的功能,更正设计错误,提高目标系统的工作速度,减小面积耗用,降低功耗和成本等;或者启用新技术器件或新的IP核。在这些过程中,由于设计的下一步是基于当前的设计,即使发现问题或做新的修改均需从头开始设计,也不妨碍整体的设计效率。此外,HDL设计的可移植性、EDA平台的通用性以及与具体硬件结构的无关性,使得前期的设计可以容易地应用于新的设计项目,而且项目设计的周期可以显著缩短。因此,EDA设计方法十分强调将之前的HDL模型重用。此外,随着设计层次的降低,在低级别上使用高级别的测试包来测试模型也很重要,并行之有效。

自顶向下的设计方法使系统被分解为多个模块的集合之后,可以对设计的每个独立模块指派不同的工作小组。这些小组可以工作在不同地点,甚至可以分属不同的单位,最后将不同的模块集成为最终的系统模型,并对其进行综合测试和评价。

图1-1给出了自顶向下设计流程的框图说明,它包括如下设计阶段:

(1) 提出设计说明书。即用自然语言表达系统项目的功能特点和技术参数等。

(2) 建立HDL行为模型。即将设计说明书转化为HDL行为模型。在此项表达中,可以使用满足IEEE标准的Verilog/VHDL所有语句而不必考虑可综合性。这里行为建模的目标是通过Verilog/VHDL仿真器对整个系统进行系统行为仿真和性能评估。在行为模型的建立过程中,如果最终的系统中包括目标ASIC或FPGA以外的电路器件,如RAM、ROM、接口器件或某种单片机,也同样能建立一个完整统一的系统行为模型而进行整体仿真。这是因为可以根据这些外部器件的功能特性设计出Verilog/VHDL的仿真模型,然后将它们并入主系统的Verilog/VHDL模型中。事实上,现在有许多公司可提供各类流行器件的Verilog/VHDL模型,如8051单片机模型、PIC16C5X模型、80386模型等,利用这些模型可以将整个电路系统组装起来。有的Verilog/VHDL模型既可用来仿真,也可作为实际电路的一部分。例如,现有的PCI总线模型大多是既可仿真又可综合的。

(3) HDL行为仿真。这一阶段可以利用Verilog/VHDL仿真器(如ModelSim)对顶层系统的行为模型进行仿真测试,检查模拟结果,继而进行修改和完善。此过程与最终实现的硬件没有任何关系,也不考虑硬件实践中的技术细节,测试结果主要是对系统纯功能行为的

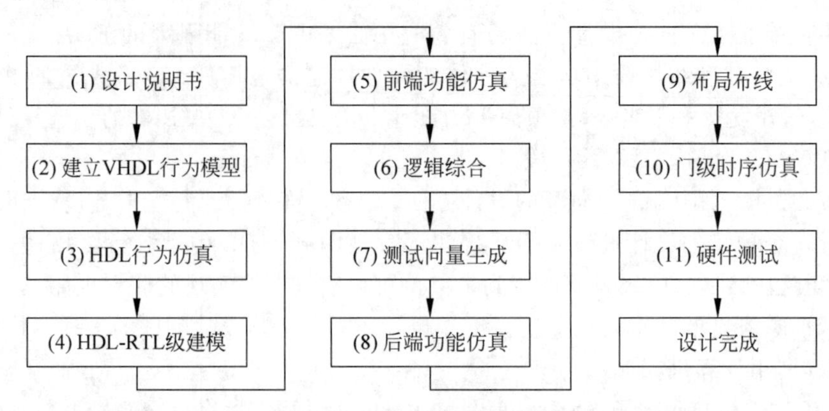

图 1-1 自顶向下的设计流程

考察,其中许多 Verilog/VHDL 的语句表达主要为了方便了解系统各种条件下的功能特性,而不可能用真实的硬件来实现,即不可综合。

(4) HDL-RTL 级建模。如上所述,Verilog/VHDL 只有部分语句集合可用于硬件功能行为的建模,因此在这一阶段,必须将 Verilog/VHDL 的行为模型表达为 Verilog/VHDL 行为代码(或称 HDL-RTL 级模型)。Verilog/VHDL 行为代码是用 Verilog/VHDL 可综合子集中的语句完成的,即可以最终实现目标器件的描述。因为利用 Verilog/VHDL 的可综合的语句同样可以对电路方便地进行行为描述,而目前许多主流的 HDL 综合器能将其综合成 RTL 级,乃至门级模型。从第(3)步到第(4)步,人工介入的内容比较多,设计者需要给予更多的关注。

(5) 前端功能仿真。也称作 RTL 级仿真、综合前仿真、或者功能(行为)仿真,在这一阶段对 HDL-RTL 级模型进行功能仿真。尽管 HDL-RTL 级模型是可综合的,但对它的功能仿真仍然与硬件无关,仿真结果表达的是可综合模型的逻辑功能。此时的仿真没有延时信息,仅对初步的功能进行检测。

(6) 逻辑综合。使用逻辑综合工具将 Verilog/VHDL 行为级描述转化为结构化的门级电路。所谓综合就是将较高级抽象层次的描述转化成较低层次的描述。综合优化根据目标与要求优化所生成的逻辑连接,使层次设计平面化,供 FPGA 布局布线软件进行实现。就目前的层次来看,综合(Synthesis)优化是指将设计输入编译成由与门、或门、非门、RAM、触发器等基本逻辑单元组成的逻辑连接网表,而并非真实的门级电路。真实具体的门级电路需要利用 FPGA 制造商的布局布线功能,根据综合后生成的标准门级结构网表来产生。

(7) 测试向量生成。这一阶段主要是针对 ASIC 设计的。FPGA 设计的时序测试文件主要产生于适配器。对 ASIC 的测试向量文件是综合器结合含有版图硬件特性的工艺库后产生的,用于对 ASIC 的功能测试。

(8) 后端功能仿真。也称为综合后仿真,综合后仿真检查综合结果是否和原设计一致。在仿真时,把综合生成的标准延时文件反标注到综合仿真模型中去,可估计门延时带来的影响。但这一步骤不能估计线延时,因此和布线后的实际情况还有一定的差距,并不十分准确。目前的综合工具较为成熟,对于一般的设计可以省略这一步,但如果在布局布线后发现电路结构和设计意图不符,则需要回溯到综合后仿真来确认问题之所在。

(9) 布局布线,也称结构综合。主要将综合产生的逻辑连接关系网表文件,结合具体的目标硬件环境进行标准单元调用、布局、布线和满足约束条件的结构优化配置，即结构综合。

实现是将综合生成的逻辑网表配置到具体的FPGA芯片上，将工程的逻辑和时序与器件的可用资源匹配。布局布线是其中最重要的过程，布局将逻辑网表中的硬件原语和底层单元合理地配置到芯片内部的固有硬件结构上，并且往往需要在速度最优和面积最优之间做出选择。布线根据布局的拓扑结构，利用芯片内部的各种连线资源，合理正确地连接各个元件。也可以简单地将布局布线理解为对FPGA内部查找表和寄存器资源的合理配置，布局可以被理解挑选可实现设计网表的最优资源组合，而布线就是将这些查找表和寄存器资源以最优方式连接起来。

目前，FPGA的结构非常复杂，特别是在有时序约束条件时，需要利用时序驱动的引擎进行布局布线。布线结束后，软件工具会自动生成报告，提供有关设计中各部分资源的使用情况。由于只有FPGA芯片生产商对芯片结构最为了解，所以布局布线必须选择芯片开发商提供的工具。

(10) 门级时序仿真。门级时序仿真是指将布局布线的延时信息反标注到设计网表中来检测有无时序违规(即不满足时序约束条件或器件固有的时序规则，如建立时间、保持时间等)现象。时序仿真包含的延时信息最全也最精确，能较好地反映芯片的实际工作情况。由于不同芯片的内部延时不一样，不同的布局布线方案也给延时带来不同的影响。因此在布局布线后，通过对系统和各个模块进行时序仿真，分析其时序关系，估计系统性能，以及检查和消除竞争冒险是非常有必要的。在计算机上了解更接近硬件目标器件工作的功能时序。对于ASIC设计，被称为布局后仿真。这些仿真的成功完成称为ASIC确认(Sign Off)。接下去的工作就可以将设计提供给硅铸造生产工序了，称为流片/投片(Tape Out)。

(11) 硬件测试。这是对最后完成的硬件系统进行检查和测试。通过编程器将布局布线后的配置文件下载至FPGA中，对其硬件进行编程。配置文件一般为.pof或.sof文件格式，下载的方式包括主动串行(AS)、被动串行(PS)、边界扫描(JTAG)等方式。

常见的自顶向下的设计方法可以简化表示成图1-2所示。

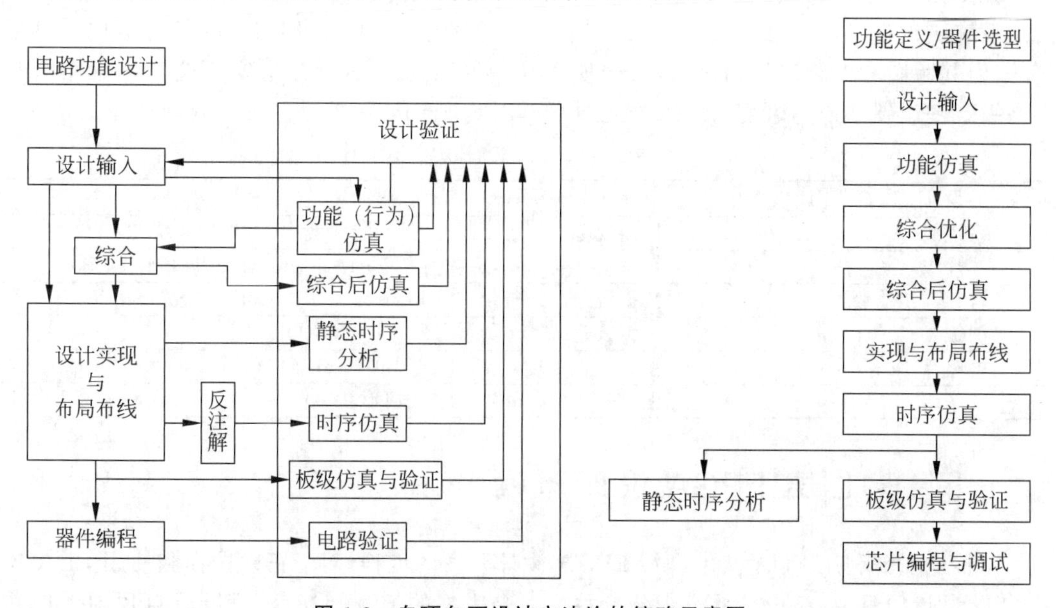

图1-2 自顶向下设计方法论的缩略示意图

1.4 FPGA 的设计层次

目前，在基于 FPGA 实现现代电子系统设计时，有两种主要的描述层次：高层次综合和 RTL 层描述，如图 1-3 所示。所谓高层次综合（High-level Synthesis，HLS），指的是将高层次语言描述的逻辑结构，自动转换成低抽象级语言描述的电路模型的过程。所谓的高层次语言，包括 C、C++、SystemC 等，通常有着较高的抽象度，并且往往不具有时钟或时序的概念。相比之下，诸如 Verilog、VHDL、SystemVerilog 等低层次语言，属于 RTL 层描述，通常用来描述时钟周期精确（Cycle-Accurate）的寄存器传输级电路模型，这也是当前 ASIC 或 FPGA 设计最为普遍使用的电路建模和描述方法。C/C++ 与 RTL 层描述相比，一个主要的区别是，前者编写的程序被设计用来在处理器上顺序执行，而后者可以通过直接例化多个运算单元，实现任务的并行处理。

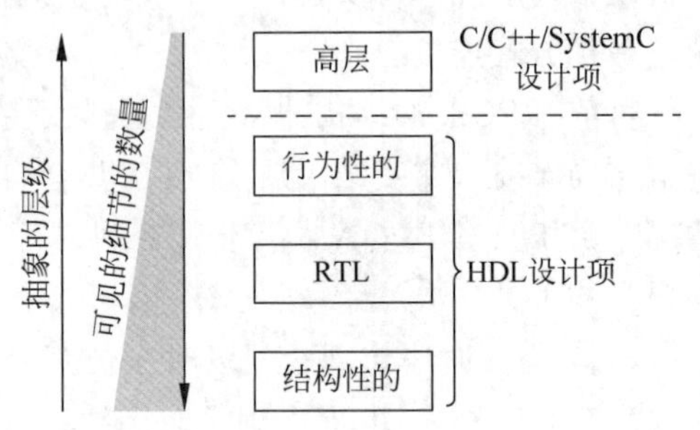

图 1-3 FPGA 设计层次

高层次综合（HLS）有助于从算法到 FPGA 架构的实现，因此成为填补专业知识不足和生产能力需求之间巨大差距的一项关键技术。AMD（Xilinx）和 Intel（Altera）公司都提供针对其 FPGA 系列的 HLS 流程。这些 HLS 工具有点像变魔术一样，它们将 C/C++代码生成硬件设计语言（HDL）架构（例如寄存器传输级的 Verilog），最后在 FPGA 中实现。抽象的层次越高可见的细节就越少，对于设计者来说设计起来越容易。

HLS 技术在近十年获得了大量的关注和飞速的发展，尤其是在 FPGA 领域。纵观近年来各大 FPGA 学术会议，HLS 一直是学术界和工业界最受关注的领域之一。但距离其完全替代人工 RTL 层建模还有很长的路要走。

VLSI 设计中通常提到的设计级别从全定制 ASIC 的几何形状方面的版图级设计，到复杂的系统级设计，表 1-1 给出了 VLSI 设计级别汇总情况。由于 FPGA 的物理结构是可编程的，但其版图和电路却是相对固定的，所以在 FPGA 设计过程中通常不会考虑版图级和电路级。基于硬件描述语言的门级描述通常可以实现 FPGA 器件的最佳利用性能。

表 1-1 VLSI 设计级别

设计对象	设计目标	举例
系统级	性能规范	计算机，硬盘单元，雷达系统
芯片级	算法	μP，RAM，ROM，UART，Parallel Port
寄存器传输级	数据流	Register，ALU，COUNTER，MUX
门级	逻辑表达式	AND，OR，XOR，FF
电路级	差分方程	Transistor，R，L，C
版图级	无	几何形状

1.5 RTL 层 FPGA 设计流程

完整地了解利用 EDA 技术进行 FPGA 设计开发的流程，对于正确选择和使用 EDA 软件、优化设计项目、提高设计效率十分有益。一个完整的 EDA 设计流程既是自顶向下设计方法的具体实施途径，也是EDA工具软件本身的组成结构。在实践中进一步了解支持这一设计流程的诸多设计工具，有利于有效地排除设计中出现的问题，提高设计质量和总结设计经验。本节主要介绍FPGA开发的流程。

图1-4是基于EDA软件的FPGA/CPLD开发流程框图，以下将分别介绍各设计模块的功能特点。对于目前流行的EDA工具软件，图1-4的设计流程具有一般性。

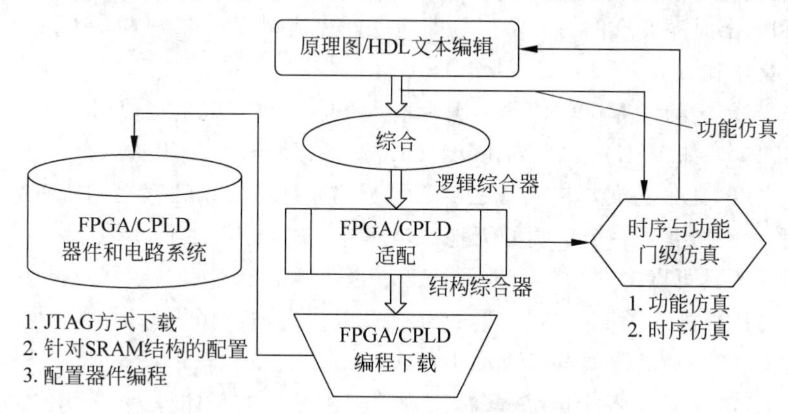

图1-4 应用于FPGA/CPLD的EDA开发流程

1.5.1 设计输入

将电路系统以一定的表达方式输入计算机，是在EDA软件平台上对FPGA/CPLD开发的最初步骤。通常，使用EDA工具的设计输入可分为两种类型。

1. 图形输入

图形输入通常包括原理图输入、状态图输入和波形图输入三种常用方法。

这里主要讨论原理图输入设计方法。这是一种类似于传统电子设计方法的原理图编辑输入方式，即在EDA软件的图形编辑界面上绘制能完成特定功能的电路原理图。原理图由逻辑器件(符号)和连接线构成，图中的逻辑器件可以是EDA软件库中预制的功能模块，如与门、非门、或门、触发器以及各种含74系列器件功能的宏功能块，甚至还有一些类似于知识产权核(Intellectual Property，IP)的功能块。当原理图编辑绘制完成后，原理图编辑器将对输入的图形文件进行排错，之后再将其编译成适用于逻辑综合的网表文件。

用原理图表达的输入方法的优点主要在于不需要增加新的相关知识(诸如HDL等)；设计过程形象直观，适用于初学或教学演示等。然而，其缺点同样十分明显。

(1) 由于图形设计并未标准化，不同的EDA图形处理工具对图形的设计规则、存档格式和图形编译方式都不同，因此图形文件兼容性差，难以交换和管理。

(2) 随着电路设计规模的扩大，原理图输入描述方式必然引起一系列难以克服的困难，如电路功能原理的易读性下降，错误排查困难，整体调整和结构升级困难。例如，将一个4位的单片机设计升级为8位单片机几乎难以在短时间内实现。

(3) 由于在原理图中已确定了设计系统的基本电路结构和元件，留给综合器和适配器的优化选择的空间已十分有限，因此难以实现用户所希望的面积、速度以及不同风格的综合优化。显然，原理图的设计方法明显偏离了电子设计自动化最本质的含义。

(4) 在设计中，由于必须直接面对硬件模块的选用，因此行为模型的建立将无从谈起，从而无法实现真实意义上的自顶向下的设计方案。

状态图输入方法就是根据电路的控制条件和不同的转换方式，用绘图的方法，在EDA工具的状态图编辑器上绘出状态图，然后由EDA编译器和综合器将此状态变化流程图形编译综合成电路网表。

波形图输入方法则是将待设计的电路看成是一个黑盒子，只需告诉EDA工具黑盒子电路的输入和输出时序波形图，EDA工具即能据此完成黑盒子电路的设计。

2. HDL文本输入

这种方式与传统的计算机软件语言编辑输入基本一致。就是将使用了某种硬件描述语言的电路设计文本，如VHDL或Verilog HDL的源程序，进行编辑输入。

可以说，应用HDL的文本输入方法克服了上述原理图输入法存在的所有弊端，为EDA技术的应用和发展拓展了一个广阔的天地。当然，在一定的条件下，情况会有所改变。目前有些EDA输入工具可以把图形的直观与HDL的优势结合起来。如状态图输入的编辑方式，即用图形化状态机输入工具，用图形的方式表示状态图。当填好时钟信号名、状态转换条件、状态机类型等要素后，就可以自动生成Verilog/VHDL程序。又如，在原理图输入方式中，连接用HDL描述的各个电路模块，直观地表示系统的总体框架，再用自动HDL生成工具生成相应的VHDL或Verilog程序。

但总体来看，纯HDL输入设计仍然是最基本、最有效和最通用的输入方法。

1.5.2 综合

前面已经对综合的概念做了介绍。一般来说，综合是仅对HDL而言的。利用HDL综合器对设计进行综合是十分重要的一步，因为综合过程将把软件设计的HDL描述与硬件结构挂钩，是将软件转化为硬件电路的关键步骤，是文字描述与硬件实现的一座桥梁。综合就是将电路的高级语言(如行为描述)转换成低级的，可与FPGA/CPLD的基本结构相映射的网表文件或程序。当输入的HDL文件在EDA工具中检测无误后，首先面临的是逻辑综合，因此要求HDL源文件中的语句都是可综合的。

在综合后，综合器一般都可以生成一种或多种文件格式网表文件，如EDIF、VHDL、Verilog、VQM等标准格式，在这种网表文件中用各自的格式描述电路的结构。如在VHDL网表文件采用VHDL的语法，用结构描述的风格重新诠释综合后的电路结构。

整个综合过程就是将设计者在EDA平台上编辑输入的HDL文本、原理图或状态图形描述，依据给定的硬件结构组件和约束控制条件进行编译、优化、转换和综合，最终获得门级电路甚至更底层的电路描述网表文件。由此可见，综合器工作前，必须给定最后实现的硬件结构参数，它的功能就是将软件描述与给定的硬件结构用某种网表文件的方式对应起来，成为相应的映射关系。如果把综合理解为映射过程，那么显然这种映射不是唯一的，并且综合的优化也不是单方向的。为达到速度、面积、性能的要求，往往需要对综合加以约束，称为综合约束。

1.5.3 适配

适配器也称结构综合器，它的功能是将由综合器产生的网表文件配置于指定的目标器件中，使之产生最终的下载文件，如JEDEC、JAM、SOF、POF格式的文件。适配所选定的目标器件必须属于原综合器指定的目标器件系列。通常,EDA 软件中的综合器可由专业的第三方 EDA 公司提供,而适配器则需由 FPGA/CPLD 供应商提供。因为适配器的适配对象直接与器件的结构细节相对应。

适配器将综合后的网表文件针对某一具体的目标器件进行逻辑映射操作,其中包括底层器件配置、逻辑分割、逻辑优化、逻辑布局布线操作。适配完成后可以利用适配所产生的仿真文件做精确的时序仿真测试,同时产生可用于编程的下载文件。

1.5.4　时序仿真与功能仿真

在编程下载前必须利用 EDA 工具对适配生成的结果进行模拟测试,就是所谓的仿真。仿真就是让计算机根据一定的算法和一定的仿真库对 EDA 设计进行模拟测试,以验证设计,排除错误。仿真是在 EDA 设计过程中的重要步骤。图 1-2 所示的时序与功能门级仿真通常由 PLD 公司的 EDA 开发工具直接提供(当然也可以选用第三方的专业仿真工具),它可以完成两种不同级别的仿真测试。

(1) 时序仿真,就是接近真实器件运行特性的仿真,仿真文件中已包含了器件硬件特性参数,因而,仿真精度高。但时序仿真的仿真文件必须来自针对具体器件的综合器与适配器。综合后所得的 EDIF、VQM 等网表文件通常作为 FPGA 适配器的输入文件,产生的仿真网表文件中包含了精确的硬件延时信息。

(2) 功能仿真,是直接对 HDL、原理图描述或其他描述形式的逻辑功能进行测试模拟,以了解其实现的功能是否满足原设计的要求。仿真过程可不涉及任何具体器件的硬件特性。甚至不经历综合与适配阶段,在设计项目编辑编译后即可进入门级仿真器进行模拟测试。直接进行功能仿真的好处是设计耗时短,对硬件库、综合器等没有任何要求。对于规模比较大的设计项目,综合与适配在计算机上的耗时是十分可观的,如果每一次修改后的模拟都必须进行时序仿真,显然会极大地降低开发效率。因此,通常的做法是:首先进行功能仿真,待确认设计文件所表达的功能接近或满足设计者原有意图时,即逻辑功能满足要求后,再进行综合、适配和时序仿真,以便把握设计项目在硬件条件下的运行情况。

如果仅限于 Quartus Ⅱ本身的仿真器,即使功能仿真,其设计文件也必须是可综合的,且需经历综合器的综合。只有使用 ModelSim 等专业仿真器才能实现对 HDL 设计代码不经综合的直接功能仿真。

1.5.5　编程下载

把适配后生成的下载或配置文件,通过编程器或编程电缆向 FPGA 或 CPLD 下载,以便进行硬件调试和验证(Hardware Debugging)。通常,将对 CPLD 的下载称为编程(Program),对 FPGA 中的静态随机存取存储器(Static Random-Access Memory,SRAM)进行直接下载的方式称为配置(Configure),但对于反熔丝结构和 Flash 结构的 FPGA 的下载和对 FPGA 的专用配置 ROM 的下载仍称为编程。当然也有根据下载方式分类的。

1.5.6　硬件测试

最后是将载入了设计文件的 FPGA 或 CPLD 的硬件系统进行统一测试,以便最终验证设计项目在目标系统上的实际工作情况,以排除错误,改进设计。

第2章 FPGA和CPLD结构原理

CHAPTER 2

2.1 FPGA的编程技术

目前,市场上有三种基本的FPGA编程技术:SRAM、反熔丝、Flash。其中,SRAM是迄今为止应用范围最广的架构,主要因为它速度快且具有可重编程能力,而反熔丝FPGA只具有一次可编程(One Time Programmable,OTP)能力。基于Flash编程是FPGA领域比较新的技术,也能提供可重编程功能。基于SRAM的FPGA器件经常带来一些其他的成本,包括:启动PROMS,支持安全和保密应用的备用电池等。基于Flash和反熔丝的FPGA没有这些隐含成本,因此可保证较低的总系统成本。

1. 基于SRAM的FPGA器件

这类产品是基于SRAM结构的可配置型器件,上电时要将配置数据读入片内SRAM中,配置完成就可进入工作状态。掉电后SRAM中的配置数据丢失,FPGA内部逻辑关系随之消失,因而其使用时需要一片配置芯片,但这也造成从上电到正常工作需要200ms的时间,不适合对启动速度要求高的场合应用。这种基于SRAM的FPGA的优势是可以反复使用。Intel、AMD和Lattice公司的FPGA都是采用SRAM结构。

2. 基于反熔丝的FPGA器件

采用反熔丝编程技术的FPGA内部具有反熔丝阵列开关结构,其逻辑功能的定义由专用编程器根据设计实现所给出的数据文件,对其内部的反熔丝阵列进行烧录,从而使器件实现相应的逻辑功能。这种器件的缺点是只能一次性编程;优点是具有高抗干扰性和低功耗,适合于要求高可靠性、高保密性的定型产品。

3. 基于Flash的FPGA

在这类FPGA器件中集成了SRAM和非易失性EEPROM两类存储结构。其中SRAM用于在器件正常工作时对系统进行控制,而EEPROM则用来装载SRAM。由于这类FPGA将EEPROM集成在基于SRAM工艺的现场可编程器件中,因而可以充分发挥EEPROM的非易失特性和SRAM的重配置性。掉电后,配置信息保存在片内的EEPROM中,因此不需要片外的配置芯片,有助于降低系统成本、提高设计的安全性,并具有上电即运行的特性。

在芯片制造技术方面,有别于其他常见的SRAM FPGA芯片,Actel公司采用了独门的

Flash FPGA 技术，从而使自己的产品具备非常鲜明的特点。尽管，目前业内 80%的 FPGA 都基于 SRAM 架构，这一架构可以采用标准的 SRAM 工艺，可以集成更多的晶体管，实现更高的性能，并且已经发展到 3nm 工艺阶段。但是采用 130nm 技术的 Flash FPGA 仍然在市场上独树一帜。

采用 Flash 结构的 FPGA 在低功耗、安全性、可靠性等方面具有更大优势。正是由于其在安全可靠性方面的优势，Actel 牢牢占据军事、航空航天领域的头把交椅。

2.2　Intel 公司 FPGA 产品系列

Intel 公司于 2015 年 12 月完成了对 Altera 收购。目前，Intel 公司 FPGA 产品主要分为 Agilex、STRATIX、ARRIA、CYCLONE、MAX 五大系列。图 2-1 中前面的芯片功能强于后面的芯片，左侧芯片要强于右侧芯片。

图 2-1　Intel 公司 FPGA 产品系列

2.2.1　Agilex FPGA 系列

Intel 公司 Agilex FPGA 家族采用异构 3D 系统级封装(System-in Package，SiP)技术，集成了 Intel 公司首款基于 10nm 制程技术的 FPGA 架构和第二代 Intel Hyperflex FPGA 架构，可将性能提升多达 40%，将数据中心、网络和边缘计算应用的功耗降低多达 40%。

1. 开放式超高速互联标准

Intel 公司 Agilex FPGA 和 SoC 家族通过开放式超高速互联标准(Compute eXpress Link，CXL)提供了业界首个面向 Intel 至强处理器的缓存和内存一致性互联技术。这项革命性的 FPGA 互联技术将为具有大量数据处理需求的内存密集型应用提供低延时和性能优势。

2. 领先的收发器

Intel 公司 Agilex FPGA 和 SoC 家族支持高达 112Gb/s 的数据速率和 PCIe5.0，可加速收发器创新。Intel 公司 Agilex FPGA 和 SoC 家族为客户提供了全面的收发器产品组合，包括 28.3Gb/s、58Gb/s 和 112Gb/s 收发器块。将收发器开发分离开来可加速产品创新。

3. DSP 创新

Intel 公司 Agilex FPGA 和 SoC 家族提供了一个可配置的 DSP 引擎，可提供对单精度 FP32、半精度 FP16、BFLOTA16 和 INT8 计算的增强型支持。其中，BFLOTA16 指在 CPU 中集成的新一代指令集，简称 BF16(有时也被称为 BFloat16 或 Brain Float16)，是一种针对人工智能/深度学习应用程序进行优化的新数字格式。它保证了计算能力和计算量的节省，而预测精度的降低幅度最小。它在谷歌 Brain 上获得了广泛的应用，包括谷歌、Intel、Arm 和许多其他公司的人工智能加速器。Intel 公司 Agilex FPGA 和 SoC 家族还支持从 INT7 到 INT2 的低精度配置，以实现最大的灵活性。Intel 公司 Agilex FPGA 可编程性与 DSP 模块创新相结合,非常适合用于不断变化的人工智能工作负载。

4. 异构 3D 系统级封装集成 SiP 技术

凭借成熟的嵌入式多芯片互连桥接(Embedded Multi-Die Interconnect Bridge,EMIB)技术,Intel 公司 Agilex FPGA 和 SoC 家族可提供面向异构芯片的高密度芯片到芯片互连,并以低成本提供高性能。由收发器、自定义 I/O、自定义计算和 Intel 公司 eASIC 设备块组成的大型设备块库提供了各种应用所需的敏捷性、灵活性和自定义功能。

5. 强化协议支持

通过集成许多常用功能的强化协议[包括 100/200/400Gb/s 以太网、PCIe Gen 4/5 接口、Interlaken 互连协议、通用公共无线接口(The Common Public Radio Interface,CPRI)和 JESD204B/C 接口标准等],Intel 公司 Agilex FPGA 和 SoC 家族可提供最佳的功耗、性能和逻辑利用效率。

6. 内存集成

Intel 公司 Agilex FPGA 和 SoC 家族提供业内首个面向 Intel 公司傲腾 DC 持久内存的 FPGA 支持。除此之外,高宽带内存(High Bandwidth Memory,HBM)集成允许在封装内提供高达 16GB 的外部内存,提供高达 512Gb/s 的峰值内存带宽。专用的双倍速度(Double Data Rate,DDR)DDR5/4 硬核内存控制器支持进一步扩展板载动态随机存储器(Dynamic Random Access Memory,DRAM)内存。

7. 第二代 Intel 公司 Hyperflex 架构

与 Intel 公司 Stratix 10 设备设计相比,对备受赞誉的 Intel 公司 Hyperflex 架构的持续改进可提供更高的性能。第二代 Intel 公司的 Hyperflex 架构将扩展到 Intel 公司 Agilex FPGA 和片上系统(System on Chip,SoC)家族的所有密度和变体,从而大大提高客户的生产力并缩短产品上市时间。

8. 安全设备管理器

安全设备管理器将作为整个 FPGA 的中央命令中心,控制配置、设备安全性、单事件翻转(Single Event Upset,SEU)响应和电源管理等关键操作。安全设备管理器为整个设备建立了统一的安全管理系统,包括 FPGA 架构、SoC 中的硬核处理器系统(Hard Processor System,HPS)、嵌入式硬知识产权核模块,以及 I/O 模块。

2.2.2 Stratix FPGA 系列

Intel 公司 Stratix FPGA 和 SoC 系列结合了高密度、高性能和丰富的特性,可实现更多功能并最大程度地提高系统带宽,从而支持客户更快地向市场推出一流的高性能产品,并且降低风险。该系列的产品制程技术演变如表 2-1 所示。

表 2-1 Stratix 产品制程技术演变

器件系列	Stratix	Stratix GX	Stratix Ⅱ	Stratix Ⅱ GX	Stratix Ⅲ	Stratix Ⅳ	Stratix V	Stratix 10
产生时间	2002	2003	2004	2005	2006	2008	2010	2013
制程技术	130nm	130nm	90nm	90nm	65nm	40nm	28nm	14nm Tri-Gate

2.2.3 Arria 系列

Intel 公司 Arria 设备家族可提供中端市场中的最佳性能和能效。Intel 公司 Arria 设备家族拥有丰富的内存、逻辑和数字信号处理(DSP)模块特性集，以及高达 25.78Gb/s 收发器的卓越信号完整性，支持客户集成更多功能并最大限度地提高系统带宽。此外，Arria V 和 Intel 公司 Arria 设备家族的 SoC 产品可提供基于 ARM* 的硬核处理器系统(HPS)，从而进一步提高集成度和节省更多成本。该系列的产品制程技术演变如表 2-2 所示。

表 2-2　Arria 产品制程技术演变

器件系列	Arria GX	Arria Ⅱ GX	Arria Ⅱ GZ	Arria V GX，GT，SX	Arria V GZ	Arria 10
产生时间	2007	2009	2010	2011	2012	2013
制程技术	90nm	40nm	40nm	28nm	28nm	20nm

2.2.4 Cyclone 系列

Cyclone FPGA 系列旨在满足用户的低功耗、低成本设计需求，支持客户加快产品上市速度。每一代 Cyclone FPGA 都可帮助用户解决技术挑战，以提高集成度、提升性能、降低功耗和缩短产品上市时间，同时满足用户的低成本要求。该系列的产品制程技术演变如表 2-3 所示。

表 2-3　Cyclone 产品制程技术演变

器件系列	Cyclone	Cyclone Ⅱ	Cyclone Ⅲ	Cyclone Ⅳ	Cyclone V	Cyclone 10
产生时间	2002	2004	2007	2009	2011	2017
制程技术			65nm	60nm	28nm	20nm

2.2.5 MAX 系列

Intel 公司 MAX 10 FPGA 在低成本的瞬时接通小外形可编程逻辑设备中提供了先进的处理功能，能够实现非易失集成。它们提供支持模数转换器(Analog Digital Converter，ADC)的瞬时接通双配置，以及特性齐全的 FPGA 功能，针对各种成本敏感性的大容量应用进行了优化，包括工业、汽车和通信等。该系列的产品制程技术演变如表 2-4 所示。

表 2-4　MAX 产品制程技术演变

器件系列	老款 CPLD 系列	MAX Ⅱ CPLD	MAX IIZ CPLD	MAX V CPLD	MAX 10 FPGA
产生时间	1995—2002	2004	2007	2010	2014
制程技术	0.50～0.30μm	180nm	180nm	180nm	55nm

2.3 传统 CPLD 结构原理

从技术的延续性上来看，可编程器件技术大致经历了 PROM—PLA—PAL—GAL—EPLD—CPLD 和 FPGA 的发展过程，CPLD 和 FPGA 是两个不同的发展分支。并且 CPLD

相对FPGA出现得要早些。多种早期的简单PLD器件在实际应用中已被淘汰,其主要原因是片内资源不足,编程不便。目前主要使用的产品是CPLD和FPGA,尤以FPGA的应用为主。

传统的CPLD典型代表是MAX3000、MAX7000和MAX9000系列产品,是从GAL的结构扩展而来,但针对GAL的缺点进行了改进,因而其结构上仍然采用乘积项的形式。

Intel公司MAX 7000系列产品包含MAX 7000A、MAX 7000B、MAX 7000S、MAX 7000AE 4个子系列。这里以Intel公司MAX 7000A系列为例,包括32～512个宏单元(Microcells)。Intel公司MAX 7000A整体结构如图2-2所示,主要包含3个主要部分,即逻辑阵列块(Logic Array Block,LAB)、可编程连线阵列(Programmable Interconnect Array,PIA)、I/O控制块。其中逻辑阵列块LAB由16个宏单元构成。另外,还包括4个专用输入,可以用于通用输入或者作为高速、全局控制信号(时钟、清零和两个输出使能)提供给每个宏单元和I/O引脚。

1. 逻辑阵列块LAB

Intel公司MAX 7000A主要是由多个LAB组成的阵列以及它们之间的连线构成。多个LAB通过可编程连线阵列PIA连接在一起,PIA是个全局总线,从所有的专用输入、I/O引脚和宏单元馈入信号。对于每个LAB有下列输入信号:

(1) 来自作为通用逻辑输入的PIA的36个信号。

(2) 全局控制信号,用于寄存器辅助功能。

(3) 从I/O引脚到寄存器的直接输入通道,用于快速建立时间。

2. 宏单元

一个LAB由16个宏单元的阵列组成。Intel公司MAX 7000A系列中单个宏单元结构如图2-3所示,由三个功能块组成:逻辑阵列、乘积项选择矩阵和可编程寄存器。它们可以被单独地配置为时序逻辑和组合逻辑工作方式。其中逻辑阵列实现组合逻辑,可以给每个宏单元提供五个乘积项。乘积项选择矩阵分配这些乘积项作为到或门和异或门的主要逻辑输入,以实现组合逻辑函数;或者把这些乘积项作为宏单元中寄存器的辅助输入:清零(Clear)、预置数(Preset)、时钟(Clock)和时钟使能控制(Clock Enable)。

每个宏单元含共享扩展乘积项和高速并行扩展乘积项,它们可向每个宏单元提供更多的乘积项,以构成复杂的逻辑函数。其中共享扩展乘积项是由自身宏单元输出的乘积项经非门后回馈到逻辑阵列中;并行扩展乘积项,则借自邻近宏单元。

宏单元中的可配置寄存器可以单独地被配置为带有可编程时钟控制的D、T、JK或SR触发器工作方式,也可以被旁路掉,以实现组合逻辑工作方式。

每个可编程寄存器可以按如下三种时钟输入模式工作:

(1) 全局时钟信号。该模式能实现最快的时钟到输出(Clock to Output)性能,这时全局时钟输入直接连向每一个寄存器的CLK端。

(2) 全局时钟信号由高电平有效的时钟信号使能。这种模式为每个触发器提供时钟使能信号,由于仍使用全局时钟,输出速度较快。

(3) 用乘积项实现一个阵列时钟。在这种模式下,触发器由来自嵌入(Embedded)的宏单元或I/O引脚的信号进行钟控,其速度稍慢。

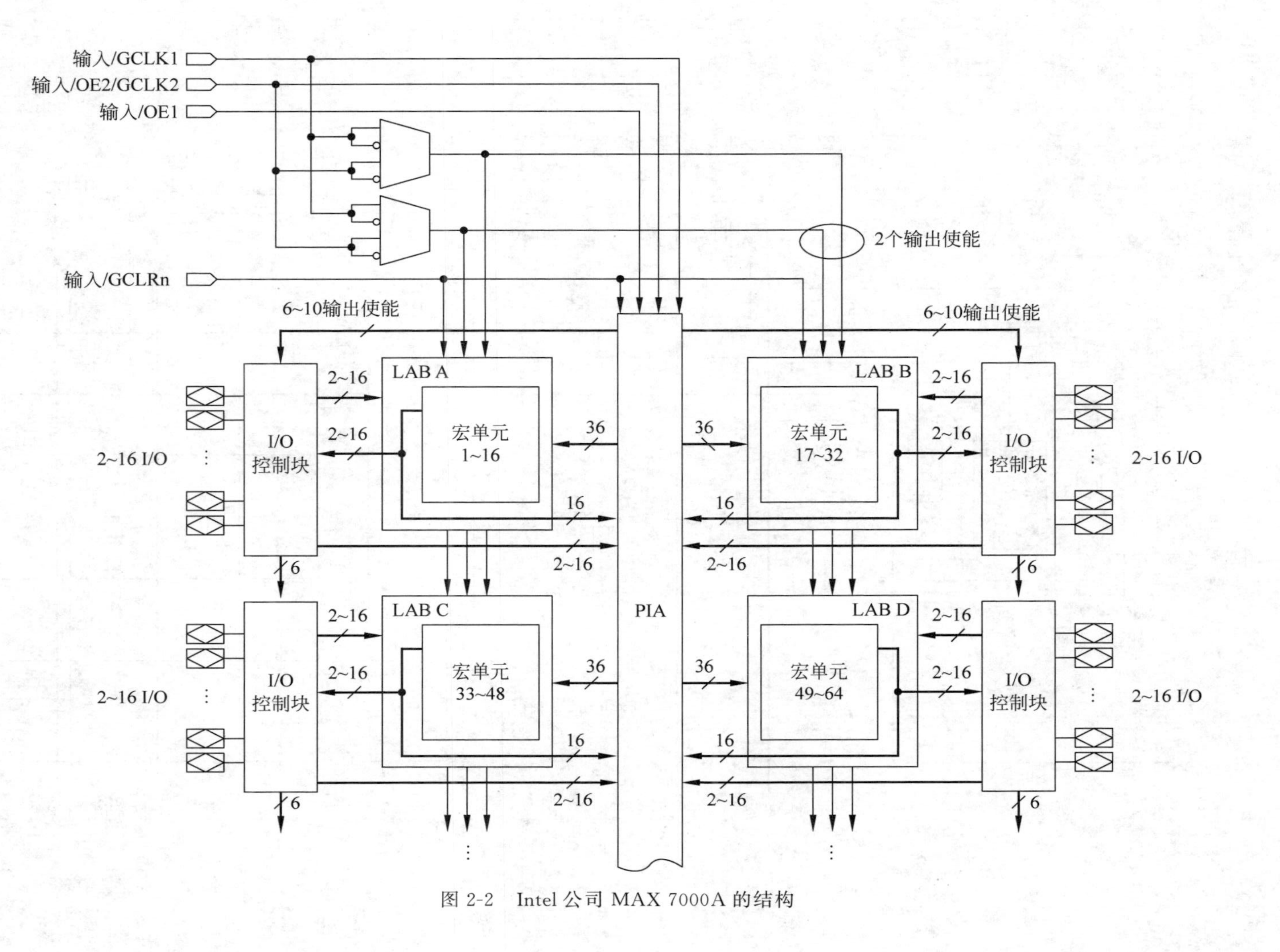

图 2-2 Intel 公司 MAX 7000A 的结构

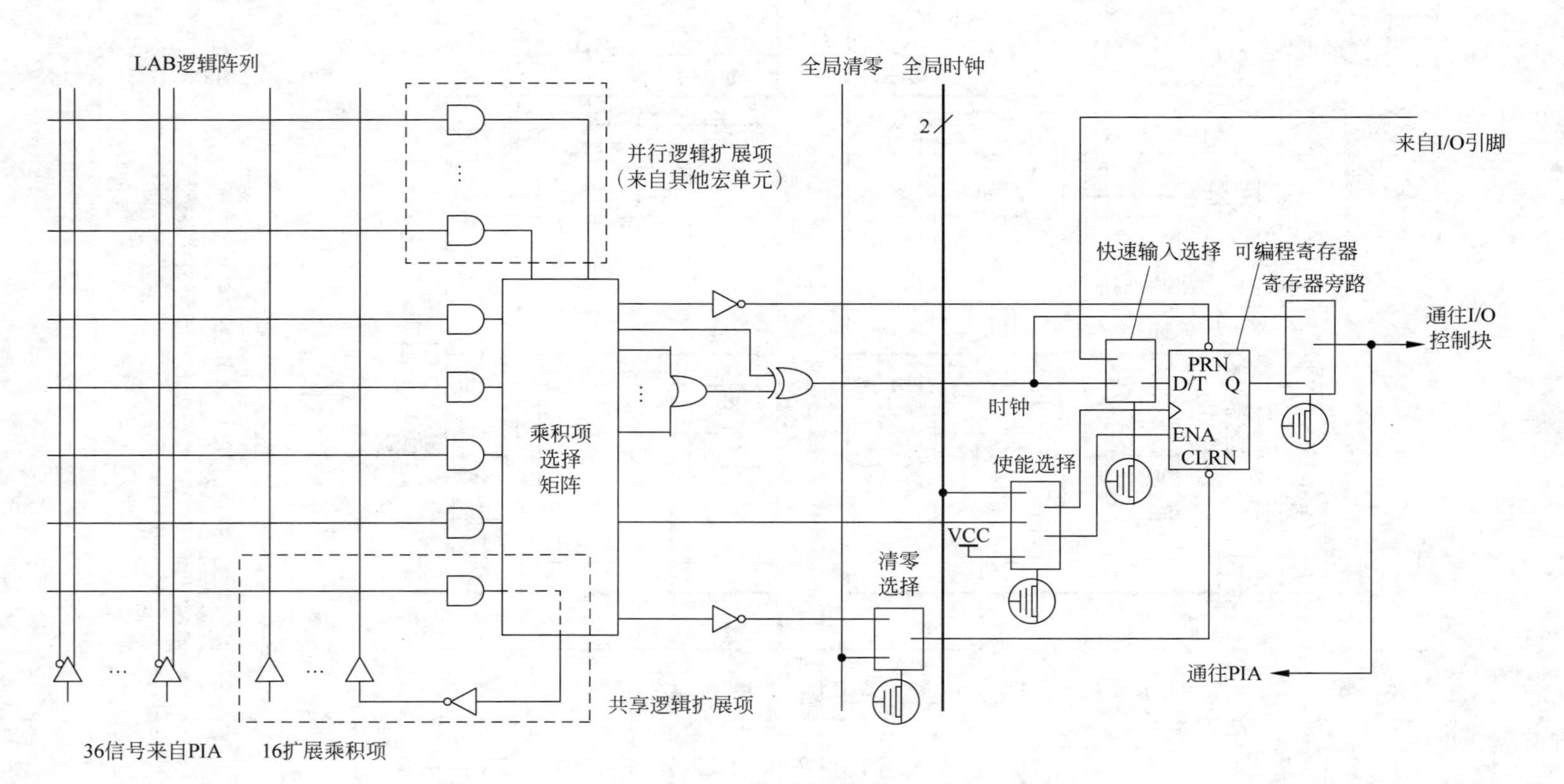

图 2-3 Intel 公司 MAX 7000A 系列的单个宏单元结构

每个寄存器也支持异步清零和异步置位功能。乘积项选择矩阵分配乘积项来控制这些操作。虽然乘积项驱动寄存器的置位和复位信号是高电平有效，但在逻辑阵列中将信号取反可得到低电平有效的效果。此外，每一个寄存器的复位端可以由低电平有效的全局复位专用引脚 GCLRn 信号来驱动。

所有的 Intel 公司 MAX 7000A I/O 引脚都具有一个到宏单元寄存器的快速输入通道。这条专用路径使得信号可以旁路掉 PIA 和组合逻辑而直接到达 D 触发器的数据输入端，从而具有非常快的建立时间。

3. 扩展乘积项

虽然，大部分逻辑函数能够用在每个宏单元中的五个乘积项实现，但更复杂的逻辑函数需要附加乘积项。可以利用其他宏单元来提供所需的逻辑资源，对于 Intel 公司 MAX 7000A 系列，则利用其结构中具有的共享和并行扩展乘积项，即扩展项。这两种扩展项作为附加的乘积项直接送到 LAB 的任意一个宏单元中。利用扩展项可保证在实现逻辑综合时，用尽可能少的逻辑资源，得到尽可能快的工作速度。

1）共享乘积项

每个 LAB 具有 16 个共享乘积项，它们是由每个宏单元各贡献一个共享乘积项汇聚而成。这些共享乘积项可以由 LAB 中的任意或者所有宏单元所共享，以构成更复杂的逻辑。如图 2-4 所示，显示了共享乘积项与宏单元的关系。

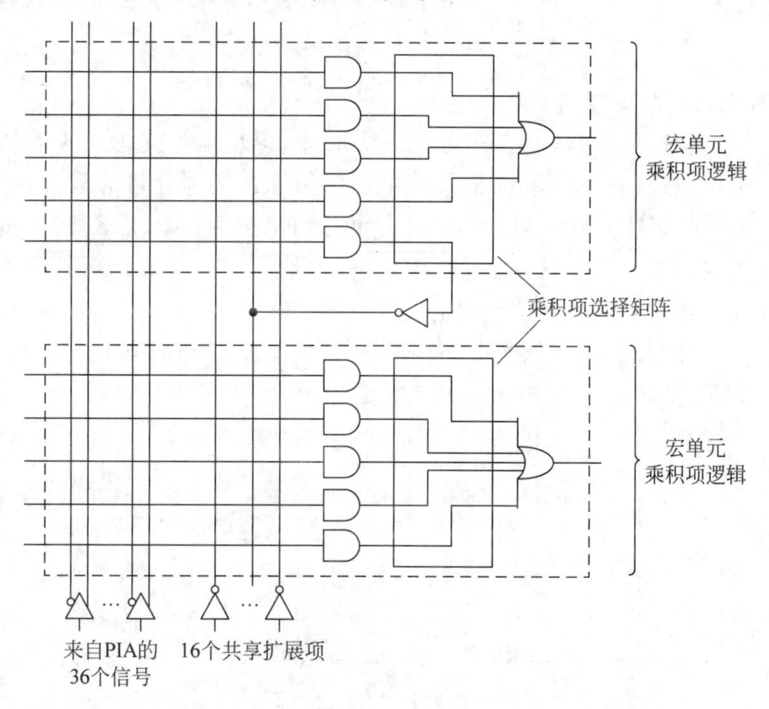

图 2-4 共享乘积项

2）并行乘积项

并行乘积项是来自相邻宏单元的未使用乘积项，用于实现更复杂的逻辑函数。并行乘积项允许最多 20 个乘积项直接输入到宏单元中的或门，其中 5 个乘积项来自自身宏单元，而另外 15 个则来自相邻宏单元提供的并行扩展项。如图 2-5 所示来自相邻宏单元的并行乘积项。

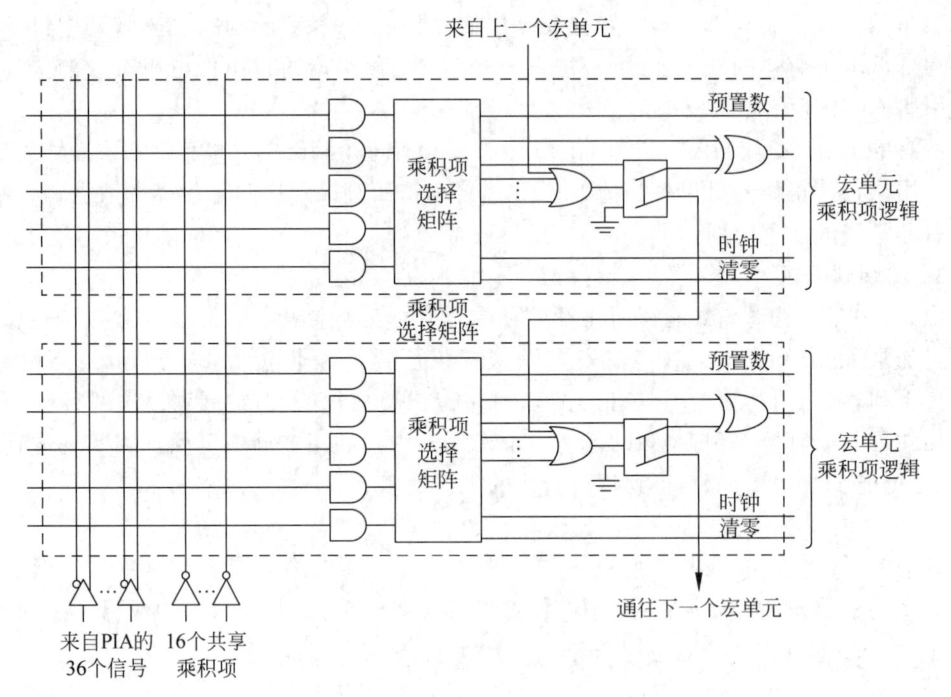

图 2-5 并行乘积项

4. 可编程连线阵列 PIA

不同的 LAB 通过在可编程连线阵列 PIA 上布线，以相互连接构成所需的逻辑。这个全局总线是一种可编程的通道，可以把器件中任何信号连接到其目的地。所有 Intel 公司 MAX 7000A 器件的专用输入、I/O 引脚和宏单元输出都连接到 PIA，而 PIA 可把这些信号送到整个器件内的各个地方。只有每个 LAB 需要的信号才布置从 PIA 到该 LAB 的连线。由图 2-6 可看出 PIA 信号布线到 LAB 的方式。

图 2-6 中通过 EEPROM 单元控制与门的一个输入端，以选择驱动 LAB 的 PIA 信号。由于 Intel 公司 MAX 7000A 的 PIA 有固定的延时，因此使得器件延时性能容易预测。

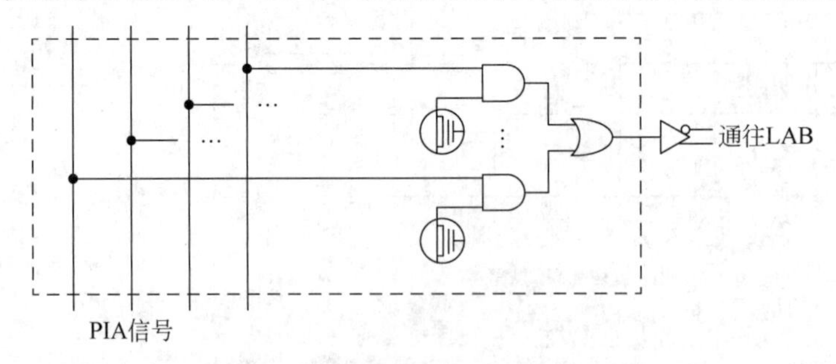

图 2-6 PIA 信号布线到 LAB 的方式

5. I/O 控制块

I/O 控制块允许每个 I/O 引脚单独被配置为输入、输出和双向工作方式。所有 I/O 引脚都有一个三态缓冲器，它的控制端信号来自一个多路选择器，可以选择用全局输出使能信号其中之一进行控制，或者直接连到地(GND)或电源(VCC)上。图 2-7 表示的是 Intel 公司

MAX 7000A 器件的 I/O 控制块，它共有 6 个全局输出使能信号。这 6 个使能信号可来自：两个输出使能信号（OE1、OE2）、I/O 引脚的子集或 I/O 宏单元的子集，并且也可以是这些信号取反后的信号。

当三态缓冲器的控制端接地（GND）时，其输出为高阻态，这时 I/O 引脚可作为专用输入引脚使用。当三态缓冲器控制端接电源 VCC 上时，输出被一直使能，为普通输出引脚。Intel 公司 MAX 7000A 结构提供双 I/O 反馈，其宏单元和 I/O 引脚的反馈是独立的。当 I/O 引脚被配置成输入引脚时，与其相连的宏单元可以作为嵌入逻辑使用。

为降低 CPLD 的功耗，减少其工作时的发热量，Intel 公司 MAX 7000A 系列提供可编程的速度或功率优化，使得在应用设计中，让影响速度的关键部分工作在高速或全功率状态（Turbo Bit 开通），而其余部分则工作在低速或低功率状态（Turbo Bit 断开）。允许用户配置一个或多个宏单元工作在 50%或更低的功率下，而仅需增加一个微小的延时。对于 I/O 工作电压，Intel 公司 MAX 7000A 器件为 3.3V 工作电压，但 I/O 口可通过一个限流电阻与 5V TTL 系统直接相连。

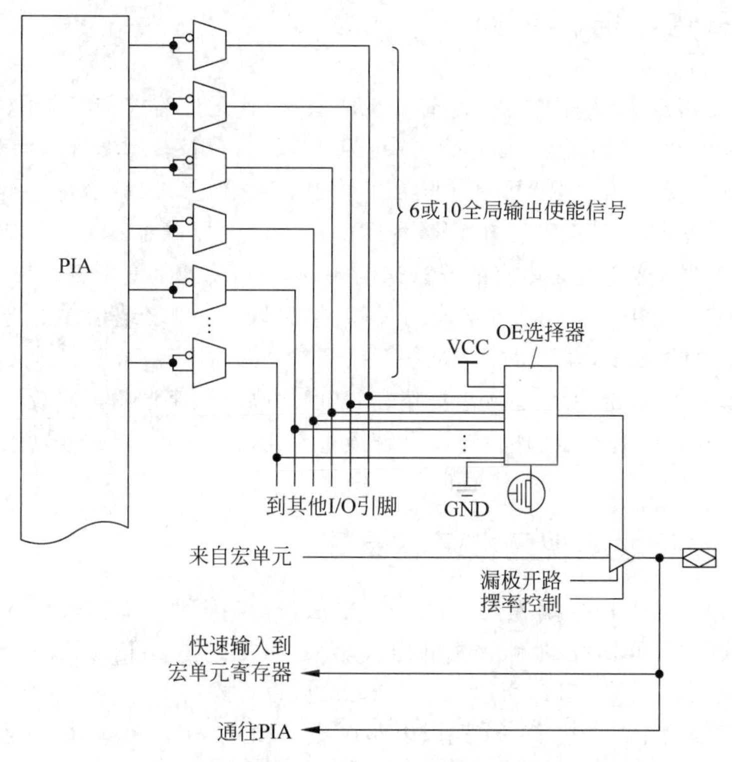

图 2-7　Intel 公司 MAX 7000A 系列器件的 I/O 控制块

Intel 公司 MAX 7000A 器件的每个 I/O 引脚的输出缓冲器都可以调整其输出摆率，每个引脚具有一位 EEPROM 来单独控制摆率（Slew Rate）。所谓摆率就是指逻辑电平（上升沿、下降沿）切换的速度。快摆率可以为高性能系统提供快速电平转换，但同时也更容易引入瞬态噪声；相反，慢摆率使得系统的电平转换相对较慢，好处则是减少引入瞬态噪声。

Intel 公司 MAX 7000A 器件支持多电压 I/O 接口（MultiVolt I/O Interface），即允许 Intel 公司 MAX 7000A 器件连接到具有不同供电电压的系统中。器件具有两套电源引脚 VCC，一套是 VCCINT，用于内部操作和输入缓冲器；另外一套是 VCCIO，用于 I/O 的输出驱动。VCCIO可以接成3.3V或者2.5V,取决于输出的要求。当VCCIO接成2.5V时,则器件的输出电压兼容2.5V系统,而当VCCIO接成3.3V时,则器件的输出电压兼容3.3V和5V系统。但是器件输入电压则总是兼容2.5V、3.3V和5V,即不论VCCIO接成2.5V或是3.3V,器件输入电压可以是2.5V、3.3V和5V任意的情况。内核电压VCCINT则由器件类型决定,对于Intel公司MAX 7000A器件而言,VCCINT接3.3V。

Intel公司MAX 7000A器件为每个I/O引脚提供了漏极开路(Open-Drain,OD)输出选择。(功能相当于集电极开路:Open-Collector。)开漏电路概念中提到的“漏”就是指MOSFET的漏极。这个漏级开路输出,可以实现“线与”逻辑,被多个设备置低。例如:中断、写使能等。一般的用法是会在漏极外部的电路添加上拉电阻。完整的开漏电路应该由开漏器件和开漏上拉电阻组成。任何一个OD门输出为低,则总的输出为低。如果OD门不接上拉电阻,则只能输出低电平/高阻,不能输出高电平。上拉电阻的阻值决定了逻辑电平转换沿的速度。阻值越大,速度越低功耗越小,反之亦然。

2.4 FPGA结构原理

FPGA(现场可编程门阵列),它晚于CPLD出现,其设计需求和工艺技术均发生了变化。早期的GAL以及传统的CPLD,都是基于乘积项的可编程结构,即可编程与阵列和固定的或阵列组成。采用EEPROM和Flash工艺来实现,但其编程次数是受限的。而主流FPGA都采用了基于SRAM工艺的查找表(LUT)结构,可以满足其无限次烧写的需求,很方便通过烧写文件改变查找表内容的方法来实现对FPGA的重复配置。目前也有一些军品和宇航级FPGA采用Flash或者熔丝与反熔丝工艺的查找表结构。由于基于LUT的FPGA具有很高的集成度,其器件密度从数万门到数千万门不等,可以完成极其复杂的时序与逻辑组合逻辑电路功能,所以适用于高速、高密度的高端数字逻辑电路设计领域。FPGA作为ASIC领域中的一种半定制电路,大大缩短了专用集成电路的开发周期。以下介绍最常用的FPGA的基本结构及其工作原理。

2.4.1 查询表实现函数基本原理

FPGA使用了另一种可编程逻辑的形成方法,即可编程的查找表(Look Up Table,LUT)结构,LUT是可编程的最小逻辑构成单元。LUT本质上就是一个RAM。目前FPGA中多使用4输入的LUT,所以每一个LUT可以看成一个有4位地址线的RAM。当用户通过原理图或HDL描述了一个逻辑电路以后,PLD/FPGA开发软件会自动计算逻辑电路的所有可能结果,并把真值表(即结果)事先写入RAM,这样,每输入一个信号进行逻辑运算就等于输入一个地址进行查表,找出地址对应的内容,然后输出即可。

大部分FPGA采用基于静态随机存储器(Static Random-Access Memory,SRAM)的查找表逻辑形成结构,就是用SRAM来构成逻辑函数发生器。一个N输入LUT可以实现N个输入变量的任何逻辑功能。图2-8(a)是4输入LUT的整体符号,其内部结构如图2-8(b)所示。SRAM存储的是真值表的输出逻辑值,而4个输入变量的不同组合通过控制选择器来选择不同的SRAM存储单元值输出,每一种组合对应真值表中的最小项组合,从而实现逻辑函数。

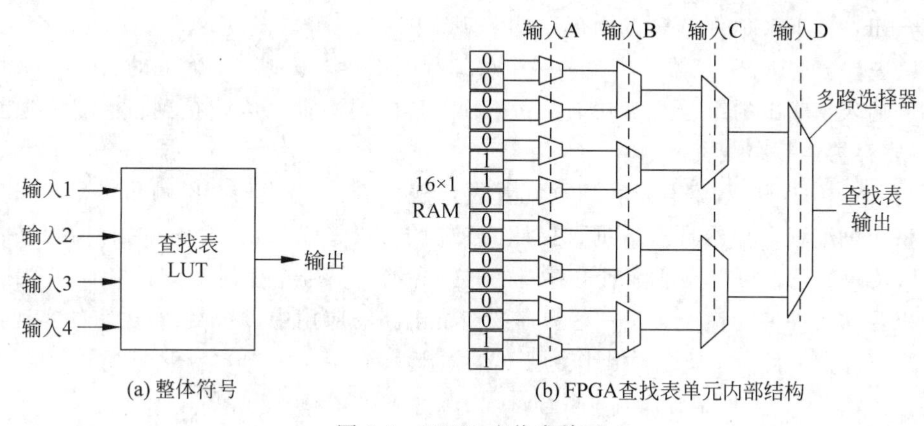

图 2-8 FPGA 查找表单元

一个 N 输入的查找表,需要 SRAM 存储 N 个输入构成的真值表,即需要用 2 的 N 次幂个位的 SRAM 单元。显然 N 不可能很大,否则 LUT 的利用率很低,输入多于 N 个的逻辑函数,必须用数个查找表分开实现。

2.4.2 Cyclone Ⅲ系列器件的结构原理

Cyclone Ⅲ系列器件是 Intel 公司的一款低功耗、高性价比的 FPGA,它的结构和工作原理在 FPGA 器件中具有典型性,下面以此类器件为例,介绍 FPGA 的结构与工作原理。Cyclone Ⅲ系列器件主要由逻辑阵列块(LAB)、嵌入式存储器块、嵌入式硬件乘法器、I/O 单元(IOE)和嵌入式 PLL 等模块构成,在各个模块之间存在着丰富的互连线和时钟网络。器件整体功能图如图 2-9 所示。

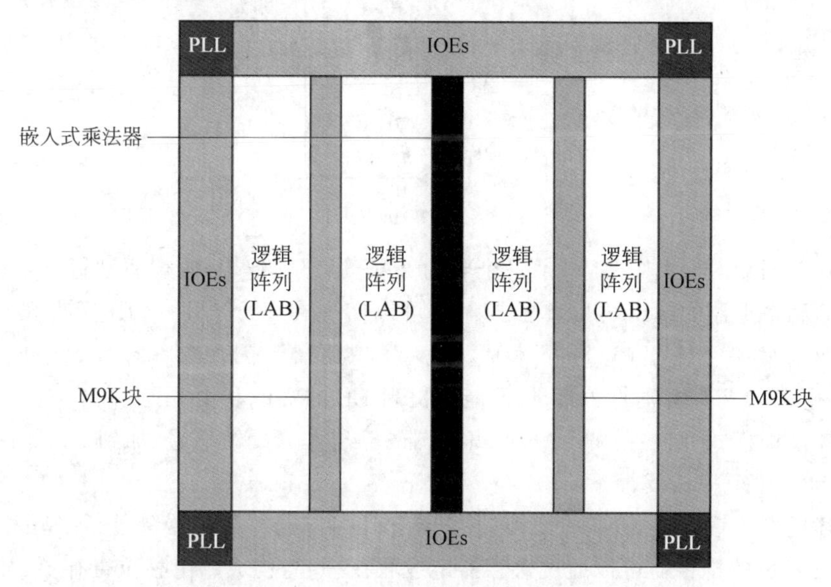

图 2-9 Cyclone Ⅲ 整体功能图

1. LAB

Cyclone Ⅲ系列器件的可编程资源主要来自 LAB,而每个 LAB 都由多个逻辑宏单元 LE(Logic Element)构成。LE 是 Cyclone Ⅲ FPGA 器件的最基本的可编程单元,图 2-10 显示了 Cyclone Ⅲ FPGA 的 LE 的内部结构。观察图 2-10 可以发现,LE 主要由一个 4 输入的 LUT、进位链逻辑、寄存器链逻辑和一个可编程的寄存器构成。4 输入的 LUT 可以完成所有的 4 输入 1 输出的组合逻辑功能。每一个 LE 的输出都可以连接到行、列、直通互连、进位链、寄存器链等布线资源。

每个 LE 中的可编程寄存器可以被配置成 D 触发器、T 触发器、JK 触发器和 RS 寄存器模式。每个可编程寄存器具有数据、时钟、时钟使能、清零输入信号。全局时钟网络、通用 I/O 口以及内部逻辑可以灵活配置寄存器的时钟和清零信号。任何一个通用 I/O 和内部逻辑都可以驱动时钟使能信号。在一些只需要组合电路的应用中,对于组合逻辑的实现,可将该可编程寄存器旁路,LUT 的输出作为 LE 的输出。

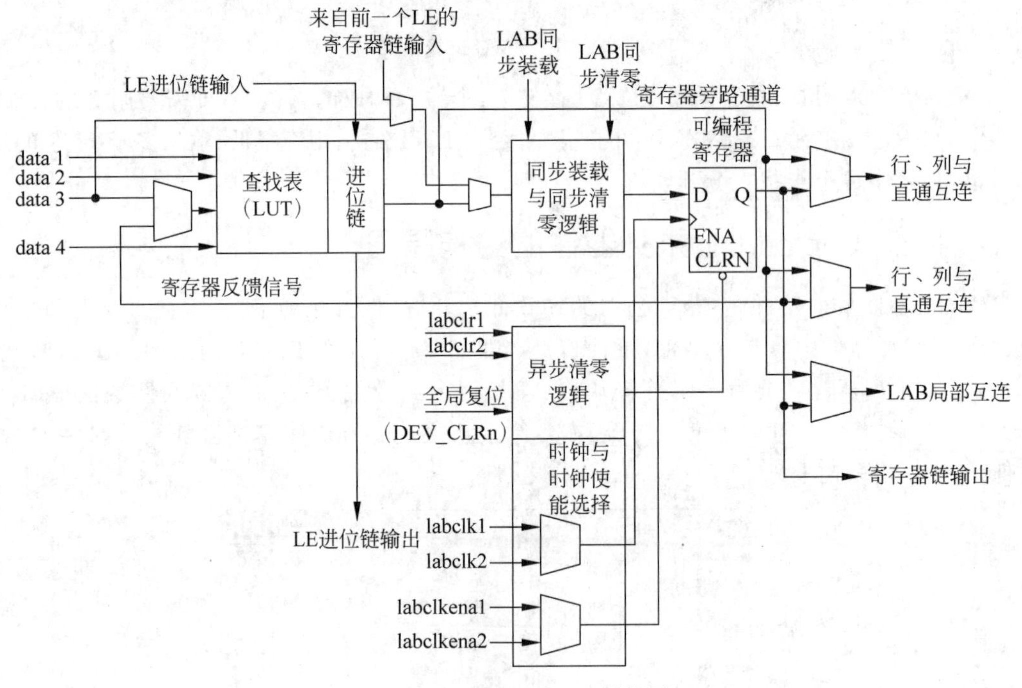

图 2-10 Cyclone Ⅲ LE 结构图

LE 有三个输出驱动内部互连:一个驱动 LAB 局部互连,另两个驱动行、列与直通互连资源,LUT 和寄存器的输出可以单独控制。可以实现在一个 LE 中,LUT 驱动一个输出,而寄存器驱动另一个输出(这种技术称为寄存器打包)。因而在一个 LE 中的寄存器和 LUT 能够用来完成不相关的功能,从而能够提高 LE 的资源利用率。

寄存器反馈模式允许在一个 LE 中寄存器的输出作为反馈信号,加到 LUT 的一个输入上,在一个 LE 中就完成反馈。

除上述的三个输出外,在一个 LAB 中的 LE 还可以通过寄存器链进行级联。在同一个 LAB 中的 LE 里的寄存器可以通过寄存器链级联在一起,构成一个移位寄存器,那些 LE 中的 LUT 资源可以单独实现组合逻辑功能,二者互不相关。

Cyclone Ⅲ的 LE 可以工作在下列两种操作模式:普通模式和算术模式。

在不同的 LE 操作模式下,LE 的内部结构和 LE 之间的互连有些差异,图 2-11 和图 2-12 分别是 Cyclone Ⅲ的 LE 在普通模式和算术模式下的结构和连接图。

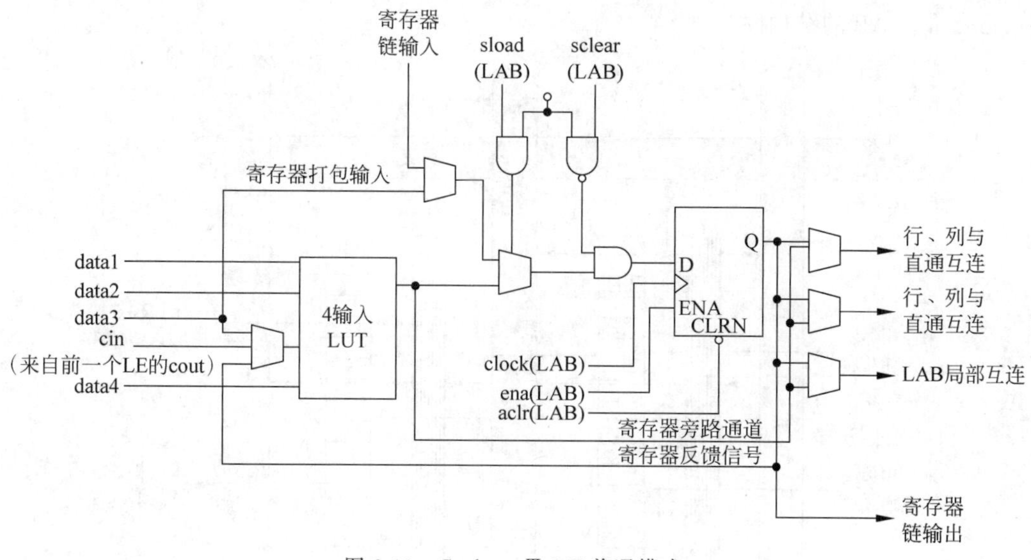

图 2-11 Cyclone Ⅲ LE 普通模式

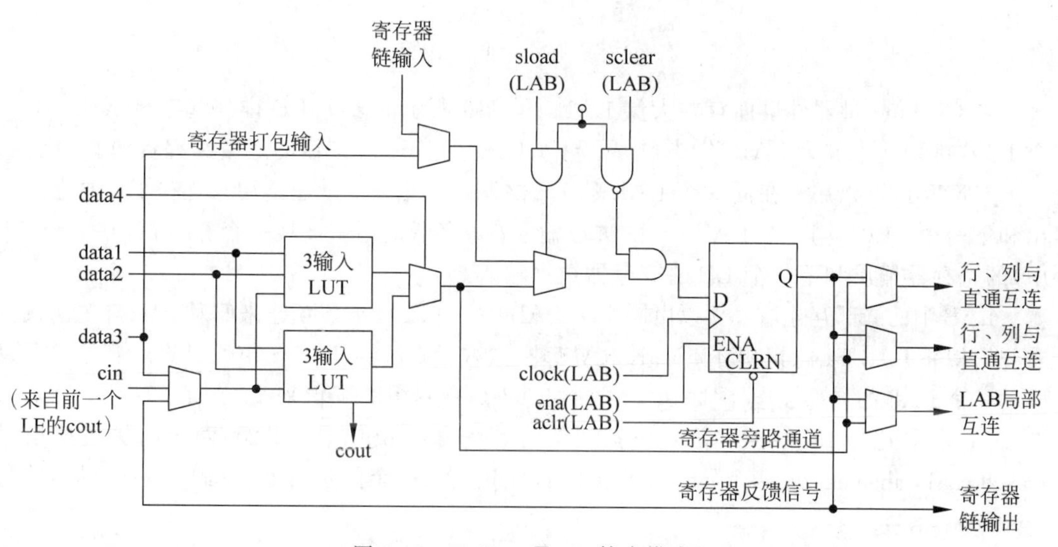

图 2-12 Cyclone Ⅲ LE 算术模式

普通模式下的 LE 适合通用逻辑应用和组合逻辑的实现。在该模式下，来自 LAB 局部互连的 4 个输入(data1～data4)将作为一个 4 输入 1 输出的 LUT 的输入端口。可以选择进位输入(cin)信号或者 data3 信号作为 LUT 中的一个输入信号。每一个 LE 都可以通过 LUT 链直接连接到下一个 LE(在同一个 LAB 中的)。普通模式下的 LE 也支持寄存器打包与寄存器反馈。

在 Cyclone Ⅲ器件中的 LE 还可以工作在算术模式下，在这种模式下，更加适合实现加法器、计数器、累加器和比较器。在算术模式下的单个 LE 内有两个 3 输入 LUT，可被配置成一位全加器和基本进位链结构。其中一个 3 输入 LUT 用于计算，另外一个 3 输入 LUT 用来生成进位输出信号 cout。在算术模式下，LE 支持寄存器打包与寄存器反馈。LAB 是由一系列相邻的 LE 构成的。每个 Cyclone Ⅲ的 LAB 包含 16 个 LE，在 LAB 中、LAB 之间存在着行互连、列互连、直通互连、LAB 局部互连、LE 进位链和寄存器链。图 2-13 是

Cyclone Ⅲ LAB 的结构图。

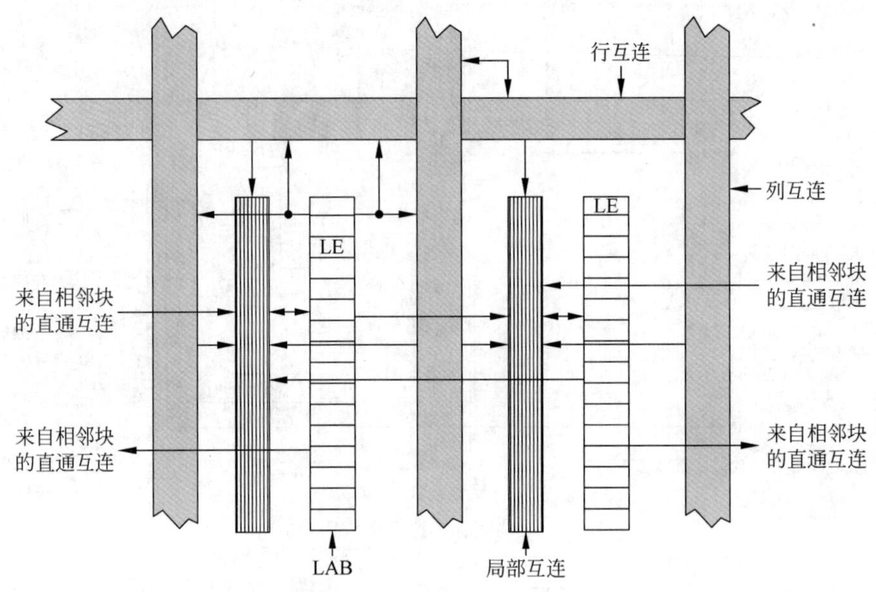

图 2-13 Cyclone Ⅲ LAB 结构

在 Cyclone Ⅲ器件里面存在大量 LAB，图 2-13 所示的多个 LE 排列起来构成 LAB，多个 LAB 排列起来成为 LAB 阵列，构成了 Cyclone Ⅲ FPGA 丰富的逻辑编程资源。

局部互连可以用来在同一个 LAB 的 LE 之间传输信号；进位链用来连接 LE 的进位输出和下一个 LE(在同一个 LAB 中)的进位输入；寄存器链用来连接一个 LE(在同一个 LAB 中)的寄存器输出和下一个 LE 的寄存器数据输入。

LAB 中的局部互连信号可以由同一个 LAB 中的 LE，行与列互连来驱动。来自左侧或者右侧的相邻 LAB、PLL(锁相环)、M9K RAM 块、嵌入式乘法器、IOE 输出通过直通互连也可以驱动一个 LAB 的局部互连(图 2-14)。每个 LAB 都有专用的逻辑来生成 LE 的控制信号，如图 2-15 所示，这些 LE 的控制信号包括两个时钟信号(labclk1，labclk2)、两个时钟使能信号(labclkena1，labclkena2)、两个异步清零(labclr1，labclr2)、一个同步清零(synclr)、一个同步装载(syncload)信号。

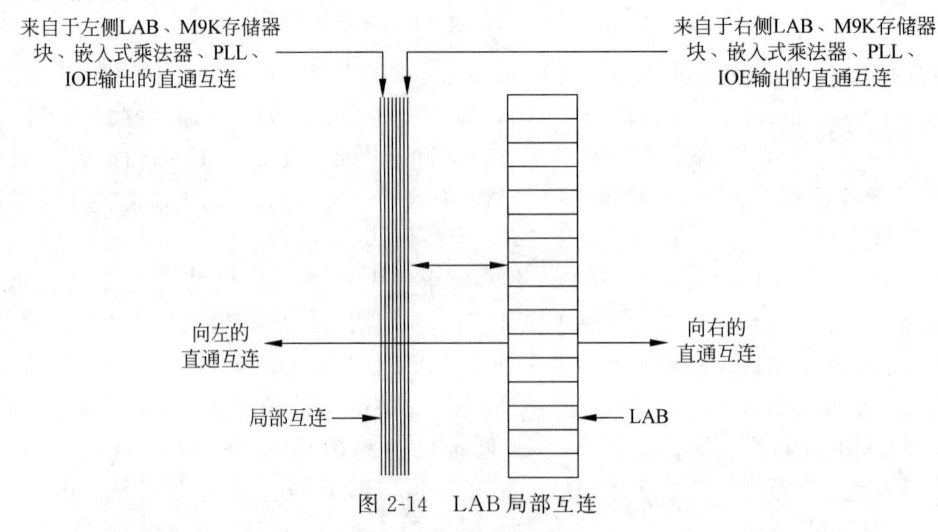

图 2-14 LAB 局部互连

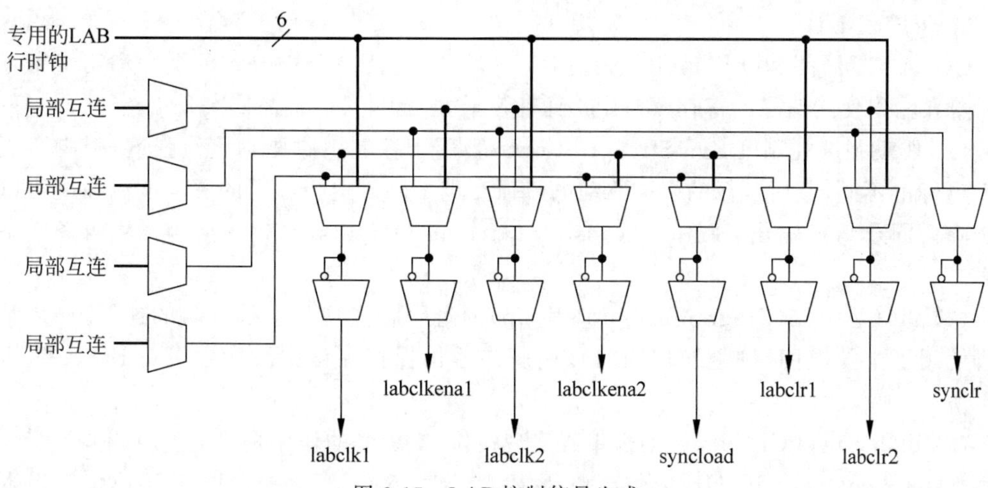

图 2-15　LAB控制信号生成

在 Cyclone Ⅲ FPGA 器件中所含的嵌入式存储器(Embedded Memory)由数十个 M9K 的存储器块构成。每个 M9K 存储器块具有很强的伸缩性,可以实现的功能有 8192 位 RAM(单端口、双端口、带校验、字节使能)、ROM、移位寄存器、FIFO 等。在 Cyclone Ⅲ FPGA 中的嵌入式存储器可以通过多种连线与可编程资源实现连接,这大大增强了 FPGA 的性能,扩大了 FPGA 的应用范围。

在 Cyclone Ⅲ系列器件中还有嵌入式乘法器(Embedded Multiplier),这种硬件乘法器的存在可以大大提高 FPGA 在处理 DSP 任务时的能力。Cyclone Ⅲ系列器件的嵌入式乘法器可以实现 9×9 乘法器或者 18×18 乘法器,乘法器的输入与输出可以选择是寄存的还是非寄存的(即组合输入输出)。可以与 FPGA 中的其他资源灵活地构成适合 DSP 算法的乘加单元(MAC)。

在数字逻辑电路的设计中,时钟、复位信号往往需要同步作用于系统中的每个时序逻辑单元,因此在 Cyclone Ⅲ器件中设置有全局控制信号。由于系统的时钟延时会严重影响系统的性能,故在 Cyclone Ⅲ中设置了复杂的全局时钟网络(图 2-16),以减少时钟信号的传输延时。该器件系列提供了最多 16 个专用时钟输入引脚 CLK[15..0]。全局时钟 GCLK 则具有最小的时钟偏斜和延时,在整个器件内实现时钟驱动。DPCLK 或 CDPCLK 为双功能复用时钟 I/O 输入。另外,在 Cyclone Ⅲ FPGA 中还含有 2～4 个独立的嵌入式锁相环 PLL,可以用来调整时钟信号的波形、频率和相位。

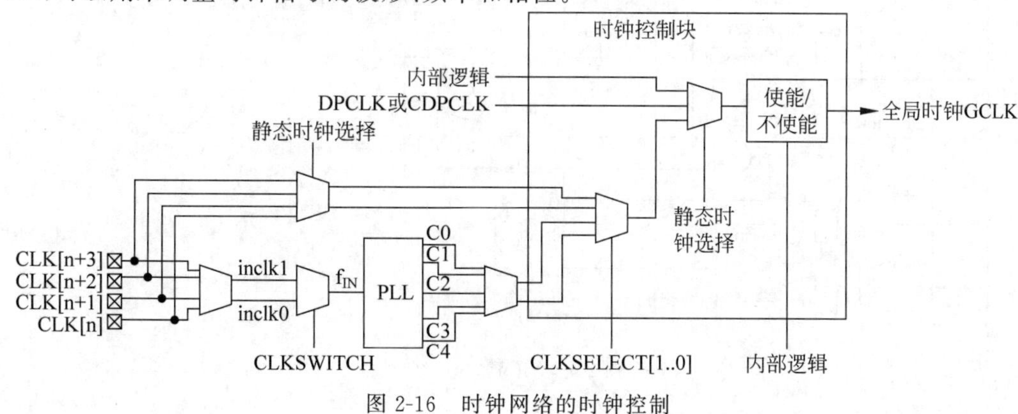

图 2-16　时钟网络的时钟控制

2. 可编程 I/O

Cyclone Ⅲ器件 I/O 单元(IOE)如图 2-17 所示,包括一个双向 I/O 缓冲和用于寄存输入、输出、输出使能信号的寄存器。I/O 具有若干可编程特性,下面依次介绍:

(1) 驱动强度控制(Drive Strength Control)用于控制引脚驱动电流强度,引脚所支持的 I/O 标准不同,其所运行的引脚驱动电流强度也不同。选择不同的驱动电流强度可以有助于降低同步切换输出(Simultaneously Switching Outputs,SSO)的影响,从而降低系统噪声。

(2) 可编程上拉(Programmable Pull Up)通过编程实现与上拉电阻的连接,如果某个引脚使用了上拉电阻,则上拉电阻将该引脚的输出保持在该引脚所在 I/O Bank 的 V_{CCIO} 电平。

(3) PCI 钳位(PCI Clamp)通过编程实现钳位,二极管的作用是保护 I/O 引脚不受电压过载(Overshoot)。当 BANK 内供电电压 V_{CCIO} 为 2.5V、3V、3.3V 时,PCI 钳位二极管可以将电压过载钳位在 DC 或 AC 输入电压规定范围内,钳位电压为供电电压 V_{CCIO} 加上二极管的前向电压。PCI 钳位功能支持 3.3-V LVTTL、3.3-V LVCMOS、3.0-V LVTTL、3.0-V LVCMOS、2.5-V LVTTL/LVCMOS、PCI,或 PCI-X 多种 I/O 标准。

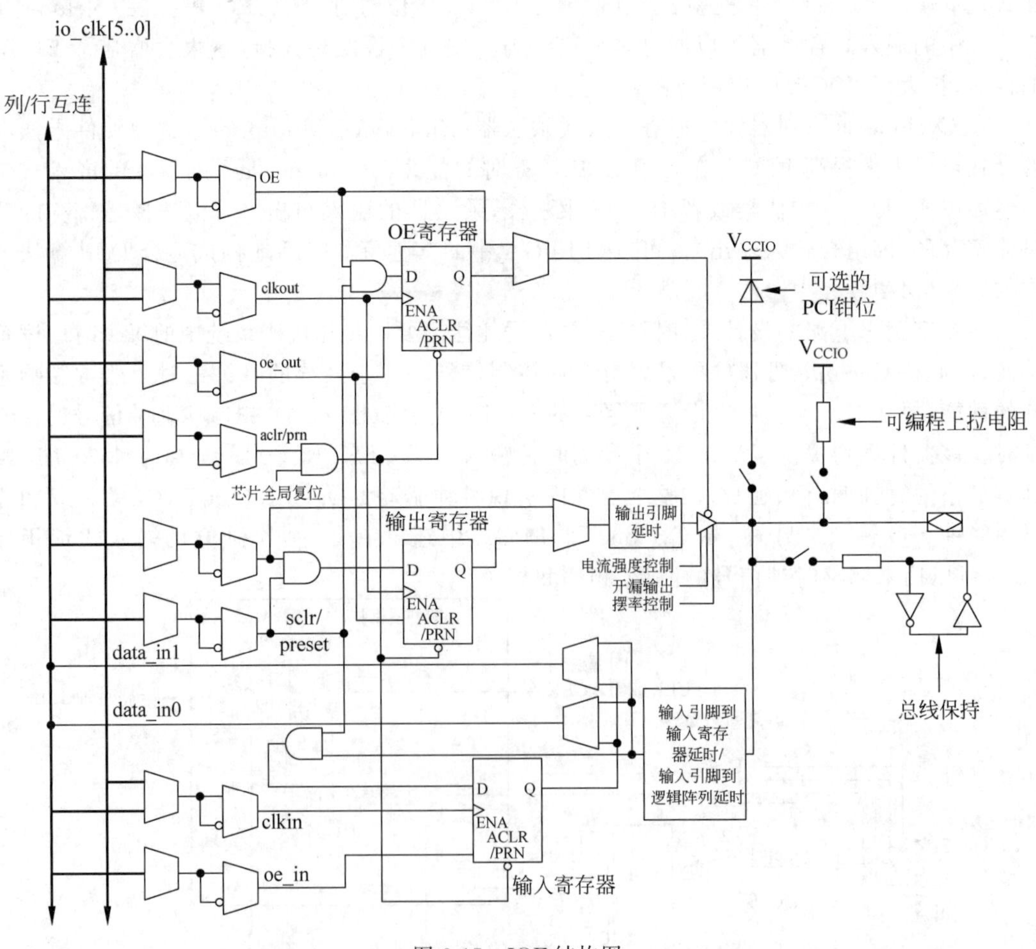

图 2-17 IOE 结构图

(4) 可编程输入延时(Programmble Input Delay)则可以编程控制关键路径上的时间参数,确保零保持时间(Hold Time),最小化建立时间(Setup Time),提高时钟到输出(Clock-to-Output)的时间,延时时钟输入信号。一条路径上,如果某引脚直接驱动寄存器,则要求利用此项功能以确保零保持时间;而如果某引脚通过组合逻辑电路驱动寄存器,则不需要此延时。零保持时间有助于实现与高速数据总线的连接。

(5) 总线保持电路(Bus Hold Circuit)可以使该引脚电平保持在上一次被驱动状态,直到下一个驱动值到来为止。因此,当总线为三态时,不再需要外接上拉/下拉电阻来实现信号保持的功能。总线保持电路还可以将未被驱动的输入引脚上拉至远离输入门限电压,否则,噪声容易引起不需要的高频切换。总线保持输出的电压驱动不会超过 V_{CCIO},以抑制过度驱动信号。总线保持电路只有在配置结束,进入用户状态时才有效。进入用户状态时,它会捕获引脚在配置结束时刻出现在引脚的取值。

Cyclone Ⅲ的I/O支持多种I/O接口,符合多种I/O标准。可以支持差分的I/O标准:诸如LVDS(低压差分串行)和RSDS(去抖动差分信号)、SSTL-2、SSTL-18、HSTL-18、HSTL-15、HSTL-12、PPDS、差分LVPECL,当然也支持普通单端的I/O标准,比如LVTTL、LVCMOS、PCI和PCI-X I/O等,通过这些常用的端口与板上的其他芯片沟通。

Cyclone Ⅲ器件还可以支持多个通道的LVDS和RSDS。Cyclone Ⅲ器件内的LVDS缓冲器可以支持最高达875Mb/s的数据传输速度。与单端的I/O标准相比,这些内置于Cyclone Ⅲ器件内部的LVDS缓冲器保持了信号的完整性,并具有更低的电磁干扰、更好的电磁兼容性(EMI)及更低的电源功耗。

不同的I/O标准下,器件与外电路的接口也不尽相同。图2-18为Cyclone Ⅲ器件的LVDS接口电路(其他I/O标准的接口电路请读者自行查看)。其中图2-18(a)是使用Cyclone Ⅲ器件内部的互补输出缓冲器输出时的点到点LVDS接口。图2-18(b)是使用Cyclone Ⅲ器件内部的双单端输出缓冲器输出时的点到点LVDS接口。

Cyclone Ⅲ系列器件除了片上的嵌入式存储器资源外,可以外接多种外部存储器,比如SRAM、NAND、SDRAM、DDR SDRAM、DDR2 SDRAM等。

Cyclone Ⅲ的电源支持采用内核电压和I/O电压分开供电的方式,I/O电压取决于使用时需要的I/O标准,而内核电压使用1.2V供电,PLL供电2.5V。

Cyclone Ⅲ系列中有一个子系列是Cyclone Ⅲ LS系列,该器件系列可以支持加密功能,使用高级加密标准(Advanced Encryption Standard,AES)加密算法对FPGA上的数据进行保护。

Cyclone Ⅲ器件的I/O口分成若干组,每一组称为一个I/O Bank。如图2-19所示,是Cyclone Ⅲ器件的I/O Bank。Cyclone Ⅲ系列器件的每个I/O Bank具有一 V_{REF} 总线,以适用于不同的电压参考类I/O标准。V_{REF} 总线中的每个引脚作为其对应 V_{REF} 组中的参考源。如果对于某些I/O标准需要使用 V_{REF} 组用于电压参考,则要将该组中的 V_{REF} 引脚连接到合适的电压值上。如果对于某些I/O标准,不需要将I/O Bank中的所有 V_{REF} 组均用于电压参考,则可以将未使用的参考电压组中的 V_{REF} 引脚当作通用的I/O引脚使用。如果在相同I/O Bank中使用多个 V_{REF} 组,则 V_{REF} 引脚必须被连接到相同的电压值,其原因是同一个I/O Bank中所有的 V_{REF} 引脚是短路连在一起的。当 V_{REF} 引脚被当作通用I/O引脚使用时,通常它们具有比通用I/O引脚更高的引脚电容,这将会影响定时分析。不同的系列器件,每个I/O Bank所包含的 V_{REF} 引脚数目不同。

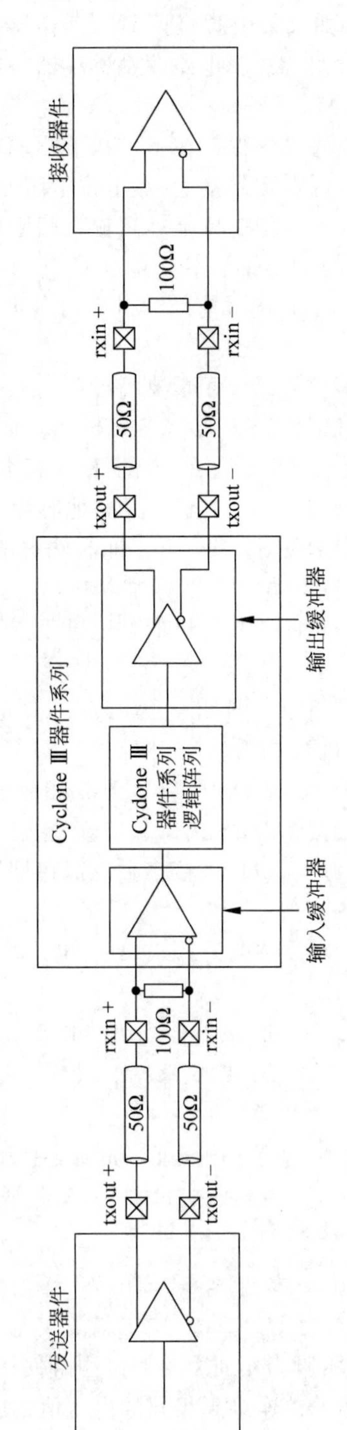

(a) 使用Cyclone Ⅲ 器件内部互补输出缓冲器输出时的点到点LVDS接口

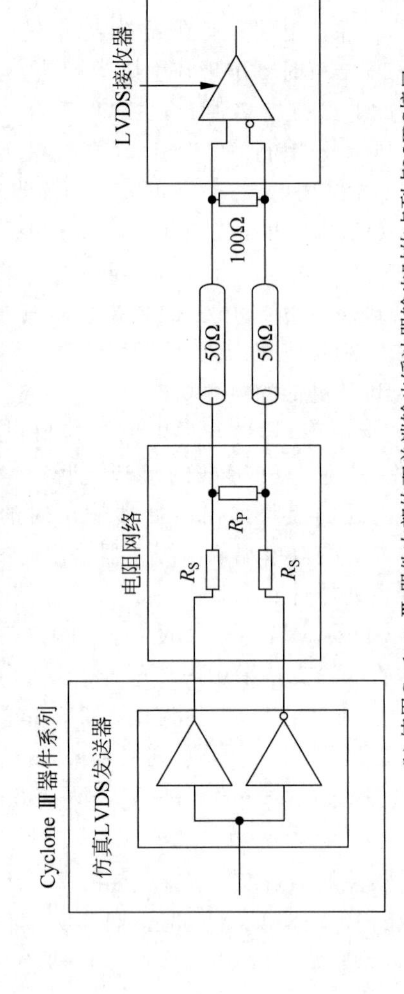

(b) 使用Cyclone Ⅲ 器件内部的双单端输出缓冲器输出时的点到点LVDS接口

图 2-18 LVDS 连接

每个 Bank 仅支持一种 V_{CCIO} 设置，同一 Bank 中的所有 I/O 供电 V_{CCIO} 要相同，各个 Bank 的 I/O 供电 V_{CCIO} 可以不同；但 I/O 供电支持 1.2V、1.5V、1.8V、2.5V、3.0V、3.3V 多种电平标准。只要使用相同的 V_{CCIO} 值，在单个 I/O Bank 中可以支持多个单端或者差分 I/O 标准。对于需要电压参考的 I/O 标准而言，则要求同一个 Bank 中使用相同 V_{REF} 和 V_{CCIO} 值。图 2-19 中央列出的各种单端和差分 I/O 标准几乎在每个 Bank 都是被支持的，但略有不同。

由上可见，I/O Bank 是一组物理位置和特性相近的 I/O 的总称，同一 Bank 的电压基准是一致的，因此，通常如果需要各种不同 I/O 标准电压，可以通过给 Bank 施加不同电压基准来实现多种电平标准的输入输出。通常封装越大，Bank 数量也越多，可以支持电压标准也越多。

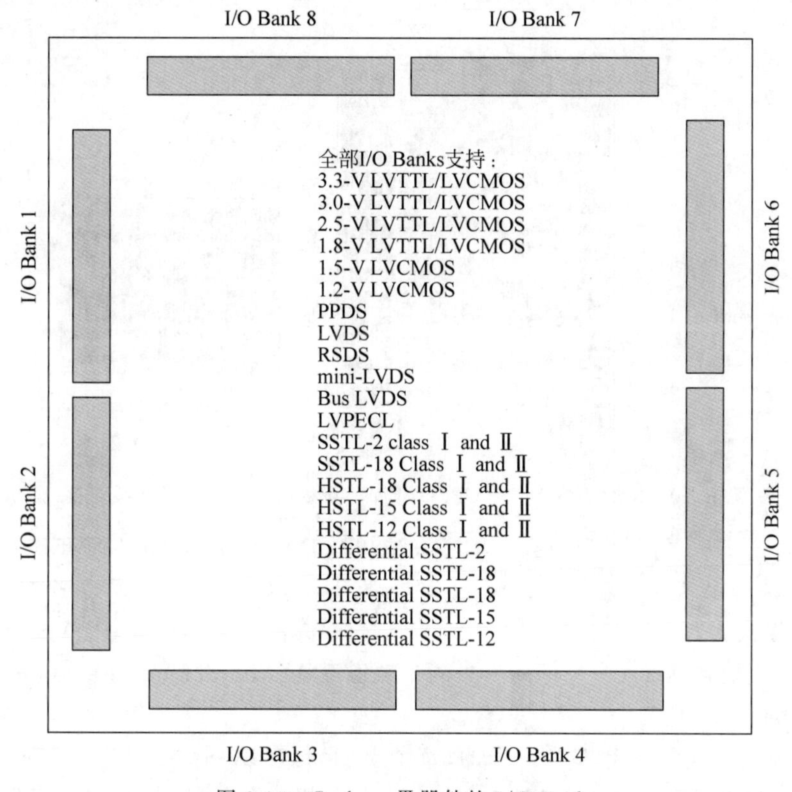

图 2-19 Cyclone Ⅲ器件的 I/O Bank

2.5 新型 CPLD 结构原理

上面传统 CPLD 由于其规模较小，正在慢慢淡出市场。Intel 公司当前流行的 CPLD 产品包括 Intel MAX Ⅱ、Intel MAX IIZ、Intel MAX V 和 Intel MAX 10 系列器件。这些 CPLD 采用了全新的 LUT 架构，摒弃了传统的乘积项和宏单元架构；同时，其布线架构也发生了重要转变，如图 2-20 所示：从传统的全局布线转变成行、列布线。全局布线和乘积项的架构限制了传统 CPLD 的规模，随着 LAB 数目增加，全局布线呈指数级增长，导致全局布线占据了大部分裸片(Die)面积；行、列布线随着 LAB 数目增加呈线性增长，使得裸片尺寸合理。因而 LUT 和行、列布线架构具有更好的资源利用率。基于乘积项和全局布线架构使用宏单元来评估芯片的逻辑容量，而基于 LUT 和行、列布线架构则使用逻辑单元(Logic Element，LE)来评估器件的逻辑容量，不同的逻辑架构和布线架构使得很难直接对器件的逻辑容量进行转换和衡量比较。Intel 公司在 MAX 7000AE 和 MAX Ⅱ 两类不同器件中，分别编译了约 400 个设计，对比它们的逻辑使用量，最终给出经验折算关系，即 1 个宏单元大约相当于 1.3 个 LE，由此可见，LE 的粒度比宏单元的粒度小。

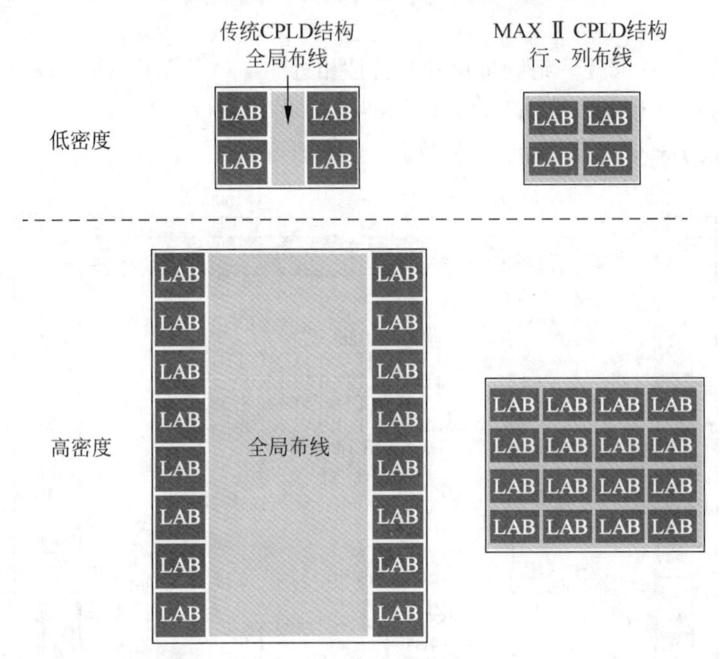

图 2-20　Intel MAX 传统 CPLD 器件和新型 CPLD 器件的布线对比

典型地，Intel MAX V 系列包含 5M40Z、5M80Z、5M160Z、5M240Z、5M570Z、5M1270Z、5M2210Z 主要产品型号。其中 5M40Z 规模最小，包括 40 个 LE，32 个等效宏单元；5M2210Z 规模最大，包括 2210 个 LE，1700 个等效宏单元。Intel MAX V 的整体结构如图 2-21 所示，主要包括 LAB，呈行列分布的多轨道互连(MultiTrack Interconnect)以及 I/O 单元(I/O Elements，IOE)。

LAB 在器件内部呈多行多列分布的，每个 LAB 包含 10 个 LE，LE 是实现用户逻辑的最小单元。多轨道互联在各个 LAB 之间提供了快速颗粒化精细时序延时，LE 之间的快速布线相对全局布线方式，可以提供最小时序延时(Minimum Timing Delay)。

Intel MAX V 具有全局时钟网络，包括 4 个全局时钟信号，为整个器件中所有资源提供时钟信号，也可以将其用作全局控制信号，比如置数、清零(或输出使能)。

每个 Intel MAX V 包括一个 Flash 存储块，其平面图如图 2-22 所示，通常位于左下角。这个 Flash 存储块的大部分作为专用配置 Flash 存储块(Configuration Flash Memory，CFM)使用，CFM 为所有的 SRAM 配置信息提供非易失性存储。在器件加电时，CFM 自动下载配置逻辑，从而实现加电即运行。Flash 存储块的一小部分作为用户 Flash 存储块(User Flash Memory，UFM))使用，可以提供 8192 比特的通用用户逻辑存储。UFM 具有与 LAB 相连的可编程接口，用于数据的读取和写入，并与 3 个 LAB 相邻(此数目随器件型号不同而变化)。

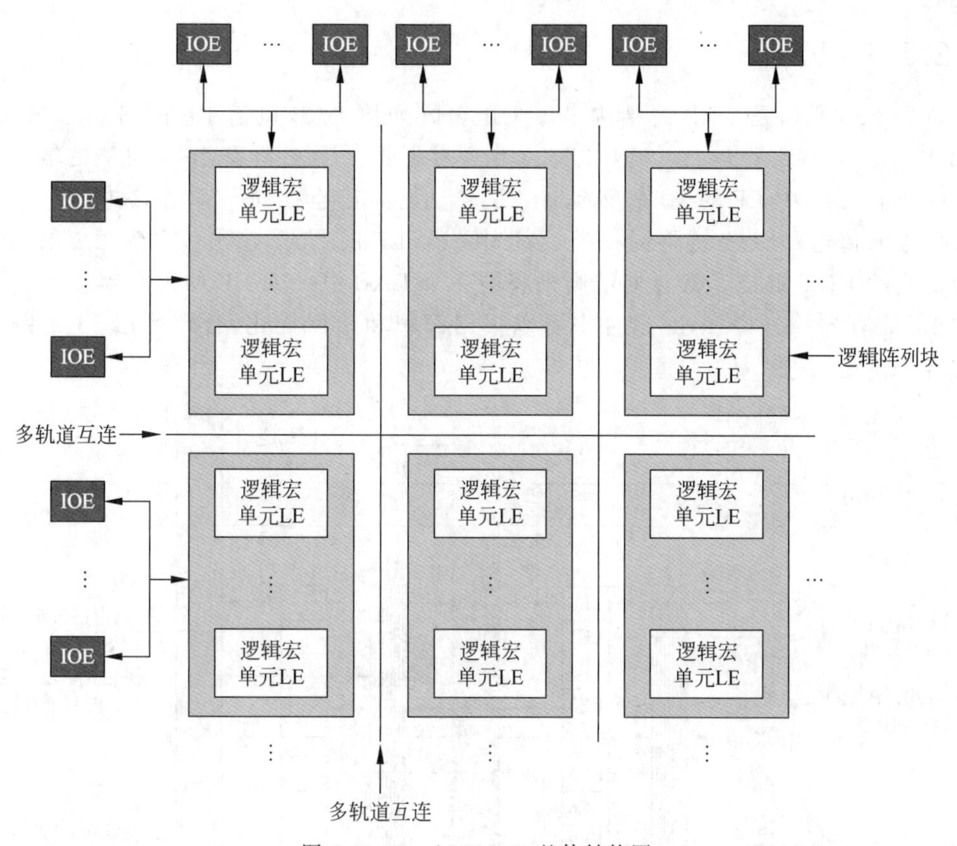

图 2-21　Intel MAX V 整体结构图

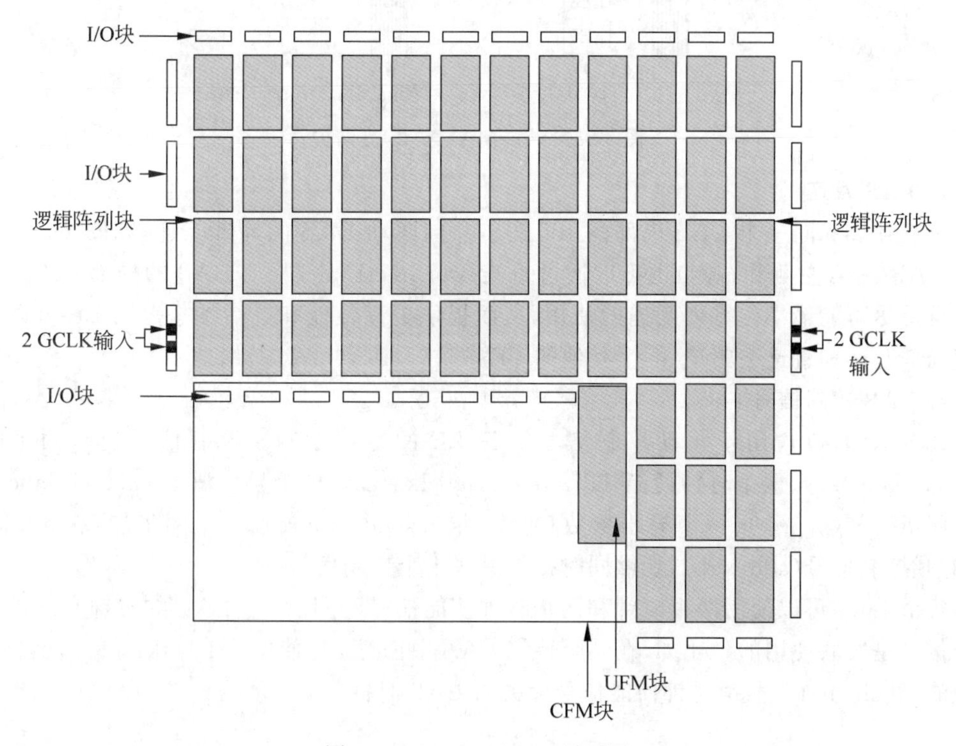

图 2-22　Intel MAX V 平面图

2.5.1 LAB

如图 2-23 所示是 LAB 的结构。每个逻辑阵列块 LAB 包括 10 个 LE、LE 进位链、LAB 控制信号、局部互连、1 个 LUT 链、1 个寄存器链。LAB 具有 26 个可能的输入端和来自同一个 LAB 中 LE 的 10 个反馈输入信号。局部互连在同一个 LAB 中的 LE 之间进行信号的传送。LUT 链将同一个 LAB 中一个 LE 的 LUT 输出传送到相邻的 LE，以实现快速的 LUT 链接。寄存器链则是将同一个 LAB 中一个 LE 的寄存器输出传送到相邻 LE 寄存器；在 Quartus 软件中可以根据面积和速度优化，合理使用 LUT 链和寄存器链。

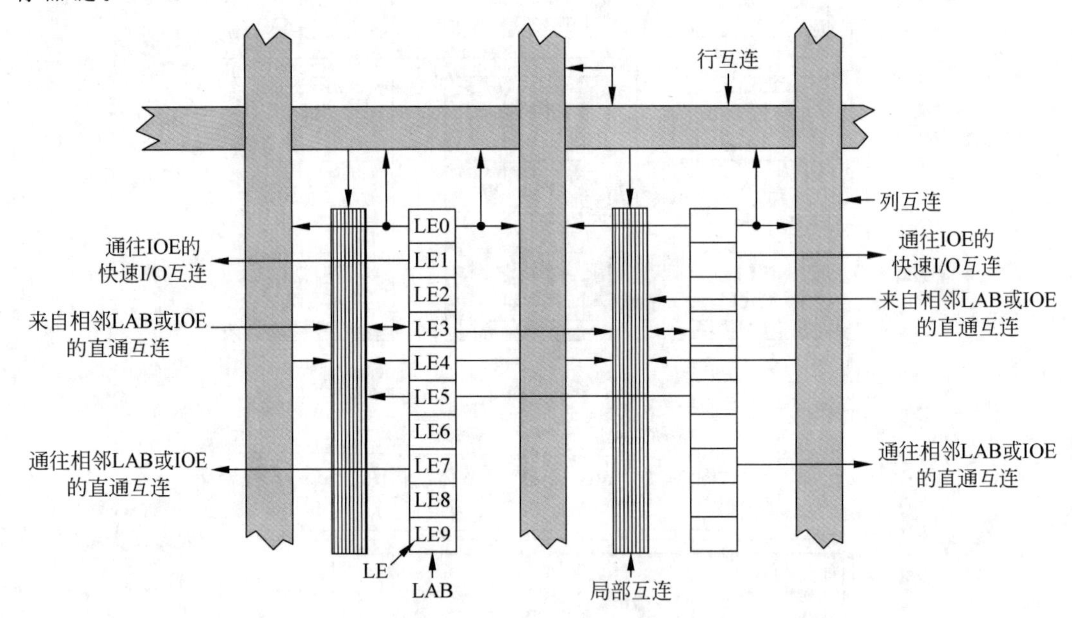

图 2-23 Intel MAX V LAB 结构

1. LAB 互连

行列互连和同一个 LAB 内部的 LE 输出共同驱动 LAB 的局部互连，如图 2-24 所示。相邻 LAB(来自左侧和右侧)也可以通过直连线(DirectLink)驱动 LAB 的局部互连。直连线特点是尽可能最小化行列互连的使用，从而提供更高性能和灵活性。每个 LE 可以通过快速局部互连和直连去驱动 30 个其他的 LE。

2. LAB 控制信号

每个 LAB 包含用于驱动控制信号给各 LE 的专用逻辑。控制信号包括两个时钟(labclk1，labclk2)、两个时钟使能(labclkena1，labclkena2)、两个异步清零(labclr1，labclr2)、一个同步清零(synclr)、一个异步置数/加载(asyncload/labpre)、一个同步加载(syncload)和加/减控制信号(addnsub)，能够同时提供最多十个控制信号。

每个 LAB 可以使用两个时钟和两个时钟使能信号，并且每个 LAB 的时钟和时钟使能两个信号是关联使用的。比如，在某个特定 LAB 中任意 LE 使用了 labclk1 信号，也会使用对应的 labclkena1。撤销时钟使能信号会关断 LAB 时钟。

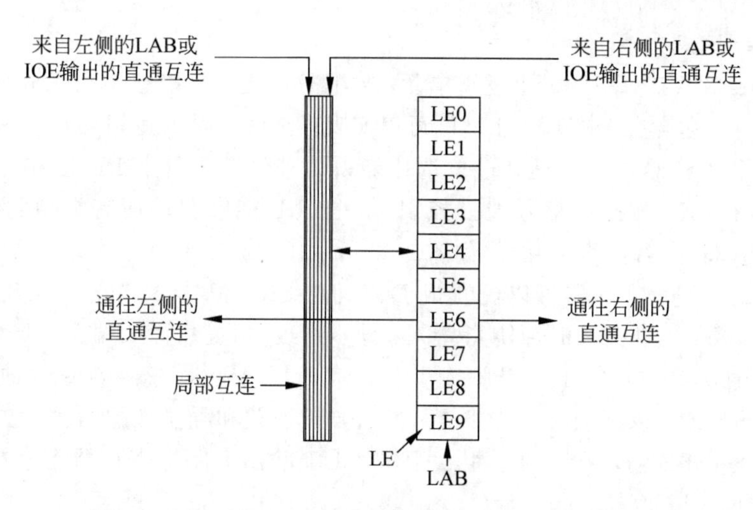

图 2-24　Intel MAX V LAB 阵列间直通(DirectLink)互连

每个 LAB 可以使用两个异步清零信号和一个异步加载/预置数信号。默认情况下，Quartus Ⅱ软件使用“Not gate push-back option”选项(请读者自行查找)来实现预置数(Preset)。如果在软件中未选中该选项，则通过异步加载(Load)信号来实现预置数(Preset)功能，此时加载数据输入保持在高电平 1，完成相应置数功能。

利用 LAB 的 addnsub 控制信号，单个 LE 既可以实现一位加法器，也可以实现一位减法器。该信号节约了 LE 资源，同时提高了像相关器、有符号乘法器这些需要在加法和减法之间不断切换的逻辑函数的性能。

LAB 列时钟[3..0]是由全局时钟网络驱动的，而 LAB 局部互连则产生 LAB 控制信号。多轨道互连(MultiTrack)结构驱动 LAB 局部互连来生成非全局的控制信号。多轨道互连本质的低摆率特点使得时钟和控制信号如同数据信号遍布整个器件。如图 2-25 所示是 LAB 控制信号生成电路。

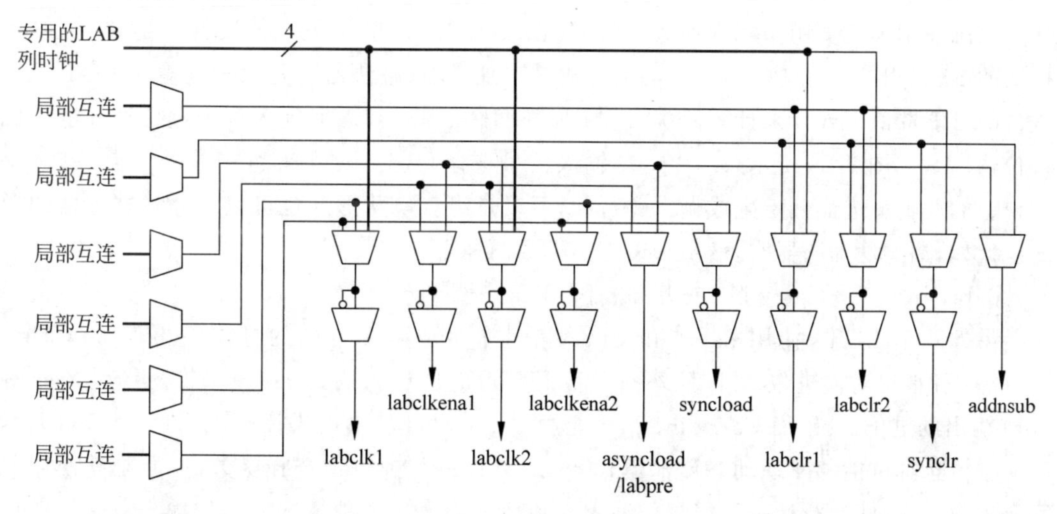

图 2-25　LAB 控制信号

3. 逻辑单元 LE

LE是Intel MAX V中的最小逻辑单元,结构紧凑,提供了能够实现逻辑有效利用的高级特征。每个LE包含一个四输入LUT,可以实现任意四变量的逻辑函数。另外,每个LE包含一个可编程寄存器和一个具有进位选择能力的进位链。单个LE也支持动态一位加法/减法模式,由全LAB控制信号选择控制。每个LE能够驱动所有类型的互连:局部、行、列、LUT链、寄存器链、直通互连,如图2-26所示。

每个LE的可编程寄存器可以配置成D、T、JK、SR触发器操作。每个寄存器具有数据、真正异步加载数据、时钟、时钟使能、清零、异步加载/预置数输入端。全局信号、通用I/O(General Purpose I/O,GPIO)引脚或者任何LE均可驱动寄存器的时钟、清零信号。GPIO引脚或者LE可以驱动时钟使能、预置数、异步加载和异步数据信号。异步加载数据输入来自LE的data3输入端。对于组合逻辑,LUT输出旁路掉寄存器而直接驱动LE输出端,这在业内也叫寄存器打包。

每个LE具有3个布线输出,分别驱动局部、行、列布线资源。LUT或者寄存器输出可以各自独立地驱动这三类布线输出。两个LE输出驱动行/列和直通布线资源,而另外一个输出则驱动局部互连资源。图中配置使得LUT驱动一个输出,而寄存器驱动另外一个输出。寄存器打包(Register Packing)的特点提高了器件利用率,因其可以将寄存器和LUT用于不相关的逻辑实现。另外一项特殊的打包模式是寄存器输出可以反馈到自身LE的LUT输入,这个特点进一步改善了适配(Fitting)能力。

Intel MAX V的LE具有两种工作模式:正常模式和动态算术模式。其中正常模式适用于通用逻辑应用和组合逻辑函数实现。如图2-27所示,在正常模式下,来自于LAB局部互连的4个数据输入进入4输入LUT中,Quartus Ⅱ编译器自动选择进位输入信号(Cin)或者data3作为LUT的一个输入。每个LE利用LUT链连接将其组合逻辑输出直接驱动到LAB的下一个LE。寄存器的异步加载数据来自data3,正常模式下的LE支持寄存器打包。

动态算术模式适用于实现加法器、计数器、累加器、宽奇偶函数、比较器。处于动态算术模式的LE使用四个2输入LUT灵活配成动态加法器/减法器。前两个2输入LUT根据进位的可能取值1或0来计算两次求和;另外两个2输入LUT则为两个进位选择链生成进位输出。如图2-28所示,LAB进位输入信号选择Carry-in0或者Carry-in1链。被选中进位链的逻辑值进而确定生成哪个并行和,可以是组合电路形式也可以是经过寄存器的形式。比如,当实现加法器时,输出和可能是下面两种之一:

data1+data2+Carry-in0 或者 data1+data2+Carry-in1

另外两个LUTs使用data1和data2信号来生成两个可能的进位输出信号(Carry-out):一种情况对应进位为1,另外一种情况则对应进位为0。Carry-in0信号充当Carry-out0输出的进位选择,而Carry-in1信号充当Carry-out1输出的进位选择。

进位选择链能够实现动态算术模式下LE之间的快速进位选择函数,本质是其使用了冗余进位计算,即并行计算可能进位输入0和信号输入1两种情况的进位输出。这一特点使Intel MAX V结构适合实现任意宽度的高速计数、乘法器、奇偶函数和比较器。

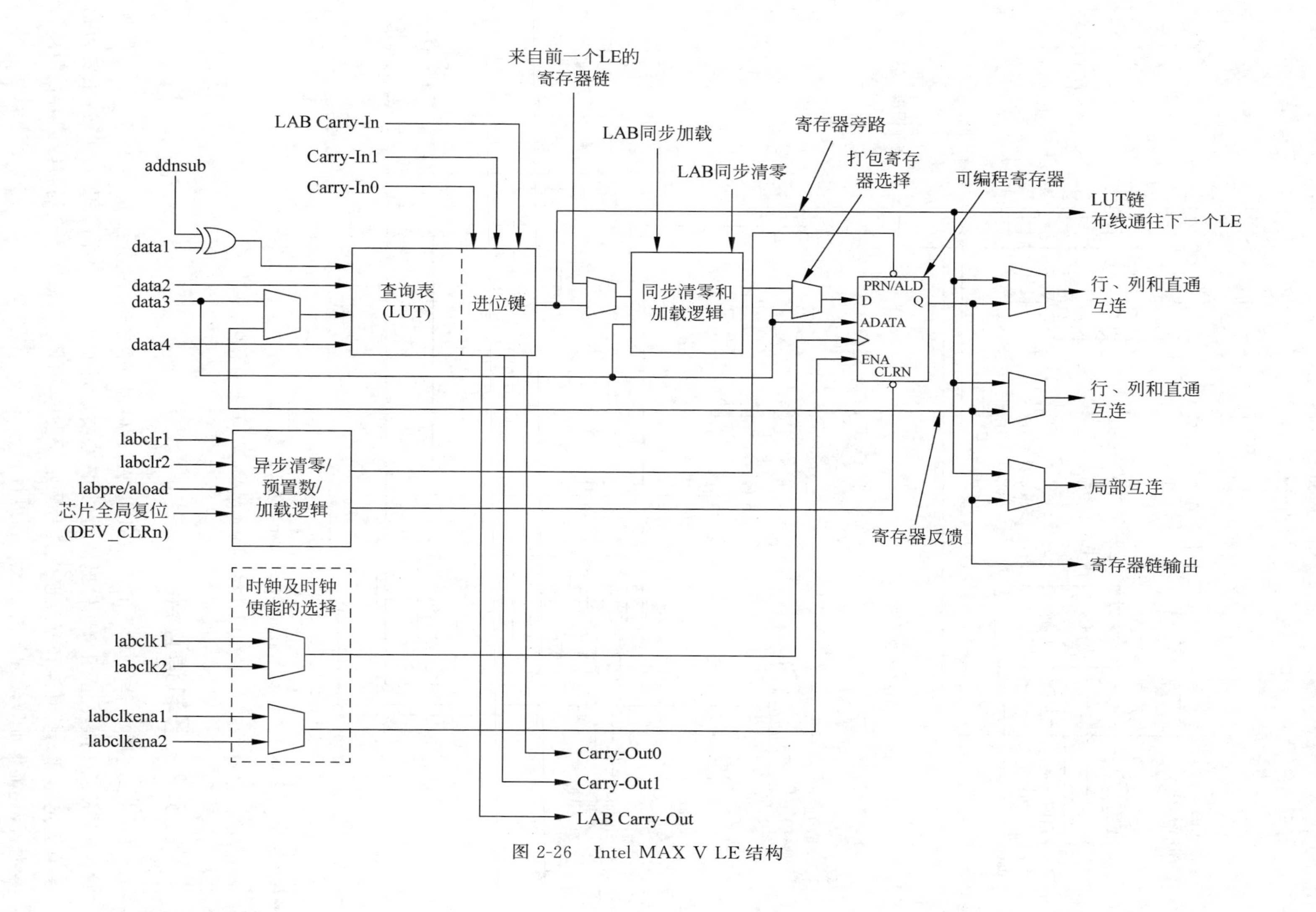

图 2-26 Intel MAX V LE 结构

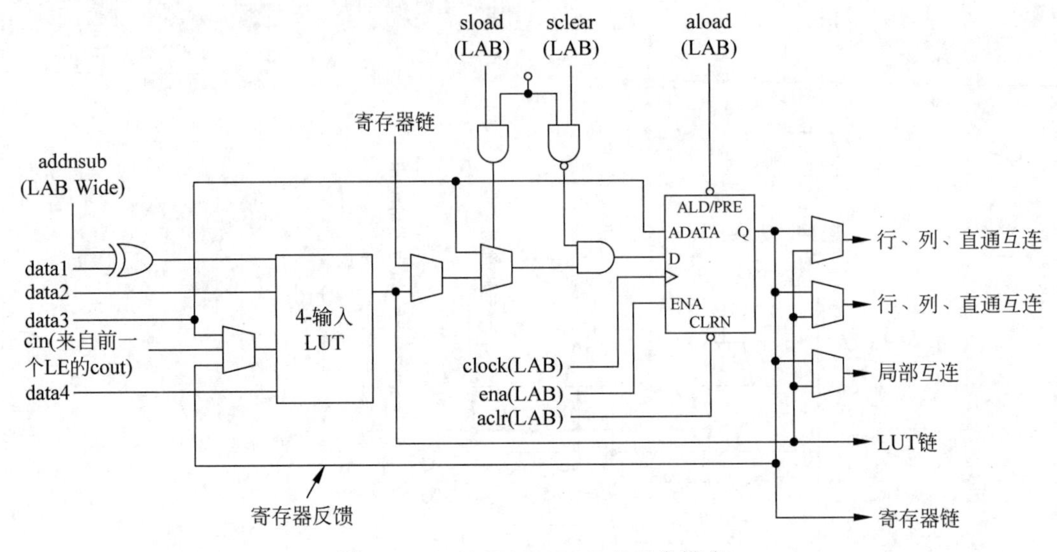

图 2-27 Intel MAX V LE 的正常模式

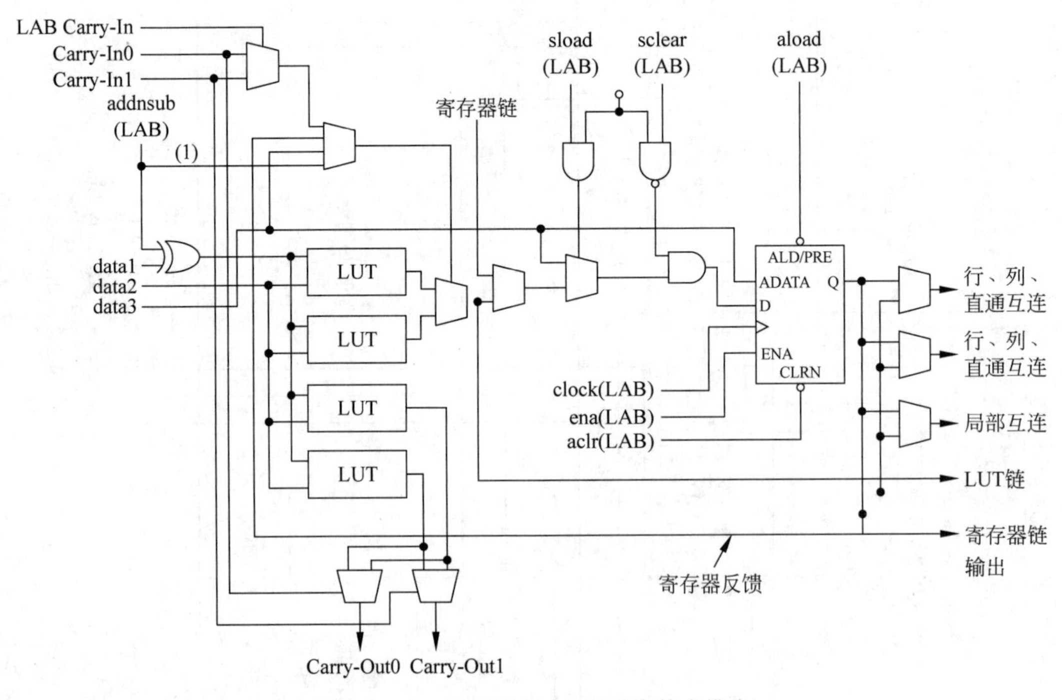

图 2-28 Intel MAX V LE 的动态算术模式

2.5.2 多轨道互连

Intel MAX V 器件的 LE、UFM 以及 I/O 引脚之间的连接是由其多轨道互连(MultiTrack Interconnect)架构提供的，其核心要点是使用多种不同长度的连线，主要包括具有固定跨度的行互连和列互连。具有固定长度的布线结构相对于全局布线或者长距离布线而言，更能保证较短的延时以及可预测性。

行互连资源包括 LAB 之间的直通互连和横跨 4 个 LAB 的 R4 互连。直通互连允许相邻LAB直接快速交流，而不需要经过行互连资源。R4互连能在横跨4个LAB的范围内进行快速连接。列互连资源包括LAB内部的LUT链和寄存器链，以及竖跨4个LAB的C4互连。另外多轨道互连还包括LAB内的局部互连。

2.5.3　可编程I/O块

Intel MAX V器件的外周是I/O块，分行I/O块和列I/O块，其中行I/O块由最多7个IOE组成，列I/O块则由最多4个IOE组成。Intel MAX V的IOE包括一个双向I/O缓冲器，如图2-29所示。I/O具有若干可编程特性，其中驱动强度控制(Drive Strength Control)用于控制引脚驱动电流强度，可编程上拉(Programmable Pull Up)通过编程实现与上拉电阻的连接，PCI钳位(PCI Clamp)通过编程实现钳位，其目的均是适应不同的I/O标准。可编程输入延时(Programmble Input Delay)则是为实现更快的I/O连接，施密特触发输入(Schmitt Trigger)的重要作用是防止输入端缓慢变化的噪声，以免发生振荡之后进入设计逻辑。总线保持电路(Bus Hold Circuit)可以使该引脚电平保持在上一个被驱动状态，直到下一个驱动值到来为止。

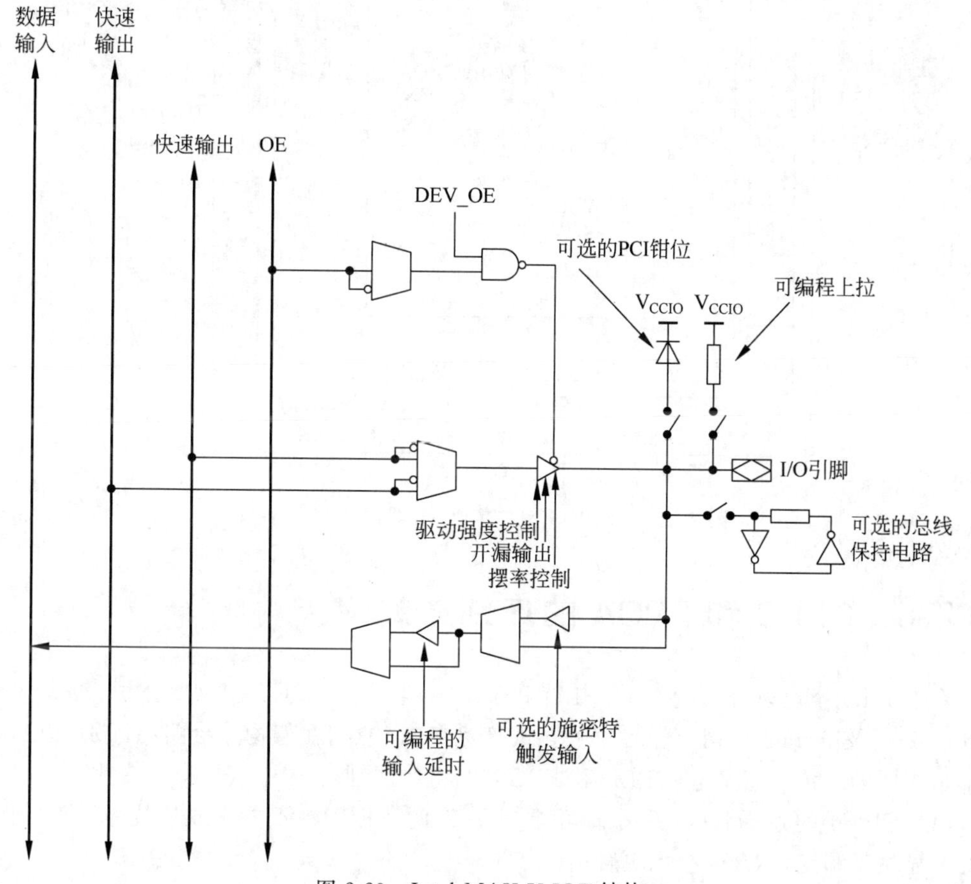

图2-29　Intel MAX V IOE结构

Intel MAX V器件支持多种I/O标准，型号不同，具体支持的I/O标准也不同：LVTTL、LVCMOS、LVDS和RSDS。不同的I/O标准，其输出的供电电压不同，也即V_{CCIO}不同。另外，有些电压标准要求单端输出，有些则要求差分双端输出。

Intel MAX V 器件支持多电压 I/O 接口(MultiVolt I/O Interface),即允许器件与具有不同供电电压的系统相连接。电压等级涉及 1.2V、1.5V、1.8V、2.5V、3.3V、5V。

Intel MAX V 器件的 I/O 口分成了不同组数,每一组称为一个 I/O Bank。如图 2-30 所示,是 5M1270Z 和 5M2210Z 器件的 I/O Bank。同一个 Bank 中的所有 I/O 供电相同,各个 Bank 的 I/O 供电可以不同,I/O 供电支持 1.2V,1.5V,1.8V,2.5V,3.0V,3.3V 多种电平标准。具体的可根据该 Bank 上的 I/O 功能确定,如某个 I/O Bank 上连接的是 DDR2 存储器,则该 I/O Bank 的供电要求为 1.8V。若某 I/O Bank 被确定为使用 LVDS 功能,则该 I/O Bank 的供电需要被配置为 2.5V。I/O 供电在器件中被标注为 VCCIOx,其中 x 为 I/O Bank 编号。

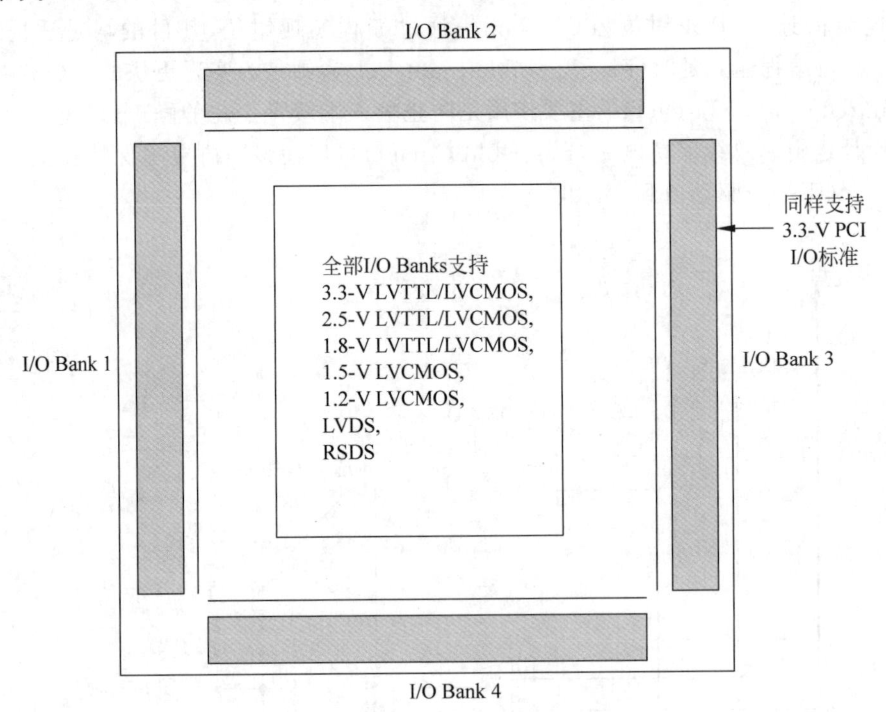

图 2-30 5M1270Z 和 5M2210Z 器件的 I/O Bank

2.6 CPLD 和 FPGA 的区别与趋同

除了 Intel 公司以外,主要的 CPLD 和 FPGA 生产厂商还有 AMD 公司、Actel 公司、Lattice 公司及 Atmel 公司等。各家公司的产品各有特点,在架构上会略有区别,但基本原理都是相同的。传统意义上,CPLD 和 FPGA 的主要区别:

(1) CPLD 的逻辑阵列更适合可重复编程的 EEPROM 或 Flash 技术来实现。而 FPGA 显然是利用 SRAM 技术更合适。

(2) 由于是 EEPROM 或者 Flash 工艺决定了 CPLD 是有一定的擦写次数限制的。而 FPGA 在实际使用中几乎可以是无配置次数限制。

(3) CPLD 由于采用的是 EEPROM 或者 Flash 工艺,所以配置掉电后不丢失,也就不需要外挂配置芯片。而 FPGA 采用的是 SRAM 工艺,配置在掉电后就没有了,因此需要一个外部配置芯片。

(4) CPLD的安全性更高。由于配置芯片的存在,FPGA的保密性就会比CPLD略差。逻辑数据有可能被读取(当然FPGA芯片会有一定的加密措施)。

(5) CPLD由于不需要上电重新配置,所以上电后可以马上工作。而FPGA上电后需要配置时间,逻辑量的大小配置方式的区别也会影响配置时间的长短。

(6) 由于CPLD的连续式布线结构,决定了它的时序延时是均匀和固定的。而FPGA采用的分段式布线结构造成了延时不固定。

(7) 由于工艺难度的差异,CPLD一般集成度较低,大多为几千门或几万门的芯片规模,做到几十万门已经很困难。而FPGA基于SRAM工艺,集成度更高,可以轻松做到几十万门甚至几百万门的芯片规模,最新的FPGA产品已经接近千万门的规模。

(8) 同样由于结构的差异,CPLD更适合完成的是复杂的组合逻辑,如编、译码的工作。而FPGA更适合做复杂的时序逻辑。换句话说,就是FPGA更适合触发器丰富的逻辑结构,CPLD适合于触发器有限但是乘积项丰富的逻辑结构。

(9) 也是由于工艺的原因,一般CPLD会比FPGA的功耗高。

当然以上只是传统CPLD和FPGA通常意义上的区别,技术是在不断发展中的,这些差异也不能一概而论。随着技术的发展,CPLD和FPGA也在不断地更新当中。但是新出的MAX Ⅱ系列和MAX V系列及MAX 10系列CPLD则从根本上模糊了CPLD和FPGA的区别。虽然Intel公司仍然将它们作为CPLD推广,因为它们仍然保留了CPLD的架构,包括非易失性配电电路集成在芯片中,从而使用时具有CPLD加电即运行的特点。但是其内部结构已经完全是与FPGA相同,最小单元也变成了LUT,宏单元已经消失不见了。可以认为Intel公司将这几个系列的CPLD更改为FPGA(小型),这一更改或许代表着未来CPLD的发展,即后续市场上或将不再有CPLD。也许以后只剩下名字的区别,两者会统一成一类器件,或者又会出现更新的技术作为替代。无论技术如何演进,对于工程师而言,由于采用自顶向下的设计方法,在设计阶段二者没有区别。另外,随着电路设计规模越来越大,动不动都是上万个或者几十万个甚至上百万个规模,这种规模下,因其资源太少,CPLD根本不会被考虑的。

2.7 编程与配置

2.7.1 配置方式

1. FPGA配置方式

Intel公司的FPGA系列历经多年的发展,已经形成了一条比较齐全的FPGA产品线。随着新器件的出现,Intel公司在保持传统配置方式的同时,也增加了一些新的配置方式,如配置速度的提高、容量的增大,以及远程升级等,以满足新的需求。

总的说来,根据FPGA在配置电路中的角色,其配置数据可以使用以下三种方式载入(Download)到目标器件中:

(1) FPGA主动(Active)方式;

(2) FPGA被动(Passive)方式;

(3) JTAG方式。

在FPGA主动方式下，由目标FPGA来主动输出控制和同步信号（包括配置时钟）给Intel专用的一种串行配置芯片（EPCS1和EPCS4等），在配置芯片收到命令后，就把配置数据发到FPGA，完成配置过程。

要注意的是：Intel公司FPGA所支持的主动方式，只能够与Intel公司提供的主动串行配置芯片（EPCS系列）配合使用，因此Intel将这种配置方式称为主动串行AS（Acitve Serial）模式。这种配置模式只有在Stratix Ⅱ和Cyclone系列的器件中支持。

在被动方式下，由系统中的其他设备发起并控制配置过程。这些设备可以是Intel公司的配置芯片（EPC系列），或者是单板上的微处理器、CPLD等智能设备。FPGA在配置过程中完全处于被动地位，只是输出一些状态信号来配合配置过程。

被动方式具体细分下来，有许多种模式，包括被动串行PS（Passive Serial）、快速被动并行FPP（Fast Passive Parallel）、被动并行同步PPS（Passive Parallel Synchronous）、被动并行异步PPA（Passive Parallel Asynchronous），以及被动串行异步PSA（Passive Serial Asvnchronous）。

PS（被动串行）：所有的Intel公司FPGA都支持这种配置模式。支持由Intel公司的下载电缆、Intel公司的增强型配置器件（EPC4、EPC8和EPC16）和配置器件（EPC1441、EPC1和EPC2），或者是智能主机（如微处理器和CPLD）来配置。在做PS配置时，FPGA配置数据从存储器中读出，写入到FPGA的DATA[0]接口上。这些存储器可以是Intel公司配置器件或者单板上的其他Flash器件。数据由DCLK时钟信号引脚的上升沿打入FPGA，每一个DCLK时钟周期输入1比特数据。

FPP（快速被动并行）：这种配置模式只有在Stratix系列和APEX Ⅱ中支持。支持由Intel公司的增强型配置器件（EPC4、EPC8和EPC16）或者是智能主机（如微处理器和CPLD）来配置。在做FPP配置时，FPGA配置数据从存储器中读出，写入到FPGA的DATA[7..0]并行输入接口上。这些存储器可以是Intel公司配置器件或者单板上的其他Flash器件。数据由DCLK时钟信号引脚的上升沿打入FPGA，每一个DCLK时钟周期输入1字节数据，因此这种模式配置速度较快。

PPA（被动并行异步）：这种配置模式在Stratix系列、APEX Ⅱ、APEX 20K、Mercury、ACEX 1K和FLEX 10K中支持。可以由智能主机（如微处理器和CPLD）来支持这种配置模式，这时FPGA被配置控制器当成一个异步的存储器。在做PPA配置时，FPGA配置数据从存储器中读出，写入到FPGA的DATA[7..0]并行输入接口上。这些存储器可以是单板上的其他存储器件，如Flash器件。因为配置过程是异步的，所以整个配置过程是由一些异步控制信号来控制。

PPS（被动并行同步）：这种配置模式只有一些较老的器件支持，像APEX 20K、Mercury、ACEX 1K和FLEX 10K。可以由智能主机（如微处理器）来支持这种配置模式。在做PPS配置时，FPGA配置数据从存储器中读出，写入到FPGA的DATA[7..0]并行输入接口上。这些存储器可以是单板上的其他存储器件，如Flash器件。在第一个DCLK时钟信号的上升沿处，将1字节的数据锁存到FPGA中，然后由随后的8个DCLK时钟的下降沿将该字节数据一位一位移入到FPGA中。这种配置模式虽然是并行的，但是实际上配置速率较低，因此不推荐使用。

PSA（被动串行异步）：这种配置模式只有在FLEX6000器件中支持。可以由智能主机（如微处理器和CPLD）来支持这种配置模式。在做PSA配置时，FPGA配置数据从存储器中读出，写入到 FPGA 的 DATA[0]接口上。这些存储器可以是单板上的其他存储器件，如 Flash 器件。因为配置过程是异步的，所以整个配置过程是由一些异步控制信号来控制。

JTAG 是 IEEE 1149.1 边界扫面测试的标准接口。绝大多数的 Intel 公司 FPGA 都支持由 JTAG 口进行配置，并支持 JAM STAPL 标准。从 JTAG 接口进行配置可以使用 Intel 公司的下载电缆，通过 Quartus Ⅱ工具下载，也可以采用智能主机(Intelligent Host)，如微处理器来模拟 JTAG 时序进行配置。

不同的 Intel 公司 FPGA 系列所支持的配置方式不尽相同，如表 2-5 所示。

表 2-5　Intel 公司 FPGA 系列的配置方式

配置方案	器件系列									
	Stratix Ⅱ	Stratix, Stratix GX	Cyclone Ⅱ	Cyclone	APEX Ⅱ	APEX 20K, APEX 20KE, APEX 20KC	Mercury	ACEX 1K	FLEX 10K, FLEX 10KE, FLEX 10KA	FLEX 6000
被动串行(Passive Serial,PS)	√	√	√	√	√	√	√	√	√	√
主动串行(Active Serial,AS)	√		√	√						
快速被动并行(Fast Passive Parallel,FPP)	√	√			√					
被动并行同步(Passive Parallel Synchronous,PPS)						√	√	√	√	
被动并行异步(Passive Parallel Asynchronous,PPA)	√	√			√	√	√	√	√	
被动串行异步(Passive Serial Asynchronous,PSA)	√									
边界扫描测试(Joint Test Action Group,JTAG)	√	√	√	√	√	√	√	√	√	仅支持 JTAG 边界扫描测试

2. FPGA 配置过程

在 FPGA 正常工作时，配置数据存储在 SRAM 单元中，这个 SRAM 单元也被称为配置存储器(Configuration RAM)。由于 SRAM 是易失性的存储器，因此 FPGA 在上电之后，外部电路需要将配置数据重新载入到片内的配置 RAM 中。在芯片配置完成之后，内部的寄存器以及 I/O 引脚必须进行初始化(Initialization)。等到初始化完成以后，芯片才会按照用户设计的功能正常工作，即进入用户模式。

如图 2-31 所示显示了 Intel 公司 FPGA 配置周期的波形。从图中可以清楚地看到 FPGA 上电以后首先进入配置模式(Configuration)，在最后一个配置数据载入到 FPGA 以后，进入初始化模式(Initialization)，在初始化完成以后，随即进入用户模式(User-Mode)。在配置模式和初始化模式下，FPGA 的用户 I/O 处于高阻态(或者内部弱上拉状态)，当进入用户模式下，用户 I/O 就将按照用户设计的功能工作。

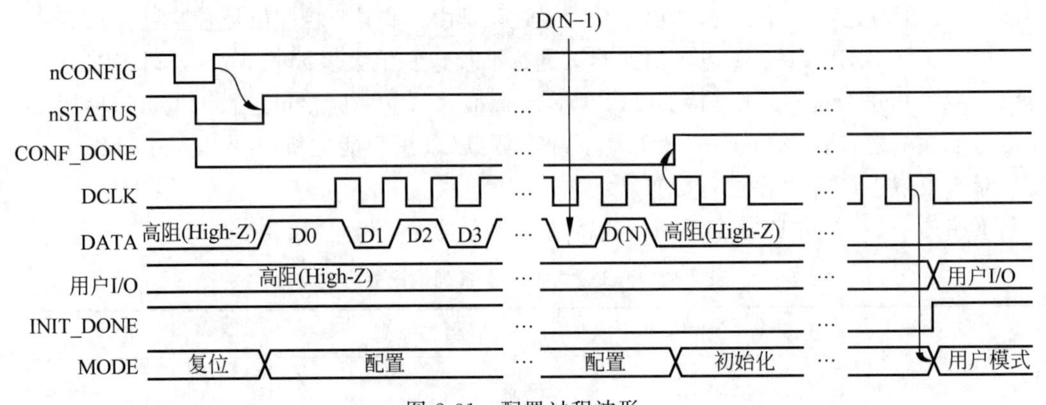

图 2-31　配置过程波形

下面将以图 2-31 中所示的同步配置波形为例，说明 Intel 公司 FPGA 配置的全过程。

一个器件完整的配置过程将经历复位、配置和初始化三个过程。FPGA 正常上电后，当其 nCONFIG 引脚被拉低时，器件处于复位状态。这时所有的配置 RAM 内容被清空，并且所有 I/O 处于高阻态。FPGA 的状态引脚 nSTATUS 和 CONF_DONE 引脚也将输出为低。当 FPGA 的 nCONFIG 引脚上出现一个从低到高的跳变以后，配置就开始了，同时芯片还会去采样配置模式(MSEL)引脚的信号状态，决定接收何种配置模式。随之，芯片将释放漏极开路(Open-Drain)输出的 nSTATUS 引脚，使其由片外的上拉电阻拉高。这样，就表示 FPGA 可以接收配置数据了。在配置之前和配置过程中，FPGA 的用户 I/O 均处于高阻态。而在一些器件中，如 Stratix 系列、Cyclone 系列、APEX Ⅱ、APEX 20K、Mercury、ACEX 1K 和 FLEX 10K 器件，用户 I/O 在配置前和配置中，内部带有可选的弱上拉电阻，大小通常为几万欧姆。

在接收配置数据的过程中，配置数据由 DATA 引脚送入，而配置时钟信号由 DCLK 引脚送入，配置数据在 DCLK 的上升沿被锁存到 FPGA 中。当配置数据被全部载入到 FPGA 中以后，FPGA 上的 CONF_DONE 信号就会被释放，而漏极开路输出的 CONF_DONE 信号同样将由外部的上拉电阻拉高。因此，CONF_DONE 引脚的从低到高的跳变意味着配置的完成，初始化过程的开始，而并不是芯片开始正常工作。

INIT_DONE 是初始化完成的指示信号，它是一个 FPGA 中可选的信号，可以通过 Quaruts Ⅱ工具中的设置决定是否使用该引脚。在初始化过程中，内部逻辑、内部寄存器和 I/O 寄存器将被初始化，I/O 驱动器将被使能。当初始化完成以后，器件上漏极开路输出的 INIT_DONE 引脚被释放，同时被外部的上拉电阻拉高。这时，FPGA 完全进入用户模式，所有的内部逻辑以及 I/O 都按照用户的设计运行，那些 FPGA 配置过程中的 I/O 弱上拉将不复存在。不过，仍然有一些器件，在用户模式下，I/O 也有可编程的弱上拉电阻。在完成配置后，DCLK 信号和 DATA 引脚不应悬空(Floating)，而应被拉成固定电平，高或低都可以。

如果需要重新配置 FPGA，就需要在外部将 nCONFIG 重新拉低一段时间，然后再拉高。当 nCONFIG 被拉低后，nSTATUS 和 CONF_DONE 也将随即被 FPGA 芯片拉低，配置 RAM 被清空，所有 I/O 都变成三态。当 nCONFIG 和 nSTATUS 都变为高时，重新配置就开始了。

图 2-32 所示为 Intel 公司 FPGA 的典型配置过程，状态机中包含五个状态，分别代表配

置过程中的五个不同阶段。

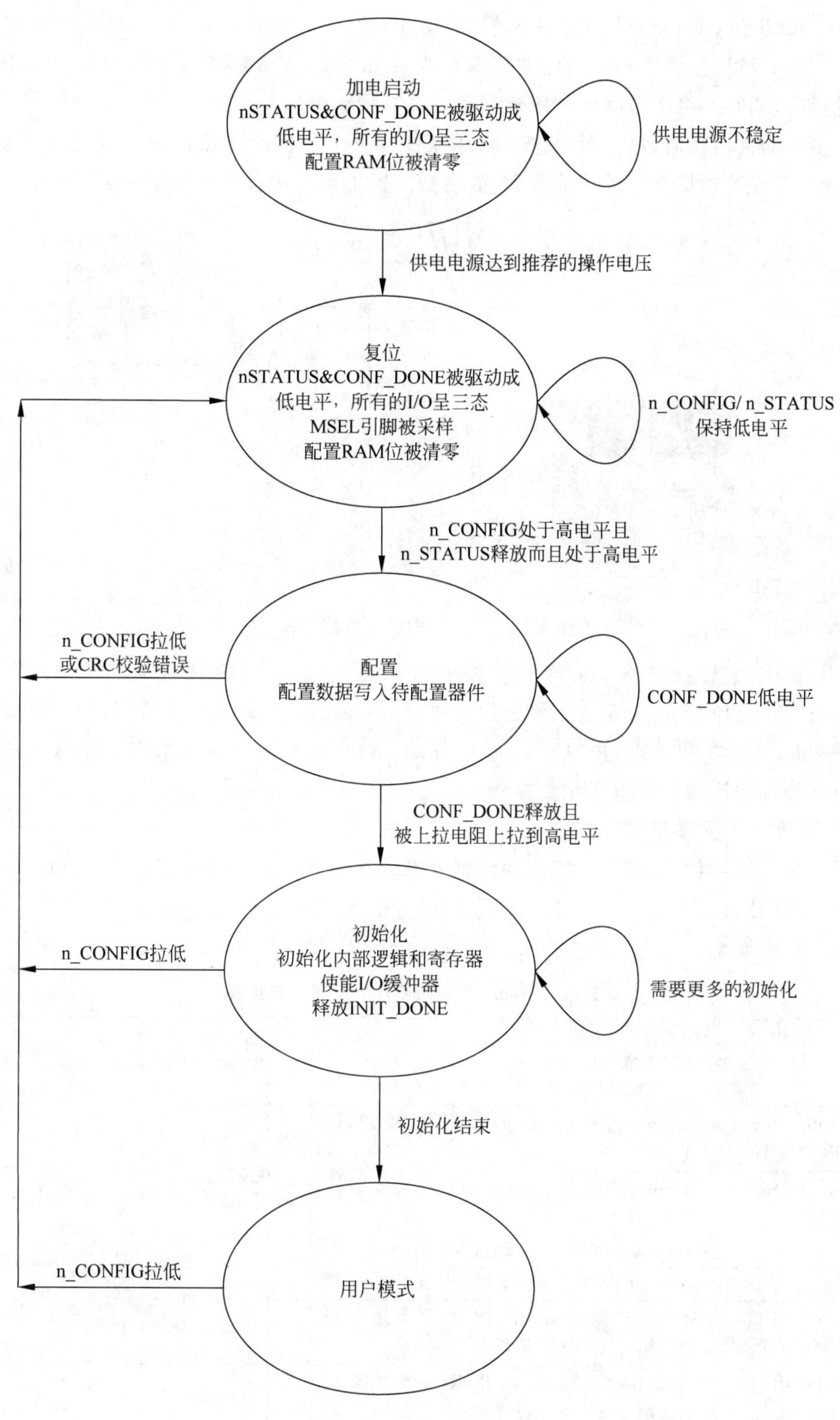

图 2-32 FPGA 配置状态机

3. 数据压缩

Stratix Ⅱ和 Cyclone 系列器件支持配置数据的压缩，可以节省配置存储器的空间和配置时间。这一特性允许用户将压缩的数据存放在 Intel 的配置器件或其他的存储器中。在配置过程中，FPGA 将实时解压配置数据并将其写到配置 RAM 中。

当多个器件级联时，用户可以选择将链路中的某个器件的压缩特征使能，如图 2-33 所示，左侧的器件可以接收压缩位流数据，而右侧的器件则只接收未被压缩的配置数据。

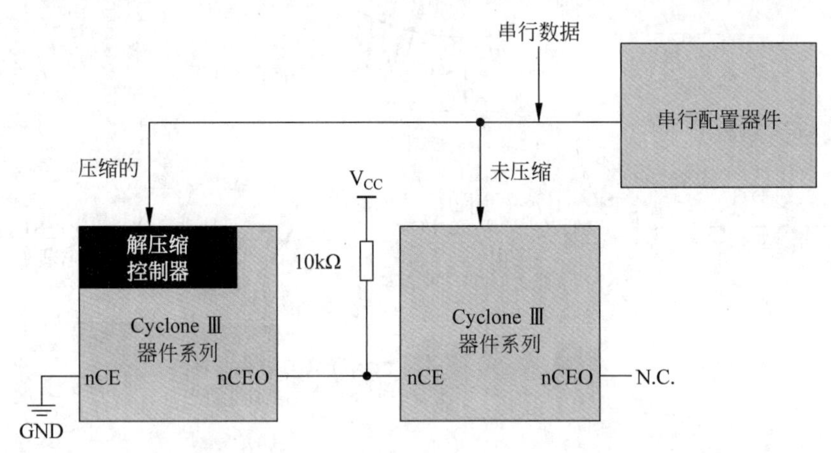

图 2-33 产生压缩的比特流选项

一般说来，配置数据经过压缩，可以减小到 35%～55%。如果要使能 FPGA 的配置数据压缩功能，可以在 Quartus Ⅱ的编译设置中选择：使得在生成配置文件时，产生压缩位流(Bitstreams)数据；另外，用户也可以通过 Quartus Ⅱ中的转换工具来产生压缩的配置文件。具体操作请读者自行查阅相关参考。

4. 配置方式选择

对于同一类器件，通常支持不同的配置方案。然而具体选择哪种配置，则是由器件的特定引脚 MSEL 连接决定的，而且，不同的配置方案，使用不同的配置电压。表 2-6 是 Cyclone Ⅲ系列器件的配置方式选择。

表 2-6 Cyclone Ⅲ系列器件的配置方式选择

配 置 方 案	MSEL				配置电压标准/V
	3	2	1	0	
Fast Active Serial Standard(AS Standard POR)快速主动串行标准 POR 配置	0	0	1	0	3.3
Fast Active Serial Standard(AS Standard POR)快速主动串行标准 POR 配置	0	0	1	1	3.0/2.5
Fast Active Serial Fast(AS Fast POR)快速主动串行快速 POR 配置	1	1	0	1	3.3
Fast Active Serial Fast(AS Fast POR)快速主动串行快速 POR 配置	0	1	0	0	3.0/2.5
Active Parallel ×16 Standard(AP Standard POR)主动并行 16 位宽标准 POR 配置(只适用 Cyclone Ⅲ器件)	0	1	1	1	3.3
Active Parallel ×16 Standard(AP Standard POR)主动并行 16 位宽标准 POR 配置(只适用 Cyclone Ⅲ器件)	1	0	1	1	3.0/2.5

续表

配置方案	MSEL				配置电压标准/V
	3	2	1	0	
Active Parallel ×16 Standard(AP Standard POR)主动并行16位宽标准POR配置(只适用于Cyclone Ⅲ器件)	1	0	0	0	1.8
Active Parallel ×16 Fast(AP Fast POR)主动并行16位宽快速POR配置(只适用于Cyclone Ⅲ器件)	0	1	0	1	3.3
Active Parallel ×16 Fast(AP Fast POR)主动并行16位宽快速POR配置(只适用于Cyclone Ⅲ器件)	0	1	1	0	1.8
Passive Serial Standard(PS Standard POR)被动串行标准POR配置	0	0	0	0	3.3/3.0/2.5
Passive Serial Fast(PS Fast POR)被动串行快速POR配置	1	1	0	0	3.3/3.0/2.5
Fast Passive Parallel Fast(FPP Fast POR)快速被动并行快速POR配置	1	1	1	0	3.3/3.0/2.5
Fast Passive Parallel Fast(FPP Fast POR)快速被动并行快速POR配置(只适用于Cyclone Ⅲ器件)	1	1	1	1	1.8/1.5
Fast Passive Parallel Fast(FPP Fast POR)快速被动并行快速POR配置(只适用于Cyclone Ⅲ LS)	0	0	0	1	1.8/1.5
Fast Passive Parallel Fast(FPP Fast POR) with Encryption 具有加密的快速被动并行快速POR配置	0	1	0	1	3.3/3.0/2.5
Fast Passive Parallel Fast(FPP Fast POR) with Encryption 具有加密的快速被动并行快速POR配置	0	1	1	0	1.8/1.5
JTAG-based configuration JTAG配置	—	—	—	—	—

基于JTAG的配置方式优先级高于其他配置方案，即意味着在JTAG配置方式时，可以完全忽视MSEL各引脚的连接信号，但此时应该把MSEL引脚连接到GND，而且POR时间与MSEL引脚设置相关。

复位上电POR(Power-On-Reset)是指在器件加电之初，由特定的电路将器件维持在复位状态，直到电源电压稳定为止。对于Cyclone Ⅲ系列器件而言，可以通过设置MSEL引脚的不同组合，来选择快速POR时间还是标准POR时间。快速POR时间3ms＜TPOR＜9ms，而标准POR时间则在50ms＜TPOR＜200ms内。在POR期间，设备被复位，nSTATUS和CONF_DONE被设为低电平，所有用户I/O引脚置成三态。

2.7.2 主动串行配置方式

1. 单片主动串行配置

主动串行配置AS是一种理想的低成本配置方案，在主动串行配置方式中，FPGA需要与Intel公司专用的AS串行配置器件一起使用。AS配置器件是一种非易失性的低成本存储器，它与FPGA的接口为以下简单的四个信号线：

(1) 串行时钟输入(DCLK)；

(2) AS控制信号输入(ASDI)；

(3) 片选信号(nCS)；

(4) 串行数据输出(DATA)。

单片 AS 配置方式如图 2-34 所示。

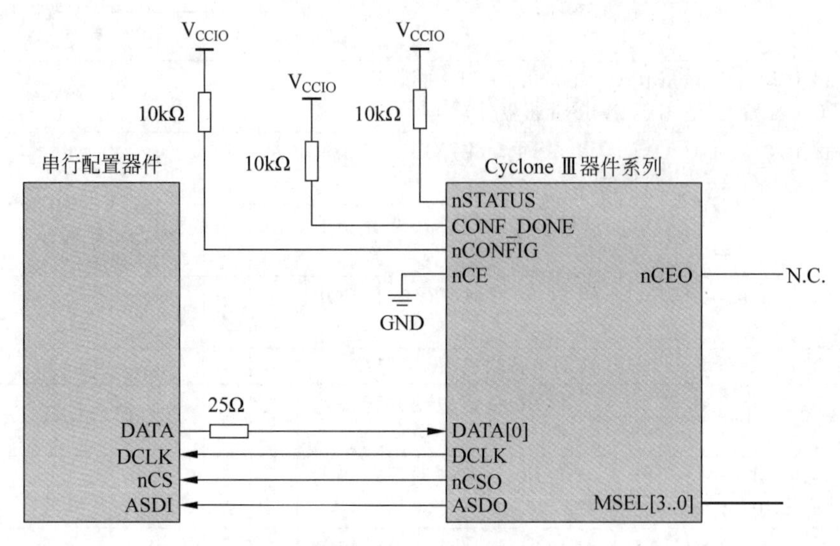

图 2-34 单片 AS 配置方式

关于图 2-34 的几点说明如下:

(1) nSTATUS、CONFIG_DONE 和 nCONFIG 三个引脚均需接上拉电阻到引脚所在 Bank 的 V_{CCIO}。

(2) Cyclone 器件族用 ASDO 到 ASDI 路径来控制配置器件。

(3) 当不进行器件级联时,nCEO 被悬空或者被当作一个普通用户 I/O 引脚使用。

(4) 不同的配置电压标准和 POR 时间,对应 MSEL 引脚不同的连接,即不同的配置方案。通常 MSEL 被连接到 V_{CCA} 或者 GND。

(5) 引脚 nCSO 和 ASDO 是双功能引脚,在 AP 配置模式下,nCSO 充当 FLASH_nCE 引脚使用,在 AP 和 FPP 配置模式下,ASDO 引脚充当 DATA[1]引脚使用。

(6) 在靠近串行配置芯片端,连接串行电阻,以最小化驱动阻抗不匹配问题以及克服超调。

在系统上电后,FPGA 和配置器件都进入到上电复位状态(POR)。这时,FPGA 驱动 nSTATUS 为低,指示其处于"忙"态;同时驱动 CONF_DONE 为低,表示器件未被配置。当 POR 过程完成以后,FPGA 随即释放 nSTATUS 信号,这个开漏(Open-Drain)信号被外部的上拉电阻拉为高电平后,FPGA 就进入了配置模式(Configuration Mode)。

在 AS 配置中,所有操作均由 FPGA 发起,它在配置过程中完全处于主动状态。

在该配置模式下,FPGA 输出有效配置时钟信号 DCLK,它是由 FPGA 内部的振荡器(Oscillator)产生的,其最大频率为 40MHz,典型值为 30MHz。在配置完成以后,该振荡器将被关掉。FPGA 将驱动 nCSO 信号为低,这就使能了串行配置器件。FPGA 使用 ASDO 到 ASDI 的信号控制配置芯片,配置数据由 DATA[0]引脚读出,配置到 FPGA 中。AS 配置过程时序如图 2-35 所示。

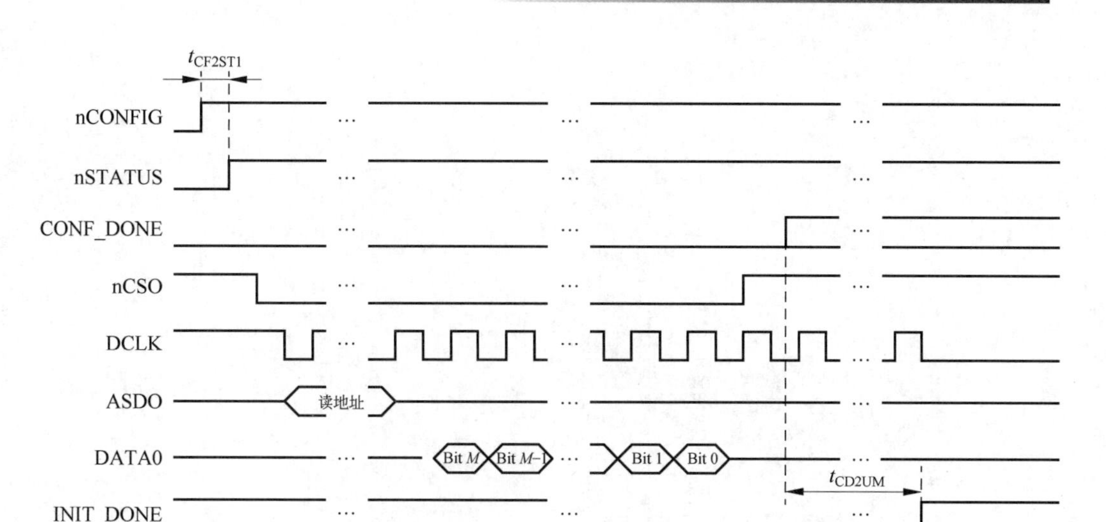

图 2-35 AS 配置时序

2. 多片配置

AS 配置方式支持多片级联方式,如图 2-36 所示。

其中,控制配置芯片的 FPGA 为“主”,其后面的 FPGA 为“从”。主片的 nCE 需要直接接地,其 nCEO 输出脚驱动从片的 nCE,而从片的 nCEO 悬空。nCEO 脚在主片 FPGA 未配置时输出为低。这样,AS 配置芯片中的配置数据首先写到主片 FPGA 中,当其接收到属于它的所有配置数据以后,随即驱动 nCEO 信号为高,使能从片 FPGA。这样,配置芯片后面读出的数据将被写入从片 FPGA 中。需要注意的是:驱动从 FPGA 芯片的 DATA[0]和 DCLK 两个引线需要添加缓冲器以提高驱动能力,同时在 DCLK 的主控侧连接 50 欧姆电阻以保证最优的信号完整性(Signal Integrity)。此时主 FPGA 芯片的 MSEL 引脚被连接成 AS 模式,对整个配置过程起控制作用,从 FPGA 芯片的 MSEL 被连接成 PS 模式。

在生成配置文件对串行配置器件编程时,Quartus Ⅱ 工具需要将两个配置文件合并到一个 AS 配置文件中,编程到配置器件中。即配置芯片的位流大小是链路中所有 FPGA 位流的总和。

如果主从两个 FPGA 的配置数据完全一样,就可以将从片的 nCE 也直接接地。这样只需要在配置芯片中放一个配置文件,两个 FPGA 同时配置。

如图 2-37 所示的连接中,配置芯片中存有两个配置文件. sof。一个用于配置主 FPGA 芯片,另一个用于配置从 FPGA 芯片。而在图 2-38 所示的连接中,配置芯片中只存有一个配置文件. sof,主 FPGA 芯片和从 FPGA 芯片的配置数据完全相同。

3. AS 配置器件的在线编程

AS 串行配置芯片是一种非易失性的、基于 Flash 存储器的器件。用户可以使用 Intel 公司的 ByteBlaster Ⅱ 加载电缆、Intel 公司的编程单元或者第三方的编程器来对这种配置芯片进行在系统编程(ISP,In System Programming)。

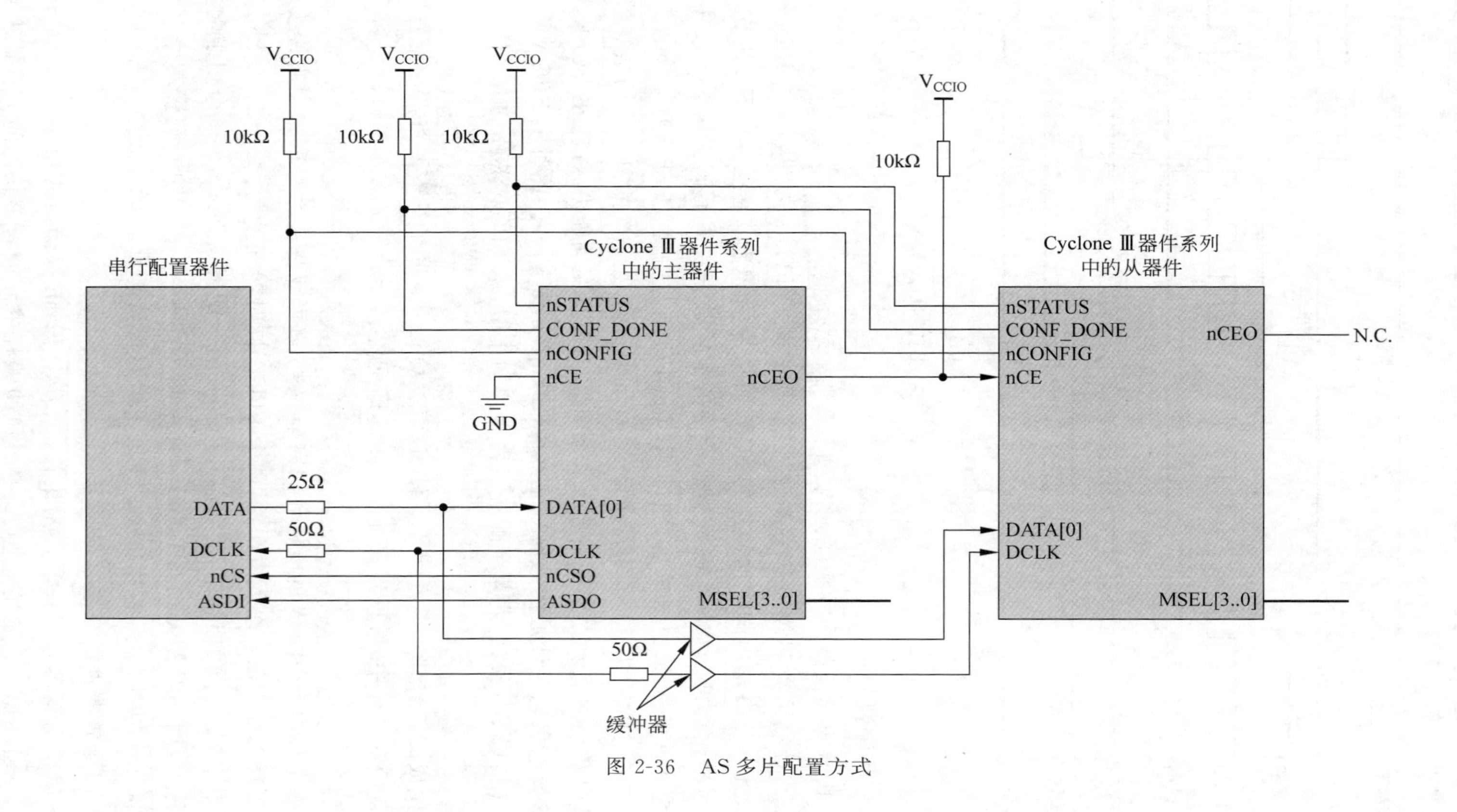

图 2-36　AS 多片配置方式

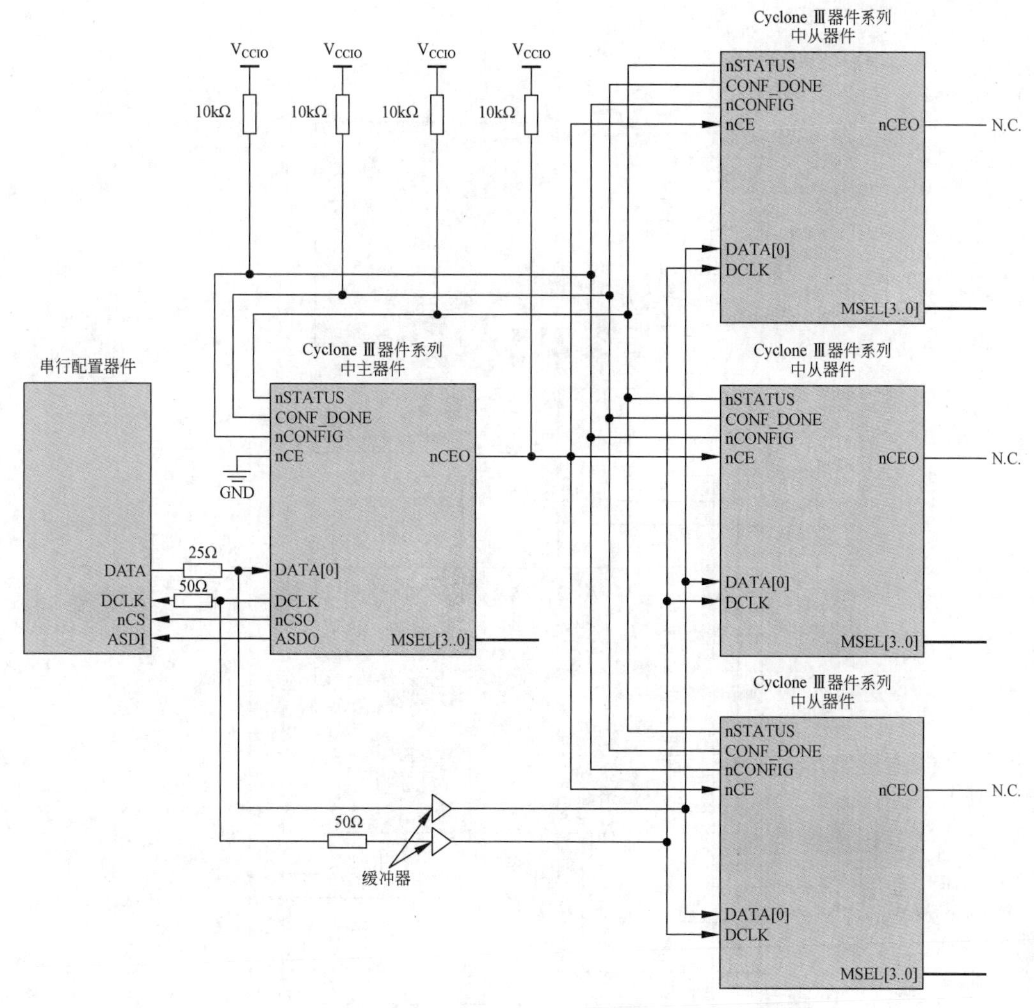

图 2-37 AS多片配置方式——使用两个配置文件.sof

用 ByteBlaster Ⅱ电缆对AS配置芯片在线编程的连接关系如图2-39所示。

在使用电缆编程配置芯片的时候，电缆驱动nCE为高，以禁止FPGA访问配置芯片；同时nCONFIG被驱动为低，使得FPGA处于复位状态，防止FPGA的信号干扰配置过程。在图2-39中，二极管和电容要尽可能地靠近FPGA芯片侧，以确保最大AC电压能够达到4.1V。

2.7.3 被动串行配置方式

在被动串行配置PS中，可以使用各种外部智能终端，比如带有闪存的微处理、CPLD等来对FPGA芯片进行配置，在整个配置过程中，这些外部终端控制着配置过程，配置数据在时钟DCLK的作用下，从DATA[0]端配置进入FPGA芯片。配置数据是低端在前，高端在后被外部终端发送给FPGA芯片，配置数据可以存成.rbf、.hex或.ttf等格式。

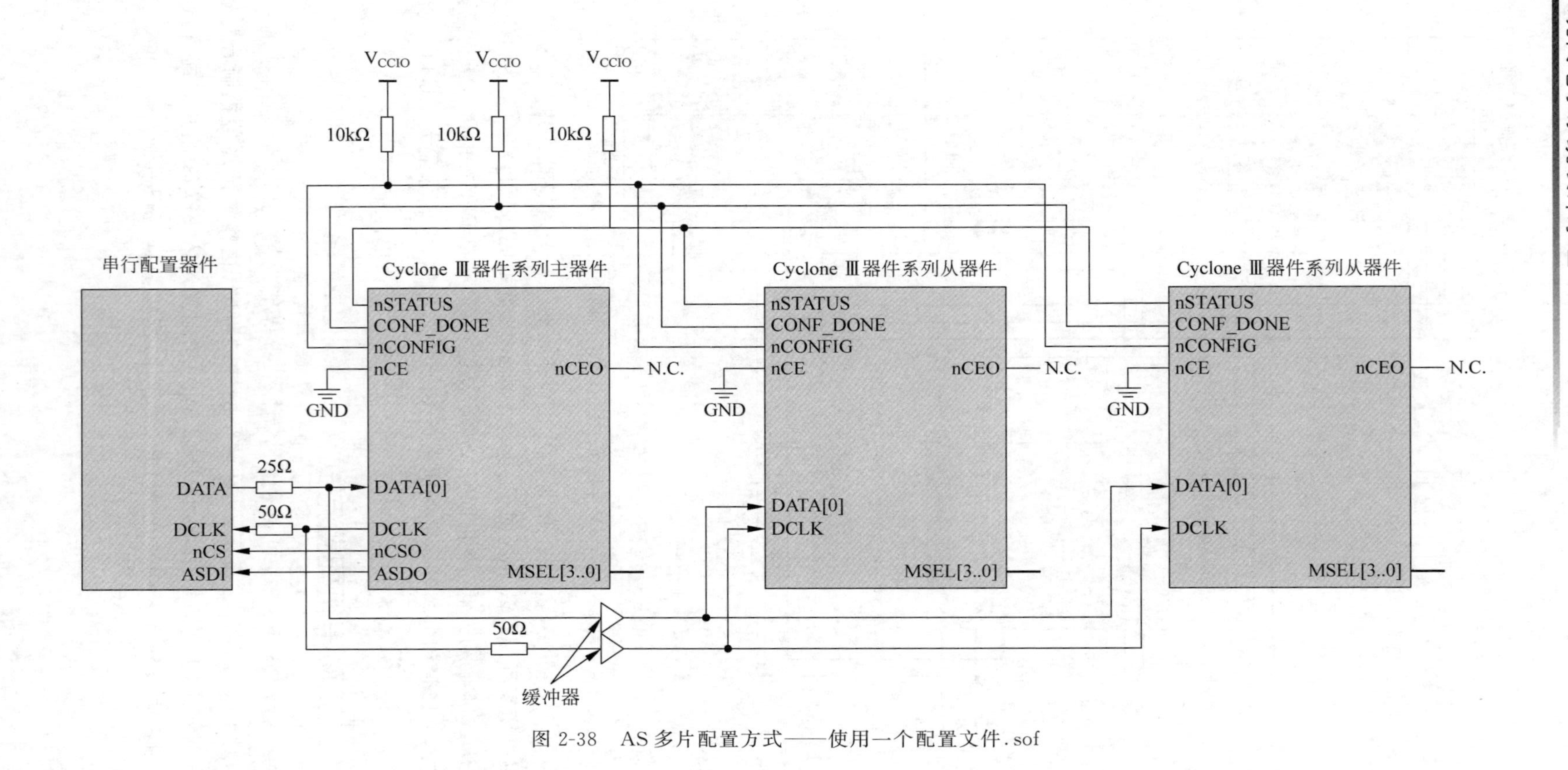

图 2-38　AS多片配置方式——使用一个配置文件.sof

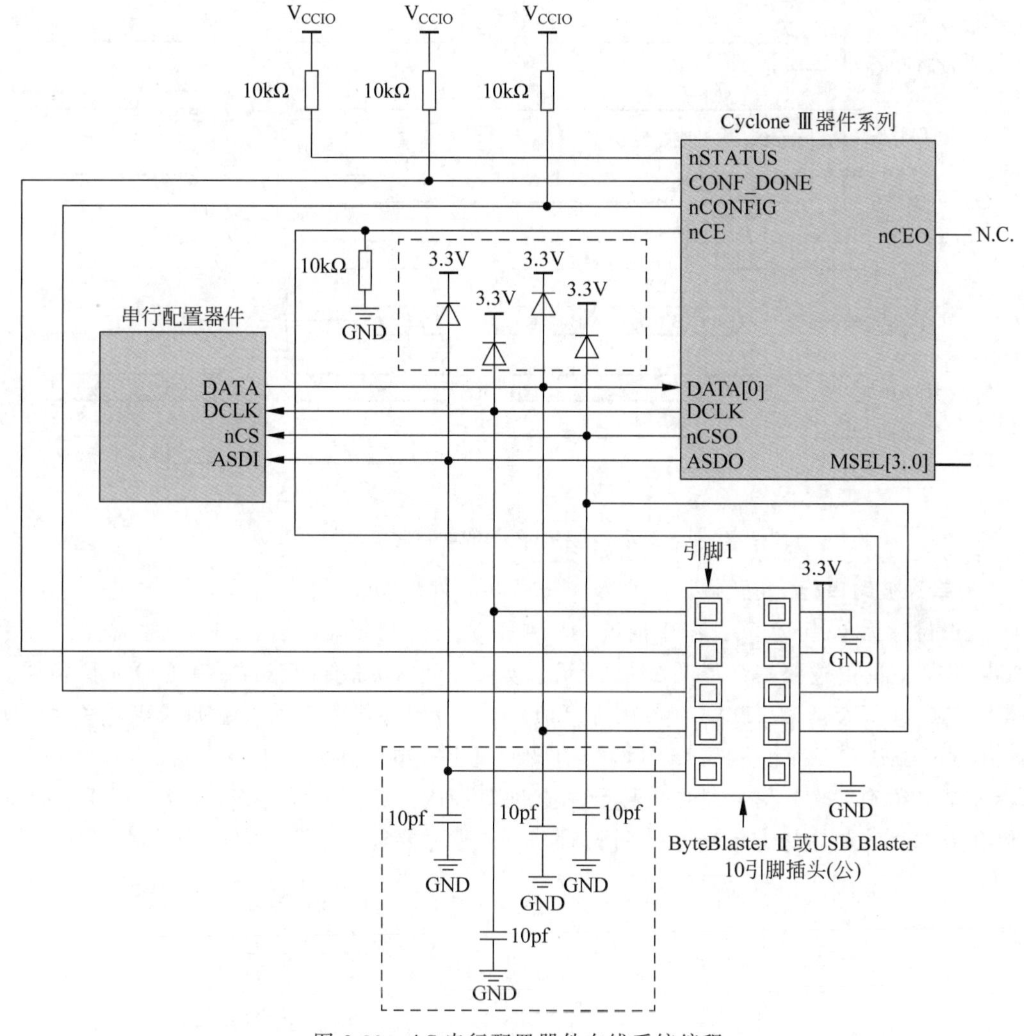

图 2-39 AS串行配置器件在线系统编程

当使用微处理器或者其他智能终端来控制被动串行(PS)配置接口时,必须满足建立和保持时序参数和最大时钟频率的要求。如图 2-40 所示,给出了 PS 配置时的时序波形,当使用外部中断需要满足其中的各项时序参数关系。关于图 2-40 的几点解释如下:

(1) 在波形的起始处,提示器件处于用户模式。在用户模式下,nCONFIG、nSTATUS、nCONFIG_DONE 处于逻辑高电平,当 nCONFIG 被拉低时,一个新的配置周期开始。

(2) 在加电后的 POR 延时期间,FPGA 器件的 nSTATUS 引脚保持在低电平。

(3) 在加电后,配置之前和配置器件 CONFIG_DONE 都保持在低电平。

(4) 在使用 PS 配置时,当处于用户模式时,DCLK 引脚需要被驱动成高电平/低电平(任选);而在 AS 配置时,由于 DCLK 是 FPGA 的一个输出引脚,因此不需要这样做。

(5) 配置结束之后,不能让 DATA [0]引脚悬空,需要将其驱动成高电平/低电平(任选)。

图中的各项时序参数的含义以及其合理取值范围,请读者自行查阅手册。

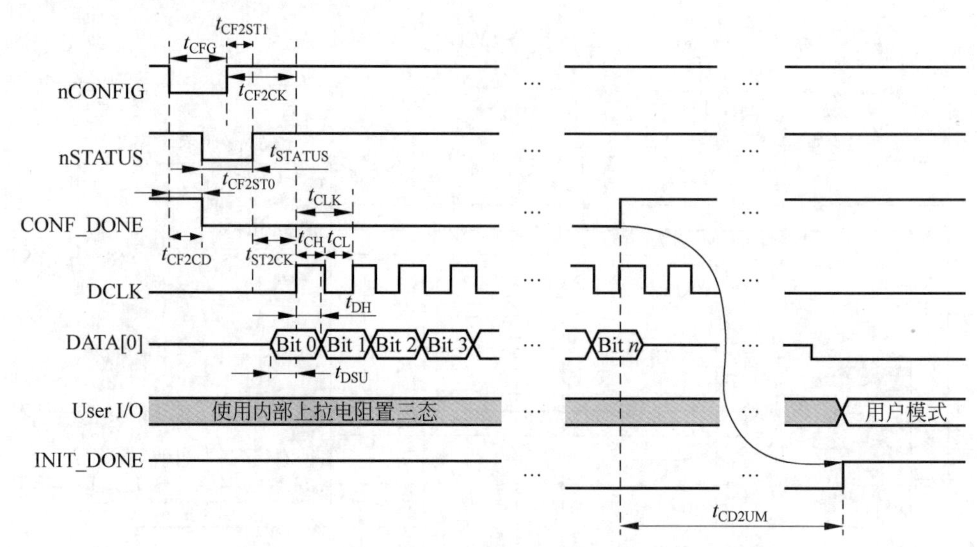

图 2-40 PS 被动串行 PS 配置的配置时序及相关参数

1. 单片被动串行 PS 配置

对于目标为单片 FPGA 芯片情况，使用被动串行配置 PS 接口时，外部智能终端和 FPGA 芯片之间的连接关系如图 2-41 所示。实际使用中，需要注意：所有 I/O 引脚需要确保最大 AC 电压为 4.1V，DATA[0]引脚和 DCLK 引脚必须适合最大超调量等式关系。另外，CONFIG_DONE 和 nSTATUS 两个引脚通过上拉电阻连接到电源供给侧，其合适与否的标准是必须确保输入信号是在可接受的合理范围内。V_{CC} 必须足够高，以确保 FPGA 芯片侧和外部终端侧均能满足其 I/O 引脚对 V_{IH} 参数的要求。

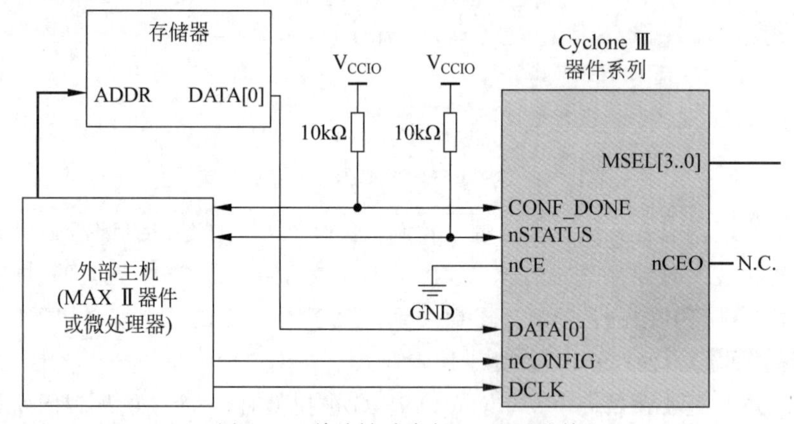

图 2-41 单片被动串行 PS 配置连接

2. 多片配置

PS 配置方式同样支持多片配置方式。只需要将第一片的 nCE 引脚接地，将其 nCEO 接到下一片的 nCE。当第一片配置数据写完后，将输出 nCEO 为低，使能下一片 FPGA 进行配置。实际上，这一过程对配置控制器(配置芯片、CPU 等)是透明的，根本觉察不到。连接关系如图 2-42 所示。其中，图 2-42 中两片 FPGA 芯片配置的数据不同。而对于图 2-43，将第二个 FPGA 芯片的 nCE 引脚接地，第一片的 nCEO 悬空，即两个 FPGA 芯片同时被使能，由于配置相关引脚都是并连在一起的，因此两片 FPGA 芯片被配置的数据相同。

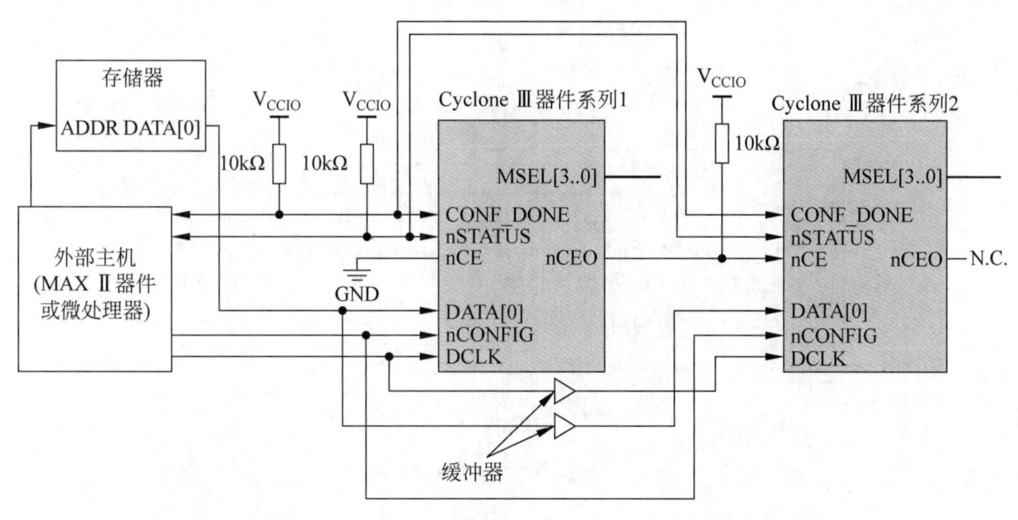

图 2-42　多片 PS 配置方式——不同配置数据

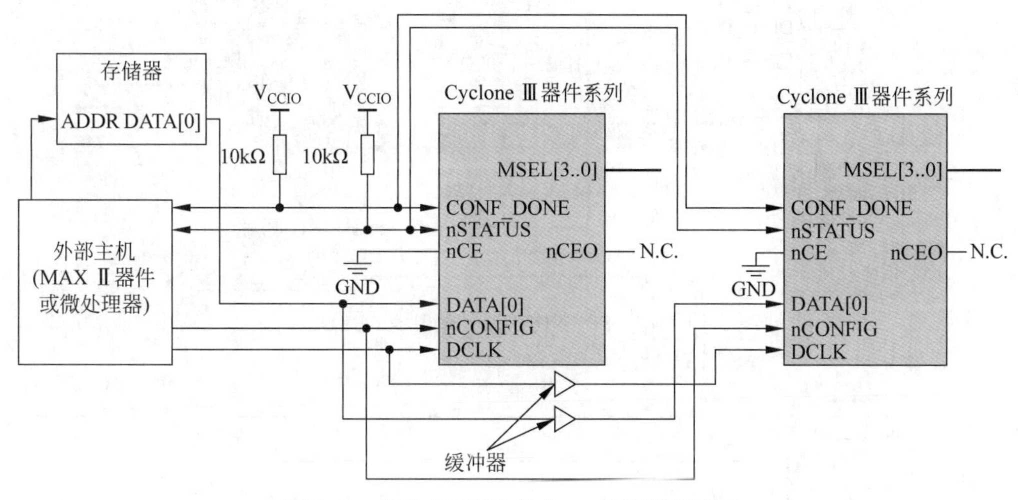

图 2-43　多片 PS 配置方式——相同配置数据

2.7.4　快速被动并行配置方式

快速被动并行(FPP)配置方式与 PS 方式有点类似。在连接关系上，与 PS 所不同的是 FPP 方式的配置数据线是 8 位并行的。

FPP 方式可以使用 Intel 的增强型配置器件(EPC4、EPC8 和 EPC16)，也可以使用微处理器或 CPLD 等器件。连接示意图如图 2-44 和图 2-45 所示。

FPP 配置方式的时序可以参考 PS 方式，所不同的就是 FPP 在每一个 DCLK 的上升沿输入 1 字节的数据。

2.7.5　被动并行异步配置方式

在被动并行异步(PPA)的配置方式中，智能主机(如 CPU)把待配置 FPGA 作为一个异步的存储器来操作。它依靠异步的选通信号 nWS 将配置数据写入到 FPGA 中，同时监控 FPGA 状态信号(RDYnBSY)来决定是否写入下一个数据。配置方式时序图如图 2-46 所示。

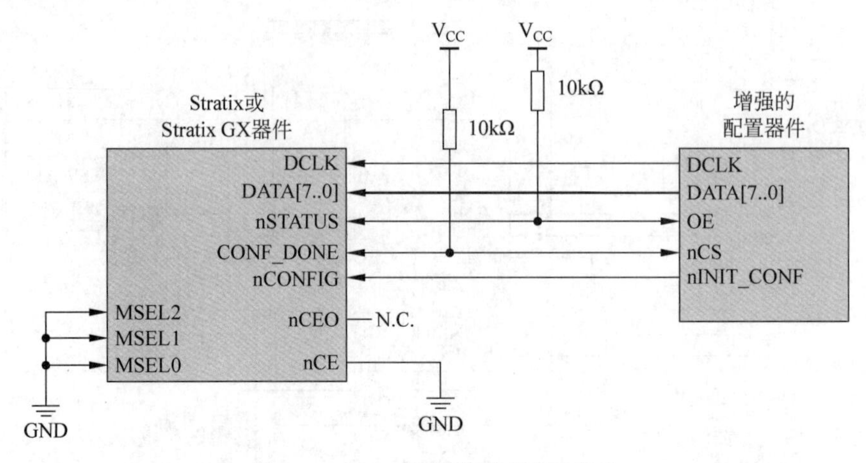

图 2-44　FPP：使用增强型配置器件

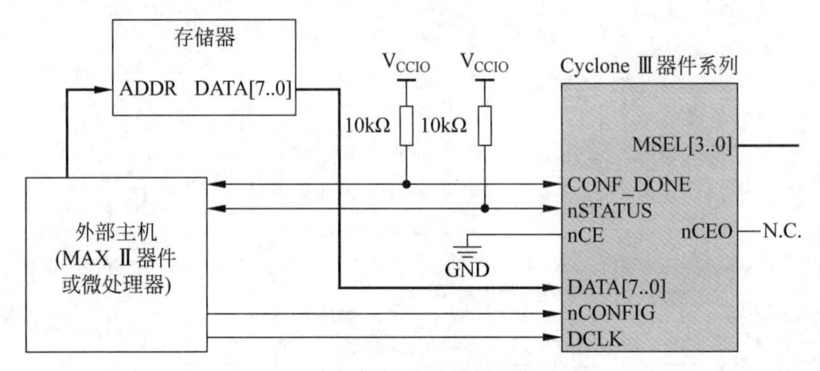

图 2-45　FPP：使用微处理器或 CPLD

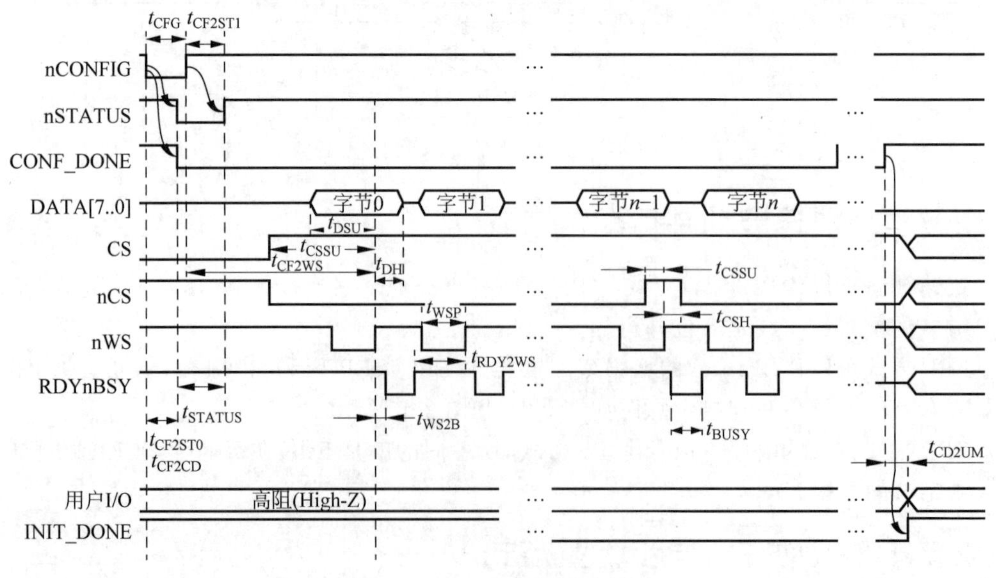

图 2-46　PPA 配置方式时序图

用户也可以使用 nRS 信号而将 RDYnBSY 信号状态选通到 DATA[7]上，由 CPU 来监控 FPGA 状态。这样，RDYnBSY 信号就不需要接到微处理器上，如图 2-47 所示。

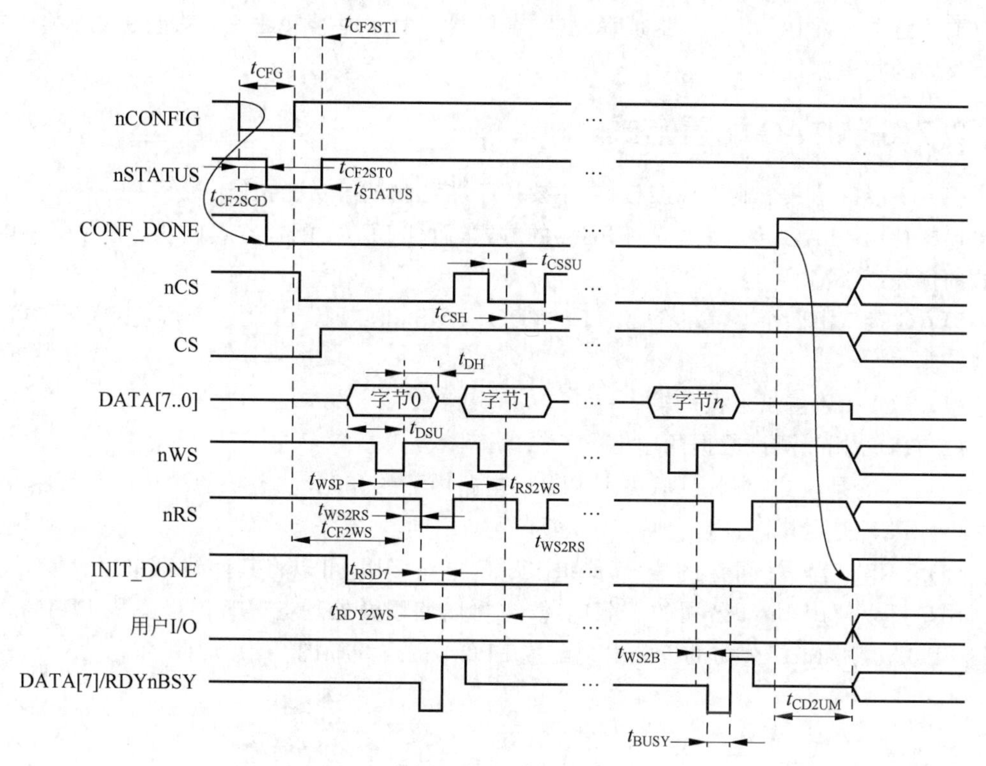

图 2-47　使用 nRS 和 DATA[7]信号

在 PPA 方式下，FPGA 和配置控制器的连接关系如图 2-48 所示。

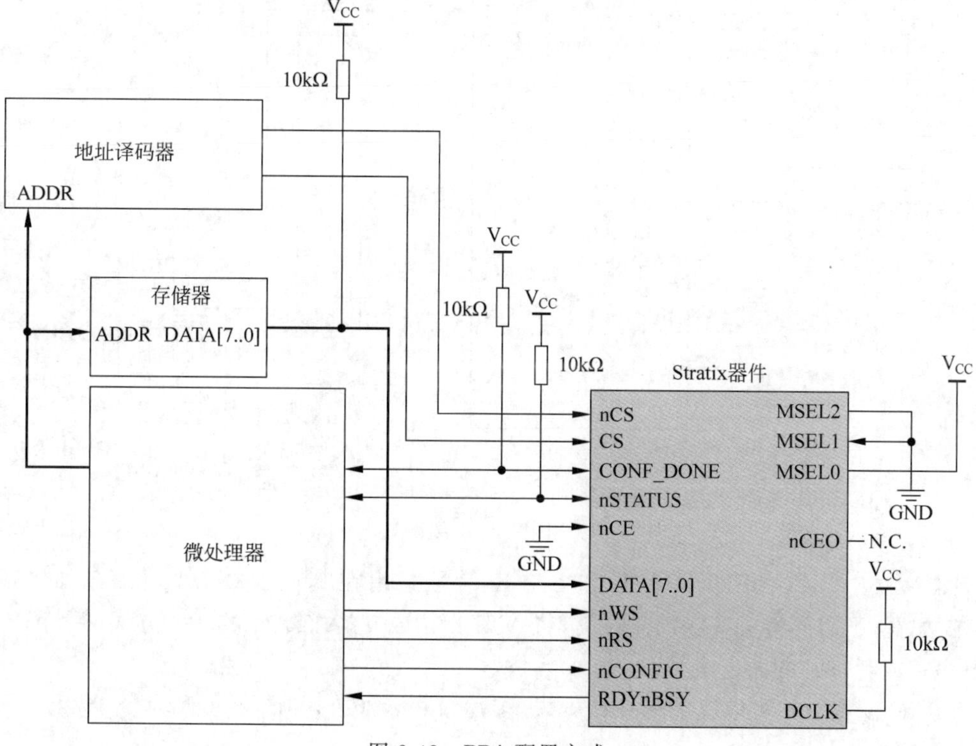

图 2-48　PPA 配置方式

要注意的是，图 2-48 中的地址译码器、存储器和微处理器只是一个功能模块示意，并不代表具体的物理器件。

2.7.6 JTAG 配置方式

JTAG 接口是一个业界标准接口，主要用于芯片测试等功能。Intel 公司 FPGA 基本上都可以支持由 JTAG 接口来配置 FPGA 的方式，而且 JTAG 配置方式比其他任何一种配置方式的优先级都高。

JTAG 接口由四个必需的信号 TDI、TDO、TMS 和 TCK，以及一个可选的信号 TRST 构成。其中：

(1) TDI 用于测试数据的输入；

(2) TDO 用于测试数据的输出；

(3) TMS 是模式控制引脚，决定 JTAG 电路内部的 TAP 状态机的跳转；

(4) TCK 是测试时钟，其他信号线都必须与之同步；

(5) TRST 是一个可选的信号，如果 JTAG 电路不用，可以将其连到 GND。

用户可以使用 Intel 公司的下载电缆，也可以使用微处理器等智能设备从 JTAG 接口配置 FPGA。用 Intel 公司的下载电缆配置 FPGA 的连线如图 2-49 所示。

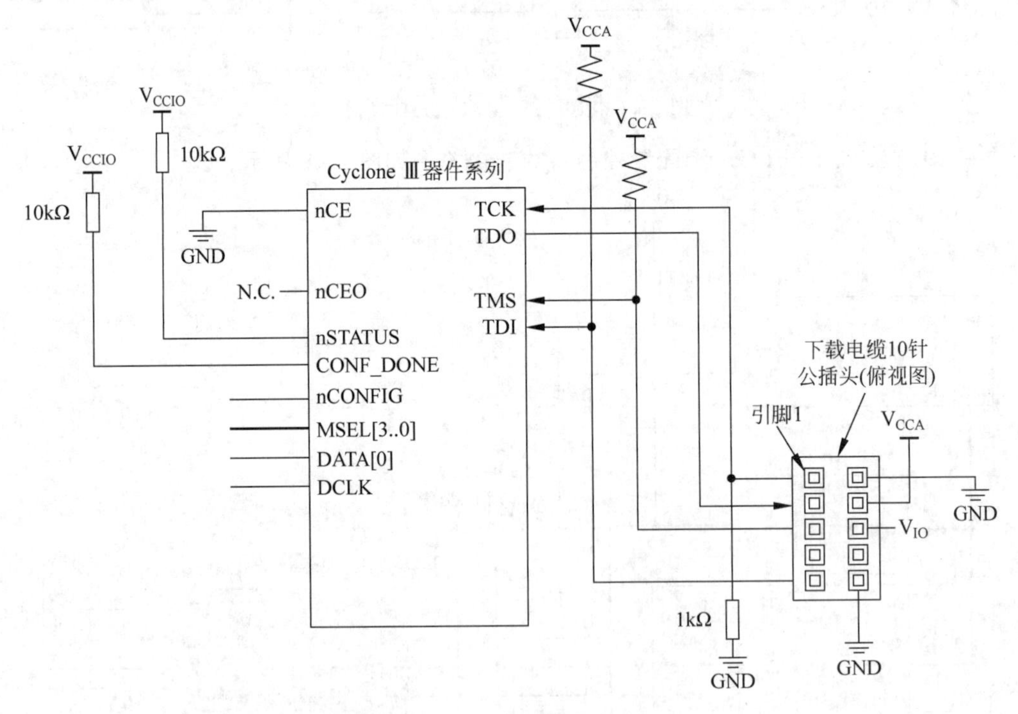

图 2-49 用 JTAG 电缆配置 FPGA

图 2-49 中，nCONFIG、MSEL 和 DCLK 信号是用在其他配置方式下的。如果只用 JTAG 配置，则需要将 nCONFIG 拉高，将 MSEL 拉成支持 JTAG 的任一方式，并将 DCLK 拉成“高”或者“低”的固定电平。

JTAG 配置方式可以支持菊花链方式，多片级联 FPGA，如图 2-50 所示。

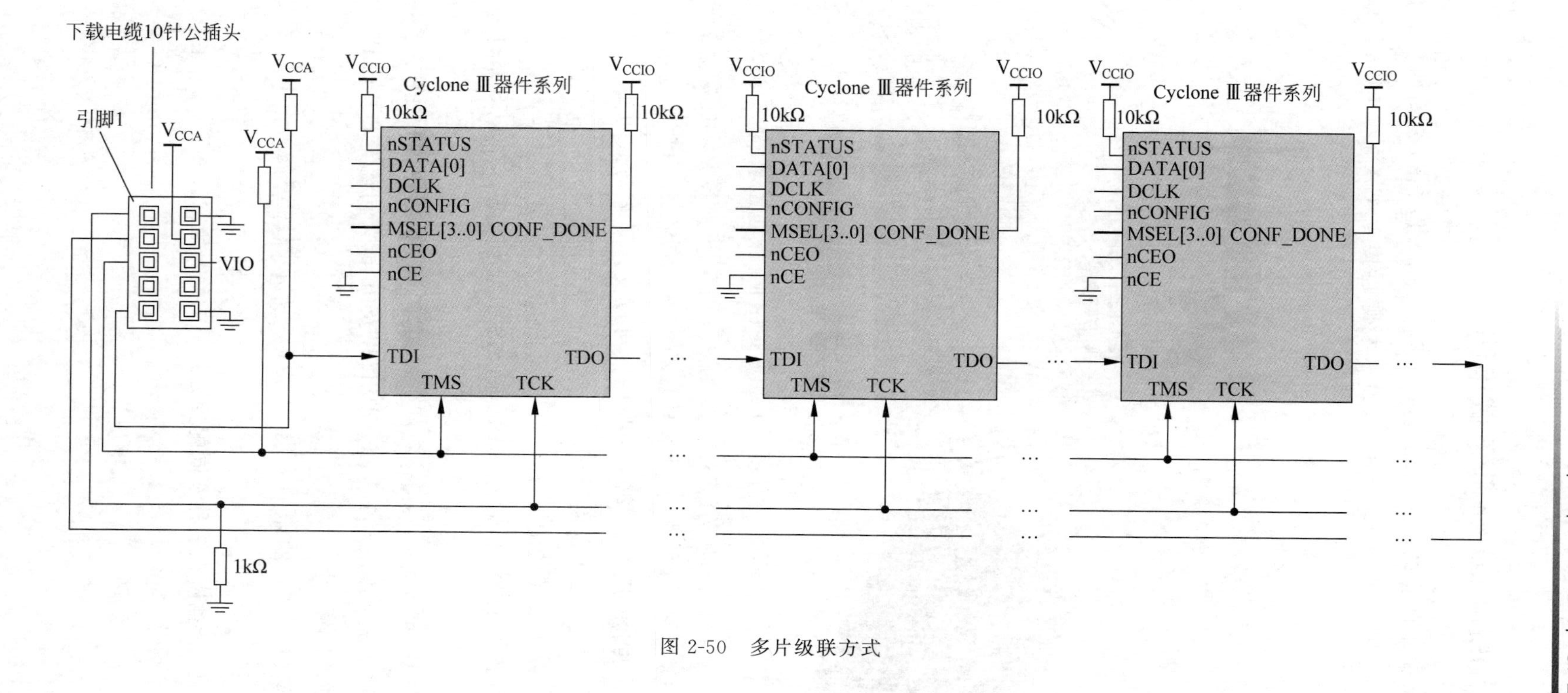
下载电缆10针公插头
引脚1
V_{CCA}
VIO
1kΩ
V_{CCIO}
10kΩ
Cyclone Ⅲ器件系列
nSTATUS
DATA[0]
DCLK
nCONFIG
MSEL[3..0]
nCEO
nCE
CONF_DONE
TDI
TMS
TCK
TDO

图 2-50 多片级联方式

2.7.7 USB-Blaster Ⅱ下载电缆

USB-Blaster Ⅱ目前也称作 Intel 公司下载电缆Ⅱ，是 Intel 公司的新一代 USB 下载电缆，它的一端连接计算机的 USB 口，另一端则连接 FPGA 的 10-Pin 插座，如图 2-51 所示。

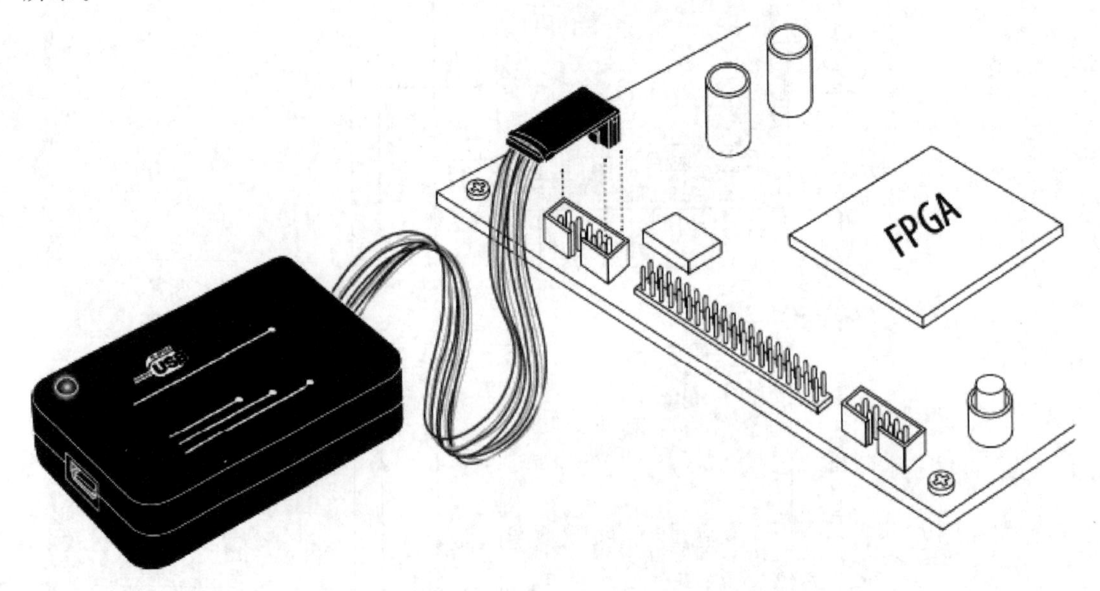

图 2-51 USB-Blaster Ⅱ下载电缆

USB-BlasterⅡ相对于从前的下载电缆，做了一些改进。其中最主要的是，USB-BlasterⅡ的供电电压可以支持 5.0-V TTL、3.3-V LVTTL/LVCMOS、电压范围在 1.5～3.3V 的单端 I/O 标准，其供电电压更加灵活。另外，其可以支持下载方式也很丰富，既可以用于对 FPGA 芯片进行配置，也可以用于对 Intel 公司的串行配置芯片进行编程。

USB-Blaster Ⅱ支持的配置方式有以下三种。

(1) AS 方式：可以对 Intel 公司的单片 AS 串行配置芯片(EPCS 系列和 EPCQ 系列)进行编程；

(2) PS 方式：可以对 FPGA 进行配置，但是除了 EPC 系列和 EPCQ 系列；

(3) JTAG 方式：可以对 FPGA、CPLD 以及 Intel 公司配置芯片(EPC 系列、EPCS 系列和 EPCQ 系列)编程。

10-针插座(Female)的示意如图 2-52(a)所示，USB-Blaster Ⅱ尺寸如图 2-52(b)所示。

表 2-7 是 10-针插座在三种不同配置方式下的信号定义。

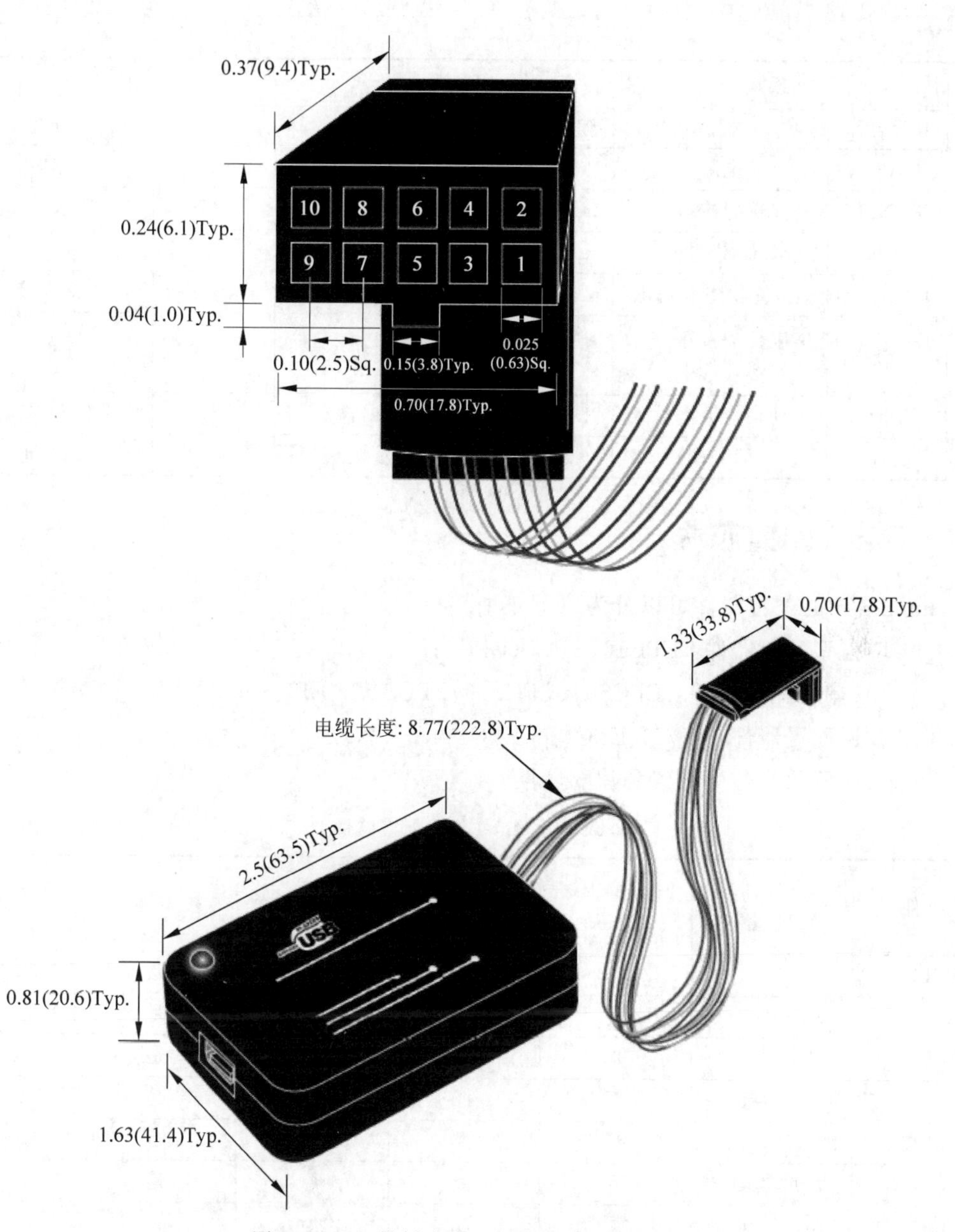

图 2-52　10-针插座和 USB-Blaster Ⅱ尺寸

表 2-7　10-针信号定义

针	AS 模式		PS 模式		JTAG 模式	
	信号名称	描述	信号名称	描述	信号名称	描述
1	DCLK	时钟信号	DCLK	时钟信号	TCK	时钟信号
2	GND	信号地	GND	信号地	GND	信号地
3	CONF_DONE	配置完毕	CONF_DONE	配置完毕	TDO	器件数据输出

续表

针	AS模式		PS模式		JTAG模式	
	信号名称	描述	信号名称	描述	信号名称	描述
4	VCC	电源	VCC	电源	VCC	电源
5	nCONFIG	配置控制	nCONFIG	配置控制	TMS	JTAG 状态机控制
6	nCE	Cyclone 芯片使能	—	无连接	—	无连接
7	DATAOUT	主动串行数据输出	nSTATUS	配置状态	—	无连接
8	nCE	串行配置器件芯片选中	—	无连接	—	无连接
9	ASDI	主动串行数据输入	DATA0	器件数据输入	TDI	器件数据输入
10	GND	信号地	GND	信号地	GND	信号地

2.7.8 配置芯片

Intel 公司的配置器件可以分为以下三种。

(1) 增强型配置器件：EPC16、EPC8、EPC4；

(2) AS 串行配置器件：EPCS64、EPCS16、EPCS4 和 EPCS1；

(3) 普通配置器件：EPC2、EPC1 和 EPC1441。

如表 2-8 所示为各个配置芯片的属性。

表 2-8 Intel 公司配置器件

器件	存储器容量(位)	片上解压缩支持	ISP 支持	菊花链支持	可重编程	工作电压(V)
EPC16	16,777,216	是	是	否	是	3.3
EPC8	8,388,608	是	是	否	是	3.3
EPC4	4,194,304	是	是	否	是	3.3
EPCS64	67,108,864	否	否	否	是	3.3
EPCS16	16,777,216	否	否	否	是	3.3
EPCS4	4,194,304	否	否	否	是	3.3
EPCS1	1,048,576	否	否	否	是	3.3
EPC2	1,695,680	否	是	是	是	5.0 或 3.3
EPC1	1,046,496	否	否	是	否	5.0 或 3.3
EPC1441	440,800	否	否	否	否	5.0 或 3.3

增强型的配置器件可以支持对大容量 FPGA 的单片配置，它们可以由 JTAG 接口进行在系统编程(In System Programming，ISP)，而且可以支持 FPP 快速配置方式。

普通配置器件容量相对较小，其中只有 EPC2 可以重复编程。要支持大容量 FPGA 的配置，可以将多片级联起来。

AS 配置芯片是专门为 Stratix Ⅱ、Cyclone Ⅱ和 Cyclone 器件设计的单片、低成本的配置芯片。AS 配置芯片可以由下载电缆或其他设备进行重复编程。

2.7.9 配置文件

下面介绍各种配置文件类型以及它们的用途。

(1).sof(SRAM Object File)：如果选择配置模式为JTAG或PS方式，使用Intel公司的下载电缆对FPGA进行配置时，将用到.sof文件。这个文件是Quartus Ⅱ工具自动产生的。在使用.sof文件配置时，Quartus Ⅱ下载工具将控制整个配置的顺序，并为配置数据流内自动插入合适的头信息。其他的配置文件类型都是从.sof产生出来的。

(2).pof(Programmer Object File)：.pof文件是用来对各种Intel公司配置芯片进行编程的文件。要注意的是，需要在Quartus Ⅱ工具中设置编程器件类型，才可以生成该类型的.pof文件。对一些小的FPGA，多个FPGA的.sof文件可以放到一个.pof文件中，烧制到一个配置文件中；而对一些较大的FPGA，如果一个配置器件不够，可以使用多个配置器件，工具可以将配置文件分到几个配置芯片中。

(3).rbf(Raw Binary File)：.rbf文件是二进制的配置文件，只包含配置数据的内容。通常被用在外部的智能配置设备上，如微处理器。例如，一种用法是将.rbf文件通过其他工具转换成十六进制的数组文件，编译到微处理器的执行代码中，由微处理器将数据载入到FPGA中。当然，也可以由处理器在配置过程中完成实时的转换工作。.rbf文件中的LSB(最低位)被首先载入到FPGA中。

(4).rpd(Raw Programming Data File)：用外部编程设备对AS串行配置芯片进行在系统编程(In System Programming)的文件。这个文件是由.pof文件转换而来的。选择不同的AS配置芯片，转换得到的.rpd文件大小都不一样。

(5).hex或.hexout(Hexadecimal File)：是一个ASCII码文件，以Intel的十六进制格式存放了FPGA的配置内容，可以用在外部的配置设备上。

(6).ttf(Tabular Text File)：与.rbf文件内容一样的ASCII码格式文件。在每个配置数据字节之间用逗号隔开。

(7).sbf(Serial Bitstream File)：用BitBlaster来通过PS方式配置FLEX 10K和FLEX 6000系列器件将使用该文件。

(8).jam(Jam File)：.jam文件是一种以Jam器件编程语言描述的ASCII码文件。它包含了对JTAG链中的一个或多个FPGA进行编程、配置、验证和空白校验的数据信息。用户可以在Quartus Ⅱ的编程器或者微处理器中使用.jam文件，并可以用.jam文件对所有Quartus Ⅱ支持的器件，以及EPC2、EPC4、EPC8和EPC16器件进行配置和编程。甚至JTAG链上还可以包含非Intel公司的器件。

(9).jbc(Jam Byte-Code File)：与.jam文件内容一样的二进制文件。

2.8 基于FPGA的SoC设计方法

SoC是半导体和电子设计自动化技术发展的产物，也是业界研究和开发的焦点。国内学术界一般倾向于将SoC定义为将微处理、模拟IP核、数字IP核和存储器(或片外存储控制接口)集成在单一芯片上，它通常是客户定制的，或是面向特定用途的标准产品。所谓SoC，是将原来需要多个功能单一的IC组成的板级电子系统集成到一块芯片上，从而实现芯片级系统,芯片上包含完整系统并嵌有软件。SoC 又是一种技术,用以实现从确定系统功能开始,到软/硬件划分,并完成设计的整个过程。

高集成度使得 SoC 具有低功耗、低成本的优势,并且容易实现产品的小型化,在有限的空间中实现更多的功能,提高系统的运行速度。

SoC 设计关键技术主要包括总线架构技术、IP 核复用技术、软硬件协同设计技术、SoC 验证技术、可测性设计技术、低功耗设计技术、超深亚微米电路实现技术等,此外还要做嵌入式软件移植、开发研究,是一门跨学科的新兴研究领域。基于 FPGA 的 SoC 设计流程如图 2-53 所示。在进行 SoC 设计的过程中,应注意采用 IP 核的重用设计方法,通用模块设计尽量选择已有的设计模块,例如各种微处理器、通信控制器、中断控制器、数字信号处理器、协处理器、密码处理器、PCI 总线以及各种存储器等,把精力放在系统中独特的设计部分。

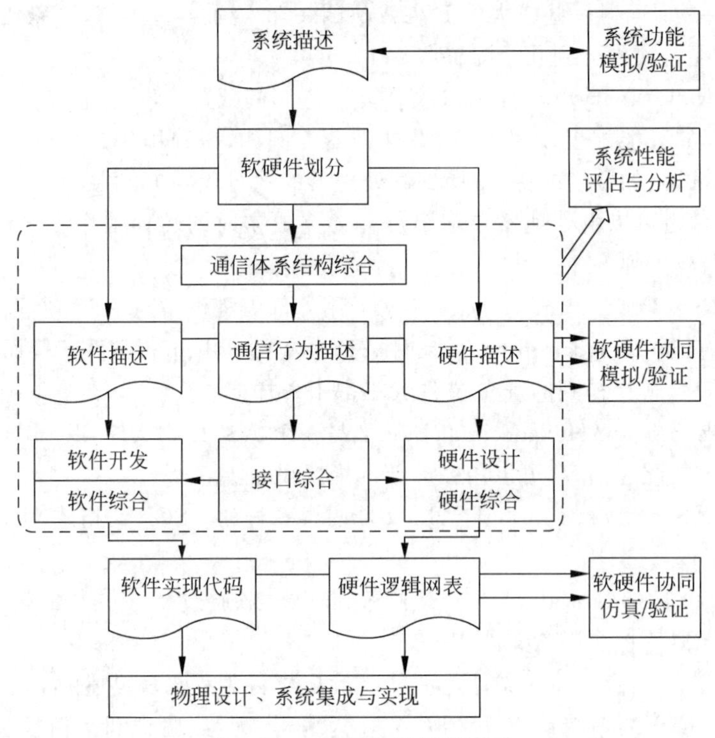

图 2-53　SoC 的一般开发流程

2.8.1　系统功能集成是 SoC 的核心技术

在传统的应用电子系统设计中,需要根据设计要求的功能模块对整个系统进行综合,即根据设计要求的功能,寻找相应的集成电路,再根据设计要求的技术指标设计所选电路的连接形式和参数。这种设计的结果是一个以功能集成电路为基础、器件分布式的应用电子系统结构。设计结果能否满足设计要求,不仅取决于电路芯片的技术参数,而且与整个系统 PCB 图的电磁兼容特性有关。同时,对于需要实现数字化的系统,往往还需要有单片机等参与,所以还必须考虑分布式系统对电路固件特性的影响。很明显,传统应用电子系统的实现,采用的是分布功能综合技术。

对于 SoC 来说,应用电子系统的设计也是根据功能和参数要求设计系统,但与传统法有着本质的差别。SoC 不是以功能电路为基础的分布式系统综合技术,而是以功能 IP 为基础的系统固件和电路综合技术。首先,功能的实现不再针对功能电路进行综合,而是针对系统整体固件进行电路综合,也就是利用 IP 技术对系统整体进行电路结合。其次,电路设计的最终结果与 IP 功能模块和固件特性有关,而与 PCB 上电路分块的方式和连线技术基本无关。因此,使设计结果的电磁兼容特性得到极大提高。换句话说,就是所设计的结果十分接近理想设计目标。

2.8.2 固件集成是 SoC 的基础设计思想

在传统分布式综合设计技术中,系统的固件特性往往难以达到最优,原因是所使用的分布式功能综合技术。一般情况下,功能集成电路为了满足尽可能多的使用面,必须考虑两个设计目标:一个是能满足多种应用领域的控制要求目标;另一个是要考虑满足较大范围应用功能和技术指标。因此功能集成电路(也就是定制式集成电路)必须在 I/O 和控制方面加若干电路,以使一般用户能得到尽可能多的开发性能。从而导致定制式电路设计的应用电子系统不易达到最佳,特别是固件特性更是具有相当大的分散性。

对于 SoC 来说,从 SoC 的核心技术可以看出,使用 SoC 技术设计应用电子系统的基本设计思想就是实现全系统的固件集成。用户只需要根据需要选择并改进各部分模块和嵌入结构,就能实现充分优化的固件特性,而不必花时间熟悉定制电路的开发技术。固件集成的突出优点就是系统能更接近理想系统,更容易实现设计要求。

2.8.3 嵌入式系统是 SoC 的基本结构

在使用 SoC 技术设计的应用电子系统中,可以十分方便地实现嵌入式结构。各种嵌入式结构的实现十分简单,只要根据系统需要选择相应的内核,再根据设计要求选择与之相配合的 IP 模块,就可以完成整个系统硬件结构。尤其是采用智能化电路综合技术时,可以更充分地实现整个系统的固件特性,使系统更加接近理想设计要求。必须指出,SoC 的这种嵌入式结构可以大大地缩短应用系统设计开发周期。

2.8.4 IP 是 SoC 的设计基础

传统应用电子设计工程师面对的是各种定制式集成电路,而使用 SoC 技术的电子系统设计工程师所面对的是一个巨大的 IP 核,所有设计工作都是以 IP 模块为基础。SoC 技术使应用电子系统设计工程师变成了一个面向应用的电子器件设计工程师。由此可见,SoC 是以 IP 核模块为基础的设计技术,IP 是 SoC 设计的基础。

第3章 VHDL的基本语法规则

CHAPTER 3

3.1 VHDL基本术语

首先介绍一些常见的VHDL术语，它们是几乎在每一个VHDL程序中都会使用的基本VHDL构建块。

1. 实体ENTITY

实体是设计中最基本的构建块，所有的设计都会有实体。整个设计中位于最顶层的实体叫顶层实体(Top-Level Entity)。如果设计是分层递阶的，则顶层实体描述会包含更低层的描述。这些更低层描述就是包含在顶层描述中的更低层实体。

2. 结构体ARCHITECTURE

所有能仿真的实体都具有结构体描述。结构体描述实体的行为。一个实体可能具有多个结构体。一个设计的结构体可以从行为角度描述，也可以从结构角度描述。

3. 配置CONFIGURATION

配置语句用于将一个实体结构体对和一个组件实例绑定起来。配置可以被当作设计中的元件清单表。它描述的是对于每个实体，使用的是哪个行为，更像一个元件清单表，用来描述设计中每个器件具体使用的哪个元件。

4. 包PACKAGE

包中包含了设计中公用的数据类型和子程序的集合。可以把包想象成包含构建设计所需要工具的一个工具箱。

5. 驱动器DRIVER

驱动器就是信号的驱动源，如果一个信号被两个源所驱动，那么当两个驱动源都有效时，则这个信号具有两个驱动源。

6. 总线BUS

提到总线，通常会想到是一组信号或者是硬件设计中所使用的一种特定通信方法。在VHDL中，总线是一类特殊类型的信号，它能够将其驱动源关掉，即呈现高阻态。

7. 属性ATTRIBUTE

属性是附属于VHDL对象的数据。比如，缓冲器的并行驱动能力，器件的最大工作温度。

8. 类属说明 GENERIC

类属参数是用于表示向实体传递信息的参数。比如,如果一个实体是具有上升延时和下降延时的门级模型,则上升延时和下降延时的具体数值可以使用 GENERIC 参数向实体传送。

9. 进程 PROCESS

进程是 VHDL 中基本的执行单元。VHDL 描述的仿真中,所有的操作都可以被分解成一个或多个进程。

10. 库 LIBRARY

库是经编译后的数据集合。它存放包括集合定义、实体定义、结构体定义和配置定义。库的功能类似于操作系统中的目录,库中存放设计的数据。库通常放在设计的最前面,意味着库中的内容可以供设计者共享。

3.2 VHDL 的三种不同描述风格

VHDL 包括主级设计单元和次级设计单元。其中主级设计单元包括实体 ENTITY 和包 PACKAGE,次级设计单元是结构体 ACHITECTURE 和包体 PACKAGE BODY。次级设计单元通常是和主级设计单元相关的。库则是主级设计单元和次级设计单元的集合。

3.2.1 实体

以四选一的数据选择器,其逻辑符号描述如图 3-1 所示,其中 a、b、c、d 是四个数据输入端,s1、s0 是地址选择端,x 是输出端。

其所对应的实体描述如下:

```
ENTITY mux IS
    PORT ( a, b, c, d : IN BIT;
        s0, s1 : IN BIT;
        x : OUT BIT);
END mux;
```

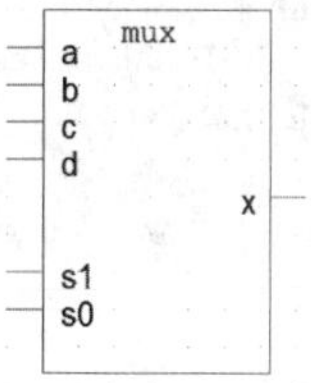

图 3-1 四选一数据选择器符号

其中 VHDL 预留的关键词都用大写表示:关键词 ENTITY 及 IS 标明是实体描述开始;END 标明实体描述结束;PORT 表示开始描述端口信号信息;IN 表示端口信号的方向为输入信号;OUT 表示端口信号的方向为输出信号;BIT 表示端口信号的信号类型为位类型(0、1 两种取值)。实体描述中小写的 mux 是设计者定义的实体名称,a、b、c、d、s0、s1、x 是设计者定义的端口信号名称。

实体的端口方向(也称端口模式)包括四类,如表 3-1 所示。

表 3-1 实体端口模式

端口模式	说明
IN	数据只能从端口流入实体
OUT	数据只能从实体流出端口
INOUT	双向,数据可以从端口流入/流出实体
BUFFER	数据从端口流出实体,同时被内部反馈

由此可见,实体描述包括实体名称和器件端口情况,包括哪些端口信号,信号的方向以及信号类型。总之,实体描述的就是器件的逻辑符号,即器件封装起来对外呈现的样子。上

面的实体描述是所有复杂设计的基础框架，在此基础上，实体还可以包含更多的信息。比如类属说明语句 GENERIC，它通常用来定义端口的总线宽度，实体中子元件的数目，以及实体参数等静态信息。它本质上就是定义一个常数，并且将其传递到实体描述内部。

比如，

```
GENERIC(w:INTEGER: = 16);
PORT(abus: OUT BIT_VECTOR(w - 1 DOWNTO 0));
```

上面两句就相当于

```
PORT(abus: OUT BIT_VECTOR(15 DOWNTO 0));
```

语法说明：这个端口定义了一个端口信号 abus，信号方向为输出，信号类型为 BIT_VECTOR。BIT_VECTOR 是位矢量，可以理解成是一维数组，数组的每一位都是 BIT 类型，数组元素个数和元素排序则由括号里内容决定：(15 DOWNTO 0)表示数组元素个数为 16 个，元素排序从 15 到 0；而如果是 BIT_VECTOR(0 to 15)，则仅仅是元素排序从 0 到 15。

3.2.2 结构体

结构体则描述了实体的基本功能，包含了建模实体行为的具体描述。基于 VHDL 描述数字系统，有三种不同的描述风格：(以下三种不同风格的结构体描述均基于前面 4 选 1 数据选择器的实体描述)。

1. 数据流描述风格(也称作并行语句描述风格)

```
ARCHITECTURE dataflow OF mux IS
   SIGNAL select : INTEGER;
BEGIN
   select <= 0 WHEN s0 = '0' AND s1 = '0' ELSE
          1 WHEN s0 = '1' AND s1 = '0' ELSE
          2 WHEN s0 = '0' AND s1 = '1' ELSE
          3;
   x <= a AFTER 0.5 NS WHEN select = 0 ELSE
       b AFTER 0.5 NS WHEN select = 1 ELSE
       c AFTER 0.5 NS WHEN select = 2 ELSE
       d AFTER 0.5 NS;
END dataflow;
```

其中关键词 ARCHITECTURE 标明结构体描述的开始，该结构体的名字为 dataflow，其所匹配的实体为 mux。关键词 ARCHITECTURE 和 BEGIN 之间是结构体中所使用的信号声明和组件声明。在上例中，声明了一个 select 信号，并且其信号类型为 INTEGER。需要强调：VHDL 是强数据类型的语言，不管常量、信号、还是变量，声明都要说清楚数据类型。在 ARCHITECTURE 后面第一个 BEGIN 之后一直到关键词 END 之间是并行语句，即所有语句是并行执行，和语句书写的先后顺序无关，也就说这个区段的语句可以互相颠倒顺序，而不影响设计的行为功能。

条件信号赋值

```
select <= 0 WHEN s0 = '0' AND s1 = '0' ELSE
          1 WHEN s0 = '1' AND s1 = '0' ELSE
          2 WHEN s0 = '0' AND s1 = '1' ELSE
          3;
```

符号“<=”代表信号赋值。这里是给信号 select 进行赋值，具体取值可能为 0、1、2、3 四种。当信号 s0、s1 取 00 时，select 信号为 0；当 s0、s1 取 10 时，select 信号为 1；当 s0、s1 取 01 时，select 信号为 2；其他情况，select 信号为 3(关于赋值语句的更多内容请参见信号赋值语句部分)。

接下来对信号 x 的赋值也是类似的理解方法，根据 select 信号的取值情况给信号赋值，不同之处在于信号 x 的赋值并不是立即发生的，而是需要往后延时 0.5ns 才发生。

这两条信号赋值语句是并行语句，也就是二者是被同时执行的，其书写顺序可以颠倒并不影响功能。但是信号赋值是否被激活，取决于赋值符号右侧的信号，如果右侧的信号至少有一个有事件，则信号赋值被激活。所谓事件就是信号从 0 到 1 或者从 1 到 0 的一次变化。也就是说赋值符号右侧的信号中，至少有一个信号有变化，信号赋值才真正被激活，否则赋值语句挂起。

结构体中的语句是并行语句，究其本质是因为它描述的数字电路中，各个节点的逻辑值向后传递是同时发生，与节点所在的位置无关。而节点则对应 VHDL 中的信号，节点的这种并行传输信号特性，也就决定了结构体中多条信号赋值语句必然也是并行执行的。进而推广结论：结构体中的语句都是并行语句。

2. 结构化描述风格(元件例化，也称作图形网表设计)

结构化描述是从网表的角度，描述各元件的引脚连接。上例中，在结构体的 BEGIN 之前，声明了待设计的数据选择器使用三个元件(COMPONENT)，分别为 andgate、inverter、orgate。而这三个元件应该都有属于自己的 VHDL 完整描述，也即有以 andgate、inverter、orgate 命名的实体和实体对应的结构体。

```
ARCHITECTURE netlist OF mux IS
   COMPONENT andgate
       PORT(a, b, c : IN BIT; x : OUT BIT);
   END COMPONENT;
   COMPONENT inverter
       PORT(in1 : IN BIT; x : OUT BIT);
   END COMPONENT;
   COMPONENT orgate
       PORT(a, b, c, d : IN BIT; x : OUT BIT);
   END COMPONENT;
   SIGNAL s0_inv, s1_inv, x1, x2, x3, x4 : BIT;
   BEGIN
      U1 : inverter PORT MAP(s0, s0_inv);
      U2 : inverter PORT MAP(s1, s1_inv);
      U3 : andgate PORT MAP(a, s0_inv, s1_inv, x1);
      U4 : andgate PORT MAP(b, s0, s1_inv, x2);
      U5 : andgate PORT MAP(c, s0_inv, s1, x3);
      U6 : andgate PORT MAP(d, s0, s1, x4);
      U7 : orgate PORT MAP(b => x2, a => x1, d => x4, c => x3, x => x);
END netlist;
```

元件声明语句的格式如下：

```
COMPONENT 元件名 IS
   PORT(端口名表)
END COMPONENT;
```

在数据选择器的顶层描述中，这三个元件的调用和连接关系是用元件例化语句实现的。元件例化语句的格式如下：

```
例化名: 元件名 PORT MAP ([端口名 =>] 连接端口名, …);
```

在本例中，比如 U1 ：inverter(s0,s0_inv)；表示调用元件模型 inverter，在 mux 的顶层设计中被称作 U1，inverter 的 in1 在顶层中连接的是 s0 信号，x 在顶层中连接的是 s0_inv 信号。这种按照元件端口名顺序依次匹配关联顶层设计中的连接端口名的方式称作位置映射法，上例中 U1-U6 都是采用这种关联方式。此时，端口的位置必须严格与元件声明中的完全相同，不可调整；U7 则是采用端口名映射法，即明确这里的符号"=>"仅代表连接映射关系，不代表信号流动的方向，即不限制信号的流动方向。符号"=>"左边是元件的内部端口名，右边则是元件外部需要连接的端口名或信号名。此时直接描述的是端口名的关联关系，因此端口名的描述位置是可以调整的。比如，上例中 U7，先描述的是端口 b 的关联关系，后描述的是端口 a 的关联关系。这与元件声明中的端口顺序不同。上面结构化描述对应的网表连接图如图 3-2 所示。

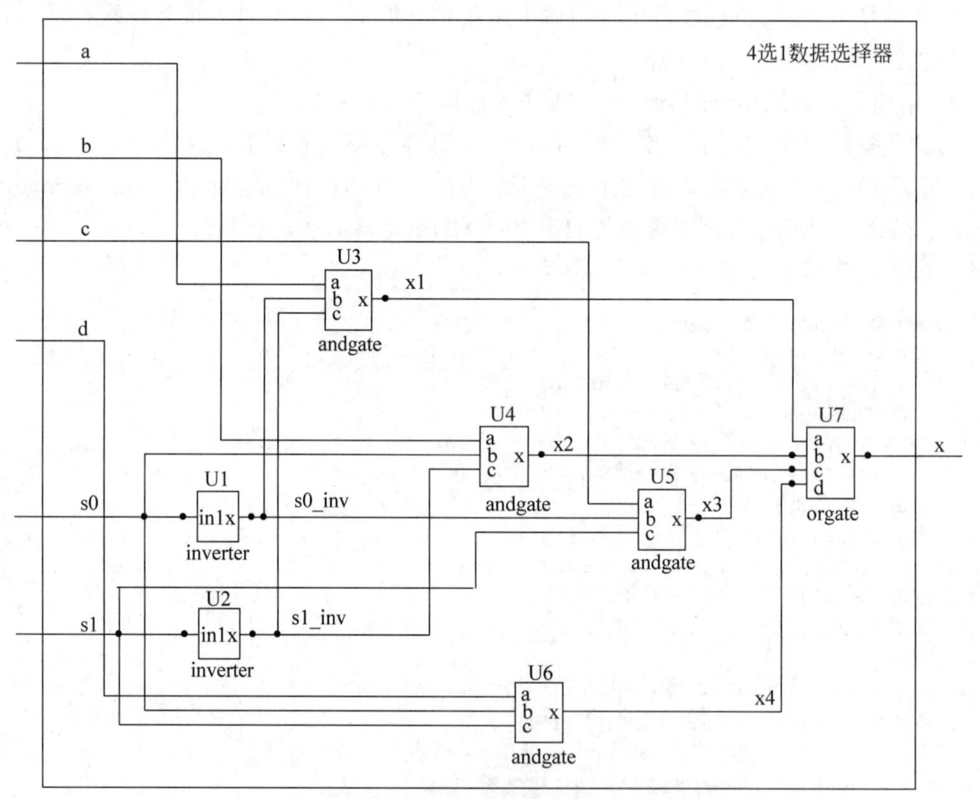

图 3-2 4 选 1 数据选择器原理结构图

3. 行为描述风格(也称作时序描述风格，要使用 PROCESS 语句)

```
ARCHITECTURE sequential OF mux IS
   BEGIN
      PROCESS(a, b, c, d, s0, s1 )
      VARIABLE sel : INTEGER;
      BEGIN
         IF s0 = '0' and s1 = '0' THEN
```

```
            sel := 0;
        ELSIF s0 = '1' AND s1 = '0' THEN
            sel := 1;
        ELSIF s0 = '0' AND s1 = '0' THEN
            sel := 2;
        ELSE
            sel := 3;
        END IF;
        CASE sel IS
            WHEN 0 =>
                x <= a;
            WHEN 1 =>
                x <= b;
            WHEN 2 =>
                x <= c;
            WHEN OTHERS =>
                x <= d;
        END CASE;
    END PROCESS;
END sequential;
```

行为描述风格采用PROCESS语句去描述数字选择器的行为功能。进程PROCESS关键词后面括号内是进程的敏感信号表，只有当敏感信号表中至少一个信号有事件，即信号有从0到1或者从1到0的变化，进程才被执行，称作进程被“激活”；反之，如果敏感信号表中的信号都没有事件，进程不会被执行，称作进程被“挂起”。进程PROCESS关键词到BEGIN之间是声明区，可以声明进程中使用的变量，此例中声明了一个sel变量。变量在进程内使用，出了进程，则变量不再存在。进程下面的BEGIN标识到END PROCESS之间是进程的详细描述，这之间的语句是顺序执行语句，即按照语句出现的先后顺序执行。本例中使用了IF结构语句和CASE语句。CASE语句根据sel变量的值选择不同的分支执行。比如变量sel为1，则CASE语句选择执行x <= b。

3.2.3 配置

前面针对同一个4选1数据选择器实体，有三种不同描述风格的结构体。使用配置语句，设计者可以选择究竟使用哪个结构体。另外，配置语句也可以在结构体中选择不同的元件。

```
CONFIGURATION muxcon1 OF mux IS
    FOR netlist
        FOR U1,U2 :
            inverter USE ENTITY WORK.myinv(version1);
        END FOR;
        FOR U3,U4,U5,U6 : andgate USE ENTITY WORK.myand(version1);
        END FOR;
        FOR U7 : orgate USE ENTITY WORK.myor(version1);
        END FOR;
    END FOR;
END muxcon1;
```

前面的配置描述具体含义如下：这是实体mux的配置方案，称作muxcon1。对于最顶层实体mux，使用结构体netlist；而对于结构体netlist中被例化的两个inverter类型U1、

U2,使用 WORK 库中的实体为 myinv,结构体为 version1 的设计描述;对于结构体 netlist 中被例化的四个 andgate 类型 U3、U4、U5、U6,使用 WORK 库中的实体为 myand,结构体为 version1 的设计描述;对于结构体 netlist 中被例化的 orgate 类型 U7,使用 WORK 库中的实体为 myor,结构体为 version1 的设计描述。如果需要更换实体 mux 的结构体,则只需要更换配置,不需要重新进行结构体描述。下面配置为实体 mux 的第二个配置方案:对于最顶层实体 mux,使用结构体 dataflow。

```
CONFIGURATION muxcon2 OF mux IS
    FOR dataflow
    END FOR;
END muxcon2;
```

由此可见,利用配置语句,可以非常方便地实现在设计的各个级别上(包括结构体和其内部元件等不同级别)进行灵活选择不同风格的设计描述。

3.3 数据对象

数据对象是 VHDL 程序设计中进行各种运算与操作的对象。VHDL 使用的数据对象主要有四种:常量、变量、信号和文件。

3.3.1 常量

常量(CONSTANT)是用来存储指定数据类型的数值。虽然常量与数值在程序的功能上没有什么差别,但它能有效提高 VHDL 的可读性与安全性。通俗地讲,常量就是有了名字的固定数值,常量在声明时需要指定相应的数据类型与初始值。常量的数据类型可以是标量或复合类型,但不能是文件类型或存取类型。常量的声明格式如下:

```
CONSTANT 常量名: 常量的数据类型 : = 值
```

例如:

```
CONSTANT PI: REAL: = 3.14;
CONSTANT bus_width: INTEGER: = 16;
CONSTANT led: STD_LOGIC_VECTOR(7 DOWNTO 0): = "10101010";
```

常量的作用域要视常量的声明位置而定,在 VHDL 程序不同位置声明的常量,作用域也不一样。VHDL 程序中以下的程序位置可进行常量的声明:

(1) 程序包中声明的常量,引用该程序包的 VHDL 程序都可以使用该常量。

(2) 实体声明部分的 generic 语句声明的常量,则该实体的结构体可以使用该常量。

(3) 结构体声明的常量,则该结构体内的所有语句都可以使用该常量。

(4) 进程、子程序和函数中声明的常量,则只能在其内部使用该常量。

代码 3-1 和代码 3-2 详细说明了常量的声明与使用的规则。

【代码 3-1】 简单的程序包。

```
PACKAGE mylib IS
   CONSTANT bus_length: INTEGER: = 8;
END mylib;
```

代码 3-1 是一个简单的 VHDL 库文件，它声明了一个整型常量 bus_length，它的值为 8。

【代码 3-2】 常量应用的程序。

```
LIBRARY IEEE;                                          -- ieee 库的引用
USE IEEE. STD_LOGIC_1164. ALL;
USE IEEE. STD_LOGIC_UNSIGNED. ALL;
LIBRARY mylib;                                         -- 自定义库 mylib 的引用
USE mylib.all;
ENTITY counter IS                                      -- 实体声明
   GENERIC(                                            -- 类属性常量定义
      period: STD_LOGIC_VECTOR(bus_length - 1 DOWNTO 0) := "01100100";
      );
   PORT(clk: IN STD_LOGIC;
      reset_n: IN STD_LOGIC;
      cntout: OUT STD_LOGIC_VECTOR(bus_length - 1 DOWNTO 0));
END counter;
ARCHITECTURE behave OF counter IS
      CONSTANT addone:  STD_LOGIC_VECTOR(bus_length - 1 DOWNTO 0): = "00010100";
      SIGNAL cnt: STD_LOGIC_VECTOR(bus_length - 1 DOWNTO 0): = "00000000";
   BEGIN
   PROCESS(clk, reset_n)
   BEGIN
      IF reset n =  '0' THEN
         cntout <=  "00000000";
      ELSIF clk'EVENT AND clk =  '1' THEN
         cntout <=  cnt;
      END IF;
   END PROCESS;
   PROCESS(clk, reset_n)
      CONSTANT addtwo: STD_LOGIC_VECTOR(bus_length - 1 DOWNTO 0): = "00101000";
   BEGIN
      IF reset_n = '0' THEN
         cnt <=  "00000000";
      ELSIF clk'EVENT AND clk =  '1' THEN
         IF cnt > period THEN                          -- 当计数器大于计数周期时，计数器归零
            cnt <=  "00000000";
         ELSIF cnt > addtwo THEN                       -- 当计数器大于 addtwo 时计数器作加 4 计数
            cnt <= cnt + "00000100";
         ELSIF cnt > addone THEN                       -- 当计数器大于 addone 时计数器作加 2 计数
            cnt <=  cnt + "00000010";
         ELSE                                          -- 否则计数器作加 1 计数
            cnt <=  cnt + "00000001";
         END IF;
      END IF;
   END PROCESS;
END behave;
```

代码 3-2 分别从程序包、实体类属性、结构体声明和进程声明四个 VHDL 程序不同的位置介绍常量的声明。其中，程序包声明的常量，整个 VHDL 程序都可以使用；实体类属性中声明的常量，在声明该常量以下 VHDL 程序都可以使用；结构体声明中声明的常量，在该结构体中可以使用；在进程、子程序和函数中声明的常量，则只能在内部使用。

3.3.2 变量

变量(VARIABLE)也是用来存储指定数据类型的数值,但与常量不同的是,可以通过对变量赋值来改变变量的数值。变量的声明格式如下:

```
VARIABLE 变量名: 数据类型: = 初始值;
```

例如:

```
VARIABLE  cnt: INTEGER: = 0;
VARIABLE  temp: BIT: = '0';
VARIABLE  flag: STD_LOGIC_VECTOR(7 DOWNTO 0);
```

其中,初始值是可选的,变量的初始值只在仿真时起作用,综合过程一般忽略变量的初始值。可以进行声明的 VHDL 程序位置是进程、子程序和函数,而且变量只在声明该变量的进程、子程序和函数中可见。

变量被声明后,就可以对变量进行赋值来更改变量数值。变量的赋值是理想化的数据传输,是即时的,不需要延时,这一点与信号不一样。变量赋值的格式如下:

```
变量名: = 表达式;
```

例如:

```
cnt: = 10;
temp: = '1';
```

由于变量的赋值是即时的,因此在变量赋值时加上时间延时是非法的,例如:

```
temp: = 10 after 10ns;  —非法语句
```

变量赋值只出现在进程、子程序和函数中。将代码 3-2 修改为代码 3-3 来介绍变量的声明与使用。

【代码 3-3】 变量应用的程序。

```
LIBRARY  IEEE;
USE IEEE. STD_LOGIC_1164. ALL;
USE IEEE. STD_LOGIC_UNSIGNED. ALL;
ENTITY counter IS
  GENERIC(
      period: STD_LOGIC_VECTOR(7 DOWNTO 0): = "01100100"
      );
  PORT(clk: IN STD_LOGIC;
      reset_n: IN STD_LOGIC;
      cntout: OUT STD_LOGIC_VECTOR(7 DOWNTO 0));
END counter;
ARCHITECTURE behave OF counter IS
      CONSTANT addone: STD_LOGIC_VECTOR(7 DOWNTO 0): = "00010100"
   BEGIN
   PROCESS(clk, reset_n)
      CONSTANT addtwo: STD_LOGIC_VECTOR(7 DOWNTO 0): = "00101000"
      VARIABLE cnt: STD_LOGIC_VECTOR(7 DOWNTO 0): = "00000000"
   BEGIN
      IF reset_n =  '0' THEN
         cnt: = "00000000";
```

```
        cntout <= "00000000";
      ELSIF clk'EVENT AND clk = '1' THEN
        cntout <= cnt;
        IF cnt > period THEN
          cnt: = "00000000";
        ELSIF cnt > addtwo THEN
          cnt: = cnt + "00000100";
        ELSIF cnt > addone THEN
          cnt: = cnt + "00000010";
        ELSE
          cnt: = cnt + "00000001";
        END IF;
      END IF;
    END PROCESS;
  END behave;
```

由于变量只有在声明该变量的进程中使用，所以不能像代码 3-2 在另外一个进程对 cntout 进行赋值，而只能在同一进程进行赋值。

2002 版 VHDL 标准支持共享变量，共享变量可以在进程、子程序和函数之外声明，也可以在结构体或程序包中声明。相应地，共享变量的使用域相对普通变量要广，与信号应用相类似，但没有信号相应的属性。代码 3-4 介绍了共享变量的使用方法。

【代码 3-4】 共享常量应用的程序。

```
LIBRARY IEEE;
USE IEEE. STD_LOGIC_1164. ALL;
USE IEEE. STD_LOGIC_UNSIGNED. ALL;
ENTITY sharevar IS
PORT(clk:IN STD_LOGIC;
    sel: IN STD_LOGIC;
    dout: OUT STD_LOGIC_VECTOR(7 DOWNTO 0));
END sharevar;
ARCHITECTURE behave OF sharevar IS
CONSTANT dcon: STD_LOGIC_VECTOR(7 DOWNTO 0): = "10101010";
—在结构体的声明中声明一个共享变量 cnt
SHARED VARIABLE cnt: STD_LOGIC_VECTOR(7 DOWNTO 0): = "00000000";
BEGIN
  PROCESS(clk)          -- 在此进程中对共享变量进行加 1 计数
  BEGIN
    IF clk'EVENT AND clk = '1'THEN
      cnt: = cnt + "00000001";
    END IF;
  END PROCESS;
  PROCESS(sel)          -- 在另外一个进程对共享变量进行使用
  BEGIN
    IF sel = '1'THEN
      dout <= cnt;
    ELSE
      dout <= dcon;
    END IF;
  END PROCESS;
END behave;
```

3.3.3 信号

信号(SIGNAL)是VHDL作为硬件描述语言的一个主要特征。信号既可以描述硬件内部之间的连线；也可以描述一种数值寄存器，可以保留历史值。在VHDL中，信号是具有最多属性的数据对象，有关信号的属性将在后面章节进行讨论。信号的声明的格式如下：

```
SIGNAL 信号名: 数据类型: = 初始值;
```

例如：

```
SIGNAL temp: STD_LOGIC;
SIGNAL cnt: STD_LOGIC_VECTOR(7 DOWNTO 0);
SIGNAL data_bus: STD_LOGIC_VECTOR(7 DOWNTO 0): = "00000000";
```

其中，信号声明中的初始值是可选的，而且信号的初始值只在仿真时起作用，综合过程一般会被忽略。信号的声明位置可以是实体的声明部分、结构体和程序包，但是不可在进程、子程序和函数中声明。其中，在程序包声明中声明的信号在引用该程序包的VHDL程序中都是可见的，使用时需要特别注意。在实体声明部分声明的信号即端口信号，除了有方向限制外，其他与在结构体声明中声明的信号一样的。

信号声明后就可以对信号进行赋值操作以改变信号数值。信号赋值的格式如下：

```
信号名< = 表达式;
```

例如：

```
temp < = '1';
cnt < = cnt + "00000001";
data_bus < = "00001000";
```

同样，由于VHDL语言是强类型的程序设计语言，因此信号赋值语句右边表达值的类型必须与信号的类型一致，如果不一致则需要进行类型转化。信号的赋值操作与变量的赋值操作除了操作符不一样外(信号赋值为“<=”，变量赋值为“：=”)，信号赋值有一个延时过程，而变量赋值没有延时过程是即时的。信号赋值可以直接出现在结构体作为并行语句，也可出现在进程、子程序和函数中作为顺序语句，代码3-5介绍了信号的使用方法。

【代码3-5】 信号应用的程序。

```
LIBRARY IEEE;
USE IEEE. STD_LOGIC_1164. ALL;
USE IEEE. STD_LOGIC_UNSIGNED. ALL;
ENTITY usesignal IS
PORT(clk: IN STD_LOGIC;
   sel: IN STD_LOGIC;
   dcon: IN STD_LOGIC_VECTOR(7 DOWNTO 0);
   dout: OUT STD_LOGIC_VECTOR(7 DOWNTO 0);
   cntout: OUT STD_LOGIC_VECTOR(7 DOWNTO 0));
END usesignal;
ARCHITECTURE bebave OF usesignal IS
--结构体声明中声明信号 cnt
   SIGNAL cnt: STD_LOGIC_VECTOR(7 DOWNTO 0): = "00000000";
BEGIN
PROCESS (clk)                  --信号在进程中使用
BEGIN
```

```
        IF clk'EVENT AND clk = '1' THEN
            cnt <= cnt + "00000001";
        END IF;
    END PROCESS;
        cntout <= cnt;        -- 信号在进程外使用
    PROCESS(sel, dcon, cnt)
    BEGIN
        IF sel = '1' THEN
            dout <= cnt;
        ELSE
            dout <= dcon;
        END IF;
    END PROCESS;
END behave;
```

代码 3-5 中实体声明部分的端口名前面虽然没有保留字 SIGNAL，但实体端口隐含了信号的意义，默认也为信号对象。'EVENT 是信号属性之一，它表示信号的值是否有事件(EVENT)发生，如果有事件发生则返回真，否则返回假。信号是 VHDL 的一大特色，VHDL 支持以下的信号属性，假设 sig 为一信号，t 为一时间值。其中前 4 条属性返回为特殊的信号，可用于正常信号可使用的位置，包括敏感信号表，但不能用于子程序中。

- sig'DELAYED(t)——结果是创建一个类型与 sig 相同的信号，且相对 sig 信号具有 t 时间的延时。
- sig'STABLE(t)——结果是创建一个 BOOLEAN 类型的信号，如果 sig 在时间 t 内没有事件发生则结果为真，否则为假。
- sig'QUIET(t)——结果是创建一个 BOOLEAN 类型的信号，如果 sig 在时间 t 内没有事件/事项处理(TRANSACTION)发生则结果为真，否则为假。
- sig'TRANSACTION——当 sig 有事件/事项处理(TRANSACTION)发生时，则所创建的 BIT 类型信号发生翻转。
- sig'EVENT——如果 sig 有事件发生则结果为真，否则为假。
- sig'ACTIVE——如果 sig 有事件/事项处理(TRANSACTION)发生则结果为真，否则为假。
- sig'LAST_EVENT——sig 最后一次事件发生的时间间隔。
- sig'LAST_ACTIVE——sig 最后一次事件/事项处理发生的时间间隔。
- sig'LAST_VALUE——sig 最后一次事件发生前的值。

信号属性应用举例：

- clk'EVENT AND clk='1'——时钟信号 clk 上升沿的表示方法。
- clk'EVENT AND clk='0'——时钟信号 clk 下降沿的表示方法。

3.3.4 别名

别名是指向一个数据对象或数据对象的部分可替换标识符，对这个标识符的操作相当于对被替换数据对象的操作。别名的声明格式如下：

```
ALIAS 别名名称: 别名的数据类型 IS 数据对象;
```

对别名的应用举例如下：

```
VARIABLE addr: STD_LOGIC_VECTOR(7 DOWNTO 0);
VARIABLE data: STD_LOGIC_VECTOR(15 DOWNTO 0);
ALIAS myaddr STD_LOGIC_VECTOR(7 DOWNTO 0) IS addr; -- 声明一个别名 myaddr 指向 addr
ALIAS udata: STD_LOGIC_VECTOR(7 DOWNTO 0) IS data(15 DOWNTO 8);
                                        -- 声明一个别名 udata 指向 data 的高 8 位
ALIAS ldata: STD_LOGIC_VECTOR(7 DOWNTO 0) IS data(7 DOWNTO 0); -- 声明一个别名 ldata 指向 data 低 8 位
myaddr: = "01001101"; -- 相当于对 addr 赋值
udata: = "11110000"; -- 相当于对 data 的高 8 位赋值
ldata: = "00001111"; -- 相当于对 data 的低 8 位赋值
```

3.3.5 常量、变量和信号的比较

从硬件电路系统看，常量相当于电路中的恒定电平，如 GND 或 VCC 接口；而信号则相当于组合电路系统中门/模块间的连接及其连线上的信号值；变量则用来暂存中间结果。

从行为仿真和 VHDL 语句功能上看，变量和信号的区别主要表现在接收和保持信息的方式、信息保持与传递的区域大小上。例如，信号可以设置延时量，而变量则不能；变量只能作为局部的信息载体，而信号则可作为模块间的信息载体。变量的设置有时只是一种过渡，最后的信息传输和接口间的通信都靠信号来完成。

从综合后对应的硬件电路结构看，信号一般对应特定的硬件结构，但在许多情况下，信号和变量没有什么区别。例如，在满足一定条件的进程中，综合后它们都能引入寄存器。这时它们都具有能够接受赋值这一重要的共性，而 VHDL 综合器并不理会它们在接受赋值时存在的延时特性。

虽然 VHDL 仿真器允许变量和信号设置初始值，但在实际运用中，VHDL 综合器并不会把这些信息综合进去。这是因为实际的 FPGA/CPLD 芯片在上电后，并不能确保其初始状态的取值。因此，对于时序仿真来说，设置的初始值在综合时是没有实际意义的。

信号和变量是 VHDL 中重要的客体，主要区别有：

(1) 信号赋值至少要有 delta 延时；而变量赋值没有。

(2) 信号除当前值外有许多相关的信息，如历史信息；而变量只有当前值。

(3) 进程对信号敏感，而对变量不敏感。

(4) 信号可以是多个进程的全局信号；而变量只在定义它们的顺序域可见(共享变量除外)。

(5) 信号是硬件中连线的抽象描述，它们的功能是保存变化的数据值和连接子元件，信号在元件的端口连接元件。变量在硬件中没有类似的对应关系，用于硬件特性的高层次建模所需要的计算中。

信号相对变量来说，具有更多的硬件属性，信号与电路节点相对应，而变量则仅仅是为临时存储中间结果而设置的。

3.4 数据类型

数据类型是程序设计语言的重要特征之一，VHDL 又是强类型的程序设计语言，因此对数据类型是否了解在进行 VHDL 程序设计起到关键的作用。之所以称 VHDL 为强类型的程序设计语言，是因为每一种数据类型决定了它声明的数据对象所能进行的操作，即不同

数据类型数据对象的操作是不同的。VHDL 支持的常用数据类型主要有四类：

(1) 标量(Scalar)：标量类型的数据只有一个存储单元，有具体的数值大小，主要包括枚举类型、整数类型、物理类型和浮点类型。

(2) 复合(Composite)：复合类型的数据是由相同类型的元素(数组类型)或不同类型的元素(记录类型)组成。

(3) 存取(Access)：存取类型提供对指定类型对象的存取，本书不展开讨论。

(4) 文件(File)：文件提供对一系列指定类型数据的读取、写入和文件的检查，本书也不展开讨论。

VHDL 语言中的数据类型总览图如图 3-3 所示。

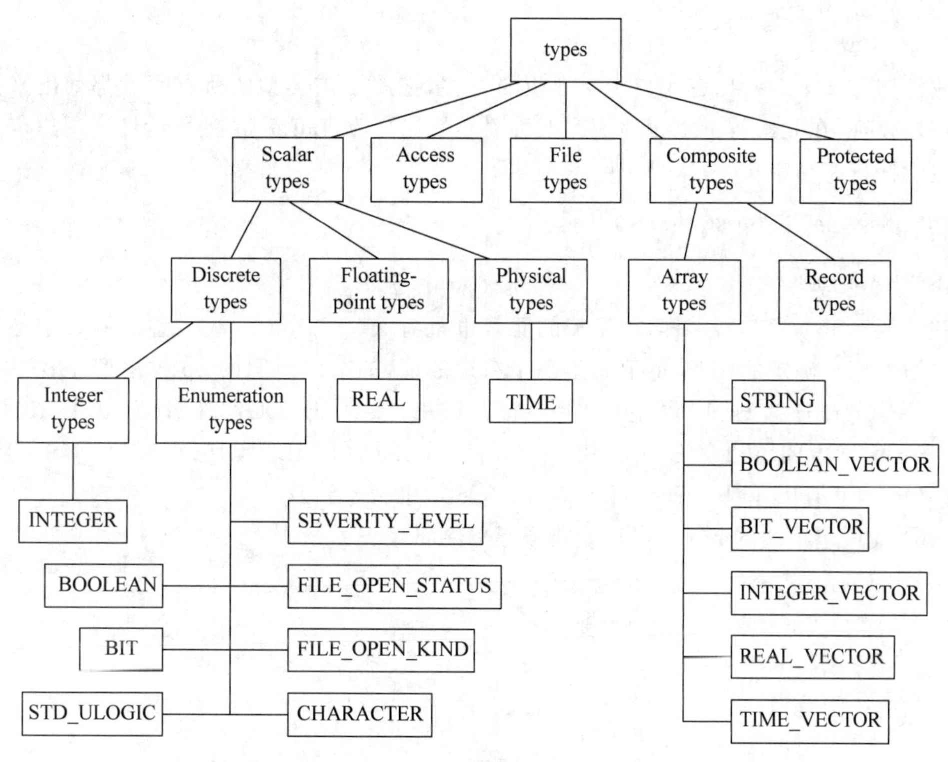

图 3-3 VHDL 中的数据类型总览图

3.4.1 标量

标量类型的数值是有大小之分的，关系操作符可以操作标量的数据对象。标量类型的数据具体包括：整型(INTEGER)、实型(REAL)、物理型(Physical)、枚举型(Enumeration)。枚举型又包括字符(CHARACTER)、位(BIT)和布尔型(BOOLEAN)等，物理型常用的有时间型(Time)。这里仅介绍 VHDL 中比较独特的部分数据类型，而关于整型和实型请大家自行参考相关说明。

1. 物理型

物理型的值是物理量的度量单元，比如长度、质量、电流、时间等。物理型数据类型一般是不可综合的，它们只应用在仿真过程中。它们的声明是基本单元和二级单元的组合，在默认的 STANDARD 程序包中预定义的物理型是时间 TIME 数据类型。TIME 数据类型在

STANDARD程序包的定义如下：

```
TYPE TIME IS RANGE    0 TO 2147483647
UNITS
fs;                   -- 飞秒 VHDL 中的最小时间单位
ps = 1000 fs;         -- 皮秒
ns = 1000 ps;         -- 纳秒
us = 1000 ns;         -- 微秒
ms = 1000 us;         -- 毫秒
sec = 1000 ms;        -- 秒
min = 60 sec;         -- 分
hr = 60 min;          -- 时
END UNITS;
```

2. 枚举型

枚举型定义了一种拥有用户定义数值的类型，把属于该类型的所有元素都列出来。一大优点是直观，在元素数量不多的情况下可以有效提高VHDL程序的可读性。用户定义的数值包括标识符和字符，枚举型声明举例如下：

```
TYPE traclight IS (green, yellow, red);
TYPE op IS (add, sub, mul, div, mod);
TYPE logic IS('0','1','z','x');
```

和其他标量数据类型一样，枚举型的元素也是有大小之分的。枚举型值的大小是通过声明时的顺序来确定的，左边的值总是小于右边的值，如上面声明的op枚举型add < sub < mul < div < mod。VHDL预定义的枚举类型有STD_ULOGIC、CHARACTER、BIT、BOOLEAN、SEVERITY_LEVEL、FILE_OPEN_KIND和FILE_OPEN_STATUS。其中，FILE_OPEN_KIND和FILE_OPEN_STATUS本书暂不涉及。

1164程序包定义的std_ulogic是指以下的字符集：

```
TYPE STD_ULOGIC IS('U',    -- 未初化状态
            'X',           -- 强未知
            '0',           -- 强 0
            '1',           -- 强 1
            'Z',           -- 高阻
            'W',           -- 弱未知
            'L',           -- 弱 0
            'H',           -- 弱 1
            '-'            -- 无关状态
            );
```

STANDARD程序包定义的BIT是指以下的枚举类型定义：

```
TYPE BIT IS ('0','1'); 要么是'1',要么是'0'
```

STANDARD程序包定义的BOOLEAN是指以下的枚举类型定义：

```
TYPE BOOLEAN IS (FALSE,TRUE); -- 要么是 FALSE,要么是 TRUE
```

STANDARD程序包定义的SEVERITY_LEVEL是指以下的枚举类型定义：

```
TYPE SEVERITY_LEVEL IS (NOTE,WARNING,ERROR,FAILURE); -- 有 4 个状态
```

3. 标量类型的属性

VHDL中标量类型除了相应的数值，还有一组相应的属性，这些属性丰富了标量类型

的功能。VHDL 支持的预定义属性如下(t 代表标量类型,x 代表该类型的一个值,s 代表一个字符串,n 代表位置号):

- t'LEFT ——t 类型的第一个值或是最左边的值;
- t'RIGHT ——t 类型的最后一个值或是最右边的值;
- t'LOW ——t 类型的最小的值;
- t'HIGH ——t 类型的最大的值;
- t'ASCENDING ——如果 t 类型的值是递增的,则为 TRUE,否则为 FALSE;
- t'IMAGE(x) ——返回 t 类型 x 值所对应的字符串;
- t'VALUE(s) ——返回字符串 s 表示的 t 类型中的值;
- t'POS(x) ——t 类型中 x 的位置号,0 为第一个;
- t'VAL(n) ——t 类型中位置为 n 的值;
- t'SUCC(x) ——t 类型中位置号比 x 的位置号大 1 处的值;
- t'PRED(x) ——t 类型中位置号比 x 的位置号小 1 处的值;
- t'LEFTOF(x) ——t 类型中在 x 的左边的值;
- t'RIGHTOF(x) ——t 类型中在 x 的右边的值。

下面的代码举例说明标量类型的属性:

```
TYPE length IS RANGE   0 TO 2147483647
UNITS
nm;                 -- 纳米
um =  1000 nm;      -- 微米
mm =  1000 um ;     -- 毫米
m = 1000 mm ;       -- 米
km =  1000 m ;      -- 千米
END UNITS ;
TYPE   tractled IS (red, green, yellow) ;
TYPE smallnum   RANGE 255 DOWNTO 0;
length'LEFT = 0 nm;
length'RIGHT = 2147483647 nm;
length'LOW = 0 nm;
length'HIGH = 2147483647 nm;
length'ASCENDING = TRUE;
length'IMAGE(2 um) = "2000 nm";
length'VALUE("1 um") = 1000 nm;
tractled'LEFT = red;
tractled'RIGHT = yellow;
tractled'LOW = red;
tractled'HIGH = yellow;
tractled'ASCENDING = TRUE ;
tractled'IMAGE(green) = "green" ;
tractled'VALUE("yelloe") = yellow;
smallnum'LEFT = 255 ;
smallnum'RIGHT = 0 ;
smallnum'LOW = 0 ;
smallnum'HIGH = 255 ;
smallnum'ASCENDING = FALSE;
smallnum'IMAGE(100) = "100";
smallnum'VALUE("15") = 15;
tractled'POS(green) = 1;
tractled'VAL(2) = yellow;
```

```
tractled'SUCC(green) = yellow;
tractled'PRED(green) = red;
tractled'LEFTOF(green) = red;
tractled'RIGHTOF(green) = yellow;
```

3.4.2 复合类型

复合类型是一种类型或是多种类型的组合。一种类型的组合称为数组类型 ARRAY，多种数据类型的组合称为记录类型 RECORD。本书仅介绍数组类型，记录类型大家自行查阅文献。

数组类型属于复合类型的一种，是将一组具有相同数据类型的元素集合在一起组成一个数据对象的数据类型。VHDL 支持一维数组和二维数组。一维数组拥有一个索引下标，二维数组拥有两个索引下标。VHDL 支持的数组根据索引的确定性分为约束性数组和非约束性数组。

约束性数组在定义的时候就指定了数组索引下标的范围，定义格式如下：

```
TYPE 数组名 IS ARRAY （数组范围） OF 数据类型;
```

举例如下：

```
TYPE data IS ARRAY(7 DOWNTO 0) OF BIT;
TYPE bus IS ARRAY(0 TO 7) OF BIT;
```

约束性数组使用举例如下：

```
SIGNAL datain: data;        -- 声明一个 data 数组类型的信号 datain,它包含 8 位
SIGNAL addr_bus: bus;       -- 声明一个 bus 数组类型的信号 addr_bus,它包含 8 位
```

DOWNTO 与 TO 一般用于范围约束，用 DOWNTO 描述的数组左边的索引下标值大于右边的索引下标值，用 TO 描述的数组右边的索引下标值大于左边的索引下标值。举例如下：

```
TYPE data IS ARRAY(7 DOWNTO 0) OF BIT;
TYPE bus IS ARRAY(0 TO 7) OF BIT;
SIGNAL datain: data: = "11110000"; -- 声明一个 data 数组类型的信号 datain,它包含 8 位
SIGNAL addr_bus: bus: = "1111000"; -- 声明一个 bus 数组类型的信号 addr_bus,它包含 8 位
-- datain(7) = '1',datain(0) = '0';
-- addr_bus(7) = '0', addr_bus(0) = '1';
```

在进行 VHDL 程序开发中，如无特别要求，关于范围约束就统一使用 DOWNTO 或 TO，以保持整个开发程序的一致性，有利于提高 VHDL 程序的可读性与利用性。

非约束性数组在定义的时候就没有指定数组索引下标的范围，而是用<>来代替，定义格式如下：

```
TYPE 数组名 IS ARRAY(索引下标子类型 RANGE <>) OF 数据类型;
```

举例如下：

```
TYPE data IS ARRAY (INTEGER <>) OF BIT;
TYPE bus IS ARRAY (INTEGER <>) OF BIT;
```

约束性数组使用举例如下：

```
-- 声明一个 data 数组类型的信号 datain 时需要加上具体的范围约束条件,它包含 8 位
SIGNAL datain: data(7 DOWNTO 0);
```

```
-- 声明一个 bus 数组类型的信号 addr_bus 时需要加上具体的范围约束条件,它包含 8 位
SIGNAL addr_bus: bus(0 TO 7);
```

常用的非约束数组类型有：STRING 是字符元素的集合，BIT_VECTOR 是 BIT 的集合；STD_LOGIC_VECTOR 是 STD_LOGIC 的集合。它们的声明如下：

```
TYPE STRING IS ARRAY (POSITIVE RANGE <>) OF CHARACTER;
TYPE BIT_VECTOR IS ARRAY (NATURAL RANGE <>) OF BIT;
TYPE STD_LOGIC_VECTOR IS ARRAY (NARURAL RANGE <>) OF STD_LOGIC;
-- 以上索引范围没有确定的数组是非约束型的数组类型
-- 用上面的数据类型声明声明信号的格式如下
SIGNAL str: STRING(1 TO 12): = "I love FPGA!";
SIGNAL data: BIT_VECTOR(7 DOWNTO 0);
SIGNAL address: BIT_VECTOR(7 DOWNTO 0);
```

二维数组在硬件中一般对应一块存储块，其定义举例如下：

```
-- 定义二维数组方式一: 非约束方式
TYPE readdata IS ARRAY (NATURAL RANGE <>, NATURAL <>) OF BIT;
-- 定义二维数组方式: 约束方式
TYPE writedata IS ARRAY(7 DOWNTO 0) OF BIT_VECTOR(7 DOWNTO 0);
-- 定义二维数组方式一:定义的数组类型声明一个二维数组需要指定约束范围
SIGNAL rdata: readdata(7 DOWNTO 0,7 DOWNTO 0);
-- 定义二维数组方式二:定义的数组类型声明一个二维数组不需要指定约束范围
SIGNAL wdata: writedata;
```

VHDL 中数组的属性提供了数组对象或类型索引下标值信息。VHDL 支持的预定义属性如下(a 代表数组对象存取类型变量，n 代表数组标号)：

- a'LEFT(n)——n 维数组索引下标范围中最左边的值；
- a'RIGHT(n)——n 维数组索引下标范围中最右边的值；
- a'LOW(n)——n 维数组索引下标范围中最小的值；
- a'HIGH(n)——n 维数组索引下标范围中最大的值；
- a'RANGE(n)——n 维数组索引下标范围；
- a'REVERSE_RANGE(n)——与原来 n 维数组的方向和边界相反的数组的范围；
- a'LENGTH(n)——n 维数组索引下标范围的长度；
- a'ASCENDING(n)——如果 n 维数组索引下标范围为升序，则为 TRUE，否则为 FALSE。

3.4.3 数据类型转换

由于 VHDL 是强类型的程序设计语言，当不同数据类型的数据对象进行运算时，就需要做数据类型转换。STD_LOGIC_ARITH 程序包定义了多个数据类型转换函数，引用它就可以在 VHDL 程序中使用 STD_LOGIC_ARITH 提供的数据转换函数实现数据类型的转换。STD_LOGIC_ARITH 提供的转换函数有如下：

```
FUNCTION CONV_INTEGER(arg: INTEGER) RETURN INTEGER;
FUNCTION CONV_INTEGER(arg: UNSIGNED) RETURN INTEGER;
FUNCTION CONV_INTEGER(arg: SIGNED) RETURN INTEGER;
FUNCTION CONV_INTEGER(arg: STD_ULOGIC) RETURN INTEGER;
FUNCTION CONV_UNSIGNED(arg: INTEGER; size: INTEGER) RETURN UNSIGNED;
FUNCTION CONV_UNSIGNED(arg: UNSIGNED; size: INTEGER) RETURN UNSIGNED;
FUNCTION CONV_UNSIGNED(arg: SIGNED; size: INTEGER) RETURN UNSIGNED;
```

```
FUNCTION CONV_UNSIGNED(arg: STD_ULOGIC; size: INTEGER) RETURN UNSIGNED;
FUNCTION CONV_SIGNED(arg: INTEGER; size: INTEGER) RETURN SIGNED;
FUNCTION CONV_SIGNED(arg: UNSIGNED; size: INTEGER) RETURN SIGNED;
FUNCTION CONV_SIGNED(arg: SIGNED; size: INTEGER) RETURN SIGNED;
FUNCTION CONV_SIGNED(arg: STD_ULOGIC; size: INTEGER) RETURN SIGNED;
FUNCTION CONV_STD_LOGIC_VECTOR(arg: INTEGER; size: INTEGER)
                              RETURN STD_LOGIC_VECTOR;
FUNCTION CONV_STD_LOGIC_VECTOR(arg: UNSIGNED; size:INTEGER)
                              RETURN STD_LOGIC_VECTOR;
FUNCTION CONV_STD_LOGIC_VECTOR(arg: SIGNED; size: INTEGER)
                              RETURN STD_LOGIC_VECTOR;
FUNCTION CONV_STD_LOGIC_VECTOR(arg: STD_ULOGIC; size: INTEGER)
                              RETURN STD_LOGIC_VECTOR;
```

STD_LOGIC_1164 程序包提供的类型转换如下：

```
FUNCTION TO_BIT     (s:STD_ULOGIC;     xmap: BIT: = '0') RETURN BIT;
FUNCTION TO_BITVECTOR(s:STD_LOGIC_VECTOR;xmap: BIT: = '0') RETURN BIT_VECTOR;
FUNCTION TO_BITVECTOR(s:STD_ULOGIC_VECTOR; xmap: BIT: = '0') RETURN BIT_VECTOR;
FUNCTION TO_STDULOGIC     (b:BIT     ) RETURN STD_ULOGIC;
FUNCTION TO_STDLOGICVECTOR  (b: BIT_VECTOR    ) RETURN STD_LOGIC_VECTOR;
FUNCTION TO_STDLOGICVECTOR  (s:STD_ULOGIC_VECTOR) RETURN STD_LOGIC_VECTOR;
FUNCTIoN TO_STDULOGICVECTOR(b:BIT_VECTOR    )RETURN STD_ULOGIC_VECTOR;
FUNCTION TO_STDULOGICVECTOR(s:STD_LOGIC_VECTOR    ) RETURN STD_ULOGIC_VECTOR;
```

代码 3-6 介绍了使用类型转换函数的 VHDL 程序。

【代码 3-6】 函数转换应用的程序。

```
--库的引用
LIBRARY IEEE;
USE IEEE.STD_LOGIC_1164. ALL;
USE  IEEE. STD_LOGIC_ARITH. ALL;
USE IEEE. STD_LOGIC_UNSIGNED. ALL;
ENTITY typeconv IS
PORT(clk: IN STD_LOGIC;
     reset_n: IN STD_LOGIC;
     dout: OUT STD_LOGIC_VECTOR(7 DOWNTO 0));
END typeconv;
ARCHITECTURE behave OF typeconv IS
     SIGNAL cnt:   INTEGER RANGE 0 TO 255;
BEGIN
PROCESS(clk, reset_n)
BEGIN
     IF reset_n = '0' THEN
--应用类型转换函数,把 INTEGER 类型转换为 STD_LOGIC_VECTOR
          dout <=  CONV_STD_LOGIC_VECTOR(0,8);
     ELSIF clk'EVENT AND clk = '1' THEN
--应用类型转换函数,把 INTEGER 类型转换为 STD_LOGIC_VECTOR
          dout <=  CONV_STD_LOGIC_VECTOR(cnt,8);
     END IF;
END PROCESS;
END bebave;
```

3.4.4 子类型

子类型是某一数据类型的一个子集。有时为了提高程序的可读性，一些数据对象的取值只是某一数据类型的一个子集，这时可以定义一个子类型来专门为这些数据对象进行声明。子类型的基本格式如下：

```
SUBTYPE 子类型名 IS 数据类型 RANGE <约束范围>;
```

举例如下：

```
-- 定义一个子类型 smallnum,它是整型的子集,取值范围为 0～255
SUBTYPE smallnum IS INTEGER RANGE 0 TO 255;
-- 用子类型 smallnum 声明一个变量,这样 cnt 的取值范围就是 0～255
VARIABLE cnt: smallnum: = 0;
```

3.5　行为描述

3.5.1　信号赋值

信号赋值分为顺序信号赋值和并行信号赋值两种情况。

1. 顺序信号赋值

顺序信号赋值发生在进程中，前面例子中的信号只是简单形式的信号赋值，另外还有条件信号赋值和选择信号赋值。

条件信号赋值语句：

```
reg : PROCESS (clk) IS
BEGIN
   IF RISING_EDGE(clk) THEN
      q <= (OTHERS => '0') WHEN reset ELSE d;
   END IF;
END PROCESS reg;
```

上面进程中的选择信号赋值语句相当于下面这个 if 结构。

```
IF reset THEN
     q <= (OTHERS => '0');
ELSE
     q <= d;
END IF;
```

选择信号赋值语句：

如果在一个进程中使用选择信号赋值语句去实现一个数据选择器，如下。

```
WITH d_sel SELECT
   q <= source0 WHEN "00",
      source1 WHEN "01",
      source2 WHEN "10",
      source3 WHEN "11",
      source4 WHEN OTHERS;
```

它可以用下面的 case 语言来等效：

```
CASE d_sel IS
      WHEN "00" =>
        q <= source0;
    WHEN "01"
        q <= source1;
    WHEN "10
```

```
        q <=  source2;
    WHEN "11"
        q <=  source3;
    WHEN  OTHERS
        q <=  source4;
END CASE;
```

进程的信号赋值并不是按照出现的先后顺序赋值的，而是在进程结束时同时被赋值的。如果在进程存在多条信号赋值语句，则这些信号赋值都是在进程结束时同时被赋值的。如果在进程中有多条赋值语句对同一个信号赋值，则该信号被赋予的值是最后一条赋值语句的数值。而如果结构体中有多个进程，则认为各个进程是同时结束的。

【代码 3-7】

```
LIBRARY IEEE;
USE IEEE.STD_LOGIC_1164.ALL;
ENTITY mux4 IS
    PORT (i0, i1, i2, i3, a, b : IN STD_LOGIC; q:OUT STD_LOGIC) ;
END mux4;
ARCHITECTURE body_mux4 OF mux4 IS
SIGNAL muxval : INTEGER RANGE 7 DOWNTO 0;
BEGIN
    PROCESS(i0, i1, i2, i3, a,b)
    BEGIN
      muxval <= 0;
      IF  (a = '1') THEN muxval <= muxval + 1; END IF;
      IF  (b = '1') THEN muxval <= muxval + 2; END IF;
    CASE muxval IS
      WHEN 0  => q <= i0;
      WHEN 1  => q <= i1;
      WHEN 2  => q <= i2;
      WHEN 3  => q <= i3;
      WHEN OTHERS  => NULL;
    END CASE;
    END PROCESS;
END body_mux4;
```

【代码 3-8】

```
LIBRARY IEEE;
USE IEEE.STD_LOGIC_1164.ALL;
ENTITY mux4 IS
      PORT (i0, i1, i2, i3, a, b : IN STD_LOGIC; q:out STD_LOGIC) ;
END mux4;
ARCHITECTURE body_mux4 OF mux4 IS
BEGIN
    PROCESS(i0,il,i2,i3,a,b)
    VARIABLE muxval  : INTEGER RANGE 7 DOWNTO 0;
    BEGIN
      muxval: = 0;
      IF  (a = '1') THEN muxval: = muxval + 1; END IF;
      IF  (b = '1') THEN muxval: = muxval + 2; END IF;
      CASE muxval IS
          WHEN 0  => q <= i0;
          WHEN 1  => q <= i1;
```

```
            WHEN 2 => q <= i2;
            WHEN 3 => q <= i3;
            WHEN OTHERS => NULL;
        END CASE;
    END PROCESS;
END body_mux4;
```

代码 3-7 中，信号 muxval 在进程中出现了三次赋值操作，即有三个赋值源：muxval <= 0，muxval <= muxval + 1 和 muxvalv <= muxval + 2；但根据进程中信号的赋值规则，前两个赋值语句中的赋值目标信号 muxval 都不可能得到更新，只有最后的 muxval <= muxval + 2 语句中的 muxval 的值得到更新。然而，由于传输符号右边的 muxval 始终未得到任何确定的初始值，即语句 muxval <= 0 并未完成赋值，所以 muxval 始终是个未知值。可以证明，代码 3-7 的设计只能被综合成随 b 和 a (a 和 b 被综合成了时钟输入信号)变动的时序电路，从而导致 muxval 成为一个不确定的信号。结果在进程最后的 CASE 语句中，无法通过判断 muxval 的值来确定选通输入，即对 q 的赋值。这在图 3-4 中十分清晰。

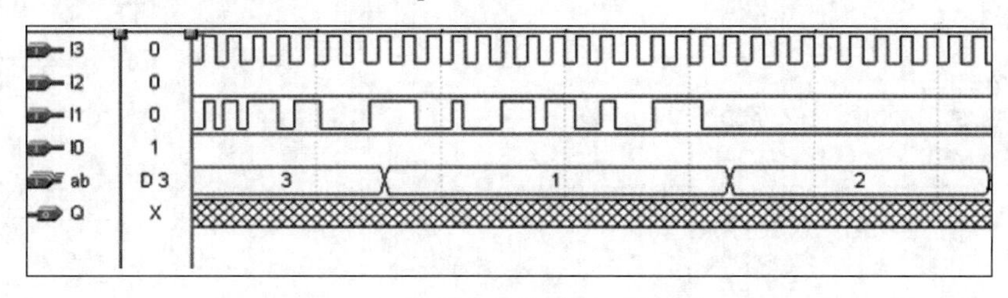

图 3-4　代码 3-7 的错误工作时序

代码 3-8 就不一样了。程序首先将 muxval 定义为变量，根据变量顺序赋值以及暂存数据的规则，首先执行了语句 muxval：= 0(muxval 即刻被更新)，从而使两个 IF 语句中的 muxval 都能得到确定的初值。另一方面，当 IF 语句不满足条件时，即当 a 或 b 不等于 1 时，由于 muxval 已经在第一条赋值语句中被更新为确定的值(即 0)了，所以尽管两个 IF 语句从表面上看很像不完整的条件语句，但都不可能被综合成时序电路。显然代码 3-8 是一个纯组合电路，它们也就有了图 3-5 的正确波形输出。

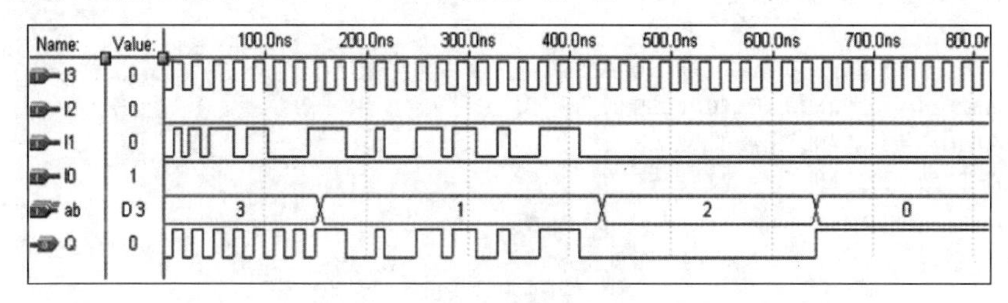

图 3-5　代码 3-8 的正确工作时序

2. 并行信号赋值

所谓并行信号赋值，是指发生在结构体中的信号赋值。同样也存在简单信号赋值、条件信号赋值、选择信号赋值三种情况。由于结构体的语句都是并行语句，因此如果有多个信号赋值，则它们之间是并行执行的，即都是在结构体结束的瞬间同时被赋值的。但是如果对同一个信号进行多次并行赋值，则 VHDL 原则是不允许的，即此时认为发生了线与，需要进行决断处理，否则系统会报错。

在结构体中的一次信号赋值被称为信号的一次驱动，等号右边的信号被称作驱动源，而信号赋值语句则构成了一个驱动器。比如，

```
ARCHITECTURE test OF test IS
BEGIN
   a <=  b AFTER 10 ns;
   a <=  c AFTER 10 ns;
END test;
```

上面例子中，信号 a 被赋值两次，即被驱动两次，这两次的驱动源分别为经过延时的信号 b 和信号 c。由于在结构体中存在两次对同一个信号 a 的并行赋值，因此相当于对两个驱动源实现线与，这是不允许的，需要进行决断处理。

再比如，下面代码 3-9 例子中，对于信号 q 相当于存在 4 个驱动源，这显然是不允许的，因此需要复杂的信号决断处理。如果能够改成代码 3-10，用一条条件信号赋值语句去实现，信号 q 相当于只有一个驱动源，则可以免去信号决断处理，并且能够实现正确的数据选择功能。

【代码 3-9】

```
LIBRARY IEEE;
USE IEEE.STD_LOGIC_1164.ALL;
ENTITY mux IS
   PORT (i0, i1, i2, i3, a, b: IN STD_LOGIC;
        q : OUT STD_LOGIC);
END mux;
ARCHITECTURE bad OF mux IS
BEGIN
   q <=  i0 WHEN a  =  '0' AND b  =  '0' ELSE '0';
   q <=  i1 WHEN a  =  '1' AND b  =  '0' ELSE '0';
   q <=  i2 WHEN a  =  '0' AND b  =  '1' ELSE '0';
   q <=  i3 WHEN a  =  '1' AND b  =  '1' ELSE '0';
END bad;
```

【代码 3-10】

```
ARCHITECTURE better OF mux IS
BEGIN
   q <=  i0 WHEN a  =  '0' AND b  =  '0' ELSE
   i1 WHEN a  =  '1' AND b  =  '0' ELSE
   i2 WHEN a  =  '0' AND b  =  '1' ELSE
   i3 WHEN a  =  '1' AND b  =  '1' ELSE
   'X'; -- unknown
END better;
```

3.5.2 延时

在 VHDL 中，关于行为建模有两种类型的延时：惯性延时和传输延时，两类延时特性不同。除此之外，还有一个专为仿真设置的 delta 延时。

1. 惯性延时 INERTIAL Delay

真实的电子电路通常不具有无限频率响应，由于分布寄生电容、电阻等的存在，使得输出值随输入值的改变通常需要延时特定的时间，这个时间通常被称作 T_{pd}。只有输入值维持足够长的时间，输出值才能有相应改变，类似于器件具有一定的惯性，因此称作惯性延时

(INERTIAL Delay)。惯性延时机制使得较小的输入脉冲不会引发器件输出变化。通常信号赋值中默认的延时机制就是惯性延时,用关键词 INERTIAL 表示。

如图 3-6 所示的缓冲器,其惯性延时时间为 20ns,在 10ns 时刻输入信号从 0 变成 1,则预期其将导致在 30ns 时刻输出发生变化。输入信号 A 在 20ns 时刻从 1 变到 0,则预期其将导致在 40ns 时刻输出发生变化。由于器件的惯性延时为 20ns,输出在 30ns 的变化还没有来得及传过来,就被输入信号新的变化所冲掉,导致输出在 30ns 的变化根本不会发生,而直接取代发生的是输出信号在 40ns 的变化。因此,在输出端,看起来输入信号的脉冲并未影响到输出端信号,其根本原因是输入信号的脉冲过窄,小于器件的惯性延时时间 20ns,相当于将输入的窄小脉冲自动过滤掉了。

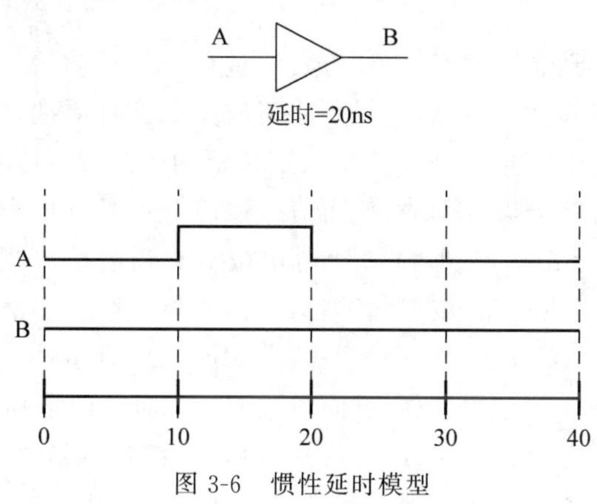

图 3-6 惯性延时模型

2. 传输延时

传输延时(TRANSPORT Delay)机制用来建模具有无限频率响应的理想器件,所谓无限频率响应,是指不管输入脉冲多么短暂,都会产生一个输出脉冲。理想的传输线是这类器件的典型实例,它会传送所有的输入变化,只是需要延时信号赋值语句中规定的时间。传输延时关键词是 TRANSPORT,不能省略。

仍然以缓冲器为例,如果将其延时机制换成传输延时,延时时间仍然为 20ns,则输入信号波形 A 的任何变化都会导致如图 3-7 中器件输出信号 B 的相应变化。传输延时不会过滤掉窄小的输入脉冲,而是会将输入信号上的任何变化都反应在输出端。而实际器件中往往不存在这样的情况,因此这种延时机制较少使用,仅仅在讨论导线延时时,通常会使用它。

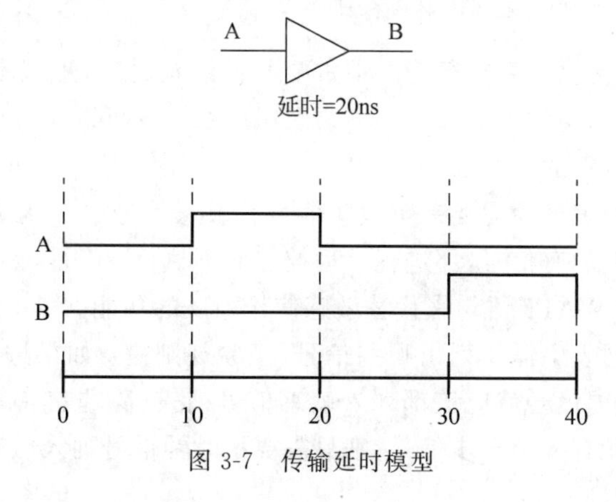

图 3-7 传输延时模型

具有 500ps 延时的传输线建模如下所示：

```
transmission_line : PROCESS (line_in) IS
BEGIN
     line_out <= TRANSPORT line_in AFTER 500 ps;
END PROCESS transmission_line;
```

3. delta 仿真延时

在 VHDL 仿真和综合器中，有一个默认的固有延时量，它在数学上是一个无穷小量，被称为 δ 延时，或称仿真 δ。它是 VHDL 仿真器的最小分辨时间，并不代表器件实际的惯性延时情况。在 VHDL 程序语句中，如果没有指明延时的类型与延时量，就意味着默认采用了这个固有延时量 δ 延时。

要理解 δ 延时，首先要弄清楚 VHDL 仿真的过程。仿真初始化阶段，所有的进程均被执行一次，直到进程被挂起，然后就周而复始地完成多个仿真周期，直到没有新的信号更新值，不会激活新的进程执行为止。每个仿真周期包括两个阶段：信号更新阶段和进程执行阶段。进程中，通常会对信号进行赋值，然而信号赋值并不是立即发生，信号赋值语句仅仅是信号的赋值计划(Schedules)，这些赋值计划均需要等到进程被执行完，再次挂起时才能真正被赋值。也就说进程执行完，被挂起，则进入信号更新阶段。然而在信号更新阶段，往往存在多个信号需要同时被赋值。如果某些信号赋值之后有事件发生，即有从 0 到 1 或者从 1 到 0 的变化，则会激活相应的进程，进而转入下一个时刻的进程执行阶段。如此信号更新和进程执行周而复始，完成整个 VHDL 仿真波形的绘制。而在信号更新阶段，虽然可以理解成是瞬间完成的，各个信号同时被赋值，但是由于 EDA 工具本质上是在微机系统中完成的，而微机系统核心工作原理就是程序存储执行原理，即冯·诺依曼原理，其程序执行是按照顺序执行的。如果将信号更新的瞬间无限放大，就会发现，各个信号的赋值过程其实是按照逻辑电路的连接顺序先后被赋值的，此时各个信号被赋值的先后顺序会导致电路的各节点的仿真波形不同，违背特定赋值顺序即会导致电路功能错误。假设每个信号赋值需要 δ 延时完成，于是信号更新的瞬间就可以被细化成若干个 δ 延时，而每个 δ 延时均为无穷小的量，若干个(只要不是无限多)信号赋值时长在数学上也仍然是无穷小的量。

因此，δ 延时设置仅为了仿真(计算)正确，由于数字电路中各个节点传送信号是并行的，为了实现并行信号赋值的特点，同时又保证能得到逻辑功能正确的仿真波形。

3.5.3 进程

进程(PROCESS)是描述系统行为的最重要并行语句之一，进程本身是并行语句，多个进程语句是并行执行的，但它内部却是顺序语句组成的。它可以实现组合电路的行为描述，也可以实现时序逻辑电路的行为描述。

进程的敏感信号列表至少需要一个敏感信号。敏感信号的变化决定着进程是否执行，如果进程敏感信号列表没有信号，那进程永远挂起而不执行；但是，如果进程敏感信号列表没有信号，则可以使用 WAIT 语句来代替敏感信号列表的功能。

关于在敏感信号列表中需要列出哪些信号，经验规则是：如果进程是实现组合逻辑功能，则赋值操作符右边的信号就应该都列入敏感信号列表(除非有特殊考虑)；如果进程是实现时序逻辑功能且没有一个异步信号，则只需要把时钟信号列入敏感信号列表就可以了；

如果进程实现时序逻辑功能但有异步信号，则需要把时钟信号与异步信号列入敏感信号列表。

进程的声明语句可以为进程定义一些变量供进程内部使用，举例如下：

```
PROCESS( clk)
    VARIABLE temp: INTEGER RANGE 0 TO 127: = 0;        -- 进程内部声明变量的位置
BEGIN
    IF clk'EVENT AND clk =  '1' THEN
      temp: = temp + 1;
      dout <=  temp;
    END IF;
END PROCESS;
```

代码 3-11 介绍了各种进程的使用方法。

【代码 3-11】 进程应用的程序。

```
LIBRARY  IEEE;                              -- 库的引用
USE IEEE. STD_LOGIC_1164. ALL;
USE IEEE. STD_LOGIC_UNSIGNED. ALL;
ENTITY useprocess IS                        -- 实体声明
PORT(clk: IN STD_LOGIC;
   da: IN STD_LOGIC_VECTOR(7 DOWNTO 0);
   db: IN STD_LOGIC_VECTOR(7 DOWNTO 0);
   rst: IN STD_LOGIC;
   dand: OUT STD_LOGIC_VECTOR(7 DOWNTO 0);
   isequal: OUT STD_LOGIC;
   isless: OUT STD_LOGIC;
   cntout: OUT STD_LOGIC_VECTOR(7 DOWNTO 0));
END useprocess;
ARCHITECTURE behave OF useprocess IS
BEGIN
-- 纯组合逻辑功能:敏感信号列表必须列出全部的右操作信号
andout: PROCESS(da, db)
BEGIN
   dand <=  da AND db;
END PROCESS andout;
-- 纯同步的时序逻辑功能:敏感信号列表只需要列出时钟信号即可
PROCESS(clk)
BEGIN
   IF clk'EVENT AND clk =  '1' THEN
     IF da =  db THEN
       isequal <=  '1';
     ELSE
       isequal <=  '0';
     END IF;
   END IF;
END PROCESS;
-- 没有敏感信号列表:需要使用 WAIT 语句来控制进程的启动
PROCESS
BEGIN
   IF da < db THEN
```

```
    isless <= '1';
  ELSE
    isless <= '0';
  END IF;
-- WAIT语句控制进程的启动;UNTIL条件为真,启动进程
   WAIT UNTIL (clk'EVENT AND clk = '1');
END PROCESS;
-- 带有异步信号的时序逻辑功能:敏感信号列表需要列出时钟信号与所有的异步信号
PROCESS(clk, rst)
-- 进程声明部分声明一个变量cnt
   VARIABLE cnt: STD_LOGIC_VECTOR(7 DOWNTO 0): = "00000000";
BEGIN
-- 异步信号操作部分
   IF rst = '1' THEN
     cntout <= "00000000";
     cnt: = "00000000";
-- 同步信号操作部分
   ELSIF clk'EVENT AND clk = '1' THEN
     cnt: = cnt + "00000001";
     cntout <= cnt;
   END IF;
END PROCESS;
END behave;
```

3.5.4 WAIT 语句

WAIT 语句使设计者可以暂停进程或者子程序(函数和过程)的顺序执行过程。被暂停的进程或者子程序恢复执行的条件可以用下面三种形式的 WAIT 语句来规定。

1. WAIT ON signal [,signal]

如果 WAIT ON 后面的信号列表中至少一个信号有事件,则启动执行该 WAIT 语句后面的语句。所谓有事件,即指信号有从 0 到 1 的变化或者从 1 到 0 的变化。

下面例子中,WAIT 语句是放在进程结束之前的,其效果等效于在进程开始时的敏感信号表。虽然进程不包含敏感信号表,但是等效其敏感信号为 WAIT ON 后面的信号。之所以把 WAIT ON 语句放在进程最后,是由于在仿真器初始化时所有进程都会被执行一次,为了确保复位信号为异步复位,必须把 WAIT ON 放在进程结束之前。下面例子中,当 reset 或者 clock 信号中至少有一个发生事件,进程才会再次被执行。进程中的复位信号是异步复位。

```
PROCESS
   BEGIN
     IF (reset = '1') THEN
       q <= '0';
     ELSIF clock'EVENT AND clock = '1' THEN
       q <= d;
     END IF;
     WAIT ON reset, clock;
END PROCESS;
```

等效成

```
PROCESS (reset,clock)
   BEGIN
      IF (reset = '1') THEN
         q <= '0';
      ELSIF clock'EVENT AND clock = '1' THEN
         q <= d;
      END IF;
END PROCESS;
```

另外,WAIT ON 可以用来动态地改变进程的敏感信号表,比如下例中,位置 1 处之后的语句敏感信号为 a,位置 2 处之后的语句敏感信号为 b。

```
PROCESS
   BEGIN
       .
       WAIT ON a; -- 1.
       .
       .
       WAIT ON b; -- 2.
       .
       .
END PROCESS;
```

2. WAIT UNTIL boolean_expression

如果 WAIT UNTIL 后面的布尔表达式为 TRUE,则启动执行 WAIT 后面的语句。下面例子中,直到 clock 信号为 1,而且有事件,也就是 clock 出现一个上升沿,才执行 WAIT 后面的语句。因此,此例中描述的是一个具有同步复位功能的 D 触发器。

```
PROCESS
   BEGIN
       WAIT UNTIL clock = '1' AND clock'EVENT;
       IF (reset = '1') THEN
          q <= '0';
       ELSE
          q <= d;
     END IF;
END PROCESS;
```

3. WAIT FOR time_expression

该语句表示当前的进程或者子程序(函数和过程)暂停 WAIT FOR 后面时间表达式所规定的时间,当时间结束时,则启动执行 WAIT 后面的语句。比如下面语句表示暂停 10ns,之后继续执行 WAIT 之后的语句。

```
WAIT FOR 10 ns;
```

3.5.5 决断信号

在数字电路中,通常需要避免将多个器件的输出直接连接在一起,即不允许直接实现线与,这样有时会烧毁器件,更重要的是这样会造成该节点的逻辑值混乱。同样,在 VHDL 中,如果在结构体中,存在多个驱动同时给同一个信号并行赋值,则相当于该节点信号发生线与。此时,需要设计者采用决断信号对此进行处理。

决断信号是常规信号的扩展形式。使用决断信号进行处理时，需要涉及的三要素为：决断子类型、决断信号和决断函数。其中决断函数则具体规定了多个驱动源驱动同一信号时，为确定该信号的最终取值需要的具体处理方式。决断信号的类型为预先定义的决断类型。

决断信号有两种使用方法：

方法①：定义一个决断函数，然后声明一个决断信号，在相应的信号声明中规定其决断所使用的决断函数。

典型实例如下所示：

【代码 3-12】

```
PACKAGE fourpack IS
   TYPE fourval IS (X, L, H, Z);
   TYPE fourvalvector IS ARRAY(natural RANGE <>) OF fourval;
   FUNCTION resolve( s: fourvalvector) RETURN fourval;      -- 决断函数声明
   SUBTYPE resfour IS resolve fourval;                      -- 决断类型
END fourpack;
PACKAGE BODY fourpack IS
   FUNCTION resolve( s: fourvalvector) RETURN fourval IS    -- 决断函数体定义
      VARIABLE result : fourval := Z;
   BEGIN
      FOR i IN s'RANGE LOOP
         CASE result IS
            WHEN Z =>
               CASE s(i) IS
                   WHEN H =>
                       result := H;
                   WHEN L =>
                       result := L;
                   WHEN X =>
                       result := X;
                   WHEN OTHERS =>
                       NULL;
               END CASE;
            WHEN L =>
               CASE s(i) IS
                   WHEN H =>
                       result := X;
                   WHEN X =>
                       result := X;
                   WHEN OTHERS =>
                       NULL;
               END CASE;
            WHEN H =>
               CASE s(i) IS
                   WHEN L =>
                       result := X;
                   WHEN X =>
                       result := X;
                   WHEN OTHERS =>
                       NULL;
               END CASE;
            WHEN X =>
               result := X;
```

```
            END CASE;
        END LOOP;
        RETURN result;
    END resolve;
END fourpack;
USE WORK.fourpack.ALL;
ENTITY mux2 IS
    PORT( i1, i2, a : IN fourval;
        q : OUT fourval);
END mux2;
ARCHITECTURE different OF mux2 IS
    COMPONENT and2
        PORT( a, b : IN fourval;
              c : OUT fourval);
    END COMPONENT;
    COMPONENT inv
        PORT( a : IN fourval;
              b : OUT fourval);
    END COMPONENT;
    SIGNAL nota : fourval;
    -- resolved signal
    SIGNAL intq : resolve fourval := X;                    --决断信号
    BEGIN
        U1: inv PORT MAP(a, nota);
        U2: and2 PORT MAP(i1, a, intq);
        U3: and2 PORT MAP(i2, nota, intq);
        q <= intq;
END different;
```

需要说明的是，在代码 3-12 的包声明中的四句声明顺序不能颠倒，如果没有前面的声明，则后面的声明不成立。信号 intq 是一个决断信号，因为它同时是两个器件 U2 和 U3 的输出，即有多个源同时驱动信号 intq，因此需要用决断函数 resolve 来进行决断。而信号 nota 则不需要采用决断信号，因为它只是 U1 器件的输出。

方法②：定义个决断子类型，然后声明一个信号使用该子类型。

代码 3-12 中，可以将信号声明部分做如下改变，效果相同。

```
SIGNAL intq : resolve fourval := X;
```

可以替换成

```
SIGNAL intq : resfour := X;
```

VHDL 中广泛使用的程序包 IEEE STD_LOGIC_1164 中的数据类型 STD_LOGIC，其实就是一个多值决断子类型。该决断子类型对应的基本类型为 STD_ULOGIC，其定义为：

```
TYPE STD_ULOGIC is ('U', 'X', '0', '1', 'Z', 'W', 'L', 'H', '-');
```

所对应的向量类型 STD_ULOGIC_VECTOR 定义如下：

```
TYPE STD_ULOGIC_VECTOR IS ARRAY ( NATURAL RANGE <> ) OF STD_ULOGIC;
```

这两个类型是定义决断子类型和决断函数的基本类型。在此基础上，决断函数和决断子类型的声明如下：

```
FUNCTION resolved ( s : STD_ULOGIC_VECTOR ) RETURN STD_ULOGIC;
```

```
SUBTYPE STD_LOGIC IS resolved STD_ULOGIC;
SUBTYPE STD_LOGIC_VECTOR (resolved) STD_ULOGIC_VECTOR;
```

在程序包声明中声明了决断函数,同时程序包包体中还定义了决断函数的具体实现:

```
TYPE stdlogic_table IS ARRAY (STD_ULOGIC, STD_ULOGIC) OF STD_ULOGIC;
CONSTANT resolution_table : stdlogic_table : =
    -- ------------------------------------------------
    -- 'U', 'X', '0', '1', 'Z', 'W', 'L', 'H', '-'
    -- ------------------------------------------------
    ( ( 'U', 'U', 'U', 'U', 'U', 'U', 'U', 'U', 'U' ), -- 'U'
    ( 'U', 'X', 'X', 'X', 'X', 'X', 'X', 'X', 'X' ), -- 'X'
    ( 'U', 'X', '0', 'X', '0', '0', '0', '0', 'X' ), -- '0'
    ( 'U', 'X', 'X', '1', '1', '1', '1', '1', 'X' ), -- '1'
    ( 'U', 'X', '0', '1', 'Z', 'W', 'L', 'H', 'X' ), -- 'Z'
    ( 'U', 'X', '0', '1', 'W', 'W', 'W', 'W', 'X' ), -- 'W'
    ( 'U', 'X', '0', '1', 'L', 'W', 'L', 'W', 'X' ), -- 'L'
    ( 'U', 'X', '0', '1', 'H', 'W', 'W', 'H', 'X' ), -- 'H'
    ( 'U', 'X', 'X', 'X', 'X', 'X', 'X', 'X', 'X' ) -- '-'
    );
FUNCTION resolved ( s : STD_ULOGIC_VECTOR ) RETURN STD_ULOGIC IS
    VARIABLE result : STD_ULOGIC : = 'Z'; -- 默认的最弱状态
BEGIN
    IF s'LENGTH = 1 THEN
        RETURN s(s'LOW);
    ELSE
        FOR i IN s'RANGE LOOP
        result : = resolution_table(result, s(i));
        END LOOP;
    END IF;
    RETURN result;
END FUNCTION resolved;
```

在决断子类型、决断函数均已声明和定义的基础上,可以使用决断子类型来定义信号,如其他部分程序中所使用的 STD_LOGIC 和 STD_LOGIC_VECTOR。

3.6 子程序

VHDL 中子程序(Subprogram)包括过程(PROCEDURE)和函数(FUNCTION)。过程是一系列语句的集合,过程调用相当于一条独立的语句;而函数则是计算某个特定值,相当于定义了一种新的运算操作,其调用通常是放在赋值或者表达式中使用。

VHDL 子程序与其他软件语言程序中的子程序的应用目的是相似的,即能更有效地完成重复性的工作。子程序的使用方式只能通过子程序调用及与子程序的界面端口进行通信。子程序可以在 VHDL 程序的三个不同位置进行定义,即在程序包、结构体和进程中定义。由于只有在程序包中定义的子程序才可被其他不同的设计所调用,所以一般应该将子程序放在程序包中。VHDL 子程序具有可重载的特点,即允许有许多重名的子程序,但这些子程序的参数类型及返回值数据类型是不同的。子程序的调用分为顺序调用和并行调用,即在进程中调用和在结构体中调用。

3.6.1 过程

过程由过程首和过程体构成。过程首也不是必需的，过程体可以独立存在和使用。过程体如果在进程或结构体中定义，则不必定义过程首，而在程序包中必须定义过程首。过程名后面的参数表可以包括常数、变量和信号三类数据对象，并用关键词 IN、OUT 和 INOUT 定义这些参数的工作模式，即信息的流向。如果没有指定模式，则默认为 IN。对于 IN 参数，默认是常数；对于 OUT 参数，则默认是变量。过程调用可以在进程中，也可以在结构体中。调用方法为：直接写出过程名以及参数传递关系，将其看成是一条独立的语句去执行。

过程 PROCEDURE 的格式：

```
PROCEDURE 过程名(参数表)              -- 过程首
PROCEDURE 过程名(参数表) IS           -- 过程体
[说明部分]
BEGIN
顺序语句
END PROCEDURE 过程名
```

下面是在进程中定义过程的示例，该过程没有形参列表，过程的调用发生在进程中。

```
ARCHITECTURE rtl OF control_processor IS
   TYPE func_code IS (add, subtract);
   SIGNAL op1, op2, dest : INTEGER;
   SIGNAL Z_flag : BOOLEAN;
   SIGNAL func : func_code;
   …
BEGIN
   alu : PROCESS IS
      PROCEDURE do_arith_op IS
         VARIABLE result : INTEGER;
      BEGIN
        CASE func IS
           WHEN add =>
                result := op1 + op2;
           WHEN subtract =>
                result := op1 - op2;
        END CASE;
        dest <= result AFTER Tpd;
        Z_flag <= result = 0 AFTER Tpd;
      END PROCEDURE do_arith_op;
   BEGIN
      …
      do_arith_op;
…
   END PROCESS alu;
…
END ARCHITECTURE rtl;
```

多数过程均带有形参列表，假设在结构体的声明部分定义了一个过程 p(s1,s2,val1)，其中，s1,s2 为输入信号，val1 为输入常数，那么，并行调用的过程调用发生在结构体中，如下所示：

```
call_proc : p ( s1, s2, val1 );
```

等效成一个进程，这意味着当信号 s1,s1 值发生变化，即有事件时，过程会被再次执行。需要强调的是，只有与 IN,INOUT 模式关联的信号参数才会被放在进程的敏感信号表中。

```
call_proc : PROCESS IS
BEGIN
   p ( s1, s2, val1 );
   WAIT ON s1, s2;
END PROCESS call_proc
```

3.6.2 函数

一般地，函数定义应由两部分组成，即函数首和函数体。

函数首是由函数名、参数表和返回值的数据类型三部分组成的，如果将所定义的函数组织成程序包入库的话，定义函数首是必需的。函数的参数表是用来定义输入值的，因此不必以显式表示参数的方向，函数参量可以是信号或常数，不能是变量。参数名需放在关键词 CONSTANT 或 SIGNAL 之后。如果没有特别说明，则参数被默认为常数。函数体的输出是用 RETURN 来指定的。如果要将一个已编制好的函数并入程序包，函数首必须放在程序包的说明部分，而函数体需放在程序包的包体内。函数体也可以在结构体或者进程的声明部分进行定义，则此时不需要定义函数首。函数调用可以在进程中，也可以在结构体中。调用方法为：直接写出函数名以及参数传递关系，将其看成是表达式的一部分去执行。

函数定义的一般格式：

```
FUNCTION 函数名(参数表)RETURN 数据类型 -- 函数首
FUNCTION 函数名(参数表)RETURN 数据类型 IS -- 函数体
 [说明部分]
BEGIN
 顺序语句;
END FUNCTION 函数名
```

函数体定义举例：

```
FUNCTION limit ( value, min, max : INTEGER ) RETURN INTEGER IS
BEGIN
   IF value > max THEN
      RETURN max;
   ELSIF value < min THEN
      RETURN min;
   ELSE
      RETURN value;
   END IF;
END FUNCTION limit;
```

函数调用举例：

```
new_temperature := limit ( current_temperature + increment, 10, 100 );
new_motor_speed := old_motor_speed + scale_factor * limit ( error, -10, +10 );
```

在结构体中调用函数举例：

```
FUNCTION bv_add ( bv1, bv2 : IN BIT_VECTOR ) RETURN BIT_VECTOR IS
BEGIN
```

```
...
END FUNCTION bv_add;
```

在结构体中假设定义了两个信号：

```
SIGNAL source1, source2, sum : BIT_VECTOR(0 TO 31);
```

结构体完成并行调用函数的语句如下：

```
adder : sum <= bv_add(source1, source2) AFTER T_delay_adder;
```

3.6.3 函数/过程重载

实际应用时，函数/过程名通常是标识函数/过程所完成的操作，而其参数列表则是操作的对象。VHDL 允许针对不同数据类型的相同操作以相同的名字命名函数/过程。即同名函数/过程可以用不同的数据类型为其参数定义多次，以此定义的函数/过程称为重载函数/过程。这样可以确保在调用时，不会造成混淆，究竟调用哪个函数，由函数/过程的参数所对应的数据类型决定。如果函数是以"＋""－""<"等运算符命名的，则称为运算符重载。

下面是一个完整的重载函数 max 的定义和调用的示例。

【代码 3-13】

```
LIBRARY IEEE
USE IEEE.STD_LOGIC_1164.ALL;
PACKAGE packexp IS
   FUNCTION max(a,b: IN STD_LOGIC_VECTOR)
      RETURN STD_LOGIC_VECTOR ;
   FUNCTION max(a,b: IN BIT_VECTOR)  -- 定义函数首
      RETURN BIT_VECTOR ;
   FUNCTION max( a,b : N INTEGER )    -- 定义函数首
      RETURN INTEGER ;
END;
PACKAGE BODY packexp  IS
   FUNCTION max( a,b : IN STD_LOGIC_VECTOR)   -- 定义函数体
      RETURN STD_LOGIC_VECTOR IS
   BEGIN
      IF a > b THEN RETURN a; ELSE RETURN b; END IF;
   END FUNCTION max;                  -- 结束 FUNCTION 语句
   FUNCTION max ( a,b : IN INTEGER)  -- 定义函数体
      RETURN INTEGER IS
   BEGIN
      IF a > b THEN RETURN a; ELSE RETURN b; END IF;
   END FUNCTION max;                    -- 结束 FUNCTION 语句
   FUNCTION max ( a,b : IN BIT_VECTOR)
      RETURN BIT_VECTOR IS
   BEGIN
      IF a > b THEN RETURN a; ELSE RETURN b; END IF;
   END FUNCTION max;
END;                                  -- 结束 PACKAGE BODY 语句

LIBRARY IEEE ;                        -- 以下是调用重载函数 max 的程序;
USE IEEE.STD_LOGIC_1164.ALL ;
USE WORK.packexp.ALL
ENTITY axamp IS
```

```
    PORT(al,bl : IN STD_LOGIC_VECTOR(3 DOWNTO 0);
    a2,b2 : IN BIT_VECTOR(4 DOWNTO 0);
    a3,b3 : IN INTEGER RANGE 0 TO 15;
    cl : OUT STD_LOGIC_VECTOR(3 DOWNTO 0);
    c2 : OUT BIT_VECTOR(4 DOWNTO 0);
    c3 : OUT INTEGER RANGE 0 TO 15);
END;
ARCHITECTURE bhv OF axamp IS
BEGIN
    cl <= max (al,bl);              -- 对函数 max (a,b : IN STD_LOG1C_VECTOR)的调用
    c2 <= max (a2,b2);              -- 对函数 max (a,b : IN B1T_VECTOR)的调用
    c3 <= max (a3,b3);              -- 对函数 max (a,b : IN INTEGER)的调用
END;
```

3.7 设计库和标准程序包

库一般是一些常用 VHDL 代码的集合，包括：数据类型的定义、函数的定义、子程序的定义、元件引用声明、常量的定义等一些可复用或共享的 VHDL 代码。程序引用了库就可以使用该库中的 VHDL 代码。

库的声明格式：

```
LIBRARY 库名;
USE 库名.库中程序包.程序包中的项;
```

例如：

```
LIBRARY IEEE;
USE IEEE. STD_LOGIC_1164. ALL;
```

其中，IEEE 是库名，是 VHDL 设计中使用频率最高的库之一，包括一些常用数据类型的定义及相关的操作。IEEE 库有以下几个常用的程序包：

（1）STD_LOGIC_1164 库定义了 STD_LOGIC 和 STD_ULOGIC 的数据类型。

（2）STD_LOGIC_SIGNED 库定义了与 SIGNED 数据类型相关的函数。

（3）STD_LOGIC_UNSIGNED 库定义了与 UNSIGNED 数据类型相关的函数。

（4）STD_LOGIC_ARITH 库定义了一些不同类型数据之间相互转换的函数。

此外，IEEE 还包括 MATH_REAL、NUMERIC_BIT、NUMERIC_STD 等程序包，只用于算术运算，读者可根据实际需要进行引用。除了 IEEE 库外，比较常用的库还有标准库 STD 库、工作库 WORK 库。WORK 库是设计者自己定义的。而在标准库 STD 中的 STANDARD 程序包中规定了关于 BIT、BOOLEAN、CHARACTER、INTEGER 等最基础的数据类型，因此几乎每个 VHDL 设计程序都要使用。VHDL 规定标准库 STD 和工作库 WORK 是默认打开的。STD 库和 WORK 库隐含在每个 VHDL 程序中，也就是说不需要显示引用时就可以使用 STD 库和 WORK 库的 VHDL 代码。相当于所有的 VHDL 设计程序前面都默认添加下面两句。VHDL 将当前工程文件夹所在的位置默认为工作库 WORK。

```
LIBRARY STD, WORK;
USE STD. STANDARD. ALL;
```

除了设计库中的程序包之外，用户可以自行设计程序包。程序包 PACKAGE 包括包声

明和包主体两部分。

包声明中的声明区可以声明函数、过程、数据类型、子类型、常量、信号。包声明相当于定义了包的接口，帮助设计者了解包中都包含哪些内容。其中这里声明的信号是全局信号。包声明中声明项对于使用该包的实体而言，都是可见的。对于信号和类型及子类型而言，设计者需要完整的定义。而对于函数和过程，则设计者只需要知道函数首和过程首，以便调用，而不关心其具体实现过程。因此，只需要在此声明函数首和过程首；对于某些常量，如果并不需要将常量的具体值呈现给包的使用者，则可以在这里只声明常量，而将对其的赋值操作延时到包主体中完成。包声明格式如下：

```
PACKAGE 标识 IS
{包声明项 }
END [ PACKAGE ] [标识 ] ;
```

包主体是包声明的具体实现。包主体中的声明项对于使用该包的实体而言，是不可见的。所有在包声明中声明的函数和过程以及被延时赋值的常量，都需要在包主体中给出具体实现，并且要求其具体实现要包含与包声明中完全一致的函数首和过程首的声明，以便逐项确认。而如果在包声明中不包含函数和过程以及被延时赋值的常量，则可以省略包主体。除此之外，包主体中还可以声明新的类型、子类型、常量和函数与过程，但这些声明项对外不可见，通常它们是实现包声明中所声明的函数和过程所必需的项目。需要强调，在包主体中，是不能声明信号的。包主体的格式如下：

```
PACKAGE BODY 标识 IS
{ 包主体声明项 }
END [ PACKAGE BODY ] [ 标识] ;
```

下面是包的一个完整定义示例，这是一个 BIT_VECTOR 类型的有符号算数运算程序包，其中定义了关于 BIT_VECTOR 类型的有符号算数运算的一系列函数。

【代码 3-14】

```
PACKAGE bit_vector_signed_arithmetic IS -- 包声明
   FUNCTION " + " ( bv1, bv2 : BIT_VECTOR )
      RETURN BIT_VECTOR;
   FUNCTION " - " ( bv : BIT_VECTOR )
      RETURN BIT_VECTOR;                        -- 包内的声明区
   FUNCTION " * " ( bv1, bv2 : BIT_VECTOR )
      RETURN BIT_VECTOR;
   ...
END PACKAGE bit_vector_signed_arithmetic;
PACKAGE BODY bit_vector_signed_arithmetic IS -- 包体
   FUNCTION " + " ( bv1, bv2 : BIT_VECTOR )
      RETURN BIT_VECTOR IS
      ...
   FUNCTION " - " ( bv : BIT_VECTOR )
      RETURN BIT_VECTOR IS ...
   FUNCTION mult_unsigned ( bv1, bv2 : BIT_VECTOR )
      RETURN BIT_VECTOR IS
      ...
   BEGIN
      ...
   END FUNCTION mult_unsigned;
```

```
    FUNCTION " * " ( bv1, bv2 : bit_vector )
        RETURN BIT_VECTOR IS
    BEGIN
        IF NOT bv1(bv1'LEFT) AND NOT bv2(bv2'LEFT) THEN
            RETURN mult_unsigned(bv1, bv2);
        ELSIF NOT bv1(bv1'LEFT) AND bv2(bv2'LEFT) THEN
            RETURN - mult_unsigned(bv1, - bv2);
        ELSIF bv1(bv1'LEFT) AND NOT bv2(bv2'LEFT) THEN
            RETURN - mult_unsigned( - bv1, bv2);
        ELSE
        RETURN mult_unsigned( - bv1, - bv2);
        END IF;
    END FUNCTION " * ";
    ...
END PACKAGE BODY bit_vector_signed_arithmetic;
```

代码 3-15 和代码 3-16 则是两个自定义包的典型应用实例。请读者自行阅读并理解。

【代码 3-15】

```
PACKAGE my_pack IS --包声明
    TYPE nineval IS (Z0, Z1, ZX, R0, R1, RX, F0, F1, FX);
    TYPE nvector2 IS ARRAY(0 TO 1) OF nineval;
    TYPE fourstate IS (X, L, H, Z);
    FUNCTION convert4state(a : fourstate)
        RETURN nineval;
    FUNCTION convert9val(a : nineval)
        RETURN fourstate;
END my_pack;
PACKAGE body my_pack IS   --包体
    FUNCTION convert4state(a : fourstate)
        RETURN nineval IS
    BEGIN
        CASE a IS
            WHEN X =>
            RETURN FX;
            WHEN L =>
            RETURN F0;
            WHEN H =>
            RETURN F1;
            WHEN Z =>
            RETURN ZX;
        END CASE;
    END convert4state;
    FUNCTION convert9val(a : nineval)
        RETURN fourstate IS
    BEGIN
        CASE a IS
            WHEN Z0 =>
            RETURN Z;
            WHEN Z1 =>
            RETURN Z;
            WHEN ZX =>
            RETURN Z;
            WHEN R0 =>
            RETURN L;
            WHEN R1 =>
```

```
        RETURN H;
        WHEN RX =>
        RETURN X;
        WHEN F0 =>
        RETURN L;
        WHEN F1 =>
        RETURN H;
        WHEN FX =>
        RETURN X;
      END CASE;
   END convert9val;
END my_pack;

USE WORK.my_pack.ALL;
ENTITY trans2 IS
   PORT( a, b : INOUT nvector2;
     enable : IN nineval);
END trans2;
ARCHITECTURE struct OF trans2 IS
   COMPONENT trans
      PORT( x1, x2 : INOUT fourstate;
         en : IN fourstate);
   END COMPONENT;
BEGIN
   U1 : trans PORT MAP(
      convert4state(x1) => convert9val(a(0)),
      convert4state(x2) => convert9val(b(0)),
      en => convert9val(enable) );
   U2 : trans PORT MAP(
      convert4state(x1) => convert9val(a(1)),
      convert4state(x2) => convert9val(b(1)),
      en => convert9val(enable) );
END struct;
```

【代码 3-16】

```
PACKAGE my_std IS
   TYPE fourval IS (X, L, H, Z);
   TYPE fourvalue IS ('X', '0', '1', 'Z');
   TYPE fvector4 IS ARRAY(0 TO 3) OF fourval;
END my_std;
USE WORK.my_std.ALL;
ENTITY reg IS
   PORT(a : IN fvector4;
        clr : IN fourval;
        clk : IN fourval;
        q : OUT fvector4);
   FUNCTION convert4val(S : fourval)
      RETURN fourvalue IS
   BEGIN
      CASE S IS
         WHEN X =>
            RETURN 'X';
         WHEN L =>
            RETURN '0';
         WHEN H =>
            RETURN '1';
```

```
            WHEN Z =>
                RETURN 'Z';
        END CASE;
    END convert4val;
    FUNCTION convert4value(S : fourvalue)
        RETURN fourval IS
    BEGIN
        CASE S IS
            WHEN 'X' =>
                RETURN X;
            WHEN '0' =>
                RETURN L;
            WHEN '1' =>
                RETURN H;
            WHEN 'Z' =>
                RETURN Z;
        END CASE;
    END convert4value;
END reg;
ARCHITECTURE structure OF reg IS
    COMPONENT dff
        PORT(d, clk, clr : IN fourvalue;
        q : OUT fourvalue);
    END COMPONENT;
BEGIN
    U1 : dff PORT MAP(convert4val(a(0)),
                convert4val(clk),
                convert4val(clr),
                convert4value(q) => q(0));
    U2 : dff PORT MAP(convert4val(a(1)),
                convert4val(clk),
                convert4val(clr),
                convert4value(q) => q(1));
    U3 : dff PORT MAP(convert4val(a(2)),
                convert4val(clk),
                convert4val(clr),
                convert4value(q) => q(2));
    U4 : dff PORT MAP(convert4val(a(3)),
                convert4val(clk),
                convert4val(clr),
                convert4value(q) => q(3));
END structure;
```

第4章 基本电路模块设计

CHAPTER 4

4.1 组合逻辑典型电路设计

组合逻辑电路在逻辑功能上的特点是任意时刻的输出信号仅仅与该时刻的输入信号有关，而与电路原来的状态无关。常用的组合逻辑电路包括编码器、译码器、数据选择器、数据分配器、数值比较器和一些简单的逻辑运算电路，本章将介绍这些常用组合逻辑电路的设计方法。

4.1.1 编码器

在数字系统中，常常需要将某一信息变换为某一特定的代码。把二进制码按一定的规律编排，如8421码、格雷码等，使每组代码具有一个特定的含义称为编码。具有编码功能的逻辑电路称为编码器。

1. 8线-3线编码器

编码器将 2^N 个分离的信息代码以 N 个二进制码来表示。例如，8线-3线编码器有8个输入、3位二进制的输出。

8线-3线编码器的电路符号如图4-1所示。输入信号：信号输入端 i[7..0]；输出信号：3位二进制编码 y[2..0]。

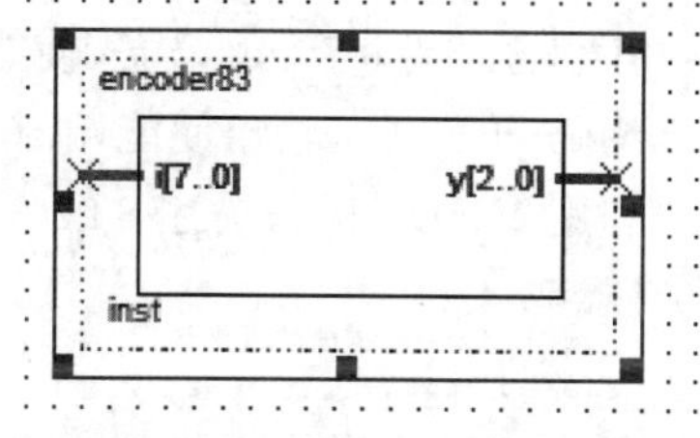

图4-1 8线-3线编码器的电路符号

利用VHDL语言描述8线-3线编码器，代码如下。

【代码4-1】

```
LIBRARY IEEE;
USE IEEE. STD_LOGIC_1164. ALL;
ENTITY encoder83 IS
PORT(i:IN STD_LOGIC_VECTOR( 7 DOWNTO 0);        -- 信号输入端
    y:OUT STD_LOGIC_VECTOR(2 DOWNTO 0));        -- 3位二进制编码输出端
END;
ARCHITECTURE one OF encoder83 IS
BEGIN
PROCESS(i)
BEGIN
  CASE i IS
```

```
            WHEN "00000001" => y<= "000" ;
            WHEN "00000010" => y<= "001" ;
            WHEN "00000100" => y<= "010" ;
            WHEN "00001000" => y<= "011" ;
            WHEN "00010000" => y<= "100" ;
            WHEN "00100000" => y<= "101" ;
            WHEN "01000000" => y<= "110" ;
            WHEN "10000000" => y<= "111" ;
            WHEN OTHERS => y<= "000" ;
        END CASE;
    END PROCESS;
    END ;
```

8线-3线编码器的功能仿真结果如图4-2所示。观察波形可知，8个输入信号中某一时刻只有一个有效的输入信号，这样才能将输入信号码转换为二进制码。本设计中，输入的有效电平为高电平，输出的有效电平也是高电平。例如，当输入为00000010时，对应的编码为001，为第1位的编码。

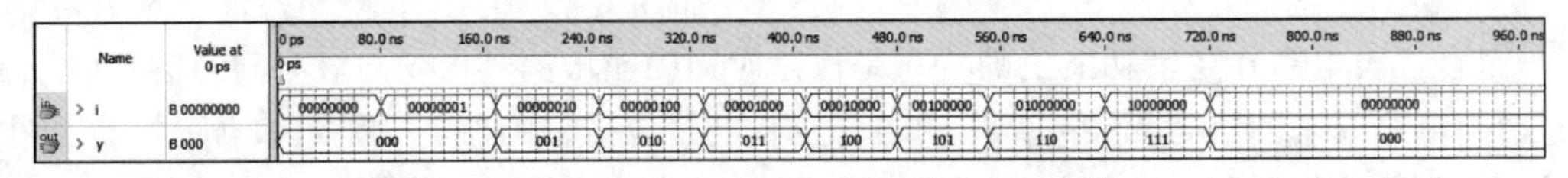

图4-2　8线-3线编码器的功能仿真结果

2. 8线-3线优先编码器

普通编码器具有一个缺点，即在某一时刻只允许有一个有效的输入信号，如果同时有两个或两个以上的输入信号要求编码，输出端一定会发生混乱，出现错误。为解决这一问题，人们设计了优先编码器。优先编码器的功能是允许同时在几个输入端有有效的输入信号，编码器按输入信号预先排定的优先顺序，只对同时输入的几个信号中优先权最高的一个信号编码。下面以8线-3线优先编码器为例，来介绍优先编码器的设计方法。

8线-3线优先编码器的电路符号如图4-3所示。输入信号：信号输入端i[7..0]，输入使能端en；输出信号：3位二进制编码y[2..0]，输出使能端eo，优先标志端prior。

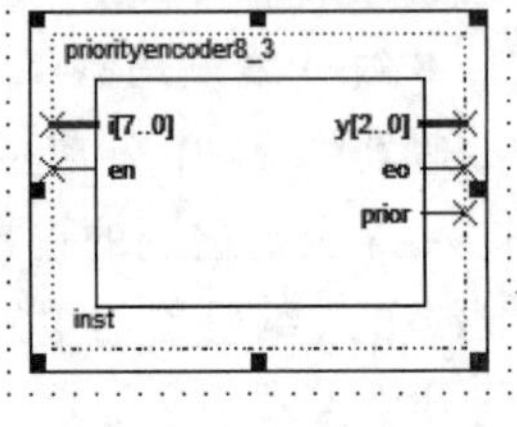

图4-3　8线-3线优先编码器的电路符号

利用VHDL语言描述8线-3线优先编码器，代码如下。

【代码4-2】

```
LIBRARY IEEE;
USE IEEE. STD_LOGIC_1164. ALL;
ENTITY priorityencoder8_3 IS
PORT(i:IN STD_LOGIC_VECTOR(7 DOWNTO 0);          --信号输入端
    en:IN STD_LOGIC;                             --输入使能端
    y:OUT STD_LOGIC_VECTOR(2 DOWNTO 0);          --3位二进制编码输出端
    eo,prior:OUT STD_LOGIC);                     --输出使能端EO和优先标志端prior
END;
ARCHITECTURE one OF priorityencoder8_3 IS
BEGIN
PROCESS(i,en)
   BEGIN
   IF en = '1'THEN
```

```
      y<="111";
      prior<='1';
      eo<='1';
    ELSE
      IF i(7) ='0'THEN
        y<="000";
        prior<='0';
        eo<='1';
      ELSIF i(6) ='0'THEN
        y<="001";
        prior<='0';
        eo<='1';
      ELSIF i(5)='0'THEN
        y<="010";
        prior<='0';
        eo<='1';
      ELSIF i(4)='0'THEN
        y<="011";
        prior<='0';
        eo<='1';
      ELSIF i(3)='0'THEN
        y<="100";
        prior<='0';
        eo<='1';
      ELSIF i(2)='0'THEN
        y<="101";
        prior<='0';
        eo<='1';
      ELSIF i(1)='0'THEN
        y<="110";
        prior<='0';
        eo<='1';
      ELSIF i(0)='0'THEN
        y<="111";
        prior<='0';
        eo<='1';
      ELSIF i="11111111"THEN
        y<="111";
        prior<='1';
        eo<='0';
      END IF;
    END IF;
  END PROCESS;
END;
```

8线-3线优先编码器的功能仿真结果如图4-4所示。观察波形可知,输入端i与输出端y均为低电平有效。当en =0时,编码器工作;当en=1时,则不论8个输入端为何种状态,3个输出端均为高电平,且优先标志端prior和输出使能端eo均为高电平,编码器处于非工作状态。当en =0,且至少有一个输入端有编码请求信号(逻辑0)时,优先编码工作状态标志端prior为0,表明编码处于工作状态,否则为1。eo只有在en为0,且所有输入端都为1时,输出才为0。本设计中优先级最高为i[7],即图中显示编码的最左端,最低为i[0]。例如,在i输入为00111011时,此时i[7],i[6],i[2]均为有效电平,但是输出编码为000,由于是低电平有效,取反之后则为 111,对应为 7 的编码。

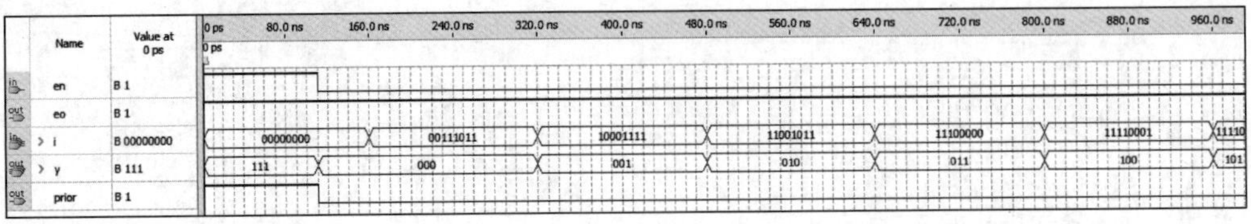

图 4-4　8 线-3 线优先编码器的功能仿真结果

4.1.2　译码器

译码是编码的逆过程,它的功能是将具有特定含义的二进制码进行辨别,并转换成控制信号,具有译码功能的逻辑电路称为译码器。译码器分为两种类型,一种是将一系列代码转换成与之一一对应的有效信号,这种译码器可称为唯一地址译码器,通常用于计算机中对存储单元地址的译码;另一种是将一种代码转换成另一种代码,也称代码变换器,如 BCD 至七段显示译码器执行的操作就是把一个 4 位 BCD 码转换为 7 个码输出,以便在七段显示器上显示出这个十进制数。

1. 3 线-8 线译码器

如果有 N 个二进制选择线,则最多可译码转换成 2^N 个数据。下面以 3 线-8 线译码器为例,来介绍译码器的设计方法。

3 线-8 线译码器的电路符号如图 4-5 所示。输入信号:3 位二进制码输入端 a[2..0],3 个使能端 g1、g2 和 g3;输出信号:编码输出端 y[7..0]。

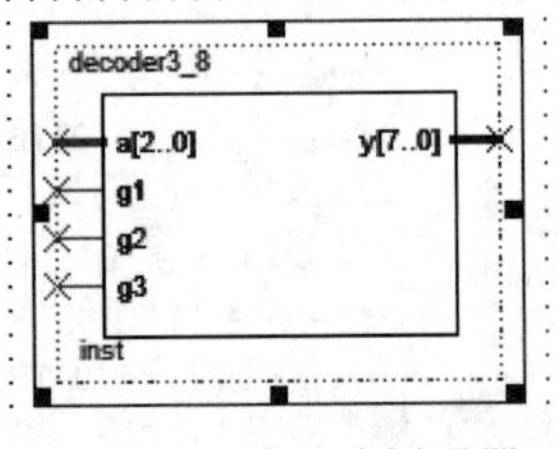

图 4-5　3 线-8 线译码器的电路符号

利用 VHDL 语言描述 3 线-8 线译码器,代码如下。

【代码 4-3】

```
LIBRARY IEEE;
USE IEEE. STD_LOGIC_1164. ALL;
ENTITY decoder3_8 IS
PORT(a:IN STD_LOGIC_VECTOR(2 DOWNTO 0);          --3 位二进制码输入端
     g1,g2,g3:IN STD_LOGIC;                      --3 个使能端
     y:OUT STD_LOGIC_VECTOR(7 DOWNTO 0));        --编码输出端
END;
ARCHITECTURE one OF decoder3_8 IS
BEGIN
PROCESS (a,g1,g2,g3)
BEGIN
     IF g1 = '0'THEN y< = "11111111";
     ELSIF g2 = '1'OR g3 = '1'THEN Y< = "11111111";
     ELSE
     CASE a IS
        WHEN "000"  => y< = "11111110";
        WHEN "001"  => y< = "11111101";
        WHEN "010"  => y< = "11111011";
        WHEN "011"  => y< = "11110111";
        WHEN "100"  => y< = "11101111";
        WHEN "101"  => y< = "11011111";
        WHEN "110"  => y< = "10111111";
```

```
            WHEN "111"  => y <= "01111111";
            WHEN OTHERS  => y <= "11111111";
        END CASE;
        END IF;
END PROCESS;
END;
```

3线-8线译码器的功能仿真结果如图4-6所示。观察波形可知,当g1为1,且g2和g3均为0时,译码器处于工作状态。输入为高电平有效,输出则为低电平有效。比如,输入编码为100时,对应的译码结果为11101111,即第4位有效(最右侧为第0位)。

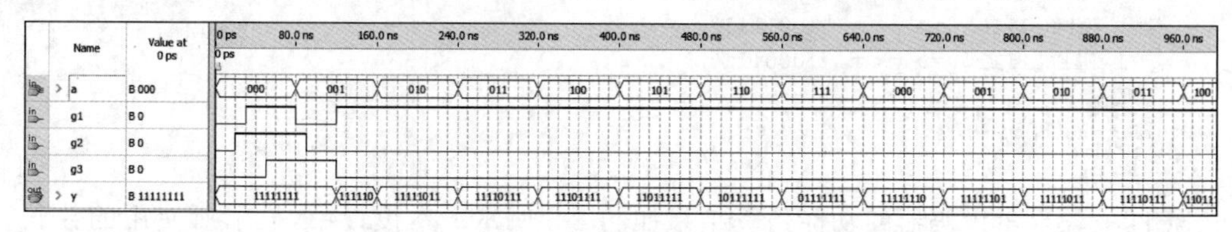

图4-6 3线-8线译码器的功能仿真结果

2. BCD-七段显示译码器

BCD-七段显示译码器是上文所提到的代码变换器中的一种,在数字测量仪表和各种数字系统中都需要将数字量直观地显示出来,因此数字显示电路是许多数字设备不可缺少的一部分。而数字显示电路的译码器则是将BCD码或其他码转换为七段显示码,来表示十进制数。下面介绍一种显示十六进制数的BCD-七段显示译码器。

BCD-七段显示译码器的电路符号如图4-7所示。输入信号:BCD码a[3..0];输出信号:七段显示译码输出y[6..0]。输出对应的数码管驱动顺序为abcdefg。

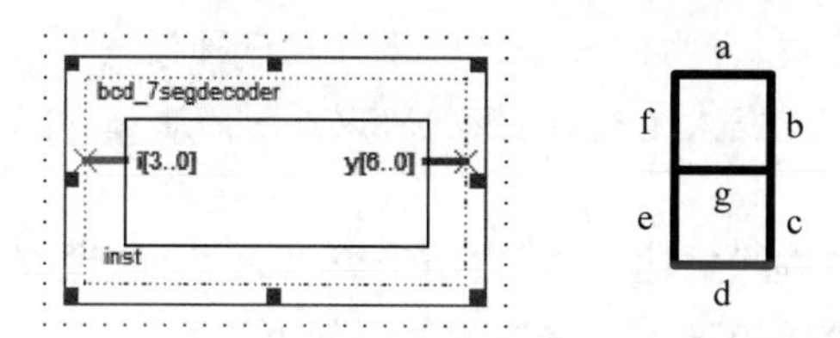

图4-7 BCD-七段显示译码器的电路符号及数码管符号

利用VHDL语言描述BCD-七段显示译码器,代码如下。

【代码4-4】

```
LIBRARY IEEE;
USE IEEE. STD_LOGIC_1164. ALL;
ENTITY bcd_7segdecoder IS
   PORT(i:IN STD_LOGIC_VECTOR(3 DOWNTO 0);                  -- BCD码输入端
            y:OUT STD_LOGIC_VECTOR(6 DOWNTO 0));            -- 七段显示译码器输出端
   END;
ARCHITECTURE one OF bcd_7segdecoder IS
BEGIN
PROCESS (i)
BEGIN
   CASE i IS
       WHEN"0000"  => y <=  "1111110";
       WHEN"0001"  => y <=  "0110000";
       WHEN"0010"  => y <=  "1101101";
```

```
            WHEN"0011"  =>y<= "1111001";
            WHEN"0100"  =>y<= "0110011";
            WHEN"0101"  =>y<= "1011011";
            WHEN"0110"  =>y<= "1011111";
            WHEN"0111"  =>y<= "1110000";
            WHEN"1000"  =>y<= "1111111";
            WHEN"1001"  =>y<= "1111011" ;
            WHEN"1010"  =>y<= "1110111" ;
            WHEN"1011"  =>y<= "0011111" ;
            WHEN"1100"  =>y<= "1001110" ;
            WHEN"1101"  =>y<= "0111101" ;
            WHEN"1110"  =>y<= "1001111" ;
            WHEN"1111"  =>y<= "1000111" ;
        END CASE;
        END PROCESS;
    END;
```

BCD-七段显示译码器的功能仿真结果如图 4-8 所示。本设计中,显示所使用的数码管为共阴极数码管,即要逻辑 1 才能点亮相应的段。例如,输入 BCD 码为 0100 时,对应的七段输出为 0110011,显示字符“4”。

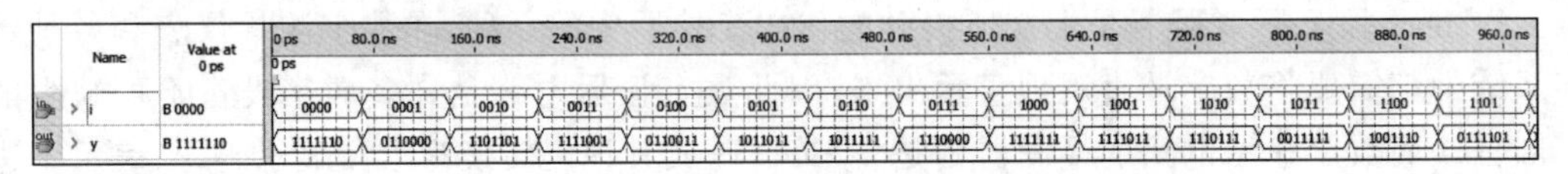

图 4-8 BCD-七段显示译码器的功能仿真结果

4.1.3 三人表决器

下面分别用数据流方式、行为方式和结构化方式三种描述方式来设计一个三人表决器。三人表决器的功能是两人或三人通过,则该项决议通过;通过为“1”,不通过为“0”。

1. 数据流描述方式

第一种方式是数据流方式描述,主要应用于简单的逻辑功能的实现,以信号赋值的方式来体现。以数据流方式描述的三人表决器的代码如下:

【代码 4-5】

```
LIBRARY IEEE;                                --库的引用
USE IEEE. STD_LOGIC_1164. ALL;
ENTITY threevoter IS                         --实体声明
PORT(one: IN STD_LOGIC;                      --表决器第一个人输入,'1'为通过; '0'为不通过
      two: IN STD_LOGIC;                     --表决器第二个人输入,'1'为通过; '0'为不通过
      three: IN STD_LOGIC;                   --表决器第三个人输入,'1'为通过; '0'为不通过
      ispass: OUT STD_LOGIC);                --表决结果输出,'1'为通过; '0'为不通过
END threevoter;
ARCHITECTURE dataflow OF threevoter IS       --结构体描述
SIGNAL tempone,temptwo,tempthree,tempfour:STD_LOGIC; --结构体说明语句;中间信号的声明
BEGIN
    tempone <=  one AND two AND (NOT three);
    temptwo <=  one AND (NOT two) AND three;
    tempthree <=  (NOT one) AND two AND three;
    tempfour <: one AND two AND three;
    ispass <=  tempone OR temptwo OR tempthree OR tempfour;
 END dataflow;
```

对上述代码进行功能仿真，其功能仿真波形如图 4-9 所示。只要三个人中的任何两人通过或是三人都通过，表决结果 ispass 即为通过，则为“1”。

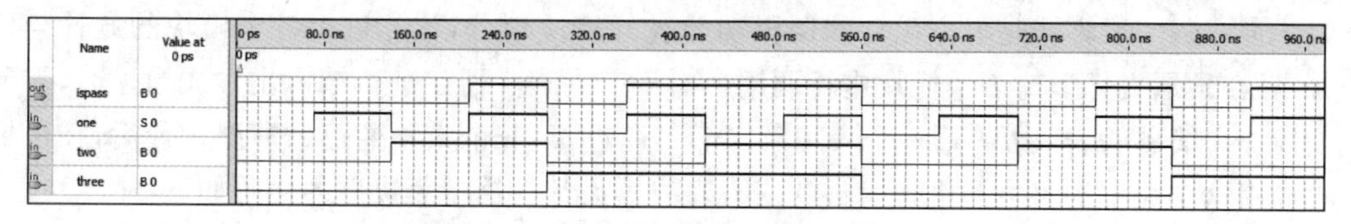

图 4-9　三人表决器的功能仿真波形图

2. 行为描述方式

第二种方式为行为方式描述，其相对于数据流方式是较高级别的描述，主要应用于数据流方式描述不太方便或是逻辑功能相对复杂的 VHDL 程序设计中。行为方式描述主要以进程语句来实现。以行为方式描述的三人表决器的代码如下：

【代码 4-6】

```
LIBRARY IEEE;
USE IEEE. STD_LOGIC_1164. ALL;
ENTITY threevoter_b IS
PORT(one: IN STD_LOGIC;        -- 表决器第一个人输入,'1'为通过; '0'为不通过
   two: IN STD_LOGIC;          -- 表决器第二个人输入,'1'为通过; '0'为不通过
   three: IN STD_LOGIC;        -- 表决器第三个人输入,'1'为通过; '0'为不通过
   ispass: OUT STD_LOGIC);     -- 表决结果输出,'1'为通过; '0'为不通过
END threevoter_b;
ARCHITECTURE behave OF threevoter_b IS
SIGNAL temp: STD_LOGIC_VECTOR(2 DOWNTO 0);
BEGIN
   temp <= one&two&three;
   PROCESS( temp)
   BEGIN
      CASE temp IS
         WHEN"110" =>             ispass <= '1';
         WHEN"101" =>             ispass <= '1';
         WHEN"011" =>             ispass <= '1';
         WHEN"111" =>             ispass <= '1';
         WHEN OTHERS =>           ispass <= '0';
      END CASE;
   END PROCESS;
END behave;
```

对行为描述风格的代码进行功能仿真，其功能仿真波形如图 4-10 所示。可见，此代码描述的功能与数据流描述的代码功能完全一致：只要三个人中的任何两人通过或是三人都通过，表决结果 ispass 即为通过，则为“1”。

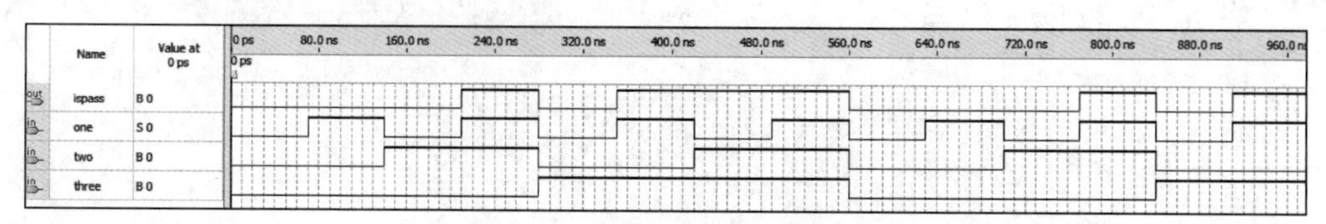

图 4-10　三人表决器的功能仿真波形图

3. 结构化描述方式

第三种方式为结构化描述，是最高级别的描述，主要应用于自顶向下的模块化设计。结构化方式描述的一般方式是根据设计的逻辑功能进行模块划分，首先进行各个模块的设计与验证，最后在顶层文件里对多个模块进行调用。对于三人表决器在进行结构化方式描述时，需要先设计一个简单的表决器：第一个人和第二个人通过，第三个人不通过的情况。最后，在顶层文件调用这个简单的表决器进行完整的三人表决器设计。简单表决器的代码如下：

子模块描述 VHDL 程序。

【代码 4-7】

```
LIBRARY IEEE;
USE IEEE.STD_LOGIC_1164.ALL;
ENTITY two_of_three IS
PORT(one: IN STD_LOGIC;
   two: IN STD_LOGIC;
   three: IN STD_LOGIC;
   vote_out: OUT STD_LOGIC);
END two_of_three;
ARCHITECTURE dataflow OF two_of_three IS
BEGIN
   vote_out <= one AND two AND (NOT three);
END dataflow;
```

再设计一个顶层文件，对简单表决器进行模块调用。顶层文件不仅有结构化方式的描述方式，也有数据流方式的描述，代码如下：

【代码 4-8】

```
LIBRARY  IEEE;
USE IEEE.STD_LOGIC_1164.ALL;
ENTITY threevoter_c IS
PORT(one: IN STD_LOGIC;
   two: IN STD_LOGIC;
   three: IN STD_LOGIC;
   ispass: OUT STD_LOGIC);
END threevoter_c;
ARCHITECTURE construct OF threevoter_c IS
   COMPONENT two_of_three
   PORT(one: IN STD_LOGIC;
      two: IN STD_LOGIC;
      three: IN STD_LOGIC;
      vote_out: OUT STD_LOGIC);
   END COMPONENT;
   SIGNAL tempone, temptwo, tempthree, tempfour: STD_LOGIC;
BEGIN
   instone: two_of_three
   PORT MAP
   (
      one => one,
      two => two,
      three => three,
      vote_out => tempone
   );
   insttwo: two_of_three
```

```
        PORT MAP
        (
            one => two,
            two => three,
            three => one,
            vote_out => temptwo
        );
        instthree: two_of_three
        PORT MAP
        (
            one => three,
            two => one,
            three => two,
            vote_out => tempthree
        );
        instfour: two_of_three
        PORT MAP
        (
            one => one,
            two => two,
            three => NOT three,
            vote_out => tempfour
        );
        ispass <=  tempone OR temptwo OR tempthree OR tempfour;
    END construct;
```

对代码进行功能仿真，其功能仿真波形如图 4-11 所示。此代码描述实现的功能与前面两种风格的功能是一样的，即只要三个人中的任何两人通过或是三人都通过，表决结果 ispass 即为通过，则为“1”。由上可见，三种描述方式殊途同归，它们描述的逻辑功能相同，只是各自风格不同。

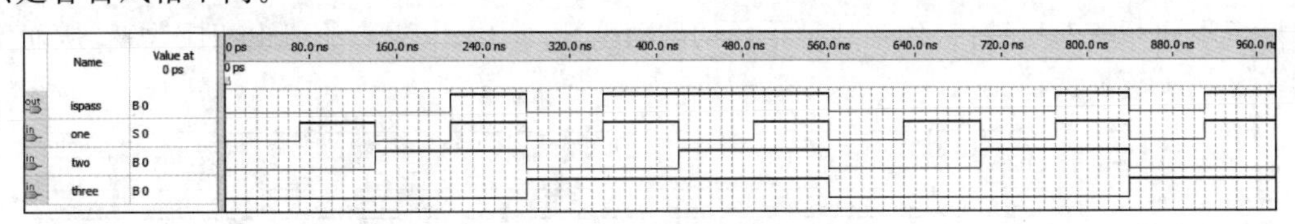

图 4-11　三人表决器的功能仿真波形图

4.1.4 数据选择器

数据选择器是指经过选择，把多个通道的数据传到唯一的公共数据通道上去，实现数据选择功能的逻辑电路，它的作用相当于多个输入的单刀多掷开关。下面以 8 选 1 数据选择器为例，进行说明。

8 选 1 数据选择器用于对 8 个数据源进行选择，使用三位地址码 S[2..0]产生 8 个地址信号：000、001、010、011、100、101、110、111。

8 选 1 数据选择器的电路符号如图 4-12 所示。输入信号：8 个数据源 D[7..0]，两位地址码 S[2..0]，使能端 EN；输出信号：选择输出端 Y。

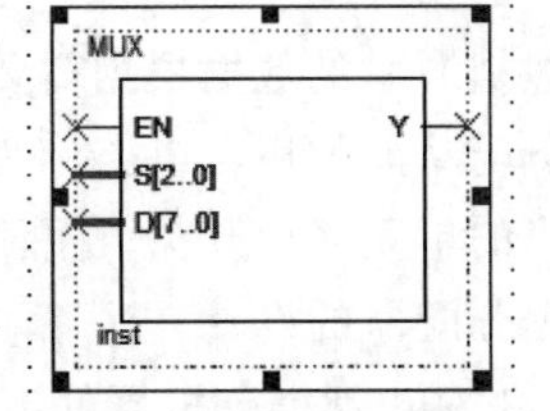

图 4-12　8 选 1 数据选择器的电路符号

设计采用文本编辑法，利用 VHDL 语言描述 8 选 1 数据选择器，代码如下。

【代码 4-9】

```
LIBRARY IEEE;
USE IEEE.STD_LOGIC_1164.ALL;
USE IEEE.STD_LOGIC_ARITH.ALL;
USE IEEE.STD_LOGIC_UNSIGNED.ALL;
ENTITY MUX IS
   PORT(
          EN:IN STD_LOGIC;                              --使能端
          S:IN STD_LOGIC_VECTOR(2 DOWNTO 0);            --地址选择端
          D:IN STD_LOGIC_VECTOR(7 DOWNTO 0);            --8个数据源
          Y:OUT STD_LOGIC                               --选择输出端
       );
END MUX;
ARCHITECTURE example OF MUX IS
   SIGNAL ENS:STD_LOGIC_VECTOR(3 DOWNTO 0);
   BEGIN

      ENS <= EN&S;
      Y <= D(0)   WHEN ENS = "1000" ELSE
           D(1)   WHEN ENS = "1001" ELSE
           D(2)   WHEN ENS = "1010" ELSE
           D(3)   WHEN ENS = "1011" ELSE
           D(4)   WHEN ENS = "1100" ELSE
           D(5)   WHEN ENS = "1101" ELSE
           D(6)   WHEN ENS = "1110" ELSE
           D(7)   WHEN ENS = "1111" ELSE
           'Z';
END example;
```

8 选 1 数据选择器的功能仿真结果如图 4-13 所示。观察波形可知，对 D[0]～D[7]端口赋予不同频率的时钟信号，当地址信号的取值变化时，输出端 Y 的值也相应改变，从而实现了 8 选 1 数据选择。

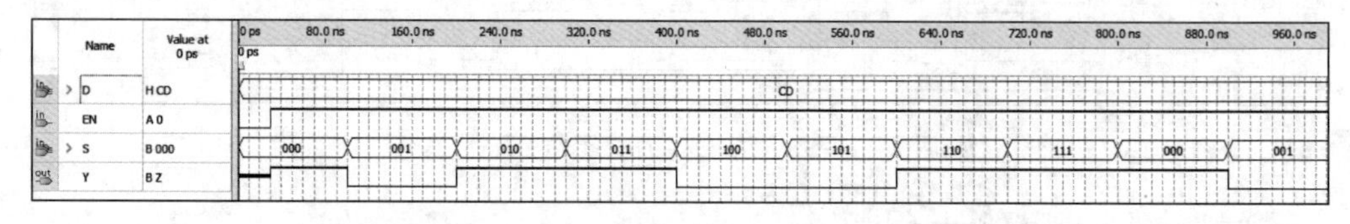

图 4-13　8 选 1 数据选择器的功能仿真结果

4.1.5　数据分配器

数据分配器的功能与数据选择器相反。数据分配是将一个数据源里的数据根据需要送到多个不同的通道上去，实现数据分配功能的逻辑电路称为数据分配器，它的作用相当于多个输出的单刀多掷开关。下面以 1 对 4 数据分配器为例，来介绍数据分配器的设计方法。

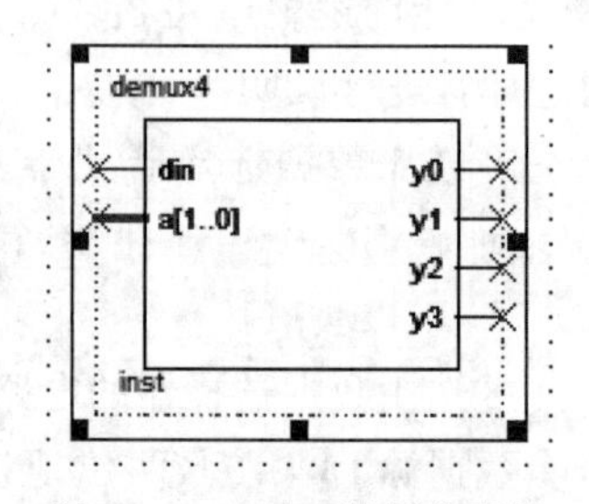

图 4-14　1 对 4 数据分配器的电路符号

1 对 4 数据分配器的电路符号如图 4-14 所示。输入信号：数据输入端 din、两位地址码 a[1..0]；输出信号：4 个数据通道 y0、y1、y2 和 y3。

利用 VHDL 语言描述 1 对 4 数据分配器,代码如下。

【代码 4-10】

```
LIBRARY IEEE;
USE IEEE. STD_LOGIC_1164. ALL;
ENTITY demux4 IS
PORT( din:IN STD_LOGIC;                           --数据输入端
     a:IN STD_LOGIC_VECTOR(1 DOWNTO 0);           --两位地址码
     y0,y1,y2,y3: OUT STD_LOGIC);                 --4 个数据通道
END;
ARCHITECTURE one OF demux4 IS
BEGIN
PROCESS( din,a)
BEGIN
   y0 <= '0';y1 <= '0';y2 <= '0';y3 <= '0';
   CASE a IS
   WHEN "00"  => y0 <= din;
   WHEN "01"  => y1 <= din;
   WHEN "10"  => y2 <= din;
   WHEN "11"  => y3 <= din;
   WHEN OTHERS  => NULL;
   END CASE;
END PROCESS;
END;
```

1 对 4 数据分配器的功能仿真结果如图 4-15 所示。观察波形可知,当地址码取不同的值时,选通相应的数据通道。例如,当地址码为 01 时,将输入数据 din 的数据输出到通道 1。

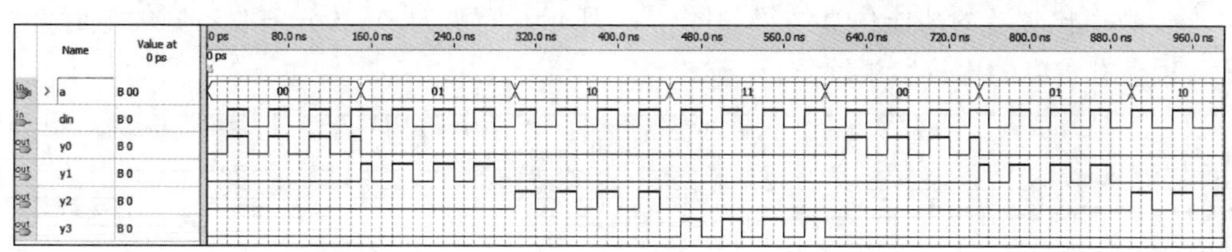

图 4-15　1 对 4 数据分配器的功能仿真结果

4.1.6　数值比较器

在数字系统中,数值比较器就是对两个数 A、B 进行比较,以判断其大小的逻辑电路,比较结果有 A > B、A=B、A < B 几种情况,这三种情况仅有一种其值为真。下面以 8 位数值比较器为例,来介绍数值比较器的设计方法。

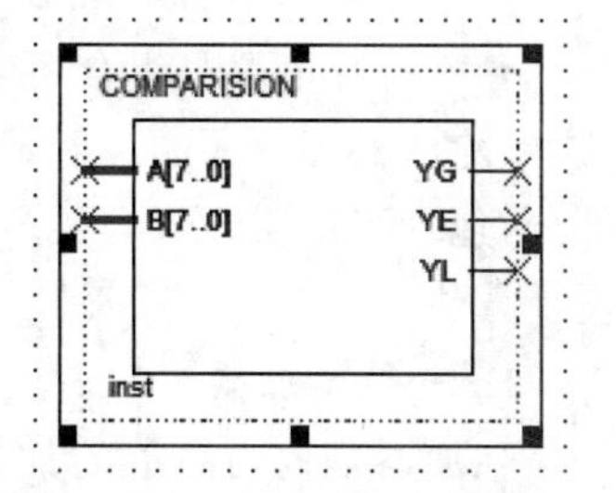

图 4-16　8 位数值比较器的电路符号

8 位数值比较器的电路符号如图 4-16 所示。输入信号:数据输入端 A[7..0]和 B[7..0];输出信号:比较结果 YG(大于)、YE(等于)和 YL(小于)。

利用 VHDL 语言描述 8 位数值比较器,代码如下。

【代码 4-11】

```
LIBRARY IEEE;
USE IEEE.STD_LOGIC_1164.ALL;
USE IEEE.STD_LOGIC_ARITH.ALL;
USE IEEE.STD_LOGIC_UNSIGNED.ALL;
```

```
ENTITY COMPARISION IS
   PORT(
          A:IN STD_LOGIC_VECTOR(7 DOWNTO 0);
          B:IN STD_LOGIC_VECTOR(7 DOWNTO 0);
          YG:OUT STD_LOGIC;
          YE:OUT STD_LOGIC;
          YL:OUT STD_LOGIC );
END COMPARISION;
ARCHITECTURE example OF COMPARISION IS
   BEGIN
       PROCESS(A,B) IS
       BEGIN
           IF A > B THEN
               YG <= '1';
               YE <= '0';
               YL <= '0';
           ELSIF  A < B THEN
               YG <= '0';
               YE <= '0';
               YL <= '1';
           ELSE
               YG <= '0';
               YE <= '1';
               YL <= '0';
           END IF;
       END PROCESS;
   END example;
```

8 位数值比较器的功能仿真结果如图 4-17 所示。可见对 A、B 分别取不同的值时，YG、YE、YL 会有相应的比较结果输出。

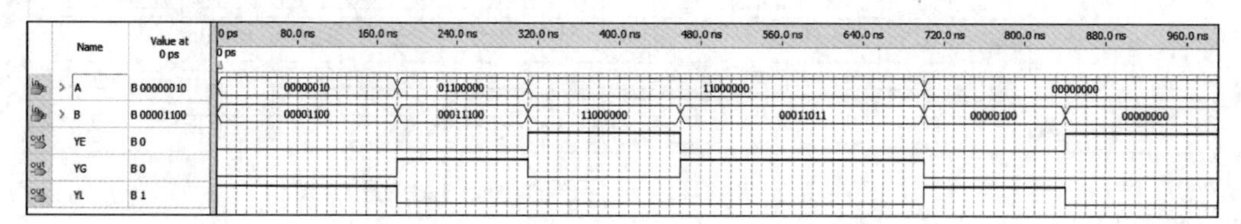

图 4-17　8 位数值比较器的功能仿真结果

4.1.7　加法器

算术运算电路是组合逻辑电路中的一种，具有算术运算的功能，包括加法器、减法器、乘法器、除法器等。而加法器是一种较为常见的算术运算电路，更是计算机中不可缺少的组成部分，包括半加器、全加器、多位全加器等。本节将介绍一位半加器、全加器和 4 位全加器的设计方法。

1. 一位半加器

半加器是较为简单的加法器，仅考虑两个需要相加的数字，将所输入的两个二进制数相加时，得到的输出为和数(Sum)与进位(Carry)。半加器只考虑了两个加数本身，而没有考虑由低位来的进位，所以称为半加。

半加器的电路符号如图 4-18 所示。输入信号：被加数 a、加数 b；输出信号：和数 s、进位 c。

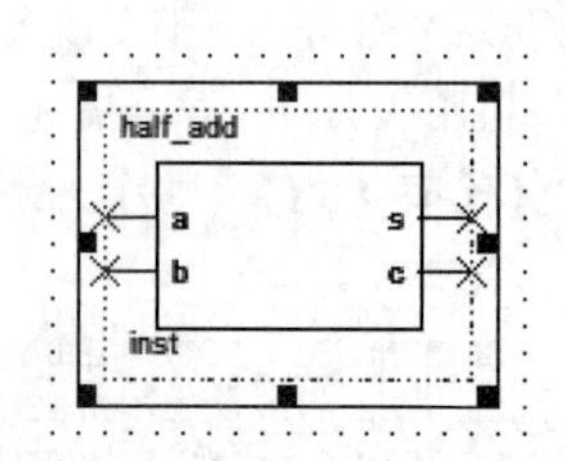

图 4-18　半加器的电路符号

【设计方法 1】　采用原理图编辑法，在原理图编辑器中，绘制原理图，如图 4-19 所示。

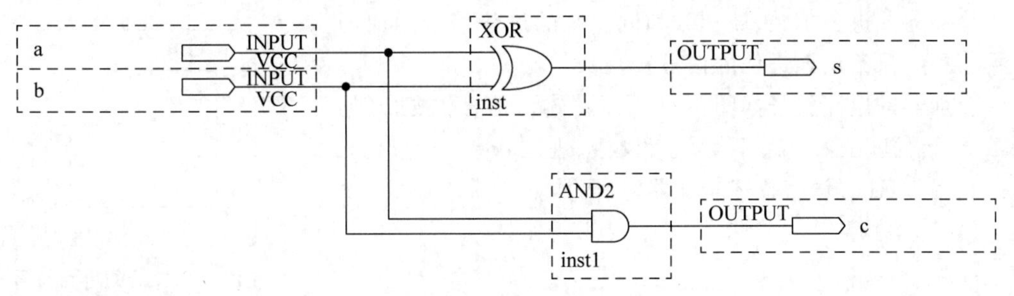

图 4-19　半加器的原理图

【设计方法 2】　采用文本编辑法，利用 VHDL 语言描述半加器，下面给出两种描述方法。

【代码 4-12】

```
LIBRARY IEEE ;
USE IEEE. STD_LOGIC_1164. ALL;
ENTITY half_add IS
PORT(a,b:IN STD_LOGIC;
   s,c:OUT STD_LOGIC) ;
END;
ARCHITECTURE one OF half_add IS
BEGIN
s <= a XOR b;
c <= a AND b;
END;
```

【代码 4-13】

```
LIBRARY IEEE;
USE IEEE. STD_LOGIC_1164. ALL;
USE IEEE. STD_LOGIC_UNSIGNED. ALL;
ENTITY half_add_2 IS
PORT(a,b:IN STD_LOGIC;
    s,c:OUT STD_LOGIC) ;
END;
ARCHITECTURE one OF half_add_2 IS
SIGNAL temp:STD_LOGIC_VECTOR(1 DOWNTO 0) ;
BEGIN
   temp <= ('0'&a) + b;
   s <= temp(0) ;
   c <= temp(1) ;
END;
```

半加器的功能仿真结果如图 4-20 所示。s 为和数，c 为进位。当被加数 a 和加数 b 取不同值时，执行 a+b 操作后，和数 s 和进位 c 输出值满足半加器的功能。

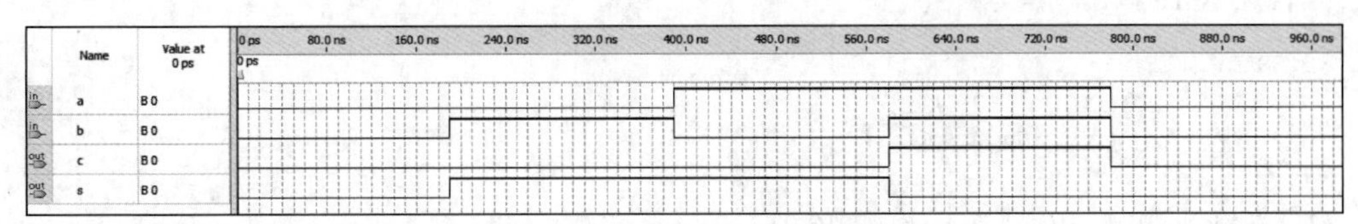

图 4-20　半加器的功能仿真结果

2. 一位全加器

全加器能进行加数、被加数和低位来的进位信号相加，并根据求和结果给出该进位的信号。

全加器的电路符号如图 4-21 所示。输入信号：被加数 a、加数 b、低位进位 ci；输出信号：和数 s、进位 co。

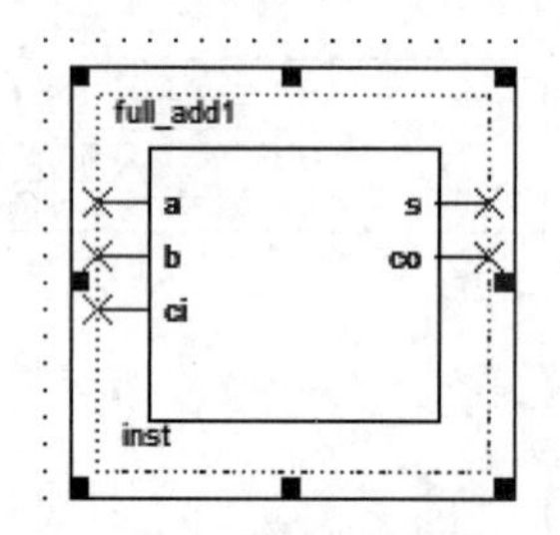

图 4-21 全加器的电路符号

利用 VHDL 语言描述全加器，代码如下。

【代码 4-14】

```
LIBRARY IEEE;
USE IEEE. STD_LOGIC_1164. ALL;
USE IEEE. STD_LOGIC_UNSIGNED. ALL;
ENTITY add IS
PORT(a,b,ci:IN STD_LOGIC;                          --被加数、加数、低位进位
   s,co:OUT STD_LOGIC);                            --和数、进位
END;
ARCHITECTURE one OF add IS
SIGNAL temp:STD_LOGIC_VECTOR(1 DOWNTO 0);
BEGIN
temp <= ('0'&a) + b + ci;
s <= temp(0);
co <= temp(1);
END;
```

全加器的功能仿真结果如图 4-22 所示。当被加数 a、加数 b 和进位 ci 取不同值时，执行 a+b+ci 操作后，和数 s 和进位 co 输出值满足全加器的功能。

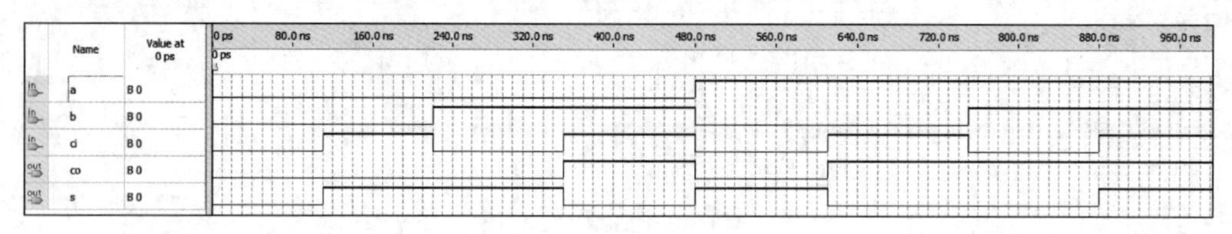

图 4-22 全加器的功能仿真结果

3. 4 位全加器

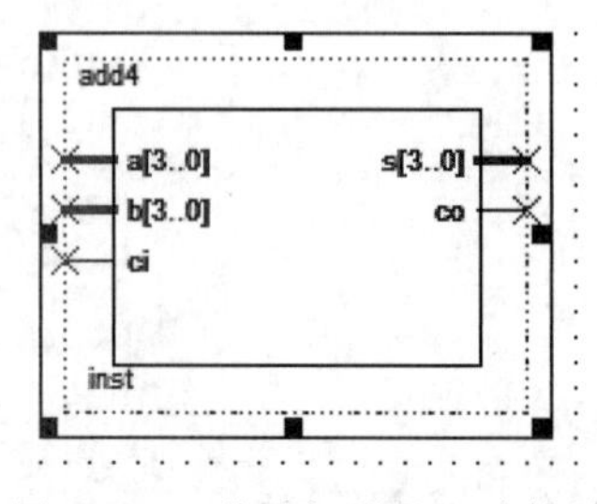

图 4-23 4 位全加器的电路符号

设计 4 位全加器的设计方法与全加器的设计方法类似，不同之处在于被加数 a 与加数 b 均为 4 位二进制数。

4 位全加器的电路符号如图 4-23 所示。输入信号：被加数 a[3..0]、加数 b[3..0]、低位进位 ci；输出信号：和数 s[3..0]、进位 co。

利用 VHDL 语言描述 4 位全加器，代码如下。

【代码 4-15】

```
LIBRARY IEEE;
USE IEEE. STD_LOGIC_1164. ALL;
USE IEEE. STD_LOGIC_UNSIGNED. ALL;
ENTITY add4 IS
PORT(a:IN STD_LOGIC_VECTOR(3 DOWNTO 0);            --被加数
    b:IN STD_LOGIC_VECTOR(3 DOWNTO 0);             --加数
    ci:IN STD_LOGIC;                               --低位进位
```

```
    s:OUT STD_LOGIC_VECTOR(3 DOWNTO 0) ;       -- 和数
    co:OUT STD_LOGIC) ;                        -- 进位
END;
ARCHITECTURE one OF add4 IS
SIGNAL temp:STD_LOGIC_VECTOR(4 DOWNTO 0) ;
BEGIN
    temp <= ('0'&a) + b + ci;
    s <= temp(3 DOWNTO 0) ;
    co <= temp(4) ;
END;
```

4 位全加器的功能仿真结果如图 4-24 所示。当 a、b、ci 取不同的值时，执行 a+b+ci 操作后，和数 s 与进位 co 均满足 4 位全加器的功能要求。

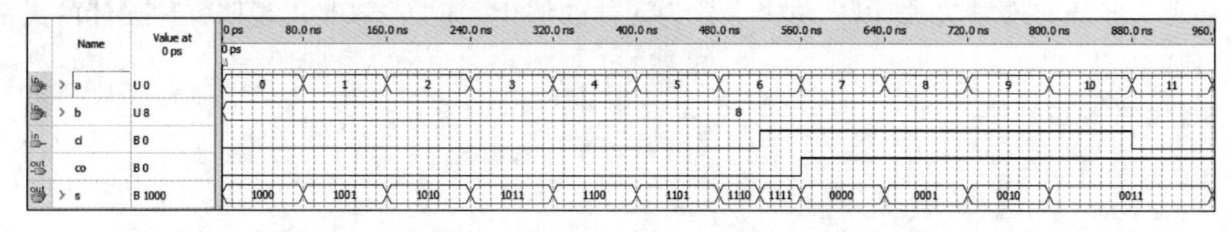

图 4-24 4 位全加器的功能仿真结果

4. 4 位串行加法器

把 n 位全加器串联起来，低位全加器的进位输出连接到相邻的高位全加器的进位输入。其特点是进位信号由低位向高位逐级传递，进位产生时间较长，且各加法器的和产生时间也不同，速度不高。以 4 位串行加法器为例，如图 4-25 所示，说明其采用元件例化方式的实现过程。

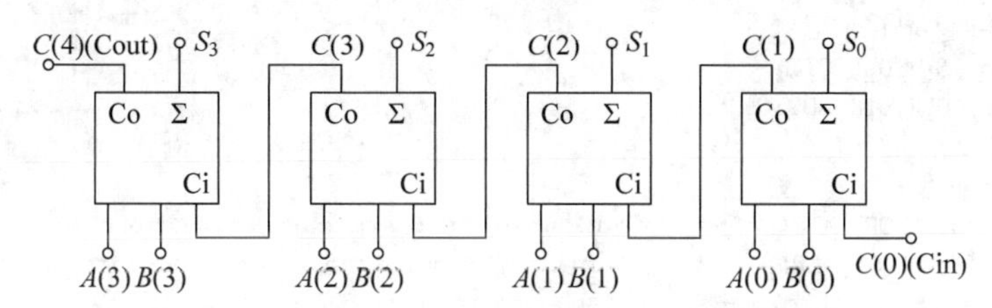

图 4-25 4 位串行加法器原理图

顶层模块设计代码实现如下所示：

【代码 4-16】

```
LIBRARY IEEE;
USE IEEE. STD_LOGIC_1164. ALL;
ENTITY serial_fouradder IS
 PORT (A : IN STD_LOGIC_VECTOR (3 DOWNTO 0);
       B : IN STD_LOGIC_VECTOR (3 DOWNTO 0);
       Cin : IN STD_LOGIC;
       S : OUT STD_LOGIC_VECTOR (3 DOWNTO 0);
       Cout : OUT STD_LOGIC);
END serial_fouradder;
ARCHITECTURE Behavioral OF serial_fouradder IS
SIGNAL Cout_temp:STD_LOGIC_VECTOR(3 DOWNTO 0);
COMPONENT full_add
  PORT ( a : IN STD_LOGIC;
         b : IN STD_LOGIC;
```

```
        Ci : IN STD_LOGIC;
        sum : OUT STD_LOGIC;
        Co : OUT STD_LOGIC);
END COMPONENT;                              -- 将一位全加器元件例化
BEGIN
U0:full_add PORT MAP(a=>A(0),b=>B(0),Ci=>Cin,sum=>S(0),Co=>Cout_temp(0));
U1:full_add PORT MAP(a=>A(1),b=>B(1),Ci=>Cout_temp(0),sum=>S(1),Co=>Cout_temp(1));
U2:full_add PORT MAP(a=>A(2),b=>B(2),Ci=>Cout_temp(1),sum=>S(2),Co=>Cout_temp(2));
U3:full_add PORT MAP(a=>A(3),b=>B(3),Ci=>Cout_temp(2),sum=>S(3),Co=>Cout_temp(3));
Cout<=Cout_temp(3);
END Behavioral;
```

其中一位全加器的实现程序可以采用前面的实现方式,这里仅为扩展读者的思路,呈现出一种全新的实现方法,即以一位半加器为元件的例化实现方式,足以说明程序设计的灵活性,代码如下所示。

【代码 4-17】

```
LIBRARY IEEE;
USE IEEE. STD_LOGIC_1164. ALL;
ENTITY full_add IS
   PORT ( a : IN STD_LOGIC;
          b : IN STD_LOGIC;
          Ci : IN STD_LOGIC;
          sum : OUT STD_LOGIC;
          Co : OUT STD_LOGIC);
END full_add;
ARCHITECTURE Behavioral OF full_add IS
SIGNAL temp_sum,temp_c1,temp_c2:STD_LOGIC;
COMPONENT half_adder
   PORT(a,b:IN STD_LOGIC;
   sum,carry:OUT STD_LOGIC);
END COMPONENT;                              -- 将一位半加器元件例化
BEGIN
  U0:half_adder PORT MAP(a=>a,b=>b,sum=>temp_sum,carry =>temp_c1);
  U1:half_adder PORT MAP(a=>temp_sum,b=>Ci,sum=>sum,carry =>temp_c2);
  Co<=temp_c1 OR temp_c2;
END Behavioral;
```

同样,一位半加器的实现也可以采用前面的设计方法,这里给出了一种全新的设计方法,半加器的模块程序如下。

【代码 4-18】

```
LIBRARY IEEE;
USE IEEE.STD_LOGIC_1164.ALL;
ENTITY half_adder IS
   PORT ( a : IN STD_LOGIC;
       b : IN STD_LOGIC;
       sum : OUT STD_LOGIC;
       carry : OUT STD_LOGIC);
END half_adder;
ARCHITECTURE Behavioral OF half_adder IS
SIGNAL temp:STD_LOGIC_VECTOR(1 DOWNTO 0);
BEGIN
  temp<=a&b;
  WITH temp SELECT
```

```
      sum <= '1' WHEN "01"|"10",
            '0' WHEN OTHERS;        -- 通过判断加数,得到和的大小
  WITH temp SELECT
      carry <= '1' WHEN "11",
             '0' WHEN OTHERS;       -- 通过判断加数,得到进位的大小
END Behavioral;
```

仿真结果表明,其设计功能与前面的4位全加器功能完全一致。

5. 超前进位加法器

两个多位数相加时,除最低位以外,每一位都是带进位相加的,因此必须要使用全加器。如果采用串行进位加法器(如上代码所示)的话,只要依次将低位全加器的进位输出端(Co)接到高位全加器的进位输入端(Ci)。这就要求每一位相加的结果都必须要等到低一位的计算结束,产生进位交给高一位的进位输入端,才可以计算高一位。以此类推,如果数值的位数多的话,那么这个串行进位加法器的输出延时会非常地大。

为了提高运行速度,提前计算好进位信号,这样高位的全加器就不需要等待来自低位的进位信号了。怎么实现呢?因为第i位的信号都可以由两个数的第$(i-1)$位,第$(i-2)$位,…,第0位唯一地确定。第i进位可以表示为:

$$C(i)=A(i)\cdot B(i)+(A(i)+B(i))\cdot C(i-1)$$

其中,$A(i)$为数值A的第i位,同理$B(i)$为数值B的第i位;$C(i)$是第i位A和B相加后的进位;$C(i-1)$是$A+B$的第i位相加时,来自低位的进位。

设$G(i)=A(i)\cdot B(i)$,$P(i)=A(i)+B(i)$,则$C(i)=G(i)+P(i)\cdot C(i-1)$。

递推得:

$$\begin{aligned}C(i)&=G(i)+P(i)\cdot C(i-1)=G(i)+P(i)(G(i-1)+P(i-1)\cdot C(i-2))\\&=\cdots\\&=G(i)+P(i)\cdot G(i-1)+P(i)\cdot P(i-1)\cdot G(i-2)+\cdots+\\&\quad P(i)P(i-1)\cdots P(1)\cdot G(0)+P(i)\cdot P(i-1)\cdots P(1)\cdot Cin\end{aligned}$$

以四阶超前进位加法器为例,进位的产生如下:

$$C(0)=G(0)+P(0)Cin$$

$$C(1)=G(1)+P(1)\cdot G(0)+P(1)\cdot P(0)\cdot Cin$$

$$C(2)=G(2)+P(2)\cdot G(1)+P(2)\cdot P(1)\cdot G(0)+P(2)\cdot P(1)\cdot P(0)\cdot Cin$$

$$\begin{aligned}C(3)=&G(3)+P(3)\cdot G(2)+P(3)\cdot P(2)\cdot G(1)+P(3)\cdot P(2)\cdot P(1)\cdot G(0)+\\&P(3)\cdot P(2)\cdot P(1)\cdot P(0)\cdot Cin\end{aligned}$$

按照这里推导的超前进位公式,4位的超前进位加法器具体程序实现如下所示。

【代码4-19】

```
LIBRARY IEEE;
USE IEEE.STD_LOGIC_1164.ALL;
ENTITY Clookahead4Adderfouradder IS
 PORT ( A : IN STD_LOGIC_VECTOR (3 DOWNTO 0);
     B : IN STD_LOGIC_VECTOR (3 DOWNTO 0);
     Cin : IN STD_LOGIC;
     S : OUT STD_LOGIC_VECTOR (3 DOWNTO 0);
     Cout : OUT STD_LOGIC);
END Clookahead4Adderfouradder;
ARCHITECTURE Behavioral OF Clockahead4Adderfouradder IS
 SIGNAL sA,sB,sS:STD_LOGIC_VECTOR(3 DOWNTO 0);
 SIGNAL sCin,sCout:STD_LOGIC;
 SIGNAL sC:STD_LOGIC_VECTOR(3 DOWNTO 0);
```

```
 SIGNAL sP:STD_LOGIC_VECTOR(3 DOWNTO 0);
 SIGNAL sG:STD_LOGIC_VECTOR(3 DOWNTO 0);      --设置相应信号矢量,便于操作
BEGIN
  sA <= A;
  sB <= B;                                     --将输入矢量赋值给信号矢量,便于操作
  sCin <= Cin;
  sP(0)<= sA(0) XOR sB(0);
  sG(0)<= sA(0) AND sB(0);
  sP(1)<= sA(1) XOR sB(1);
  sG(1)<= sA(1) AND sB(1);
  sP(2)<= sA(2) XOR sB(2);
  sG(2)<= sA(2) AND sB(2);
  sP(3)<= sA(3) XOR sB(3);
  sG(3)<= sA(3) AND sB(3);
  sC(0)<= sG(0) OR (sP(0) AND sCin);
  sC(1)<= sG(1) OR (sP(1) AND (sG(0) OR (sP(0) AND sCin)));
  sC(2)<= sG(2) OR (sP(2) AND (sG(1) OR (sP(1) AND (sG(0) OR (sP(0) AND sCin)))));
  sC(3)<= sG(3) OR (sP(3) AND (sG(2) OR (sP(2) AND(sG(1) OR(sP(1) AND (sG(0)OR (sP(0) AND
sCin)))))));
  sS(0)<= sP(0) XOR sCin;
  sS(1)<= sP(1) XOR sC(0);
  sS(2)<= sP(2) XOR sC(1);
  sS(3)<= sP(3) XOR sC(2);                     --按照实现原理,实行相应运算操作
  S <= sS;
  sCout <= sC(3);
  Cout <= sCout;                               --将信号矢量中数值赋值给输出
END Behavioral;
```

仿真结果表明,其设计功能与前面的4位全加器功能完全一致。

对于上面给出的三种不同的4位全加器设计方法,读者可自行比较其性能,例如面积和速度的编译数据,对比其优劣。同时这一案例也说明了程序设计的灵活性,同一个功能元件,可以通过不同的VHDL描述思路去实现,得到的功能是一致的。

4.2 时序逻辑电路典型模块设计

时序逻辑电路的逻辑功能特点是任意时刻的输出信号不仅与当时的输入信号有关,还与电路原来的状态有关。常用的时序逻辑电路主要包括触发器、计数器、寄存器、锁存器和存储器等,本节将介绍这些常用时序逻辑电路的设计方法。

4.2.1 触发器设计

触发器是构成时序逻辑电路的基本单元,是能够存储1位二进制码的逻辑电路。通常在时序逻辑电路中,触发器用于数据暂存、延时、计数、分频、波形产生等电路的设计。这里介绍几种常见触发器的设计方法。

1. RS触发器

RS触发器可以由两个与非门构成,把两个与非门的输入、输出端交叉连接,即可构成RS触发器。

RS触发器的电路符号如图4-26所示。输入信号:置数端s、清零端r;输出信号:q和qn。

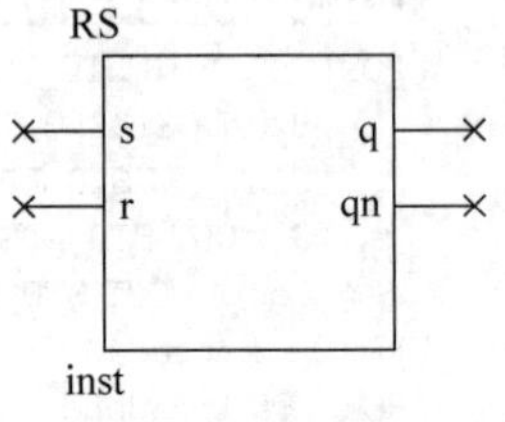

图4-26 RS触发器的电路符号

【设计方法1】 采用原理图编辑法,在原理图编辑器中绘制原理结构即可,如图4-27所示。

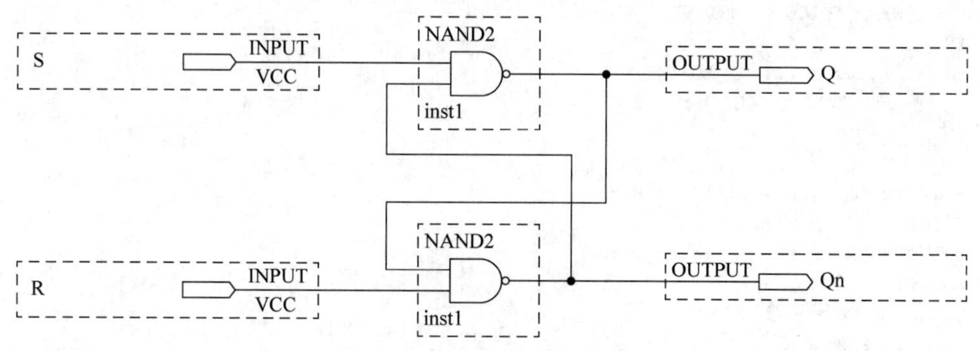

图4-27 RS触发器的原理图编辑

【设计方法2】采用文本编辑法,利用VHDL语言描述RS触发器,代码如下。

【代码4-20】

```
LIBRARY IEEE ;
USE IEEE.STD_LOGIC_1164. ALL;
USE IEEE.STD_LOGIC_UNSIGNED. ALL;
ENTITY RS IS
PORT(s,r:IN std_logic;
    q,qn:OUT std_logic) ;
END;
ARCHITECTURE one OF RS IS
SIGNAL q1,qn1:STD_LOGIC ;
BEGIN
    q1 <= s NAND qn1 ;
    qn1 <= r NAND q1 ;
    q <= qn1;
    qn <=  qn1 ;
END;
```

RS触发器的功能仿真结果如图4-28所示。观察波形可知,q的输出与r和s的状态有关,且满足RS触发器的逻辑功能。

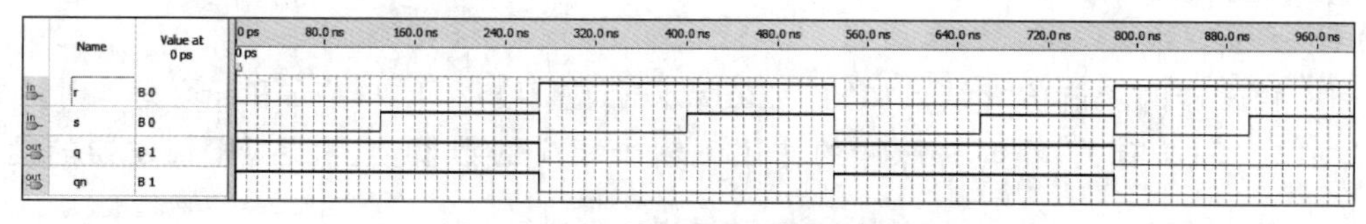

图4-28 RS触发器的功能仿真结果

2. JK触发器

JK触发器是功能较全的一种器件。它可以方便地转为其他触发器功能,是目前应用较多的一种。下面以异步置位/复位控制端口的上升沿JK触发器为例,来介绍JK触发器的设计方法。

JK触发器的电路符号如图4-29所示。输入信号:置数端s、清零端r、时钟信号cp、触发器j端和k端;输出信号:q和qn。

利用VHDL语言描述JK触发器,代码如下。

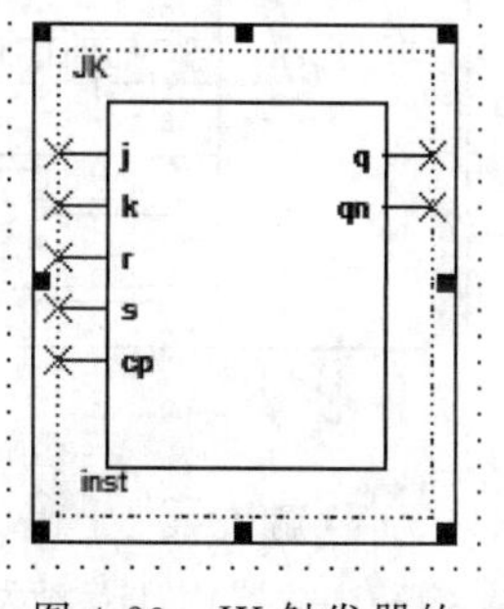

图4-29 JK触发器的电路符号

【代码4-21】

```
LIBRARY IEEE;
```

```
USE IEEE. STD_LOGIC_1164. ALL;
USE IEEE. STD_LOGIC_UNSIGNED. ALL;
ENTITY JK IS
PORT(j,k,r,s,cp:IN STD_LOGIC;
     q,qn:OUT STD_LOGIC) ;
END;
ARCHITECTURE one OF JK IS
SIGNAL q_temp,qn_temp:STD_LOGIC ;
BEGIN
PROCESS(j,k,cp,r,s,q_temp,qn_temp )
BEGIN
IF r = '0'AND s = '1'THEN
     q_temp <= '0' ;
     qn_temp <= '1';
ELSIF r = '1'AND s = '0'THEN
     q_temp <= '1' ;
     qn_temp <= '0';
ELSIF r = '0'AND s = '0'THEN
     q_temp <= q_temp ;
     qn_temp <= qn_temp ;
ELSIF cp'EVENT and cp = '1'THEN
     IF j = '0'AND k = '1'THEN
          q_temp <= '0';
          qn_temp <= '1' ;
     ELSIF j = '1'AND k = '0'THEN
          q_temp <= '1';
          qn_temp < = '0' ;
     ELSIF j = '1'AND k = '1'THEN
          q_temp <= NOT q_temp ;
          qn_temp <= NOT qn_temp ;
     END IF;
END IF;
END PROCESS;
q <= q_temp;
qn <= qn_temp ;
END;
```

JK 触发器的功能仿真结果如图 4-30 所示。观察波形可知，当 r 和 s 均为 1 时，q 的输出才与 j 和 k 有关，在时钟脉冲的作用下输出相应的数值，且满足 JK 触发器的逻辑功能。

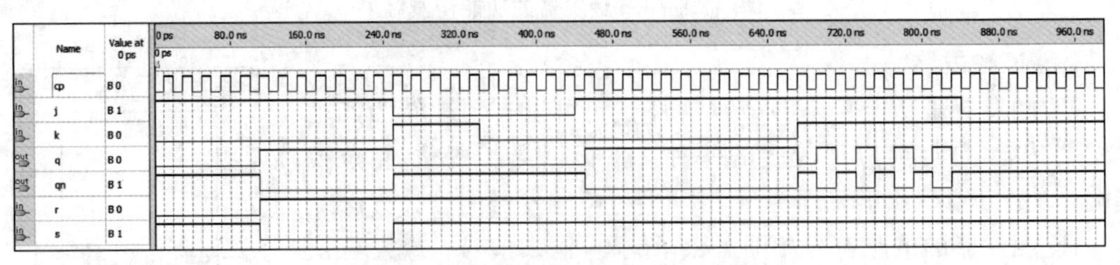

图 4-30　JK 触发器的功能仿真结果

3. D 触发器

D 触发器由 JK 触发器转化而来，下面以异步置位/复位控制端口的上升沿 D 触发器为例，来介绍 D 触发器的设计方法。

D 触发器的电路符号如图 4-31 所示。输入信号：置数端 s、清零端 r、时钟信号 cp、信号输入端 d；输出信号：q 和 qn。

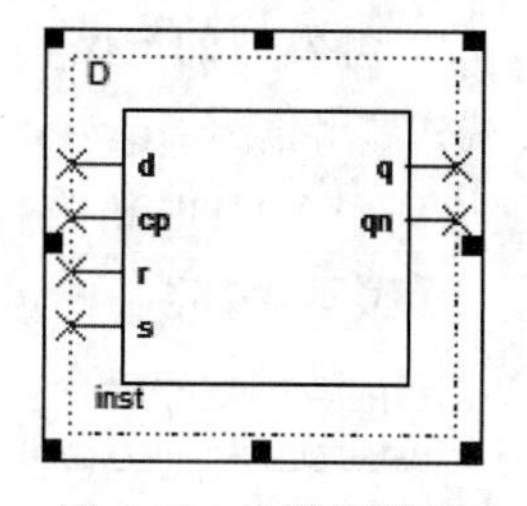

图 4-31　D 触发器的电路符号

利用 VHDL 语言描述 D 触发器，代码如下。

【代码 4-22】

```
LIBRARY IEEE ;
USE IEEE. STD_LOGIC_1164. ALL;
USE IEEE. STD_LOGIC_UNSIGNED. ALL;
ENTITY D IS
PORT(d,cp,r,s:IN STD_LOGIC;
    q,qn:OUT STD_LOGIC) ;
END;
ARCHITECTURE one OF D IS
SIGNAL q_temp,qn_temp:STD_LOGIC ;
BEGIN
  PROCESS (cp,r,s,q_temp,qn_temp)
      BEGIN
      IF r = '0'AND s = '1'THEN
           q_temp <= '0' ;
           qn_temp <= '1' ;
      ELSIF r = '1'AND s = '0'THEN
           q_temp <= '1' ;
           qn_temp <= '0' ;
      ELSIF r = '0'AND s = '0'THEN
           q_temp <= q_temp ;
           qn_temp <= qn_temp;
      ELSIF cp'event AND cp = '1'THEN
           q_temp <= d;
           qn_temp <= not d;
      END IF;
   END PROCESS;
   q <= q_temp;
   qn <= qn_temp ;
END;
```

D 触发器的功能仿真结果如图 4-32 所示。观察波形可知，当 r 和 s 均为 1 时，输出端 q 在时钟脉冲的作用下输出 d 的数值。

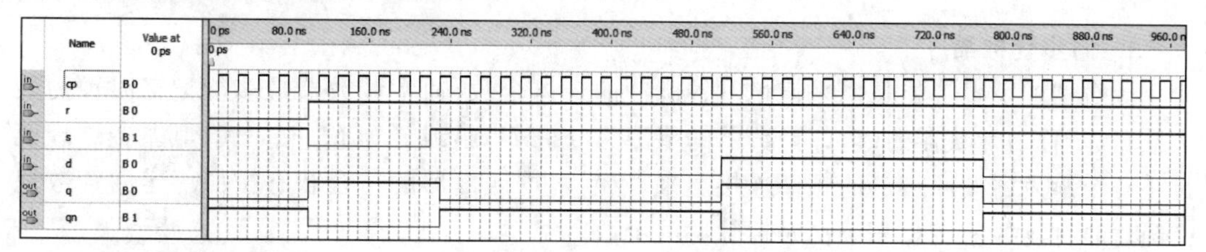

图 4-32　D 触发器的功能仿真结果

4. T 触发器

如果将 JK 触发器的两个输入端口连接在一起作为触发器的输入端，这样就可以构成 T 触发器。下面以一个简单的 T 触发器为例，来介绍 T 触发器的设计方法。

T触发器的电路符号如图4-33所示。输入信号：时钟信号cp、t端；输出信号：q。

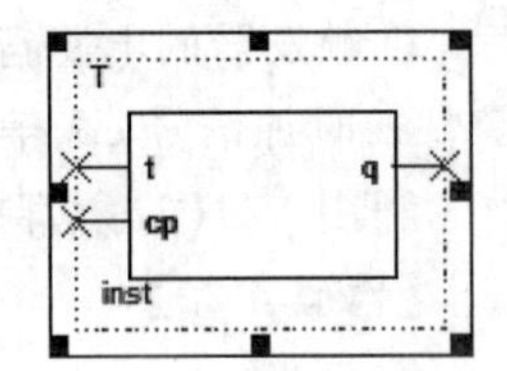

图4-33　T触发器的电路符号

利用VHDL语言描述T触发器，代码如下。

【代码4-23】

```
LIBRARY IEEE;
USE IEEE.STD_LOGIC_1164. ALL;
USE IEEE.STD_LOGIC_UNSIGNED. ALL;
ENTITY T IS
PORT (t,cp:IN STD_LOGIC ;
      q:OUT STD_LOGIC) ;
END;
ARCHITECTURE one OF T IS
SIGNAL q_temp:STD_LOGIC ;
BEGIN
    PROCESS (cp)
      BEGIN
      IF cp'EVENT AND cp = '1'THEN
           IF t = '1'THEN
               q_temp <= NOT q_temp;
           ELSE
               q_temp <= q_temp;
           END IF;
      END IF;
    END PROCESS;
    q <= q_temp;
END;
```

T触发器的功能仿真结果如图4-34所示。观察波形可知，当t为1时，在时钟脉冲的作用下q的输出为前一状态的相反值；当t为0时，q的输出保持不变。

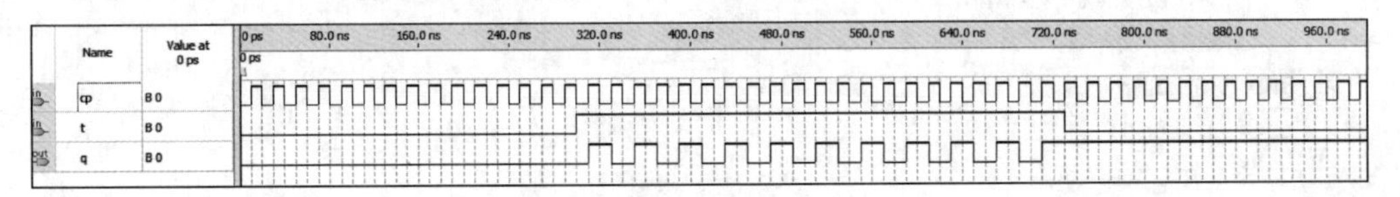

图4-34　T触发器的功能仿真结果

4.2.2　计数器设计

1. 同步计数器

计数器的逻辑功能是用来记忆时钟脉冲的具体个数，通常计数器最多能记忆时钟的最大数目M称为计数器的模，即计数器的范围为$0\sim M-1$，或者为$M-1\sim 0$。其基本原理就是将几个触发器按照一定的顺序连接起来，然后根据触发器的组合状态按照一定的计数规律随着时钟脉冲的变化来记忆时钟脉冲的个数。

计数器在数字电路设计中是一种最为常见、应用最为广泛的时序逻辑电路，它不仅可用于对时钟脉冲进行计数，而且还可用于时钟分频、信号定时、地址发生器和进行数字运算等。计数器按照不同的分类方法可以划分为不同的类型。按照计数器的计数方向，可以分为加法计数器、减法计数器和可逆计数器等；按照计数器中各个触发器的时钟是否同步，可分为同步计数器和异步计数器。这里将介绍同步计数器的设计方法，同步计数器中构成计数器的各个触发器的状态只有在同一时钟信号的触发下才会发生变化。

1）同步4位二进制计数器

同步4位二进制计数器是数字电路中广泛使用的计数器，这里介绍一种具有异步清零、同步置数功能的4位二进制计数器的设计方法。

同步4位二进制计数器的电路符号如图4-35所示。输入信号：时钟信号clk、置数端s、清零端r、使能端en、预置数数据端d[3..0]；输出信号：计数输出端q[3..0]、进位信号co。

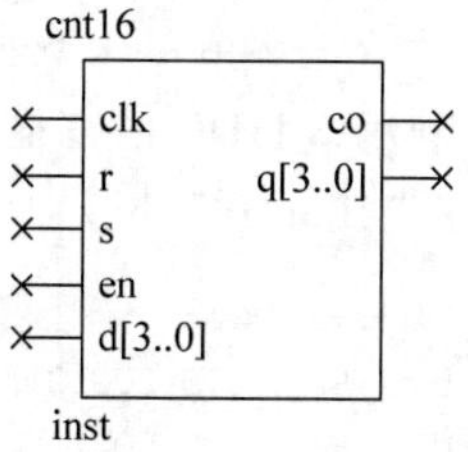

cnt16
clk co
r q[3..0]
s
en
d[3..0]
inst

图4-35 同步4位二进制计数器的电路符号

利用VHDL语言描述同步4位二进制计数器，代码如下。

【代码4-24】

```
LIBRARY IEEE;
USE IEEE. STD_LOGIC_1164. ALL;
USE IEEE. STD_LOGIC_UNSIGNED. ALL;
ENTITY cnt16 IS
PORT(clk,r,s,en:IN STD_LOGIC;                    --时钟信号、清零端、置数端和使能端
     d:IN STD_LOGIC_VECTOR(3 DOWNTO 0);           --预置数数据端
     co:OUT STD_LOGIC;                            --进位信号
     q:BUFFER STD_LOGIC_VECTOR(3 DOWNTO 0));      --计数输出端
END;
ARCHITECTURE one OF cnt16 IS
BEGIN
PROCESS(clk,r)
BEGIN
IF r = '1'THEN                                    --清零
     q <= (OTHERS =>'0');
ELSIF clk'EVENT AND clk = '1'THEN
     IF s = '1'THEN                               --置数
         q <= d;
     ELSIF en = '1'THEN                           --计数
         q <= q + 1;
     ELSE
         q <= q;
     END IF;
END IF;
END PROCESS;
co <= '1'WHEN q = "1111" AND en = '1'ELSE '0';
END;
```

同步4位二进制计数器的功能仿真结果如图4-36所示。其中，q设置为BUFFER类型是为了方便置数。观察波形可知，co为进位信号，当计数器计到15时为高电平。

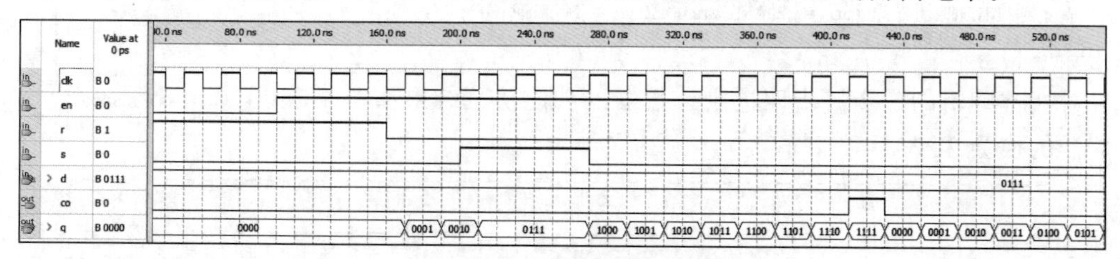

图4-36 同步4位二进制计数器的功能仿真结果

2）同步二十四进制计数器

在许多数字系统的设计中需要用到各种类型的计数器，往往这些计数器并非都有集成

的器件，所以需要用其他集成的计数器器件设计而成。下面介绍一种同步二十四进制计数器的设计方法。

同步二十四进制计数器的电路符号如图 4-37 所示。输入信号：时钟信号 clk、清零端 clr；输出信号：个位计数输出 one[3..0]、十位计数输出 ten[3..0]、进位 co。

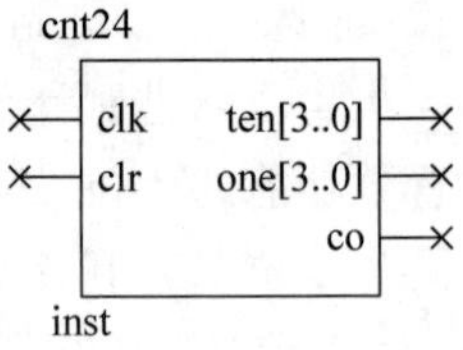

cnt24
clk ten[3..0]
clr one[3..0]
co
inst

图 4-37 同步二十四进制计数器的电路符号

利用 VHDL 语言描述同步二十四进制计数器，代码如下。

【代码 4-25】

```
LIBRARY IEEE;
USE IEEE. STD_LOGIC_1164. ALL;
USE IEEE. STD_LOGIC_UNSIGNED. ALL;
ENTITY cnt24 IS
PORT ( clk ,clr:IN  STD_LOGIC ;                              -- 时钟、清零
   ten,one: OUT  STD_LOGIC_VECTOR( 3  DOWNTO 0) ; -- 个位和十位计数输出端
   co:OUT STD_LOGIC) ;                                       -- 进位
END ;
ARCHITECTURE one OF cnt24 IS
SIGNAL ten_temp,one_temp:STD_LOGIC_VECTOR( 3 DOWNTO 0) ;
BEGIN
PROCESS ( clk , clr)
BEGIN
   IF clr = '1' THEN
      ten_temp <= "0000" ;
      one_temp <= "0000" ;
   ELSIF clk'EVENT AND clk = '1'THEN
      IF  ten_temp = 2 AND one_temp = 3 THEN
           ten_temp <= "0000" ;
           one_temp <= "0000" ;
      ELSIF one_temp = 9 THEN
           one_temp <= "0000" ;
           ten_temp <= ten_temp +1 ;
      ELSE  one_temp <= one_temp + 1 ;
      END IF;
   END IF;
END PROCESS;
ten <= ten_temp ;
one <= one_temp ;
co <= '1'WHEN ten_temp = 2 AND one_temp = 3 ELSE '0';
END;
```

对文本编辑的同步二十四进制计数器的功能仿真结果如图 4-38 所示。观察波形可知，计数器的模为 24。

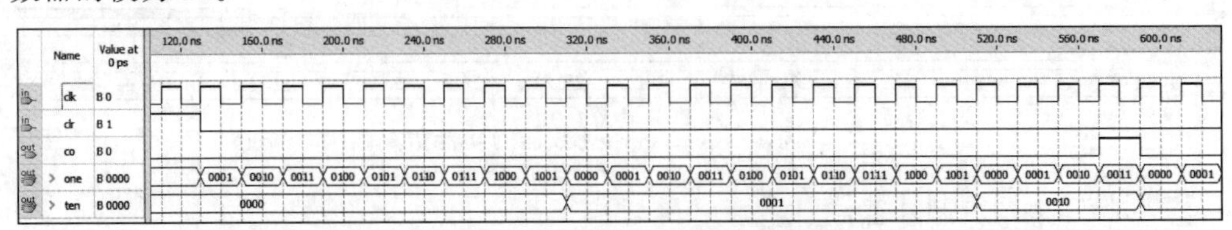

图 4-38 同步二十四进制计数器的功能仿真结果

2. 异步计数器

异步计数器是指构成计数器的低位计数触发器的输出作为相邻计数触发器的时钟，这样逐级串行连接起来的一类计数器。时钟信号的这种连接方法也称行波计数，异步计数器的计数延时增加，影响了它的应用范围。下面以一个异步 4 位二进制计数器为例，来介绍异步计数器的设计方法。

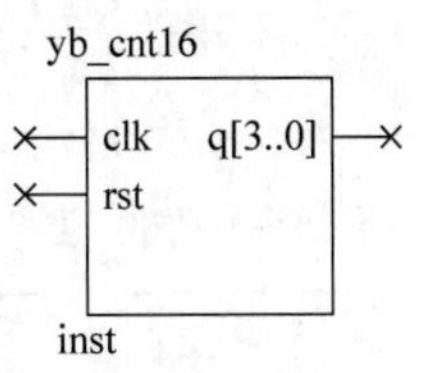

图 4-39 异步 4 位二进制计数器的电路符号

异步 4 位二进制计数器的电路符号如图 4-39 所示。输入信号：时钟信号 clk、复位端 rst；输出信号：计数输出端 q[3..0]。

利用 VHDL 语言描述异步 4 位二进制计数器，代码如下。

【代码 4-26】

```
LIBRARY IEEE ;
USE IEEE. STD_LOGIC_1164. ALL;
ENTITY yb_dff IS
PORT (clk:IN STD_LOGIC ;
      rst:IN STD_LOGIC ;
      d:IN STD_LOGIC ;
      q:OUT STD_LOGIC ;
      qn:OUT STD_LOGIC) ;
END;
ARCHITECTURE one OF yb_dff IS
BEGIN
PROCESS (clk,rst) --D 触发器的描述
BEGIN
IF rst = '0'THEN q <= '0';qn <= '1';
ELSIF clk'EVENT AND clk = '1'THEN
q <= d;
qn <= NOT d;
END IF;
END PROCESS;
END;
-----------------------------------------------------
LIBRARY IEEE ;
USE IEEE. STD_LOGIC_1164. ALL ;
ENTITY yb_cnt16 IS
PORT (clk:IN STD_LOGIC ;
      rst:IN STD_LOGIC ;
      q:OUT STD_LOGIC_VECTOR(3 DOWNTO 0));
END;
ARCHITECTURE one OF yb_cnt16 IS
COMPONENT yb_dff
      PORT(clk:IN STD_LOGIC;
      rst:IN STD_LOGIC ;
      d:IN STD_LOGIC ;
      q:OUT STD_LOGIC ;
      qn:OUT STD_LOGIC) ;
END COMPONENT;
SIGNAL q_temp:STD_LOGIC_VECTOR(4 DOWNTO 0) ;     --将 D 触发器级联
BEGIN
   q_temp(0) <= clk;
   L1:FOR i IN 0 TO 3 GENERATE
```

```
    yb_dffx:yb_dff
    PORT MAP (q_temp(i),rst,q_temp(i+1),q(i),q_temp(i+1));
    END GENERATE L1;
END;
```

对文本编辑的异步 4 位二进制计数器的功能仿真结果如图 4-40 所示。观察波形可知，复位信号 rst 为低电平有效，q 为输出的计数值。

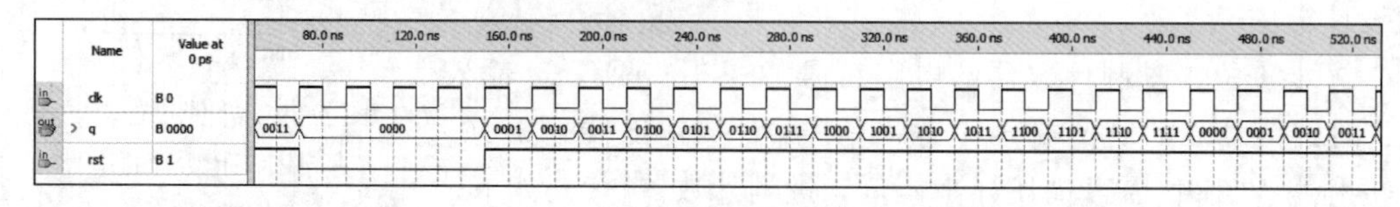

图 4-40　异步 4 位二进制计数器的功能仿真结果

3. 减法计数器

前面所介绍的计数器都是在时钟脉冲的作用下进行加 1 操作的计数器，故称为加法计数器。而减法计数器是在时钟脉冲的作用下，进行减 1 操作的一种计数器。下面介绍一种同步十进制减法计数器的设计方法。

同步十进制减法计数器的电路符号如图 4-41 所示。输入信号：时钟信号 clk、复位端 rst；输出信号：计数输出端 q[3..0]。

jian_cnt10
clk　q[3..0]
rst
inst

图 4-41　同步十进制减法计数器的电路符号

利用 VHDL 语言描述同步十进制减法计数器，代码如下。

【代码 4-27】

```
LIBRARY IEEE;
USE IEEE. STD_LOGIC_1164. ALL;
USE IEEE. STD_LOGIC_UNSIGNED. ALL;
ENTITY jian_cnt10 IS
PORT (clk,rst:IN STD_LOGIC;                          --时钟、复位
      q:OUT STD_LOGIC_VECTOR(3 DOWNTO 0));           --计数输出端
END;
ARCHITECTURE one OF jian_cnt10 IS
SIGNAL q_temp:STD_LOGIC_VECTOR(3 DOWNTO 0) ;
BEGIN
PROCESS(clk,rst)
BEGIN
      IF rst = '1'THEN q_temp <= "0000" ;             --复位
      ELSIF clk'EVENT AND clk = '1'THEN
      IF q_temp = "0000" THEN q_temp <= "1001";--减法计数
      ELSE q_temp <= q_temp - 1 ;
      END IF;
      END IF;
END PROCESS;
q <= q_temp;
END;
```

同步十进制减法计数器的功能仿真结果如图 4-42 所示。观察波形可知，计数器的计数方向为减法计数，rst 为复位信号。

4. 可逆计数器

可逆计数器是指根据计数器控制信号的不同，在时钟脉冲的作用下，可以进行加 1 操作或减 1 操作的计数器。对于可逆计数器，由一个用来控制计数器方向的控制端 updn 来决

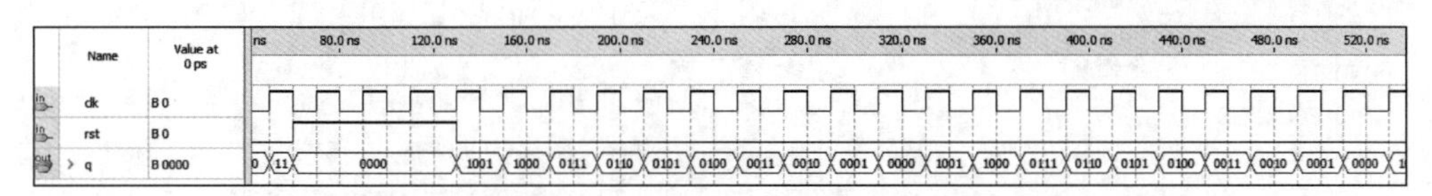

图 4-42 同步十进制减法计数器的功能仿真结果

定计数器的计数方向。当 updn＝1 时，计数器进行加 1 操作；当 updn＝0 时，计数器进行减 1 操作。

这里以一个同步 4 位二进制可逆计数器为例，来介绍可逆计数器的设计方法。

同步 4 位二进制可逆计数器的电路符号如图 4-43 所示。输入信号：时钟信号 clk、清零端 clr、置数端 s、预置数数据端 d[3..0]、使能端 en、计数器方向控制端 updn；输出信号：计数输出端 q[3..0]、进位 co。

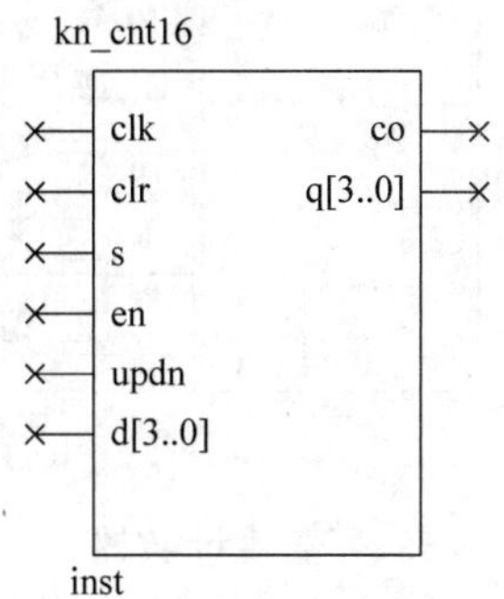

图 4-43 同步 4 位二进制可逆计数器的电路符号

利用 VHDL 语言描述同步 4 位二进制可逆计数器，代码如下。

【代码 4-28】

```
LIBRARY IEEE;
USE IEEE. STD_LOGIC_1164. ALL;
USE IEEE. SCD_LOGIC_UNSIGNED. ALL;
ENTITY kn_cnt16 IS
PORT(clk:IN STD_LOGIC;                              --时钟信号
     clr:IN STD_LOGIC;                              --清零端
     s:IN STD_LOGIC;                                --置数端
     en:IN STD_LOGIC;                               --使能端
     updn:IN STD_LOGIC;                             --计数器方向控制端
     co:OUT STD_LOGIC;                              --进位
     d:IN STD_LOGIC_VECTOR(3 DOWNTO 0);             --预置数数据端
     q:BUFFER STD_LOGIC_VECTOR(3 DOWNTO 0));        --计数输出端
END;
ARCHITECTURE one OF kn_cnt16 IS
BEGIN
PROCESS(clk,clr)
BEGIN
IF clr = '1'THEN                                    --清零
       q <= "0000";
       co <= '0';
ELSIF clk'EVENT AND clk = '1'THEN
     IF s = '1'THEN q <= d;
     ELSIF en = '1'THEN
          IF updn = '1'THEN                         --加计数
             IF q = "1111" THEN q <= "0000";co <= '1';
             ELSE q <= q + 1;co <= '0';
             END IF;
          ELSIF updn = '0'THEN                      --减计数
             IF q = "0000" THEN q <= "1111"; co <= '1';
             ELSE q <= q - 1;co <= '0';
             END IF;
          END IF;
```

```
    END IF;
END IF;
END PROCESS;
END;
```

同步4位二进制可逆计数器的功能仿真结果如图4-44所示。观察波形可知,在信号updn的控制下实现了加法计数和减法计数。

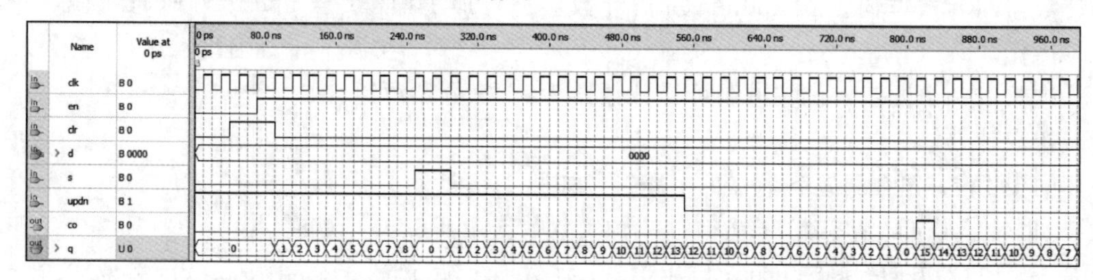

图4-44 同步4位二进制可逆计数器的功能仿真结果

5. 可变模计数器

可变模计数器可以通过模值控制端来改变计数器的模值,下面给出两种可变模计数器的设计方法,其中第一种可变模计数器存在着模值失控的缺点,而第二种可变模计数器加了置数端来克服第一种可变模计数器的缺点。

1) 无置数端的可变模计数器

无置数端的可变模计数器的电路符号如图4-45所示。输入信号:时钟信号clk、清零端clr、模值输入端m[6..0];输出信号:计数输出端q[6..0]。

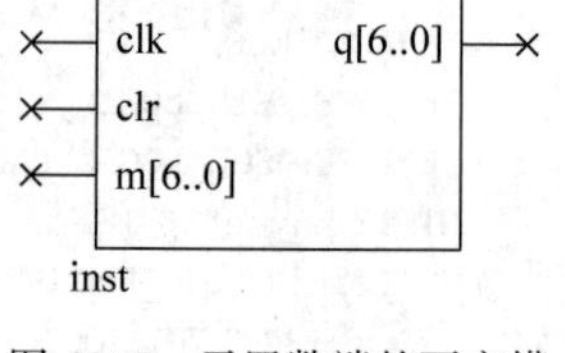

图4-45 无置数端的可变模计数器的电路符号

利用VHDL语言描述无置数端的可变模计数器,代码如下。

【代码4-29】

```
LIBRARY IEEE;
USE IEEE. STD_LOGIC_1164. ALL;
USE IEEE. STD_LOGIC_UNSIGNED. ALL;
USE IEEE. STD_LOGIC_ARITH. ALL;
ENTITY mchange_1 IS
PORT (clk:IN STD_LOGIC ;                          --时钟信号
     clr:IN STD_LOGIC;                            --清零端
     m:IN INTEGER RANGE 0 TO 99 ;                 --模值输入端
     q:BUFFER INTEGER RANGE 0 TO 99) ;            --计数输出端
END;
ARCHITECTURE one OF mchange_1 IS
SIGNAL md:INTEGER RANGE 0 TO 99;
BEGIN
PROCESS(clk,clr,m)
BEGIN
md <= m - 1;
IF clr = '1'THEN q <= 0;
ELSIF clk'EVENT AND clk = '1'THEN
     IF q = md THEN q <= 0;
     ELSE q <= q + 1 ;
     END IF;
```

```
END IF;
END PROCESS;
END;
```

无置数端的可变模计数器的功能仿真结果如图 4-46 所示。观察波形可知，当 m 变化时输出端 q 的模值也随之变化，但是只有当 m 的值由小到大变化时，计数器的模值才会正常变化；当 m 的值由大到小变化时，很可能出现计数器的模值变为 127(因为 m 为 7 位二进制数，其最大值为 127)的情况，也就是说失去了对模值的控制。如图 4-46 所示，当 m 由 9 变到 2 时对模值失去控制。所以为了避免这种情况的发生，必须加一个置数端来控制模值的变化。

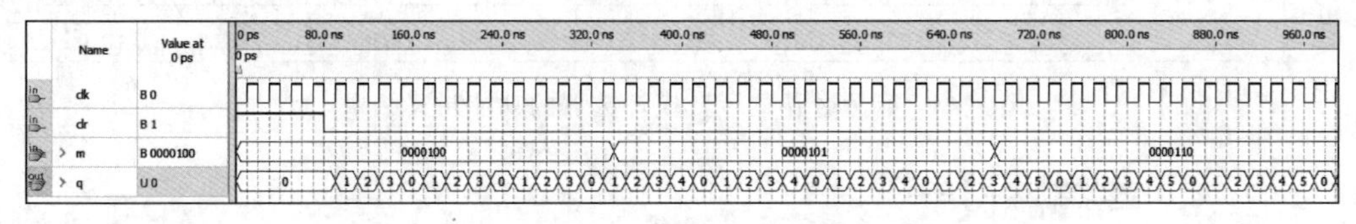

图 4-46 无置数端的可变模计数器的功能仿真结果

2) 有置数端的可变模计数器

为了避免上例中的模值失控情况，增加一置数端 ld 来对模值进行控制。

有置数端的可变模计数器的电路符号如图 4-47 所示。输入信号：时钟信号 clk、清零端 clr、置数端 ld、模值输入端 m[6..0]；输出信号：计数输出端 q[6..0]。

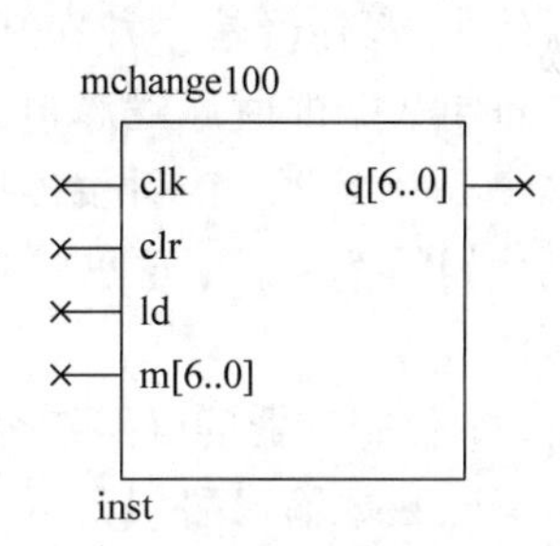

图 4-47 有置数端的可变模计数器的电路符号

利用 VHDL 语言描述有置数端的可变模计数器，代码如下。

【代码 4-30】

```
LIBRARY IEEE;
USE IEEE. STD_LOGIC_1164. ALL;
USE IEEE. STD_LOGIC_UNSIGNED. ALL;
USE IEEE. STD_LOGIC_ARITH. ALL;
ENTITY mchange100 IS
PORT(clk:IN STD_LOGIC;                         --时钟信号
     clr:IN STD_LOGIC;                         --清零端
     ld:IN STD_LOGIC;                          --置数端
     m:IN INTEGER RANGE 0 TO 99;               --模值输入端
     q:BUFFER INTEGER RANGE 0 TO 99);          --计数输出端
END;
ARCHITECTURE one OF mchange100 IS
SIGNAL md:INTEGER RANGE 0 TO 99;
BEGIN
PROCESS(clk,clr,m)
BEGIN
md <= m - 1;
IF clr = '1'THEN    q <= 0;
ELSIF clk'EVENT AND clk = '1'THEN
     IF ld = '1'THEN     q <= md;
     ELSE IF q = md THEN q <= 0;
         ELSE q <= q + 1;
         END IF;
     END IF;
```

```
END IF;
END PROCESS;
END;
```

有置数端的可变模计数器的功能仿真结果如图 4-48 所示。观察波形可知，当 ld 为 1 时，m 信号有效，计数器的模值也随之改变。用 ld 信号来控制模值的变化，有效地避免了模值失控的情况。

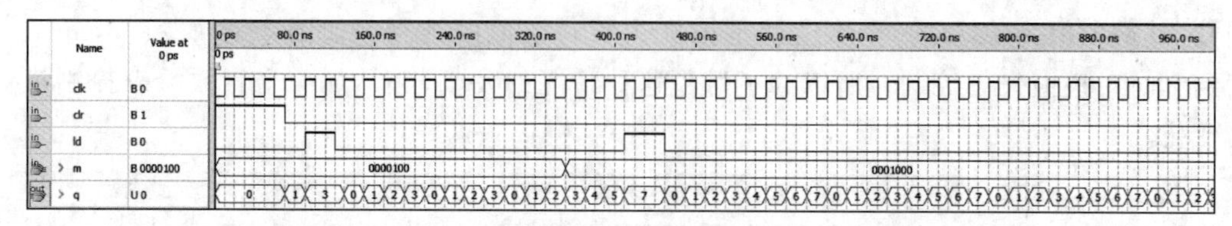

图 4-48　有置数端的可变模计数器的功能仿真结果

4.2.3　寄存器设计

寄存器是数字电路中的基本模块，许多复杂时序逻辑电路都是由它们构成的。在数字系统中，寄存器是一种在某一特定信号的控制下用来存储一组二进制数据的时序逻辑电路。通常使用触发器构成寄存器，把多个 D 触发器的时钟端连接起来就构成一个可以存储多位二进制代码的寄存器。这里以 8 位寄存器为例，来介绍寄存器的设计方法。

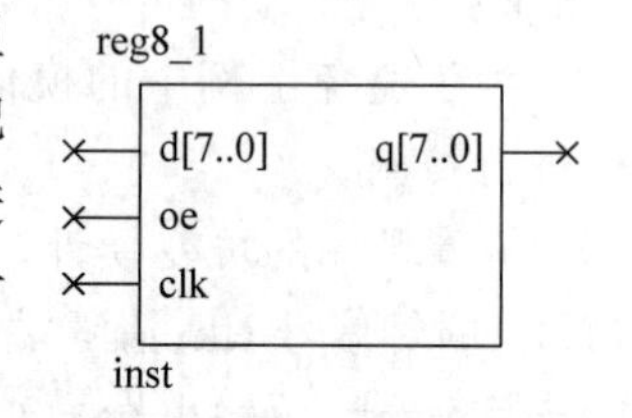

图 4-49　8 位寄存器的电路符号

8 位寄存器的电路符号如图 4-49 所示。输入信号：时钟信号 clk、数据输入端 d[7..0]、三态控制端 oe；输出信号：数据输出端 q[7..0]。

利用 VHDL 语言描述 8 位寄存器，代码如下。

【代码 4-31】

```
LIBRARY IEEE;
USE IEEE. STD_LOGIC_1164. ALL;
USE IEEE. STD_LOGIC_UNSIGNED. ALL;
ENTITY reg8_1 IS
PORT(d:IN STD_LOGIC_VECTOR(7 DOWNTO 0);          --数据输入端
    oe:IN STD_LOGIC;                               --三态控制端
    clk:IN STD_LOGIC;                              --时钟信号
    q:OUT STD_LOGIC_VECTOR(7 DOWNTO 0));          --数据输出端
END;
ARCHITECTURE  one OF reg8_1 IS
SIGNAL q_temp:STD_LOGIC_VECTOR(7 DOWNTO 0);
BEGIN
PROCESS(clk, oe)
  BEGIN
      IF oe  = '0' THEN
              IF clk'EVENT AND clk  = '1'THEN
              q_temp <= d;
          END IF;
      ELSE q_temp <=  "ZZZZZZZZ";
      END IF;
```

```
END PROCESS;
q <=  q_temp;
END ;
```

8位寄存器的功能仿真结果如图4-50所示。观察波形可知，输出端q是由时钟clk的上升沿来控制的。

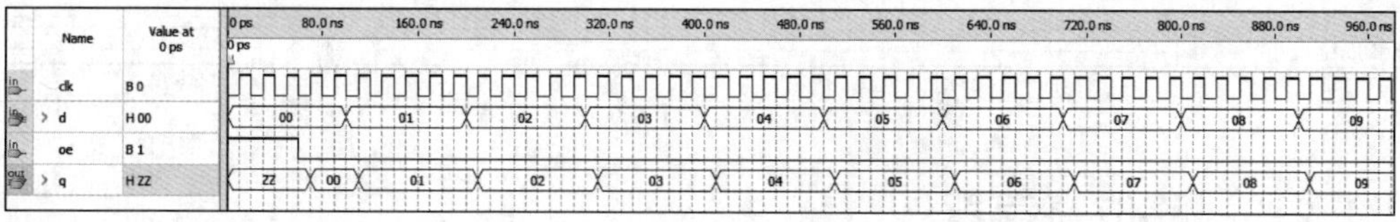

图4-50　8位寄存器的功能仿真结果

4.2.4 锁存器

锁存器是一种与寄存器类似的器件，与寄存器采用同步时钟信号控制不同，锁存器是采用电位信号来进行控制的。如果将8个D触发器的时钟输入端口CLK连接起来，并采用一个电位信号来进行控制，那么就构成了一个8位锁存器。下面以8位锁存器为例，来介绍锁存器的设计方法。

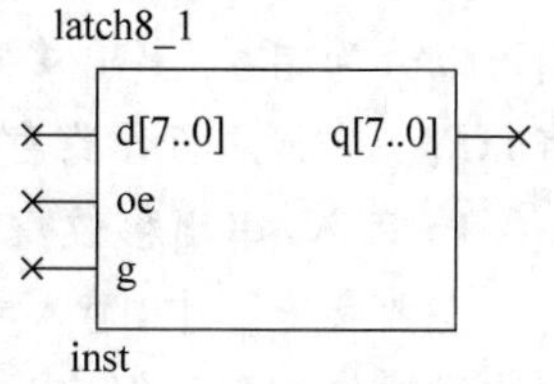

图4-51　8位锁存器的电路符号

8位锁存器的电路符号如图4-51所示。输入信号：控制信号g、数据输入端d[7..0]、三态控制端oe；输出信号：数据输出端q[7..0]。

利用VHDL语言描述8位锁存器，代码如下。

【代码4-32】

```
LIBRARY IEEE;
USE IEEE. STD_LOGIC_1164. ALL;
USE IEEE. STD_LOGIC_UNSIGNED. ALL;
ENTITY latch8_1 IS
PORT(d:IN STD_LOGIC_VECTOR(7 DOWNTO 0);          --数据输入端
     oe:IN STD_LOGIC;                            --三态控制端
     g:IN STD_LOGIC;                             --控制信号
     q:OUT STD_LOGIC_VECTOR(7 DOWNTO 0));        --数据输出端
END;
ARCHITECTURE one OF latch8_1 IS
SIGNAL q_temp:STD_LOGIC_VECTOR(7 DOWNTO 0);
BEGIN
PROCESS(g,oe,d)
BEGIN
IF oe = '0'THEN
     IF g = '1'THEN
     q_temp <= d;
     END IF;
ELSE q_temp <= "ZZZZZZZZ";
END IF;
END PROCESS;
q <=  q_temp;
END;
```

8 位锁存器的功能仿真结果如图 4-52 所示。观察波形可知,oe 为使能端,低电平有效;输出端 q 是由电位信号 g 来控制的,当 g 为 1 时,输入数据 d 被置到输出端。

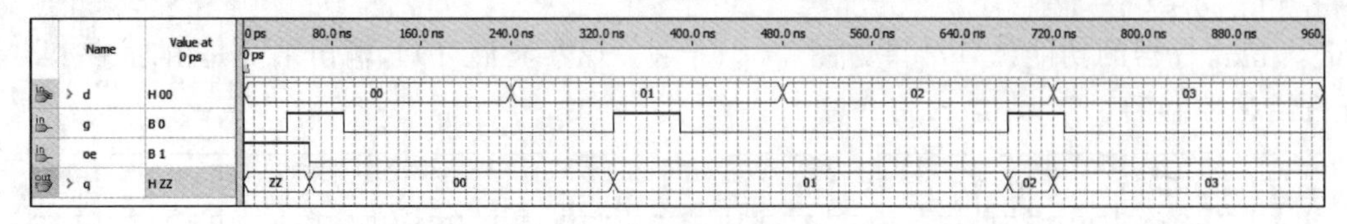

图 4-52　8 位锁存器的功能仿真结果

4.2.5　移位寄存器

移位寄存器就是指寄存器里面存储的二进制数据能够在时钟信号的控制下依次左移或右移。在数字电路中通常用于数据的串/并转换、并/串转换、数值运算等。移位寄存器按照不同的分类方法可以分为不同的类型。如果按照移位寄存器的移位方向来进行分类,则可以分为左移移位寄存器、右移移位寄存器和双向移位寄存器等;如果按照工作方式来分类,则可以分为串入/串出移位寄存器、串入/并出移位寄存器和并入/串出移位寄存器等。这里将介绍一些常用移位寄存器的设计方法。

1. 串入/串出移位寄存器

在数字电路中,串入/串出移位寄存器是指当时钟信号边沿到来时,输入端的数据在时钟边沿的作用下逐级向后移动。由多个触发器依次连接可以构成串入/串出移位寄存器,第一个触发器的输入端口用来接收外来的输入信号,其余的每一个触发器的输入端口均与前面一个触发器的正向端口 Q 相连,这样就构成了串入/串出移位寄存器。下面是一个 4 位串入/串出移位寄存器的设计方法。

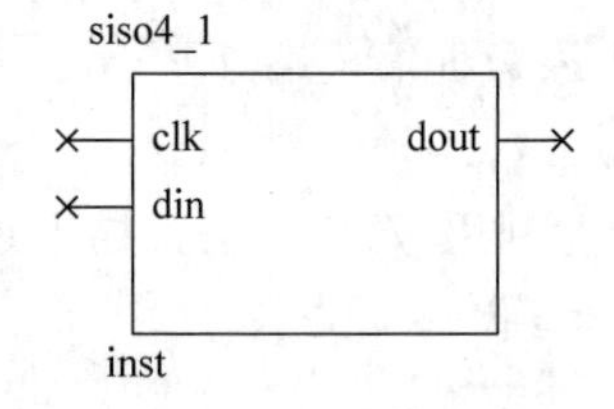

图 4-53　4 位串入/串出移位寄存器的电路符号

4 位串入/串出移位寄存器的电路符号如图 4-53 所示。输入信号:时钟信号 clk、数据输入端 din;输出信号:数据输出端 dout。

利用 VHDL 语言描述 4 位串入/串出移位寄存器,下面给出两种描述方法,代码如下。

【代码 4-33】　方法 1

```
LIBRARY IEEE;
USE IEEE. STD_LOGIC_1164. ALL;
USE IEEE. STD_LOGIC_UNSIGNED. ALL;
ENTITY siso4_1 IS
PORT (clk:IN STD_LOGIC;                         --时钟信号
      din:IN STD_LOGIC;                         --数据输入端
      dout:OUT STD_LOGIC);                      --数据输出端
END;
ARCHITECTURE one OF siso4_1 IS
SIGNAL q:STD_LOGIC_VECTOR(3 DOWNTO 0);
BEGIN
PROCESS(clk)
BEGIN
IF clk'EVENT AND clk = '1'THEN                  --移位
      q(0) <= din;
      q(3 DOWNTO 1) <= q(2 DOWNTO 0);
```

```
END IF;
END PROCESS;
dout <= q(3);
END;
```

【代码 4-34】 方法 2

```
LIBRARY IEEE;
USE IEEE. STD_LOGIC_1164. ALL;
USE IEEE. STD_LOGIC_UNSIGNED. ALL;
ENTITY siso4_2 IS
PORT(clk:IN STD_LOGIC ;                          --时钟信号
     din:IN STD_LOGIC ;                          --数据输入端
     dout:OUT STD_LOGIC) ;                       --数据输出端
END;
ARCHITECTURE one OF siso4_2 IS
SIGNAL q:STD_LOGIC_VECTOR(3 DOWNTO 0);
BEGIN
PROCESS (clk)
BEGIN
IF clk'EVENT AND clk = '1'THEN                   --移位
     q(0) <= din;
     FOR i IN 0 to 2 LOOP
     q(i+1)<= q(i);
     END LOOP;
END IF;
END PROCESS;
dout <=  q(3) ;
END;
```

4 位串入/串出移位寄存器的功能仿真结果如图 4-54 所示。观察波形可知，dout 的输出数据比 din 的输入数据延时 4 个时钟上升沿。

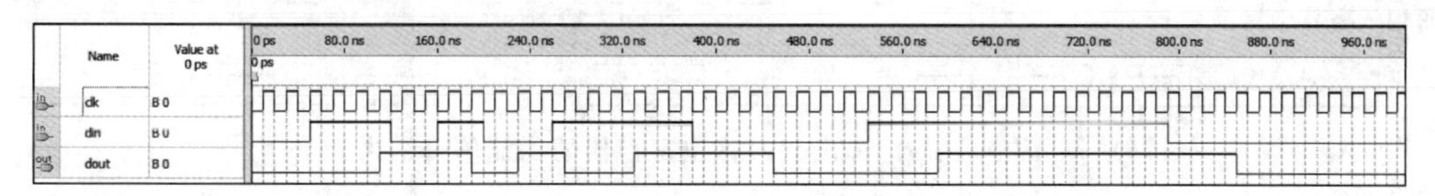

图 4-54 4 位串入/串出移位寄存器的功能仿真结果

2. 串入/串出双向移位寄存器

串入/串出双向移位寄存器有两个移位输出端，分别为左移输出端和右移输出端，通过时钟脉冲来控制输出。下面是串入/串出双向移位寄存器的设计方法。

串入/串出双向移位寄存器的电路符号如图 4-55 所示。输入信号：时钟信号 clk、数据输入端 din、方向控制信号 left_right；输出信号：右移输出端 dout_r、左移输出端 dout_l。

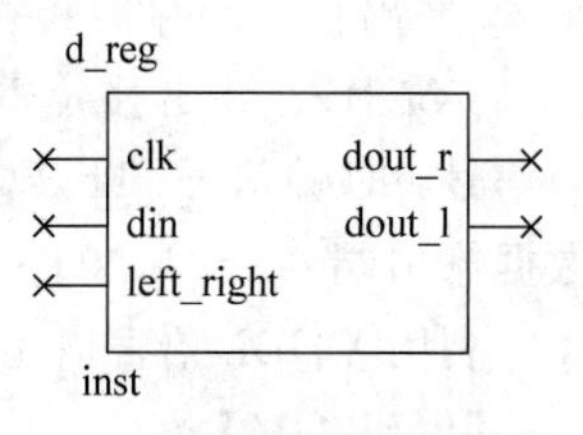

图 4-55 串入/串出双向移位寄存器的电路符号

利用 VHDL 语言描述串入/串出双向移位寄存器，代码如下。

【代码 4-35】

```
LIBRARY IEEE;
USE IEEE. STD_LOGIC_1164. ALL;
USE IEEE. STD_LOGIC_UNSIGNED. ALL;
ENTITY d_reg IS
```

```
PORT(clk:IN STD_LOGIC;                        --时钟信号
     din:IN STD_LOGIC;                        --数据输入端
     left_right:IN STD_LOGIC;                 --方向控制信号
     dout_r:OUT STD_LOGIC;                    --右移输出端
     dout_l:OUT STD_LOGIC);                   --左移输出端
END;
ARCHITECTURE one OF d_reg IS
SIGNAL q_temp:STD_LOGIC_VECTOR(7 DOWNTO 0);
BEGIN
PROCESS(clk)
BEGIN
IF clk'EVENT AND clk = '1'THEN
     IF left_right = '0'THEN q_temp(0)<= din; --左移
          FOR i IN 1 TO 7 LOOP
          q_temp(i) <= q_temp(i-1);
          END LOOP;
     ELSE q_temp(7) <= din;                   --右移
          FOR i IN 7 DOWNTO 1 LOOP
          q_temp(i-1) <= q_temp(i);
          END LOOP;
          END IF;
     END IF;
END PROCESS;
dout_r <= q_temp(0);
dout_l <= q_temp(7);
END;
```

串入/串出双向移位寄存器的功能仿真结果如图 4-56 所示，观察波形可知，当 left_right 为 0 时表示左移，当 left_right 为 1 时表示右移。

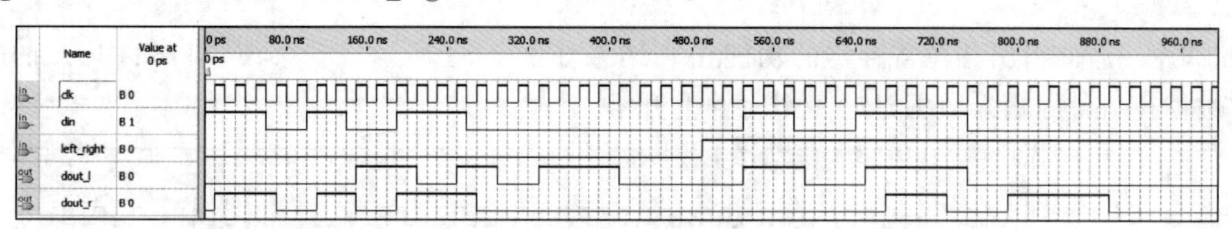

图 4-56　串入/串出双向移位寄存器的功能仿真结果

3. 串入/并出移位寄存器

在数字电路中，串入/并出移位寄存器是指输入端口的数据在时钟边沿的作用下逐级向后移动，达到一定位数后并行输出。采用串入/并出移位寄存器可以实现数据的串/并转换。下面介绍一种带有同步清零的 5 位串入/并出移位寄存器。

5 位串入/并出移位寄存器的电路符号如图 4-57 所示。输入信号：时钟信号 clk、数据输入端 din、清零端 clr；输出信号：数据输出端 dout[4..0]。

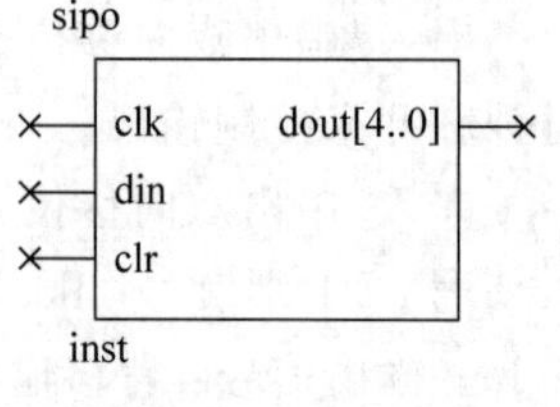

图 4-57　5 位串入/并出移位寄存器的电路符号

利用 VHDL 语言描述 5 位串入/并出移位寄存器，代码如下。

【代码 4-36】

```
LIBRARY IEEE;
USE IEEE. STD_LOGIC_1164. ALL;
USE IEEE. STD_LOGIC_UNSIGNED. ALL;
ENTITY sipo IS
```

```
PORT(clk:IN STD_LOGIC;                              --时钟信号
    din:IN STD_LOGIC;                               --输入数据端
    clr:IN STD_LOGIC;                               --清零端
    dout:OUT STD_LOGIC_VECTOR(4 DOWNTO 0));         --输出数据端
END;
ARCHITECTURE one OF sipo IS
SIGNAL q:STD_LOGIC_VECTOR(5 DOWNTO 0);
BEGIN
PROCESS(clk)
BEGIN
IF clk'EVENT AND clk = '1'THEN
    IF clr = '1'THEN q <= (OTHERS =>'0');           --清零
    ELSIF q(5) = '0'THEN --设置q(5)为标志位,当q(5)=0时  移位结束
       q <= "11110" &din;
    ELSE q <= q(4 DOWNTO 0) &din;                    --左移
    END IF;
END IF;
END PROCESS;
PROCESS(q)
BEGIN
  IF q(5) = '0'THEN
     dout <= q(4 DOWNTO 0);
  ELSE dout <= "ZZZZZ";                              --移位过程中的输出设置为高阻
  END IF;
END PROCESS;
END;
```

5位串入/并出移位寄存器的功能仿真结果如图4-58所示。串行输入的信号每5位为一组数据,设置6个寄存器构成串入/并出移位寄存器,其中5个寄存器用于移位、寄存串入的数据,另一个作为标志位用于记录5个数据是否全部移进寄存器,一旦移位寄存器检测到5位数据全部进入,则5位数据立即并行输出。而串行输入数据在移进寄存器的过程中,使移位寄存器的并行输出信号保持为特定值,本例中设置为高阻。

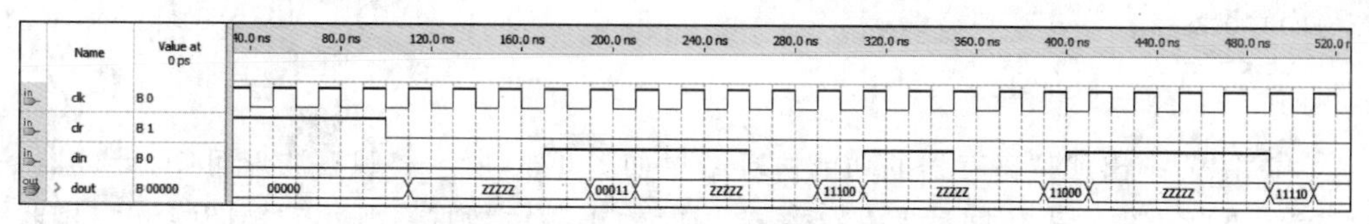

图4-58 5位串入/并出移位寄存器的功能仿真结果

观察波形可知,当din的5位数据全部移进寄存器时,dout的输出为din的前5位数据,起到了串/并转换的作用。

4. 并入/串出移位寄存器

并入/串出移位寄存器在功能上与串入/并出相反,输入端口为并行输入,而输出的数据在时钟边沿的作用下由输出端口串行输出。采用并入/串出移位寄存器可以实现数据的并/串转换。下面以一个带异步清零的4位并入/串出移位寄存器为例,介绍其设计方法。

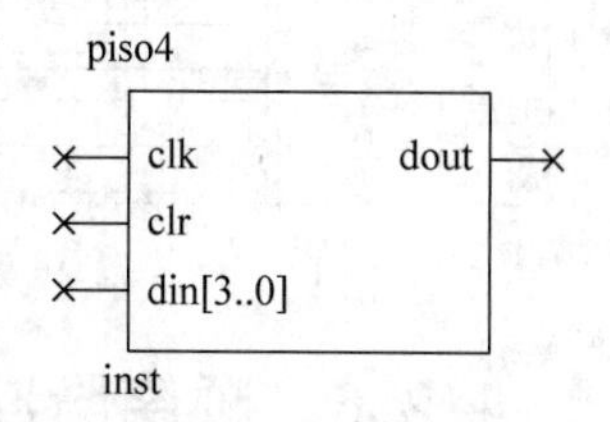

图4-59 4位并入/串出移位寄存器的电路符号

4位并入/串出移位寄存器的电路符号如图4-59所示。输入信号:时钟信号clk、清零端clr、数据输入端din[3..0];输出信号:数据输出端dout。

利用 VHDL 语言描述 4 位并入/串出移位寄存器，代码如下。

【代码 4-37】

```
LIBRARY IEEE;
USE IEEE. STD_LOGIC_1164. ALL;
USE IEEE. STD_LOGIC_UNSIGNED. ALL;
ENTITY piso4 IS
PORT(clk:IN STD_LOGIC;                          -- 时钟信号
    clr:IN STD_LOGIC;                           -- 清零端
    din:IN STD_LOGIC_VECTOR(3 DOWNTO 0);        -- 数据输入端
    dout:OUT STD_LOGIC);                        -- 数据输出端
END;
ARCHITECTURE one OF piso4 IS
SIGNAL cnt:STD_LOGIC_VECTOR(1 DOWNTO 0);        -- 四进制计数器,用于控制数据的输出
SIGNAL q:STD_LOGIC_VECTOR(3 DOWNTO 0);          -- 4 位寄存器
BEGIN
PROCESS(clk)                                    -- 四进制计数器
BEGIN
    IF clk'EVENT AND clk = '1'THEN
        cnt <= cnt + 1;
    END IF;
END PROCESS;
PROCESS(clk,clr)
BEGIN
IF clr = '1'THEN q <= "0000";
ELSIF clk'EVENT AND clk = '1'THEN
    IF cnt >"00" THEN                           -- 如果计数器大于"00"则移位
    q(3 DOWNTO 1) <= q(2 DOWNTO 0);
    ELSIF cnt = "00" THEN                       -- 如果计数器等于"00"则加载数据
    q <= din;
    END IF;
END IF;
END PROCESS;
dout <= q(3);
END;
```

4 位并入/串出移位寄存器的功能仿真结果如图 4-60 所示。观察波形可知，计数器 cnt 在“00”状态时 4 位输入数据写入寄存器 q，同时输出一位数据；当处于“01”“10”“11”状态时，输入的数据左移一位，其余的 3 位数据串行移出。由图可知，当 din 的输入数据为“1110”时，dout 输出端从左到右依次输出数据。

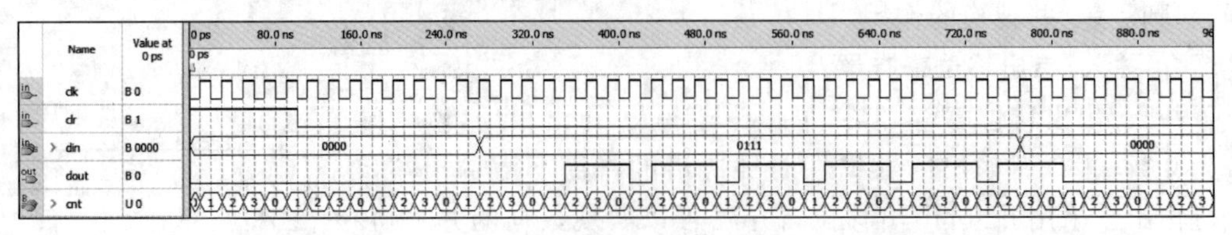

图 4-60　4 位并入/串出移位寄存器的功能仿真结果

4.2.6　顺序脉冲发生器设计

顺序脉冲发生器在系统时钟作用下，输出多路节拍控制脉冲。它是数字控制系统中常见的电路，通常可分为计数型和移存型。计数型脉冲发生器其实把计数器的进位端口作为

脉冲输出即可，而移存型脉冲发生器则是通过移位寄存器来实现的，下面介绍一种移存型顺序脉冲发生器的设计方法。

顺序脉冲发生器的电路符号如图 4-61 所示。输入信号：时钟信号 clk、清零端 clr；输出信号：脉冲输出端 q0、q1 和 q2。

利用 VHDL 语言描述顺序脉冲发生器，代码如下。

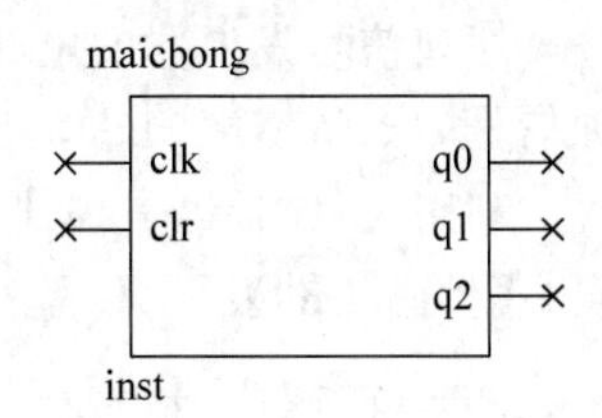

图 4-61　顺序脉冲发生器的电路符号

【代码 4-38】

```
LIBRARY IEEE;
USE IEEE. STD_LOGIC_1164. ALL ;
USE IEEE. STD_LOGIC_UNSIGNED. ALL;
ENTITY pulse IS
PORT (clk:IN STD_LOGIC ;                          --时钟信号
     clr:IN STD_LOGIC;                            --清零端
     q0,q1,q2:OUT STD_LOGIC);                     --脉冲输出端
END;
ARCHITECTURE one OF pulse IS
     SIGNAL y,x:STD_LOGIC_VECTOR(2 DOWNTO 0);
BEGIN
PROCESS (clk,clr)
BEGIN
IF clk'EVENT AND clk = '1'THEN
     IF clr = '1'THEN
         y <= "000"; x <= "001";
     ELSE
         y <= x;
         x <= x(1 DOWNTO 0) &x(2);                --循环移位
     END IF;
END IF;
END PROCESS;
q0 <= y(0);
q1 <= y(1);
q2 <= y(2);
END ;
```

顺序脉冲发生器的功能仿真结果如图 4-62 所示。观察波形可知，输出端口 q0、q1、q2 在时钟信号 clk 的控制下输出节拍脉冲。

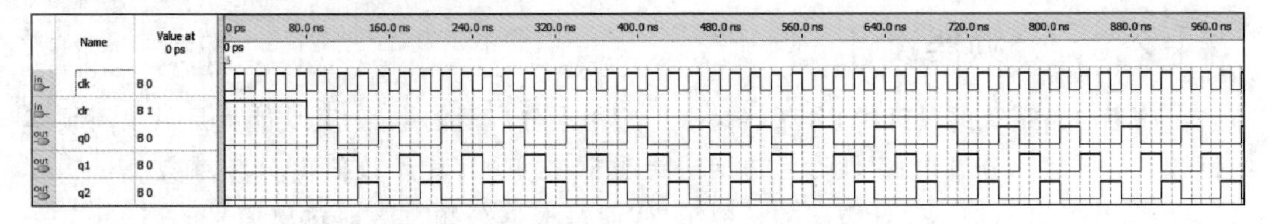

图 4-62　顺序脉冲发生器的功能仿真结果

4.2.7　序列信号发生器设计

序列信号发生器是指在系统时钟的作用下能够循环产生一组或多组序列信号的时序电路。这里所设计的序列信号发生器用来产生一组“10110101”信号。

序列信号发生器的电路符号如图 4-63 所示。输入信号：时钟信号 clk、清零端 clr；输出信号：序列信号输出端 dout。

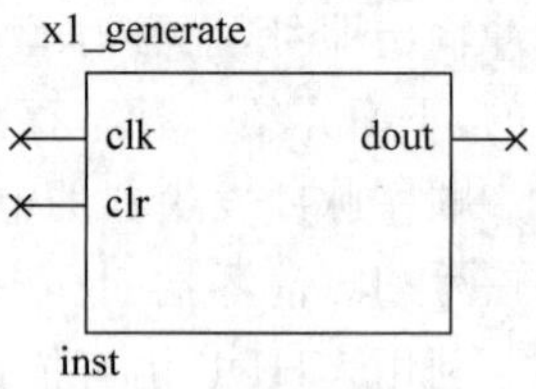

利用 VHDL 语言描述序列信号发生器,代码如下。

x1_generate

clk dout

clr

inst

图 4-63 序列信号发生器的电路符号

【代码 4-39】

```
LIBRARY IEEE;
USE IEEE. STD_LOGIC_1164. ALL;
USE IEEE. STD_LOGIC_UNSIGNED. ALL;
ENTITY xl_generate IS
PORT(clk:IN STD_LOGIC;                          --时钟信号
     clr:IN STD_LOGIC;                          --清零端
     dout:OUT STD_LOGIC);                       --序列信号输出端
END;
ARCHITECTURE one OF xl_generate IS
     SIGNAL R:STD_LOGIC_VECTOR(7 DOWNTO 0);
BEGIN
PROCESS(clk, clr)
BEGIN
IF clk'EVENT AND clk = '1'THEN
     IF clr = '1'THEN
          dout <= '0';
          R <= "11101011";
     ELSE
          dout <= R(7);                         --循环输出 R 中的序列
          R <=  R(6 DOWNTO 0)& R(7);
     END IF;
END IF;
END PROCESS;
END;
```

序列信号发生器的功能仿真结果如图 4-64 所示。观察波形可知,当 clr 为 0 时,dout 循环输出“10110101”序列。

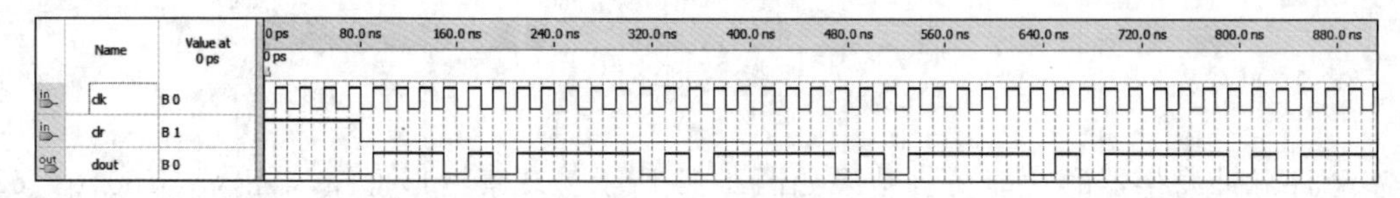

图 4-64 序列信号发生器的功能仿真结果

4.2.8 分频器设计

在数字电路系统的设计中,分频器是一种应用十分广泛的电路,其功能就是对较高频率的信号进行分频。分频电路本质上是加法计数器的变种,其计数值由分频系数 $N=\text{fin}/\text{fout}$ 决定,其输出不是一般计数器的计数结果,而是根据分频系数对输出信号的高、低电平进行控制。通常来说,分频器常常用来对数字电路中的时钟信号进行分频,用以得到较低频率的时钟信号、选通信号、中断信号等。这里将对各种常见的分频器进行详细介绍。

1. 偶数分频器

所谓偶数分频器就是指分频系数为偶数的分频器,分频系数 $N=2n(n=1,2,\cdots)$。如果输入信号的频率为 f,那么分频器的输出信号频率为 $f/2n$,其中 $n=1,2,\cdots$。下面介绍三种偶数分频器的设计方法。

1）分频系数是 2 的整数次幂的分频器

对于分频系数是 2 的整数次幂的分频器来说，可以直接将计数器的相应位赋给分频器的输出信号。那么要想实现分频系数为 2^N 的分频器，只需要实现一个模为 N 的计数器，然后把模 N 计数器的最高位直接赋给分频器的输出信号，即可得到所需要的分频信号。

下面以一个通用的可输出输入信号的 2 分频信号、4 分频信号、8 分频信号的分频器为例，来介绍此类分频器的设计方法。

分频系数是 2 的整数次幂的分频器的电路符号如图 4-65 所示。输入信号：时钟信号 clk；输出信号：2 分频信号 div2、4 分频信号 div4 和 8 分频信号 div8。

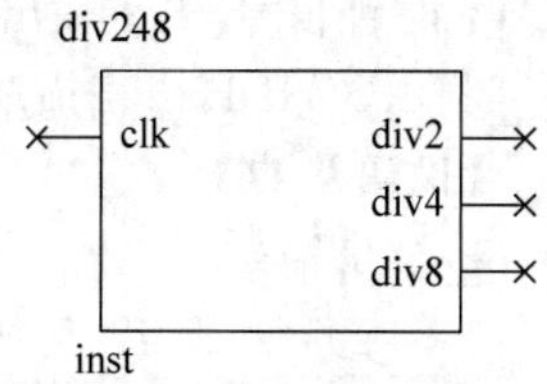

图 4-65　分频系数是 2 的整数次幂的分频器的电路符号

利用 VHDL 语言描述分频系数是 2 的整数次幂的分频器，代码如下。

【代码 4-40】

```
LIBRARY IEEE;
USE IEEE. STD_LOGIC_1164. ALL;
USE IEEE. STD_LOGIC_UNSIGNED. ALL;
ENTITY div_even IS
port(clk:IN STD_LOGIC;                        --时钟信号
     div2:OUT STD_LOGIC;                      --输出 2 分频信号
     div4:OUT STD_LOGIC;                      --输出 4 分频信号
     div8:OUT STD_LOGIC);                     --输出 8 分频信号
END;
ARCHITECTURE one OF div_even IS
     SIGNAL cnt:STD_LOGIC_VECTOR(2 DOWNTO 0);
BEGIN
PROCESS(clk)
BEGIN
IF clk'EVENT AND clk = '1'THEN                --计数器计数
     cnt <= cnt + 1;
END IF;
END PROCESS;
div2 <= cnt(0) ;
div4 <= cnt(1) ;
div8 <= cnt(2) ;
END;
```

分频系数是 2 的整数次幂的分频器的功能仿真结果如图 4-66 所示。观察波形可知，div2、div4、div8 的输出分别为对时钟信号 clk 实现 2 分频、4 分频、8 分频的时钟信号。

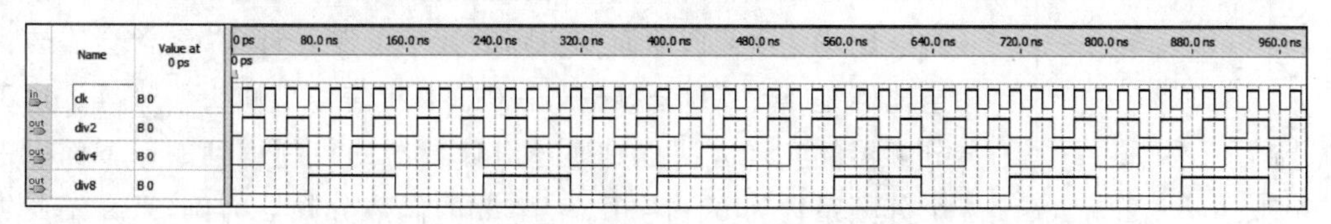

图 4-66　分频系数是 2 的整数次幂的分频器的功能仿真结果

2）分频系数不是 2 的整数次幂的分频器

对于分频系数不是 2 的整数次幂的分频器来说，仍然可以用计数器来实现，不过需要对计数器进行控制。下面以一个分频系数为12的分频器为例，来介绍此类分频器的设计方法。

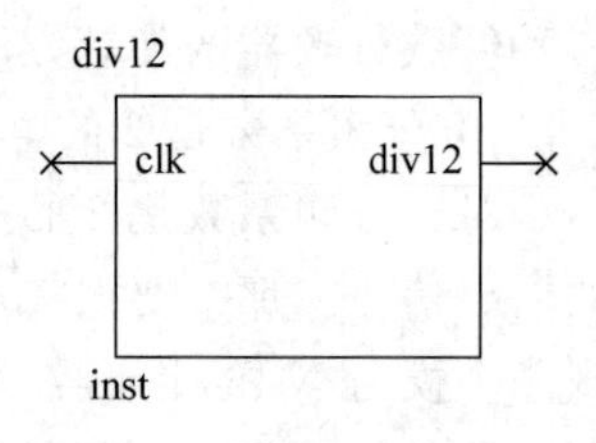

图 4-67 分频系数为 12 的分频器的电路符号

分频系数为12的分频器的电路符号如图4-67所示。输入信号：时钟信号clk；输出信号：12分频信号div12。

利用VHDL语言描述分频系数为12的分频器，代码如下。

【代码 4-41】

```
LIBRARY IEEE;
USE IEEE.STD_LOGIC_1164.ALL;
USE IEEE.STD_LOGIC_UNSIGNED.ALL;
ENTITY div12 IS
PORT(clk:IN STD_LOGIC;                          --时钟信号
     div12:OUT STD_LOGIC);                       --输出12分频信号
END;
ARCHITECTURE one OF div12 IS
     SIGNAL cnt:STD_LOGIC_VECTOR(2 DOWNTO 0);
     SIGNAL  clk_temp:STD_LOGIC;
     CONSTANT m:INTEGER: = 5;                    --控制计数器的常量,m = (N/2) - 1
BEGIN
PROCESS(clk)
BEGIN
IF clk'EVENT AND clk  = '1'THEN
     IF cnt = m THEN
         clk_temp <= NOT clk_temp;               --计数器值与m相等时clk_temp翻转
         cnt <= "000";
     ELSE
         cnt <= cnt + 1;
     END IF;
END IF;
END PROCESS;
div12 <= clk_temp;
END;
```

分频系数为12的分频器的功能仿真结果如图4-68所示。观察波形可知，div12的输出为对时钟信号clk实现12分频的信号。

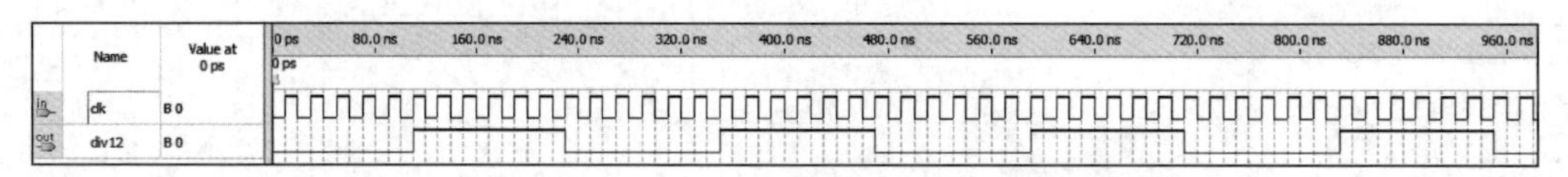

图 4-68 分频系数为 12 的分频器的功能仿真结果

3）占空比不是1∶1的偶数分频器

对于上面两个例子所描述的分频器，可知分频输出信号的占空比均为1∶1，然而在实际的数字电路设计中，经常会需要占空比不是1∶1的分频信号，比如中断信号和帧头信号等。这种分频器的实现方法也是通过对计数器的控制得到的。下面以一个分频系数为6、占空比为1∶5的偶数分频器为例，来介绍此类分频器的设计方法。

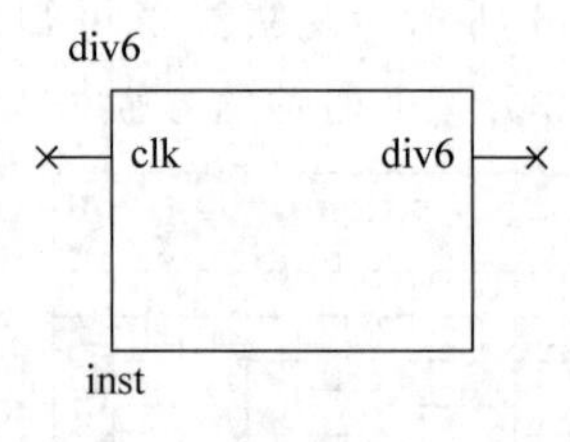

图 4-69 分频系数为 6、占空比为 1∶5 的分频器的电路符号

分频系数为6、占空比为1∶5的分频器的电路符号如图4-69所示。输入信号：时钟信号clk；输出信号：6分频信号div6。

利用 VHDL 语言描述分频系数为 6、占空比为 1∶5 的分频器，代码如下。

【代码 4-42】

```
LIBRARY IEEE;
USE IEEE. STD_LOGIC_1164. ALL;
USE IEEE. STD_LOGIC_UNSIGNED. ALL;
ENTITY div6 IS
PORT (clk:IN STD_LOGIC;                              --时钟信号
     div6:OUT STD_LOGIC);                            --输出 6 分频信号
END;
ARCHITECTURE one OF div6 IS
     SIGNAL cnt:STD_LOGIC_VECTOR(2 DOWNTO 0);
     SIGNAL clk_temp:STD_LOGIC;
     CONSTANT m:INTEGER: = 5;                        --控制计数器的常量,m = N - 1
BEGIN
PROCESS (clk )
BEGIN
IF clk'EVENT AND clk  = '1'THEN
     IF cnt  =  m THEN
         clk_temp <= '1';
         cnt <=  "000";
     ELSE
         cnt <=  cnt + 1;
         clk_temp <=  '0';
     END IF;
END IF;
END PROCESS;
div6 <= clk_temp;
END;
```

分频系数为 6、占空比为 1∶5 的分频器的功能仿真结果如图 4-70 所示。观察波形可知，div6 的输出为对时钟信号 clk 实现 6 分频，且占空比为 1∶5 的信号。

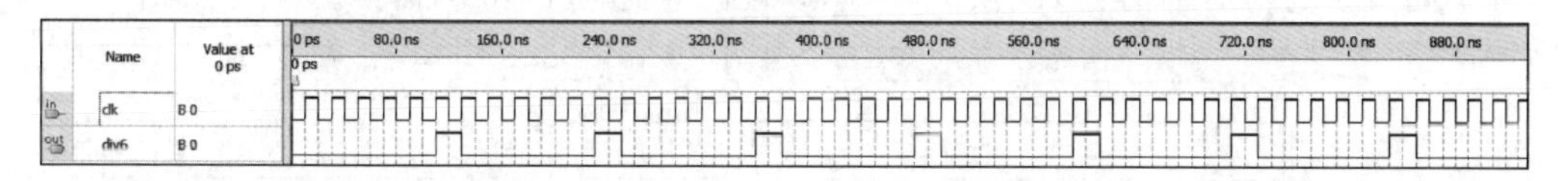

图 4-70　分频系数为 6、占空比为 1∶5 的分频器的功能仿真结果

2. 奇数分频器

所谓奇数分频器就是指分频系数为奇数的分频器，分频系数 $N=2n+1(n=1,2,\cdots)$。如果输入信号的频率为 f，那么分频器的输出信号频率为 $f/(2n+1)$，其中 $n=1,2,\cdots$。下面介绍两种奇数分频器的设计方法。

1）占空比不是 1∶1 的奇数分频器

占空比不是 1∶1 的奇数分频器与占空比不是 1∶1 的偶数分频器设计方法相同，均是通过对计数器的控制来实现的。下面以一个分频系数为 7、占空比为 1∶6 的奇数分频器为例，来介绍此类分频器的设计方法。

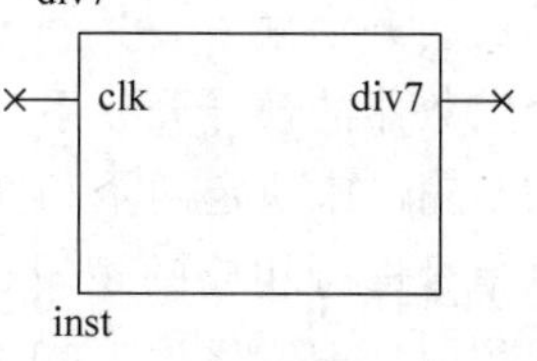

图 4-71　分频系数为 7、占空比为 1∶6 的分频器的电路符号

分频系数为 7、占空比为 1∶6 的分频器的电路符号如图 4-71 所示。输入信号：时钟信号 clk；输出信号：7 分频信号 div7。

利用 VHDL 语言描述分频系数为 7、占空比为 1∶6 的分频器,代码如下。

【代码 4-43】

```
LIBRARY IEEE;
USE IEEE. STD_LOGIC_1164. ALL;
USE IEEE. STD_LOGIC_UNSIGNED. ALL;
ENTITY div7 IS
PORT(clk: IN STD_LOGIC;                          -- 时钟信号
     div7:OUT STD_LOGIC);                        -- 输出 7 分频信号
END;
ARCHITECTURE one OF div7 IS
     SIGNAL cnt:STD_LOGIC_VECTOR(2 DOWNTO 0);
     SIGNAL clk_temp:STD_LOGIC;
     CONSTANT m:INTEGER: = 6;                    -- 控制计数器的常量,m = N - 1
BEGIN
PROCESS(clk)
BEGIN
IF clk'EVENT AND clk  = '1'THEN
     IF cnt = m THEN
        clk_temp <= '1';
        cnt <=  "000";
     ELSE
        cnt <=  cnt + 1;
        clk_temp <= '0';
     END IF;
END IF;
END PROCESS;
div7 <=  clk_temp;
END;
```

分频系数为 7、占空比为 1∶6 的分频器的功能仿真结果如图 4-72 所示。观察波形可知,div7 的输出为对时钟信号 clk 实现 7 分频,且占空比为 1∶6 的信号。

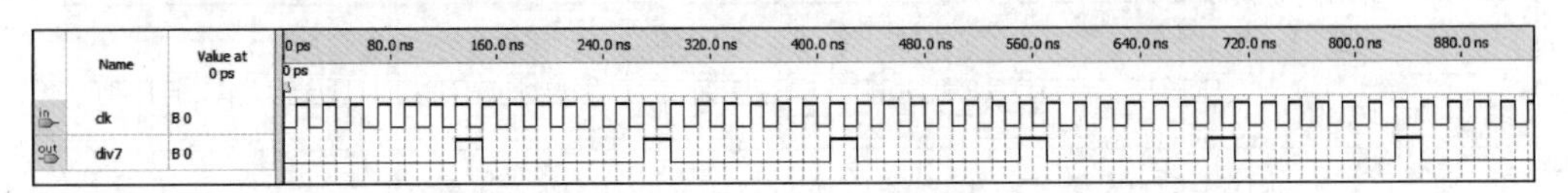

图 4-72　分频系数为 7、占空比为 1∶6 的分频器的功能仿真结果

2）占空比为 1∶1 的奇数分频器

占空比为 1∶1 的奇数分频器需要在输入时钟信号的下降沿进行翻转。通常这种分频器的实现方法是：需要设计两个计数器,一个计数器采用时钟信号的上升沿触发,另一个计数器采用时钟信号的下降沿触发,两个计数器的模与分频系数相同；然后根据这两个计数器的并行信号输出来决定两个相应的电平控制信号；最后对两个电平控制信号进行相应的逻辑运算,即可完成分频信号的输出。下面介绍两种占空比为 1∶1 的奇数分频器设计方法。

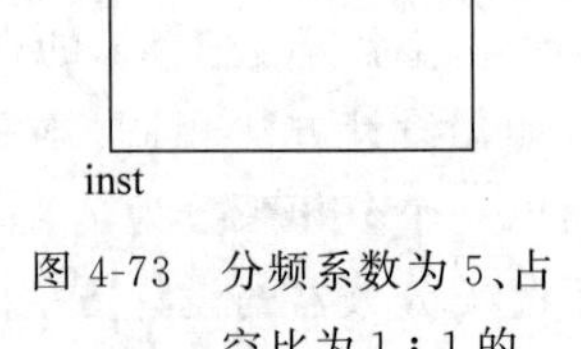

图 4-73　分频系数为 5、占空比为 1∶1 的奇数分频器的电路符号设计方法

【范例 1】　分频系数为 5、占空比为 1∶1 的奇数分频器

分频系数为 5、占空比为 1∶1 的奇数分频器的电路符号如图 4-73 所示。输入信号：时钟信号 clk；输出信号：5 分频信号 div5。

利用 VHDL 语言描述分频系数为 5、占空比为 1∶1 的奇数分频器，代码如下。

【代码 4-44】

```
LIBRARY IEEE;
USE IEEE. STD_LOGIC_1164. ALL;
USE IEEE. STD_LOGIC_UNSIGNED. ALL;
ENTITY div5 IS
PORT(clk:IN STD_LOGIC;                              -- 时钟信号
     div5:OUT STD_LOGIC);                           -- 输出 5 分频信号
END;
ARCHITECTURE one OF div5 IS
     SIGNAL cnt1:STD_LOGIC_VECTOR(2 DOWNTO 0);-- 计数器 1
     SIGNAL cnt2:STD_LOGIC_VECTOR(2 DOWNTO 0);-- 计数器 2
     SIGNAL clk_temp1:STD_LOGIC;
     SIGNAL clk_temp2:STD_LOGIC;
     CONSTANT m1:INTEGER: = 4;                      -- 计数器控制端 1, m1 = N - 1
     CONSTANT m2:INTEGER: = 2:                      -- 计数器控制端 2, m2 = (N - 1)/2
BEGIN
PROCESS(clk)                                        -- 上升沿触发计数器进程
BEGIN
IF clk'EVENT AND clk  = '1'THEN
    IF cnt1 =  m1 THEN
    cnt1 <= "000";
    ELSE cnt1 <= cnt1 + 1;
    END IF;
END IF;
END PROCESS;
PROCESS(clk)                                        -- 下降沿触发计数器进程
BEGIN
IF clk'EVENT AND clk  = '0'THEN
     IF cnt2  =  m1 THEN
     cnt2 <= "000";
     ELSE cnt2 <= cnt2 + 1;
     END IF;
END IF;
END PROCESS;
PROCESS(clk)                                        -- 上升沿触发计数器的计数控制进程
BEGIN
IF clk'EVENT AND clk  = '1'THEN
    IF cnt1  = 0 THEN
      clk_temp1 < = '1';
    ELSIF cnt1  =  m2 THEN
     clk_temp1 < = '0';
    END IF;
END IF;
END PROCESS;
PROCESS(clk)                                        -- 下降沿触发计数器的计数控制进程
BEGIN
IF clk'EVENT AND clk  = '0'THEN
    IF cnt2 = 0 THEN
       clk_temp2 < = '1';
```

```
        ELSIF cnt2 =  m2 THEN
           clk_temp2 < = '0';
        END IF;
    END IF;
    END PROCESS;
        div5 < = clk_temp1 OR clk_temp2;            --将两个计数器控制的信号采用或逻辑
    END;
```

分频系数为5、占空比为1∶1的奇数分频器的功能仿真结果如图4-74所示。观察波形可知,计数器cnt1与计数器cnt2进行计数后产生占空比为2∶3的cnt_templ信号与cnt_temp2信号,将其进行或运算后,得到对时钟信号clk实现的5分频信号。

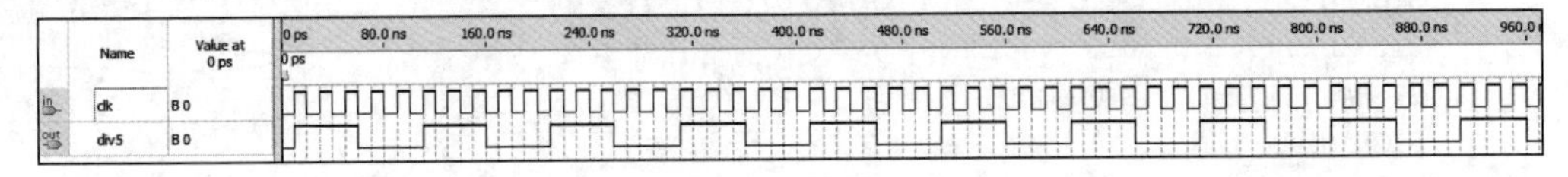

图4-74 分频系数为5、占空比为1∶1的奇数分频器的功能仿真结果

【范例2】 占空比为1∶1的通用奇数分频器

占空比为1∶1的通用奇数分频器的电路符号如图4-75所示。输入信号:时钟信号clk;输出信号:分频信号clkdiv。

利用VHDL语言描述占空比为1∶1的通用奇数分频器,其中n代表分频系数,这里令$n=7$,下面给出两种描述方法。

any odd_div

clk　　clkdiv

inst

图4-75 占空比为1∶1的通用奇数分频器的电路符号

【代码4-45】 方法1

```
LIBRARY IEEE;
USE IEEE.STD_LOGIC_1164. ALL;
USE IEEE.STD_LOGIC_UNSIGNED. ALL;
ENTITY anyodd_div IS
GENERIC(n:INTEGER: = 7);                               --设置分频系数
PORT(clk:IN STD_LOGIC;                                 --时钟信号
     clkdiv:OUT STD_LOGIC);                            --输出分频信号
END;
ARCHITECTURE one OF anyodd_div IS
     SIGNAL cnt1:INTEGER: = 0;                         --计数器1
     SIGNAL cnt2:INTEGER: = 0;                         --计数器2
     SIGNAL clk_temp1:STD_LOGIC;
     SIGNAL clk_temp2:STD_LOGIC;
BEGIN
PROCESS(clk)                                           --上升沿触发计数器进程
BEGIN
IF clk'EVENT AND clk  = '1'THEN
     IF cnt1 = n - 1 THEN
     cnt1 < = 0;
     ELSE cnt1 < = cnt1 + 1;
     END IF;
END IF;
END PROCESS;
PROCESS(clk)                                           --下降沿触发计数器进程
BEGIN
IF clk'EVENT AND clk  = '0'THEN
```

```
      IF cnt2  =  n - 1 THEN
      cnt2 <= 0;
      ELSE cnt2 <= cnt2 + 1;
      END IF;
 END IF;
 END PROCESS;
 PROCESS(clk)                                    --上升沿触发计数器的计数控制进程
 BEGIN
 IF clk'EVENT AND clk = '1'THEN
      IF cnt1  = 0 THEN
        clk_temp1 <= '1';
      ELSIF cnt1  = (n - 1)/2 THEN
        clk_temp1 <= '0';
      END IF;
 END IF;
 END PROCESS;
 PROCESS(clk)                                    --下降沿触发计数器的计数控制进程
 BEGIN
 IF clk'EVENT AND clk  = '0'THEN
      IF cnt2  = 0 THEN
        clk_temp2 <= '1';
      ELSIF cnt2  = (n - 1)/2    THEN
        clk_temp2 <= '0';
      END IF;
 END IF;
 END PROCESS;
      clkdiv <= clk_temp1 OR clk_temp2;          --将两个计数器控制的信号采用或逻辑
 END;
```

【代码 4-46】 方法 2

```
LIBRARY IEEE;
USE IEEE. STD_LOGIC_1164. ALL;
USE IEEE. STD_LOGIC_UNSIGNED. ALL;
ENTITY anyodd_div2 IS
GENERIC(n:INTEGER: = 7);                          --设置分频系数
PORT(clk:IN STD_LOGIC;                            --时钟信号
     clkdiv:BUFFER STD_LOGIC);                    --输出分频信号
END;
ARCHITECTURE one OF anyodd_div2 IS
     SIGNAL cnt1:INTEGER: = 0;                    --计数器 1
     SIGNAL cnt2:INTEGER: = 0;                    --计数器 2
     SIGNAL clk_temp:STD_LOGIC;                   --脉冲控制端
BEGIN
PROCESS(clk)                                      --上升沿触发计数器进程
BEGIN
IF clk'EVENT AND clk  = '1'THEN
     IF cnt1  = n - 1 THEN
     cnt1 <= 0;
     ELSE cnt1 <= cnt1 + 1;
     END IF;
END IF;
```

```
END PROCESS;
PROCESS(clk)                                    --下降沿触发计数器进程
BEGIN
IF clk'EVENT AND clk = '0'THEN
     IF cnt2 = n - 1 THEN
     cnt2 <= 0;
     ELSE cnt2 <= cnt2 + 1;
     END IF;
END IF;
END PROCESS;
PROCESS(cnt1,cnt2)                              --对两个计数器的计数进行控制
BEGIN
     IF cnt1 = 1 THEN
       IF cnt2 = 0 THEN
       clk_temp <= '1';
       ELSE clk_temp <= '0';
       END IF;
     ELSIF cnt1 = (n + 1)/2 THEN
       IF cnt2 = (n + 1)/2 THEN
       clk_temp <= '1';
       ELSE clk_temp <= '0';
       END IF;
     ELSE
     clk_temp <= '0';
     END IF;
END PROCESS;
PROCESS(clk_temp,clk)                           --利用脉冲控制端的上升沿来控制分频信号的
                                                --输出
BEGIN
IF clk_temp'EVENT AND clk_temp = '1'THEN
     clkdiv <= not clkdiv;
END IF;
END PROCESS;
END;
```

占空比为1∶1的通用奇数分频器的功能仿真结果如图4-76所示。观察波形可知，clkdiv的输出与代码中的n值有关，本例为对时钟信号clk实现的7分频信号。

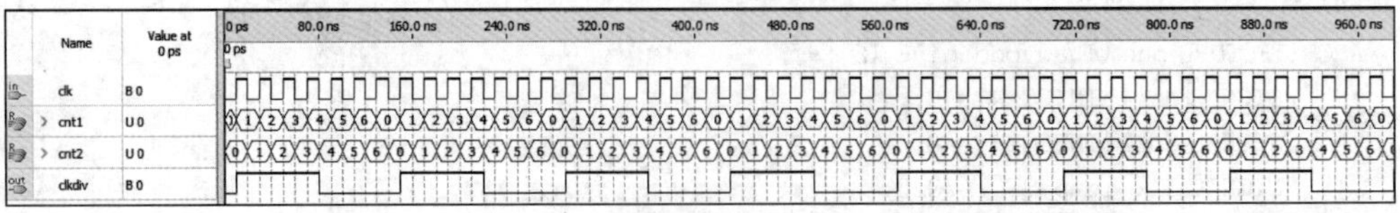

图4-76　占空比为1∶1的通用奇数分频器的功能仿真结果

3. 半整数分频器

通常整数分频器基本上可以满足大部分数字电路设计的要求。但在某些特殊情况下，设计人员需要采用分频系数不是整数的分频器来完成特定的设计，这个时候需要采用小数分频器来进行分频，如1.5分频器、2.5分频器等。这里将介绍半整数分频器的设计方法。

半整数分频器的实现方法是：首先需要设计一个计数器，计数器的模为分频系数的整

数部分加 1；然后设计一个二分频电路，并把它加在计数器的输出之后，将输出时钟二分频后和输入时钟相异或，这样便可以得到任意半整数的分频器。通常半整数分频器的电路实现如图 4-77 所示，这里根据模 N 计数器的并行信号输出即为所得的半整数分频信号。

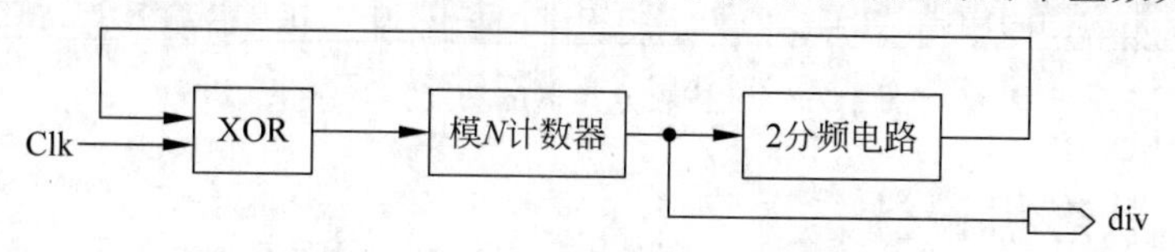

图 4-77　半整数分频器的电路实现

半整数分频器的电路符号如图 4-78 所示。输入信号：时钟信号 clk；输出信号：半整数分频信号 div。

利用 VHDL 语言描述半整数分频器，其中 n 代表分频系数的整数部分加 1，这里令 $n=2$，即 1.5 分频，代码如下。

div_half
clk　div
inst

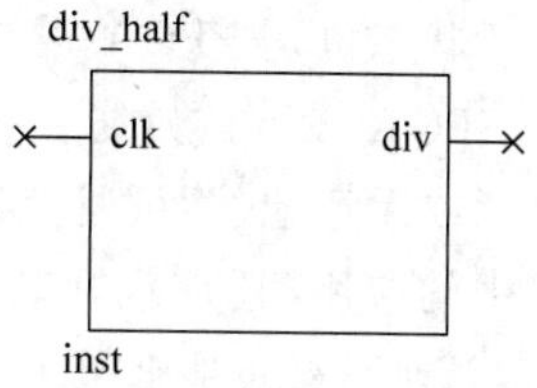

图 4-78　半整数分频器的电路符号

【代码 4-47】

```
LIBRARY IEEE;
USE IEEE. STD_LOGIC_1164. ALL;
USE IEEE. STD_LOGIC_UNSIGNED. ALL;
ENTITY div_half IS
GENERIC(n:INTEGER: = 2);                    -- n 为分频系数的整数部分加 1
PORT(clk:IN STD_LOGIC;                      -- 时钟信号
     div:OUT STD_LOGIC);                    -- 输出分频信号
END;
ARCHITECTURE one OF div_half IS
     SIGNAL count:INTEGER: = 0;             -- 计数器
     SIGNAL clk_temp1:STD_LOGIC;            -- 脉冲控制端 1
     SIGNAL clk_temp2:STD_LOGIC;            -- 脉冲控制端 2
     SIGNAL clk_temp3:STD_LOGIC;            -- 脉冲控制端 3
BEGIN
     clk_temp1 <= clk xor clk_temp2;
PROCESS(clk_temp1)                          -- 模为 n 的减法计数器
BEGIN
IF clk_temp1'EVENT AND clk_temp1  = '1'THEN
     IF count = 0 THEN count <= n - 1;
         clk_temp3 <= '1';
         div <= '1';
     ELSE
         count <= count - 1;
         clk_temp3 <= '0';
         div <= '0';
     END IF;
END IF;
END PROCESS;
PROCESS(clk_temp3)                          -- 2 分频电路
BEGIN
     IF clk_temp3'EVENT AND clk_temp3  = '1'THEN
         clk_temp2 <= NOT clk_temp2;
     END IF;
END PROCESS;
END;
```

半整数分频器的功能仿真结果如图 4-79 所示。观察波形可知，div 为对时钟信号 clk

的 1.5 分频信号。改变代码中的 n 可以获得所需的分频信号。

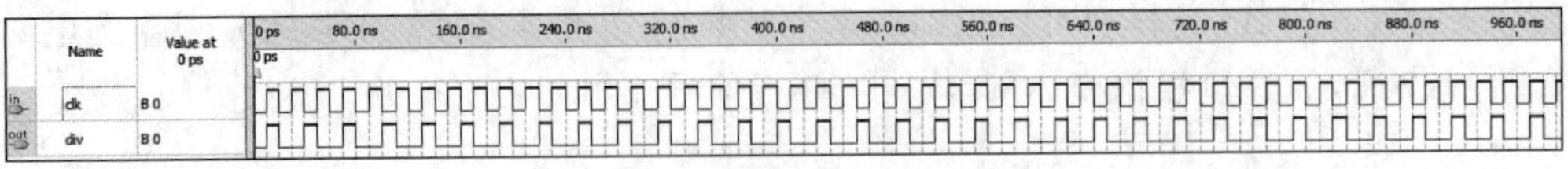

图 4-79　半整数分频器的功能仿真结果

4.2.9　状态机设计

1. 状态机基本概念

状态机是 FPGA 设计中一种非常重要、非常根基的设计思想，堪称 FPGA 的灵魂，贯穿着 FPGA 设计的始终。无论对于状态机是否有着清晰而明确的认识，每个 FPGA 开发者都有意或无意地、不可避免地使用着状态机。事实上，状态机的思想并不仅限于在 FPGA 领域中的应用，还体现在软件程序设计甚至日常生活的诸多方面，状态机的应用几乎随处可见、无处不在。那么接下来，将从 FPGA 的角度来认识状态机。

希望大家能扩展思维，认识到状态机不仅仅是一种时序电路设计工具，它更是一种思想方法。先看下面一个简单的例子。在大学生活中，某学生的在校学习生活可以简单地概括为宿舍、教室、食堂之间的周而复始，用图 4-80 就可以形象地表现出来。如果将图中的“地点”认为是“状态”，将“功能”认为是状态的“输出”，这张图就是一张标准的状态转移图，也就是说，用状态机的方式清晰地描述了这个学生的在校生活方式。

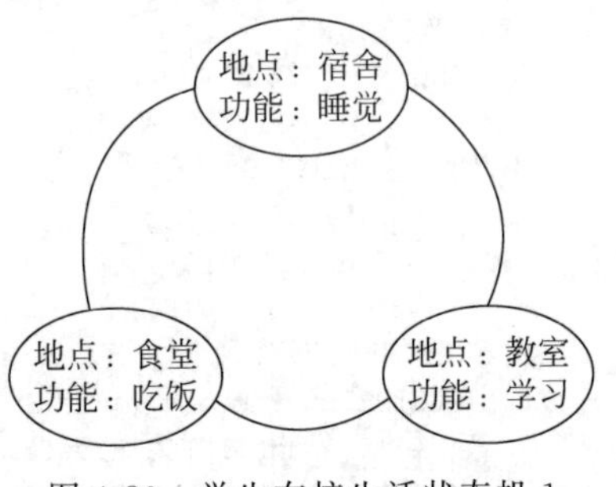

图 4-80　学生在校生活状态机 1

同样如果将图中的“地点”认为是“状态”，将“功能”认为是状态的“输出”，将“条件”认为是状态转移的“输入条件”，则得到的图 4-81 也是一张标准的状态转移图，通过状态机的方式再次清晰地描述另一个学生的在校生活方式。

事实上使用状态机方式，可以细致入微地描述任何一个学生的在校生活方式。通过前面两个简单举例已经发现状态机特别适合描述那些发生有先后顺序，或者有逻辑规律的事情——其实这就是状态机的本质。状态机的本质就是对具有逻辑顺序或时序规律事件的一种描述方法。这个论断的最重要的两个词就是“逻辑顺序”和“时序规律”，这两点就是状态机所要描述的核心和强项，换言之，所有具有逻辑顺序和时序规律的事情都适合用状态机描述。

很多初学者不知道何时应用状态机。这里介绍两种应用思路：第一种思路，从状态变量入手，如果一个电路具有时序规律或者逻辑顺序，可以自然而然地规划出状态，从这些状态入手，分析每个状态的输入、状态转移和输出，从而完成电路功能；第二种思路是首先明确电路的输出的关系，这些输出相当于状态的输出，回溯规划每个状态和状态转移条件与状态输入。无论哪种思路，使用状态机的目的都是要控制某部分电路，完成某种具有逻辑顺序或时序规律的电路设计。

其实对于逻辑电路而言，小到一个简单的时序逻辑，大到复杂的微处理器，都适合用状态机方法进行描述。请读者打开思路，不要仅仅局限于时序逻辑，发现电路的内在规律，确认电路的“状态变量”，大胆使用状态机描述电路模型。由于状态机不仅仅是一种电路描述工具，它更是一种思想方法，而且状态机的 HDL 语言表达方式比较规范，有章可循，所以很

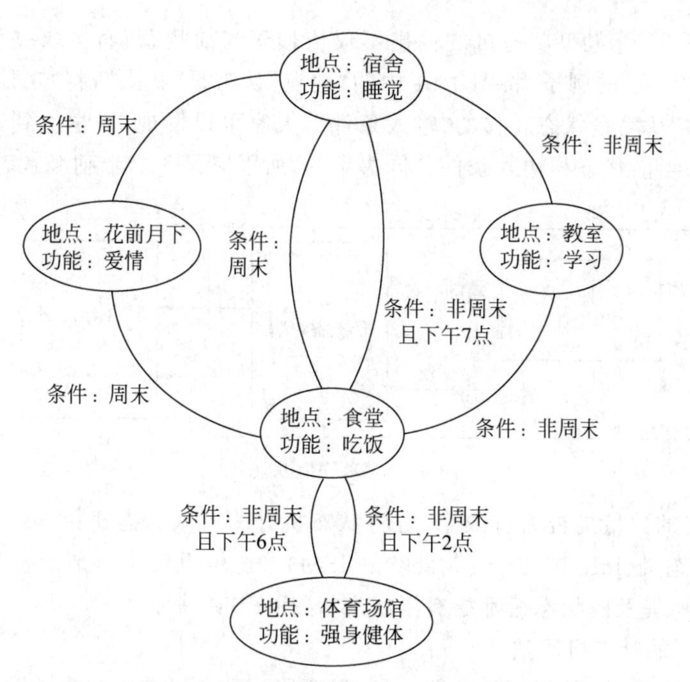

图 4-81　学生在校生活状态机 2

多有经验的设计者习惯用状态机思想进行逻辑设计，对各种复杂设计都套用状态机的设计理念，从而提高设计的效率和稳定性。

状态机的基本要素有三个，分别是：状态、输出和输入。

状态：也叫状态变量。在逻辑设计中，使用状态划分逻辑顺序和时序规律。比如：设计伪随机码发生器时，可以用移位寄存器序列作为状态；在设计电机控制电路时，可以以电机的不同转速作为状态；在设计通信系统时，可以用信令的状态作为状态变量等。

输出：输出指在某一个状态时特定发生的事件。如设计电机控制电路中，如果电机转速过高，则输出为转速过高报警，也可以伴随减速指令或降温措施等。

输入：指状态机中进入每个状态的条件，有的状态机没有输入条件，其中的状态转移较为简单，有的状态机有输入条件，当某个输入条件存在时才能转移到相应的状态。

根据状态机的输出是否与输入条件相关，可将状态机分为两类：摩尔(Moore)型状态机和米勒(Mealy)型状态机。

摩尔型状态机：摩尔型状态机的输出仅仅依赖于当前状态，而与输入条件无关。如图 4-82 所示的例子，将图 4-80 中的“地点”认为是“状态”，将“功能”认为是状态的“输出”，则每个输出仅仅与状态相关，所以它是一个摩尔型状态机。

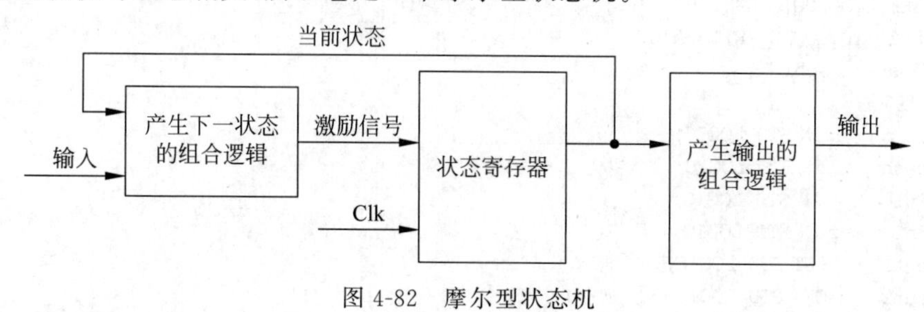

图 4-82　摩尔型状态机

米勒型状态机：米勒型状态机的输出不仅依赖于当前状态，而且取决于该状态的输入条件。如图 4-83 所示的例子，将图 4-81 中的"地点"认为是"状态"，将"功能"认为是状态的"输出"，将"条件"认为是状态转移的"输入条件"，大家可以发现，该学生到达什么地方及做什么事情都是由当前状态和输入条件共同决定的，所以它是一个米勒型状态机。

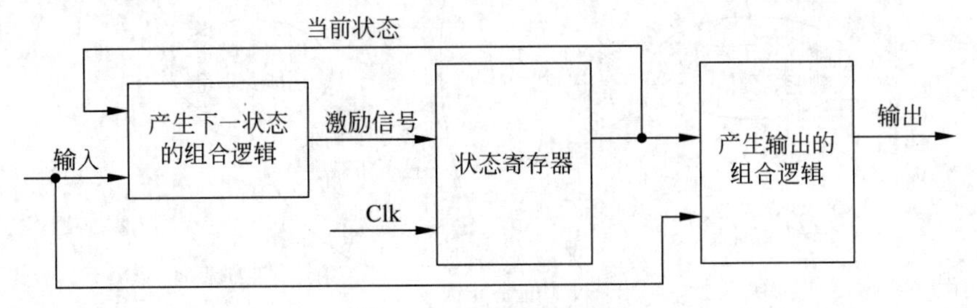

图 4-83 米勒型状态机

根据状态机的数量是否为有限个，可将状态机分为有限状态机(Finite State Machine，FSM)和无限状态机(Infinite State Machine，ISM)。逻辑设计中一般所涉及的状态都是有限的，所以本书所提及的状态机都指有限状态机，用 FSM 表示。

2. 三种不同的状态机写法

状态机一般有三种不同的写法，即一段式、两段式和三段式的状态机写法，它们在速度、面积、代码可维护性等各个方面互有优劣。针对图 4-84 所示的状态转换图，给出三种状态机的写法。

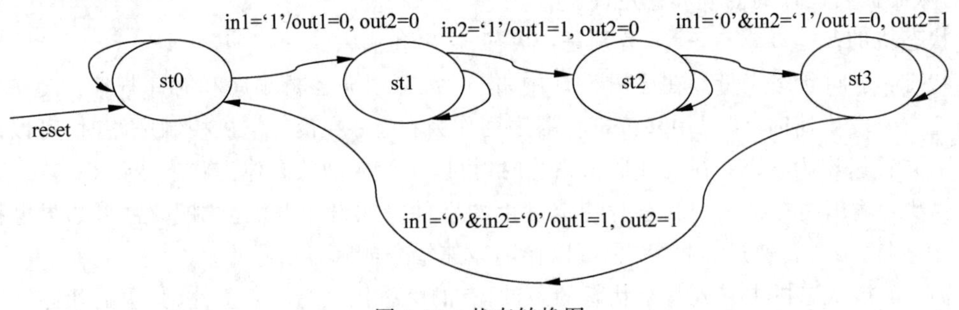

图 4-84 状态转换图

1) 一段式状态机

一段式状态机的方法一代码如下：

【代码 4-48】

```
LIBRARY IEEE;
USE IEEE.STD_LOGIC_1164.ALL;
USE IEEE.STD_LOGIC_UNSIGNED.ALL;
USE IEEE.STD_LOGIC_ARITH.ALL;
ENTITY statemach1 IS
  PORT(
    clk    : IN STD_LOGIC;
    reset  : IN STD_LOGIC;
    in1    : IN STD_LOGIC;
    in2    : IN STD_LOGIC;
    out1   : OUT STD_LOGIC;
    out2   : OUT STD_LOGIC
```

```
  );
END ENTITY;
ARCHITECTURE rtl OF statemach1 IS
TYPE mystate IS (st0, st1, st2, st3);
SIGNAL current_state,next_state   : mystate;
BEGIN
PROCESS (clk,reset,in1,in2,current_state)
BEGIN
   IF reset = '1' THEN
      current_state <= st0;
   ELSIF (RISING_EDGE(clk)) THEN
      current_state <= next_state;
   END IF;
  CASE current_state IS
      WHEN st0 =>
          IF in1 = '1' THEN
            next_state <= st1;
          ELSE
            next_state <= st0;
          END IF;
            out1 <= '0';
            out2 <= '0';
      WHEN st1 =>
          IF in2 = '1' THEN
            next_state <= st2;
          ELSE
            next_state <= st1;
          END IF;
            out1 <= '1';
            out2 <= '0';
      WHEN st2 =>
          IF in1 = '0' and in2 = '1' THEN
            next_state <= st3;
          ELSE
            next_state <= st2;
          END IF;
          out1 <= '0';
          out2 <= '1';
      WHEN st3 =>
          IF in1 = '0' and in2 = '0' THEN
            next_state <= st0;
          ELSE
            next_state <= st3;
          END IF;
          out1 <= '1';
          out2 <= '1';
      WHEN OTHERS => next_state <= st0;
   END CASE;
END PROCESS;
END rtl;
```

一段式状态机方法一 RTL 视图如图 4-85 所示。

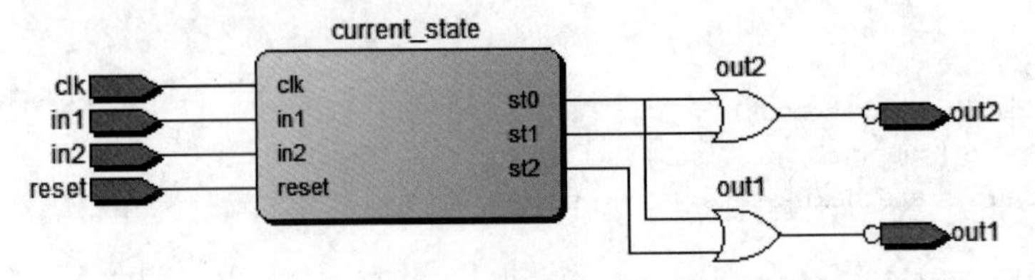

图 4-85 一段式状态机方法一 RTL 视图

一段式状态机的第二种方法如下：

【代码 4-49】

```
LIBRARY IEEE;
USE IEEE.STD_LOGIC_1164.ALL;
USE IEEE.STD_LOGIC_UNSIGNED.ALL;
USE IEEE.STD_LOGIC_ARITH.ALL;
ENTITY statemach1_2 IS
  PORT(
     clk      : IN STD_LOGIC;
     reset    : IN STD_LOGIC;
     in1      : IN STD_LOGIC;
     in2      : IN STD_LOGIC;
     out1     : OUT STD_LOGIC;
     out2     : OUT STD_LOGIC
  );
END ENTITY;
ARCHITECTURE rtl OF statemach1_2 IS
TYPE mystate IS (st0, st1, st2, st3);
SIGNAL current_next_state    : mystate;
BEGIN
PROCESS (clk,reset,in1,in2,current_next_state)
BEGIN
  IF reset = '1' THEN
     current_next_state <= st0;
  ELSIF (RISING_EDGE(clk)) THEN
   CASE current_next_state IS
    WHEN st0 =>
       IF in1 = '1' THEN
          current_next_state <= st1;
       ELSE
          current_next_state <= st0;
       END IF;
          out1 <= '0';
          out2 <= '0';
    WHEN st1 =>
       IF in2 = '1' then
          current_next_state <= st2;
       ELSE
          current_next_state <= st1;
       END IF;
          out1 <= '1';
          out2 <= '0';
    WHEN st2 =>
       IF in1 = '0' and in2 = '1' THEN
          current_next_state <= st3;
```

```
        ELSE
           current_next_state <= st2;
        END IF;
        out1 <= '0';
        out2 <= '1';
     WHEN st3 =>
        IF in1 = '0' and in2 = '0' THEN
           current_next_state <= st0;
        ELSE
           current_next_state <= st3;
        END IF;
        out1 <= '1';
        out2 <= '1';
      WHEN OTHERS => current_next_state <= st0;
    END CASE;
   END IF;
END PROCESS;
END rtl;
```

一段式状态机方法二 RTL 视图如图 4-86 所示。

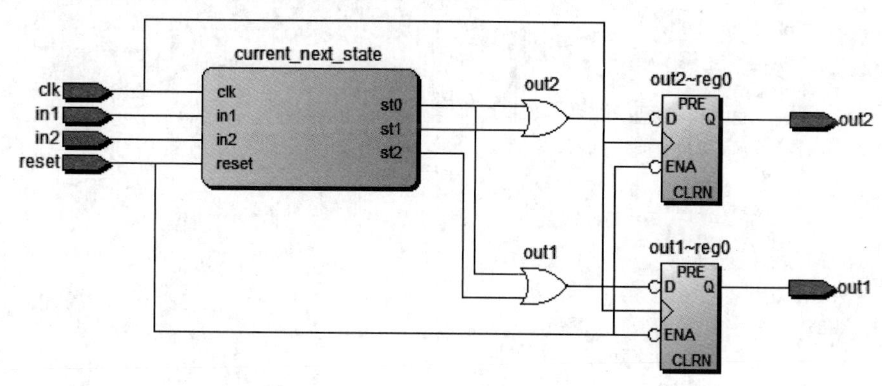

图 4-86　一段式状态机方法二 RTL 视图

2）两段式状态机

两段式状态机代码如下：

【代码 4-50】

```
LIBRARY IEEE;
USE IEEE.STD_LOGIC_1164.ALL;
USE IEEE.STD_LOGIC_UNSIGNED.ALL;
USE IEEE.STD_LOGIC_ARITH.ALL;
ENTITY statemach2 IS
  PORT(
    clk     : IN STD_LOGIC;
    reset   : IN STD_LOGIC;
    in1     : IN STD_LOGIC;
    in2     : IN STD_LOGIC;
    out1    : OUT STD_LOGIC;
    out2    : OUT STD_LOGIC
  );
END ENTITY;
ARCHITECTURE rtl OF statemach2 IS
```

```
TYPE mystate IS (st0, st1, st2, st3);
SIGNAL current_state,next_state    : mystate;
BEGIN
PROCESS (clk,reset)
BEGIN
   IF reset = '1' THEN
     current_state <= st0;
   ELSIF (RISING_EDGE(clk)) THEN
     current_state <= next_state;
   END IF;
END PROCESS;
PROCESS (in1,in2,current_state)
BEGIN
   CASE current_state IS
       WHEN st0 =>
           IF in1 = '1' THEN
             next_state <= st1;
           ELSE
             next_state <= st0;
           END IF;
           out1 <= '0';
           out2 <= '0';
       WHEN st1 =>
           IF in2 = '1' THEN
             next_state <= st2;
           ELSE
             next_state <= st1;
           END IF;
           out1 <= '1';
           out2 <= '0';
       WHEN st2 =>
           IF in1 = '0' and in2 = '1' THEN
             next_state <= st3;
           ELSE
             next_state <= st2;
           END IF;
           out1 <= '0';
           out2 <= '1';
       WHEN st3 =>
           IF in1 = '0' and in2 = '0' THEN
             next_state <= st0;
           ELSE
             next_state <= st3;
           END IF;
           out1 <= '1';
           out2 <= '1';
       WHEN OTHERS => next_state <= st0;
   END CASE;
END PROCESS;
END rtl;
```

两段式状态机综合以后的 RTL 视图如图 4-87 所示。

3）三段式状态机

三段式状态机方法一的代码如下：

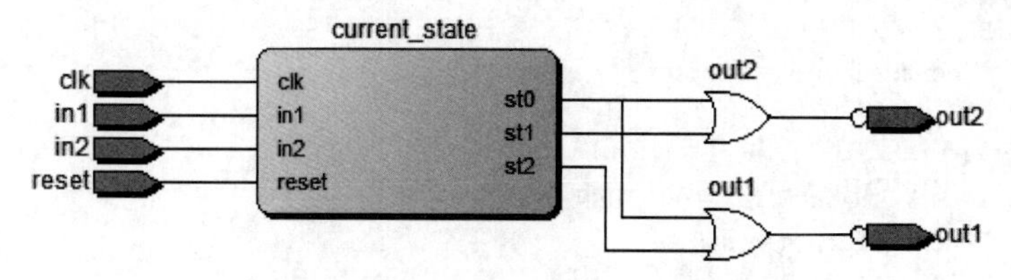

图 4-87 两段式状态机综合后的 RTL 视图

【代码 4-51】

```
LIBRARY IEEE;
USE IEEE.STD_LOGIC_1164.ALL;
USE IEEE.STD_LOGIC_UNSIGNED.ALL;
USE IEEE.STD_LOGIC_ARITH.ALL;
ENTITY statemach3 IS
  PORT(
    clk     : IN STD_LOGIC;
    reset   : IN STD_LOGIC;
    in1     : IN STD_LOGIC;
    in2     : IN STD_LOGIC;
    out1    : OUT STD_LOGIC;
    out2    : OUT STD_LOGIC
  );
END ENTITY;
ARCHITECTURE rtl OF statemach3 IS
TYPE mystate IS (st0, st1, st2, st3);
SIGNAL current_state,next_state   : mystate;
BEGIN
PROCESS (clk,reset)
BEGIN
   IF reset  =  '1' THEN
     current_state <=  st0;
   ELSIF (RISING_EDGE(clk)) THEN
     current_state <=  next_state;
   END IF;
END PROCESS;
PROCESS (in1,in2,current_state)
BEGIN
   CASE current_state IS
       WHEN st0  =>
           IF in1 = '1' THEN
             next_state <=  st1;
           ELSE
             next_state <= st0;
           END IF;
       WHEN st1  =>
           IF in2 = '1' THEN
             next_state <=  st2;
           ELSE
             next_state <= st1;
           END IF;
       WHEN st2  =>
           IF in1 = '0' AND in2 = '1' THEN
             next_state <=  st3;
```

```
                ELSE
                  next_state <= st2;
                end if;
            WHEN st3  =>
                IF in1 = '0' AND in2 = '0' THEN
                  next_state <=  st0;
                ELSE
                  next_state <= st3;
                END IF;
            WHEN OTHERS  => next_state <=  st0;
        END CASE;
    END PROCESS;
    PROCESS (clk, reset)
    BEGIN
        IF reset  =  '1' THEN
          out1 <=  '0';
          out2 <=  '0';
        ELSIF (RISING_EDGE(clk)) THEN
            CASE current_state IS
                WHEN st0  =>
                    out1 <=  '0';
                    out2 <=  '0';
                WHEN st1  =>
                    out1 <=  '1';
                    out2 <=  '0';
                WHEN st2  =>
                    out1 <=  '0';
                    out2 <=  '1';
                WHEN st3 =>
                    out1 <=  '1';
                    out2 <= '1';
                WHEN OTHERS  =>
                    out1 <=  '0';
                    out2 <=  '0';
            END CASE;
        END IF;
    END PROCESS;
    END rtl;
```

三段式状态机方法一综合以后的 RTL 视图如图 4-88 所示。

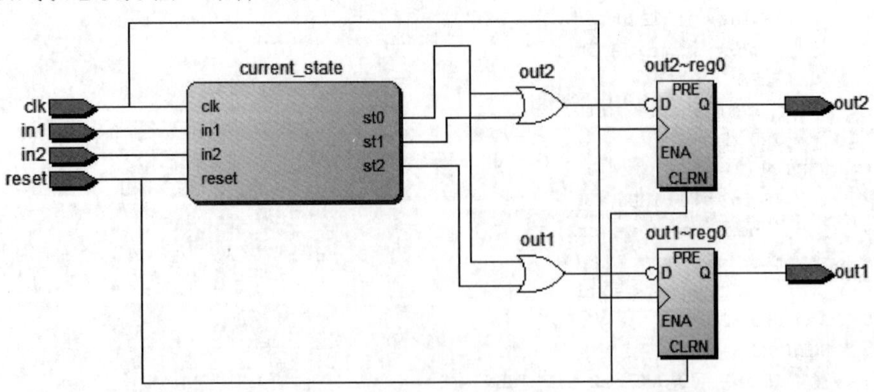

图 4-88　三段式状态机方法一综合后的 RTL 视图

三段式状态机描述方法二如下：

【代码 4-52】

```
LIBRARY IEEE;
USE IEEE.STD_LOGIC_1164.ALL;
USE IEEE.STD_LOGIC_UNSIGNED.ALL;
USE IEEE.STD_LOGIC_ARITH.ALL;
ENTITY statemach3 IS
  PORT(
    clk     : IN STD_LOGIC;
    reset   : IN STD_LOGIC;
    in1     : IN STD_LOGIC;
    in2     : IN STD_LOGIC;
    out1    : OUT STD_LOGIC;
    out2    : OUT STD_LOGIC
  );
END ENTITY;
ARCHITECTURE rtl OF statemach3 IS
TYPE mystate IS (st0, st1, st2, st3);
SIGNAL current_state,next_state   : mystate;
BEGIN
PROCESS (clk,reset)
BEGIN
   IF reset = '1' THEN
     current_state <= st0;
   ELSIF (RISING_EDGE(clk)) THEN
     current_state <= next_state;
   END IF;
END PROCESS;
PROCESS (in1,in2,current_state)
BEGIN
   CASE current_state IS
        WHEN st0 =>
             IF in1 = '1' THEN
               next_state <= st1;
             ELSE
               next_state <= st0;
             END IF;
        WHEN st1 =>
             IF in2 = '1' THEN
               next_state <= st2;
             ELSE
               next_state <= st1;
             END IF;
        WHEN st2 =>
             IF in1 = '0' AND in2 = '1' THEN
               next_state <= st3;
             ELSE
               next_state <= st2;
             END IF;
        WHEN st3 =>
             IF in1 = '0' AND in2 = '0' THEN
               next_state <= st0;
             ELSE
```

```
                next_state <= st3;
            END IF;
        WHEN OTHERS => next_state <= st0;
    END CASE;
END PROCESS;
PROCESS (clk,reset)
BEGIN
    IF reset = '1' THEN
        out1 <= '0';
        out2 <= '0';
    ELSE
        CASE current_state IS
            WHEN st0 =>
                out1 <= '0';
                out2 <= '0';
            WHEN st1 =>
                out1 <= '1';
                out2 <= '0';
            WHEN st2 =>
                out1 <= '0';
                out2 <= '1';
            WHEN st3 =>
                out1 <= '1';
                out2 <= '1';
            WHEN OTHERS =>
                out1 <= '0';
                out2 <= '0';
        END CASE;
    END IF;
END PROCESS;
END rtl;
```

三段式状态机方法二综合之后的 RTL 视图如图 4-89 所示。

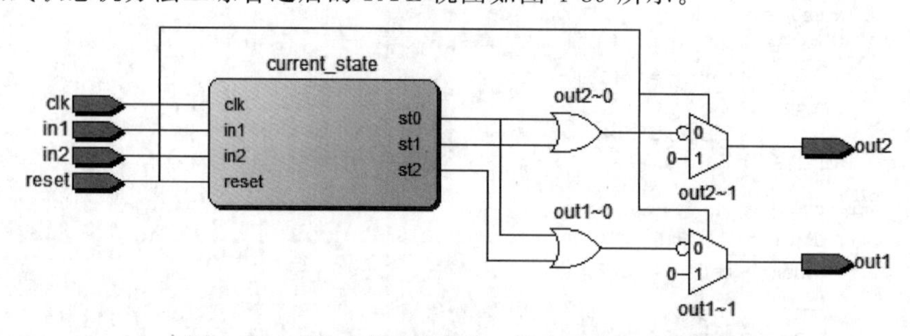

图 4-89　三段式状态机方法二综合后的 RTL 视图

从上面的实例来看，一段式状态机本质上就是将负责状态转换的时序逻辑电路和负责判断状态转移条件和产生输出的组合逻辑电路放在一个进程中，一段式状态机描述中的方法一虽然将时序逻辑电路和组合逻辑电路放在了一个进程中，然而其描述时相对独立，因此，其综合出来的电路与两段式状态机描述综合出来的 RTL 电路是相同的。也就是，它等同一个两段式状态机描述。而一段式状态机描述中的方法二则将 current_state 和 next_state 两个状态变量合并为一个状态变量 current_next_state，并在此基础上将负责状态转换的时序逻辑电路和负责判断状态转移条件和产生输出的组合逻辑电路混合在一起进行描述，由于它将产生输出的组合逻辑也放在时钟边沿下进行描述，因此相当于在变量输出之前添加了寄存器，具体见其 RTL 综合电路图。这种写法看上去好像很简捷，但是往往不利于维护，也许这个实例中体现得还不那么明显，如果状态复杂一些就很容易出错了；这种写法一般不太推荐，但是在一些简单的状态机中还是可以使用的。两段式状态机描述则是将负责状态转换的时序逻辑电路和负责判断状态转移条件及产生输出的组合逻辑电路分开放在两个进程中描述，三段式状态机描述方法二则进一步再将负责判断状态转移条件和产生输出的组合逻辑电路分开放在两个进程中分别描述。而三段式状态机描述方法一，则将产生输出的描述放在了时钟边沿下进行描述，因此相当于将产生输出的组合逻辑电路变成了时序逻辑电路，这样做的好处是相当于在变量输出之前添加了寄存器，从而可以消除输出端出现的毛刺现象。不论两段式状态机还是三段式状态机，均实现了纯组合逻辑和纯时序逻辑电路的有效分离，因此，这两种写法相对容易维护，是推荐的状态机描述方法。不过组合逻辑输出较易出现毛刺，导致两段式状态机描述和三段式状态机方法二的描述的输出容易出现毛刺，而三段式状态机方法一写法其时序逻辑的输出解决了两段式状态机写法中组合逻辑的毛刺问题；但是从资源消耗上来讲，三段式状态机的资源消耗多一些；同时，三段式状态机方法一以及一段式状态机方法二由于克服毛刺而添加的寄存器，使得从输入到输出比其他情况会延时一个时钟周期。

3. 状态机编码

状态机编码是使用特定数量的寄存器，通过特定形式的取值集合，将状态集合表示出来的过程。这一工作通常是由编译器完成的，我们可以通过修改编译选项或者添加综合约束的方式来影响状态机编码的结果。下面就以相关的编译选项为线索，对常见的状态机编码方式做一些介绍。

1）二进制编码

Binary 选项表示采用二进制的编码方式来进行状态机编码，它的特点是编码简单，非常符合人们通常的计数规则。例如，状态集合为{S0、S1、S2、S3}，那么若采用 Binary 的编码方式，结果应该为：

```
S0 = 00;
S1 = 01;
S2 = 10;
S3 = 11。
```

2）独热码 one-hot

One-hot 选项表示采用独热码的编码方式来进行状态机编码，它的特点是状态寄存器在任何状态时的取值都仅有一位有效。例如，状态集合为{S0、S1、S2、S3}，那么若采用 one-hot 的编码方式，结果应该为：

```
S0 = 0001;
S1 = 0010;
S2 = 0100;
S3 = 1000。
```

由此可见，独热码编码方式的结果其实就是二-四译码器的输出，因此在状态选择时需要的译码电路也最简单，译码速度也最快，而且还能够避免译码时引起毛刺，因此对 FPGA 设计的速度性能和功耗非常有利，在一些大型电路中使用得较多。

不过独热码编码方式占用的寄存器资源较多，因此适合在寄存器充裕时使用，而且由于任意两个状态之间所对应的寄存器取值都有两位不同，因此在状态切换时会产生不稳定态，而这会对组合形式的输出信号产生不好的影响。

3）格雷码

Gray 选项表示采用格雷码的方式来进行状态机编码，它的特点是相邻两个状态的寄存器表示仅有一位变化。例如，状态集合为{S0、S1、S2、S3}，那么若采用 gray 的编码方式，结果应该为：

```
S0 = 00;
S1 = 01;
S2 = 11;
S3 = 10。
```

由于两个状态之间仅有 1 位不同，因此非常有利于消除当状态机在相邻状态间跳转时所产生的毛刺，不过上述优势的前提是必须保证状态机的状态迁移是顺序或逆序变化的，所以格雷编码方式仅适用于分支较少的状态机，而当状态机的规模较为庞大时，格雷码的优势便很难得到发挥。

4）直接输出型编码方式

这类编码方式最典型的应用实例就是计数器，它的计数输出就是各状态的状态码。对于那些相对外部电路具有控制作用的状态机，通常采用直接输出型编码，即将状态编码直接输出作为控制信号，即 ouput＝state，要求对状态机各状态的编码进行特殊的安排，以适应控制对象的要求。这种状态机称为状态码直接输出型状态机。直接输出型编码方式也就是用户自定义型状态机编码方式。

由于这种编码器本质上就是输出信号，因此通常并不具有规律性。这种状态码直接输出型编码方式的状态机的优点是输出速度快，不大可能出现毛刺现象（因为控制输出信号直接来自构成状态编码的触发器）。其缺点是程序可读性差，用于状态译码的组合逻辑资源比其他以相同触发器数量构成的状态机多，而且控制非法状态出现的容错技术要求较高。

如果采用用户自定义编码，需要在 VHDL 程序中对状态进行编码赋值，可以采用如下两种方式。

方式一：可以用状态机编码属性语句定义各个状态的编码。

```
ARCHITECTURE rtl OF statemach2_coded2 IS
TYPE mystate IS (st0, st1, st2, st3);
ATTRIBUTE enum_encoding : STRING;
ATTRIBUTE enum_encoding OF mystate:TYPE IS "00 01 10 11";
SIGNAL current_state,next_state    : mystate;
```

方式二：可以通过对各个状态元素定义常数数据类型的方式，定义自定义编码。以前面的状态机描述为例，假设该状态机的输出 out1 和 out2 是外围电路的控制信号，则所谓直接输出型编码以 out1 和 out2 的组合作为状态编码。可以在单进程描述的基础上，先定义对应四个状态的常数，并赋初值。同时定义用来表示状态的信号 current_next_state，注意该信号不需要是特别定义的状态类型。另外定义一个用来记录状态编码的信号 sout，每次状态转移时，总是把当前状态的编码记录在 sout 中。在进程结束之后，将 sout 中的各位分别赋予实际的输出信号，这里即为 out1 和 out2。具体实现方式如下所示。

【代码 4-53】

```
LIBRARY IEEE;
USE IEEE.STD_LOGIC_1164.ALL;
USE IEEE.STD_LOGIC_UNSIGNED.ALL;
USE IEEE.STD_LOGIC_ARITH.ALL;
ENTITY statemach2_coded2 IS
  PORT(
    clk     : IN STD_LOGIC;
    reset   : IN STD_LOGIC;
    in1     : IN STD_LOGIC;
    in2     : IN STD_LOGIC;
    out1    : OUT STD_LOGIC;
    out2    : OUT STD_LOGIC
  );
END ENTITY;
ARCHITECTURE rtl OF statemach2_coded2 IS
 -- type mystate is (st0, st1, st2, st3);
 -- signal current_state,next_state   : mystate;
SIGNAL current_next_state, sout : STD_LOGIC_VECTOR (1 DOWNTO 0);
CONSTANT st0: STD_LOGIC_VECTOR (1 DOWNTO 0): = "00";
CONSTANT st1: STD_LOGIC_VECTOR (1 DOWNTO 0): = "01";
CONSTANT st2: STD_LOGIC_VECTOR (1 DOWNTO 0): = "10";
CONSTANT st3 : STD_LOGIC_VECTOR(1 DOWNTO 0): = "11";
BEGIN
PROCESS (clk,reset,in1,in2,current_next_state)
BEGIN
   IF reset  =  '1' THEN
     current_next_state <=  st0;
   ELSIF (RISING_EDGE(clk)) THEN
       CASE current_next_state IS
       WHEN st0  =>
           IF in1 = '1' THEN
             current_next_state <=  st1;
           ELSE
              current_next_state <= st0;
           END IF;
            sout <= st0;
       WHEN st1  =>
           IF in2 = '1' THEN
             current_next_state <=  st2;
           ELSE
             current_next_state <= st1;
           END IF;
           sout <= st1;
       WHEN st2  =>
           IF in1 = '0' AND in2 = '1' THEN
             current_next_state <=  st3;
           ELSE
             current_next_state <= st2;
           END IF;
            sout <= st2;
       WHEN st3  =>
           IF in1 = '0' AND in2 = '0' THEN
```

```
                current_next_state <=  st0;
                ELSE
                current_next_state <= st3;
              END IF;
               sout <= st3;
          WHEN OTHERS  => current_next_state <=  st0;
     END CASE;
     END IF;
  END PROCESS;
   out1 <= sout(0);
   out2 <= sout(1);
  END rtl;
```

对于非直接输出型编码，可以通过选择 Quartus 工具中相关选项进行设置。读者可自行尝试。

4. 安全状态机设计

在有限状态机的技术指标中，除了满足需求的功能特性和速度等基本指标外，安全性和稳定性也是状态机性能的重要考核内容。实用状态机和实验室状态机的本质区别也在于此。一个忽视了可靠容错性能的状态机在实用中将存在巨大隐患。

状态机设计中的安全隐患，主要存在于剩余状态，即未被定义的编码组合。这些状态在状态机的正常运行中是不需要出现的，通常称为非法状态。特别是使用了独热码编码方式。在状态机的设计中，如果没有对这些非法状态进行合理的处理，在外界不确定的干扰下，或是随机上电的初始启动后，状态机都有可能进入不可预测的非法状态，其后果是对外界出现短暂失控，或是完全无法摆脱非法状态而失去正常的功能，除非使用复位控制信号 Reset。但在无人控制情况下，就无法获取复位信号了。因此，对于重要且稳定性要求高的控制电路，状态机的剩余状态的处理，即状态机系统容错技术的应用是设计者必须慎重考虑的问题。

另一方面，剩余状态的处理会不同程度地耗用逻辑资源，这就要求设计者在选用何种状态机结构、何种状态编码方式、何种容错技术及系统的工作速度与资源利用率等诸方面进行权衡比较，以适应自己的设计要求。

为了使状态机能可靠运行，有多种方法可利用。

1）程序直接引导法

首先是程序直接引导法，即在状态元素定义中，针对所有状态，包括多余状态，全部都作出定义，并且为每个非法状态都明确给出其状态转换的指示。直接引导方法的优点是直观可靠，但缺点是可处理的非法状态少，如果非法状态太多，则耗用逻辑资源太大。所以只适合于二进制顺序编码类状态机。

2）状态编码监测法

对于采用独热码编码方式来设计状态机，其剩余状态数将随有效状态数的增加呈指数方式剧增。例如，对于 6 状态的状态机来说，将有 58 种剩余状态，总状态数达 64 个，即对于有 n 个合法状态的状态机，其合法与非法状态之和的最大可能状态数有 $m=2^n$ 个。如前所述，选用独热码编码方式的重要目的之一，就是要减少状态转换间的译码数据的变化，提高变化速度。但如果使用以上介绍的剩余状态处理方法，势必导致耗用太多的逻辑资源。所以，可以选择以下的方法来应对独热码编码方式产生的过多的剩余状态的问题。

鉴于独热码编码方式的特点,正常的状态只可能有一个触发器的状态为1,其余所有的触发器的状态皆为0,即任何多于一个触发器为1的状态都属于非法状态。据此,可以在状态机设计程序中加入对状态编码中1的个数是否大于1的监测判断逻辑,当发现有多个状态触发器为1时,产生一个警告信号alam,系统可根据此信号是否有效来决定是否调整状态转向或复位。对此情况的监测逻辑可以有多种形式。如果某程序中的6个状态使用了独热码编码,则应在进程之外放置如下所示的并行赋值语句。当alarm为高电平时,表明状态机进入了非法状态,可由此信号启动状态机复位操作。对于更多状态的状态机的报警程序也类似于此程序,即以此类推地增加。

```
alarm <= (st0 AND(st1 OR st2 OR st3 OR st4 OR st5)) OR(st1 AND(st0 OR st2 OR…
```

当然也可将任一状态的编码相加,大于1,则必为非法状态,于是发出警告信号。即当alarm为高电平时,表明状态机进入了非法状态,可以由此信号启动状态机复位操作。对于更多状态的状态机的报警程序也类似于此。即设计一个逻辑监测模块,如只要发现出现有效状态码以外的码,必为非法,即可复位。这样的逻辑模块所耗用的逻辑资源不会大。这是一种排除法。

其实无论怎样的编码方式,状态机的非法状态总是有限的,所以利用状态编码监测法从非法状态中返回正常工作情况总是可以实现的。相比之下,CPU系统就不会这么幸运,因为CPU跑飞后死机进入的状态是无限的。所以在无人复位情况下,用任何方式都不可能绝对保证CPU的恢复。

此外,还可以借助EDA优化控制工具生成安全状态机,相关选项设置,请读者自行探索。

4.2.10　三态总线设计

在FPGA设计中,可以利用三态输出门电路还能实现数据的双向传输,利用总线缓冲器多路信号分时传递,而且它们的结构很简单。

1. 三态门

三态门的三态是指输出端而言,除了0和1态,还有高阻态Z。三态门的VHDL描述如下:

【代码4-54】

```
LIBRARY IEEE;
USE IEEE.STD_LOGIC_1164.ALL;
ENTITY trigate IS
PORT(my_in : IN STD_LOGIC_VECTOR(7 DOWNTO 0);
sel : IN STD_LOGIC;
out1:OUT STD_LOGIC_VECTOR(7 DOWNTO 0));
END trigate;
ARCHITECTURE rt1 OF trigate IS
BEGIN
out1 <= "ZZZZZZZZ" WHEN(sel = '1')
ELSE my_in;
END rt1;
```

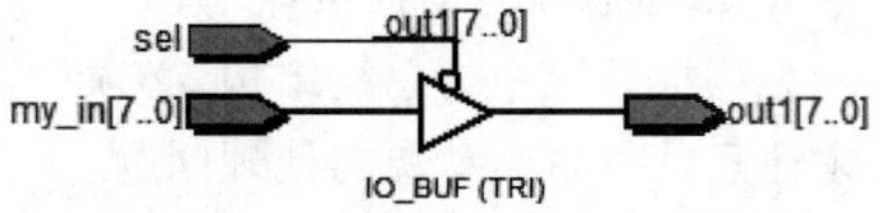

三态门综合之后的RTL电路图如图4-90所示。

图4-90　三态门综合之后的RTL电路图

2. 双向总线缓冲器

双向总线缓冲器主要是解决数据临时存储起来以防不必要的端到端延误问题。双向总线缓冲器的 VHDL 描述如下：

【代码 4-55】

```
LIBRARY IEEE;
USE IEEE.STD_LOGIC_1164.ALL;
ENTITY bidir IS
PORT(bidir : INOUT STD_LOGIC_VECTOR(7 DOWNTO 0);
    oe,clk: IN STD_LOGIC;
    inp:IN STD_LOGIC_VECTOR(7 DOWNTO 0);
    outp:OUT STD_LOGIC_VECTOR (7 DOWNTO 0));
END bidir;
ARCHITECTURE rtl OF bidir IS
SIGNAL a:STD_LOGIC_VECTOR(7 DOWNTO 0);          --输入缓冲
SIGNAL b:STD_LOGIC_VECTOR(7 DOWNTO 0);          --输出缓冲
BEGIN
PROCESS (clk)
  BEGIN
    IF clk = '1'AND clk'EVENT THEN
      a <= inp;
      outp <= b;
    END IF;
END PROCESS;
PROCESS(oe,bidir)
  BEGIN
    IF( oe = '0') THEN
      bidir <= "ZZZZZZZZ";
      b <= bidir;
    ELSE
      bidir <= a;
      b <= bidir;
    END IF;
END PROCESS;
END rtl;
```

双向总线缓冲器综合之后的 RTL 电路图如图 4-91 所示。

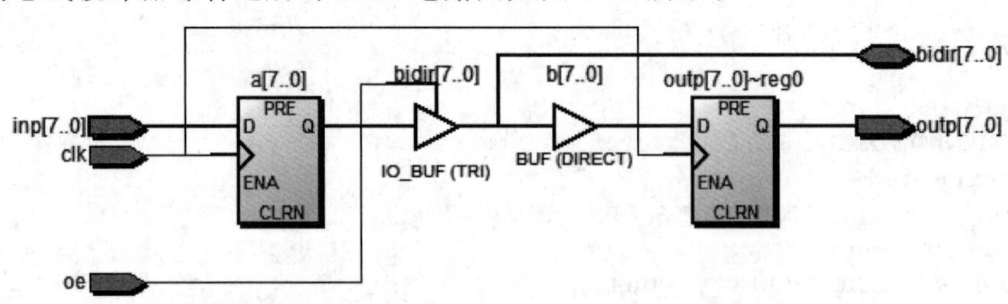

图 4-91　双向总线缓冲器综合后的 RTL 电路图

3. 三态总线驱动器设计

为构成系统中的总线结构，必须设计三态总线驱动器电路，这可以有多种表达方法，但必须注意信号多驱动源的处理问题。

例如，下面试图描述一个 8 位 4 通道的三态总线驱动器。在一个进程结构中放了四条顺序完成的 IF 语句,并且是完整的条件描述句。若纯粹从语句上分析,通常会认为将产生四个 8 位的三态控制通道,且输出只有一个信号端 output,即一个 4 通道的三态总线控制电路。但事实并非如此。如果考虑到前面曾对进程语句中关于信号赋值特点的讨论,就会发现描述中的输出信号 ouput 在任何条件下都有四个激励源,即赋值源。它们不可能都被顺序赋值更新。这是因为在进程中,顺序等价的语句,包括赋值语句和 IF 语句等,当它们列于同一进程敏感表中的输入信号同时变化时(即使不是这样,综合器对进程也自动考虑这一可能的情况),只可能对进程结束前的那一条赋值语句(含 IF 语句等)进行赋值操作,而忽略其上的所有的等价语句。这就是说,本例虽然语法正确,能通过综合,却不能实现原有的设计意图。显然,这是一个错误的设计方案。

【代码 4-56】

```
LIBRARY IEEE;
USE IEEE.STD_LOGIC_1164.ALL;
ENTITY tribus1 IS
PORT( input3,input2,input1,input0:
   IN STD_LOGIC_VECTOR(7 DOWNTO 0);enable:IN STD_LOGIC_VECTOR(1 DOWNTO 0);
   output : OUT STD_LOGIC_VECTOR(7 DOWNTO 0));
END tribus1;
ARCHITECTURE multiple_drivers OF tribus1 IS
BEGIN
  PROCESS(enable,input3,input2,input1,input0 )
  BEGIN
    IF enable = "00"THEN output <= input3 ;
    ELSE output <= (OTHERS =>'Z');END IF;
    IF enable = "01"THEN output <= input2 ;
    ELSE output <= (OTHERS =>'Z');
    END IF;
    IF enable = "10"THEN output <= input1 ;
    ELSE output <= (OTHERS =>'Z');
    END IF;
    IF enable = "11"THEN output <= input0 ;
    ELSE output <= (OTHERS =>'Z');END IF;
  END PROCESS;
END multiple_drivers;
```

由综合后的电路(图 4-92)也能清晰看出,除了 input0 外,其余三个 8 位输入端都悬空,没能用上。显然是因为恰好将 input0 安排作为进程中 output 的最后一个激励信号的原因。此例进一步诠释了信号的行为特性:当进程中对同一个信号多次赋值时,只有进程中最后一个信号赋值是有效的。如果将四条 IF 语句放在四条并列的 PROCESS 进程语句中,就能综合出正确结果。

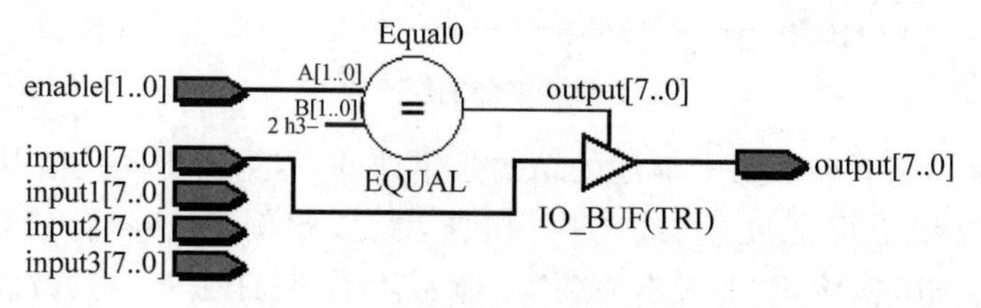

图 4-92　错误的综合结果

正确的描述应该如下所示。

【代码 4-57】

```
LIBRARY IEEE;
USE IEEE.STD_LOGIC_1164.ALL;
ENTITY tribus2 IS
PORT(ctl : IN STD_LOGIC_VECTOR(1 DOWNTO 0);
datain1,datain2,datain3,datain4:IN STD_LOGIC_VECTOR(7 DOWNTO 0);
q: OUT STD_LOGIC_VECTOR(7 DOWNTO 0));
END tribus2;
ARCHITECTURE body_tri OF tribus2 IS
BEGIN
q<= datain1   WHEN ctl = "00" ELSE (OTHERS =>'Z');
q<= datain2   WHEN ctl = "01" ELSE (OTHERS =>'Z');
q<= datain3   WHEN ctl = "10" ELSE (OTHERS =>'Z');
q<= datain4   WHEN ctl = "11" ELSE (OTHERS =>'Z');
END body_tri;
```

由于在此例结构体中使用了四个并列的 WHEN-ELSE 并行语句，因此便能综合出图 4-93 中(需要说明：为了显示简单清晰，对代码 4-57 进行了简化，将信号 datain1，datain2，datain3，datain4 和 q 的 8 位均修改为 1 位)的正确电路结构。这是因为，在结构体中的每一条并行语句都等同于一个独立运行的进程，它们的地位是平等的，它们独立且不冲突地监测各并行语句中作为敏感信号的输入值 ctl。即当 ctl 变化时，四条 WHEN-ELSE 语句中始终只有一条语句被执行。该描述设计出能产生独立控制的多通道的电路结构，使用并行语句结构更方便、直观、正确。

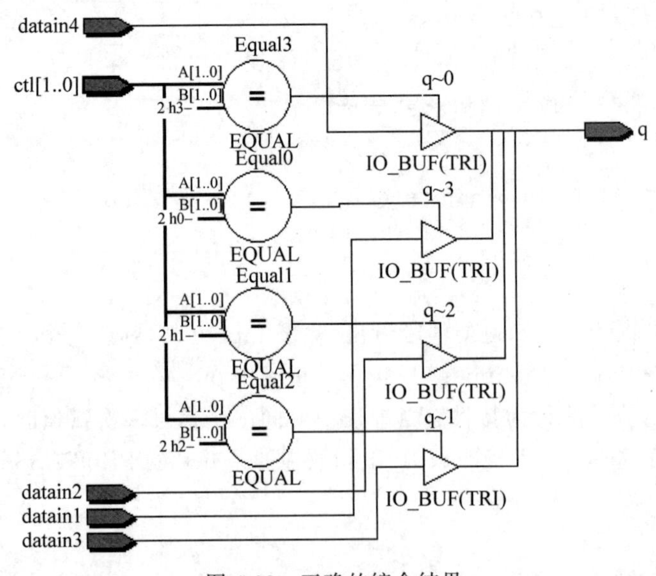

图 4-93　正确的综合结果

事实上，如果不细看会认为本描述的结构是错误的，因为对于同一信号有并行四个赋值源，在实际电路上完全可能发生“线与”。但应注意，此例在 else 后使用了高阻态赋值(OTHERS=> Z)，高阻态“线与”是没有关系的；但如果将(OTHERS=> Z)改成(OTHERS=> 0)或其他，则不同，综合必定无法通过。

从关于三态总线驱动器的设计来看，读者还会发现，有时并行语句比顺序语句更加能表达程序和电路结构的顺序特性。换言之，并行语句未必只能表达并行电路特性，反之亦然。此外，建议一般情况下，同一进程中最好只放一个 IF 语句结构（可以包含嵌入的 IF 语句），无论描述组合逻辑还是时序逻辑都一样。这样更容易对程序的功能进行直接分析，也适合综合器的一般性能（循环语句除外）。

4.3 简单的测试基准设计

4.3.1 测试基准概述

仿真测试是 FPGA 设计流程中必不可少的步骤。尤其在 FPGA 规模和设计复杂性不断提高的今天，画个简单的原理图或写几行代码直接就可以上板调试的轻松活儿已经一去不复返。一个正规的设计需要花费在验证上的工作量往往可能会占到整个开发流程的70%左右。验证通常分为仿真验证和板级验证，在设计初步完成功能甚至即将上板调试前，通过 EDA 仿真工具模拟实际应用进行验证是非常有效可行的手段，它能够尽早发现设计中存在的各种大小 bug，避免设计到了最后一步才返工重来。因此，仿真在整个验证中的重要性可见一斑。

提到仿真，通常会提测试基准（Testbench）的概念。所谓测试基准，即测试平台，详细地说就是给待验证的设计添加激励，同时观察它的输出响应是否符合设计要求。如图 4-94 所示，测试平台就是要模拟一个和待验证设计连接的各种外围设备。

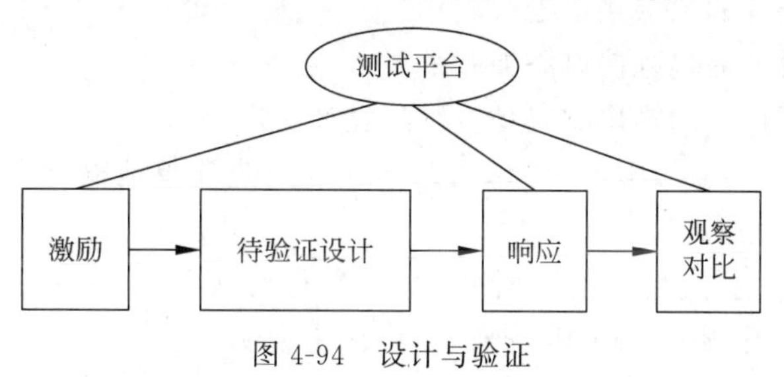

图 4-94 设计与验证

初学者在刚接触仿真这个概念的时候，可能以为仿真只是简单地用一些开发软件自带的波形发生器产生一些激励，然后观察一下最后的波形输出就完事了。但是对于大规模的设计，用波形产生激励是不现实的，观察波形的工作量也是可想而知的。例如，对于一个 16 位的输入总线，它可以有 65 536 种组合，如果每次随机产生一种输入，输入波形工作量巨大。再说输出结果的观察，对应 65 536 种输入的 65 536 种输出，看波形肯定让人"眼花缭乱"。所以，测试基准应该有更高效的测试手段。对于 FPGA 的仿真，使用波形输入产生激励是可以的，观察波形输出以验证测试结果也是可以的，波形也许是最直观的测试手段，但绝不是唯一手段。

如图 4-95 所示，设计的测试结果判断不仅可以通过观察对比波形，而且可以灵活地使用脚本命令将有用的输出信息打印到终端或者产生文本进行观察，也可以写一段代码让它们自动比较输出结果。总之，测试基准的设计是灵活多样的，它的语法也是很随意的，不像 RTL 级设计代码那么多讲究，它是基于行为级的语法，很多高级的语法都可以在脚本中使用。因为它不需要实现到硬件中，是运行在PC上的一段脚本，所以相对RTL级可以做得更容易更灵活一些。但是，使用VHDL的验证脚本也有很多需要设计者留意的地方，它是一种基于硬件语言但是又服务于软件测试的语言，所以常常游离于并行和顺序之间让人琢磨不透。但是，只要掌握好了这些关键点，是可以很好地让它服务于FPGA测试的。

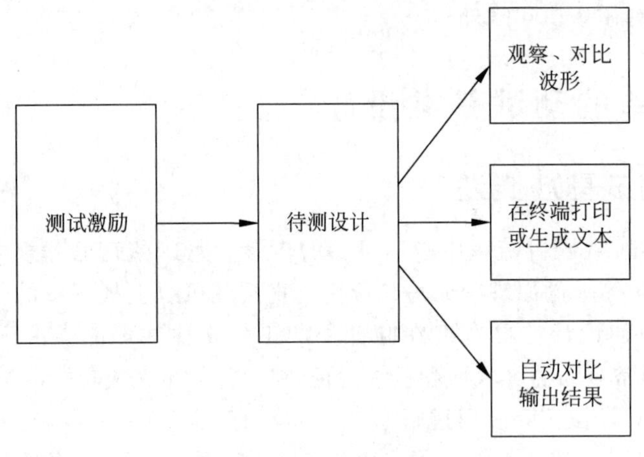

图4-95　验证输出

4.3.2　基本测试基准的搭建

测试基准的编写其实也没有想象中那么神秘，可以简单地将其归纳为三个步骤。

(1) 对被测试设计的顶层接口进行例化。

(2) 给被测试设计的输入接口添加激励。

(3) 判断被测试设计的输出响应是否满足设计要求。

相对而言，最后一步还要复杂一些，有时不一定只是简单地输出观察，可能还需要反馈一些输入值给待测试设计。

例化的目的就是把待测试设计和测试基准进行对接，和FPGA内部的例化是一个概念。那么如何进行例化呢？下面用一个简单实例来说明。

【代码4-58】

```
LIBRARY IEEE;                                         -- Part 1
USE IEEE.STD_LOGIC_1164.ALL;
USE IEEE.STD_LOGIC_UNSIGNED.ALL;
USE IEEE.NUMERIC_STD.ALL;
ENTITY VHDL_TB IS                                     -- Part 2
END VHDL_TB;
ARCHITECTURE behavior OF VHDL_TB IS                   -- Part 3
COMPONENT  myDReg                                     -- Part 4
PORT(
clk :IN STD_LOGIC;
data:IN STD_LOGIC;
c:OUT STD_LOGIC
);
END COMPONENT;
CONSTANT clk_period:TIME: = 100 ns;                   -- Part 5
SIGNAL clk :STD_LOGIC : = '0';
```

```
SIGNAL data:STD_LOGIC: = '0';
SIGNAL c:STD_LOGIC;
BEGIN
DUT: myDReg PORT MAP(                                  -- Part 6
clk  => clk,
data  => data,
c  => c
);
clk_process : PROCESS                                  -- Part 7
BEGIN
clk <= '0';
WAIT FOR clk_period/2;
clk <= '1';
WAIT FOR clk_period/2;
END PROCESS;
data_process: PROCESS                                  -- Part 8
BEGIN
data <=  '1';
WAIT FOR 100 ns;
data <= '1';
WAIT FOR 100 ns;
data <= '0';
WAIT FOR 100 ns;
data <= '0';
WAIT FOR 100 ns;
data <= '1';
WAIT FOR 100 ns;
END PROCESS;
END behavior;
```

【示例详解】

无论用 VHDL 语法编写设计文件还是测试基准仿真文件,文件的类型都是 *.vhd;不同的是,因为设计文件中的代码必须有实际硬件电路相对应,而测试基准仿真文件中的代码无须具有现实可实现性。正因为如此,在使用 VHDL 编写测试基准仿真代码时,鼓励大家自由地运用软件程序设计中的编程思路。下面就针对上例中的 VHDL 测试基准代码进行详细讲解。

Part 1:该部分是库函数声明部分,VHDL 测试基准也是 VHDL 代码,这部分是必不可少的。

Part 2:该部分是实体声明部分,这也是 VHDL 代码三要素之一(库、实体、结构体),肯定必不可少,不过它除了定义了实体名以外,没有任何的实质性内容,设计代码中的实体,端口声明是必不可少的一项,但是不与外界进行交互的实体即使转换成为实际的数字电路,也不具有任何实际意义。仿真代码不需要端口声明,因为仿真代码本身就是用来模拟产生 FPGA 设计输入信号和模拟接收 FPGA 设计输出信号的,如果它还需要和外界进行交互,那么谁又来模拟仿真代码需要的输入和接收仿真代码的输出呢?因此,仿真代码的实体中一般是不需要声明输入输出端口的,除非采用层次化的形式来编写仿真代码,这样非顶层的仿真实体是需要进行端口声明的。

Part 3:该部分是结构体声明部分,作为 VHDL 代码三要素之一,对于 VHDL 测试基准也是必不可少的。

Part 4：元件声明语句。该部分声明的就是 FPGA 设计，也叫待仿真设计，业内常称之为待测设计/器件(Design Under Test，DUT)。注意，在仿真代码面前，FPGA 设计代码中顶层模块的地位已经被动摇，此时整个代码中的"老大"变成了仿真代码中的顶层模块。所以，此时要将整个 FPGA 设计作为一个元件进行声明，从而方便后续进行仿真调用。本例中并没有给出 FPGA 设计 myAndReg 的具体实现代码，不过这并不影响仿真代码的编写，因为专业的功能仿真其实是把 FPGA 设计当作黑盒来测试的，这也是业内常说的"黑盒测试"，与此对应的称为"白盒测试"。通常对于 FPGA 开发者来说都是进行"白盒测试"，因为目的是要找到并改正问题，而专业的 FPGA 验证工作一般都是进行"黑盒测试"，因为它们的侧重点是发现问题。

Part 5：信号、常量声明部分。为了给 DUT 输送仿真激励及观察 DUT 的输出波形，必须通过信号将 DUT 的端口与仿真代码连接起来，这时就需要声明一些信号作为媒介。除此以外，还可以定义仿真中的一些常量，例如时钟周期等。

Part 6：实例化语句，将 FPGA 设计例化进来成为仿真代码的一部分，这样就可以向其内部输送激励，并且观察其输出情况。

Part 7：时钟信号生成进程，用来生成输送给 DUT 的时钟信号，周期为 100ns，占空比为 50%。

Part8：数据信号生成进程，用来生成输送给 DUT 的数据信号，每个数据持续 100ns，本例中让数据变化沿对齐时钟下降沿(时钟上升沿为有效采样边沿)。

关于测试平台更复杂的写法，请读者自行扩展。

第5章 EDA宏功能资源利用

CHAPTER 5

Intel公司的宏功能(Megafunction)是重要的设计输入资源。由于宏功能是基于Intel公司底层硬件结构最合理的成熟应用模块的表现,因此在代码中尽量使用这类宏功能资源,不但能将设计者从烦琐的代码编写中解脱出来,更重要的是在大多数情况下宏功能的综合和实现结果比用户编写的代码更优。

宏功能包括Intel公司的参数化模块库(Library of Parameterized Modules,LPM)、Intel公司及协作者(Altera Megafunction Partners Program,AMPP)提供的第三方IP核,以及原Altera公司的特定功能IP核(ALT类)。

特别是对于一些与Intel公司器件底层结构相关的特性,必须通过宏功能实现。例如,一些存储器模块(如DPRAM、SPRAM、FIFO、CAM等)、DSP模块、LVDS驱动器、PLL、高速串行收发器(如SERDES)和DDR输入/输出等。另外一些如乘法器、计数器、加法器、滤波器等电路虽然也可以直接用代码描述,然后用通用逻辑资源实现,但是这种描述方法不但费时费力,在速度和面积上与宏功能的实现结果仍然有较大差距。

宏功能的使用方法主要有两种:一种方法是直接在代码中实例化和配置用AHDL(Altera HDL)编写的LPM模块。原Altera公司的大部分宏功能的源文件是用AHDL写成的,文件扩展名是.tdf。另外一种是使用MegaCore/Mega Wizard(近期版本称为IP Catalog)工具调用和配置参数化的IP和底层模块。

5.1 参数化模块库

说到参数化模块库(Library of Parameterized Modules,LPM),就一定要谈谈EDIF(Electronic Design Interchange Format)。EDIF文件是EDA厂商之间和EDA厂商与IC厂商之间传递设计信息的文件格式。LPM最初是作为EDIF标准的附件出现的。

EDIF和LPM的标准化过程如下:

1988年,ANSI/EIA-548:电子设计交互格式(Electronic Design Interchange Format,EDIF),版本2.0.0。

1990年,LPM标准提出,供EIA审核。

1993年,EIA 618:电子设计交互格式(Electronic Design Interchange Format,EDIF),版本3.0.0级别0参考手册,LPM作为EDIF标准的附件,成为EIA的一个过渡标准。

1995年，EIA PN 3714：参数化模块库(Library of Parameterized Modules，LPM)，版本2.0.1。

1996年，ANSI/EIA-682：电子设计交互格式(Electronic Design Interchange Format，EDIF)，版本4.0.0(EIA-682-96)。

1999年，EIA/IS-103A：参数化模块库(Library of Parameterized Modules，LPM)，版本2.0。

从年代上看来，1988年到1990年前后恰好是半定制设计风格超越全定制设计风格成为VLSI芯片设计主流的时期。LPM标准的提出可能正是响应了半定制设计的需求。

EDIF文件是EDA工具之间传递信息的标准格式。画过电路原理图和PCB的读者一定知道，原理图文件绘制完毕后需要"生成网表"，进行PCB布局布线之前先要"引入网表"，这样才能建立原理图文件和PCB文件之间的"逻辑映射关系"。EDIF文件就是网表文件的一种格式。在很多情况下，原理图文件中的模块图形和PCB文件中的"封装"是一一对应的，这种"物理映射关系"就是通过"库文件"建立的。"库文件"包含了原理图模块的名称和图形，也包含了封装文件的名称和图形，这样一来，"物理映射关系"就建立起来了。在不同的EDA工具之间，比如Protel和Cadence还有PowerPCB，逻辑映射关系是很容易互相通用的，但是由于支持不同的"库文件"，物理映射关系往往就建立不起来。

在IC设计领域(包括PLD设计)，EDIF文件就遇到了类似的问题：综合工具和实现工具必须达成一致。在LPM标准提出之前，这一点很难实现，毕竟IC设计领域存在太多的实现工艺和EDA工具。

在LPM标准提出之前，对于某些逻辑的描述没有统一的标准，描述方法都是工艺相关(Technology Dependent)的，所以综合工具生成的EDIF文件不具备可移植性。在采用了LPM标准之后，对于LPM库中包含的逻辑，所有的综合工具都采用同一种行为描述方法，生成相同的EDIF文件，实现设计输入和网表的正确映射；实现工具包含各自工艺库与LPM库之间的唯一映射关系，从而能够"读懂"包含LPM描述的EDIF文件，实现网表和工艺之间的正确映射。这样一来，EDIF文件在不同的实现工具之间移植就不成问题了。(LPM并不是唯一的解决方法，比如现在的EDA工具之间往往互相支持对方特定的库文件和网表格式，尤其像Synopsis这样的专业EDA公司，同时支持许多公司的器件和网表格式及宏单元；而原Altera公司和原Xilinx公司就不能互相支持。)

在这一过程中体现的原理是：通过增加一个映射层次，把一次映射关系转化为两次映射关系，两次映射关系的中介——包含LPM描述的EDIF文件——就具备了可移植性。

图5-1可以更清晰地表述上述内容，不过需要细看才能看懂：

LPM标准的提出还解决了设计者面临的图形输入法可移植性差和HDL输入法硅片利用效率低的两难困境。

采用图形输入方法可以很精确地描述底层实现细节，综合工具不需要推测设计者的意图就能很准确地生成EDIF文件，效率很高。但是由于包含了硬件实现细节，只有专用的实现工具(布局布线工具)才能"读懂"这样的EDIF文件。这样一来，就需要设计输入(原理图)工具——综合工具——实现工具严格一致，带来了图形描述文件的可移植性问题。

采用HDL输入方法避免了从门级描述硬件细节，只要综合工具——实现工具达成一致就不存在HDL文件(设计输入文件)的可移植性问题。但是对于同一个逻辑功能，缺乏统一的描述方法，最后的实现效率取决于综合工具，实现效率往往不如图形输入方法。

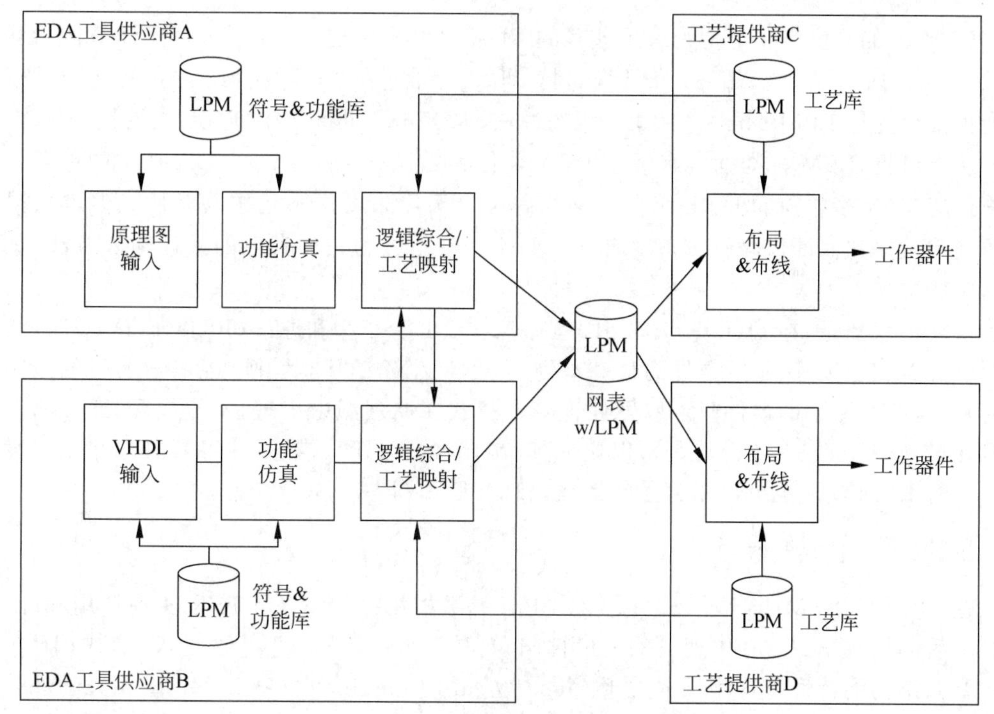

图 5-1 LPM 的可移植性

通过采用 LPM 标准，设计输入工具、综合工具、实现工具对于同一个逻辑功能在不同抽象层次的描述达成了共识：设计输入工具调用 LPM 模块，综合工具或者实现工具保证和实现 LPM 模块描述的逻辑功能和实现工艺之间的唯一映射。从可移植性角度看来，由于在设计输入阶段不需要涉及具体实现工艺，LPM 输入法具备与 HDL 输入法同等的可移植性；从实现效率看来，由于综合工具或实现工具采用了最佳的映射，LPM 输入法具备与图形输入法同等的高效率。LPM 兼具了 HDL 输入法和原理图输入法的优点，而避免了二者各自的缺点。

采用 LPM 设计方法，可以带来四点好处：

（1）设计文件具备独立于实现工艺的可移植性。

（2）保证最佳的实现效率。

（3）保证设计工具之间的互操作性。

（4）可以完成几乎所有设计需要的逻辑描述。

其中后两点在今天看来还是有问题的：Intel（原 Altera）和 Modelsim 之间就不能实现 LPM 模块的自动同步，Modelsim 需要在仿真 Intel（原 Altera）的 LPM 模块前编译 Intel（原 Altera）的专用仿真库；采用 LPM 模块完成所有的逻辑描述还是有点儿麻烦（相对于 HDL 来说）。

LPM 包含 25 个基本模块，如表 5-1 所示，它们可以通过配置参数实现各种数据宽度的逻辑功能和多种不同的功能特性。

表 5-1 LPM 的 25 个基本模块

CONST	INV	AND	OR	XOR
LATCH	FF	SHIFTREG	RAM_DQ	RAM_IO
ROM	DECODE	MUX	CLSHIFT	COMPARE
ADD_SUB	MULTIPLER	COUNTER	ABS	BUSTRI
FSM	TTABLE	INPAD	OUTPAD	BIPAD

LPM标准的价值在于是否有足够多的EDA厂商采用这一标准，从而保证最佳的互操作性。早在1993年，原Altera公司就支持LPM标准；在1995年年底之前，主要的EDA厂商也都会支持LPM标准；据1995年的说法，原Xilinx也将会在“近期”支持这一标准。

从上可见，LPM标准确实有历史了，基本上是二十多年前的事。EDA技术的更新换代非常迅速，二十多年前的HDL综合效率问题在今天看来已经不是主要矛盾。但是从提高资源利用效率和保证代码质量角度看来，LPM仍然不失为一种有效的设计输入方法，仍然有其用武之地。

值得注意的是，在QUARTUS中，还有MAXPLUS2库和原语(PRIMITIVE)库，其中原语(PRIMITIVE)库包括常见的最基本的门，而MAXPLUS2库则包括各种常见的数字集成芯片，这两个库中的器件只能以器件符号的形式在原理图中出现，不能以VHDL的形式嵌入在设计中。而LPM模块是可以生成其所对应的VHDL描述，并将其嵌入在顶层设计中。同时LPM模块也可以以符号的形式出现在原理图中。

5.1.1 计数器

这里介绍利用Mega Wizard工具对LPM计数器LPM_COUNTER实现调用和配置，以及之后的仿真测试过程中遇到的一般性问题，具有示范意义。对于之后较复杂的IP模块则主要介绍功能特性仿真测试。关于Mega Wizard Plug_In Manager工具的相关软件操作方法，请参考实验视频。

LPM_COUNTER IP核实现二进制计数器，可以进行递增计数、递减计数或增/减计数。

1. 功能和特点

LPM_COUNTER IP核的主要功能特点如下所述。

(1) 生成实现递增计数、递减计数或增/减计数的计数器。

(2) 输出数据位宽最大支持256位。

(3) 生成如下计数器类型：

- 二进制计数：计数器从0开始递增或从255开始递减。
- 特定模计数：计数器递增计数到用户指定的特定模或从用户指定的特定模开始递减计数并重复。

(4) 支持可选的同步复位、加载和设置输入。

(5) 支持可选的异步复位、加载和设置输入。

(6) 支持可选的计数使能和时钟使能输入。

(7) 支持可选的进位输入和进位输出。

2. 接口信号说明

LPM_COUNTER IP核的接口信号图如图5-2所示。

LPM_COUNTER IP核的接口信号的具体含义请参见表5-2。

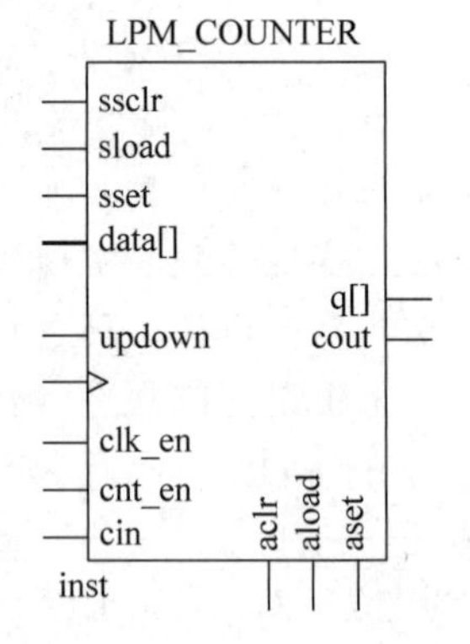

图5-2 LPM_COUNTER的接口信号图

表5-2 LPM_COUNTER IP核的接口信号

信号名称	信号方向	说　明
data[]	I	并行数据输入总线，位宽由参数LPM_WIDTH决定
clock	I	上升沿触发的输入时钟信号
clk_en	I	时钟使能输入信号

续表

信号名称	信号方向	说　明
cnt_en	I	计数使能输入，低电平时禁止计数但不影响 sload，sset 和 sclr。默认值为 1
updown	I	计数方向控制信号。高电平时递增计数，低电平时递减计数。如果使用 LPM_DIRECTION 参数，则不能连接该端口信号；否则该端口是可选的，默认为 1
cin	I	进位输入到最低位。对于递增计数，cin 输入与 cnt_en 输入相同，默认为 1
aclr	I	异步复位信号，如果 aset 和 aclr 同时使用，则 aclr 的优先级高于 aset，默认为 0
aset	I	异步置位输入。将 q[]输出全部置为 1 或由参数 LPM_AVALUE 指定的值。如果 aset 和 aclr 同时使用，则 aclr 的优先级高于 aset，默认为 0
aload	I	异步加载输入，异步加载数据到计数器。使用该信号时必须已连接 data[]端口，默认为 0
sclr	I	同步复位信号，在该信号在下一个有效的时钟边沿复位计数器。如果 sset 和 sclr 同时使用，则 sclr 的优先级高于 sset，默认为 0
sset	I	同步置位输入。在该信号在下一个有效的时钟边沿置位计数器，将输出值全部置为 1 或由参数 LPM_SVALUE 指定的值。如果 sset 和 sclr 同时使用，则 aclr 的优先级高于 sset，默认为 0
sload	I	同步加载输入，在该信号在下一个有效的时钟边沿同步加载 data[]数据输入到计数器。使用该信号时，必须已连接 data[]端口，默认为 0
q[]	O	计数器的数据输出总线，位宽由参数 LPM_WIDTH 决定。必须连接 q[]或 eq[15..0]总线(至少连接 16 位总线中的 1 位)
eq[15..0]	O	计数器解码输出。该端口仅用于 AHDL，不能用参数编辑器访问。q[]端口或 eq[]端口是必须连接的，最多有 *c* 个 eq 端口可用(0≤c≤15)。仅对计数值的低 16 个计数值解码，如果计数值为 *c*，则 eqc 输出置为高电平。该信号与 q[]异步
cout	O	进位输出，计数器的 MSB 位。可以用于与其他计数器级联来创建更大的计数器

3. 参数设置

LPM_COUNTER IP 核的参数设置详细说明请参见表 5-3。

表 5-3　LPM_COUNTER IP 核的参数设置

参数名称	类　型	说　明
LPM_WIDTH	整数	指定端口 data[]和 q[]的数据位宽
LPM_DIRECTION	字符串	值可以是 UP、DOWN 或 UNUSED。如果使用该参数，则不能连接 updown 端口。当未连接 updown 端口时，该参数的默认值为 UP
LPM_MODULUS	整数	最大计数值加 1，表示计数器时钟周期内独立状态个数
LPM_AVALUE	整数/字符串	在 aset 为高电平时加载的常数值。如果指定的值大于或等于 <modulus>，则计数器的值是未定义的逻辑电平(X)，这里 <modulus>是 LPM_MODULUS 或 2^LPM_WIDTH
LPM_SVALUE	整数/字符串	在 sset 为高电平时在时钟上升沿加载的常数值
CARRY_CNT_EN	字符串	Intel 公司特定参数。在 VHDL 设计文件中必须用参数 LPM_HINT 指定该参数。值可以是 SMART、ON、OFF 或 UNUSED。用于使能 LPM_COUNTER 可以通过进位链传递 cnt_en 信号。默认值为 SMART，提供面积和速度的最优折中

续表

参数名称	类　型	说　明
LABWIDE_SCLR	字符串	Intel公司特定参数，在VHDL设计文件中必须用LPM_HINT参数指定LABWIDE_SCLR参数。值可以是ON、OFF或UNUSED，默认值为ON
LPM_PORT_UPDOWN	字符串	指定updown输入端口的使用。值可以是PORT_USED、PORT_UNUSED或PORT_CONNECTIVITY，默认值为PORT_CONNECTIVITY。设置为默认值时通过检查端口连接来判定是否使用updown端口

此外LPM_COUNTER IP核还包括配置参数LPM_HINT、LPM_TYPE和INTENDED_DEVICE_FAMILY，请读者自行查阅相关文献。

4. 调用生成元件模型

LPM COUNTER IP核调用之后自动生成的VHDL模型如下所示。

【代码5-1】

```
LIBRARY IEEE;
USE IEEE.STD_LOGIC_1164.ALL;
LIBRARY LPM;      -- 参数化模块库
USE LPM.ALL;
ENTITY CNT8B6M IS
    PORT
    (
        aclr: IN STD_LOGIC ;
        clk_en: IN STD_LOGIC ;
        clock: IN STD_LOGIC ;
        data: IN STD_LOGIC_VECTOR (7 DOWNTO 0);
        sload: IN STD_LOGIC ;
        updown: IN STD_LOGIC ;
        cout: OUT STD_LOGIC ;
        q: OUT STD_LOGIC_VECTOR (7 DOWNTO 0)
    );
END CNT8B6M;
ARCHITECTURE SYN OF cnt8b6m IS
    SIGNAL sub_wire0: STD_LOGIC ;
    SIGNAL sub_wire1: STD_LOGIC_VECTOR (7 DOWNTO 0);
    COMPONENT lpm_counter
    GENERIC (
        lpm_direction: STRING;
        lpm_modulus: NATURAL;
        lpm_port_updown: STRING;
        lpm_type: STRING;
        lpm_width: NATURAL
    );
    PORT (
          aclr: IN STD_LOGIC ;
          clk_en: IN STD_LOGIC ;
          clock: IN STD_LOGIC ;
          data: IN STD_LOGIC_VECTOR (7 DOWNTO 0);
          cout: OUT STD_LOGIC ;
          q: OUT STD_LOGIC_VECTOR (7 DOWNTO 0);
          sload: IN STD_LOGIC ;
```

```
            updown: IN STD_LOGIC
    );
    END COMPONENT;
BEGIN
    cout    <= sub_wire0;
    q    <= sub_wire1(7 DOWNTO 0);
    LPM_COUNTER_component : LPM_COUNTER
    GENERIC MAP (
        lpm_direction => "UNUSED",
        lpm_modulus => 6,
        lpm_port_updown => "PORT_USED",
        lpm_type => "LPM_COUNTER",
        lpm_width => 8
    )
    PORT MAP (
        aclr => aclr,
        clk_en => clk_en,
        clock => clock,
        data => data,
        sload => sload,
        updown => updown,
        cout => sub_wire0,
        q => sub_wire1
    );
END SYN;
```

上面的程序是 Quartus Ⅱ 根据参数配置自动生成的文件。CNT8B6M 是利用 Mega Wizard 工具调用 lpm_counter 时自行命名的生成元件模型名称。lpm_counter 是 LPM 元件名,是可以从 LPM 库中调用的宏模块元件名；而 LPM_COUNTER_component 则是在此文件中为使用和调用 lpm_counter 元件的例化名,即参数传递语句中的宏模块元件例化名；其中的 lpm_direction 等称为宏模块参数名,是被调用的元件(lpm_counter)文件中已定义的参数名,而“UNUSED”等是参数值,它们可以是整数、操作表达式、字符串或在当前模块中已定义的参数。

调用 LPM_COUNTER IP 核,其具体参数设置如下：

(1) 输入端口和输出端口位宽设置为 8 位；

(2) 计数模为 6；

(3) 方向控制、时钟使能、异步复位输入端口和同步置数。

5. 例化和仿真

为了能调用生成的计数器元件 CNT8B6M,并测试和利用硬件实现它,有两种例化方式：其一是利用原理图符号例化,其二是利用 VHDL 程序来进行例化。

1) 利用原理图符号实现例化

在原理图绘制界面中,选择添加符号工具按钮 ,进入图 5-3 所示界面；然后选择工程文件夹,找到当前所调用宏功能模块所生成的元件符号 CNT8B6M,拖动到原理图绘制区,并给该元件添加引脚如下。将其设定为顶层仿真模块,进行仿真。用符号实现例化如图 5-4 所示。

2) 利用所生成 VHDL 程序完成例化

对宏功能 lpm_counter 调用所生成的元件 CNT8B6M 进行了例化,以验证和测试模块

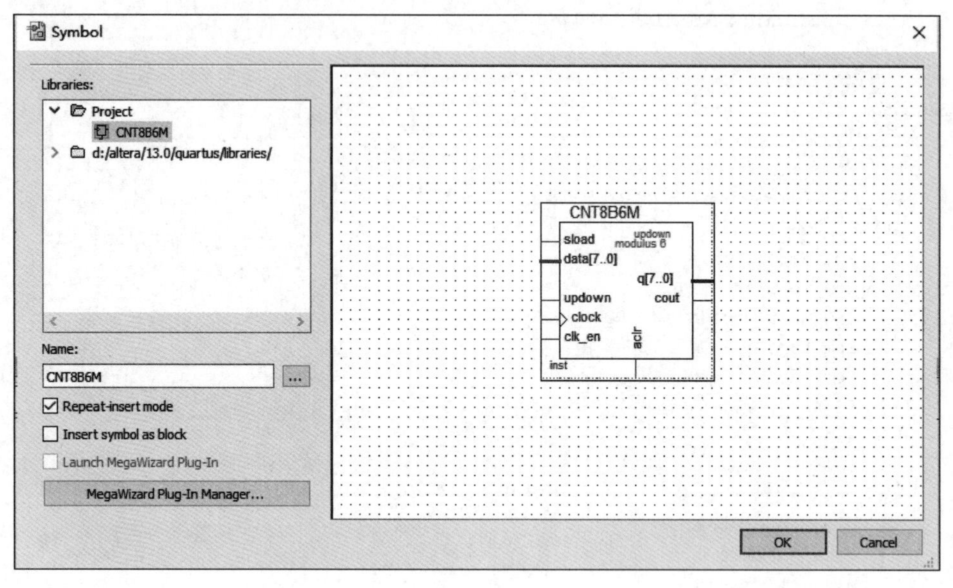

图 5-3　调用工程文件生成符号的界面

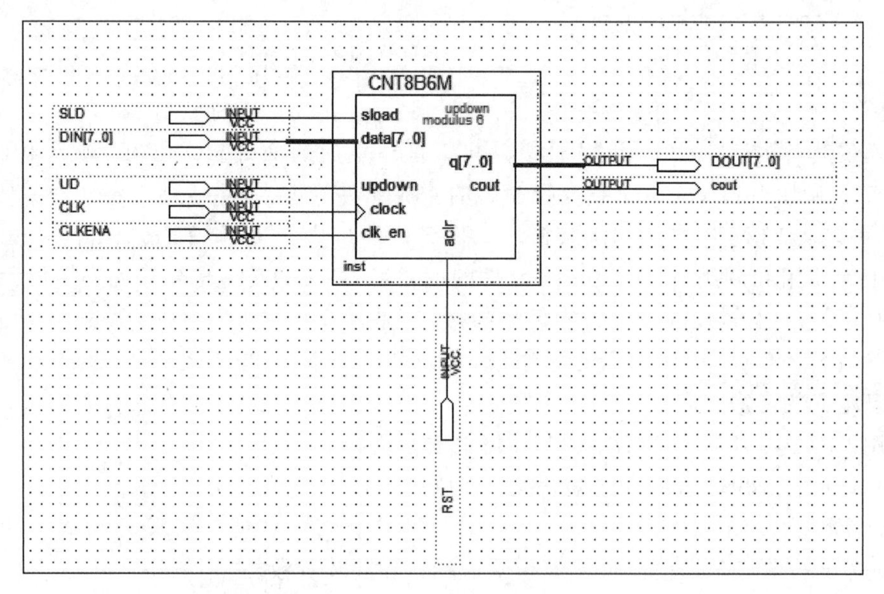

图 5-4　CNT8B6M 的符号例化元件

功能，除了直接利用其生成的元件原理图符号之外，还可以采用 VHDL 程序给出其顶层描述，具体如下所示。

【代码 5-2】

```
LIBRARY IEEE;
USE IEEE.STD_LOGIC_1164.ALL;
ENTITY CNT8B6MTOP IS
PORT (CLK,RST,CLKENA,SLD,UD:IN STD_LOGIC;
DIN : IN STD_LOGIC_VECTOR (7 DOWNTO 0);   COUT : OUT STD_LOGIC; DOUT : OUT STD_LOGIC_VECTOR(7
DOWNTO 0));
END ENTITY CNT8B6MTOP;
```

```
ARCHITECTURE top OF CNT8B6MTOP IS
COMPONENT CNT8B6M
PORT (aclr,clk_en, clock,sload,updown : IN STD_LOGIC ;
data : IN STD_LOGIC_VECTOR (7 DOWNTO 0);
cout : OUT STD_LOGIC ;
q: OUT STD_LOGIC_VECTOR (7 DOWNTO 0));
END COMPONENT;
BEGIN
U1:CNT8B6M PORT MAP (sload => SLD, clk_en => CLKENA, aclr => RST,
clock => CLK, data => DIN, updown => UD, cout => COUT, q => DOUT);
END ARCHITECTURE top;
```

上述两种例化方式得到的仿真结果完全相同,具体仿真结果如图 5-5 所示。

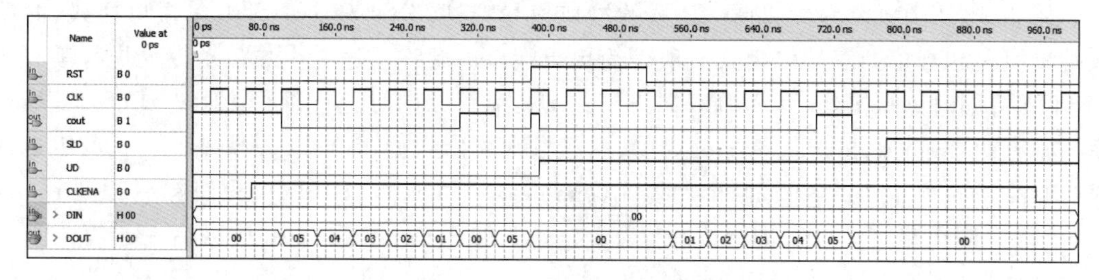

图 5-5　LPM COUNTER IP 核的仿真结果

从仿真结果可以看出,在时钟使能信号 clk_en 置为高电平后例化 LPM_COUNTER IP 核开始工作,此时计数控制信号 updown 为低电平,递减计数,并且计数模为 6,即计数从 5 开始,依次递减至 0;在异步复位信号置位(高电平)后暂停,解除置位后重新开始计数,在 updown 信号变为高电平后开始递增计数。在同步加载 sload 信号变成高电平后,计数器完成数据加载功能,输出端被加载成 data 数据。输出进位端 cout 只有在计数值为 0 时,输出高电平。

5.1.2　基于 ROM 的正弦波发生器

Intel 公司提供了在 FPGA 芯片内部生成内部存储器模块的宏功能模块。在 Quartus Ⅱ软件中根据目标 FPGA 芯片、存储器模式和 RAM/ROM 的属性设置自动选择合适的宏功能模块。可实现的存储器模式包括单端口 RAM、双端口 RAM、单端口 ROM 和双端口 ROM。

用宏单元生成的 ROM、RAM 都存在于 FPGA 内部的 RAM 中,断电都会丢失。而用 IP 核生成的 ROM 只是提前添加了数据文件。在 FPGA 运行的时候,通过添加数据文件给 ROM 进行初始化,才使得生成的 ROM 模块像一个非易失性存储器,那么添加的文件是由软件产生的两种格式。分别是.hex 与.mif 文件,其中.mif 文件是由 Quartus 软件自己定义的一种文件。

1. 嵌入式存储器 IP LPM_ROM 的使用

1）功能和特点

嵌入式存储器 IP 核的主要功能特点是:

(1) 存储器模式可配置,存储块类型可选。

(2) 支持读操作触发和写操作触发。

(3) 端口位宽、混合位宽端口(输入端口位宽和输出端口位宽不同)可配置,存储块深度可配置。

(4) 支持时钟模式、时钟使能及地址时钟使能。

(5) 支持字节使能、写使能、写期间读控制。

(6) 提供可选的异步复位端口。

(7) 支持加电条件和存储器初始化。

(8) 支持纠错码。

(9) 支持的 FPGA 包括 Arria、Cyclone,HardCopy,MAX 和 Stratix 系列,仅对于 MAX 系列 ROM 存储块不可用。

2) 接口信号说明

图 5-6 给出了嵌入式存储器 IP 核的接口信号描述,分别对应于简单单端口模式、简单双端口模式和真正的双端口模式。所谓简单单端口即允许通过一个端口对存储进行读写访问,不支持同时读写操作,而简单双端口模式支持对存储同时进行读写访问。真正的双端口模式则有两个时钟(clock_a & clock_b)、两组输入输出数据线(data_a & data_b)、两组地址线(address_a & address_b)、两个使能端(enable_a & enable_b)、两个写使能端(wren_a & wren_b)。两个端口都可以进行读写操作(Port a 和 Port b 可以一起读或者一起写或者一个读一个写)。整体上,读、写可以同时进行。

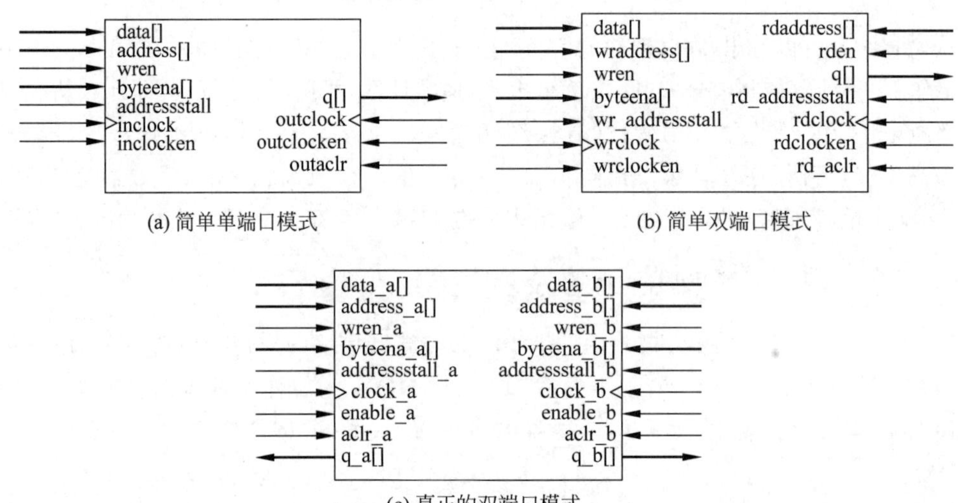

图 5-6 嵌入式存储器 IP 核的接口信号

嵌入式存储器 IP 核的接口信号如表 5-4 所示。

表 5-4 嵌入式存储器 IP 核的接口信号

信号名	类型	必选/可选	描述
data_a	输入	可选	存储器端口 A 的数据输入口 如果 operation_mode 被设置成以下任意取值时,则 data_a 为必选信号: • SINGLE_PORT • DUAL_PORT • BIDIR_DUAL_PORT

续表

信号名	类型	必选/可选	描　述
address_a	输入	必选	存储器端口 A 的地址输入口 在所有的操作模式下,都需要设置 address_a 信号
wren_a	输入	可选	端口 address_a 的写使能输入 如果 operation_mode 设置成以下任意取值时,则 wren_a 为必选信号 • SINGLE_PORT • DUAL_PORT • BIDIR_DUAL_PORT
rden_a	输入	可选	端口 address_a 的读使能输入口,读使能信号 rden_a 依赖于所选择的存储模式和存储块
byteena_a	输入	可选	字节使能输入端,可以屏蔽 data_a 端口,以便仅写入数据的特定字节、半字节或位 以下情况不支持 byteena_a 端口: • 如果 implement_in_les 参数设置为 ON • 如果 operation_mode 参数设置为 ROM
addressstall_a	输入	可选	地址时钟使能输入,只要 addressstall_a 端口为高电平,它使得地址保持在 address_a 端口的前一个地址
q_a	输出	必选	存储器的 A 端口的数据输出口 如果 operation_mode 被设置成如下任意取值,则 q_a 口为必选信号: • SINGLE_PORT • BIDIR_DUAL_PORT • ROM q_a 口的带宽必须等于 data_a 口的带宽
data_b	输入	可选	存储器的端口 B 的数据输入口 如果 operation_mode 参数被设置成 BIDIR_DUAL_PORT,则 data_b 口为必选信号
address_b	输入	可选	存储器的端口 B 的地址输入口 如果 operation_mode 参数被设置成下面取值之一,则 address_b 口为必选信号 • DUAL_PORT • BIDIR_DUAL_PORT
wren_b	输入	必选	端口 address_b 的写使能输入端 如果 operation_mode 被设置成 BIDIR_DUAL_PORT,则 wren_b 端为必选
rden_b	输入	可选	端口 address_b 的读使能输入端。rden_b 端是否被支持,依赖于所选用的存器模式和存储模块
byteena_b	输入	可选	字节使能输入端,可以屏蔽端口 data_b,以便仅写入数据的特定字节、半字节或位 以下情况不支持 byteena_b 端口: • 如果 implement_in_les 参数设置为 ON • 如果 operation_mode 参数设置为 SINGLE_PORT、DUAL_PORT、ROM
addressstall_b	输入	可选	地址时钟使能输入,只要 addressstall_b 端口为高电平,它使得地址保持在 address_b 端口的前一个地址

续表

信号名	类型	必选/可选	描　　述
q_b	输出	必选	存储器的B端口的数据输出口 如果 operation_mode 被设置成如下任意取值，则 q_b 口为必选信号： • DUAL_PORT • BIDIR_DUAL_PORT q_b 口的带宽必须等于 data_b 口的带宽
clock0	输入	必选	以下描述了哪些内存时钟必须连接到 clock0 端口，以及不同时钟模式下的端口同步： • 单时钟：将单源时钟连接到 clock0 端口。所有被寄存的端口都由相同的源时钟同步 • 读/写：将写时钟连接到 clock0 端口。所有与写操作相关的被寄存的端口，如 data_a 端口、address_a 端口、wren_a 端口和 byteena_a 端口由写时钟同步 • 输入输出：将输入时钟连接到 clock0 端口。所有被寄存的输入端口都由输入时钟同步 • 独立时钟：将端口 A 时钟连接到 clock0 端口。端口 A 的所有被寄存的输入和输出端口都由端口 A 时钟同步
clock1	输入	可选	以下描述了哪些内存时钟必须连接到 clock1 端口，以及不同时钟模式下的端口同步： • 单时钟：不适用。所有被寄存的端口都由 clock0 端口同步 • 读/写：将读时钟连接到 clock1 端口。与读操作相关的所有被寄存的端口，如 address_b 端口、rden_b 端口、和 q_b 端口由读时钟同步 • 输入输出：将输出时钟连接到 clock1 端口。所有被寄存的输出端口都由输出时钟同步 • 独立时钟：将端口 B 时钟连接到 clock1 端口。端口 B 的所有被寄存的输入和输出端口都由端口 B 时钟同步
clocken0	输入	可选	clock0 端口的时钟使能输入
clocken1	输入	可选	clock1 端口的时钟使能输入
clocken2	输入	可选	clock0 端口的时钟使能输入
clocken3	输入	可选	clock1 端口的时钟使能输入
aclr0 aclr1	输入	可选	异步清除寄存的输入和输出端口。aclr0 端口影响由时钟 clock0 控制的寄存端口，而 aclr1 端口影响由时钟 clock1 控制的寄存端口 对寄存端口的异步清零效果可以通过其对应的异步清零参数来控制，如 outdata_aclr_a，address_aclr_a 等
eccstatus	输出	可选	一个 3 位宽的纠错状态端口。指示从内存中读取的数据是否有单比特错误并被纠正，或者有致命错误没有纠正，或者没有错误位发生 在 Stratix V 器件中，M20K ECC 状态用两位宽的纠错状态端口来通信。M20K ECC 检测并修复单个比特错误事件、双相邻错误事件，或检测三个相邻错误而不修复错误 如果满足以下所有条件，则支持 eccstatus 端口： • 操作模式 operation_mode 参数设置为 DUAL_PORT • ram_block_type 参数设置为 M144K 或者 M20K • width_a 和 width_b 参数具有相同的值 • 未使用字节使能
data	输入	必选	存储器的数据输入，数据端口是必选的，并且其宽度必须等于 q 端口的宽度

续表

信号名	类型	必选/可选	描 述
wraddress	输入	必选	存储器的写地址输入，wraddress 端口是必选的，并且其宽度必须等于 rdaddress 端口宽度
wren	输入	必选	wraddress 端口的写使能输入，端口 wren 是必选的端口
rdaddress	输入	必选	存储器的读地址输入端，rdaddress 端口是必选的，并且其宽度必须等于 wraddress 端口的宽度
rden	输入	可选	rdaddress 端口的读使能输入端。当 use_eab 参数被设置成 OFF 时，支持 rden 端口。当 ram_block_type 参数被设置成 MLAB 时，不支持 rden 端口
byteena	输入	可选	字节使能输入端，可以屏蔽数据端口，以便仅写入数据的特定字节、半字节或某些位，当 use_eab 参数被设置成 OFF 时，不支持 byteena 端口。在 Arria Ⅱ GX 以及更新的器件中，如果 ram_block_type 参数被设置成 MLAB，则支持 byteena 端口
wraddressstall	输入	可选	写地址时钟使能输入，只要 wraddressstall 是高电平时，写地址时钟使能输入能够保持 wraddress 端口的前一个写地址
rdaddressstall	输入	可选	读地址时钟使能输入，只要 rdaddressstall 是高电平时，读地址时钟使能输入能够保持 rdaddress 端口的前一个读地址。在较新的器件中，当 rdaddress_reg 被设置成 UNREGISTERED 时，不支持 rdaddressstall 端口
q	输出	必选	存储器的数据输出端。q 端口是必选的，并且必须等于数据 data 端口的宽度
inclock	输入	必选	以下描述了哪些内存时钟必须连接到 inclock 端口，以及不同时钟模式下的端口同步方式： • 单时钟：将单源时钟连接到 inclock 端口和 outclock 端口。所有寄存端口都由相同的源时钟同步 • 读/写：将写时钟连接到 inclock 端口。所有与写操作相关的寄存端口，如 data 端口、wraddress 端口、wren 端口和 byteena 端口都由写时钟同步 • 输入/输出：将输入时钟连接到 inclock 端口。所有寄存输入端口都由输入时钟同步
outclock	输入	必选	以下描述了哪些内存时钟必须连接到 outclock 端口，以及不同时钟模式下的端口同步方式： • 单时钟：将单源时钟连接到 inclock 端口和 outclock 端口。所有寄存端口都由相同的源时钟同步 • 读/写：将读时钟连接到 outclock 端口。所有与读操作相关的寄存端口，如 rdaddress 端口、rdren 端口和 q 端口都由读时钟同步 • 输入/输出：将输出时钟连接到 outclock 端口。所有寄存的 q 端口都由输出时钟同步
inclocken	输入	可选	inclock 端口的时钟使能输入端
outclocken	输入	可选	outclock 端口的时钟使能输入端
aclr	输入	可选	异步清除寄存的输入和输出端口。aclr0 端口影响由时钟 clock0 控制的寄存端口，而 aclr1 端口影响由时钟 clock1 控制的寄存端口。对寄存端口的异步清零效果可以通过其对应的异步清零参数来控制，如 indata_aclr、wraddress_aclr 等

3）参数设置-ROM：1-PORT

这里仅以-ROM：1-PORT 为例，给出了相关的参数设置，如表 5-5 所示。其他情况请读者自行参考相关手册信息。

表 5-5 ROM：1-PORT 的参数

<table>
<tr><th colspan="2">参　数</th><th>合法取值</th><th>描　述</th></tr>
<tr><td colspan="4">参数设置：general 页</td></tr>
<tr><td colspan="2">How wide should the ‘q’ output bus be?</td><td></td><td>规定了输出总线“q”的带宽</td></tr>
<tr><td colspan="2">How many < X >-bit words of memory?</td><td></td><td>规定了存储器中字 words 的位数 < X ></td></tr>
<tr><td colspan="2">What should the memory block type be?</td><td></td><td>规定了存储器块的类型，可选的存储器块类型取决于目标器件的种类</td></tr>
<tr><td colspan="2">Set the maximum block depth to</td><td>Auto，32，64，128，256，512，1024，2048，4096</td><td>规定了存储器块的最大存储深度，以字数表示</td></tr>
<tr><td colspan="2">What clocking method would you like to use?</td><td></td><td>规定了所使用时钟的方法
• 单时钟：单时钟和时钟使能控制了存储器块中的所有寄存器
• 双时钟(输入时钟和输出时钟)：输入时钟控制地址寄存器，输出时钟控制数据输出寄存器，在 ROM 模式下没有写使能，字节使能和数据输入寄存器</td></tr>
<tr><td colspan="4">参数设置：Regs/Clken/Aclrs 页</td></tr>
<tr><td colspan="2">Which ports should be registered? ‘q’ output port</td><td>On/Off</td><td>规定了是否寄存输出端口“q”</td></tr>
<tr><td colspan="2">Create one clock enable signal for each clock signal. Note：All registered ports are controlled by the enable signal(s)</td><td>On/Off</td><td>规定了是否为每个时钟信号创建一个时钟使能信号</td></tr>
<tr><td rowspan="3">MORE OPTION</td><td>Use clock enable for port A input registers</td><td>On/Off</td><td>规定了对于端口 A 的输入寄存器是否使用时钟使能信号</td></tr>
<tr><td>Use clock enable for port A output registers</td><td>On/Off</td><td>规定了对于端口 A 的输出寄存器是否使用时钟使能信号</td></tr>
<tr><td>Create an ‘addressstall_a’ input port。</td><td>On/Off</td><td>规定了是否创建“addressstall_a”输入端口
可以创建此端口作为地址寄存器的附加低电平有效时钟使能输入</td></tr>
<tr><td colspan="2">Create an ‘aclr’ asynchronous clear for the registered ports。</td><td>On/Off</td><td>指定是否为寄存端口创建异步清除端口</td></tr>
<tr><td rowspan="2">More option</td><td>‘address’ port</td><td>On/Off</td><td>规定是否“address”端口被“aclr”端影响</td></tr>
<tr><td>‘q’ port</td><td>On/Off</td><td>规定是否“q”端口被“aclr”端影响</td></tr>
<tr><td colspan="2">Create a ‘rden’ read enable signal</td><td>On/Off</td><td>规定是否创建一个读使能信号</td></tr>
<tr><td colspan="4">参数设置：Mem Init 页</td></tr>
<tr><td colspan="2">Do you want to specify the initial content of the memory?</td><td>Yes，use this file for the memory content data</td><td>规定了存储器的初始内容
在 ROM 模式下，必须指定内存初始化文件(‘. mif’)或十六进制(Intel 格式)文件(‘. hex’)。Yes，use this file for the memory content data 选项默认是打开的</td></tr>
</table>

续表

参 数	合法取值	描 述
Allow In-System Memory Content Editor to capture and update content independently of the system clock	On/Off	指定是否允许 In-System Memory Content Editor 独立于系统时钟捕获和更新内容
The ‘Instance ID’ of this ROM is	—	规定了存储器的识别码 ID

4）调用生成元件模型

下面的程序是利用 MegaWizard 工具调用和配置嵌入式存储器 IP ROM：1-PORT 之后，由 Quartus 自动生成的元件模型。其中 datarom 是使用 MegaWizard 工具调用宏模块时自行命名的生成元件模型名称。altsyncram 是调用的宏模块元件名。altsyncram_component 是宏模块元件例化名。

【代码 5-3】

```
LIBRARY IEEE;
USE ieee.STD_LOGIC_1164.ALL;
LIBRARY ALTERA_MF; -- Altera 宏模块仿真库包括 IP 核包 altera_mf_components
USE ALTERA_MF.all;
ENTITY datarom IS
PORT
(
    address                 : IN STD_LOGIC_VECTOR (8 DOWNTO 0);
    clock                   : IN STD_LOGIC   := '1';
    q                       : OUT STD_LOGIC_VECTOR (7 DOWNTO 0)
);
END datarom;
ARCHITECTURE SYN OF datarom IS
SIGNAL sub_wire0            : STD_LOGIC_VECTOR (7 DOWNTO 0);
COMPONENT altsyncram
GENERIC (
    address_aclr_a          : STRING;
    clock_enable_input_a    : STRING;
    clock_enable_output_a   : STRING;
    init_file               : STRING;
    intended_device_family  : STRING;
    lpm_hint                : STRING;
    lpm_type                : STRING;
    numwords_a              : NATURAL;
    operation_mode          : STRING;
    outdata_aclr_a          : STRING;
    outdata_reg_a           : STRING;
    widthad_a               : NATURAL;
    width_a                 : NATURAL;
    width_byteena_a         : NATURAL
);
PORT (
        address_a           : IN STD_LOGIC_VECTOR (8 DOWNTO 0);
        clock0              : IN STD_LOGIC ;
        q_a                 : OUT STD_LOGIC_VECTOR (7 DOWNTO 0)
);
END COMPONENT;
```

```
    BEGIN
    q     <= sub_wire0(7 DOWNTO 0);
    altsyncram_component : altsyncram
    GENERIC MAP (
        address_aclr_a => "NONE",
        clock_enable_input_a => "BYPASS",
        clock_enable_output_a => "BYPASS",
        init_file => "SINdata.mif",
        intended_device_family => "CycloneⅢ",
        lpm_hint => "ENABLE_RUNTIME_MOD = NO",
        lpm_type => "altsyncram",
        numwords_a => 512,
        operation_mode => "ROM",
        outdata_aclr_a => "NONE",
        outdata_reg_a => "CLOCK0",
        widthad_a => 9,
        width_a => 8,
        width_byteena_a => 1
    )
    PORT MAP (
        address_a => address,
        clock0 => clock,
        q_a => sub_wire0
    );
END SYN;
```

2. 基于 ROM 调用的正弦波发生器

正弦波发生器的基本设计思想：用一个存储器 ROM 来存放波形数据，这里是正弦波的波形数据，亦可存储三角波、锯齿波等数据，存储器存放的数据就决定了波形发生器所生成的波形。另外，用一个计数器来产生存储器的地址，存储器 ROM 根据计数器所产生的地址，输出对应存储单元里的数据。随着输入时钟的推进，计数器产生地址依次增加，从而 ROM 依次输出各个存储单元的数据，即向外发生正弦波。

下面提供两种实现方案：方案一，分别用 LPM_ROM 和 LPM_COUNTER 两个宏功能模块实现数据存储器和计数器，在顶层原理图中进行简单的连接，如图 5-7 所示，这种实现方案简单易行，不需要编写 VHDL 程序。方案二，则调用 LPM_ROM 宏功能模块实现数据存储器，计数器功能在顶层程序中用 VHDL 编写，而数据存储器则在顶层程序中被当作一个元件 COMPONENT 去使用。方案二提供了一种将宏功能模块混合在 VHDL 语言中的使用方法，其具体的顶层程序如代码 5-4 所示。

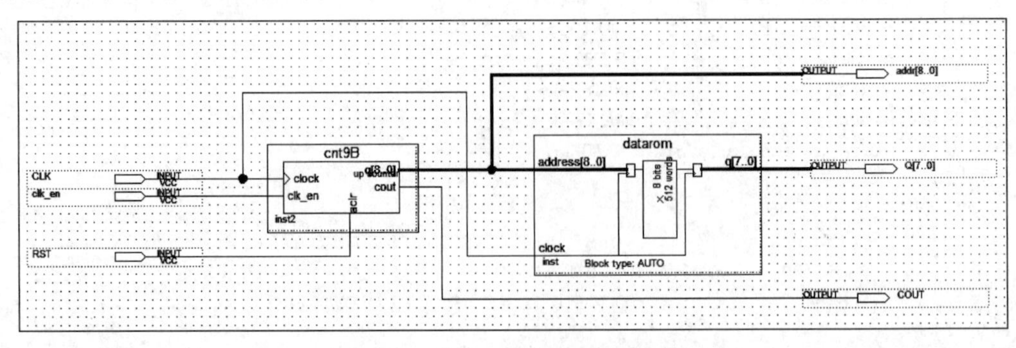

图 5-7　正弦信号发生器电路原理图

【代码 5-4】

```
LIBRARY IEEE;                                          --正弦信号发生器源文件
USE IEEE.STD_LOGIC_1164.ALL;
USE IEEE.STD_LOGIC_UNSIGNED.ALL;
ENTITY SINGT IS
PORT ( CLK : IN STD_LOGIC;                             --信号源时钟
clk_en : IN STD_LOGIC;
RST:IN STD_LOGIC;
COUT: OUT STD_LOGIC;
DOUT : OUT STD_LOGIC_VECTOR (7 DOWNTO 0) );            --8 位波形数据输出
END;
ARCHITECTURE DACC OF SINGT IS
COMPONENT datarom --调用波形数据存储器 LPM_ROM 文件: datarom.vhd 声明
PORT(address : IN STD_LOGIC_VECTOR (8 DOWNTO 0);       --9 位地址信号
clock : IN STD_LOGIC := '1';                           --地址锁存时钟
q : OUT STD_LOGIC_VECTOR (7 DOWNTO 0) );
END COMPONENT;
SIGNAL Q1 : STD_LOGIC_VECTOR (8 DOWNTO 0);             --设定内部节点作为地址计数器
BEGIN
PROCESS(CLK )                                          --LPM_ROM 地址发生器进程
BEGIN
IF RST = '1' THEN
   Q1 <= "000000000";
ELSIF clk_en = '1'  THEN
   IF
      CLK'EVENT AND CLK = '1' THEN Q1 <= Q1 + 1;       --Q1 作为地址发生器计数器
   END IF;
END IF;
END PROCESS;
PROCESS(Q1)
BEGIN
IF Q1 = "111111111" THEN
   COUT <= '1';
ELSE
   COUT <= '0';
END IF;
END PROCESS;
   u1 : datarom PORT MAP(address => Q1, q => DOUT,clock => CLK);     --例化
END;
```

存储器 ROM 中存储的初始化数据可以存成两种文件格式：.mif 或者.hex，如图 5-8 所示。最基本的方法是新建这两个格式的文件，然后手工编辑各个存储单元的数据。其中.mif 格式文件也可以利用专用.mif 文件生成器——MifMaker2010 来生成。还可以利用其他一些高级语言，或者单片机相关软件工具来生成数据文件。

仿真结果如图 5-9 所示。当时钟使能信号 clk_en 为有效高电平后，在时钟 clk 的作用下只要复位 RST 为低电平，不同地址单元 addr 中的数据从 Q 端输出。

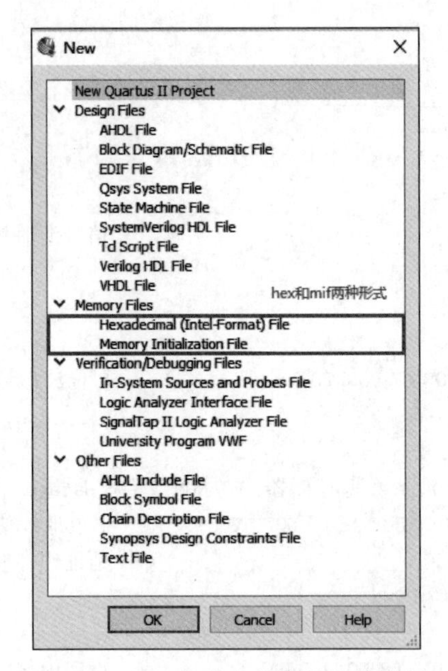

图 5-8　ROM初始化数据的文件选择

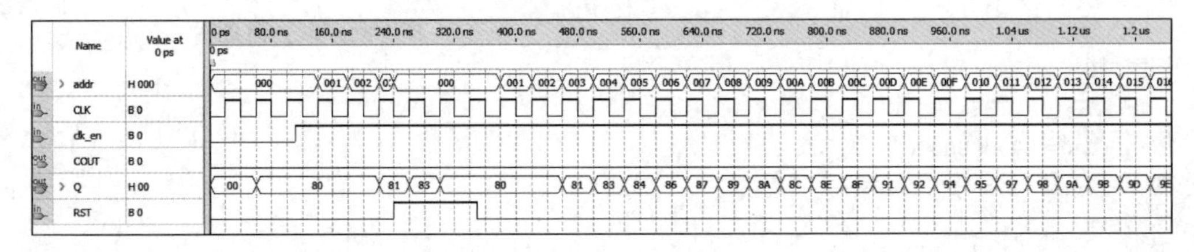

图 5-9　正弦波发生器的仿真波形

5.2　IP核的使用实例

5.2.1　IP相关常识概述

1. IP的概念

IP设计是目前FPGA设计的主流方法之一，是在SoC中的集成方式及应用场景。芯片设计中的IP核具有特定功能的可复用的标准性和可交易性，已经成为集成电路设计技术的核心与精华。

IP核设计电路的特点是：

(1) 具有相当的灵活度。

(2) AI算法推动IP核研发加速。

(3) IP验证贯穿于整个设计流程。

(4) IP核已经变成系统设计的基本单元，独立设计成果被交换、转让和销售。

芯片行业中所说的IP核是指芯片中具有独立功能的电路模块的成熟设计。该电路模块设计可以应用在包含该电路模块的其他芯片设计项目中，从而减少设计工作量，缩短设计周期，提高芯片设计的成功率。该电路模块的成熟设计凝聚着设计者的智慧，体现了设计者的知识产权，因此，芯片行业就用IP核(Intellectual Property Core)来表示这种电路模块的成熟设计。IP核也可以理解为芯片设计的中间构件。

一般说来，一个复杂的芯片是由芯片设计者自主设计的电路部分和多个外购的IP核连接构成的。要设计这样结构的一款芯片，设计公司可以外购芯片中所有的IP核，仅设计芯片中自己有创意的、自主设计的部分，并把各部分连接起来。

可见芯片设计过程就像系统电路板开发过程一样，是用已有的、成熟的IP核(或者芯片)进行布局、摆放和信号连接的过程，这种过程可以称为对IP核(或者芯片)的复用。不同的是，系统电路板上除了芯片和连接线之外，系统开发者很少自主开发自己的芯片。而在芯片设计过程中，芯片上除了采用外购的IP核之外，一般说来，芯片设计者还要设计一部分自己的电路，并完成各部分之间的信号连线，最后还要对整个芯片的功能、性能进行制造前的反复检查和验证。

如果以上介绍还显得太过专业，还可以用拼图画来对芯片设计打比方，可以把芯片抽象地理解成拼图画。复杂芯片的设计过程就像要拼好这幅图画一样，用现有的图块(IP核)拼接美丽图画(复杂芯片)。同时，芯片设计要考量IP核的许多参数和指标，并要把各个IP核和自主设计部分正确连接，保证整个芯片的功能和性能正确无误。

IP核被其他芯片设计公司采用，行业内称为IP复用。专门设计相对独立的电路功能模块，目的是推广给其他芯片设计公司进行复用，这种设计工作称为IP开发。专门从事IP开发的公司称为IP厂商或者IP提供商。IP厂商把IP销售给芯片设计公司是一种IP交易行为。

2. IP的由来和作用

IP的由来要从早期的芯片设计过程讲起。早期芯片的集成规模有限，设计复杂度不高，芯片上所有的电路都是由芯片设计者自主完成的。设计水平不高、能力有限的芯片公司只能设计规模小的简单的芯片。设计水平高、能力强的芯片公司才可以设计规模大、功能复杂的芯片。这个时期，不论芯片规模大还是小，芯片从“头”到“脚”都是由芯片公司自己设计的。早期的高端芯片基本上都是由为数不多的大型国际芯片公司把持的。

随着现代信息社会对芯片要求提升，芯片的规模呈指数性增加，复杂性急剧增大。中小型芯片公司要独立完成一款复杂芯片设计几乎变得不太可能。特别是20世纪80年代末，芯片行业出现了晶圆代工(Foundry)商业模式，大批的中小微芯片设计公司(Fabless)应运而生。这个时期，芯片设计行业急需解决小芯片公司无法设计大芯片的难题。

解决这一难题的启发思路很多。例如：搭积木和拼图画玩具；由标准件设计大型机器；由软件子程序(或者中间件)调用设计大型软件；用芯片搭建大型电子系统等。思路都是重复使用预先设计好的成熟的构件来搭建更复杂的系统，省掉对构件内部问题的考虑，化繁为简；重复使用构件，减少重复劳动，节省时间；重复使用构件，提高整个复杂系统搭建的成功率。

芯片设计行业中的IP核开发和IP复用，就是在这些思路启发下形成的。IP核就类似于上述的构件。IP核是预先设计好的具有独立功能的电路模块设计。有了IP核这种构件，大的复杂的芯片设计就变得较容易、周期短、易成功。

IP的作用主要有四个方面，一是使芯片设计化繁为简，缩短芯片设计周期，提高复杂芯片设计的成功率；二是IP开发和IP复用技术使小公司设计大芯片成为可能；三是使系统整机企业可以设计自己的芯片，提升自主创新能力和整机系统的自主知识产权含量；四是使芯片设计行业摆脱传统IDM模式，成为产业链上独立的行业，促进了芯片设计业迅猛发展。

目前，许多中小微芯片设计公司虽然设计能力和水平有限，但出于抢占市场，缩短芯片设计周期的需要，会外购许多IP核来完成自己的芯片设计项目。业界的IP开发商、IP提供商数量不断增加，也变得越来越专业。各种功能、各种类型的IP核不断涌现。IP交易活动也日趋普遍，交易金额也越来越大。

3. IP核的种类和举例

IP(Intelligent Property)核是具有知识产权核的集成电路核总成，是经过反复验证过的，具有特定功能的宏模块，与芯片制造工艺无关，可以移植到不同的半导体工艺中。IP核模块有行为(Behavior)、结构(Structure)和物理(Physical)三级不同程度的设计，对应描述功能行为的不同分为三类，即软核(Soft IP core)、完成结构描述的固核(Firm IP core)和基于物理描述并经过工艺验证的硬核(Hard IP core)。这相当于集成电路(器件或部件)的毛坯、半成品和成品的设计技术。

(1) 软核：它是用硬件描述语言(HDL)设计的独立功能的电路模块。从芯片设计程度来看，它只经过了RTL级设计优化和功能验证，通常是以HDL文本形式提交给用户。所以它不包含任何物理实现信息，因此，软核与制造工艺无关。软核相当于软件编程的库。软核的设计周期短，设计投入少。由于不涉及物理实现，为后续设计留有很大的发挥空间，增大了IP的灵活性和适应性。

用户购买了IP软核后，可以自行综合出正确的门电路级设计网表，并可以进行后续的结构设计，具有很大的灵活性。借助于EDA综合工具，用户可以很容易与其他IP软核以及自主设计的电路部分合成一体，并根据各种不同半导体工艺，设计成具有不同性能的芯片。大多数应用于FPGA的IP核均为软核，软核有助于用户调节参数并增强可复用性。

(2) 固核：它的设计程度介于软核和硬核之间，是软核和硬核的折中。它除了完成软核所有的设计外，还完成了门级电路综合和时序仿真等设计环节。一般地，它以门级电路网表的形式提供给用户。

(3) 硬核：它提供了电路设计最后阶段掩模级的电路模块。它以最终完成的布局布线网表形式提供给用户。硬核既具有结果的可预见性，也可以针对特定工艺或特定IP提供商进行功耗和尺寸的优化。

所以，三种类型的IP核是电路功能模块设计在不同设计阶段的产物，如图5-10所示。

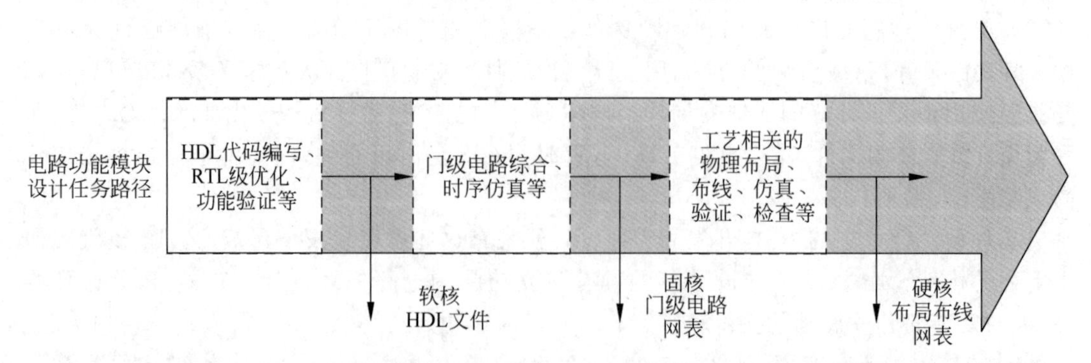

图5-10 在电路功能模块设计的不同阶段，可得到不同类型的IP核

用户经过精心评测和选择，购买了 IP 厂商的 IP 核后，开始设计自己的芯片。前文讲过，一个复杂芯片一般由购买的 IP 核和用户自主设计的电路部分组成。芯片设计过程包括了行为级、结构级和物理级三个阶段。行为级和结构级设计阶段的工作一般称为前端设计，物理级设计阶段的工作一般称为后端设计。图 5-11 的示意图说明，不同类型的 IP 核是在不同的设计阶段中加入整个芯片设计中去的。

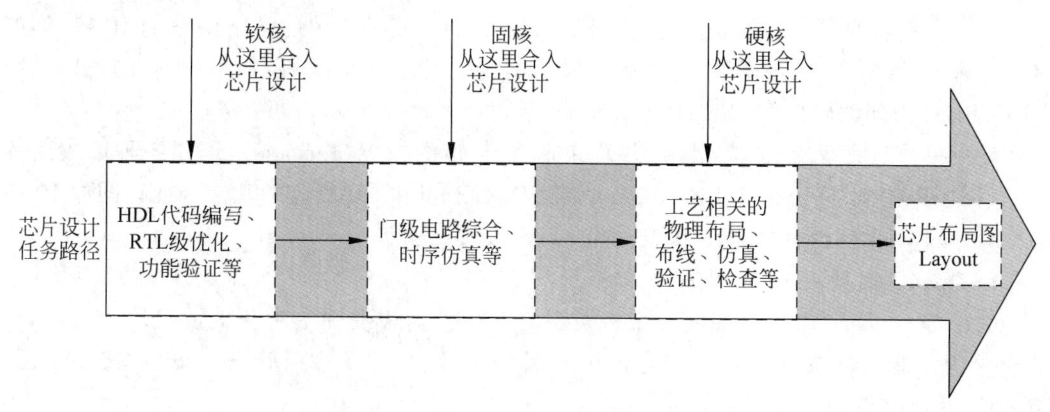

图 5-11 在设计的不同阶段集合 IP 核

三种类型的 IP 核各有优缺点，用户会根据自己的实际需要来选择。以下是三种 IP 核的优缺点简要总结。

软核：它以综合源代码的形式交付给用户，其优点是源代码灵活，在功能一级可以重新配置，可以灵活选择目标制造工艺。灵活性高、可移植性强，允许用户自配置。其缺点是对电路功能模块的预测性较差，在后续设计中存在发生错误的可能性，有一定的设计风险；在一定程度上使后续工序无法适应整体设计，从而需要一定程度的软 IP 修正，在性能上也不可能获得全面的优化。用户可以综合出正确的门电路级网表，并可以进行后续结构设计，具有最大的灵活性。这使得软核的知识产权保护难度较大(如：调用一个 PLL 的 IP 核，通过修改代码参数可以实现不同频率的倍频)。同时，如果后续设计不当，有可能导致整个结果失败。软核又称作虚拟器件。

固核：它的灵活性和成功率介于软核和硬核之间，是一种折中的类型。和软核相比，固核的设计灵活性稍差，但在可靠性上有较大提高。目前，固核是 IP 核的主流形式之一。对于那些对时序要求严格的内核(如 PCI 接口内核)，可预测布线特定信号或分配特定的布线资源，以满足时序要求。这些内核可归类为固核，由于内核是预先设计的代码模块，因此这有可能影响包含该内核的整体设计。由于内核的建立(Setup)、保持(Hold)时间和握手信号都可能是固定的，因此其他电路的设计都必须考虑与该内核进行正确地接口。如果内核具有固定布局或部分固定的布局，那么这还将影响其他电路的布局。

硬核：它的最大优点是确保性能，如速度、功耗等达到预期效果。然而，硬核与制造工艺相关，难以转移到新的工艺或者集成到新的结构中去，是不可以重新配置的。硬核不许修改的特点使其复用有一定的困难，因此只能用于某些特定应用，使用范围较窄。尽管硬核由于缺乏灵活性而可移植性差，但由于无须提供寄存器转移级(RTL)文件，因而更易于实现 IP 保护，即硬核的知识产权保护最为方便。

IP 核的举例，最典型有 ARM 公司的各种类型的 CPU IP 核。许多 IP 供应商提供的

DSP IP 核、USB IP 核、PCI-X IP 核、Wi-Fi IP 核、以太网 IP 核、嵌入式存储器 IP 核等，五花八门，品种繁多。

如果按大类分，大体上可分为处理器和微控制器类 IP 核、存储器类 IP 核、外设及接口类 IP 核、模拟和混合电路类 IP 核、通信类 IP 核、图像和媒体类 IP 核等。

Intel 公司的 IP 核分两种：

一种是免费的 IP 核，不需要另外的授权(License)，就是所谓的基本函数的 IP 核，例如浮点运算、普通运算、三角函数、基本的存储器 IP 核、配置功能 IP 核、PLL、所有的桥以及所有的 FPGA 内部的硬核即 NiosII(不含源码)等。

另外一种是收费的 IP 核，需要购买单独的 IP 核的授权(License)，例如各种以太网软 IP 核、PCI-E 软 IP 核、CPRI、Interlaken 协议、PCI、RapidIO 和所有的几十个视频图像 IP 核以及所有的 DDR1/2/3/4 软 IP 核、256 位 AES 硬件加密等。

4. OpenCore Plus IP 核评估

免费 OpenCore Plus 功能允许用户购买之前在仿真和硬件中对获得授权的 MegaCore IP 核进行评估。如果用户决定将自己的设计投入生产，请购买 MegaCore IP 核许可证。OpenCore Plus 支持如下评估：

(1) 在用户的系统中仿真已授权 IP 核的行为。

(2) 快速又简易地验证 IP 核的功能性、大小和速度。

(3) 为包含 IP 核的设计生成有限时的器件编程文件。

(4) 使用自己的 IP 核对器件进行编程并验证自己的硬件设计。

OpenCore Plus 评估支持如下两种操作模式：

(1) Untethered——有限时间内运行包含已授权 IP 核的设计。

(2) Tethered——长期或无限期运行包含已授权 IP 核的设计。此操作需要连接电路板和主机。

注：如果设计中的任何 IP 核超时，则使用 OpenCore Plus 的所有 IP 核同时超时。

5.2.2 8B/10B 核的使用

8B/10B 编译码器主要用于千兆位以太网、光纤信道及其他应用的物理层编码。8B/10B 编码器以字节作为输入，生成直流(DC)平衡数据流(数据中的 0 和 1 个数相等)，最大长度为 5。也有一些独特的 10 比特码中 0 和 1 的个数接近：例如 4 个 0 和 6 个 1，或者 6 个 0 和 4 个 1。对于这种情况，0 和 1 个数之差作为下一个 10 比特码生成的输入，从而在数据流中保持总的 0 和 1 个数平衡。为此，某 8 比特输入会根据输入不一致性而得到 2 个有效的 10 比特码。

Intel 公司 8B/10B 编码器/译码器能够生成满足上述要求的编码器和译码器。

1. 功能和特点

Intel 公司 8B/10B 编码器/译码器 IP 核的主要功能特点是：

(1) 支持 8B/10B 编码和译码。

(2) 可以级联编码和译码。

(3) 支持与工业标准兼容的特殊字符编码。

(4) 易用的 IP 向导简单接口。

(5) 提供 Intel 公司支持的、在 VHDL 和 Verilog HDL 仿真器中使用的功能仿真模型。

(6) 支持 Arria GX、Arria Ⅱ GX，Cyclone，Cyclone Ⅱ，Cyclone Ⅲ，Cyclone Ⅲ LS，Cyclone Ⅳ(E 和 GX)，HardCopy Ⅱ HardCopy Ⅲ，HardCopy Ⅳ (E 和 GX)，Stratix，Stratix GX，Stratix Ⅱ Stratix Ⅱ GX，Stratix Ⅲ和 Stratix Ⅳ系列 FPGA。

2. 接口信号说明

8B/10B 编/译码器 IP 核的接口信号描述如图 5-12 所示。

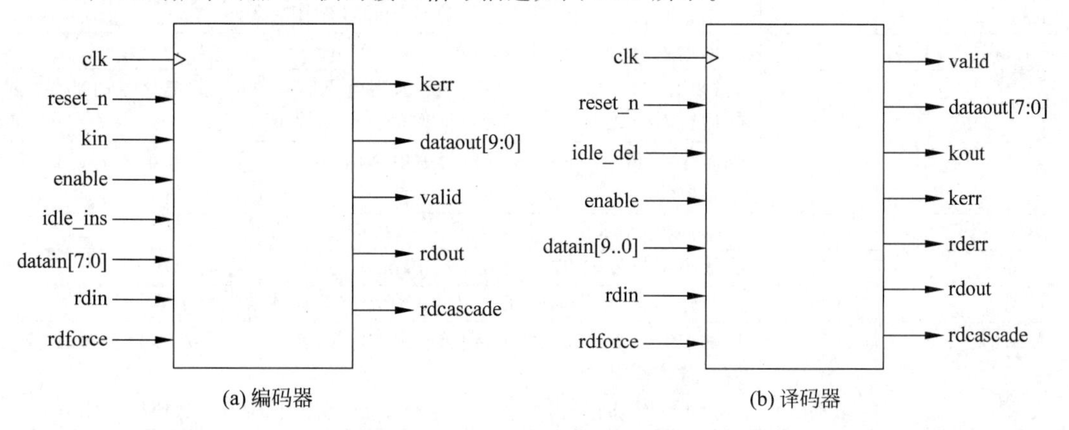

图 5-12 8B/10B 编/译码器 IP 核的接口信号

表 5-6 和表 5-7 分别给出了 8B/10B 编/译码器 IP 核的接口信号说明。

表 5-6 8B/10B 编码器 IP 核的接口信号说明

信号名称	信号方向	说 明
clk	I	系统时钟，带锁存，输入和输出之间有 3 个时钟周期的延时
reset_n	I	低电平有效的异步复位信号，用于复位 IP 核的所有寄存器，须由 clk 的上升沿同步清除
kin	I	命令字节指示，为高电平时表示输入的是命令字节而非数据字节
enable(ena)	I	编码器使能，高电平有效，表示对输入端口 datain 上的当前数据进行编码
idle_ins	I	空闲字符插入，高电平且当 ena 为低电平时插入空闲字符 K28.5
datain[7：0]	I	数据输入，可以是 8 位的字、数据或命令
rdin	I	运行不一致 RD 输入，当 rdforce 为高电平时，该端口的值代替内部生成的运行不一致 RD 值，作为当前的运行不一致 RD 值
rdforce	I	强制运行不一致 RD，该引脚为高电平时，rdin 值覆盖内部生成的运行不一致取值
kerr	O	特殊控制符 K 码错误，当 ena 和 kin 均为高电平且 datain 的值不是有效特殊 K 字符时，该信号置为高电平
dataout[9：0]	O	数据输出，是 10 位的编码输出
valid	O	有效标记信号，高电平时表示在 dataout 端口上出现有效编码字
rdout	O	运行不一致输出，在编码字出现在 dataout 输出之后的当前运行不一致 RD 值
rdcascade	O	级联的运行不一致，仅在级联编码器时使用

表 5-7 8B/10B 译码器 IP 核的接口信号说明

信号名称	信号方向	说　明
clk	I	系统时钟,带锁存,输入和输出之间有 2 个时钟周期的延时
reset_n	I	低电平有效的异步复位信号,用于复位 IP 核的所有寄存器,须由 clk 的上升沿同步清除
enable(ena)	I	译码器使能,高电平有效,表示对输入端口 datain 上的当前数据进行译码
idle_del	I	空闲删除信号,高电平时从数据流中移除空闲字符 K28.5
datain[9：0]	I	数据输入,10 位已编码的输入字
rdin	I	运行不一致 RD 输入,当 rdforce 为高电平时,该端口的值代替内部生成的运行不一致 RD 值,作为当前的运行不一致 RD 值
rdforce	I	强制运行不一致 RD,该引脚为高电平时,rdin 值覆盖内部生成的运行不一致取值
dataout[7：0]	O	数据输出,是 8 位的译码数据或命令
valid	O	有效标记信号,高电平时表示在 dataout 端口上出现有效译码字
kout	O	命令输出,高电平时表示输出的是命令字节而非数据字节
kerr	O	特殊控制符 K 码错误,当接收到无效 10 位字或 10 字节 ERR 字符时,该信号置为高电平
rderr	O	运行不一致错误,为高电平时表示已经违背运行时不一致原则
rdout	O	运行不一致输出,在译码字出现在 dataout 输出之后的当前运动不一致 RD 值
rdcascade	O	级联的运行不一致,仅在级联译码器时使用

8B/10B 编/译码器的设计参数有两个：一个是操作模式,可以选择实现编码器或者译码器；另一个是选择是否寄存输入/输出,该参数只对编码器生效,如果选择寄存,则为 3 个时钟周期的延时,否则是 1 个时钟周期的延时。

3. 功能描述和信号时序分析

Intel 公司 8B/10B 编译码器 IP 核包括一个编码器(ENC 8B/10B)和一个译码器(DEC 8B/10B)IP 核。编码器将输入的 8 位字节编码成 10 位传输码字,译码器接收 10 位码字进行译码得到 8 位字节数据,图 5-13 给出了双向转换过程。

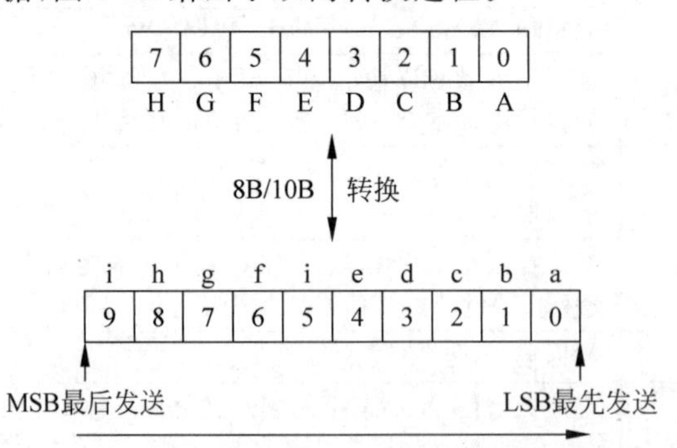

图 5-13　8B/10B 编译码器数据转换过程

假设原始 8 位数据从高到低用 HGFEDCBA 表示,8B/10B 编码将 8 位数据分成高 3 位 HGF 和低 5 位 EDCBA 两个子组。然后经过 5B/6B 编码,将低 5 位 EDCBA 映射成 abcdei；高 3 位经过 3B/4B 编码,映射成 fghj,最后合成 abcdeifghj 发送。发送时是由最低位 LSB,a 先发送。其具体的编码原理如图 5-14 所示。

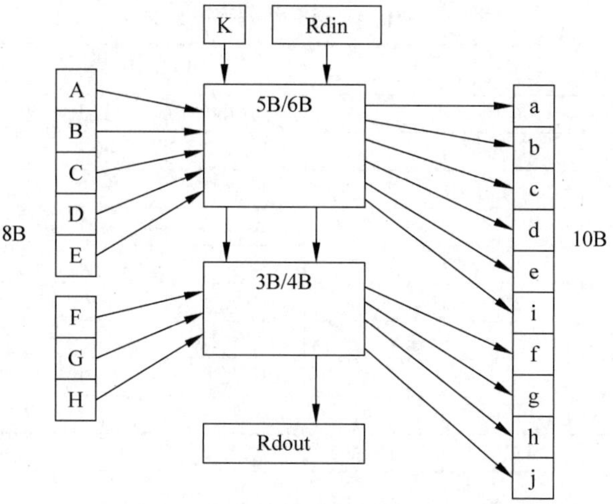

图 5-14 8B/10B 编码原理

通常,认为会将低 5 位 EDCBA 按其十进制数值记为 x,将高 3 位按其十进制数值记为 y,将原始 8 位数据记为 D. x. y。例如 8 位数“101 10101”,即十进制数 181,按照上述划分原则 x=10101(21),y=101(5),所示这个数被表示为 D. 21. 5。此外,在进行传输时,除了传输数据本身,还需要嵌入一些控制信号。因此,在 8B/10B 编码中,还需用到 12 种控制字符,用来标识传输数据的开始和结束、传输空闲等状态,按照上述规则,将控制字符记为 K. x. y。

8 位原始数据对应 256 个码,加上 12 种控制字符,而编码后的 10 位数据有 1024 个码,肯定有很多是用不到的,故需选择其中一部分来表示 8 位数据,所选的码字 0 和 1 的数量应尽可能相等。具体编码映射关系分别如表 5-8 和表 5-9 所示,特殊控制符 K 的编码映射表如表 5-10 所示。

表 5-8 5B/6B 子模块编码映射关系

Input		RD=−1	RD=+1	Input		RD=−1	RD=+1
symbol	EDCBA	abcdei		symbol	EDCBA	abcdei	
D. 00	00000	100111	011000	D. 16	10000	011011	100100
D. 01	00001	011101	100010	D. 17	10001	100011	
D. 02	00010	101101	010010	D. 18	10010	010011	
D. 03	00011	110001		D. 19	10011	110010	
D. 04	00100	110101	001010	D. 20	10100	001011	
D. 05	00101	101001		D. 21	10101	101010	
D. 06	00110	011001		D. 22	10110	011010	
D. 07	00111	111000	000111	D/K. 23	10111	111010	000101
D. 08	01000	111001	000110	D. 24	11000	110011	001100
D. 09	01001	100101		D. 25	11001	100110	
D. 10	01010	010101		D. 26	11010	010110	
D. 11	01011	110100		D/K. 27	11011	110110	001001
D. 12	01100	001101		D. 28	11100	001110	
D. 13	01101	101100		K. 28	11100	001111	110000
D. 14	01110	011100	101000	D/K. 29	11101	101110	010001
D. 15	01111	010111		D/K. 30	11110	011110	100001
				D. 31	11111	101011	010100

表 5-9　3B/4B 子模块编码映射关系

Input		RD=−1	RD=+1	Input		RD=−1	RD=+1
symbol	HGF	fghj		symbol	HGF	fghj	
D. x. 0	000	1011	0100	K. x. 0	000	1011	0100
D. x. 1	001	1001		K. x. 1	001	0110	1001
D. x. 2	010	0101		K. x. 2	010	1010	0101
D. x. 3	011	1100	0011	K. x. 3	011	1100	0011
D. x. 4	100	1101	0010	K. x. 4	100	1101	0010
D. x. 5	101	1010		K. x. 5	101	0101	1010
D. x. 6	110	0110		K. x. 6	110	1001	0110
D. x. P7	111	1110	0001				
D. x. A7	111	0111	1000	K. x. 7	111	0111	1000

表 5-10　特殊控制符 K 的编码映射表

Input		RD=−1	RD=+1
symbol	HGFEDCBA	abcdeifghj	abcdeifghj
K28. 0	000 11100	001111 0100	110000 1011
K28. 1	001 11100	001111 1001	110000 0110
K28. 2	010 11100	001111 0101	110000 1010
K28. 3	011 11100	001111 0011	110000 1100
K28. 4	100 11100	001111 0010	110000 1101
K28. 5	101 11100	001111 1010	110000 0101
K28. 6	110 11100	001111 0110	110000 1001
K28. 7	111 11100	001111 1000	110000 0111
K23. 7	111 10111	111010 1000	000101 0111
K27. 7	111 11011	110110 1000	001001 0111
K29. 7	111 11101	101110 1000	010001 0111
K30. 7	111 11110	011110 1000	100001 0111

1）直流平衡

高速串行总线通常会使用交流（AC）耦合电容，而通过编码技术使得直流平衡（DC Balance）的原理可以从电容“隔直流、通交流”的角度理解。如图 5-15 所示，直流平衡时，位流中的 1 和 0 交替出现，可认为是交流信号，可以顺利地通过电容；直流不平衡时，位流中出现多个连续的 1 或者 0，可认为该时间段内的信号是直流，通过电容时会因为电压位阶的关系导致传输后的编码错误。高速串行总线采用编码技术的目的是平衡位流中的 1 和 0，从而达到直流平衡。大多数串行电路都是交流耦合（AC Coupling），就是会在发送端（TX）串接电容。电容是隔直通交的，如果不做直流平衡，会把直流信号滤除，信号会畸变。但并不是所有的串行电路标准都是交流耦合，比如 HDMI 就是直流耦合（DC Coupling），也就是说 HDMI 标准电气编码并不是直流平衡的。

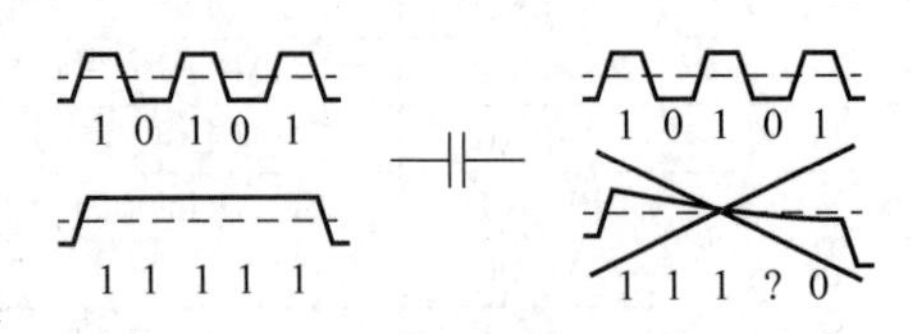

图 5-15　DC 平衡概念

2）不一致性（Disparity）和极性偏差（Running Disparity，RD）

为了明白 8B/10B 的编码原理，首先要明白两个重要的概念：“不一致性”（Disparity）和

“极性偏差”(Running Disparity,RD),也称运行不一致性。

不一致性(Disparity)表示编码后的码型数据中“1”的个数与“0”的个数的差值。由编码规则可知：不一致性的取值只有“+2”(“0”比“1”多两个)、“0”(“0”和“1”数量相等)和“−2”(“0”比“1”少两个)。编码中“1”和“0”数量相等的码字称为“完美平衡码”。

RD是对编码后的数据流不一致性的一个统计,如果“1”的个数大于“0”的个数,则RD取正,记为RD+；如果“1”的个数小于“0”的个数,RD取负,记为RD−。8B/10B编码由3B/4B编码和5B/6B编码两部分组合而成,通过传递RD参数来使整个编码结果具有很好的直流平衡性。

在编码时,RD的初始值为负,即RD−,根据当前的RD值,决定相应的编码输出。例如：在表5-9中,对于D.x.3(011),其对应的4B码字有两种：1100和0011,若此时RD为负,则取1100作为其对应的4B码字输出,同时检验此时的编码是否为完美编码,如果是完美编码,则保持RD的极性不变；否则改变RD的极性。通过控制RD的极性,同时在编码时根据RD的极性选择相对应的编码值,使得编码后的数据流有更好的直流平衡特性。具体关系如图5-16所示。

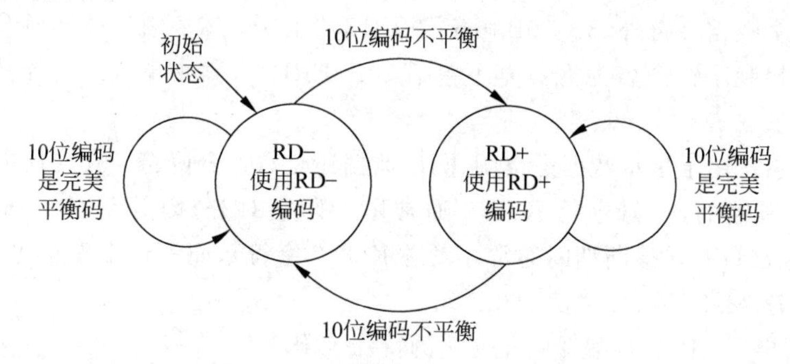

图5-16　根据RD值不同时的编码

编码时,数据不断地进入8B/10B编码器生成10位数据,前面所有已编码的10位数据不一致性累积产生的状态就是运行不一致性,即RD。

在满足下列任何条件时运行不一致错误输出信号rderr置为高电平：

- 当前运行不一致RD为正且6比特码组中1的个数大于0的个数或者为111000；
- 当前运行不一致RD为负且6比特码组中0的个数大于1个或者为000111；
- 在6比特码组之后,运行不一致RD为正且4比特码组中1的个数大于0的个数或者为1100；
- 在6比特码组之后,运行不一致RD为负且4比特码组中0的个数大于1的个数或者为0011。

rderr仅用来标识一些无效的10比特编码,严格根据上述规则确定置为高电平还是低电平,rderr的计算与特殊控制符K码错误 (kerr)信号完全无关。对于有效编码但不一致性错误的10比特码字从技术上说是无效码字,但不会使kerr信号置为高电平,仅使rderr信号置为高电平。

3) 通用处理过程

8B/10B编译码器IP核的通用应用框架(GFP)如图5-17所示。

在传输网络的入口,如果译码器接收到无组织的码字(例如,非法码字或存在运行不一

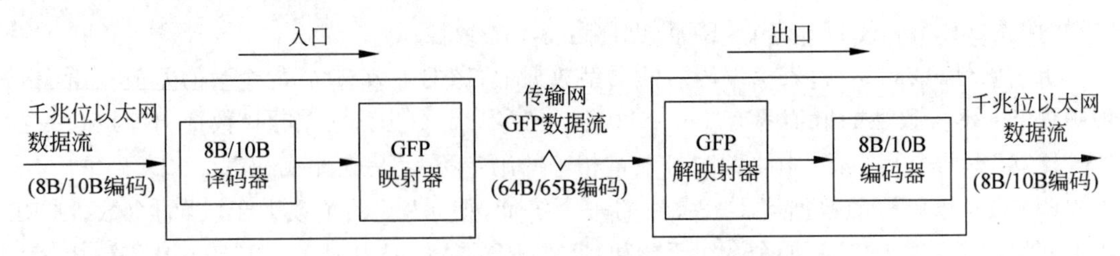

图 5-17　8B/10B 编译码器 IP 核的通用应用框架

致错误的码字)，则将 kerr 或 rderr 信号分别置为高电平。通过将这些错误指示信号置位，译码器提示映射器接收到了无效码字，映射器据此产生一个特殊控制字符 10B_ERR 字。另外，映射器在将数据发送到传输网络之前重新映射 8B/10B 码字到 64B/65B 码字。

在传输网络的出口，解映射器解码 64B/65B 码字并将结果送给 8B/10B 编码器。当编码器收到 10B_ERR 码字时，编码器根据运行不一致 RD 的情况选择两个具有中立 RD 的非法码字之一发送：0011110001(RD－)或 110000 1110(RD＋)。

4）特殊 K 码

除了 256 个数据字符外，8B/10B 码定义了 13 个特殊控制字符。256 个数据字符命名为 Dx. y，特殊控制字符命名为 Kx. y(不包括 10B_ERR)。其中 x 表示 5 比特组的值，y 表示 3 比特组的值。

特殊控制字符用于指示数据是空闲、测试数据还是数据分隔符。在应用中，编码的字符是逐比特串行传输的，逗号字符 K28. 5 通常用于码字对齐，因其 10 比特码只会出现在 K28. 7 字符之后(只有在诊断期间通常才发送 K28. 7 字符)，而不会出现在比特流的其他位置。除此之外，K28. 5 还可以表示 IDLE 码。

表 5-11 给出了 8B/10B 编译码器使用的特殊 K 码。

表 5-11　特殊 K 码

10 比特特殊 K 码	等价的 8 比特码	10 比特特殊 K 码	等价的 8 比特码
K28. 0	8'b00011100	K28. 1	8'b00111100
K28. 2	8'b01011100	K28. 3	8’b01111100
K28. 4	8’bl0011100	K28. 5	8’b10111100
K28. 6	8’b11011100	K28. 7	8’b11111100
K23. 7	8’b11110111	K27. 7	8’b11111011
K29. 7	8’b11111101	K30. 7	8’b11111110
10B_ERR	8’b11111111		—

5）编码器

要编码 8 比特数据字，必须在 datain 输入端口上提供 8 比特数值且 ena 输入信号必须置为有效的高电平。当插入特殊 10 比特码字时，等价的 8 比特码放置在 datain 输入端口上并且 将 kin 输入信号置为高电平。8B/10B 编译码器进行错误检查以确保特殊控制字符是有效的，如果是无效的，则将 kerr 输出信号置为高电平。但必须注意：尽管 10B_ERR 码被看作无效特殊字符，但插入该码时不会造成 kerr 信号置位(置为高电平)。

如果在 idle_ins 输入为高电平，则在 ena 信号没有置位时，会自动插入空闲字符 K28. 5。编码器对无效字符采用与 IDLE(空闲)码 K28. 5 一样的方式进行编码，译码器将无效字符看作空闲码 IDLE。

运行不一致性 RD 可以强制为正或负，从而允许用户插入特殊的重同步模板或不一致错误。当 rdforce 输入信号置为高电平时，rdin 端口上的值就被当作当前的运行不一致性 RD。当 rdin 为 0 时，则强制编码器产生一个负或中立不一致性的编码码字；设置为 1 时，强制编码器产生一个正或中立不一致性的编码码字。

两个编码器级联可以实现 16 比特数据字的编码，通过将高位字节编码器的 rdcascade 输出连接到低位字节编码器的 rdin 输入、同时将低位字节编码器的 rdout 输出连接到高位字节编码器的 rdin 输入来实现编码器的级联。这样连接可以保证正常地运行不一致性计算。如要考虑 rdin 输入端口的值，而不是使用编码器内部生成的运行不一致性 RD 时，必须将编码器的 rdforce 输入信号置为高电平。两个编码器的 ena 输入端口必须同时为高电平或低电平。kin[1]信号对应 datain[15:8]，kin[0]信号对应 datain[7:0]。如果串行传输编码码字，则应该先传输 datain[15:8]总线上的数据。

图 5-18 给出了实现级联编码的两个编码器的连接示意图。

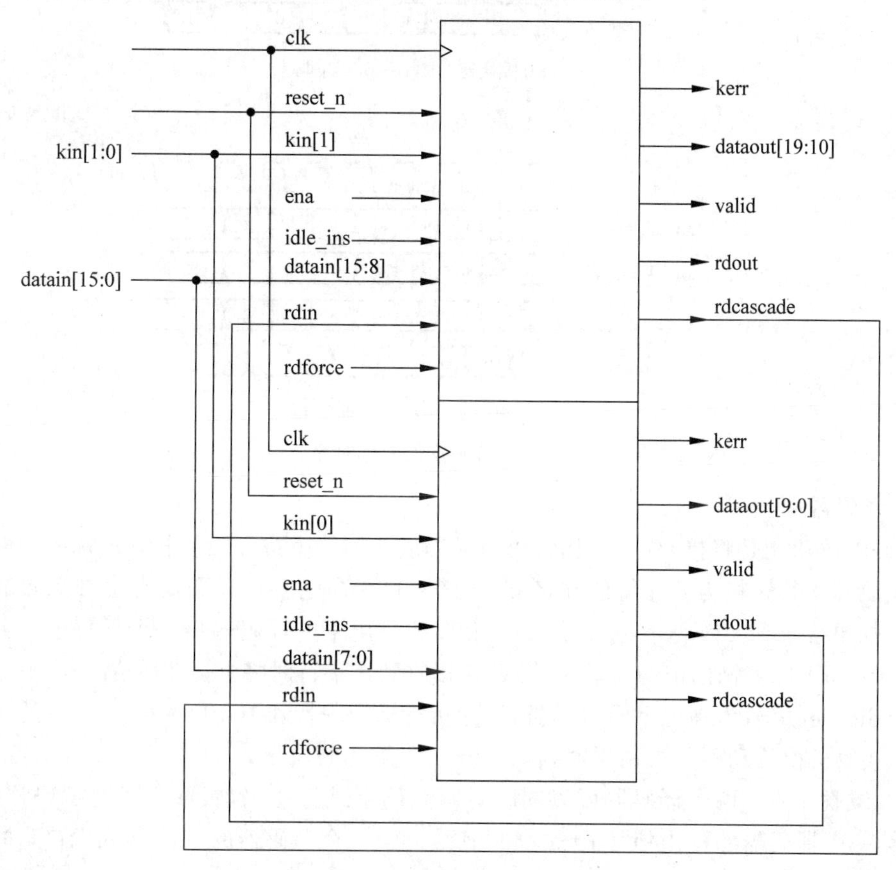

图 5-18 级联编码的连接示意图

其中，ena、idle_ins 和 rdforce 信号置为高电平(逻辑 1)。

实现编码器时，如果选择了参数“寄存输入/输出”，则此编码器是添加流水结构的，因而，对一个字符的编码需要 3 个时钟周期。如图 5-19(a)所示。编码器在第 n 个时钟周期的上升沿采样 datain 和 kin 端口上的数值，在第 $n+2$ 个时钟上升沿之后开始输出编码，在第

$n+3$ 个时钟的上升沿则可输出稳定编码用于采样。级联编码配置下,输入 rdforce 和 rdin 信号的数据通道是没有加流水的。如果在非级联的编码配置中使用 rdforce 和 rdin 输入信号,则应该将它们相对于 datain 和 kin 信号延时 2 个时钟周期。如图 5-19(b)所示。

如果实现编码器时,将“寄存输入/输出”参数关闭,则对一个字符的编码需要 1 个时钟周期。编码器在第 n 个时钟周期的上升沿采样 datain 和 kin 端口上的数值,用于编码,在第 $n+1$ 个时钟周期的上升沿输出稳定的编码用于采样。

图 5-19 给出了上述两种情况下编码器的信号时序。

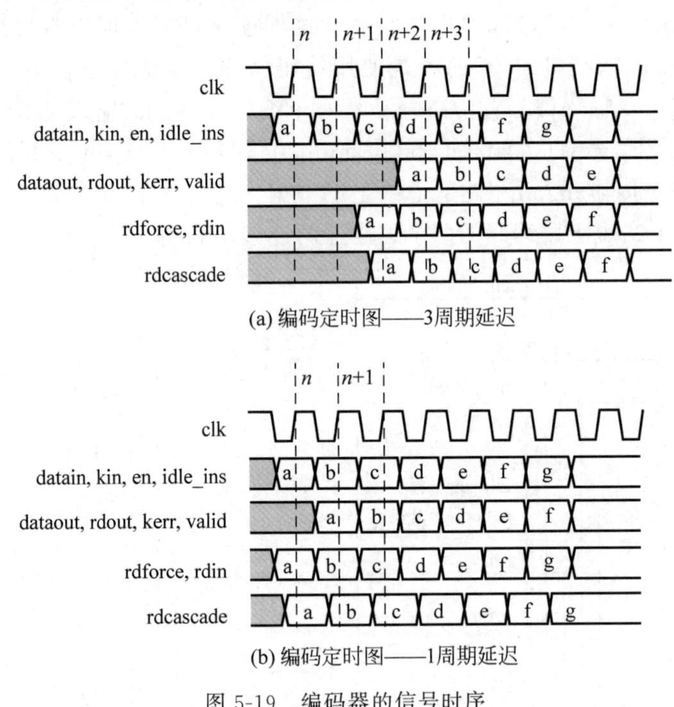

(a) 编码定时图——3周期延迟

(b) 编码定时图——1周期延迟

图 5-19 编码器的信号时序

6) 译码器

译码器的功能是将接收的 10 比特码字译码成 8 比特字符。当接收到特殊的 10 比特 K 码时,译码器将其转换为 8 比特值并将 kout 信号置为高电平。译码器也检查无效的 10 比特码字,如果接收到无效码字,则置位 kerr 信号为高电平并译码输出一个任意值。另外,译码器将 10B_ERR 字符标记为无效字符,并在接收到该字符时将 kerr 信号置为高电平。

当 idle_del 信号为高电平时,译码器删除所有标记为特殊 IDLE 字符 K28.5 的 10 比特码 字。接收机检测到不等式错误时,将 rderr 信号置为高电平。

(1) 级联译码。两个译码器可以同时对两个码字进行译码,级联方式与编码器级联类似:将第一个译码器的输出信号 rdcascade 连接到第二个译码器的 rdin 输入端口,并且将第二个译码器的输出信号 rdout 连接到第一个译码器的 rdin 输入端口。两个译码器的 rdforce 信号必须都置为高电平(连接到逻辑 1)。

在级联译码配置下,馈入 rdin 和 rdforce 信号的数据通道没有加流水。如果在非级联的译码器中使用这两个输入信号,则应将其相对于 datain 和 kin 输入信号延时 1 个时钟周期。

（2）译码延时。译码器是流水的，需要两个时钟周期完成一个字符的译码。相应于在第 n 个时钟周期上升沿采样的数据 datain 值的译码值，在第 $n+1$ 个时钟周期输出，在第 $n+2$ 个时钟周期的上升沿采样可用。

译码器的信号时序如图 5-20 所示。

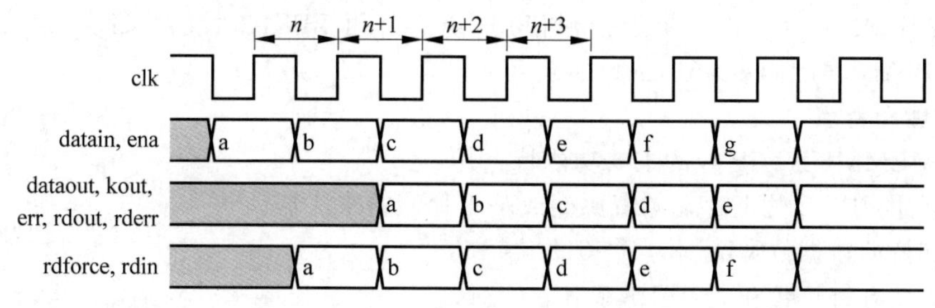

图 5-20　译码器的信号时序

4. 参数设置

在调用过程中，8B/10B 编/译码器 IP 核的参数设置说明请参见表 5-12。

表 5-12　8B/10B 编/译码器 IP 核的参数设置

参　　数	说　　明
操作模式	选择用 IP 核实现 8B/10B 编码器还是 8B/10B 译码器
寄存输入/输出	选择是否寄存输出和输出，值可以是 On 或 Off。选择 On 时有 3 个时钟周期的延时，选择 Off 时延时为 1 个时钟周期

5. 仿真结果

以编码器为例，从如图 5-21 所示的仿真结果可以看出，在使能信号 ena 置为高电平后例化 8B/10B IP 核开始工作，reset_n 置于无效电平 1，此时 datain 为输入的 8 位码字，可以是数据或者命令，经过 8B/10B 编码器之后，10 位输出编码为 dataout。同时在输出码字期间，valid 信号为有效高电平。rdout 为对应当前码字的当前运行不一致 RD 输出值。对于某些 datain 输入码，比如 6BH，76H，E4H，其对应的输出码字维持不变，直到更新输入码字为止，究其原因是其对应的 10 位编码为完美平衡码，即码中 1 的个数和 0 的个数相等，此时输出编码维持不变。而对于另外一类 datain 输入码，比如 BCH，BOH，3FH，则由于其对应的 10 位编码为不完美平衡码，即码中 1 的个数和 0 的个数不相等，则编码在 RD－编码和 RD＋编码之间切换，此时对应的 rdout 输出在 0（即 RD 为－1）与 1（即 RD 为＋1）之间不断切换。

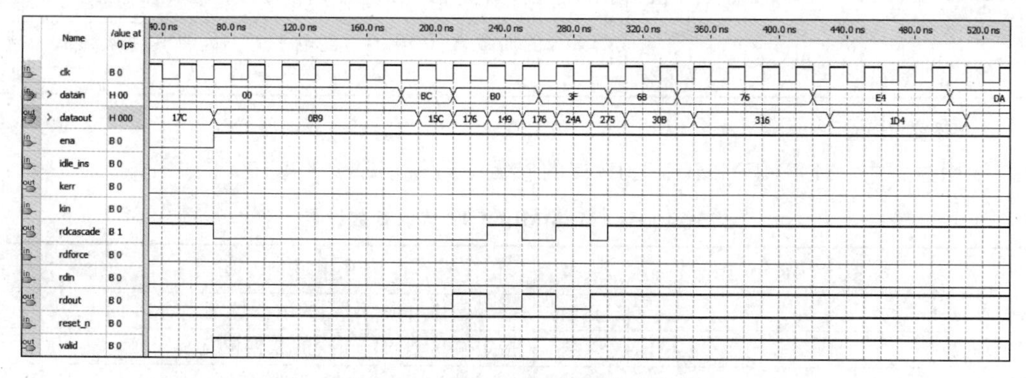

图 5-21　8B/10B 编码器的仿真结果

5.3 原 Altera 公司特定功能 IP 核(ALT 类)

5.3.1 ALTMEMMULT IP 核实现整数乘法

ALTMEMMULT IP 核用于创建使用 Intel 公司 FPGA 片上存储块(M512、M4K、M9K 和 MLAB)实现同步乘法的乘法器。

1. 功能和特点

ALTMEMMULT IP 核的主要功能特点是:

(1) 利用 FPGA 片上存储器资源生成基于存储的乘法器。

(2) 支持的数据位宽范围为 1~512 位。

(3) 支持有符号数和无符号数操作。

(4) 在 RAM 存储器中存储多个常数。

(5) 提供选择 RAM 块类型的选项。

(6) 支持可选的同步复位和加载控制输入。

(7) 支持流水,输出延时固定。

2. 接口信号说明

图 5-22 给出了 ALTMEMMULT IP 核的接口信号描述。ALTMEMMULT IP 核的接口信号说明如表 5-13 所示。

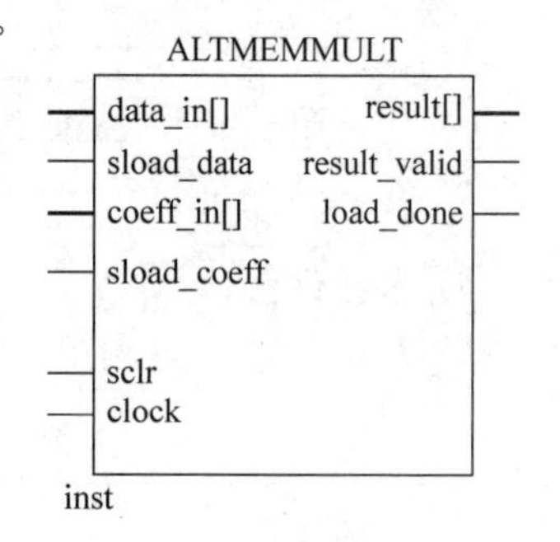

图 5-22 ALTMEMMULT IP 核的接口

表 5-13 ALTMEMMULT IP 核的接口信号说明

信号名称	信号方向	说明
clock	I	乘法器的时钟信号
coeff_in[]	I	系数输入端口,位宽由参数 WIDTH_C 决定
data_in[]	I	数据输入端口,位宽由参数 WIDTH_D 决定
sclr	I	同步复位信号
sel[]	I	固定系数选择,位宽由参数 WIDTH_S 决定
sload_coeff	I	同步加载系数输入,用 coeff_in 输入的值代替当前选择的系数值
sload_data	I	同步加载数据输入,通知进行新的乘法操作并取消已有操作。如果参数 MAX_CLOCK_CYCLES_PER_RESULT 的值为 1,则该信号无效
result[]	O	乘法器输出,位宽由参数 WIDTH_R 决定
result_valid	O	表示在完成乘法运算时输出数据是否有效,如果参数 MAX_CLOCK_CYCLES_PER_RESULT 的值为 1,则不使用该信号
load_done	O	表示已完成新系数的加载,该信号不为高电平时不能将其他系数值加载到存储器

3. 参数设置

调用过程中,ALTMEMMULT IP 核的参数设置说明请参见表 5-14。

表 5-14 ALTMEMMULT IP 核的参数设置

参数名称	类型	说明
WIDTH_D	整数	指定端口 data_in[ ]的数据位宽
WIDTH_C	整数	指定端口 coeff_in[ ]的数据位宽
WIDTH_R	整数	指定端口 result[ ]的数据位宽

续表

参数名称	类型	说明
WIDTH_S	整数	指定端口 sel[ ]的数据位宽
COEFFICIENT0	整数	指定第 1 个固定系数的值
TOTAL_LATENCY	整数	指定从乘法开始到结果可用的总的时钟周期数
DATA_REPRESENTATION	字符串	指定 data_in[ ]输入和预加载的系数是有符号的还是无符号的
COEFF_REPRESENTATION	字符串	指定 coeff_in[ ]输入和预加载的系数是有符号的还是无符号的
MAX_CLOCK_CYCLES_PER_RESULT	整数	指定得到每个结果需要的时钟周期数
NUMBER_OF_COEFFICIENTS	整数	指定查找表中系数的个数
RAM_BLOCK_TYPE	字符串	规定了 RAM 块的类型，包括 AUTO，SMALL，MEDIUM，M512，M4K 默认为 AUTO

此外模型中还包括配置参数 LPM_HINT、LPM_TYPE 和 INTENDED_DEVICE_FAMILY，请读者自行查阅相关文献。

4. 模块原型

下面的程序是利用 MegaWizard 工具调用和配置 ALTMEMMULT IP 核之后，QUARTUS 软件自动生成的元件模型。其中 examplealtmemmult 是使用 MegaWizard 工具调用 IP 核时自行命名的生成元件模型名称。altsyncram 是调用的宏模块元件名，altsyncram1 是其例化名。examplealtmemmult_altmemmult_ktn 则代表包含基本参数配置的宏模块封装元件名。exmplealtmemmult_altmemmult_ktn_component 则是宏模块封装元件的例化名。

【代码 5-5】

```
LIBRARY ALTERA_MF;
 USE ALTERA_MF.ALL;
 -- synthesis_resources = altsyncram 1
LIBRARY IEEE;
USE IEEE.STD_LOGIC_1164.ALL;
ENTITY  examplealtmemmult_altmemmult_ktn IS
    PORT
    (
       clock                          :IN  STD_LOGIC;
       data_in                        :IN  STD_LOGIC_VECTOR (7 DOWNTO 0);
       result                         :OUT  STD_LOGIC_VECTOR (15 DOWNTO 0);
       result_valid                   :OUT  STD_LOGIC
    );
END examplealtmemmult_altmemmult_ktn;
ARCHITECTURE RTL OF examplealtmemmult_altmemmult_ktn IS
    SIGNAL  wire_altsyncram1_q_a      :STD_LOGIC_VECTOR (15 DOWNTO 0);
    COMPONENT  altsyncram
    GENERIC
    (
       ADDRESS_ACLR_A                 :STRING := "UNUSED";
       ADDRESS_ACLR_B                 :STRING := "NONE";
       ADDRESS_REG_B                  :STRING := "CLOCK1";
       BYTE_SIZE                      :NATURAL := 8;
       BYTEENA_ACLR_A                 :STRING := "UNUSED";
```

```
        BYTEENA_ACLR_B                          :STRING := "NONE";
        BYTEENA_REG_B                           :STRING := "CLOCK1";
        CLOCK_ENABLE_CORE_A                     :STRING := "USE_INPUT_CLKEN";
        CLOCK_ENABLE_CORE_B                     :STRING := "USE_INPUT_CLKEN";
        CLOCK_ENABLE_INPUT_A                    :STRING := "NORMAL";
        CLOCK_ENABLE_INPUT_B                    :STRING := "NORMAL";
        CLOCK_ENABLE_OUTPUT_A                   :STRING := "NORMAL";
        CLOCK_ENABLE_OUTPUT_B                   :STRING := "NORMAL";
        ECC_PIPELINE_STAGE_ENABLED              :STRING := "FALSE";
        ENABLE_ECC                              :STRING := "FALSE";
        IMPLEMENT_IN_LES                        :STRING := "OFF";
        INDATA_ACLR_A                           :STRING := "UNUSED";
        INDATA_ACLR_B                           :STRING := "NONE";
        INDATA_REG_B                            :STRING := "CLOCK1";
        INIT_FILE                               :STRING := "UNUSED";
        INIT_FILE_LAYOUT                        :STRING := "PORT_A";
        MAXIMUM_DEPTH                           :NATURAL := 0;
        NUMWORDS_A                              :NATURAL := 0;
        NUMWORDS_B                              :NATURAL := 0;
        OPERATION_MODE                          :STRING := "BIDIR_DUAL_PORT";
        OUTDATA_ACLR_A                          :STRING := "NONE";
        OUTDATA_ACLR_B                          :STRING := "NONE";
        OUTDATA_REG_A                           :STRING := "UNREGISTERED";
        OUTDATA_REG_B                           :STRING := "UNREGISTERED";
        POWER_UP_UNINITIALIZED                  :STRING := "FALSE";
        RAM_BLOCK_TYPE                          :STRING := "AUTO";
        RDCONTROL_ACLR_B                        :STRING := "NONE";
        RDCONTROL_REG_B                         :STRING := "CLOCK1";
        READ_DURING_WRITE_MODE_MIXED_PORTS      :STRING := "DONT_CARE";
        read_during_write_mode_port_a           :STRING := "NEW_DATA_NO_NBE_READ";
        read_during_write_mode_port_b           :STRING := "NEW_DATA_NO_NBE_READ";
        WIDTH_A                                 :NATURAL;
        WIDTH_B                                 :NATURAL := 1;
        WIDTH_BYTEENA_A                         :NATURAL := 1;
        WIDTH_BYTEENA_B                         :NATURAL := 1;
        WIDTH_ECCSTATUS                         :NATURAL := 3;
        WIDTHAD_A                               :NATURAL;
        WIDTHAD_B                               :NATURAL := 1;
        WRCONTROL_ACLR_A                        :STRING := "UNUSED";
        WRCONTROL_ACLR_B                        :STRING := "NONE";
        WRCONTROL_WRADDRESS_REG_B               :STRING := "CLOCK1";
        INTENDED_DEVICE_FAMILY                  :STRING := "Cyclone Ⅲ";
        lpm_hint                                :STRING := "UNUSED";
        lpm_type                                :STRING := "altsyncram"
    );
    PORT
    (
        aclr0                                   :IN STD_LOGIC := '0';
        aclr1                                   :IN STD_LOGIC := '0';
        address_a                               :IN STD_LOGIC_VECTOR(WIDTHAD_A - 1 DOWNTO 0);
        address_b:IN STD_LOGIC_VECTOR(WIDTHAD_B - 1 DOWNTO 0) := (OTHERS => '1');
        addressstall_a                          :IN STD_LOGIC := '0';
        addressstall_b                          :IN STD_LOGIC := '0';
        byteena_a:IN STD_LOGIC_VECTOR(WIDTH_BYTEENA_A - 1 DOWNTO 0) := (OTHERS => '1');
```

```
        byteena_b:IN STD_LOGIC_VECTOR(WIDTH_BYTEENA_B - 1 DOWNTO 0) := (OTHERS => '1');
        clock0                              :IN STD_LOGIC := '1';
        clock1                              :IN STD_LOGIC := '1';
        clocken0                            :IN STD_LOGIC := '1';
        clocken1                            :IN STD_LOGIC := '1';
        clocken2                            :IN STD_LOGIC := '1';
        clocken3                            :IN STD_LOGIC := '1';
        data_a:IN STD_LOGIC_VECTOR(WIDTH_A - 1 DOWNTO 0) := (OTHERS => '1');
        data_b:IN STD_LOGIC_VECTOR(WIDTH_B - 1 DOWNTO 0) := (OTHERS => '1');
        eccstatus:OUT STD_LOGIC_VECTOR(WIDTH_ECCSTATUS - 1 DOWNTO 0);
        q_a                                 :OUT STD_LOGIC_VECTOR(WIDTH_A - 1 DOWNTO 0);
        q_b                                 :OUT STD_LOGIC_VECTOR(WIDTH_B - 1 DOWNTO 0);
        rden_a                              :IN STD_LOGIC := '1';
        rden_b                              :IN STD_LOGIC := '1';
        wren_a                              :IN STD_LOGIC := '0';
        wren_b                              :IN STD_LOGIC := '0'
    );
    END COMPONENT;
BEGIN
   result <= ( wire_altsyncram1_q_a(15 DOWNTO 0));
   result_valid <= '0';
   altsyncram1                              :  altsyncram
     GENERIC MAP (
        INIT_FILE => "examplealtmemmult.hex",
        OPERATION_MODE => "ROM",
        OUTDATA_REG_A => "CLOCK0",
        RAM_BLOCK_TYPE => "AUTO",
        WIDTH_A => 16,
        WIDTHAD_A => 8,
        INTENDED_DEVICE_FAMILY => "Cyclone Ⅲ"
     )
     PORT MAP (
        address_a => data_in(7 DOWNTO 0),
        clock0 => clock,
        q_a => wire_altsyncram1_q_a
     );
END RTL;                                    -- examplealtmemmult_altmemmult_ktn
-- VALID FILE
LIBRARY ieee;
USE ieee.std_logic_1164.all;
ENTITY examplealtmemmult IS
    PORT
    (
        clock                               : IN STD_LOGIC ;
        data_in                             : IN STD_LOGIC_VECTOR (7 DOWNTO 0);
        result                              : OUT STD_LOGIC_VECTOR (15 DOWNTO 0)
    );
END examplealtmemmult;
ARCHITECTURE RTL OF examplealtmemmult IS
    SIGNAL sub_wire0                        : STD_LOGIC_VECTOR (15 DOWNTO 0);
    COMPONENT examplealtmemmult_altmemmult_ktn
    PORT (
        clock                               : IN STD_LOGIC ;
        data_in                             : IN STD_LOGIC_VECTOR (7 DOWNTO 0);
```

```
        result                          : OUT STD_LOGIC_VECTOR (15 DOWNTO 0)
    );
    END COMPONENT;
BEGIN
    result    <= sub_wire0(15 DOWNTO 0);
    examplealtmemmult_altmemmult_ktn_component : examplealtmemmult_altmemmult_ktn
    PORT MAP (
        clock => clock,
        data_in => data_in,
        result => sub_wire0
    );
END RTL;
```

5. 仿真结果

例化参数设置：输入数据 data_in 为 8 位有符号数；常数乘数系数为 8 位有符号数，初值设置成 2。如图 5-23 所示从仿真结果可以看出，数据输出 DOUT 是数据输入 DIN 乘以系数 2 的乘积，并且输出结果相对于输入数据延时 1 个时钟周期。

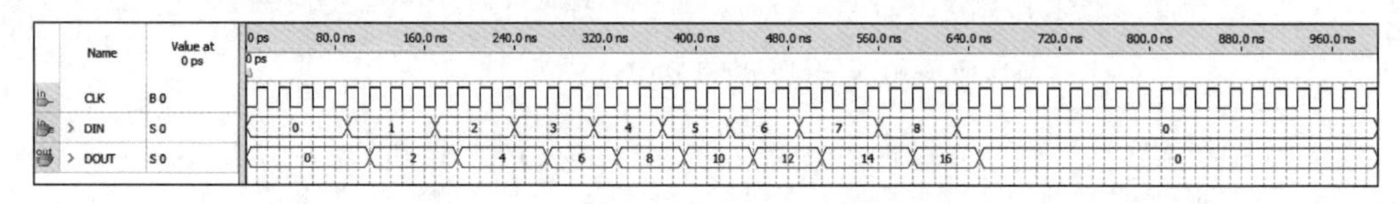

图 5-23 ALTMEMMULT IP 核仿真结果

5.3.2 锁相环 ALTPLL 的调用

锁相环(PLL)IP 核是生成输出时钟(同步于其输入时钟)的闭环频率控制系统，它比较输入信号和压控振荡器(VCO)输出信号之间的相位差并实现相位同步，从而在输入或参考信号的频率上保持固定相位角。同步或系统的负反馈环强制 PLL 锁定相位。PLL 可以配置为频率乘法器、除法器、解调器、跟踪生成器或时钟恢复电路。也可以用 PLL 生成固定频率时钟，配置从有噪信道恢复信号或者在 FPGA 设计中分布时钟信号。

Intel 公司提供了用于实现 PLL 功能的 IP 核 ALTPLL。

1. 功能和特点

ALTPLL IP 核的主要功能和特点如下所述。

(1) 支持五种不同的 PLL 类型(时钟反馈模式)：正常模式、源同步模式、零延时缓存模式、无补偿模式和外部反馈模式。

(2) 支持多种操作模式，具体与所用 FPGA 芯片系列有关。

(3) 支持 pllena、areset 和 pfdena 等控制信号。

(4) 支持两个输入参考时钟的切换。

(5) 提供扩谱时钟。

(6) 支持门锁定和自复位。

(7) 带宽可编程。

(8) 支持 PLL 动态重配置和动态相位配置。

(9) 支持 Intel 公司的 Arria、HardCopy、Cyclone 和 Stratix 系列 FPGA。

2. 接口信号说明

ALTPLL IP 核的接口信号描述如图 5-24 所示。

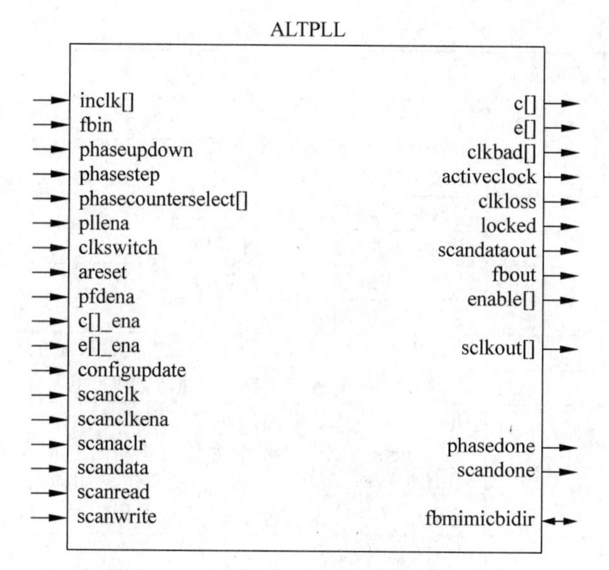

图 5-24　ALTPLL IP 核的接口信号

ALTPLL IP 核的接口信号说明请参见表 5-15。需要说明的是，表中部分信号是针对特定 FPGA 系列芯片的，这里不一一说明。另外，表中的[]在实际例化 IP 核时为具体的整数值，例如 inclk0、inclkl、cl_ena 和 e0_ena 等。

表 5-15　ALTPLL IP 核的接口信号

信号名称	信号方向	说　　明
areset	I	将所有计数器的值复位到初始值，包括 GATE_LOCK_COUNTER 参数
c[]_ena	I	输出时钟 c[]的使能输入端口
clkswitch	I	时钟输入端口 inclk0 和 inclkl 之间动态切换或手动覆盖自动时钟切换的控制输入端口。如果仅创建 inclkl 端口，应该创建该端口
configupdate	I	PLL 的动态配置信号
e[]_ena[]	I	外部输出时钟 e[]的使能输入端口
fbin	I	PLL 的外部反馈输入端口。如果 PLL 操作在外部反馈模式下，则必须创建该端口。为完成反馈环，必须在电路板上将该端口与 PLL 的外部时钟输出端口连接。在 Stratix Ⅲ 系列 FPGA 中，如果 PLL 操作在零延时缓存模式且不使用 fbmimicbidir 端口，则必须将 fbin 端口和 fbout 端口连接在一起
inclk[]	I	驱动时钟网络的时钟输入。如果创建多个 inclk[ ]端口，则必须用 clkselect 端口指定使用的时钟。inclk0 总是连接的，如果需要切换，则还要连接其他的时钟输入。专用时钟引脚或 PLL 输出时钟可以驱动该端口
pfdena	I	使能相位频率检测器(PFD)。禁止 PFD 时，PLL 不管输入时钟如何都连续工作。由于 PLL 输出时钟频率一段时间内不会改变，因此可以在某可靠的输入时钟无效时，用该端口信号实现关闭和清除功能
phasecounterselect[]	I	指定计数器选择
phasestep	I	指定动态相位偏移
phaseupdown	I	指定动态相位调整方向

续表

信号名称	信号方向	说明
pllena	I	PLL 使能信号。置位时 PLL 驱动输出信号,否则不输出。在该信号重新置位时 PLL 必须重新锁定。FPGA 芯片上的所有 PLL 都共用该端口信号
scanaclr	I	实时可编程扫描链的异步复位信号
scanclk	I	串行扫描链的输入时钟端口
scanclkena	I	串行扫描链的时钟使能端口
scandata	I	串行扫描链的数据
scanread	I	控制串行扫描链从 scandata 端口读取数据的控制端口
scanwrite	I	控制实时可编程扫描链写数据到 PLL 的控制端口
activelock	O	用于在时钟切换电路启动时指定哪个时钟为主参考时钟。如果正在使用 inclk0,则该信号变为低电平;如果正在使用 inclk1,则该信号变为高电平。在主参考时钟没有正确切换时,可以将 PLL 设置为自动启动时钟切换或者用 clkswitch 输入端口信号手动启动时钟切换
c[]	O	PLL 的时钟输出
clkbad[]	O	clkbad0 和 clkbad1 检查输入时钟是否正常翻转。如果 inclk0 不能正常翻转,则 clkbad0 变为高电平;如果 inclk1 不能正常翻转,则 clkbad1 变为高电平
clkloss	O	时钟切换电路启动的指示
enable[]	O	使能脉冲输出端口,仅在 PLL 为 LVDS 工作模式时可用
e[]	O	馈入到专用时钟引脚的 PLL 时钟输出
fbout	O	该端口通过模拟电路连接到 fbin 端口。如果没有连接反馈路径,则编辑器自动将该端口连接到 fbin 端口。另外,会自动添加一个 clkbuf 原语来指定使用的资源类型,与其他时钟网络类似。仅在 PLL 处于外部反馈模式时该端口可用
locked	O	该输出端口标识 PLL 实现了相位锁定。在 PLL 锁定后保持为高电平,失锁时保持为低电平
phasedone	O	标识动态相位重配置完成
scandataout	O	串行扫描链的数据输出。可以用于判断什么时候 PLL 完成了重配置。重配置完成时清除最后的输出
scandone	O	标识扫描链写操作启动。当启动扫描链写操作时变为高电平,当扫描链写操作启动完成后变为低电平
sclkout[]	O	串行时钟输出端口,仅在 PLL 处于 LVDS 模式时可用
vcounverrange	O	指示 VCO 频率超出了合法 VCO 范围
vcounderrange	O	指示 VCO 频率与尚未满足合法 VCO 范围
fbmimicbidir	IO	该双向端口连接到模拟电路,必须连接到位于 PLL 的正反馈专用输出引脚中的双向引脚上

需要说明的是,在 Mega Wizard 插件管理器中配置 ALTPLL IP 核的不同功能选项会影响 IP 核的端口设置,而且这些选项都是与具体芯片相关的,且某些端口互相关联。

3. 功能描述

1) PLL 的结构

图 5-25 给出了典型的 PLL 组成结构。

PLL 由预缩放计数器(分频器 N)、相位-频率检测器(PFD)电路、电荷泵、环路滤波器、VCO、反馈计数器(M)和后缩放器(乘法 K 和除法 V)。

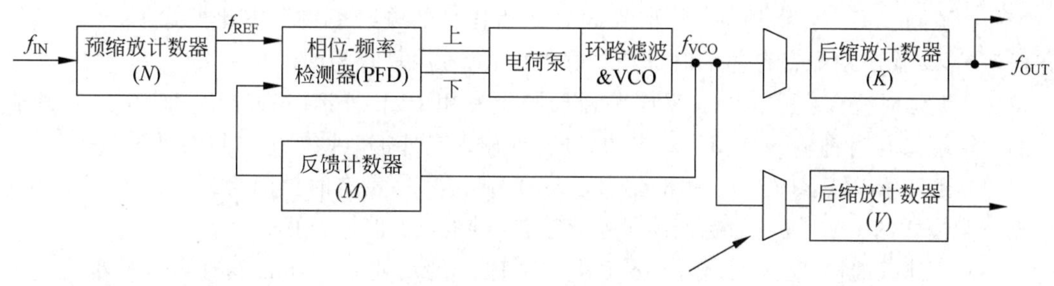

图 5-25　PLL 的组成结构

PFD 检测参考信号(f_{REF})和反馈信号的相位差和频率差，电荷泵将 PFD 的误差信号转换成电流脉冲，环路滤波器对电荷泵输出的电流脉冲进行积分，以生成施加于 VCO 的调谐电压，该电压控制 VCO。VCO 振荡器根据控制电压调整振荡频率，从而改变反馈信号的相位和频率。在 f_{REF} 信号和反馈信号达到相同相位和频率时，PLL 实现相位锁定。在反馈路径中插入计数器 M 的目的是使反馈信号振荡在 f_{REF} 信号频率的 M 倍上。f_{REF} 信号等于输入时钟被预缩放计数器 N 分频后的结果。参考频率定义为 $f_{REF}=f_{IN}/N$，VCO 输出频率为 $f_{VCO}=\frac{f_{IN}M}{N}$，PLL 的输出频率为 $f_{OUT}=(f_{IN}*M)/(N*K)$。

衡量 PLL 性能的主要参数有：

(1) PLL 锁定时间，也称为 PLL 的捕获时间，是 PLL 在上电后、可编程输出频率改变后或 PLL 复位后 PLL 达到目标频率和相位关系所要求的时间。

(2) PLL 分辨率，PLL VCO 的最小频率增量值，根据计数器 M 和计数器 N 的比特数确定。

(3) PLL 采样速率。在 PLL 中实现正确的相位和频率所要求的采样频率 F。

2) PLL 的类型

不同系列的 FPGA 支持的 PLL 类型不同，一般支持一种或两种 PLL 类型。例如，Stratix 系列 FPGA 支持两种类型的 PLL，Cyclone 系列 FPGA 仅支持一种类型的 PLL。两种类型的 PLL 在模拟部分是相同的，在数据部分稍有不同(例如，某种类型支持的计数器更多)。

不同系列 FPGA 中可用 PLL 的个数及类型请参见表 5-16。

3) 操作模式

ALTPLL 支持五种不同的时钟反馈模式，每种模式都允许对时钟进行乘除、相位偏移和占空比设置。在不同的芯片系列中，ALTPLL 支持不同的时钟反馈模式。

(1) 标准模式：PLL 反馈路径源是全局或局域时钟网络，对于该时钟类型和特定的 PLL 输出，这可以最小化到寄存器的时钟延时。在此模式下，还可以指定被补偿的 PLL 输出。

表 5-16　不同 FPGA 芯片系列的可用 PLL 个数及类型

芯片系列	PLL 总数	PLL 类型	芯片系列	PLL 总数	PLL 类型
Arria GX	8	增强的快速 PLL	Arria Ⅱ GX	6	左-右型
Stratix Ⅳ	12	上-下型和左-右型	Stratix Ⅲ	12	上-下型和左-右型
Stratix Ⅱ	12	增强的快速 PLL	Stratix Ⅱ GX	8	增强的快速 PLL
Stratix	12	增强的快速 PLL	Stratix GX	8	增强的快速 PLL
Cyclone Ⅳ	4	Cyclone Ⅳ PLL	Cyclone Ⅲ	4	Cyclone Ⅲ PLL
Cyclone Ⅱ	4	Cyclone Ⅱ PLL	Cyclone	2	Cyclone PLL

(2) 源同步模式：数据和时钟信号同时到达各自的输入引脚。在此模式下，可以确保在任何输入/输出使能寄存器的时钟和数据端口，信号均具有相同的相位关系。

(3) 零延时缓存模式：PLL 反馈路径局限于专用 PLL 外部时钟输出引脚上。片外驱动的时钟端口与时钟输入是相位对齐的，且时钟输入和外部时钟输出之间的延时最小。

(4) 无补偿模式：PLL 反馈路径局限于 PLL 环路中，没有时钟网络或其他外部源。处于无补偿模式的 PLL 没有时钟网络补偿，但其时钟抖动是最小化的。

(5) 外部反馈模式：PLL 输出 fout 补偿到 PLL 的反馈输入 fbin，这样可以最小化输入时钟引脚和反馈时钟引脚之间的延时。

4) 输出时钟

ALTPLL 能够产生的时钟输出信号个数与 PLL 类型和选择实现 ALTPLL 的 FPGA 芯片系列有关。例如，对于 Stratix Ⅳ系列 FPGA，一个左-右型 PLL 可以生成 7 个时钟输出信号，一个上-下型 PLL 可以生成 10 个时钟输出信号。生成的时钟输出信号可以作为 IP 核的时钟或者 IP 核外其他外部模块的时钟。

ALTPLL 没有专用的输出使能端口，但可以禁止 PLL 输出。可以用 pllena 信号或 areset 信号禁止 PLL 输出计数器，进而禁止 PLL 输出时钟。另外一种方法是将 PLL 输出时钟信号馈入 ALTIOBUF IP 核，然后用缓存器的使能输出端口去禁止这些信号。

可以通过参数设置输出时钟的频率、相位偏移和占空比等参数。

5) 高级特性

Intel 公司 FPGA 芯片提供片上 PLL 高级特性，包括门控锁定、时钟切换、动态重配置、带宽可编程、带宽重配置、扩频时钟、后缩放计数器级联，这些高级特性不仅可以提高系统和芯片性能，还可以提供高端时钟接口。

(1) 高级控制信号。可以用信号 pllena，areset 和 pfdena 观测和控制 PLL 操作和重同步。

① pllena：用 pllena 信号可以使能和禁止 PLL，该信号置为低电平时 PLL 不驱动任何输出时钟信号，从而失锁。PLL 中的所有计数器(包括门控锁定计数器)都返回到默认状态；该信号置为高电平时，PLL 驱动输出时钟信号并实现锁定。每个 FPGA 芯片的所有 PLL 共用一个 PLL 使能端口。默认情况下，该信号内部连接到 Vcc。

② areset：该信号是每个 PLL 的复位或重同步输入，芯片输入引脚或内部逻辑可以驱动该信号。该信号为高电平时，PLL 中的所有计数器(包括门控锁定计数器)都复位到初始值，清除 PLL 输出且 PLL 处于解锁状态。VCO 也复位到标称设置；该信号为低电平时，PLL 重同步其输入并实现锁定。

③ pfdena：该信号使能或禁止 PFD 电路。默认情况下 PFD 电路是使能的。禁止 PFD 电路时，PLL 输出与输入时钟无关，并可能漂移到锁定窗之外。默认情况下，该信号内部连接到 Vcc。

(2) 时钟切换。时钟切换特性允许 PLL 在两个输入参考时钟之间进行切换。该属性可以用于在不同频率的时钟输入之间进行切换，广泛应用于通信、存储和服务器中。ALTPLL IP 核支持两种时钟切换模式。

① 自动切换：PLL 监视当前使用的时钟信号，如果它停止在 0～1 之间翻转或失锁，PLL 自动切换到另外一个时钟信号(inclk0 或 inclk1)。

② 手动切换：用 clkswitch 信号控制时钟切换。

(3) 扩频时钟。扩频技术可以减小系统中的电磁干扰，将时钟能量分散到较宽的频带范围来实现。扩频时钟特性将基本时钟频率能量分散到整个设计频带内来最小化特定频率点上的能量尖峰。通过减小频谱尖峰的幅度，使用户设计能够满足电磁干扰(EMI)发射兼容标准，并减小关于传统 EMI 抑制的代价。

为使用扩展频谱时钟属性，必须将带宽可编程属性设置为 Auto(自动)。

(4) 门控锁定和自复位。PLL 的锁定时间定义为在芯片上电后、PLL 输出频率改变后或 PLL 复位后 PLL 达到目标频率和相应相位所要求的时间。

下列原因可能造成 PLL 失锁：

① 输入时钟抖动程度较大。

② PLL 的时钟输入上有较大切换噪声。

③ 电源噪声较大导致输出抖动较大和可能的失锁。

④ PLL 的输入时钟故障或停止。

⑤ 通过置位 PLL 的 areset 端口或 pllena 端口复位 PLL。

⑥ 尝试重配置 PLL 时可能导致计数器 M、计数器 N 或相位偏移发生变化，导致 PLL 失锁。但是后缩放计数器的改变不影响 PLL 锁定信号。

⑦ PLL 输入时钟频率漂移到了锁定范围之外。

⑧ 使用 pfdena 端口禁止了 PFD。这种情况下，PLL 输出相位和频率可能漂移到锁定窗以外。

ALTPLL IP 核允许用名称为 locked 的信号监视 PLL 锁定过程并允许在 PLL 失锁时自动复位。PLL 锁定由相位频率检测器中的两个输入信号决定，锁定信号 locked 与 PLL 的输出是异步的。PLL 输出时钟锁定时间与 PLL 输入时钟的门控锁定电路有关。用 PLL 的最大锁定时间除以 PLL 输入时钟的周期可以计算得到实现锁定的时钟周期数。

PLL 锁定复位使 PLL 能够实现锁定在最小和最大输入时钟频率之间。改变输入时钟频率可能会导致 PLL 失锁，但如果输入时钟频率在最小频率和最大频率之间，PLL 总是能够实现锁定。

某些 FPGA 芯片支持门控锁定信号，可以配置可编程的 20 位计数器，用以在用户指定的输入时钟转换次数内保持锁定信号为低。这对消除在 PLL 开始跟踪参考时钟后的锁定信号发生错误翻转是非常有用的。门控锁定允许 PLL 在 locked 信号置位之前锁定，以提供稳定的锁定信号。

locked 信号置位时表示 PLL 时钟输出已经与 PLL 输入参考时钟对齐。locked 信号可能在 PLL 开始跟踪参考时钟时出现翻转。使用门控锁定信号可以避免这样的错误锁定指示。门控 locked 信号或非门控 locked 信号可以馈入逻辑阵列或输出引脚。在必须复位门控计数器时，将 areset 信号或 pllena 信号置位来复位 PLL。

PLL 支持上述原因导致失锁时自动复位 PLL。

(5) 带宽可编程。PLL 带宽定义为 PLL 跟踪输入时钟和抖动的能力，带宽用 PLL 中闭环增益的－3dB 频率衡量，或近似为 PLL 开环响应的单位增益点。Intel 公司 FPGA 芯片提供 PLL 带宽可编程特性，用于配置 PLL 环路滤波器的属性。大部分环路滤波器包含电阻和电容等组件，需要占用板上空间。Intel 公司 FPGA 已经包含了这些组件，而且使用带宽可编程特性可以控制这些组件对 PLL 带宽的影响。这包括控制电荷泵的电流、环路滤波电阻和改频电容的值。电荷泵的电流直接影响 PLL 带宽，电流越大，PLL 的带宽越高。

(6) 高级 PLL 参数。ALTPLL 参数编辑器提供用 ALTPLL 高级参数来生成输出文件的选项。这些高级参数包括 charge_pump_current、loop_filter_r 和 loop_filter_c，所有的 Intel 公司 FPGA 都支持该选项。

该选项主要给那些了解 PLL 配置细节的用户或非常理解这些参数而且知道如何优化参数的高级用户使用。ALTPLL 参数编辑器不能重用生成的文件，这是因为 ALTPLL 模块的输出文件是用高级参数定义的。Quartus Ⅱ编辑器不能改变这些文件。

(7) PLL 动态重配置。PLL 动态重配置属性允许重配置 PLL。可以用以下端口控制配置过程。

① 输入端口：scanclks，scandata，scanclkena 和 configupdate。

② 输出端口：scandataout 和 scandone，其中端口 scandone 对于 Cyclone、Cyclone Ⅱ、Stratix 和 Stratix GX 系列 FPGA 芯片不可用。

可以用扫描链动态重配置 Stratix 和 Stratix GX 系列 FPGA 的增强型 PLL。根据 PLL 的类型，有两种扫描链可用：长扫描链和短扫描链。长扫描链允许用 6 个核时钟和 4 个外部时钟配置这些 PLL，而短扫描链限制用 6 个核时钟(无外部时钟)配置这些 PLL。

并不是对于所有支持 PLL 的 FPGA 芯片系列都可以用扫描链进行动态重配置。支持标准动态重配置方案的 FPGA 芯片使用配置文件[如十六进制文件(.hex)]或存储器初始化文件(.mif)。这些文件与 ALTPLL_RECONFIG IP 核一起使用，来实现动态配置。

(8) 动态相位重配置。动态相位配置属性允许某 PLL 输出相位根据其他输出及参考时钟来动态调整，而不需要通过相应 PLL 的扫描链发送串行数据。该属性一般称为动态相位步进属性。

可以用该属性实时地快速调整输出时钟的相位偏移。这通过增加或减小到计数器 C 或计数器 M 的 VCO 相位抽头选择实现。默认情况下，相位偏移步长为 VCO 频率的 1/8。然而，可以用 ALTPLL 参数编辑器来修改 PLL 输出时钟的相位偏移步长精度。

为使动态相位偏移正常工作，PLL 必须有以下端口。

① 输入端口：phasecounterselect[3..0]、phaseupdown、phasestep 和 scanclk。

② 输出端口：phasedone。

动态相位配置属性仅对于 Cyclone Ⅳ、Cyclone Ⅲ Arria Ⅱ GX、Stratix Ⅲ和 Stratix Ⅳ系列 FPGA 芯片可用。

4. 参数设置

在 ALTPLL 的参数中，c[]和 e[]端口分别对应 CLK[]和 EXTCLK[]，根据计数器 C 和计数器 E 的参数来区分。另外，表中的[]应该是具体的整数值，例如，参数 C[]_HIGH 最多可以有 10 个变形，分别是 C0_HIGH，C1_HIGH，C2_HIGH，…，C9_HIGH。表 5-17 给出了 ALTPLL IP 核的参数配置设置说明。需要说明的是，其中部分参数是针对具体的 FPGA 系列芯片存在或可用的，这里不一一说明。

表 5-17　ALTPLL IP 核的参数设置

参数名称	类型	说　明
BANDWIDTH	字符串	指定 PLL 的带宽值，单位是 MHz。不指定该参数值时，编译器自动决定该参数的值以满足其他 PLL 设置
BANDWIDTH_TYPE	字符串	指定 BANDWIDTH 参数的带宽类型。值可以是 AUTO，LOW，MEDIUM 或 HIGH，默认值为 AUTO。对于低带宽选项，PLL 有更好的抗抖动性能，但锁定时间较慢；对于高带宽选项，PLL 锁定较快但抖动跟踪时间长
C[]_HIGH	整数	指定计数器 C[9..0]的高电平周期计数值。默认值为 1
C[]_INITIAL	整数	指定计数器 C[9..0]的初始值。默认值为 1
C[]_LOW	整数	指定计数器 C[9..0]的低电平周期计数值。默认值为 1
C[]_MODE	字符串	指定计数器 C[9..0]的操作模式。值可以是 BYPASS，ODD 或 EVEN，默认值为 BYPASS
C[]_PH	整数	指定计数器 C[9..0]的相位抽头。默认值为 0
C[]_TEST_SOURCE	整数	指定计数器 C[9..0]的测试源。默认值为 0
C[]_USE_CASC_IN	字符串	指定计数器 C[9..1]是否使用级联输入。值可以是 ON 或 OFF，默认值为 OFF
CHARGE_PUMP_CURRENT	整数	指定电荷泵的电流，单位是毫安(mA)
CLK[]_COUNTER	字符串	指定输出时钟端口 CLK[9..0]的计数器。值可以是 UNUSED、C0、Cl、C2、C3、C4、C5、C6、C7、C8 或 C9，默认值为 C0
CLK[]_DIVIDE_BY	整数	指定输出时钟端口 CLK[9..0]的 VCO 频率的整数除数因子，值必须大于 0。仅对使用的相应 CLK[9..0]指定该参数值，默认值为 0
CLK[]_DUTY_CYCLE	整数	指定输出时钟端口 CLK[9..0]的占空比。默认值为 50，即 50%
CLK[]_MULTIPLY_BY	整数	指定输出时钟端口 CLK[9..0]相对于 VCO 频率的整数乘法因子，值必须大于 0。仅对使用的相应 CLK[9..0]指定该参数值，默认值为 0
CLK[]_OUTPUT_FREQUENCY	整数	指定输出时钟端口 CLK[9..0]的输出频率。仅对使用的相应 CLK[9..0]指定该参数值，默认值为 0
CLK[]_PHASE_SHIFT	字符串	指定输出时钟端口 CLK[9..0]的相位偏移，单位是 ps。默认值为 0
CLK[]_TIME_DELAY	字符串	指定输出时钟端口 CLK[9..0]应用的延时值，单位是 ps。该参数仅影响相应的 CLK[9..0]，与 CLK[9..0]_PHASE_SHIFT 参数无关。有效取值范围是−3～6ns(步长为 0.25ns)。仅在使用实时可编程接口对 PLL 重编程时使用该参数
CLK[]_USE_EVEN_COUNTER_MODE	字符串	指定 CLK[9..0]时钟输出是否强制使用偶计数模式。值可以是 ON 或 OFF，默认值为 OFF
CLK[]_USE_EVEN_COUNTER_VALUE	字符串	指定 CLK[9..0]时钟输出是否强制使用偶计数值。值可以是 ON 或 OFF，默认值为 OFF
COMPENSATE_CLOCK	字符串	指定输出时钟端口补偿位置。如果 OPERATION_MODE 参数设置为正常模式，则值可以是 CLK[]、GCLK[]、LCLK[]或 LVDSCLK[]，默认值为 CLK0；如果 OPERATION_MODE 参数设置为零延时缓存模式，则值为 EXTCLK。默认值为 EXTCLK0；如果 OPERATION_MODE 参数设置为源同步模式，则值可以是 CLK[]、GCLK[]、LCLK[]或 LVDSCLK[]
DOWN_SPREAD	字符串	指定降频谱的百分比。取值范围是 0～0.5

续表

参数名称	类型	说明
E[]_HIGH	整数	指定计数器 E[3..0]的高电平周期计数值。取值范围是 1～512，默认值为 1
E[]_INITIAL	整数	指定计数器 E[3..0]的初始值。取值范围是 1～512,默认值为 1
E[]_LOW	整数	指定计数器 E[3..0]的低电平周期计数值。取值范围是 1～512，默认值为 1
E[]_MODE	字符串	指定计数器 E[3..0]的操作模式。值可以是 BYPASS,ODD 或 EVEN,默认值为 BYPASS
E[]_PH	整数	指定计数器 E[3..0]的相位抽头。取值范围是 0～7,默认值为 0
E[]_TIME_DELAY	字符串	指定计数器 E[3..0]的延时值。取值范围是 0～3ns,默认值为 0
ENABLE[]_COUNTER	字符串	指定 ENABLE[1..0]端口的计数器。值可以是 L0 或 L1
ENABLE_SWITCH_OVER_COUNTER	字符串	指定是否使用切换器计数器。值可以是 ON 或 OFF,默认值为 OFF
EXTCLK[]_COUNTER	字符串	指定外部时钟输出端口 EXTCLK[3..0]的外部计数器。值可以是 E0、E1、E2 或 E3,默认值为 E0
EXTCLK[]_DIVIDE_BY	整数	指定外部时钟输出端口 EXTCLK[3..0]相对于输入时钟频率的整数除法因子,值必须大于 0。仅对使用的相应 EXTCLK[3..0]指定该参数值,默认值为 1
EXTCLK[]_DUTY_CYCLE	整数	指定外部时钟输出端口 EXTCLK[3..0]的占空比。默认值为 50，即 50%
EXTCLK[]_MULTIPLY_BY	整数	指定外部时钟输出端口 EXTCLK[3..0]相对于输入时钟频率的整数乘法因子,值必须大于 0。仅对使用的相应 EXTCLK[3..0]指定该参数值,默认值为 1
EXTCLK[]_PHASE_SHIFT	字符串	指定外部时钟输出端口 EXTCLK[3..0]的相位偏移
EXTCLK[]_TIME_DELAY	字符串	指定外部时钟输出端口 EXTCLK[3..0]应用的延时值,单位是 ps。该参数仅影响相应的 EXTCLK[3..0],与 EXTCLK[3..0]_PHASE_SHIFT 参数无关。有效取值范围是－3～6ns(步长为 0.25ns)。仅在使用实时可编程接口对 PLL 重编程时使用该参数
FEEDBACK_SOURCE	字符串	指定在板上哪个时钟输出连接到 fbin 端口。如果参数 OPERATION_MODE 设置为 EXTERNAL_FEEDBACK,则需要设置该参数。值可以为 EXTCLK[],默认值为 EXTCLK0
G[]_HIGH	整数	指定计数器 G[3..0]的高电平周期计数值。取值范围是 1～512，默认值为 1
G[]_INITIAL	整数	指定计数器 G[3..0]的初始值。取值范围是 1～512,默认值为 1
G[]_LOW	整数	指定计数器 G[3..0]的低电平周期计数值。取值范围是 1～512，默认值为 1
G[]_MODE	字符串	指定计数器 G[3..0]的操作模式。值可以是 BYPASS,ODD 或 EVEN,默认值为 BYPASS
G[]_PH	整数	指定计数器 G[3..0]的相位抽头。取值范围是 0～7,默认值为 0
G[]_TIME_DELAY	字符串	指定计数器 G[3..0]的延时值。取值范围是 0～3ns,默认值为 0
GATE_LOCK_COUNTER	整数	指定门控 Locked 信号输出端口的 20 位计数器
GATE_LOCK_SIGNAL	字符串	指定 Locked 端口是否用 20 位可编程计数器从内部被门控,以使其在初始加电期间不会振荡。取值为 NO 或 YES,默认为 NO

续表

参数名称	类型	说明
INCLK[]_INPUT_FREQUENCY	整数	指定输入时钟端口inclk[1..0]的输入频率。编译器用clk0端口的频率计算PLL参数,也分析和报告clkl端口的相位偏移
INTENDED_DEVICE_FAMILY	字符串	该参数用于建模和行为仿真,默认值为NONE
INVALID_LOCK_MULTIPLIER	整数	指定缩放因子,以半个时钟周期为单位,即时钟输出端口必须在locked引脚信号变为低电平之前变为失锁状态的限定时间
L[]_HIGH	整数	指定计数器L[1..0]的高电平周期计数值。取值范围是1~512,默认值为1
L[]_INITIAL	整数	指定计数器L[1..0]的初始值。取值范围是1~512,默认值为1
L[]_LOW	整数	指定计数器L[1..0]的低电平周期计数值。取值范围是1~512,默认值为1
L[]_MODE	字符串	指定计数器L[1..0]的操作模式。值可以是BYPASS,ODD或EVEN,默认值为BYPASS
L[]_PH	整数	指定计数器L[1..0]的相位抽头。取值范围是0~7,默认值为0
L[]_TIME_DELAY	字符串	指定计数器L[1..0]的延时值。取值范围是0~3ns,默认值为0
LOCK_HIGH	整数	指定在locked端口信号变为高电平之前,输出时钟必须被锁定的半时钟周期数,仅在使用第三方仿真器时设置
LOCK_LOW	整数	指定在locked端口信号变为低电平之前,输出时钟必须解除锁定的半时钟周期数,仅在使用第三方仿真器时设置
LOCK_WINDOW_UI	字符串	指定LOCK_WINDOW_UI设置的值,默认值为0.05
LOOP_FILTER_C	字符串	指定环路电容的值,单位是pF。取值范围是5~20pF,默认值为10
LOOP_FILTER_R	字符串	指定环路电阻的值,单位是千欧姆。取值范围是1k~20k
LPM_HINT	字符串	用于在VHDL设计文件(.vhd)中指定原Altera特定参数,默认值为UNUSED。
LPM_TYPE		用于识别VHDL设计文件(.vhd)中参数化模型(LPM)实体名称的库。
M	整数	指定计数器M的模,提供对内部PLL参数的直接访问。如果设置了该参数,则必须使用所有的高级参数。取值范围是1~512,默认值为0
M_INITIAL	整数	指定计数器M的初始值,提供对内部PLL参数的直接访问。如果设置了该参数,则必须使用所有的高级参数。取值范围是1~512,默认值为0
M_PH	整数	指定计数器M的相位抽头。取值范围是0~7,默认值为0
M_TEST_SOURCE	整数	指定计数器M的测试源。默认值为5
M_TIME_DELAY	整数	指定计数器M的延时值。取值范围是0~3ns,默认值为0
M2	整数	指定计数器M的扩频模,提供对内部PLL参数的直接访问。如果设置了该参数,则必须使用所有的高级参数。取值范围是1~512,默认值为1
N	整数	指定计数器N的模,提供对内部PLL参数的直接访问。如果设置了该参数,则必须使用所有的高级参数。取值范围是1~512,默认值为1
N_TIME_DELAY	整数	指定计数器N的延时值。取值范围是0~3ns,默认值为0

续表

参数名称	类型	说明
N2	整数	指定计数器 N 的扩频模,提供对内部 PLL 参数的直接访问。如果设置了该参数,则必须使用所有的高级参数。取值范围是 1～512,默认值为 1
OPERATION_MODE	字符串	指定 PLL 的操作模式。值可以是 EXTERNAL_FEEDBACK,NO_COMPENSATION,NORMAL,ZERO_DELAY_BUFFER 或 SOURCE_SYNCHRONOUS,默认值为 NORMAL
PFD_MAX	整数	指定 PFD 引脚的最大值。默认值为 0
PFD_MIN	整数	指定 PFD 引脚的最小值。默认值为 0
PLL_TYPE	字符串	指定例化的 PLL 类型。值可以是 AUTO,ENHANCED,FAST,TOP_BOTTOM 或 LEFT_RIGHT,默认值为 AUTO
PORT_ACTIVECLOCK	字符串	指定 ACTIVECLOCK 端口的连接情况。值可以是 PORT_USED 或 PORT_UNUSED,默认值为 PORT_UNUSED
PORT_ARESET	字符串	指定 ARESET 端口的连接情况。值可以是 PORT_USED 或 PORT_UNUSED,默认值为 PORT_UNUSED
PORT_CLK[]	字符串	指定 CLK[9..0]端口的连接。值可以是 PORT_USED 或 PORT_UNUSED,默认值为 PORT_UNUSED
PORT_CLKBAD[]	字符串	指定 CLKBAD[1..0]端口的连接。值可以是 PORT_USED 或 PORT_UNUSED,默认值为 PORT_UNUSED
PORT_CLKENA[]	字符串	指定 CLKENA[5..0]端口的连接。值可以是 PORT_USED 或 PORT_UNUSED,默认值为 PORT_UNUSED
PORT_CLKLOSS	字符串	指定 CLKLOSS 端口的连接。值可以是 PORT_USED 或 PORT_UNUSED,默认值为 PORT_UNUSED
PORT_CLKSWITCH	字符串	指定 CLKSWITCH 端口的连接。值可以是 PORT_USED 或 PORT_UNUSED,默认值为 PORT_UNUSED
PORT_CONFIGUPDATE	字符串	指定 CONFIGUPDATE 端口的连接。值可以是 PORT_USED 或 PORT_UNUSED,默认值为 PORT_UNUSED
PORT_ENABLE[]	字符串	指定 ENABLE[1..0]端口的连接。值可以是 PORT_USED 或 PORT_UNUSED,默认值为 PORT_UNUSED
PORT_EXTCLK[]	字符串	指定 EXTCLK[3..0]端口的连接。值可以是 PORT_USED 或 PORT_UNUSED,默认值为 PORT_UNUSED
PORT_EXTCLKENA[]	字符串	指定 EXTCLKENA[3..0]端口的连接。值可以是 PORT_USED 或 PORT_UNUSED,默认值为 PORT_UNUSED
PORT_FBIN	字符串	指定 FBIN 端口的连接。值可以是 PORT_USED 或 PORT_UNUSED,默认值为 PORT_UNUSED
PORT_FBOUT	字符串	指定 FBOUT 端口的连接。值可以是 PORT_USED 或 PORT_UNUSED,默认值为 PORT_UNUSED
PORT_INCLK[]	字符串	指定 INCLK[1..0]端口的连接。值可以是 PORT_USED 或 PORT_UNUSED,默认值为 PORT_UNUSED
PORT_LOCKED	字符串	指定 LOCKED 端口的连接。值可以是 PORT_USED 或 PORT_UNUSED,默认值为 PORT_UNUSED
PORT_PFDENA	字符串	指定 PFDENA 端口的连接。值可以是 PORT_USED 或 PORT_UNUSED,默认值为 PORT_UNUSED

续表

参数名称	类型	说　明
PORT_PHASECOUNTER SELECT	字符串	指定 PHASECOUNTERSELECT 端口的连接。值可以是 PORT_USED 或 PORT_UNUSED,默认值为 PORT_UNUSED
PORT_PHASEDONE	字符串	指定 PHASEDONE 端口的连接。值可以是 PORT_USED 或 PORT_UNUSED,默认值为 PORT_UNUSED
PORT_PHASESTEP	字符串	指定 PHASESTEP 端口的连接。值可以是 PORT_USED 或 PORT_UNUSED,默认值为 PORT_UNUSED
PORT_PHASEUPDOWN	字符串	指定 PHASEUPDOWN 端口的连接。值可以是 PORT_USED 或 PORT_UNUSED,默认值为 PORT_UNUSED
PORT_PLLENA	字符串	指定 PLLENA 端口的连接。值可以是 PORT_USED 或 PORT_UNUSED,默认值为 PORT_UNUSED
PORT_SCANACLR	字符串	指定 SCANACLR 端口的连接。值可以是 PORT_USED 或 PORT_UNUSED,默认值为 PORT_UNUSED
PORT_SCANCLK	字符串	指定 SCANCLK 端口的连接。值可以是 PORT_USED 或 PORT_UNUSED,默认值为 PORT_UNUSED
PORT_SCANCLKENA	字符串	指定 SCANCLKENA 端口的连接。值可以是 PORT_USED 或 PORT_UNUSED,默认值为 PORT_UNUSED
PORT_SCANDATA	字符串	指定 SCANDATA 端口的连接。值可以是 PORT_USED 或 PORT_UNUSED,默认值为 PORT_UNUSED
PORT_SCANDONE	字符串	指定 SCANDONE 端口的连接。值可以是 PORT_USED 或 PORT_UNUSED,默认值为 PORT_UNUSED
PORT_SCANREAD	字符串	指定 SCANREAD 端口的连接。值可以是 PORT_USED 或 PORT_UNUSED,默认值为 PORT_UNUSED
PORT_SCANWRITE	字符串	指定 SCANWRITE 端口的连接。值可以是 PORT_USED 或 PORT_UNUSED,默认值为 PORT_UNUSED
PORT_SCLKOUT[]	字符串	指定 SCLKOUT[1..0]端口的连接。值可以是 PORT_USED 或 PORT_UNUSED,默认值为 PORT_UNUSED
PORT_VCOOVERRANGE	字符串	指定 VCOOVERRANGE 端口的连接。值可以是 PORT_USED 或 PORT_UNUSED,默认值为 PORT_NUSED
PORT_VCOUNDERRANGE	字符串	指定 VCOUNDERRANGE 端口的连接。值可以是 PORT_USED 或 PORT_UNUSED,默认值为 PORT_UNUSED
PRIMARY_CLOCK	字符串	指定 PLL 的主参考时钟。值可以是 INCLK0 或 INCLK1,默认值为 INCLK0
QUALIFY_CONF_DONE	字符串	指定配置是否完成。值可以是 ON 或 OFF,默认值为 OFF
SCAN_CHAIN	字符串	指定扫描链的长度。值可以是 LONG 或 SHORT,默认值为 LONG。值为 LONG 时,扫描链是长度为 10 的计数器;值为 SHORT 时,扫描链是长度为 6 的计数器
SCLKOUT[]_PHASE_SHIFT	字符串	指定 sclkout[1..0]端口的相位偏移,单位是 ps。最大值是 VCO 周期的 7/8。VCO 相位抽头与时钟输出 clk[1..0]共用,且必须具有相同的相位数量且要小于一个 VCO 周期。在 LVDS 模式中,该参数的默认值为 0
SELF_RESET_ON_GATED_LOSS_LOCK	字符串	指定是否使用自复位门控失锁属性。值可以是 ON 或 OFF,默认值为 OFF

续表

参数名称	类型	说　明
SELF_RESET_ON_LOSS_LOCK	字符串	指定是否使用自复位失锁属性。值可以是 ON 或 OFF,默认值为 OFF
SKIP_VCO	整数	指定是否忽略 VCO。值可以是 ON 或 OFF,默认值为 OFF
SPREAD_FREQUENCY	整数	指定扩频的调制频率,单位是 ps。默认值为 0
SS	整数	指定扩频计数器的模,提供对内部 PLL 参数的直接访问。如果指定了该参数,则必须使用所有高级参数。取值范围是 1～32768,默认值为 1
SWITCH_OVER_COUNTER	整数	指定切换电路启动后用于切换输入时钟的时钟周期数。取值范围是 0～31,默认值为 0
SWITCH_OVER_ON_GATED_LOCK	字符串	指定是否门控锁定条件可以启动切换器。值可以是 ON 或 OFF,默认值为 OFF
SWITCH_OVER_ON_LOSSCLK	字符串	指定是否失锁条件可以启动切换器。值可以是 ON 或 OFF,默认值为 OFF
SWITCH_OVER_TYPE	字符串	指定切换类型。值可以是 AUTO 或 MANUAL,默认值为 AUTO
USING_FBMIMICBIDIR_PORT	字符串	指定是否使用 fbmimicbidir 端口。值可以是 ON 或 OFF,默认值为 OFF
VALID_LOCK_MULTIPLIER	整数	指定缩放因子,以半个时钟周期为单位。在时钟锁定引脚值变为高电平之前,时钟输出端口必须已经被锁定所限定的时间
VCO_CENTER	整数	指定 VCO 引脚的中心值。仅用于仿真
VCO_DIVIDE_BY	整数	指定 VCO 引脚的整数除法因子。默认值为 0。如果参数 VCO_FREQUENCY_CONTROL 设置为 MANUAL_PHASE,则将 VCO 频率指定为相移步进值,是 VCO 周期的 1/8
VCO_FREQUENCY_CONTROL	字符串	指定 VCO 引脚的频率控制方法。值可以是 AUTO,MANUAL_FREQUENCY 或 MANUAL_PHASE.,默认值为 AUTO。当值为 AUTO 时,自动设置 VCO 频率,而忽略参数 VCO_MULTIPLY_BY 和 VCO_DIVIDE_BY 的值;当值为 MANUAL_FREQUENCY 时,VCO 频率为输入频率的倍数;当值为 MANUAL_PHASE 时,VCO 频率作为相移步进值使用
VCO_MAX	整数	指定 VCO 引脚的最大值。仅用于仿真
VCO_MIN	整数	指定 VCO 引脚的最小值。仅用于仿真
VCO_MULTIPLY_BY	整数	指定 VCO 引脚的整数乘法因子。默认值为 0
VCO_PHASE_SHIFT_STEP	整数	指定 VCO 引脚的相位偏移。默认值为 0
VCO_POST_SCALE	整数	指定 VCO 操作范围。VCO 的后缩放除法器值为 1 或 2,默认值为 1
WIDTH_CLOCK	整数	指定时钟宽度。不同系列 FPGA 的该参数值不同:对于 Cyclone II 和 Cyclone IV 系列,值为 5;对于 Stratix III 系列,值为 10;对于其他系列,值为 6。默认值为 6

5. 例化和仿真

如图 5-26 所示,由仿真结果可知,复位信号 areset 为高电平 1,系统复位;当 areset 为低电平 0 时,系统进入正常工作状态,在经历一小段时间的 IP 核自身初始化过程之后,输出时钟 c0 为输入时钟 inclk0 的两倍频，输出时钟 c1 为输入时钟 inclk0 的四倍频，同时 locked 信号输出高电平 1。

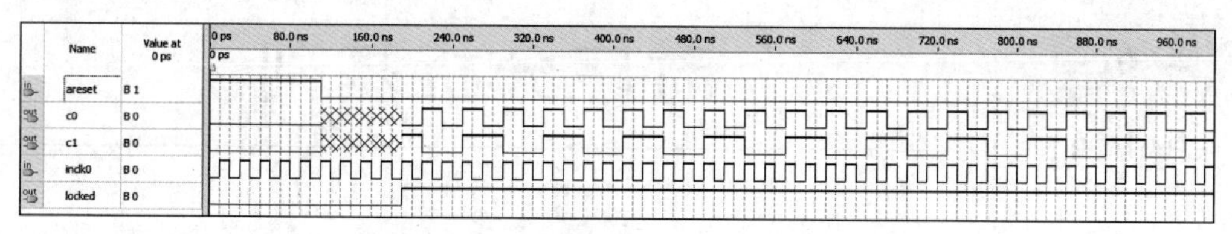

图 5-26　ALTPLL IP 核仿真结果

第6章 时序分析基础

CHAPTER 6

TimeQuest时序分析器(Timing Analyzer)是一个功能强大的,ASIC风格(ASIC-Style)的时序分析工具。采用工业标准SDC(Synopsys Design Contraints)的约束、分析和报告方法来验证设计是否满足时序设计的要求。

6.1 时序约束

设计中常用的约束(Constraints)主要分为三大类,即时序约束、区域与位置约束和其他约束。时序约束主要用于规范设计的时序行为,表达设计者期望满足的时序条件,指导综合和布局布线阶段的优化算法等;区域与位置约束主要用于指定芯片I/O引脚位置及指导实现工具在芯片特定的物理区域进行布局布线;其他约束泛指目标芯片型号、电气特性等约束属性。

其中,时序约束的作用主要有以下两个。

(1) 提高设计的工作频率。

对数字电路而言,提高工作频率至关重要,更高工作频率意味着更强的处理能力。通过附加约束可以控制逻辑的综合、映射、布局和布线,以减小逻辑和布线延时,从而提高工作频率。当设计的时钟频率要求较高,或者设计中有复杂时序路径时,需要附加合理的时序约束条件以确保综合、实现的结果满足用户的时序要求。

(2) 获得正确的时序分析报告。

Quartus Ⅱ内嵌静态时序分析(Static Timing Analysis,STA)工具,可对设计的时序性能做出评估,而STA分析是以约束作为判断时序是否满足设计要求的标准,因此要求设计者正确输入时序约束,以便STA工具能输出正确的时序分析结果。

静态时序分析是相对于“动态时序仿真”而言的。由于动态时序仿真需模拟器件实际工作时的功能和延时情况,占用的时间非常长,效率低下,因此STA成为最常用的分析、调试时序性能的方法和工具。通过分析每个时序路径的延时,可以计算出设计的最高频率,发现时序违规(Timing Violation)。需要明确的是,和动态的时序仿真不同,STA的目的仅仅聚焦于时序性能的分析,并不涉及设计的逻辑功能,设计的逻辑功能仍然需要通过仿真或其他手段(如形式验证等)验证。

6.2　时序分析的基本概念

6.2.1　时序网表和时序路径

1. 时序网表

相对于确定全部时序路径的所需要时间参数，时序分析器（Timing Analyzer）使用时序网表数据来确定设计中的数据和时钟到达时间。在运行适配（Fitter）或进行完整编译后，可以随时在时序分析器中生成时序网表（Timing Netlist）。

TimeQuest 需要读入布局布线后的网表才能进行时序分析，读入的网表是由以下一系列的基本元素构成：

（1）元胞（cells）：Intel 公司器件中的基本结构单元，LE 可以看作元胞；还包括例如查询表（Look-up Tables），寄存器（Registers），嵌入式乘法器（Embedded Multipliers），存储器模块（Memory Blocks），I/O 单元模块（I/O Elements），锁相环 PLLs 等器件基本结构单元。

（2）引脚（pins）：元胞（cell）的输入输出端口。注意，这里的引脚（pins）不包括器件的输入输出引脚。

（3）网络（nets）：输入输出端口引脚（pins）之间的连接。

（4）端口（ports）：顶层逻辑的输入输出端口，对应已经分配的器件引脚。

（5）时钟（clocks）：约束文件中指定的时钟类型引脚（pin），不仅指时钟输入引脚。

（6）状态保持器（keepers）：泛指端口（port）和寄存器（register）类型的元胞（cell）。

（7）节点（nodes）：范围更大的一个概念，可能是上述几种类型的组合，涵盖端口（ports），引脚（pins），寄存器（registers），状态保持器（keepers）。

时序网表对应电路如图 6-1 所示。图 6-2 显示了时序网表如何将设计单元划分为元胞（cell），引脚（pin），网络（net）和端口（port）来进行延时的测量。

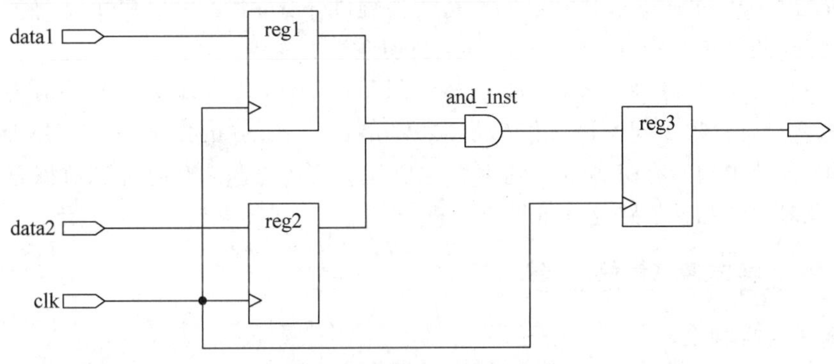

图 6-1　简单的设计原理图

2. 时序路径

时序路径连接两个设计节点，例如一个寄存器输出到另一个寄存器的输入。了解时序路径的类型对时序收敛和优化很重要。时序分析器识别并分析以下时序路径，如图 6-3 所示。

边沿路径（Edge Paths）——从器件端口（port）到引脚（pin），从引脚（pin）到引脚（pin）以及从引脚（pin）到端口（port）的连接。

时钟路径（Clock Paths）——从器件端口（port）或内部生成的时钟引脚 clk 到寄存器的时钟引脚 clk 的连接。

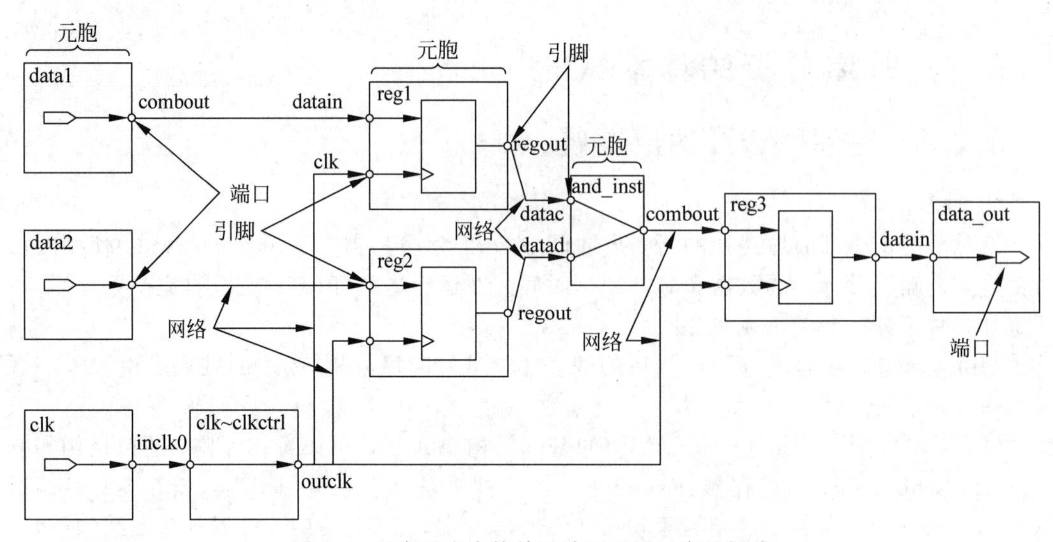

图 6-2　时序网表中简单设计原理图元素的划分

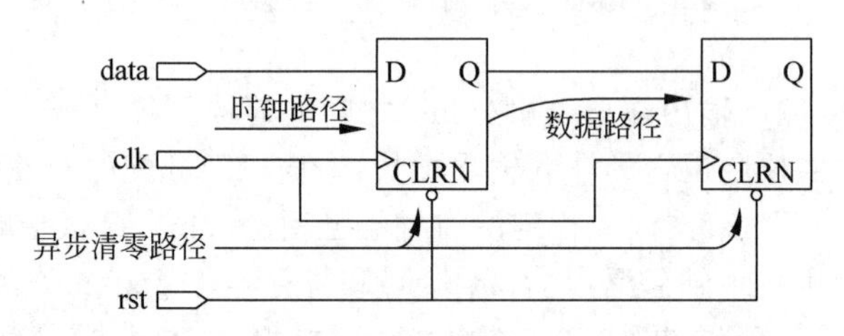

图 6-3　Timing Analyzer 通常分析的路径类型

数据路径(Data Paths)——从时序单元的端口(port)或数据输出引脚(pin)到另一个时序单元的端口(port)或数据输入引脚(pin)的连接。

异步路径(Asynchronous Paths)——从器件端口(port)到一个时序单元(例如,异步复位或异步清除)的异步引脚(pin)或端口(port)的连接。

除了识别设计中的各种路径外,时序分析器还分析时钟特性,计算单个寄存器到寄存器路径中任意两个寄存器之间的最坏情况要求(Worst-case Requirement)。在分析时钟特性之前,必须对设计中的所有时钟进行约束。主要完成两类分析:对时钟和数据路径进行同步分析,以及对时钟和异步路径进行异步分析。

6.2.2 基本时序分析参数

1. 周期与最高频率

周期的含义是时序概念中最简单也是最重要的。其他很多时序概念会因为不同软件略有差异,而周期的概念是十分明确的。周期的概念是 FPGA/ASIC 时序定义的基础,后面要讲到的其他时序概念都是建立在周期概念的基础上的。很多其他时序公式,都可以用周期公式推导出来。

图 6-4 所示电路的最小时钟周期计算如下:

$$t_{\mathrm{CLK}} = \mathrm{Microt_{CO}} + t_{\mathrm{LOGIC}} + t_{\mathrm{NET}} + \mathrm{Microt_{SU}} - t_{\mathrm{CLK\_SKEW}} \tag{6-1}$$

其中,

$$t_{\mathrm{CLK\_SKEW}} = t_{\mathrm{CD1}} - t_{\mathrm{CD2}} \tag{6-2}$$

式中，t_{CLK} 是时钟的最小周期；$Microt_{CO}$ 是寄存器固有的时钟输出延时；t_{LOGIC} 是同步元件之间的组合逻辑延时；t_{NET} 是网线延时；$Microt_{SU}$ 是寄存器固有的时钟建立时间；t_{CLK_SKEW} 是时钟偏斜。这些概念的具体含义在后面有相应的讨论。

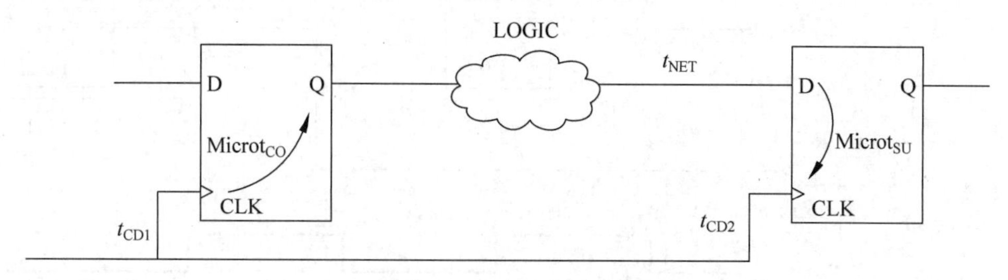

图 6-4　时钟周期的计算

式 6-1 中最小时钟周期的倒数即最高频率，常用 f_{max} 表示：

$$f_{max}=1/t_{CLK} \tag{6-3}$$

f_{max} 能综合体现设计的时序性能，是最重要的时序指标之一。Quartus Ⅱ 给出 f_{max} 的报告如图 6-5 所示。

2. 数据和时钟到达时间

时序分析器识别路径类型后，会报告寄存器引脚上的数据和时钟到达时间（Arrival Time），如图 6-6 所示。

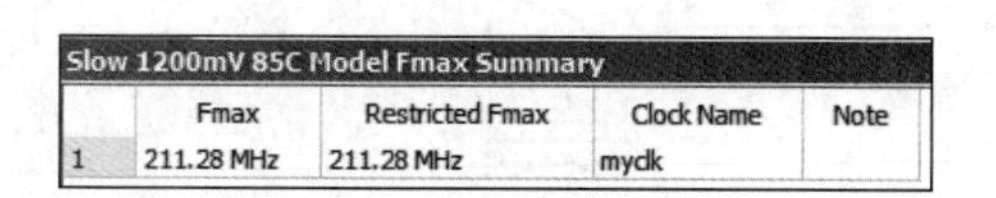

Slow 1200mV 85C Model Fmax Summary

	Fmax	Restricted Fmax	Clock Name	Note
1	211.28 MHz	211.28 MHz	myclk	

图 6-5　时钟周期的计算

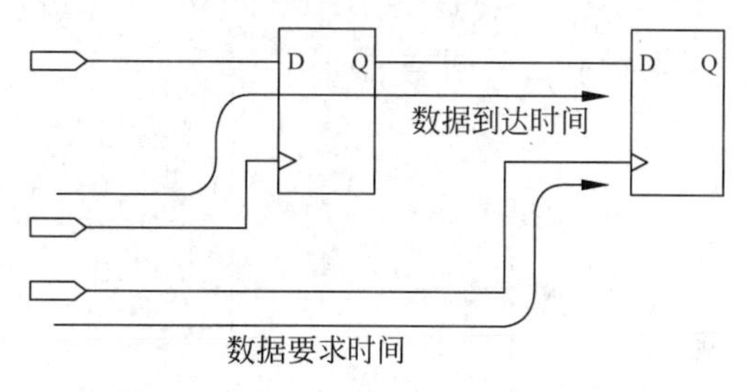

图 6-6　数据到达时间和数据要求时间

时序分析器计算的数据到达时间（Data Arrival Time）是数据到达目的寄存器数据端 D 的时间，由四部分时间相加组成：启动沿时间，从时钟源到源寄存器的时钟引脚的延时，源寄存器的时钟到输出延时（μt_{CO}），从源寄存器的数据输出（Q）到目的寄存器的数据输入（D）的延时。举例如图 6-7 所示。时钟到达时间（Clock Arrival Time）是时钟到达目的寄存器时钟端的时间，由锁存沿时间、目的寄存器的时钟端口与时钟引脚之间的延时总和（包括时钟端口缓冲延时）这两部分时间相加而成，举例如图 6-8 所示。

时序分析器计算的数据要求时间（Data Required Time）可以分解成建立时间（Setup Time）和保持时间（Hold Time）两个分量。其目的是确保时间信号到达目的寄存器时能够完成正确可靠地采样。建立时间分量是由锁存沿时间、目的寄存器的时钟端口与时钟引脚之间的延时总和（包括时钟端口缓冲延时）这两部分时间相加，即时钟到达时间（Clock Arrival Time），然后减去目的寄存器的建立时间（μt_{SU}，其中 μt_{SU} 是 FPGA 中内部寄存器的固有建立时间）。

数据到达时间（Data Arrival Time）和数据要求时间（Data Required Time）的基本计算如下：

Data arrival time＝Launch Edge＋Source Clock Delay＋μt_{CO}＋Register-to-Register delay

Data required time＝Latch Edge＋Destination Clock Delay－μt_{SU}

数据到达时间举例如图 6-7 所示。

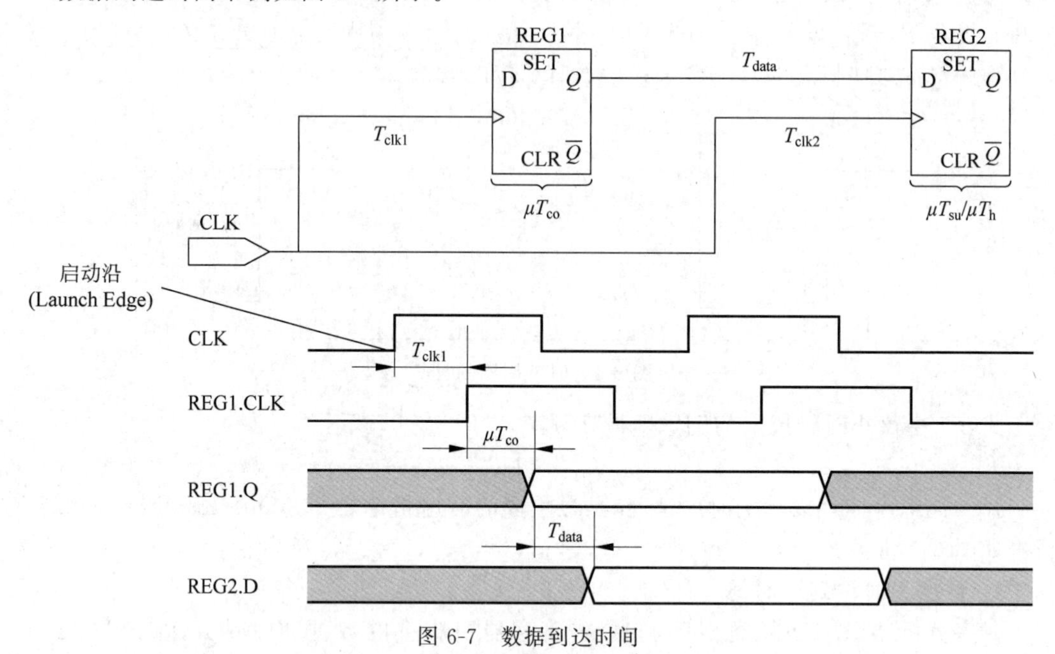

图 6-7 数据到达时间

$$\text{Data Arrival Time} = \text{Launch Edge} + T_{clk1} + \mu T_{co} + T_{data}$$

时钟到达时间举例如图 6-8 所示。

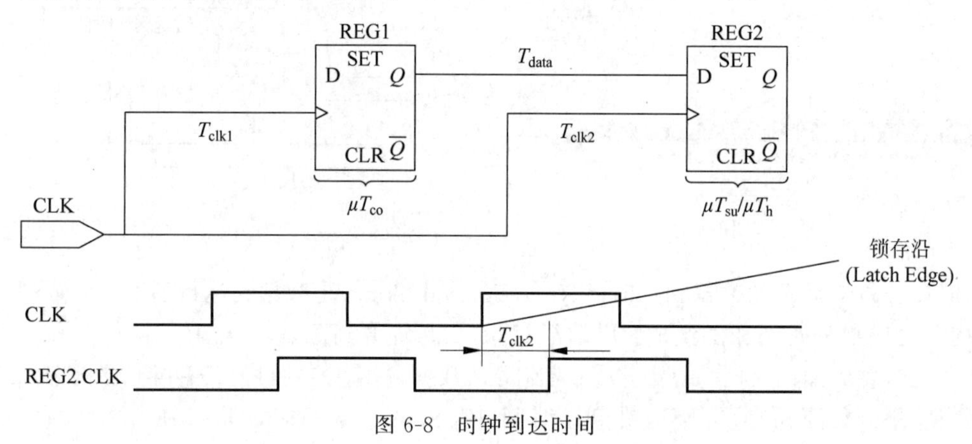

图 6-8 时钟到达时间

$$\text{Clock Arrival Time} = \text{Latch Edge} + T_{clk2}$$

数据要求时间-建立时间分量举例如图 6-9 所示。

$$\text{Data Required Time} = \text{Clock Arrival Time} - \mu T_{su}$$

数据要求时间-保持时间分量举例如图 6-10 所示。

$$\text{Data Required Time} = \text{Clock Arrival Time} + \mu T_h$$

3. 启动沿和锁存沿

所有的时序分析都需要有一个或多个时钟信号。时序分析器通过分析时钟的启动沿和锁存沿(Launch and Latch Edges)之间的时钟建立(Setup)关系和时钟保持(Hold)关系来确定设计中所有寄存器到寄存器传输的时钟关系。

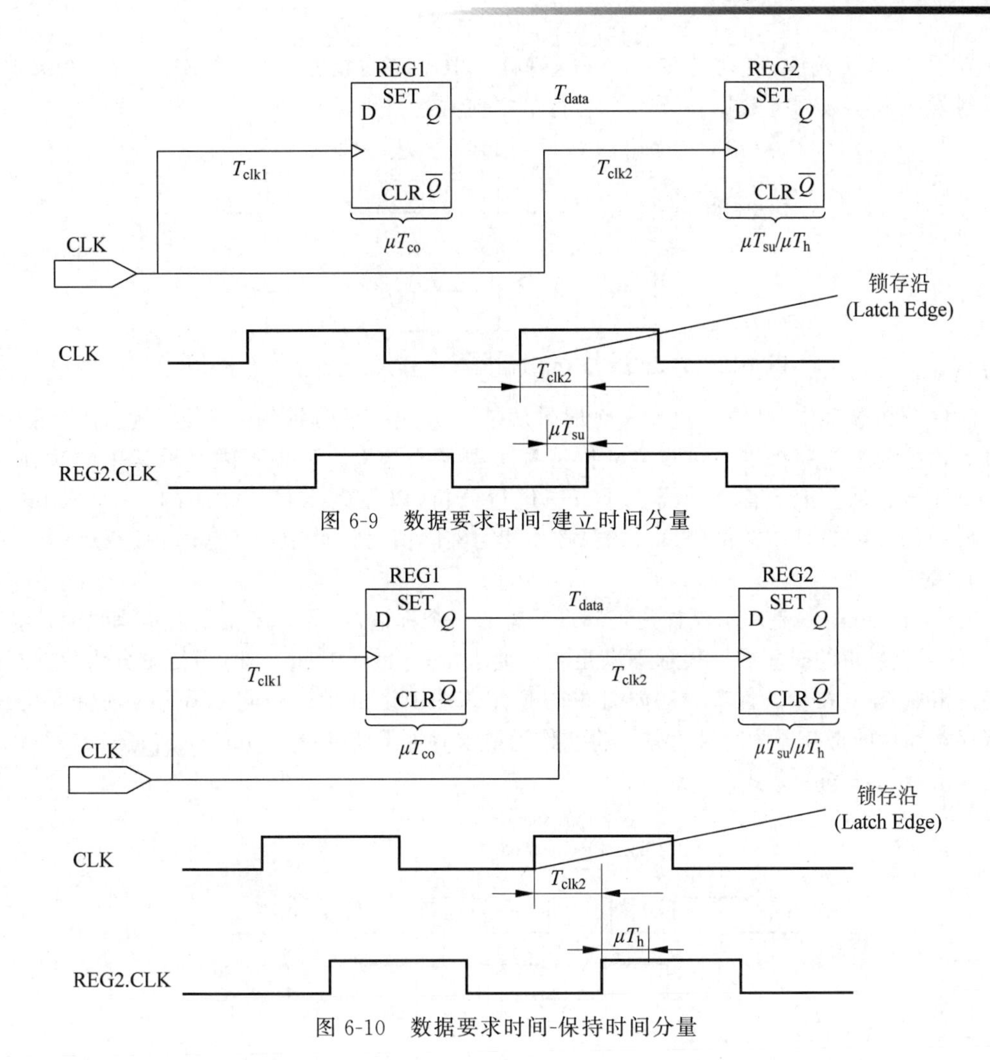

图 6-9 数据要求时间-建立时间分量

图 6-10 数据要求时间-保持时间分量

时钟信号的启动沿(Launch Edge)是发送寄存器或者其他时序单元数据的时钟沿，用作数据传输的源。锁存沿(Latch Edge)是采集寄存器或者其他时序单元数据端口上的数据的有效时钟沿，用作数据传输的目的地，如图 6-11 所示。

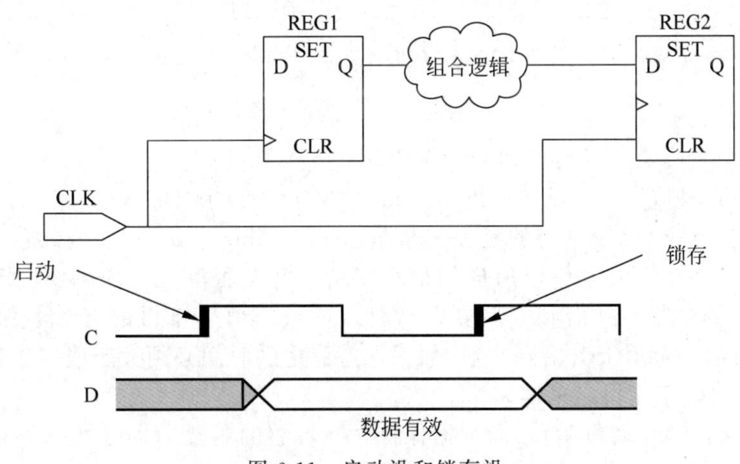

图 6-11 启动沿和锁存沿

在图 6-12 实例中，启动沿在 0ns 发送寄存器 REG1 的数据，寄存器 REG2 在 10ns 被锁存沿触发时采集数据。数据在下一个锁存沿之前到达目地寄存器。

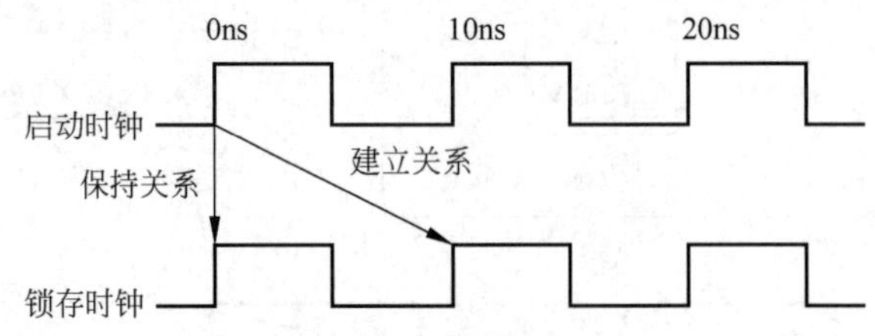

图 6-12 启动沿和锁存沿(间隔 10ns)的建立和保持关系

时序分析过程中，必须通过对每个时钟源节点分配一个时钟约束来定义设计中的所有时钟。这些时钟约束提供了可重复数据关系所需要的结构。如果不限制设计中的时钟，那么 Quartus 软件会把所有时钟当作 1GHz 进行分析，以最大化基于时序的适配(Fitter)工作。要确保实际的时序裕量(Slack)值，必须使用实际值对设计中的所有时钟进行约束。

4. 时序裕量

时序裕量(Slack)是表示设计是否满足时序的一个称谓，正的时序裕量表示满足时序要求(时序的裕量)，负的时序裕量表示不满足时序要求(时序的欠缺量)。时序裕量分为建立裕量和保持裕量，建立裕量的计算方法如图 6-13 所示。图中裕量时钟周期(Slack Clock Period)是源寄存器和目的寄存器的时钟之差。将它作为要求时钟周期(Required Clock Period)就可以计算建立裕量，如式(6-4)、式(6-5)所示。

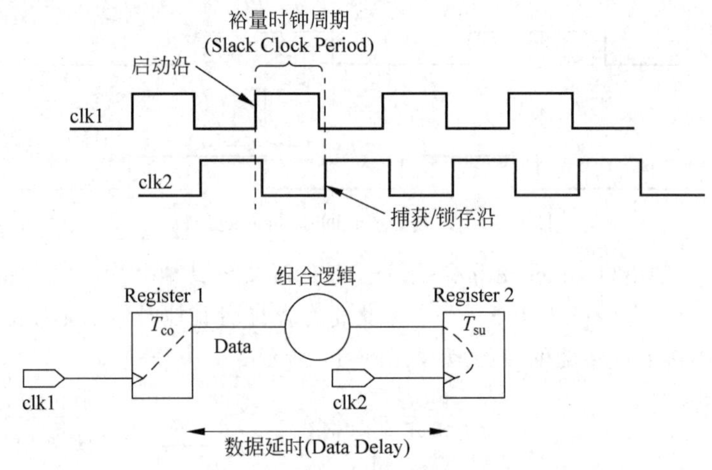

图 6-13 数据建立时序裕量的计算方法

$$\text{Slack}_{\text{Setup}} = \text{Required Clock Period} - \text{Actual Clock Period} \tag{6-4}$$

$$\text{Slack}_{\text{Setup}} = \text{Slack Clock Period} - (\mu T_{\text{co}} + \text{Data Delay} + \mu T_{\text{su}}) \tag{6-5}$$

时序裕量概念中，比较重要的是保持裕量(Hold Time Slack)，这个概念主要用于衡量寄存器到寄存器路径上数据稳定采样的最小保持时间是否满足。如果要实现数据稳定采样，数据在目的寄存器上升沿到来后要保持稳定的最小值等于目的寄存器保持时间 μt_{H}。换句话说，当目的寄存器上升沿到来后，数据保持稳定的时间必须大于或等于目的寄存器保持时间 μt_{H}，否则就不能稳定采样。

造成数据保持时序裕量为负，即数据保持时间不够的主要原因是数据路径的延时大于时钟路径的延时。在图 6-14 所示电路中，如果时钟偏斜(Clock Skew：B-A)大于数据路径的偏斜(T_{co}+Data Delay+T_h),则会造成数据保持时序裕量为负。

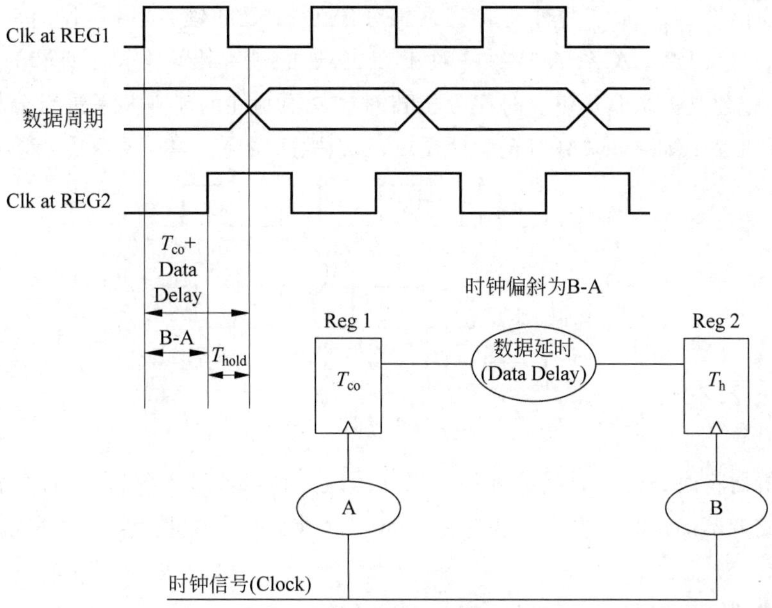

Clk at REG1

数据周期

Clk at REG2

T_{co}+ Data Delay

B-A

T_{hold}

时钟偏斜为B-A

Reg 1 T_{co}

数据延时 (Data Delay)

Reg 2 T_h

A

B

时钟信号(Clock)

图 6-14 数据保持时序裕量

5. 时钟偏斜

时钟偏斜(Clock Skew),指一个同源时钟到达两个不同的寄存器时钟端的时间差别。造成时钟偏斜的原因主要是两条时钟路径到达同步元件的长度不同,如图 6-15 所示。如今的 FPGA 中一般都有全铜层的全局时钟驱动网络,全局时钟资源的偏斜非常小,一般可忽略不记,所以使用全局时钟资源驱动设计中的主要时钟信号,能有效地避免这些时钟信号到达各寄存器时钟端的偏斜(Skew)。

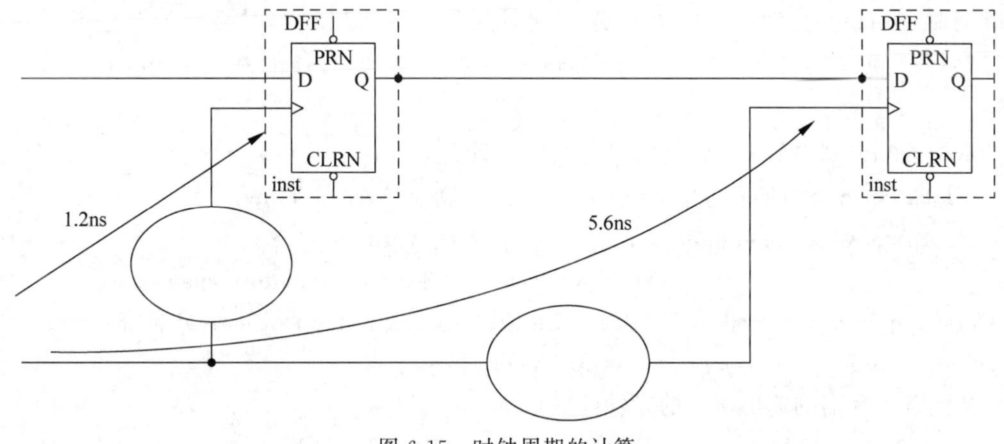

图 6-15 时钟周期的计算

6.2.3 同步时序分析

1. 时钟建立分析

要执行时钟建立时间检查(Setup Check),时序分析器通过分析每条寄存器到寄存器路径的每个启动沿和锁存沿来确定建立关系。

对于目地寄存器上的每个锁存沿,时序分析器使用源寄存器上最接近的前一个时钟沿作为启动沿。图 6-16 显示了两种建立关系。对于 10ns 处的锁存沿,用作启动沿的最近时钟在 3ns 处,并标记建立关系 A 标签。对于 20ns 处的锁存沿,用作启动沿的最近时钟在 19ns 处,并标记建立关系 B 标签。时序分析器对最具限制性的建立关系进行分析,在此图中为建立关系 B 标签;如果此关系符合设计要求,那么默认情况下建立关系 A 标签必符合要求。

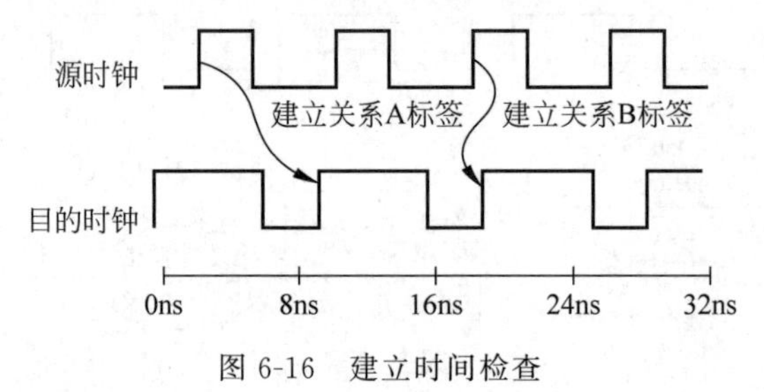

图 6-16 建立时间检查

时序分析器将时钟建立时间检查的结果作为时序裕量值进行报告。时序裕量是衡量满足时序要求或者不满足时序要求。正时序裕量表示满足时序要求;负时序裕量表示未满足时序要求。

内部寄存器到寄存器路径的时钟建立裕量计算如下:

Clock SetupSlack = Data Required Time − Data Arrival Time

Data Arrival Time = Launch Edge + Clock Network Delay to Source Register + μT_{co} + Register to Register Delay

Data Required Time = Latch Edge + Clock Network Delay to Destination Register − μT_{SU} − Setup Uncertainty

时序分析器在计算数据到达时间时使用最大延时进行建立时间检查,在计算数据要求时间时使用最小延时。最大到达路径延时与最小要求路径延时之间的某些差异可以通过路径悲观移除(Path Pessimism Removal)来恢复,如时序悲观(Timing Pessimism)所述。

从输入端口到内部寄存器的时钟建立裕量计算如下:

Clock Setup Slack = Data Required Time − Data Arrival Time

Data Arrival Time = Launch Edge + Clock Network Delay + Input Maximum Delay + Port to Register Delay

Data Required Time = Latch Edge + Clock Network Delay to Destination Register − μT_{SU} − Setup Uncertainty

从内部寄存器到输出端口的时钟建立裕量计算如下:

Clock Setup Slack = Data Required Time − Data Arrival Time

Data Arrival Time = Launch Edge + Clock Network Delay to Source Register + μT_{co} + Register to Port Delay

Data Required Time = Latch Edge + Clock Network Delay to Oupput Port − Output Maximum Delay

所谓时钟不确定性(Clock Uncertainty)包括建立不确定性和保持不确定性,如图 6-17

所示。其中建立不确定性会降低建立要求时间(Setup Required Time),保持不确定性会提高保持要求时间(Hold Required Time)。

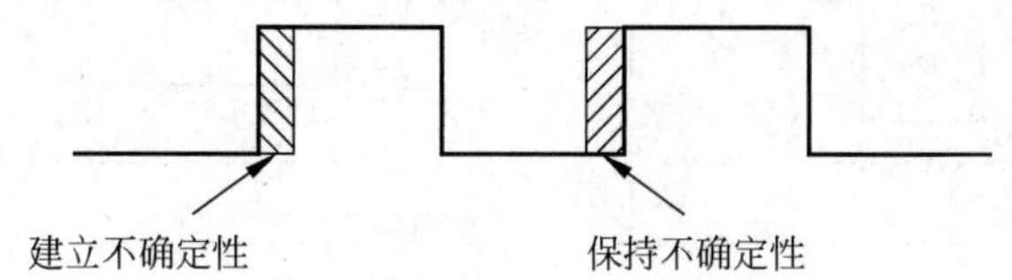

图 6-17　建立不确定性和保持不确定性

输入最大延时(Input Maximum Delay):从外部设备到 Intel 公司 IO 引脚 A 的最大延时,如图 6-18 所示。

$$\text{External Device } T_{co} + \text{PCB Delay} - \text{PCB Clock Skew}$$

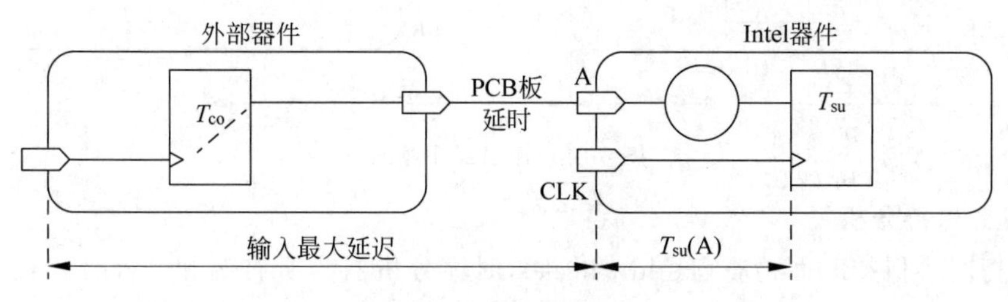

图 6-18　最大输入延时

$$T_{su}(A) \leqslant T_{clk} - \text{Input Maximum Delay}$$

输入最小延时(Input Minimum Delay):从外部设备到 Intel 公司 IO 引脚 A 的最小延时,如图 6-19 所示。

$$\text{External Device } T_{co} + \text{PCB Delay} - \text{PCB Clock Skew}$$

$$T_{h}(A) \leqslant \text{Input Minimum Delay}$$

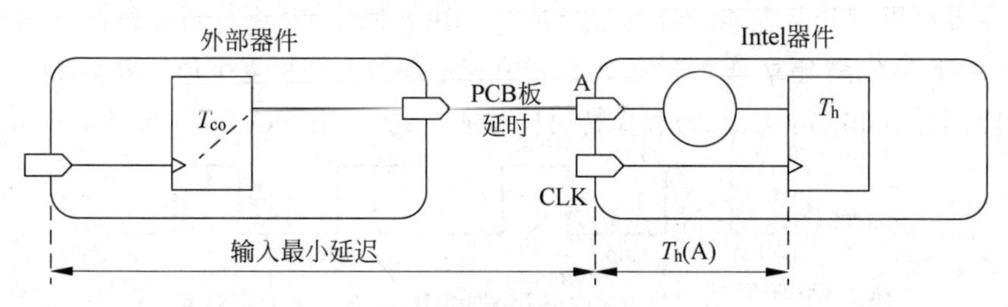

图 6-19　输入最小延时

输出最大延时(Output Maximum Delay):从 Intel 公司 IO 引脚 B 到外部设备的最大延时,如图 6-20 所示。

$$\text{External Device } T_{su} + \text{PCB Delay} - \text{PCB Clock Skew}$$

$$T_{co}(B) \leqslant T_{clk} - \text{Output Maximum Delay}$$

输出最小延时(Output Minimum Delay):从 Intel 公司 IO 引脚 B 到外部设备的最小延时,如图 6-21 所示。

$$\text{External Device } T_{h} - \text{PCB Delay}$$

$$T_{co}(B) \geqslant \text{Output Minimum Delay}$$

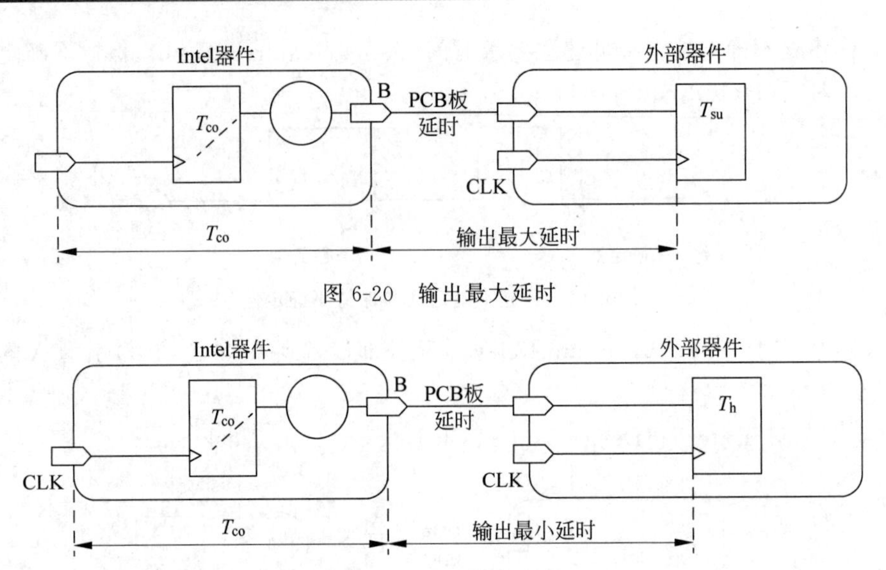

图 6-20 输出最大延时

图 6-21 输出最小延时

2. 时钟保持分析

要执行时钟保持时间检查(Hold Check),时序分析器为所有源和目标寄存器对存在的每种可能的建立关系确定保持关系。时序分析器检查所有建立关系中的所有相邻时钟沿以确定保持关系。

时序分析器对每个建立关系执行两次保持时间检查。第一次保持时间检查目的是确定当前启动沿发送的数据未被先前锁存沿采集。第二次保持时间检查目的是确定当前锁存沿没有采集下一个启动沿发送的数据。时序分析器从可能的保持关系中选择最具限制性的保持关系。最具限制性的保持关系是指锁存沿与启动沿之间差异最小的保持关系,并由此可以确定寄存器到寄存器路径所允许的最小延时。在下例中,时序分析器选择保持时间检查A2 作为两种建立关系(建立 A 和建立 B)以及其相应保持时间检查中最具限制性的保持关系。

建立时间检查(Setup Check)和保持时间检查(Hold Check)关系,如图 6-22 所示。

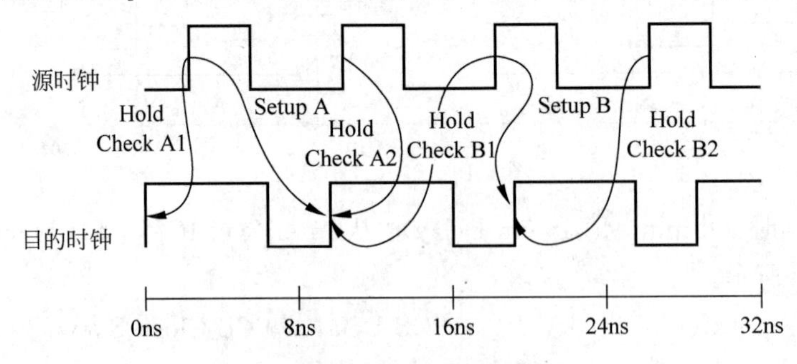

图 6-22 建立分析和保持分析关系

内部寄存器到寄存器路径的时钟保持裕量计算如下:

Clock Hold Slack = Data Arrival Time − Data Required Time

Data Arrival Time = Launch Edge + Clock Network Delay to Source Register + μT_{co} + Register to Register Delay

Data Required Time = Latch Edge + Clock Network Delay to Destination Register + μT_h + Hold Uncertainty

时序分析器在计算数据到达时间时使用最小延时，在计算数据要求时间时使用最大延时进行保持时间检查。

从输入端口到内部寄存器的时钟保持裕量计算如下：

Clock Hold Slack = Data Arrival Time − Data Required Time

Data Arrival Time = Launch Edge + Clock Network Delay + Input Minimum Delay + Pin to Register Delay

Data Required Time = Latch Edge + Clock Network Delay to Destination Register + μT_h

从内部寄存器到输出端口的时钟保持裕量计算如下：

Clock Hold Slack = Data Arrival Time − Data Required Time

Data Arrival Time = Launch Edge + Clock Network Delay to Source Register + μT_{co} + Register to Pin Delay

Data Required Time = Latch Edge + Clock Network Delay − Output Minimum Delay

6.2.4 异步时序分析——恢复和移除分析

恢复和移除分析(Recovery and Removal Analysis)主要涉及两个方面：恢复时间和移除时间。恢复时间是异步控制信号相对于下一个时钟沿之前必须维持稳定的最小时间长度。移除时间是异步控制信号相对于当前有效时钟沿之后必须维持稳定的最小时间长度，如图 6-23 所示。

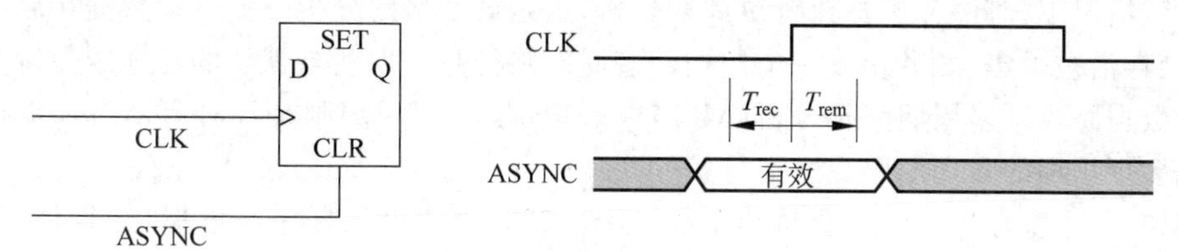

图 6-23 恢复时间和移除时间

例如，诸如清零(Clear)和置数(Preset)的信号必须在下一个有效时钟沿之前保持稳定。恢复裕量计算(Recovery Slack Calculation)类似于时钟建立裕量计算(Clock Setup Slack Calculation)，但此计算适用于异步控制信号，而时钟建立裕量计算则用于同步信号。

恢复裕量计算(如果异步控制信号是被寄存的)如下：

Recovery Slack Time = Data Required Time − Data Arrival Time

Data Required Time = Latch Edge + Clock Network Delay to Destination Register − μT_{su}

Data Arrival Time = Launch Edge + Clock Network Delay to Source Register + μT_{co} + Register to Register Delay

恢复裕量计算(如果异步控制信号未被寄存)如下：

Recovery Slack Time = Data Required Time − Data Arrival Time

Data Required Time = Latch Edge + Clock Network Delay to Destination Register − μT_{su}

Data Arrival Time = Launch Edge + Clock Network Delay + Input Maximum Delay + Port to Register Delay

注：如果异步复位信号来自器件 I/O 端口，那么必须对异步复位端口创建一个输入延

时约束,以使时序分析器对路径执行恢复分析。

移除时间是一个异步控制信号在有效时钟沿后必须稳定的最小时间长度。时序分析器移除裕量计算(Removal Slack Calculation)类似于时钟保持裕量计算(Clock Setup Hold Calculation),但此计算适用于异步控制信号,而时钟保持裕量计算用于同步信号。

移除裕量计算(如果异步控制信号是被寄存的)如下:

Removal Slack Time = Data Arrival Time − Data Required Time

Data Arrival Time = Launch Edge + Clock Network Delay to Source Register + μT_{co} of Source Register + Register to Register Delay

Data Required Time = Latch Edge + Clock Network Delay to Destination Register + μT_h

移除裕量计算(如果异步控制信号未被寄存)如下:

Removal Slack Time = Data Arrival Time − Data Required Time

Data Arrival Time = Launch Edge + Clock Network Delay + Input Minimum Delay of Pin + Minimum Pin to Register Delay

Data Required Time = Latch Edge + Clock Network Delay to Destination Register + μT_h

如果异步复位信号来自器件端口,那么必须对异步复位端口创建一个输入延时约束,以使时序分析器对路径执行移除分析。

6.2.5 多周期路径分析

默认情况下,时序分析器执行单周期分析,这是最严格的分析类型。即数据在启动沿发送,在锁存沿被采集,二者相差一个周期。多周期路径是指那些与默认的建立或保持关系相例外的数据路径。多周期路径分析(Multicycle Path Analysis)则是针对启动沿和锁存沿之间相隔多个周期的多周期路径进行分析。

例如,一个寄存器可能需要每两个或三个上升时钟边沿采样一次数据,这就是多周期,而默认情况则是每一个周期采样一次数据。乘法器的输入寄存器与输出寄存器之间形成了多周期路径,其目地寄存器在每隔一个时钟边沿上锁存一次数据。

多时钟周期路径如图 6-24 所示。

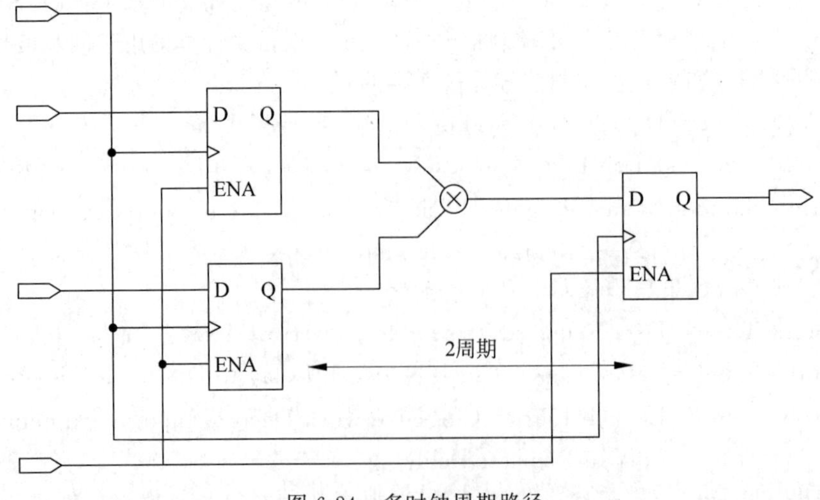

图 6-24 多时钟周期路径

寄存器到寄存器路径适用于默认的建立和保持关系，如图 6-25 所示。而且，在其相应的时序图中，当源时钟 src_clk 的周期为 10ns，目的时钟 dst_clk 的周期为 5ns 时，则默认的建立(Setup)关系为 5ns，默认保持关系为 0ns。

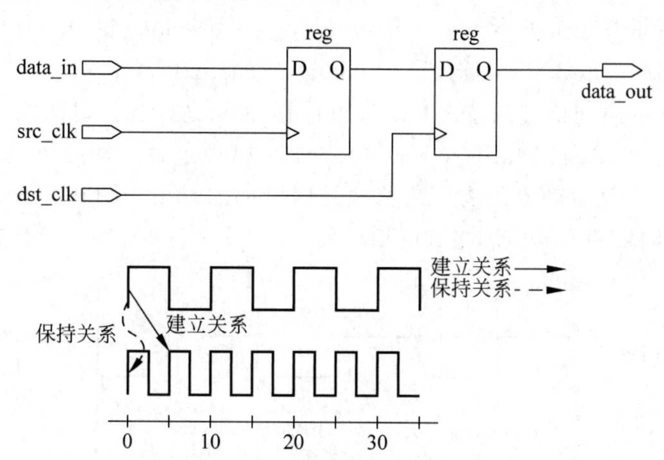

图 6-25　寄存器到寄存器路径及默认的建立和保持时序图

为满足系统要求，可以通过对寄存器到寄存器路径指定多周期时序约束来修改默认的建立和保持关系。其中寄存器到寄存器路径时序关系如图 6-26 所示。

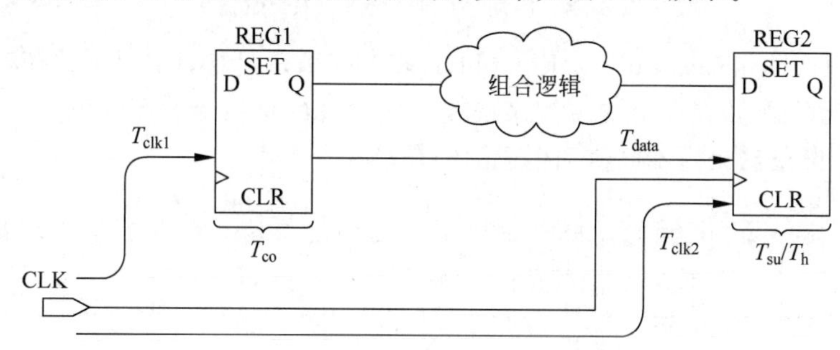

图 6-26　寄存器到寄存器路径

这个特殊的多周期建立(Multicycle Setup)赋值为 2，意味着使用第二个锁存沿采样数据。在本实例中，从默认值 5ns 变到 10ns，如图 6-27 所示。

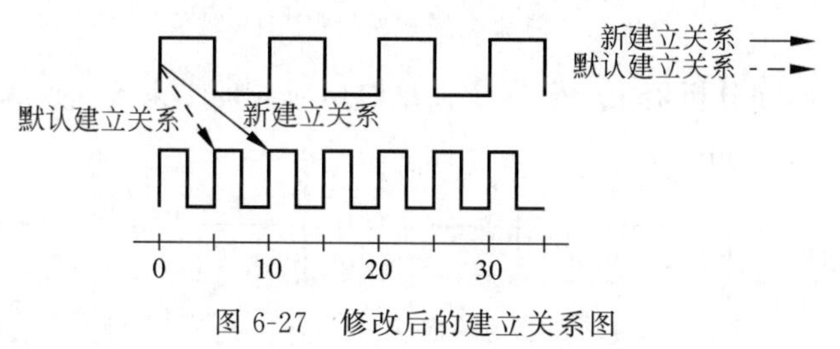

图 6-27　修改后的建立关系图

1. 多周期时钟保持

时钟启动沿和锁存沿之间的时钟周期数定义了建立关系。

默认情况下，时序分析器执行单周期路径分析，当分析一条路径时，时序分析器执行两次保持时间检查(Hold Check)。第一次保持时间检查确定当前启动沿发送的数据未被上一个锁存沿采集。第二次保持分析确定当前锁存沿没有采集下一个启动沿发送的数据。

时序分析器仅对最具限制性的保持时间检查进行报告。时序分析器通过比较启动沿和锁存沿来计算保持时间检查。

时序分析器使用以下计算式来确定保持时间检查(Hold Check)：

hold check 1 = current launch edge − previous latch edge

hold check 2 = next launch edge − current latch edge

注意：如果保持时间检查与建立时间检查重叠,那么忽略保持时间检查。

启动多周期保持(Start Multicycle Hold,SMH)赋值通过将源时钟的启动沿上指定的时钟周期数移动到默认启动沿的右侧来修改源时钟的启动沿。图 6-28 显示了启动多周期保持(SMH)赋值约束的不同值和生成的启动沿。

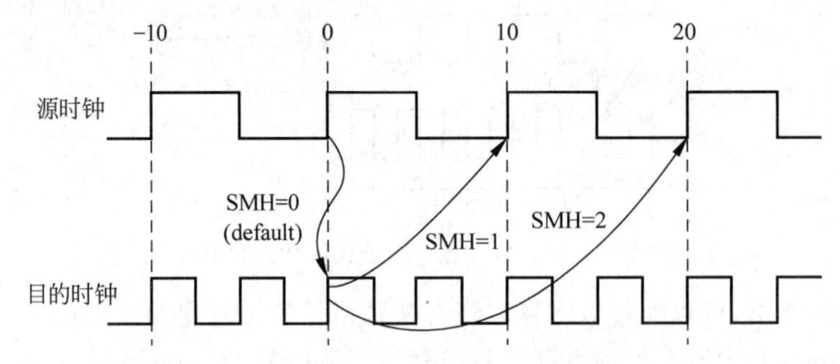

图 6-28 启动多周期保持(SMH)赋值

结束多周期保持(End Multicycle Hold,EMH)赋值通过将目的时钟的锁存沿上指定的时钟周期数移动到默认锁存沿的左侧来修改目的时钟的锁存沿。图 6-29 显示了结束多周期保持(EMH)赋值约束的不同值和生成的锁存沿。

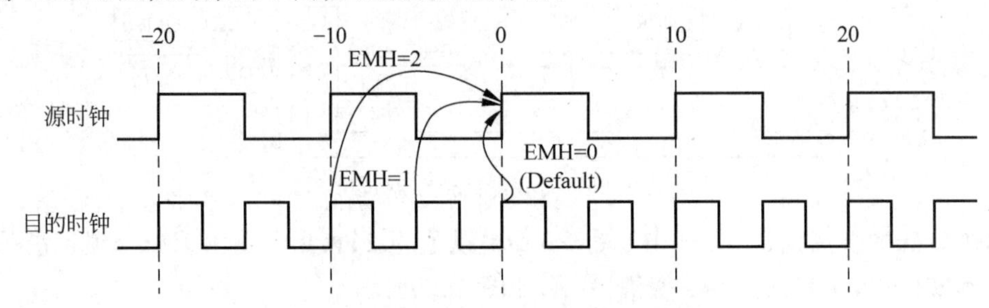

图 6-29 结束多周期保持(EMH)赋值

图 6-30 给出了时序分析器报告负保持关系时所对应的结束多同期保持(EMH)值。

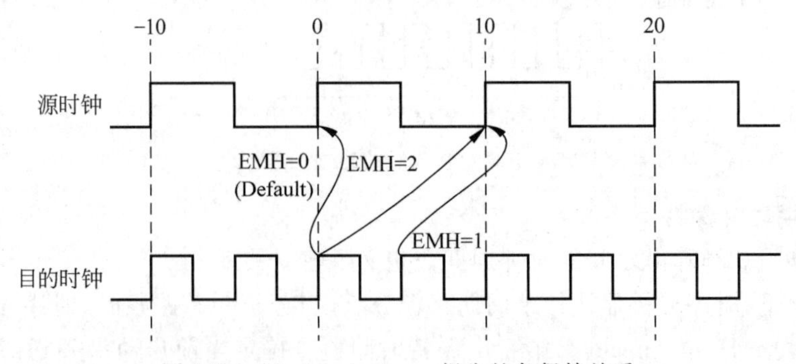

图 6-30 Timing Analyzer 报告的负保持关系

2. 多周期时钟建立

建立关系定义为锁存沿与启动沿之间的时钟周期数。默认情况下,时序分析器执行单周期路径分析,这意味着建立关系等于一个时钟周期(锁存沿 - 启动沿)。应用多周期建立赋值,用多周期建立值对建立关系进行调整。调整值可能为负。

结束多周期建立(End Multicycle Setup,EMS)赋值是通过修改目的时钟的锁存沿实现,即将锁存沿上指定的时钟周期数移动到默认锁存沿的右侧。图 6-31 显示了结束多周期建立赋值的不同值和生成的锁存沿。

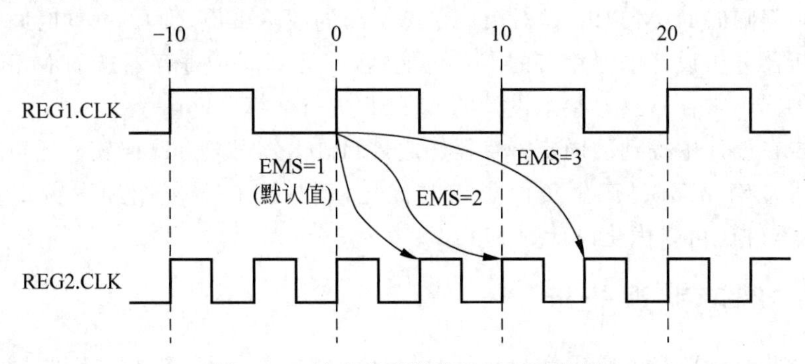

图 6-31　结束多周期建立(EMS)赋值

启动多周期建立(Start Multicycle Setup,SMS)赋值是通过修改源时钟的启动沿实现的,即将启动沿指定数量的时钟周期移动到确定的默认启动沿的左侧。如图 6-32 所示,具有各种值的启动多周期建立(SMS)赋值可以生成特定的启动沿。

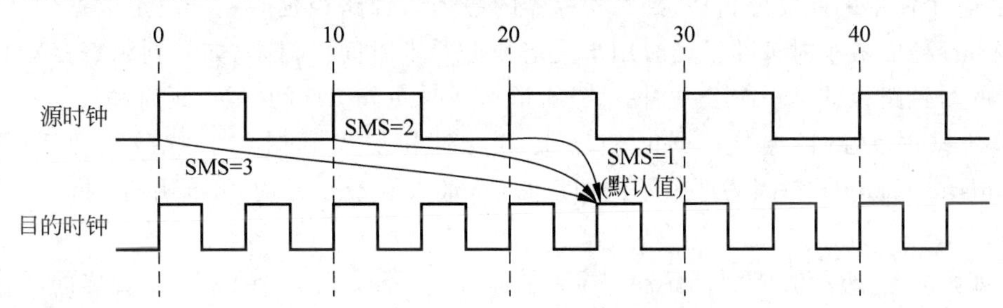

图 6-32　启动多周期建立(SMS)赋值

图 6-33 显示了时序分析器报告的负建立关系时对应的启动多周期建立值。

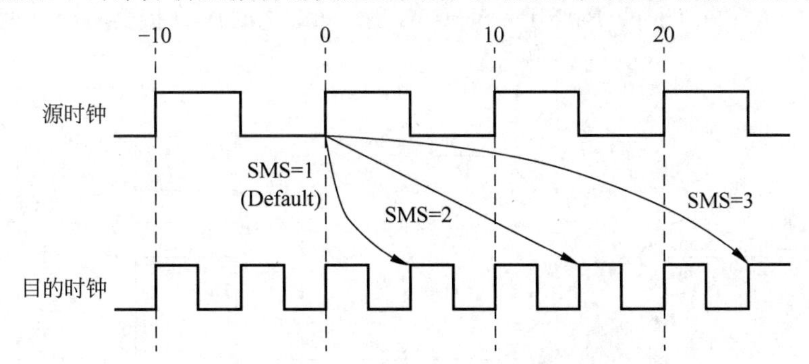

图 6-33　Timing Analyzer 报告的负建立关系

6.2.6 亚稳性分析

当信号在无关或异步时钟域中的电路之间传输时，由于信号没有满足建立和保持时间要求，因此可能会出现亚稳性问题。亚稳态分析(Metastability Analysis)则重点分析电路中可能出现亚稳态的情况。

为了最小化由亚稳态引起的故障，电路设计人员通常在目地时钟域中使用一系列寄存器(也称为同步寄存器链或同步器)来将数据信号重新同步到新的时钟域。

平均故障间隔时间(MTBF)是对由亚稳态引起的故障事件之间的平均时间估算。

时序分析器分析设计中亚稳态的潜在可能性，并计算同步寄存器链的 MTBF。然后根据设计包含的同步寄存器链对整个设计的 MTBF 进行估算。

除了报告在设计中找到的同步寄存器链之外，Intel 公司 Quartus 软件还可以保护这些寄存器避免可能对 MTBF 产生负面影响的优化，例如寄存器复制和逻辑重定时。如果 MTBF 太低，软件还可以优化设计的 MTBF。

6.2.7 时序悲观分析

通过将公共时钟路径的最大和最小延时值之间的差值与相应的裕量公式相加，公共时钟路径悲观移除(Common Clock Path Pessimism Removal)在静态时序分析过程中会考虑与公共时钟路径相关联的最小和最大延时变化。

当时序分析将两个不同的延时值用于同一时钟路径时，可能出现最小和最大延时变化。例如，在一个简单的建立分析中，到源寄存器的最大时钟路径延时用于决定数据到达时间。到目地寄存器的最小时钟路径延时用于决定数据要求时间。但是，如果到源寄存器和目地寄存器的时钟路径共享一个公共时钟路径，那么在时序分析期间，最大延时和最小延时同时用于对公共时钟路径建模。同时使用最小延时和最大延时则会导致过度悲观分析(Pessimistic Analysis)，因为两个不同的延时值(最大和最小延时)不能用于对同一时钟路径建模。

在如图 6-34 所示的典型寄存器到寄存器路径中，路段 A 是 reg1 与 reg2 之间的公共时钟路径。最小延时为 5.0ns；最大延时为 5.5ns。最大和最小延时的差值等于公共时钟路径悲观移除值(Common Clock Path Pessimism Removal Value)；在这种情况下，公共时钟路径悲观度(Common Clock Path Pessimism)是 0.5ns。时序分析器将公共时钟路径悲观

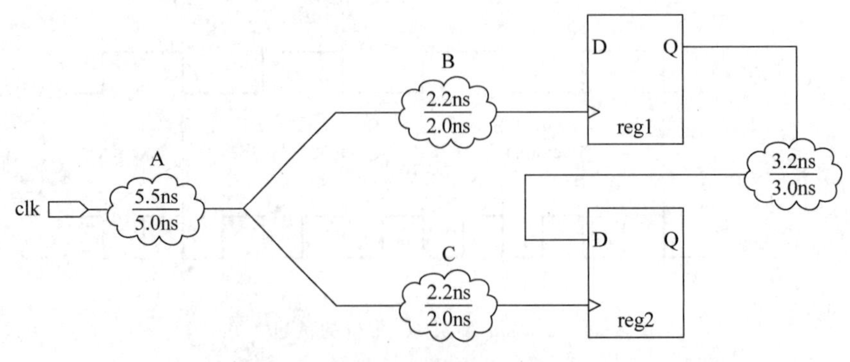

图 6-34 典型的寄存器到寄存器路径

移除值添加到相应的裕量公式中以确定总裕量。因此，如果示例中寄存器到寄存器路径的建立裕量(Setup Slack)在没有公共时钟路径悲观移除时等于0.7ns，那么该裕量在有公共时钟路径悲观移除时为1.2ns。

公共时钟路径悲观移除还可以用来确定一个寄存器的最小脉冲宽度。时钟信号必须满足寄存器的最小脉冲宽度要求才能被寄存器识别。最小高电平时间(Minimum High Time)定义了正边沿触发寄存器的最小脉冲宽度。最小低电平时间(Minimum Low Time)定义了负边沿触发寄存器的最小脉冲宽度。

违反寄存器最小脉冲宽度的时钟脉冲会导致数据在寄存器上不能锁存。要计算最小脉冲宽度的裕量，时序分析器处理方式是从实际最小脉冲宽度时间中减去最小脉冲宽度要求时间。时序分析器根据设计者为寄存器的时钟端口提供的特定时钟要求来确定实际的最小脉冲宽度时间。通过最大上升时间、最小上升时间、最大下降时间和最小下降时间来确定要求的最小脉冲宽度时间，如图6-35所示。

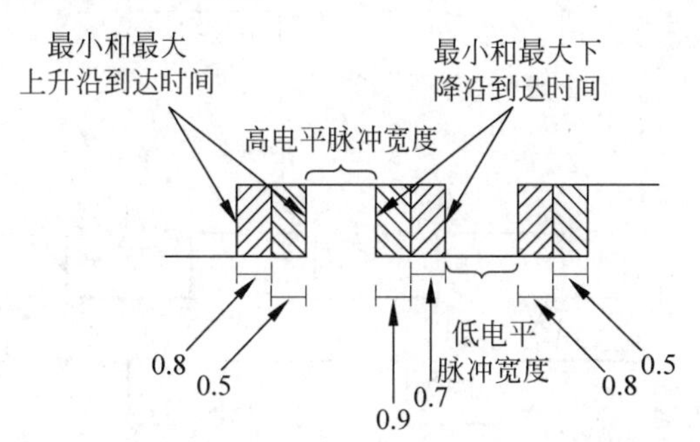

图6-35 高脉冲和低脉冲所需的最小脉冲宽度时间

通过使用公共时钟路径悲观分析(Common Clock Path Pessimism)，可以增加最小脉冲宽度裕量，增加量为下面两个差值中相对小的那个：最大上升时间与最小上升时间之差，或最大下降时间与最小下降时间之差。在此示例中，裕量值可以增加0.2ns，这是0.3ns(0.8ns－0.5ns)和0.2ns(0.9ns－0.7ns)之间的最小值。

6.2.8 时钟数据分析

大多数FPGA设计包含任意两类节点之间的简单连接，称为数据路径或时钟路径。数据路径是一个同步单元的输出与另一个同步单元的输入之间的连接。时钟路径则是与同步单元的时钟引脚的连接。但是，对于更复杂的FPGA设计，例如使用源同步接口的设计，这种简化连接是不够的。在包含诸如时钟分频器和DDR源同步输出单元的电路中需要进行时钟数据分析(Clock-as-Data Analysis)。

输入时钟端口与输出时钟端口之间的连接既可以视为时钟路径也可以视为数据路径。由图6-36所示的简化源同步输出可见，从端口clk_in到端口clk_out的路径既是时钟路径又是数据路径。时钟路径是从端口clk_in到寄存器reg_data时钟端口。数据路径是从端口clk_in到端口clk_out。

通过时钟数据分析，时序分析器可根据用户约束提供更准确的路径分析。对于时钟路径分析，会考虑与锁相环(PLL)相关的任何相移。对于数据路径分析，与PLL相关的任何

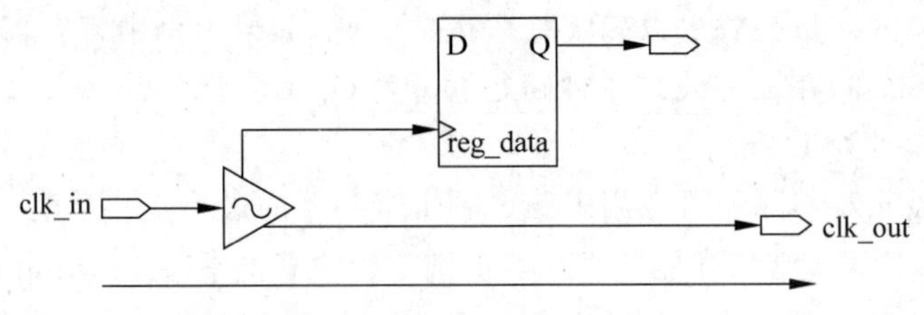

图 6-36　简化的源同步输出

相移都会予以考虑，而不是被忽略。

时钟数据分析也适用于内部生成的时钟分频器。图 6-37 为时序分析得到的非门反馈路径的波形。分频寄存器的输出用于决定启动时间，寄存器的时钟端口用于决定锁存时间。

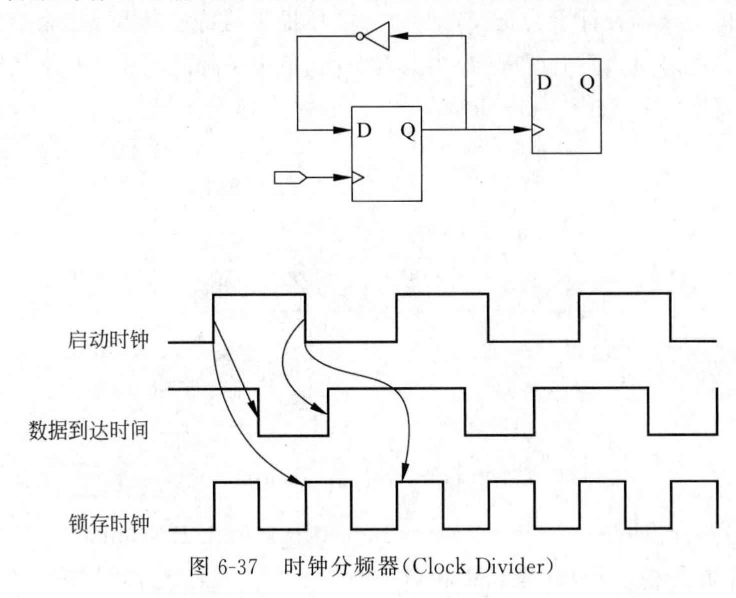

图 6-37　时钟分频器(Clock Divider)

6.2.9　多角时序分析

时序分析器可以执行多角时序分析(Multicorner Timing Analysis)，在不同的电压、工艺和温度操作条件下对设计进行验证。

为了确保在器件操作期间在各种条件(模型)下都不会出现违规，必须在所有可用的操作条件下执行静态时序分析。常见的几种操作条件为：

clocks：1000MHz(这个是软件报告设计中的时钟信号的约束频率)。因为用户没有对时序加约束，软件会自动对时钟加入最大的可能约束。

Slow 1200mV 85C Model：芯片内核供电电压 1200mV，工作温度 85℃情况下的慢速传输模型。

Slow 1200mV 0C Model：芯片内核供电电压 1200mV，工作温度 0℃情况下的慢速传输模型。

Fast 1200mV 0C Model：芯片内核供电电压 1200mV，工作温度 0℃下的快速传输模型。

6.3　时钟管理

可将时钟比喻成数字逻辑中的血液，几乎所有的信号都需要依靠时钟来传递信号。因此，时钟管理的重要性不言而喻。在本节中，首先将分析设计中经常遇到的时序问题，然后在这个基础上介绍如何利用 Intel 的时钟资源和 PLL 来有效地管理时钟，解决设计中的时序问题。

6.3.1　时序问题

1. 时钟偏斜和时钟抖动

时钟偏斜（Skew）是指在时钟分配系统中到达各个时钟末端（器件内部触发器的时钟输入端）的时钟相位不一致的现象，如图 6-38 所示。

时钟偏斜主要由两个因素造成：一是时钟源之间的偏差，例如，同一个 PLL 所输出的不同的时钟信号之间的偏斜；另一个是时钟分配网络的偏斜。时钟偏斜是永远存在的，但是其大到一定程度，就会严重影响设计的时序，因此需要用户在设计中尽量减小其影响。

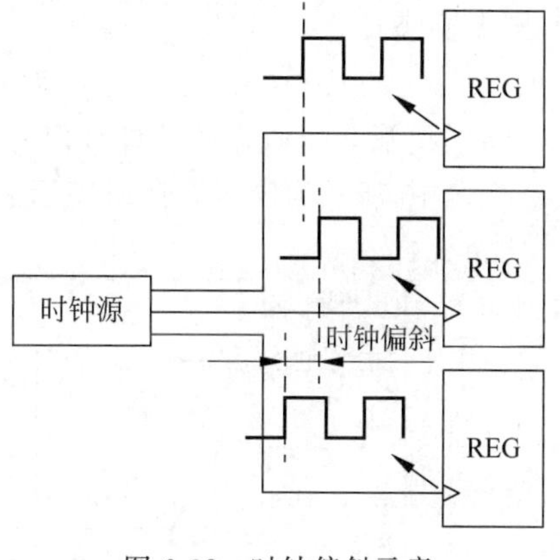

图 6-38　时钟偏斜示意

时钟抖动（Jitter）是指时钟边沿的输出位置与理想情况存在一定的误差。图 6-39 所示为抖动的示意图。抖动一般可以分为确定性抖动和随机抖动。确定性抖动一般比较大，而且可以追踪到特定的来源，如信号噪声、串扰、电源系统和其他类似的来源；随机抖动一般是由环境内的因素造成的，如热干扰和辐射等，而且往往难以追踪。

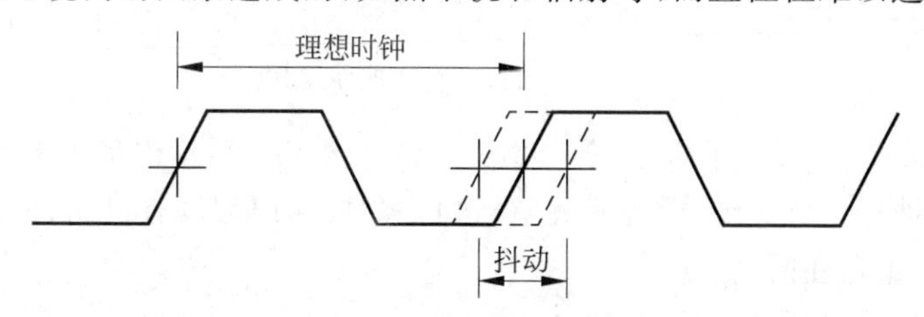

图 6-39　时钟抖动示意

在实际环境中，可以说任何时钟都存在一定的抖动，而当时钟的抖动大到影响设计时序时，这样的时钟抖动是不可接受的，必须予以减弱。

2. 时序裕量

在一个同步设计中，可以说时序决定一切。为了保证同步系统可以正常工作，设计中所有的时序路径延时都必须在系统规定的时钟周期以内，如果某一个路径超出了时间限制，那么整个系统都会发生故障。

尤其是在目前的高速系统设计中，如何在保证设计功能正确的前提下满足设计的时序要求，是工程师们面临的一大挑战。所以设计者通常需要考虑各种可能的因素，精确计算时序裕量（Timing Margin），以使系统可靠地工作。

在计算设计内部的时序裕量时,工程师通常会考虑的一些延时因素包括源触发器的时钟到输出延时 MicroT_{co}、触发器到触发器的走线及逻辑延时 T_{logic}、目的触发器的建立时间 MicroT_{su} 和保持时间 MicroT_h。假设设计规格需要跑的时钟周期为 T,因此需要满足时钟建立的要求:

$$\text{Micro}T_{co} + T_{logic} + \text{Micro}T_{su} \leqslant T$$

同时也需要满足目的端触发器的保持时间 MicroT_h 要求。

在同步接口的设计中,另一个需要重点考虑的就是 FPGA 和周围(上游和下游)器件的接口时序。因此芯片 I/O 引脚的输入/输出存在相对较大的延时,同时还涉及与时钟信号之间的相位关系,所以接口电路的时序往往成为设计中的难点。

在计算同步 I/O 引脚的时序裕量时,用户通常会考虑发送器件的时钟到输出延时 T_{co}、单板走线延时 T_{fight} 及接收器件的建立时间 T_{su} 和保持时间 T_h。假设设定的时钟周期是 T,则需要满足:

$$T_{co} + T_{fight} + T_{su} \leqslant T$$

同样也需要满足接收器件的外部保持时间 T_h 的要求。

图 6-40 所示为同步设计时序示意图。

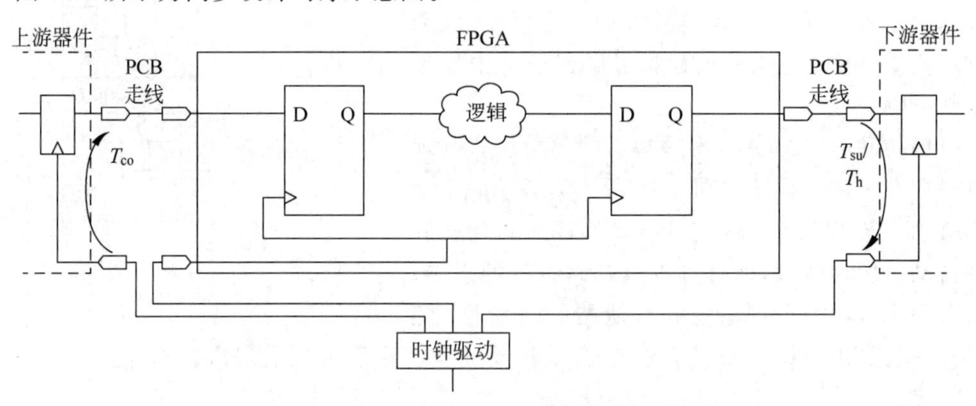

图 6-40 同步设计时序示意图

当然,以上的时序裕量计算是基于一个基本的出发点:芯片内部的时钟和单板的系统时钟是完美的时钟。也就是说,时钟永远具有恒定的周期而且没有抖动,但是在实际的系统中,这样的时钟是不存在的。

在进行 FPGA 或 ASIC 设计中,以前工程师们往往只关注逻辑级数、平面布局和布线延时,认为这些才是设计中面临的最大的时序问题,很少关心时钟本身的特性,如偏斜、抖动和占空比失真(Duty Cycle Distortion)等。在低速设计的年代,用户基本上不用考虑这些因素,然而随着设计时钟频率的不断提高,时钟本身的缺陷也在不断地吞噬着宝贵的时序裕量。同时,时钟本身的问题造成设计性能下降的情况越来越普遍,使设计工程师们不得不对以前很少关心的时钟质量问题给予关注。

在一个实际的系统中,这里把同一个时钟源分布到不同的时钟目的端的延时差叫作 T_{skew}(如果到源端触发器比到目的触发器的延时小,则 T_{skew} 为正值,否则为负值),而时钟沿的到达时间也会与理想情况有一些差别,这里把理想的时钟周期与实际的时钟周期的差别叫作 T_{jitter}(如果理想的时钟周期大于实际的时钟周期,则 T_{jitter} 为正值,否则为负值)。如果时钟信号的下一个有效边沿超前于预定时间到达，这样时钟的有效周期缩短，而在这个时钟周期内，电路同样需要正常工作。在考虑时序裕量时，就需要把时钟的偏斜和抖动计算在内，满足：

$$\text{Micro}T_{\text{co}} + T_{\text{logic}} + \text{Micro}T_{\text{su}} \leqslant T + T_{\text{skew}} - T_{\text{jitter}}$$

与此类似，在考虑同步 I/O 接口时序时，也必须考虑单板上时钟分配系统之间的偏斜及时钟抖动。

在 I/O 设计中，除了传统的系统同步方案以外，也有源同步方案。该方案中，采样时钟是与数据一起随路传送的，数据和时钟之间有已知的固定相位关系。在接收端必须根据这一固定的相位关系对数据和时钟分别进行相应的延时处理，以满足数据的采样要求。

3. 使用全局时钟网络和锁相环改善时钟

在可编程逻辑器件中，一般都有全局时钟网络，可以驱动全片的所有触发器和时序电路，包括 LE、IOE、RAM 和 DSP 等资源中的触发器。

要提醒大家注意的是，许多逻辑设计工程师对全局时钟网络的特性有一个曲解，认为其延时很小。其实，全局时钟网络的特点是：为了保证到芯片的各个角落的延时尽量相等，时钟分配树首先是布线到芯片的中间，再向芯片的四周分布，如图 6-41 所示。所以从时钟的源端到所驱动的触发器走过的路径比较长，延时比较大，但是到各个时序元件(触发器)时钟输入端等长，保证时钟偏斜很小。同时全局时钟网络具有很强的驱动能力，而且在芯片设计的时候对时钟网络做了保护，尽量防止芯片内部的信号对时钟信号质量有影响，这样可以保证时钟信号引入的抖动非常小。

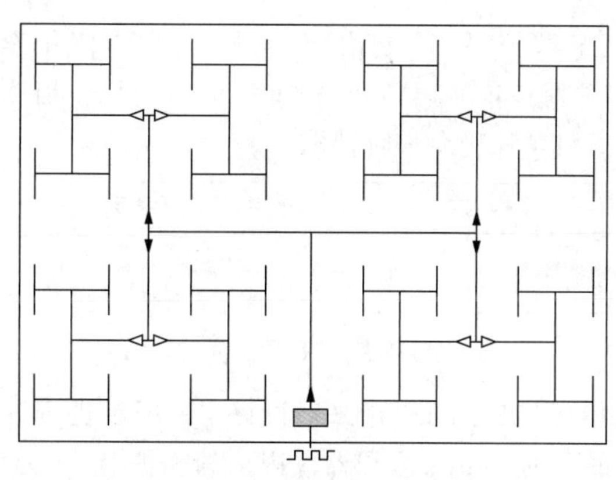

图 6-41　H 形时钟树结构

在 Intel 公司的 FPGA 内部具有多个全局时钟网络，在高端的 FPGA(如 Stratix V)内部还有一些区域时钟，这些区域时钟只能驱动 FPGA 内部的某个区域内的逻辑，比如一个象限或半个芯片，不能走到全片，在使用时需要注意。

一般来说，时钟和复位信号建议使用 FPGA 内部的全局时钟网络，以使到达各个目的点的偏斜最小。一些高扇出的控制信号，例如时钟使能信号，如果使用全局网络，可以减少大扇出数对路径延时的影响，大大提高设计的性能，而且能节省逻辑资源，防止综合与布线工具对逻辑的复制，同时也节省了普通的布线资源，提高了设计的可布线性。

在 Quartus Ⅱ 软件中，有全局的设置选项“Auto Global Clock”，可以使得工具在实现的时候自动把一些高扇出的时钟信号布线到全局网络上去。与此类似，“Auto Global Register Control Signals”选项同样可以自动把一些高扇出的触发器控制信号(如复位和时钟使能信号)布线到全局网络上去,如图 6-42 所示。

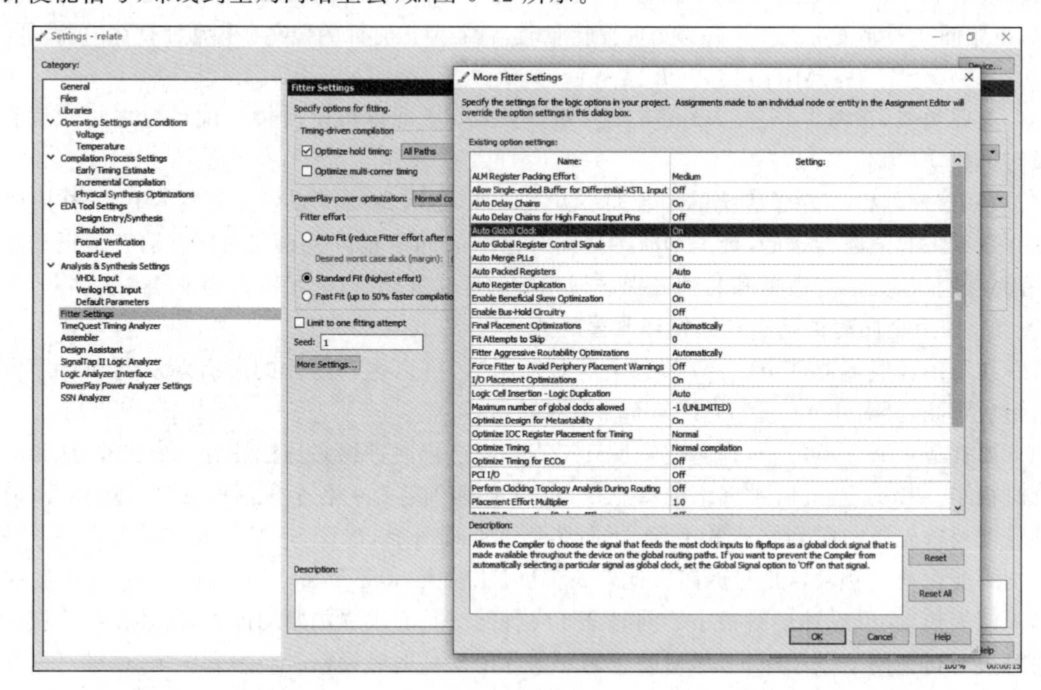

图 6-42 Quartus Ⅱ中的“自动全局时钟”选项

如果用户不希望某个节点(引脚或内部信号)被选择使用全局时钟网络,可以在 Assignment Editor 中单独对该信号设置开关,如图 6-43 所示。当然,用同样的方法也可以约束某个引脚和内部节点自动使用全局时钟网络。

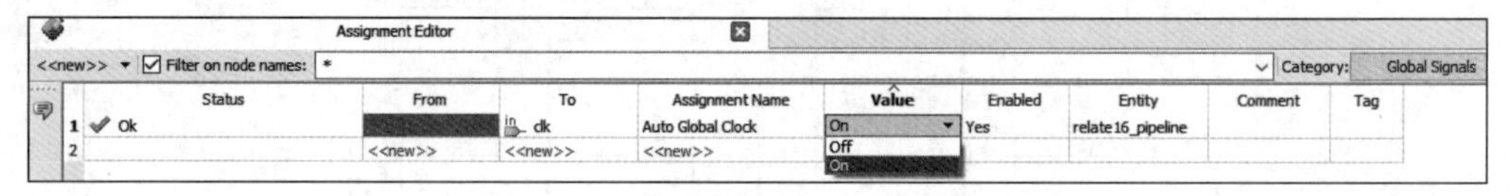

图 6-43 对节点作“自动全局时钟约束”

FPGA 器件中的锁相环(PLL)可以用来对设计中的时钟进行管理,可以通过锁相和移相来达到调整时钟偏差的目的。Intel 公司器件内部的模拟 PLL 还可以滤除输入时钟信号的抖动,提供高质量的内部和输出时钟。

4. 局部布线

如果 FPGA 内部的全局资源不够时,也可以采用内部的非全局布线资源来布线时钟等高扇出的控制信号。非全局走线的问题是,它到不同的目的节点的延时可能相差较大,也就是说偏斜较大,可能会给时序带来麻烦。

对时钟信号来说,偏斜会影响设计中与之相关路径的建立保持时间时序,尤其是当时钟偏斜大于数据延时的时候,就会造成保持时间有问题。复位信号的偏斜同样会造成一些问题,如不同的触发器的复位放开时间不一致,可能会导致逻辑内部状态机的混乱。

关于设计中保持时间的时序问题,通常情况下,建议由工具自动检查非全局时钟的建立保持时间要求,在 Quartus Ⅱ中的布局布线选项中,也有对设计中的保持时间进行优化的选项,可以选择是仅优化 I/O 引脚还是优化所有的路径的保持时间,如图 6-44 所示。

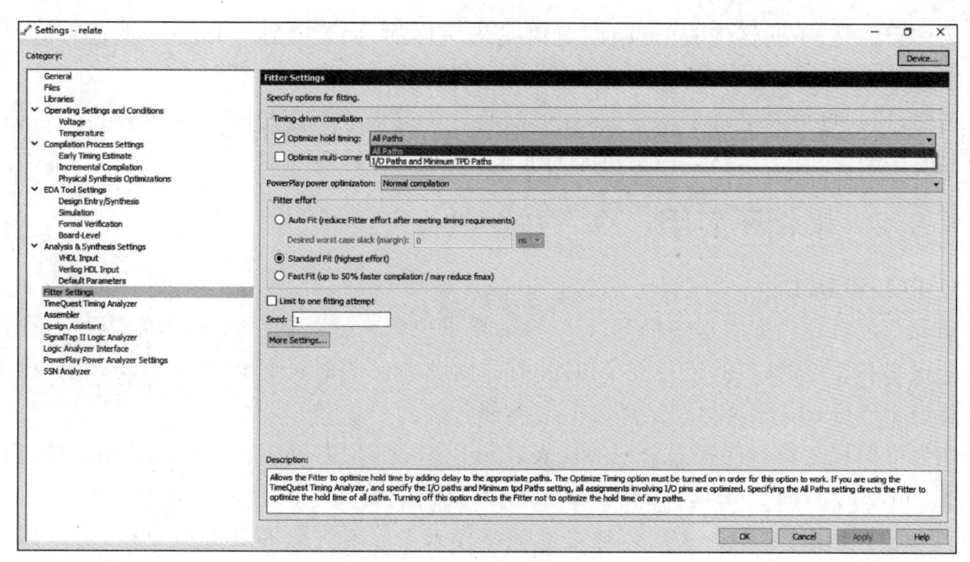

图 6-44　保持时间优化设置

对于保持时间违反的路径，也可以在路径的中间人为地增加一些延时电路，增加数据通路的延时，满足保持时间的要求。如果需要在源代码中增加延时电路，Intel 提供了一个延时原语 LCELL（仅仅是一个传输门），用户可以在设计中实例化这个 LCELL，同时把 Quartus Ⅱ工具的“Ignore LCELL Buffers”选项关闭，防止工具将其优化掉，如图 6-45 所示。

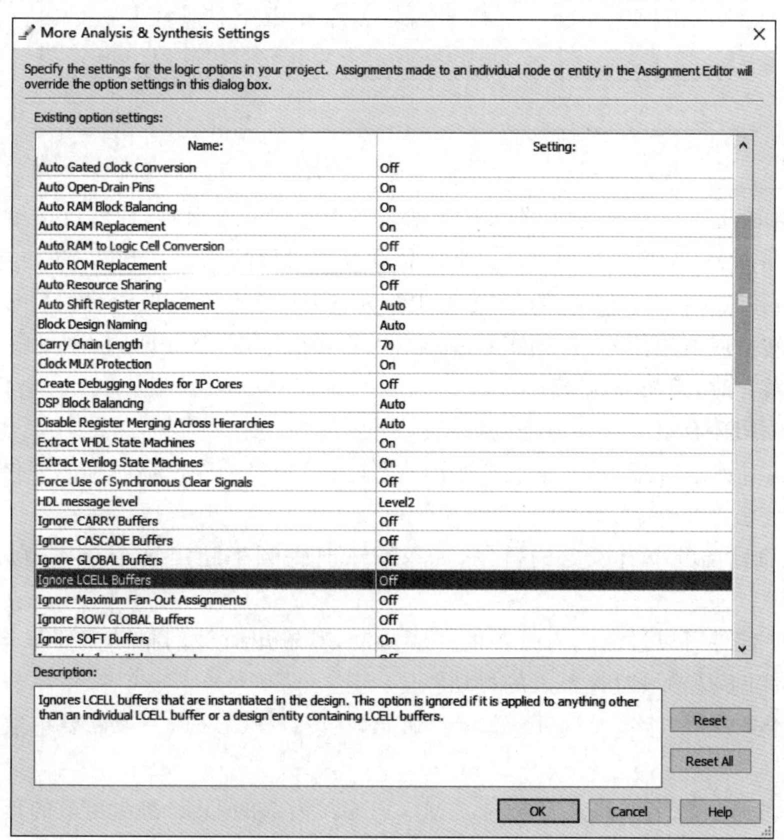

图 6-45　Quartus Ⅱ的“Ignore LCELL Buffers”选项

要注意的是,不同器件的 LCELL 延时是不一样的,而且具体会增加多少延时值,与信号走线关系也很大,这些都需要用户去分析和判断。

当然,用户也可以进行手动干预,如可以通过对逻辑进行定位的方式,利用互连线延时来满足时序要求,特别是路径的保持时间要求。

6.3.2 锁相环应用

1. PLL 和 DLL

随着系统时钟频率的逐步提升,I/O 性能要求也越来越高。在内部逻辑实现时,往往需要多个频率和相位的时钟,于是在 FPGA 内部出现了一些时钟管理功能模块,最具代表性的就是锁相环(PLL)和延时锁定环(DLL)两种电路。

作为可编程逻辑器件领先公司的代表,Intel 公司在 FPGA 中内嵌模拟的锁相环(Phase Lock Loop,PLL),而 AMD 公司在其 FPGA 中内嵌了纯数字的延时锁定环(Delay-Locked Loop,DLL)。PLL 和 DLL 都可以通过反馈路径来消除时钟分布路径的延时,可以用作频率综合(如分频和倍频),也可以用来去抖动、修正占空比和移相等。

两种电路各有所长,要视具体应用而定。

一般来说,锁相环是由模拟电路实现的,其结构示意如图 6-46 所示。

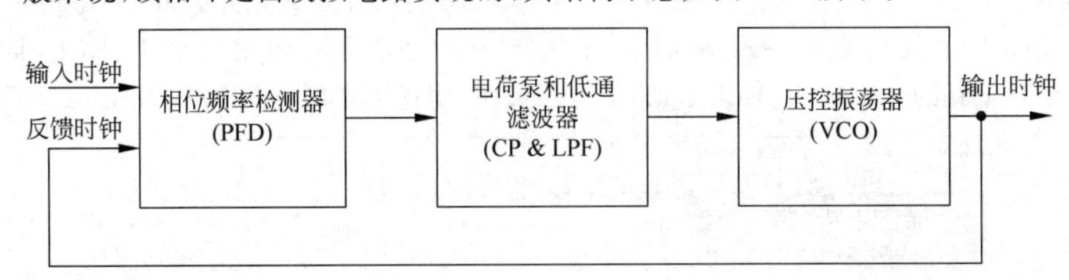

图 6-46　PLL 结构

PLL 工作的原理:压控振荡器(VCO)通过自振输出一个时钟,同时反馈给输入端的相位频率检测器(PFD),PFD 根据比较输入时钟和反馈时钟的相位来判断 VCO 输出的快慢,同时输出 Pump-up 和 Pump-down 信号给电荷泵(CP),之后环路低通滤波器(LPF)把电荷泵输出信号转换成电压信号,再用来控制 VCO 的输出频率,当 PFD 检测到输入时钟和反馈时钟边沿对齐时,锁相环就锁定了。

模拟的锁相环有以下几个显著的特点:

(1) 输出时钟是内部 VCO 自振产生的,把输入参考时钟和反馈时钟的变化转换为电压信号间接地控制 VCO 的频率。

(2) VCO 输出频率有一定的范围,如果输入时钟频率超出这个频率,则锁相环不能锁定。

(3) LPF 部件可以过滤输入时钟的高频抖动,其输出时钟的抖动主要来自 VCO 本身及电源噪声,而不是输入时钟带入的抖动。

(4) 由于是模拟电路,因此对电源噪声敏感,在设计 PCB 时,一般需要单独模拟电源和模拟地。

DLL 一般是由数字电路来实现的,AMD FPGA 内部的 DLL 是由离散的延时单元来实现相位调整的,DLL 的原理可以参考图 6-47。

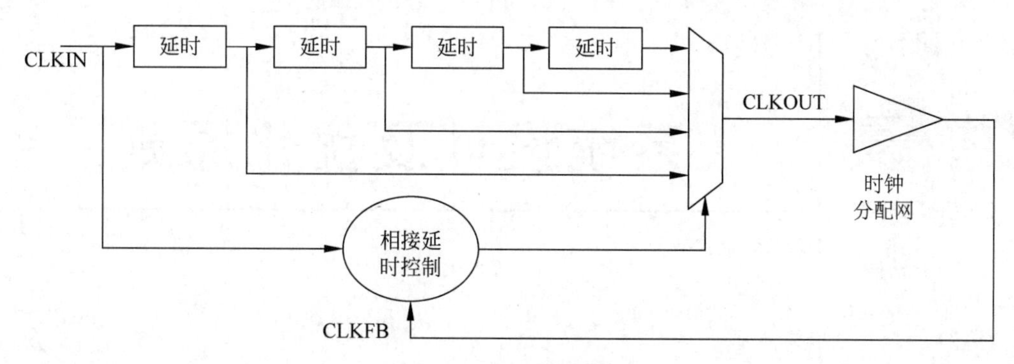

图 6-47 DLL 的原理示意

DLL 的输出时钟是由输入时钟经过延时得到的，相位延时控制(Phase Delay Control，PDC)根据 CLKIN 和 CLKFB 的边沿关系选择延时链的抽头，也就是不同相位的时钟输出，直到两者边沿完全对齐，DLL 最终锁定。

DLL 自身的特点如下：

(1) 时钟输出及时、真实地反映输入时钟，跟踪时钟输入迅速。

(2) 能锁定的输入时钟频率范围较宽，但是由于延时电路的总延时有限，因此不能锁定时钟频率过低的输入时钟。

(3) 不能过滤时钟源的抖动，会引入固有抖动，造成抖动的累积。

(4) 用数字电路实现，对电源噪声不敏感。

2. Intel 公司器件的 PLL

Intel 公司的 Stratix 和 Stratix Ⅱ 器件内部有两种锁相环，一种是增强型锁相环(EPLL)，另一种是快速锁相环(FPLL)。在低成本的 Cyclone 系列的器件中，则有一种经过简化的快速锁相环。

第7章 系统设计及优化原则

CHAPTER 7

本章旨在探讨可编程逻辑设计的一些基本规律。由于涉及内容范围广泛，本章不可能面面俱到，希望通过提纲挈领地概括性介绍，引起读者的兴趣。如果大家能在日后的工作实践中不断积累，有意识地用FPGA/CPLD的基本设计原则、设计思想作为指导，将取得事半功倍的效果。

7.1 可编程逻辑基本设计原则

可编程逻辑设计有许多内在规律可循，总结并掌握这些规律对于较深刻地理解可编程逻辑设计技术非常重要。本章从FPGA/CPLD的基本概念出发，总结出四个基本设计原则。这些指导原则范畴非常广，希望读者不仅仅是学习它们，更重要的是理解它们，并在今后的工作实践中充实、完善它们。

(1) 面积和速度的平衡与互换原则。提出了FPGA/CPLD设计的两个基本目标，并探讨了这两个目标对立统一的矛盾关系。

(2) 系统原则。希望读者能够通过从全局整体上把握设计，从而提高设计质量，优化设计效果。

(3) 同步设计原则。设计时序稳定的基本要求，也是高速PLD设计的通用法则。

(4) 数据源同步原则。保证数据可靠的基本要求。

7.1.1 面积和速度的平衡与互换原则

这里的"面积"是指一个设计所消耗FPGA/CPLD的逻辑资源数量：对于FPGA，可以用所消耗的触发器(FF)和查找表(LUT)来衡量；对于CPLD，常用宏单元(MC)衡量。用设计所占用的等价逻辑门数来衡量设计所消耗FPGA/CPLD的逻辑资源数量也是一种常见的衡量方式。"速度"指设计在芯片上稳定运行时所能够达到的最高频率，这个频率由设计的时序状况决定，与设计满足的时钟周期、焊盘到焊盘时间、时钟建立时间(Clock Setup Time)、时钟保持时间(Clock Hold Time)和时钟到输出延时(Clock-to-Output Delay)等众多时序特征量密切相关。面积(Area)和速度(Speed)这两个指标贯穿着FPGA/CPLD设计的始终，是设计质量评价的终极标准。这里将讨论设计中关于面积和速度的基本原则：面积和速度的平衡与互换。

面积和速度是一对对立统一的矛盾体。要求一个设计同时具备设计面积最小，运行频率最高，这是不现实的。科学的设计目标应该是在满足设计时序要求(包含对设计最高频率的要求)的前提下，占用最小的芯片面积，或者在所规定的面积下，使设计的时序裕量更大，频率更高。这两种目标充分体现了面积和速度的平衡思想。关于面积和速度的要求，不应该简单地理解为工程师水平的提高和设计完美性的追求，而应该认识到它们是与产品的质量和成本直接相关的。如果设计的时序裕量比较大，运行的频率比较高，则意味着设计的健壮性更强，整个系统的质量更有保证；另一方面，设计所消耗的面积更小，则意味着在单位芯片上实现的功能模块更多，需要的芯片数量更少，整个系统的成本也随之大幅度削减。

作为矛盾的两个组成部分，面积和速度的地位是不一样的。相比之下，满足时序、工作频率的要求更重要一些，当两者冲突时，采用速度优先的准则。

面积和速度的互换是FPGA/CPLD设计的一个重要思想。从理论上讲，一个设计如果时序裕量较大，所能实现的工作频率远远高于设计要求，那么就能通过功能模块复用减少整个设计消耗的芯片面积，这就是用速度的优势换面积的节约；反之，如果一个设计的时序要求很高，普通方法达不到设计频率，那么一般可以通过将数据流串并转换，并行复制多个操作模块，对整个设计采取"乒乓操作"和"串并转换"的思想进行处理，在芯片输出模块处再对数据进行"并串转换"。从宏观上看，整个芯片满足了处理速度的要求，这相当于用面积复制换取速度的提高。面积和速度互换的具体操作技巧很多，如"模块复用""乒乓操作""串并转换"等，需要大家在日后工作中不断积累。下面举例说明如何使用"速度换面积"和"面积换速度"。

1. 速度的优势换取面积的节约

速度优势可以换取面积的节约。面积越小，就意味可以用更低的成本来实现产品的功能。

所谓的速度优势指的是在整个FPGA设计中，有一部分模块的算法运行周期较其他部分快很多，这部分模块就相对与其他的部分具有速度优势。利用这部分模块的速度优势来降低整个FPGA设计的使用资源就是速度换面积原则的体现。

速度换面积原则在一些较复杂的算法设计中常常会用到。在这些算法设计中，流程式设计常常是必须用到的技术。在流程的每一级，常常有同一个算法被重复的使用，但是使用的次数不一样的现象。在正常的设计中，这些被重复使用但是使用次数不同的模块将会占用大量的FPGA资源。

随着FPGA技术的不断发展，FPGA内部越来越多地内嵌了DSP乘法模块，为一些常用算法的实现提供了很大的便利，也大大提高了运算的速度和能力。因此，在以往设计中那些被重复使用的算法模块的速度可以很高，即相对其他部分具有速度优势。

利用这个特点，重新对FPGA的设计进行改造。将被重复使用的算法模块提炼出最小的复用单元，并利用这个最小的高速单元代替原设计中被重复使用但次数不同的模块。当然在改造的时候必然会增加一些其他的资源来实现这个代替的过程。但是只要速度具有优势，那么增加的这部分逻辑依然能够实现降低面积、提高速度的目的。

图7-1所示是一个流程式算法的 n 个步骤，每个步骤都相应地运算一定次数的算法，每个步骤的算法都占用独立的资源实现。其中运算次数方框的大小表示占用的设计资源。

假设这些算法中有可以复用的基本单元，并且具有速度优势，那么就可以使用如图7-2所示的方式实现面积的节省。在这种方法中，通过将算法提取出最小单元，配合算法次数计数器及流程的输入输出选择开关，即可实现将原设计中复杂的算法结构简化的目的。

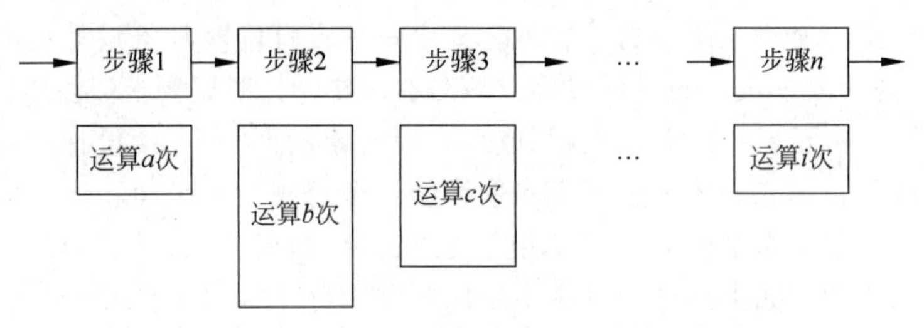

图 7-1　未使用速度换面积的流程式算法

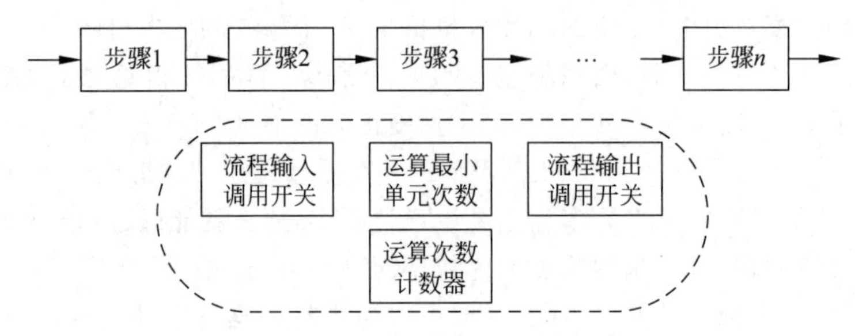

图 7-2　使用速度换面积的流程式算法

可以看到，速度换面积的关键是高速基本单元的复用。

2. 面积复制换速度提高

面积换速度正好和速度换面积相反。在这种方法中，面积的复制可以换取速度的提高。支持的速度越高，就意味着可以实现更高的产品性能。在某些应用领域，比如军事、航天等，往往关注的是产品的性能，而不是成本。这些产品中，可以采用并行处理技术，实现面积换速度。实现面积换速度的思路较多，包括串并转换、乒乓操作、流水线结构等，注意积累。

1）串并转换

串并转换是 FPGA 设计的一个重要思想，从小的着眼点讲，它是数据流处理的常用手段；从大的着眼点讲，它是面积与速度互换思想的直接体现。总的来说，将串行转换为并行，一般旨在通过复制逻辑，提高整个设计的数据吞吐率，其本质是通过面积的消耗提高系统工作速率；而将并行转换为串行，一般旨在节约资源，因为此时设计速度有足够余量。希望读者不要狭隘地理解为串并转换仅仅是串行数据流和并行数据流之间的转换（当然这是串并转换的最常见形式），而应将串并转换作为一种设计思想，将它理解为一种广义的操作方法，SERDES 技术就是串并转换的一个最典型的体现。

图 7-3 所示是利用并行技术、面积（资源）复制的方法实现了高速的处理能力。

首先使用简单的串并转换实现多路的速度降频，如图 7-3 所示，450Mb/s 的数据速率分为三路，每路 150Mb/s；其次在每一路上使用相同算法但各占设计资源的处理模块进行低频（相对）的处理；最后再将每一路的处理结果进行并串转换成为高频的输出数据。在整个处理模块的两端看，数据速率是 450Mb/s。而每个子模块处理的数据速率是 150Mb/s，其实整个数据的吞吐量的保障是依赖于三个子模块并行处理完成的。也就是说，利用占用更多的芯片面积，实现了高速处理，通过"面积的复制换取处理速度的提高"的思想实现了设计。

串并和并串转换能够支持那么高的速率吗？这个问题的解决得益于 FPGA 技术的发展。如今主流的 FPGA 器件中，都带有高速的 I/O 资源及内部 RAM 供用户使用。这些高速 I/O 资源及内部 RAM 能够实现 I/O 接口的稳定高速切换和数据总线宽度的转换。

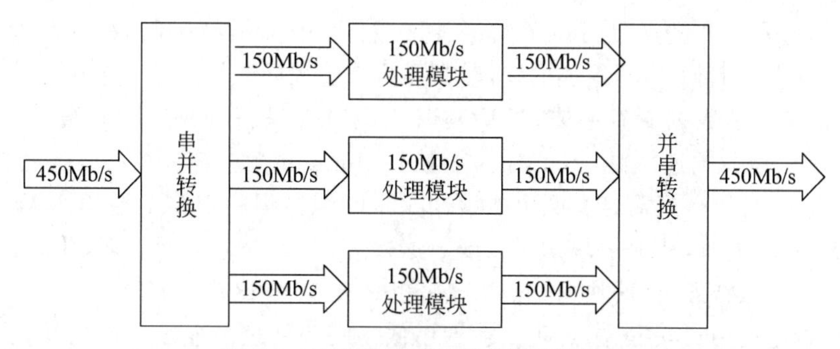

图 7-3　面积换速度实现并行高速处理

数据流串并转换的实现方法多种多样，根据数据的排序和数量的要求，可以选用寄存器、RAM 等实现。后面乒乓操作的举例，就是通过 DPRAM 实现了数据流的串并转换，而且由于使用了 DPRAM，数据的缓冲区可以开得很大。对于数量比较小的设计可以采用寄存器完成串并转换，如无特殊需求，应该用同步时序设计完成串并之间的转换。

对于排列顺序有规定的串并转换，可以用 CASE 语句判断实现；对于复杂的串并转换，还可以用状态机实现。串并转换的方法总的来说比较简单，在此不做更多的解释。

2）乒乓操作

"乒乓操作"是一个常常应用于数据流控制的处理技巧，典型的乒乓操作方法如图 7-4 所示。

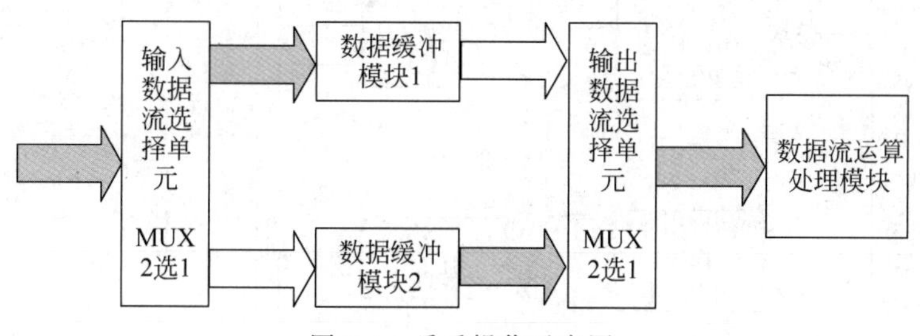

图 7-4　乒乓操作示意图

乒乓操作的处理流程描述如下。输入数据流通过"输入数据流选择单元"，等时地将数据流分配到两个数据缓冲模块。数据缓冲模块可以是任何存储模块，比较常用的存储单元为双口 RAM(DPRAM)、单口 RAM(SPRAM)和 FIFO 等。在第 1 个缓冲周期，将输入的数据流缓存到"数据缓冲模块 1"。在第 2 个缓冲周期，通过"输入数据流选择单元"的切换，将输入的数据流缓存到"数据缓冲模块 2"，与此同时，将"数据缓冲模块 1"缓存的第 1 个周期的数据通过"输出数据流选择单元"的选择，送到"数据流运算处理模块"被运算处理。在第 3 个缓冲周期，通过"输入数据流选择单元"的再次切换，将输入的数据流缓存到"数据缓冲模块 1"，与此同时，将"数据缓冲模块 2"缓存的第 2 个周期的数据通过"输出数据流选择单元"的切换，送到"数据流运算处理模块"被运算处理。如此循环，周而复始。

乒乓操作的最大特点是，通过"输入数据流选择单元"和"输出数据流选择单元"按节拍、相互配合地切换，将经过缓冲的数据流没有时间停顿地送到"数据流运算处理模块"，进行运算与处理。把乒乓操作模块当作一个整体，站在这个模块的两端看数据，输入数据流和输出数据流都是连续不断的，没有任何停顿，非常适合对数据流进行流水线式处理，所以乒乓操作常常应用于流水线式算法，完成数据的无缝缓冲与处理。

乒乓操作的另一个优点是可以节约缓冲区空间。比如在WCDMA基带应用中，1帧(Frame)是由15个时隙(Slot)组成的，有时需要将1整帧的数据延时一个时隙后处理，比较直接的办法是将这帧数据缓存起来，然后延时1个时隙进行处理。这时缓冲区的长度是1整帧数据长，假设数据速率是3.84Mb/s，1帧长10ms，则此时需要缓冲区长度是38400比特。如果采用乒乓操作，只需定义两个能缓冲1个时隙数据的RAM(单口RAM即可)，当向一块RAM写数据时，从另一块RAM读数据，然后送到处理单元处理，此时，每块RAM的容量仅需2560比特即可，两块RAM加起来也只有5120比特的容量。

另外，巧妙地运用乒乓操作，还可以达到用低速模块处理高速数据流的效果。如图7-5所示，数据缓冲模块采用了双口RAM，并在DPRAM后引入了一级数据预处理模块，这个数据预处理可根据需要是各种数据运算，比如在WCDMA设计中，对输入数据流的解扩、解扰、去旋转等。假设端口A的输入数据流的速率为100Mb/s，乒乓操作的缓冲周期是10ms，下面分析一下各个节点端口的数据速率。

例如，输入数据流A端口处数据速率为100Mb/s，在第1个缓冲周期10ms内，通过"输入数据流选择单元"，从B1到达DPRAM1。B1的数据速率也是100Mb/s，在10ms内，DPRAM1要写入1Mb数据。同理在第2个10ms，数据流被切换到DPRAM2，端口B2的数据速率也是100Mb/s，DPRAM2在第2个10ms被写入1Mb数据。周而复始，在第3个10ms，数据流又切换到DPRAM1，DPRAM1被写入1Mb数据。

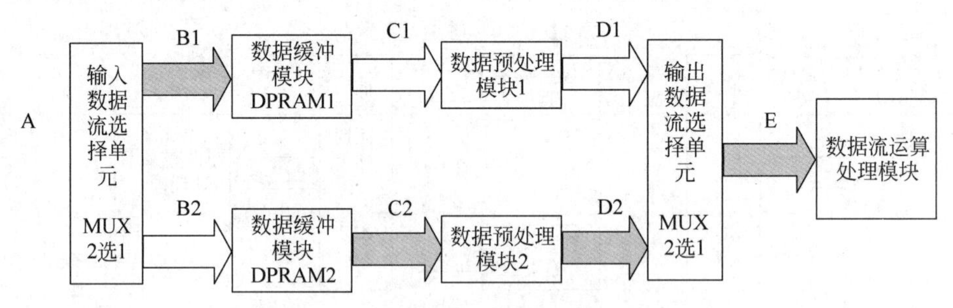

图7-5 利用乒乓操作降低数据速率

仔细分析一下，就会发现到第3个缓冲周期时，留给从DPRAM1读取数据并送到"数据预处理模块1"的时间一共是20ms。有的读者比较困惑于DPRAM1的读数时间为什么是20ms，其实这一点完全可以实现。首先在第2个缓冲周期，向DPRAM2写数据的10ms内，DPRAM1可以进行读操作；在第1个缓冲周期的第5ms起(绝对时间为5ms时刻)，DPRAM1就可以边向500Kb以后的地址写数，边从地址0读数，到达10ms时，DPRAM1刚好写完了1Mb数据，并且读了500Kb数据，这个缓冲时间内DPRAM1读了5ms的时间；到第3个缓冲周期的第5ms为止(绝对时间为25ms时刻)，同理可以边向地址0写数，边从500Kb以后的地址读数，又读取了5ms，截止到此时，DPRAM1第1个周期存入的数据被完全覆盖以前，DPRAM1最多可以读取20ms时间，而所需读取的数据为1Mb，所以端口C1的数据速率为1Mb/20ms=50Mb/s，因此"数据预处理模块1"的最低数据吞吐能力也仅仅要求为50Mb/s。同理"数据预处理模块2"的最低数据吞吐能力也仅仅要求为50Mb/s。换言之，通过乒乓操作，"数据预处理模块"的时序压力减轻了，所要求的数据处理速率仅仅为输入数据速率的1/2。

通过乒乓操作实现低速模块处理高速数据的实质是通过DPRAM这种缓存单元，实现了数据流的串并转换,并行用"数据预处理模块 1"和"数据预处理模块 2"处理分流的数据,是面积与速度互换原则的又一个体现。

3）流水线结构

流水线(Pipelining)技术在速度优化中是最常用的技术之一。它能显著地提高设计电路的运行速度上限。在现代微处理器(如微机中的 Intel 公司 CPU 就使用了多级流水线技术,主要指执行指令流水线)、数字信号处理器、高速数字系统、高速 ADC、DAC 器件设计中,几乎都离不开流水线技术,甚至在有的新型单片机设计中也采用了流水线技术,以期达到高速特性(通常每个时钟周期执行一条指令)。

首先需要声明的是,这里所讲的流水线是指一种处理流程和顺序操作的设计思想。

流水线处理是高速设计中的一个常用设计手段。如果某个设计的处理流程分为若干步骤,而且整个数据处理是"单流向"的,即没有反馈或者迭代运算,前一个步骤的输出是下一个步骤的输入,则可以考虑采用流水线设计方法提高系统的工作频率。

能采用流水线设计的流程结构示意图如图 7-6 所示。

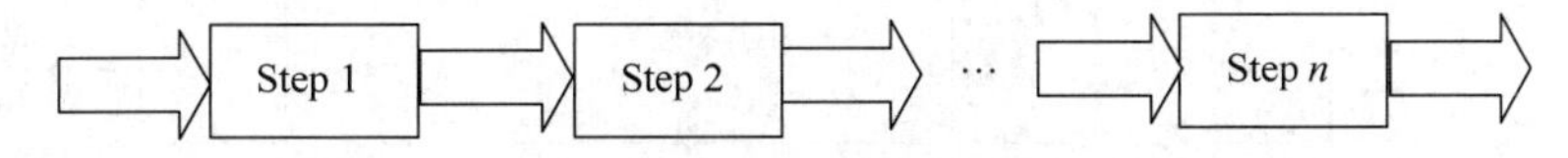

图 7-6　能采用流水线设计的流程结构示意图

其基本结构是将适当划分的 n 个操作步骤单流向串联起来。流水线操作的最大特点和要求是：数据流在各个步骤的处理,从时间上看是连续的,如果将每个操作步骤简化,假设为通过一个 D 触发器(就是用寄存器打一个节拍),那么流水线操作就类似一个移位寄存器组,数据流依次流经 D 触发器,完成每个步骤的操作。流水线设计时序示意图如图 7-7 所示。

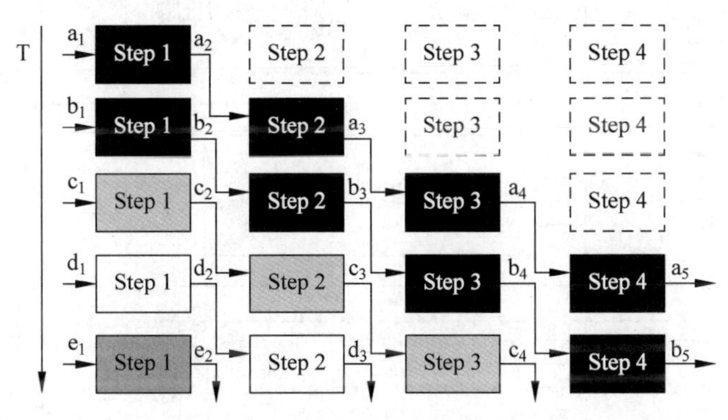

图 7-7　流水线设计时序示意图

流水线设计的关键在于整个设计时序的合理安排、前后级接口间数据流速的匹配,这就要求每个操作步骤的划分必须合理,要统筹考虑各个操作步骤间的数据流量。如果前级操作时间恰好等于后级的操作时间,设计最为简单,前级的输出直接汇入后级的输入即可；如果前级操作时间小于后级的操作时间,则需要对前级的输出数据适当缓存,才能汇入后级,还必须注意数据速率的匹配,防止后级数据的溢出；如果前级操作时间大于后级的操作时间,则必须通过逻辑复制、串并转换等手段将数据流分流,或者在前级对数据采用存储、后处理方式,否则会造成与后级的处理节拍不匹配。

流水线处理方式之所以频率较高，是因为复制了处理模块，它是面积换取速度思想的又一种具体体现。

流水线特点：通过插入寄存器，将长的串行逻辑链分成较小的部分；当系统运算是串行的时候，利用时钟控制，使运算依照顺序持续进行；在任何给定时刻，大部分电路都在工作。

流水线好处：每一部分延时较小，可以使用更快的时钟；大部分电路同时进行运算，可以提高数据通过量。

电路的最高频率取决于最长组合逻辑链路的延时值，所以减少最长组合逻辑链的延时值，有利于提高电路速度。为对照方便，先来看一下不使用流水线的电路存在的问题：

可以从图 7-8 看出，组合逻辑链会有很大部分的闲置电路，根据这个基础来分析一下计算 log(|a+b|)的硬件电路：其不加流水的电路如图 7-9(a)所示，而添加流水的电路如图 7-9(b)所示。

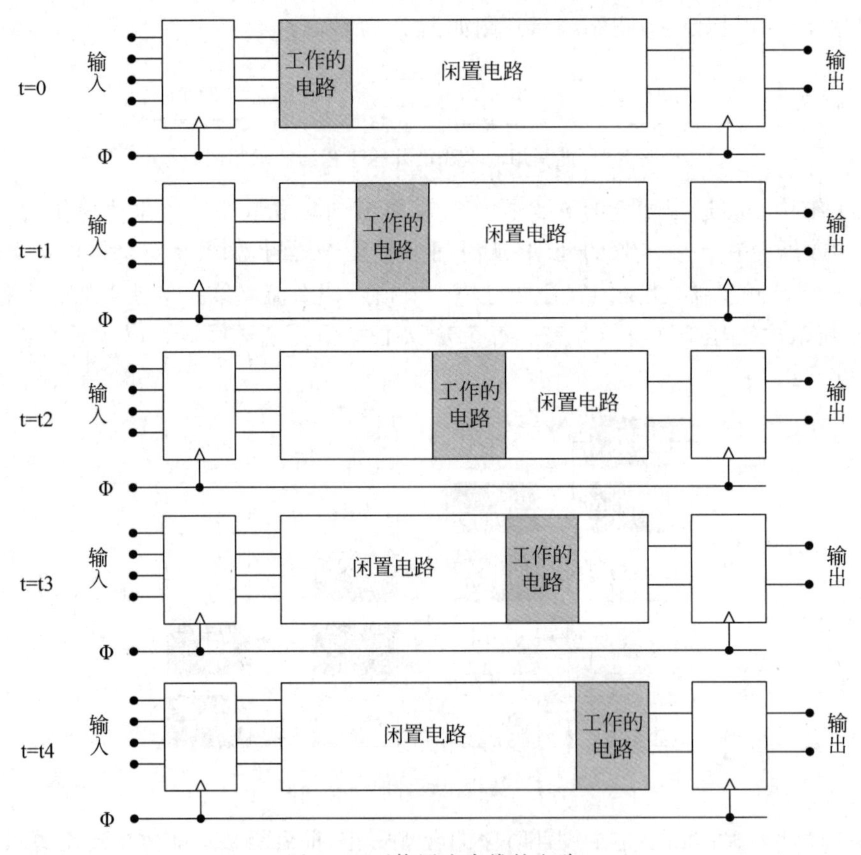

图 7-8　不使用流水线的电路

计算最小周期，即计算出电路最大频率，不加流水对照电路的最小周期主要是加法器延时＋求绝对值延时＋求对数延时，因为一个部分电路在工作时，另一个部分的电路在闲置。

而流水线电路的最小周期主要是取加法器延时，求绝对值延时，求对数延时的最大值，可以看出流水线电路比原来的电路频率快 3 倍左右，因为流水线是每一个部分的电路都在工作，效率大大提高。

接下来以 4 级流水线为例，如图 7-10 所示，进行流水线与非流水线电路的比较。要注

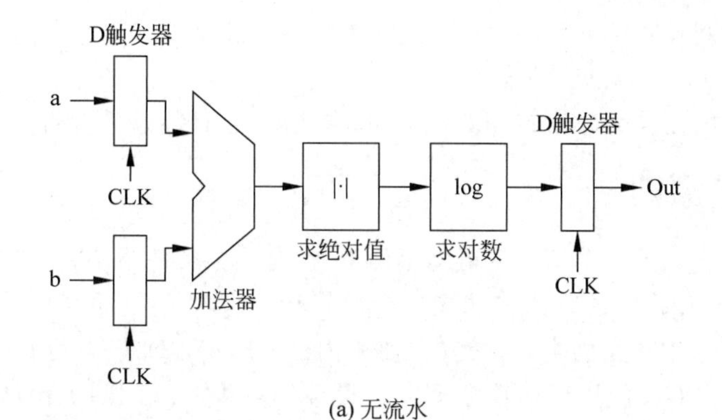

(a) 无流水

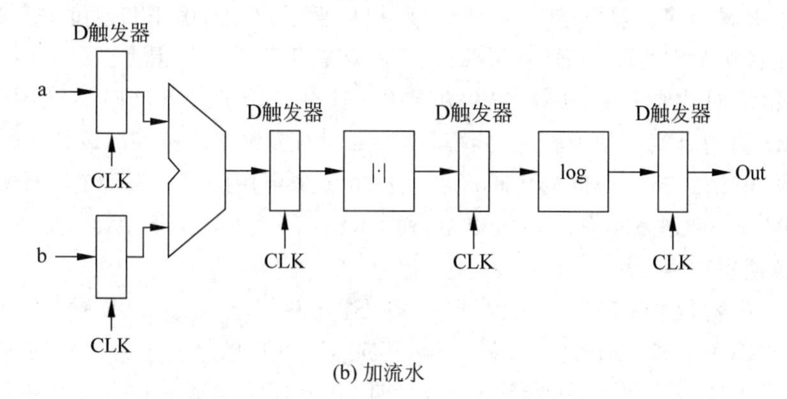

(b) 加流水

图 7-9 log(|a+b|)的硬件电路

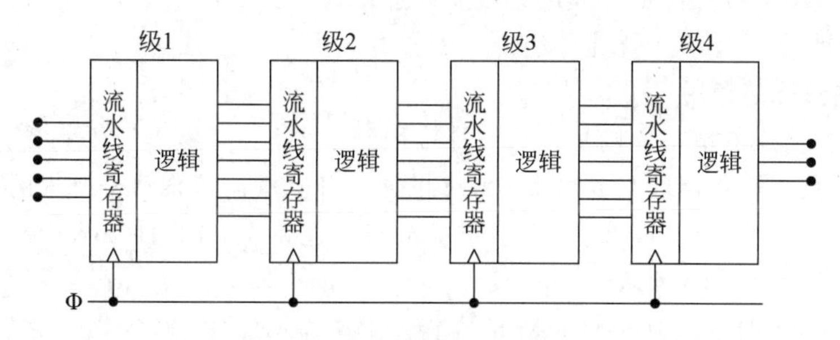

图 7-10 4 级流水线结构图

意的是流水线是按照延时划分的,不是按照功能划分的。具体流水线与非流水线电路的性能比较如表 7-1 所示。

表 7-1 流水和非流水电路性能对比

	非 流 水	流 水 线
逻辑链延时时间	T(整个逻辑链)	T_{pipe}(逻辑链的最长单元)
系统最高时钟频率	$f=1/T$	$f_{pipe}=1/T_{pipe}$
一组 N 个顺序输入数据的运算时间	$f=NT$	$4T_{pipe}+(N-1)T_{pipe}=(N+3)T_{pipe}$

注:$T_{pipe}<T$(因流水线单元一定比非流水线单元短);$4T_{pipe}>T$(因流水线需插入寄存器,寄存器有延时)。

根据上面的性能比较表格,可以得知,具体使用流水线好还是非流水线好,还是要根据实际情况计算比较,一般来说流水线会较好。

另外,流水线分割点及级数的确定要考虑的因素有:

(1) 单元延时时间及时钟频率的大小决定了数据通过速率。

(2) 过多的级数不一定能产生最快的结果。

(3) 太多寄存器的插入会导致芯片面积增加，布线困难，时钟偏差增加。

7.1.2 系统原则

系统原则包含两个层次的含义：从更高层面上看，是一个硬件系统，一块单板如何进行模块划分与任务分配，什么样的算法和功能适合放在传统 FPGA 里面实现，什么样的算法和功能适合放在 DSP、CPU 里面实现，或者在使用内嵌 CPU 和 DSP 块的 FPGA 中如何划分软硬件功能，以及 FPGA 的规模估算数据接口设计等；具体到 FPGA 设计，就要求对设计的全局有个宏观上的合理安排，比如时钟域、模块复用、约束、面积和速度等问题。要知道在系统上复用模块节省的面积远比在代码上进行调整优化效果好得多。

一般来说，实时性要求高、频率快的功能模块适合使用 FPGA/CPLD 实现。而 FPGA 和 CPLD 相比，更适合实现规模较大、频率较高、寄存器资源使用较多的设计。使用 FPGA/CPLD 设计时，应该对芯片内部的各种底层硬件资源和可用的设计资源有一个较深刻的认识。比如 FPGA 一般触发器资源比较丰富，而 CPLD 组合逻辑资源更丰富一些，这一点直接影响着两者使用的编码风格。

FPGA 由可编程输入/输出单元、基本可编程逻辑单元、嵌入式块 RAM、丰富的布线资源、底层嵌入功能单元和内嵌专用硬核六部分组成。CPLD 的结构相对比较简单，主要由可编程 I/O 单元、基本逻辑单元、布线池和其他辅助功能模块构成。把握系统原则就要求设计者根据设计类型与资源评估合理地完成器件选型，然后充分发挥所选器件的各个部分的最大性能，对器件整体上有个优化的组合与配置方案。

1. 存储器资源的使用

存储器资源使用的基本原则是根据设计中用到多少 RAM 或 ROM，确定所选器件的嵌入式 RAM 块的容量，并合理配置每块 RAM 的深度和宽度。特别值得一提的是，Intel 公司的基于 20nm 工艺的 Arria10 器件和基于 28nm 工艺的高端器件 StratixV 包含 MLAB(640b)和 M20K(20Kb)RAM 结构，而基于 28nm 工艺的中低端器件 ArriaV 和 CycloneV 包含 MLAB(640b)和 M10K(10Kb)RAM 结构。其中，MLAB 适合做一些灵活的小块 BUFFER、FIFO、DPRAM、SPRAM、ROM 等；M20K/M10K 适用于一般的需求和做大块数据的缓冲区，如在通信的 SDH/SONET 传输领域，有一些 900Kb 的大数据包，用 M20K/M10K 实现其缓冲结构非常方便。不同大小的 RAM 结构灵活配置，不仅方便了用户，并可以达到最佳的 RAM 块利用效率。对于 AMD 公司和 Lattice 公司器件的 RAM 应用，除了需要掌握其 RAM 块的结构，还需注意 AMD 公司和 Lattice 公司 FPGA 中的 LUT 可以灵活配置成小的 RAM、ROM、FIFO 等存储结构，这种技术被称为分布式 RAM(Distributed RAM)，分布式 RAM 在实现多块、小容量存储结构时有一定的优势。

2. 硬核的使用

未来 FPGA 的一个发展趋势是越来越多的 FPGA 产品将包含 DSP 或 CPU 等处理核，FPGA 将由传统的硬件设计手段逐步过渡为系统级设计工具。例如，当前 Intel 公司的 StratixV、ArriaV、CycloneV、Arria10 等器件族内部集成了 DSP Core，而且 ArriaV SX 系列和 Arria10 还集成了双核 ARM CortexA9 处理器。这就为系统设计和单板设计提供了新的解决方案，在某些适当的情况下可以使用内嵌DSP和CPU块的FPGA取代通用DSP和CPU，从而简化了单板设计难点，节约了单板面积，提高了单板可靠性。

必须强调的是，目前这类内嵌在FPGA之中的DSP或CPU处理模块主要由一些加、乘、快速进位链、流水线(Pipelining)、数据选择器(Mux)等结构组成，加上用逻辑资源和RAM块实现的软核部分并不具备传统DSP和CPU的各种译码机制、复杂的通信总线、灵活的中断和调度机制等硬件结构，所以还不是真正意义上的DSP或CPU。在对这类DSP或CPU块应用时应该注意其结构特点，扬长避短，注意选择合适的应用场合。这种DSP或CPU块比较适合应用于运算密集的FIR滤波器、编码解码、FFT(快速傅里叶变换)等操作。对于某些应用，通过在FPGA内部实现多个DSP或CPU运算单元并行运算，其工作效率可以达到传统DSP和CPU的几百倍。

FPGA内部嵌入CPU或DSP等处理器，使FPGA在一定程度上具备了实现软硬件联合系统的能力，FPGA正逐步成为片上系统SOPC(System On Programmable Chip)的高效设计平台。

3. 串行收发器的使用

很多高端FPGA内嵌了SERDES以完成高速串行信号的收发。SERDES是SERializer和DESerializer的英文缩写，即串行收发器，顾名思义，它由两部分构成：发端是串行发送单元(SERializer)，用高速时钟调制编码数据流；接收端为串行接收单元(DESerializer)，其主要作用是从数据流中恢复出时钟信号，并解调还原数据，根据其功能，接收单元还有一个名称叫时钟数据恢复器(Clock and Data Recovery，CDR)。

目前三大FPGA生产商Intel公司、AMD公司、Lattice公司的高端FPGA产品都包含有高速串行收发器的硬核，提供高达3Gb/s的传输速率，并提供易于使用的设计软件和IP核，使高速传输电路的设计变得简便、可靠。当前Intel公司Arria10器件含有丰富的SERDES硬核资源，片到片连接可以支持到28.8Gb/s，而背板连接可以支持到17.4Gb/s。

SERDES技术的应用很好地解决了高速系统数据传输的瓶颈，节约了单板面积，提高了系统的稳定性，是高速系统设计的强有力支撑。

4. 其他结构的使用

对于可编程I/O资源，需要根据系统要求合理配置。通常选择I/O的标准有功耗、传输距离、抗干扰性和EMI等。根据设计的速度要求，要合理选择器件的速度等级，并在设计中正确地使用不同速度等级的布线资源与时钟资源。需要提醒读者的是，选择高等级的器件和改善布线资源分配仅仅是提高芯片工作速度的辅助手段，设计速度主要由电路的整体结构、代码的风格等因素决定。善用芯片内部的PLL或DLL资源完成时钟的分频、倍频、移相等操作不仅简化了设计，并且能有效地提高系统的精度和工作稳定性。

对设计整体意义上的模块复用应该在系统功能定义后就初步考虑，并对模块的划分起指导性作用。模块划分非常重要，除了关系到是否最大程度上发挥项目成员的协同设计能力，而且直接决定着设计的综合、实现效果和相关的操作时间。

对于系统原则做一点引申，简单谈谈模块化设计方法。模块化设计是系统原则的一个很好的体现，它不仅仅是一种设计工具，更是一种设计思路、设计方法，它是由顶向下、模块划分、分工协作设计思路的集中体现，是当代大型复杂系统的推荐设计方法。目前很多的EDA厂商都提供了模块化设计工具，如Intel公司Quartus Ⅱ内嵌的LogicLock，AMD公司的 Modular Design 工具等。通过这类工具划分每个模块的设计区域，然后单独设计和优化每个模块，最后将每个模块融合到顶层设计中，从而实现了团队协作、并行设计的模块化设计方法。LogicLock 支持模块化设计流程、增量设计流程和团队设计流程等设计方法。合理地使用这些方法，能在最大程度上继承以往设计成果，并行分工协作，有效利用开发资源，缩短开发周期。

7.1.3 同步设计原则

同步时序设计是 FPGA/CPLD 设计的重要原则之一。本节在阐述为什么在 PLD 设计中要采用同步时序设计的基础上重点论述同步时序设计的要点。

1. 异步时序设计与同步时序设计异同

简单比较一下异步电路和同步电路的异同。

1）异步电路的特点

(1) 电路的核心逻辑用组合电路实现，比如异步的 FIFO/RAM 读写信号、地址译码等电路。

(2) 电路的主要信号、输出信号等不是由时钟信号驱动 FF 产生的。

(3) 异步时序电路的最大缺点是容易产生毛刺，在布局布线后仿真和用高分辨率逻辑分析仪观测实际信号时，这种毛刺尤其明显。

(4) 不利于器件移植，包括器件族之间的移植和从 FPGA 向结构化 ASIC 的移植。

(5) 不利于静态时序分析（STA）、验证设计时序性能。

2）同步时序电路的特点

(1) 电路的核心逻辑用各种各样的触发器实现。

(2) 电路的主要信号、输出信号等都是由某个时钟沿驱动触发器产生的。

(3) 同步时序电路可以很好地避免毛刺，布局布线后仿真和用高速逻辑分析仪采样实际工作信号皆无毛刺。

(4) 利于器件移植，包括器件族之间的移植和从 FPGA 向结构化 ASIC 的移植。

(5) 有利于静态时序分析（STA）、验证设计时序性能。

早期 PLD 设计经常使用行波计数器（Ripple Counters）或异步脉冲生成器等典型的异步逻辑设计方式以节约设计所消耗的面积资源。异步逻辑设计的时序正确性完全依赖于每个逻辑元件和布线的延时，所以其时序约束相对繁杂而困难，并且极易产生亚稳态、毛刺等，造成设计稳定性下降和设计频率不高。今后 FPGA/CPLD 的一个显著发展趋势是低成本器件大行其道，随着 FPGA/CPLD 的不断经济化，器件资源已经不再成为设计的主要矛盾，而同步时序电路对全面提高设计的频率和稳定性至关重要，从这个层面上讲，尽量使用同步时序电路更加重要。

另一方面，随着 FPGA/CPLD 的逻辑规模不断扩大，在 FPGA/CPLD 中完成复杂且质量优良的异步时序设计过于费时费力，其所需调整的时序路径和需要附加的相关约束相当繁琐，异步时序方法是和可编程设计理念背道而驰的。

随着 EDA 工具的发展，大规模设计的综合、实现的优化效果越来越强。目前大多数综合、实现等 EDA 工具都是基于时序驱动（Timing Driven）优化策略的。异步时序电路增加了时序分析的难度，需要确定最佳时序路径所需的计算量超出想象，所需时序约束相当繁琐，而且对于异步电路来说，很多综合、实现工具的编译会带来歧义。而对于同步时序设计则恰恰相反，其时序路径清晰，相关时序约束简单明了，综合、实现优化容易，布局布线计算量小。所以目前的可编程逻辑的EDA工具都推荐使用同步时序设计。

综上所述，现代PLD设计推荐采用同步时序设计方式。

2. 同步时序设计的注意事项

同步时序设计的基本原则是使用时钟沿触发所有的操作。如果所有寄存器的时序要求(建立、保持时间等指标)都能够满足，则同步时序设计与异步时序设计相比，在不同的PVT(工艺、电压、温度)条件下能获得更佳的系统稳定性与可靠性。

同步设计中，稳定可靠的数据采样必须遵从以下两个基本原则：

① 在有效时钟沿到达前，数据输入至少已经稳定了采样寄存器的建立时间长，这条原则简称满足建立时间原则。

② 在有效时钟沿到达后，数据输入至少还将稳定采样寄存器的保持时间长，这条原则简称满足保持时间原则。

同步时序设计有以下几个注意事项：异步时钟域的数据转换、组合逻辑电路的设计方法、同步时序电路的时钟设计。

同步时序设计中电路延时最常用的设计方法是用分频或倍频的时钟或同步计数器完成所需延时。换句话说，同步时序电路的延时被当作一个电路逻辑来设计。对于比较大的和特殊定时要求的延时，一般用高速时钟产生一个计数器，根据计数器的计数，控制延时；对于比较小的延时，可以用D触发器打一下，这种做法不仅仅使信号延时了一个时钟周期，而且完成了信号与时钟的初次同步，在输入信号采样和增加时序约束裕量中常用。

7.1.4 数据接口同步原则

数据接口同步，也称为异步时钟域数据同步，是指如何在两个时钟不同步的数据域之间可靠地进行数据交换的问题。它是FPGA/CPLD设计的一个常见问题，既是一个重点也是一个难点问题，很多设计工作时的不稳定都是源于异步时钟域数据同步不稳定。

1. 两类异步时钟域的表现形式

数据的时钟域不同步主要有以下两种情况：

(1) 两个域的时钟频率相同，但是相差不固定，或者相差固定但是不可测，简称为同频异相问题。

(2) 两个时钟域频率根本不同，简称为异频问题。

2. 两种不推荐的异步时钟域操作方法

首先讨论两种在FPGA/CPLD设计中不推荐的异步时钟域转换方法，一种是通过增加缓冲器(Buffer)或其他门延时调整采样，另一种是盲目使用时钟正负沿调整数据采样。

(1) 通过缓冲器(Buffer)等组合逻辑延时线调整采样时间。

在早期逻辑电路图设计阶段，有一些设计者养成了手工加入缓冲器(Buffer)或非门调整数据延时的习惯，从而保证本级模块的时钟对上级模块数据的建立、保持时间的要求。这些做法目前主要应用的场合有两种，一是使用分立逻辑元件(如74系列)搭建数字逻辑电路，另一种是在ASIC设计领域。目前使用分立逻辑元件搭建数字逻辑电路的场合一般为系统复杂度相对较低，系统灵活性要求不高的场合。在上述场合使用分立逻辑器件设计数字逻辑电路，由于可以使用的调整延时的手段相对有限，采用插入缓冲器、数字延时逻辑甚至两个非门等手段调整采样的建立和保持时间是可以接受的。而ASIC设计领域采用这种方法是以严格的仿真和约束条件作为强力支持的。

正如"同步设计原则"中所述，使用组合逻辑方法产生延时，容易产生毛刺，而且这种设计方法的时序裕量较差，一旦外界条件变换(环境试验，特别是高低温试验)，采样时序就有可能完全紊乱，造成电路瘫痪。另外，一旦芯片更新换代，或者移植到其他器件族的芯片上，采样时延必须重新调整，电路的可维护性和继承性都很差。

(2) 盲目使用时钟正负沿调整数据采样。

很多初学者习惯随意使用时钟的正负沿调整采样，甚至产生一系列不同相位或不同占空比的时钟，使用其正负沿调整数据。这种做法是不推荐的，原因如下：

如果在一个时钟周期内，使用时钟的双沿同时操作，则使用该时钟的同相倍频时钟也能实现相同的功能。换句话说，一个时钟周期内，使用时钟的双沿同时操作，相当于使用了一个同相的倍频时钟。此时因为设计的时钟频率提升，所有相关的使用约束都会变得更紧，不利于可靠实现。需要补充的是：使用者虽然使用了同一个时钟的两个沿，但没有在同一个周期内同时使用双沿，则不会增加时钟频率。

在FPGA中，一般PLL和DLL都能较好地保证某个时钟沿的抖动、偏斜和占空比等各种参数指标，而对于另一个时钟沿的指标控制并不是那么严格。特别对于综合、实现等EDA的软件，如果没有明确对另外一个沿进行相关，这个沿的时序分析不一定完善，其综合或实现结果就不一定能严格满足用户期望的时序要求(如建立、保持时间等)，往往造成在该沿操作不稳定的结果。

如果设计者并不十分清楚，同时使用上下沿，不如直接使用同相倍频时钟更加简单、明确、可靠；如果设计者十分清楚同一周期使用双沿的注意事项，附加了相应的约束，这种做法并非不可。

3. 异步时钟域数据同步常用方法

下面分别介绍前面提出的两大类异步时钟域数据同步问题的解决方法。

(1) 同频异相问题。

同频异相问题的简单解决方法是用后级时钟对前级数据采样两次，即通常所述的用寄存器打两次。这种做法有效地减少了亚稳态的传播，使后级电路数据都是有效电平值。但是这种做法并不能保证两级寄存器采样后的数据是正确的电平值，因为一旦建立或保持时间不满足，采样发生亚稳态，则经判决时间(Resolution Time)后，可能判决到错误电平值。所以这种方法仅适用于对少量错误不敏感的功能单元。可靠的做法是用DPRAM、FIFO缓存完成异步时钟域的数据转换。把数据存放在DPRAM或FIFO的方法如下：使用上级芯片提供的数据随路时钟作为写信号，将数据写入DPRAM或者FIFO，然后使用本级的采样时钟(一般是数据处理的主时钟)将数据读出即可。由于时钟频率相同，因此DPRAM或FIFO两端的数据吞吐率一致，实现起来相对简单。

(2) 异频问题。

可靠地完成异频问题的解决方法就是使用DPRAM或FIFO。其实现思路与前面所述一致，用上级随路时钟写上级数据，然后用本级时钟读出数据。由于时钟频率不同，因此两个端口的数据吞吐率不一致，设计时一定要开好缓冲区，并通过监控(Full、Half. Empty等指示)确保数据流不会溢出。

4. 亚稳态

异步时钟域转换的核心就是要保证下级时钟对上级数据采样满足建立时间和保持时间。如果触发器的建立时间或保持时间不满足,就可能产生亚稳态,此时触发器输出端 Q 在有效时钟沿之后比较长的一段时间内处于不确定的状态,在这段时间内 Q 端产生毛刺并不断振荡,最终固定在某一电压值,此电压值并不一定等于原来数据输入端 D 的数值,这段时间称为判决时间(Resolution Time)。经过判决时间之后 Q 端将稳定到 0 或 1 上,但是究竟是 0 还是 1,这是随机的,与输入没有必然的关系,如图 7-11 所示。

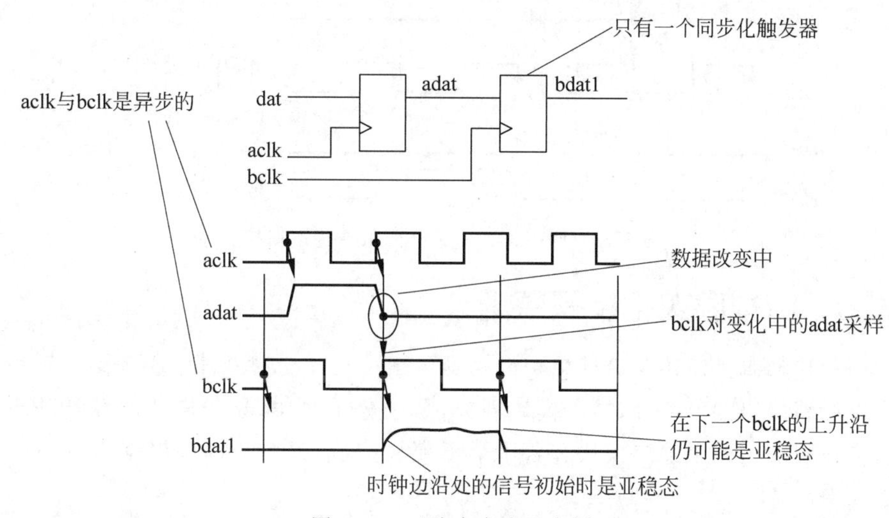

图 7-11　亚稳态产生示意图

亚稳态的危害主要体现在破坏系统的稳定性。由于输出在稳定下来之前可能是毛刺、振荡或固定的某一电压值,因此亚稳态将导致逻辑误判,严重情况下输出 0～1 的中间电压值还会使下一级产生亚稳态,即导致亚稳态的传播。逻辑误判导致功能性错误,而亚稳态的传播则扩大了故障面。另外,在亚稳态状态下,任何诸如环境噪声、电源干扰等细微扰动都将导致更恶劣的状态不稳定,这时这个系统的传输延时增大,状态输出错误,在某些情况下甚至会使寄存器在两个有效判定门限(Vo_L、Vo_H)之间长时间地振荡。

只要系统中有异步元件,亚稳态就无法避免,因此设计的电路首先要减少亚稳态导致的错误,其次要使系统对产生的错误不敏感。前者要靠同步设计来实现,而后者根据不同的设计应用有不同的处理办法。

使用两级寄存器采样可以有效地减少亚稳态继续传播的概率。如图 7-12 所示,左边为异步输入端,经过两级触发器采样,在右边的输出与 bclk 同步,而且该输出基本不存在亚稳态。其原理是即使第一个触发器的输出端存在亚稳态,经过一个 clk 周期后,第二个触发器 D 端的电平仍未稳定的概率非常小,因此第二个触发器 Q 端基本不会产生亚稳态。理论上如果再添加一级寄存器,使同步采样达到 3 级,则末级输出为亚稳态的概率几乎为 0。

使用图 7-12 所示的两级寄存器采样仅能降低亚稳态的概率,并不能保证第二级输出的稳态的电平就是正确电平。前面说过经过判决时间之后寄存器输出的电平是一个不确定的稳态值,也就是说这种处理方法并不能排除采样错误的产生,这时就要求所设计的系统对采样错误有一定的容忍度。

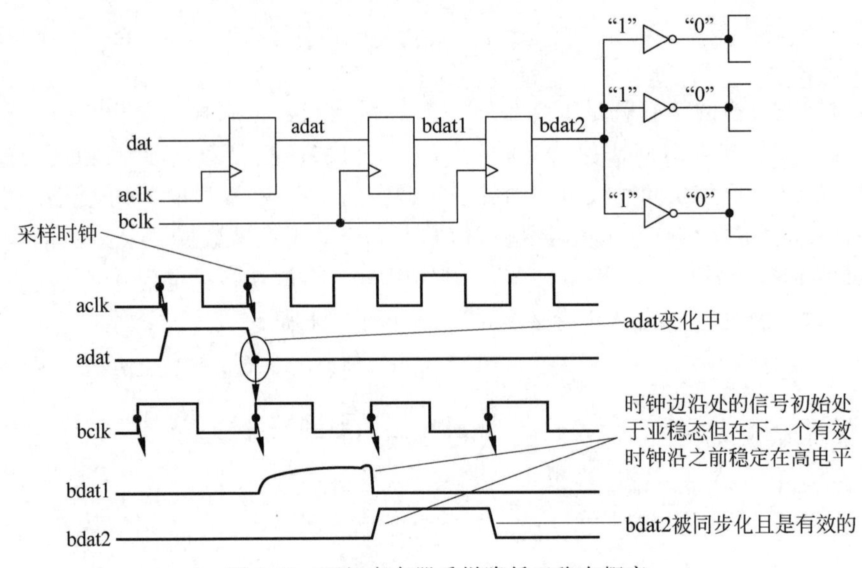

图 7-12　两级寄存器采样降低亚稳态概率

7.1.5　结构层次化编码原则

结构层次化编码是模块化设计思想的一种体现。目前大型设计中必须采用结构层次化编码风格以提高代码的可读性，易于模块划分，易于分工协作，易于设计仿真测试激励。最基本的结构化层次由一个顶层模块和若干个子模块构成，每个子模块根据需要还可以包含自己的子模块。

1. 结构层次化编码的注意事项

(1) 结构的层次不宜太深，一般为 3～5 层即可，这样可以获得更好的综合效果，便于仿真信号的查找和观察。

(2) 顶层模块最好仅仅包含对所有模块的组织和调用，而不应该完成比较复杂的逻辑功能。较为合理的顶层模块由输入/输出引脚声明、模块的调用与实例化、全局时钟资源、全局置位/复位、三态缓冲和一些简单的组合逻辑等构成。

(3) 所有的 I/O 信号，如输入、输出、双向信号等的描述在顶层模块完成。

(4) 子模块之间也可以有接口，但是最好不要建立子模块间跨层次的接口，好处是增加了设计的可读性和可维护性。

(5) 子模块的合理划分非常重要，应该综合考虑子模块的功能、结构、时序和复杂度等多方面因素。

2. 结构层次化设计的方法

结构层次化编码的本质不应该简单地理解为一种具体的设计手段，而应该认识到它其实更是一种系统层次的设计方法。在"系统原则"中，"系统规划的简化流程"中涉及层次结构化设计方法，对应于从"系统功能定义和逻辑功能划分"到"逻辑模块的划分与模块间接口的定义"之间的所有步骤。

结构层次化设计方法的第一个要点就是模块划分。模块划分非常重要，关系到能否最大程度上发挥项目成员协同设计的能力，更重要的是它直接决定着设计的综合、实现的耗时与效率。模块划分的基本原则介绍如下：

(1) 对每个同步时序设计的子模块的输出使用寄存器(Registering)。

本原则也被称为用寄存器分割同步时序模块的原则。其好处是：便于综合工具权衡所分割的子模块中的组合电路部分和同步时序电路部分，实现时序分析，从而达到更好的时序优化效果。

(2) 将相关的逻辑或可以复用的逻辑划分在同一模块内。

该原则有时被称为呼应系统原则。这样做的好处有：一方面将相关的逻辑和可以复用的逻辑划分在同一模块，可在最大程度上复用资源，减少设计所消耗的面积；更利于在时序和面积上获得更好的综合优化效果。

(3) 将不同优化目标的逻辑分开。

在介绍速度和面积平衡与互换原则时，谈到合理的设计目标应该综合考虑面积最小和频率最高两个指标。好的设计，在规划阶段设计者就应该初步规划了设计的规模和时序关键路径，并对设计的优化目标有一个整体的把握。对于希望获得快速性的部分，应该独立划分为一个模块，其优化目标为"Speed"。而对于希望将资源消耗降低的部分划分为独立的模块，其优化目标应该定为"Area"。这种根据优化目标进行优化的方法的最大好处是，比较容易达到较好的优化效果。对于时序非常宽松的逻辑，不需要较高的时序约束，可以将其归入同一模块，如多周期路径(Multi-cycle Path)等，从而可以让综合器尽量节省面积资源。

(4) 将存储逻辑独立划分成模块。

RAM、ROM、CAM 和 FIFO 等存储单元应该独立划分模块，这样做的好处是便于利用综合约束属性显化指定这些存储单元的结构和所使用的资源类型，也便于综合器将这些存储单元自动类推为指定器件的硬件原语。另一个好处是在仿真时消耗的内存也会少些，便于提高仿真速度。这是因为大多数仿真器对大面积的 RAM 都有独特的内存管理方式，以提高仿真效率。

(5) 合适的模块规模。

从理论上讲，模块的规模越大，越利于模块资源共享(Resource Sharing)。但是庞大的模块，将要求综合器同时处理更多的逻辑结构，这将对综合器的处理能力和计算机的配置提出较高的要求。另外，庞大的模块划分不利于发挥目前非常流行的增量综合与实现技术的优势。

7.2 VHDL 的优化设计

在 EDA 的硬件系统设计中，对于相同的功能要求，采用不同的电路构建往往会有迥异的性能指标，这主要表现在系统速度、资源利用率、功耗、可靠性等性能指标方面，其中速度和资源是两个最基础的指标，贯穿 FPGA 设计始终，是设计质量评价的核心标准。因此 EDA 使用技术中必须包括优化设计和验证测试等方面的技术手段。此外，好的程序设计风格，即所谓编码风格，对于设计出拥有良好性能的系统也关系重大。本节则主要从代码角度讨论面积优化和速度优化。对于功耗和可靠性方面的优化，则留给读者依据兴趣自行扩展。

7.2.1 面积优化设计

在 ASIC 设计中，硬件设计资源即所谓面积(Area)是一个重要的技术指标。"面积"指一个设计所消耗的 FPGA 的逻辑资源数量。FPGA 中的逻辑资源，也就是触发器(FF)和查找表(LUT)。对于FPGA/CPLD,其芯片面积(逻辑资源)是固定的,但有资源利用率问题,这里的“面积”优化是一种习惯上的说法,指的是FPGA/CPLD的资源利用优化。

FPGA/CPLD资源的优化具有一定的实用意义:

(1) 通过优化,可以使用规模更小的可编程器件,从而降低系统成本,提高性价比。

(2) 对于某些PLD器件,当耗用资源过多时会严重影响设计性能。

(3) 为以后的技术升级,留下更多的可编程资源,方便添加产品的功能。

(4) 对于多数可编程逻辑器件,资源耗用太多会使器件功耗显著上升。

常见的面积优化方法包括下面几种。

1. 模块复用与资源共享(Resource Sharing)

前面已经讨论了如何在系统层次上复用硬件模块,而这里的模块复用和资源共享(Resource Sharing)主要站在微观的角度观察节约面积的问题。

在设计数字系统时经常会碰到一个问题:同样结构的模块需要反复地被调用,但该结构模块需要占用较多的资源,这类模块往往是基于组合电路的算术模块,比如乘法器、宽位加法器等。系统的组合逻辑资源大部分被它们占用,由于它们的存在,不得不使用规模更大、成本更高的器件。下面是一个典型的示例。

在代码7-1中使用了两个4×4乘法器,$a \cdot b$ 和 $b \cdot c$,该设计可用图7-13来描述其RTL结构:整个设计除两个乘法器以外就只剩一个多路选择器了。乘法器在设计中面积占有率最大。如果仔细观察该电路的结构可以发现,当 $sel=0$ 时使用了乘法器0,乘法器1是闲置的,而当 $sel=1$ 时只使用了乘法器1,乘法器0是闲置的。同时输入 b 一直被接入乘法器模块,并被使用;sel 信号选择0或1造成的唯一区别是乘法器中一端的输入发生了变化,在 a 信号和 c 信号间切换。据此分析,可以设法去掉一个乘法器,让剩下的乘法器共享利用,即不论 sel 信号是什么,乘法器都在使用。图7-14即为优化的RTL图,对应代码7-2。

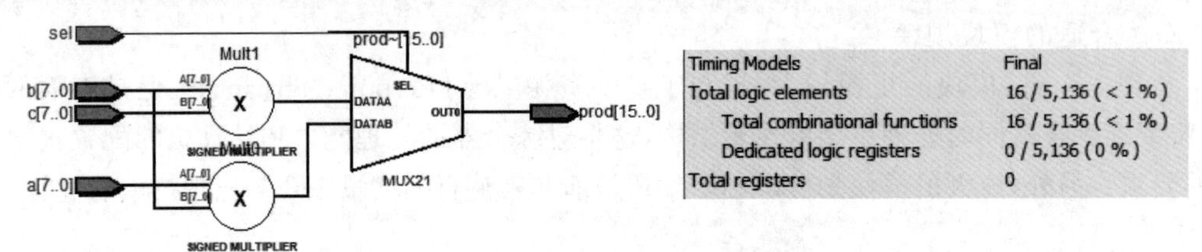

Timing Models	Final
Total logic elements	16 / 5,136 (< 1 %)
Total combinational functions	16 / 5,136 (< 1 %)
Dedicated logic registers	0 / 5,136 (0 %)
Total registers	0

图7-13 模块复用和资源共享之前

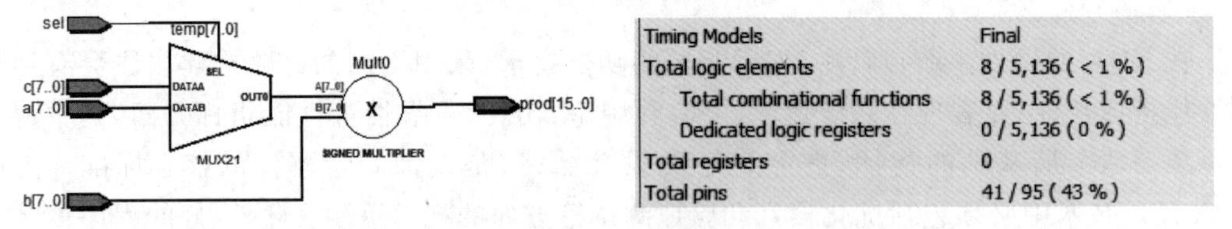

Timing Models	Final
Total logic elements	8 / 5,136 (< 1 %)
Total combinational functions	8 / 5,136 (< 1 %)
Dedicated logic registers	0 / 5,136 (0 %)
Total registers	0
Total pins	41 / 95 (43 %)

图7-14 模块复用和资源共享之后

【代码7-1】

```
LIBRARY IEEE;
USE IEEE.STD_LOGIC_1164.ALL;
USE IEEE.STD_LOGIC_SIGNED.ALL;
ENTITY no_sharing IS
PORT( a, b, c : IN STD_LOGIC_VECTOR (7 DOWNTO 0);
```

```
sel :  IN STD_LOGIC;
prod : OUT STD_LOGIC_VECTOR (15 DOWNTO 0));
END no_sharing;
ARCHITECTURE arch OF no_sharing IS
SIGNAL temp1 :   STD_LOGIC_VECTOR (15 DOWNTO 0);
SIGNAL temp2 :   STD_LOGIC_VECTOR (15 DOWNTO 0);
BEGIN
temp1 <= a * b;
temp2 <= b * c;
prod <=  temp1 WHEN(sel = '1') ELSE temp2;
END arch;
```

【代码 7-2】

```
LIBRARY IEEE;
USE IEEE.STD_LOGIC_1164.ALL;
USE IEEE.STD_LOGIC_SIGNED.ALL;
ENTITY sharing IS
PORT( a, b, c: IN STD_LOGIC_VECTOR (7 DOWNTO 0);
sel :  IN STD_LOGIC;
prod : OUT STD_LOGIC_VECTOR (15 DOWNTO 0));
END sharing;
ARCHITECTURE arch OF sharing IS
SIGNAL temp :   STD_LOGIC_VECTOR (7 DOWNTO 0);
BEGIN
temp <=  a WHEN(sel = '1') ELSE c;
prod <=  temp *  b;
END arch;
```

图 7-14 使用 sel 信号选择 a、c 作为乘法器的输入，b 信号固定作为共享乘法器的输入。与图 7-13 相比，在逻辑结果上没有任何改变，然而却节省了一个成本高昂的乘法器，使得整个设计占用的面积几乎减少了一半。

这里介绍的内容只是资源优化的一个特例。但是此类资源优化思路具有一般性意义，资源优化主要针对数据通路中耗费逻辑资源比较多的模块，通过选择、复用的方式共享使用该模块，以减少该模块的使用个数，达到减少资源使用、优化面积的目的，也对应 HDL 特定目标的编码风格。资源复用的前提是条件互斥，也就是不能在同一时刻都有对某一资源的使用请求，才可以进行复用。复用的资源可以是加减乘除比较器等运算资源，也可以是寄存器、RAM 等存储资源，或者是逻辑功能模块。复用的基本方法是添加选择器。

再看一个资源共享的例子，这是一个补码平方器。输入是 8b 补码，求其平方和。由于输入是补码，因此当最高位是 1 时，表示原值是负数，需要按位取反，加 1 后再平方；当最高位是 0 时，表示原值是正数，直接求平方。仔细观察一下可以发现：代码 7-3 对应资源未共享的实现方式，使用两个 8b 乘法器同时平方，然后根据输入补码的符号选择输出结果，其关键在于使用了两个乘法器，选择器在乘法器之后；代码 7-4 对应资源共享后的实现方法，首先根据输入补码的符号换算为正数，然后做平方，其关键在于选择器在乘法器之前，仅仅使用了一个乘法器，节约了资源。后一种实现方式与前一种实现方式相比，节约的资源有两部分：第一部分，节约了一个 8b 乘法器；第二部分，后者的选择器是 1b 判断 8b 输出，而前者的 1b 判断 16b 输出。其两种具体实现方案分别对应代码 7-3 和代码 7-4。

【代码 7-3】

```
LIBRARY IEEE;
USE IEEE.STD_LOGIC_1164.ALL;
USE IEEE. STD_LOGIC_SIGNED.ALL;
ENTITY no - sharing2 IS
PORT( data_in: IN STD_LOGIC_VECTOR (7 DOWNTO 0);
square : OUT STD_LOGIC_VECTOR (15 DOWNTO 0));
END no - sharing2;
ARCHITECTURE arch OF no - sharing2 IS
SIGNAL data_bar : STD_LOGIC_VECTOR (7 DOWNTO 0);
BEGIN
data_bar < =  NOT data_in + 1;
square < = data_bar * data_bar WHEN (data_in(7) = '1') ELSE data_in * data_in;
END arch;
```

【代码 7-4】

```
LIBRARY IEEE;
USE IEEE.STD_LOGIC_1164.ALL;
USE IEEE. STD_LOGIC_SIGNED.ALL;
ENTITY sharing2 IS
PORT( data_in: IN STD_LOGIC_VECTOR (7 DOWNTO 0);
square : OUT STD_LOGIC_VECTOR (15 DOWNTO 0));
END sharing2;
ARCHITECTURE arch OF sharing2 IS
SIGNAL data_temp : STD_LOGIC_VECTOR (7 DOWNTO 0);
BEGIN
data_temp < =  NOT data_in + 1 WHEN (data_in(7) = '1') ELSE data_in;
square < = data_temp * data_temp;
END arch;
```

两种代码的硬件结构示意图如图 7-15 和图 7-16 所示。

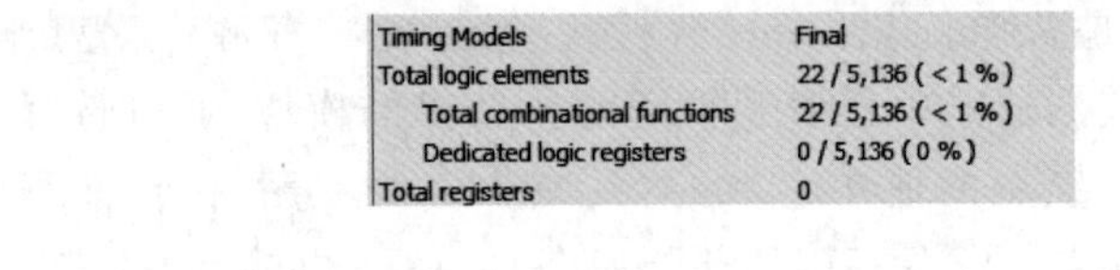

Timing Models	Final
Total logic elements	22 / 5,136 (< 1 %)
Total combinational functions	22 / 5,136 (< 1 %)
Dedicated logic registers	0 / 5,136 (0 %)
Total registers	0

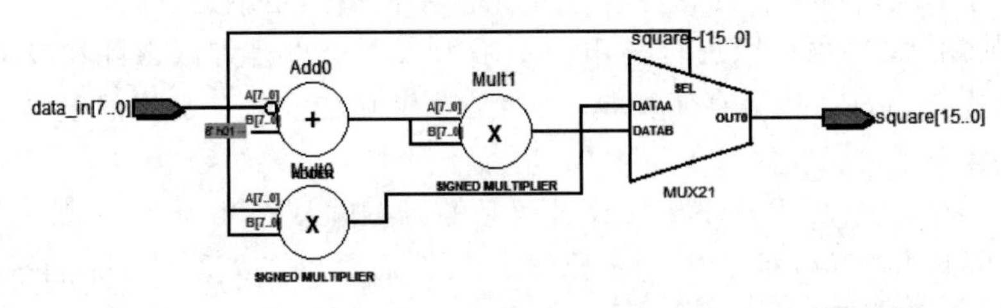

图 7-15　未 Resource Sharing，两个乘法器的实现方案

本例综合选用工具是 Quartus 13，目标器件为 Intel 公司 Cyclone Ⅲ EP3C5E144C8，并关闭了“Resource Sharing”等所有优化参数。资源未共享的实现方法所占逻辑资源为 22 个 LE，资源共享后的实现方法所占逻辑资源为 15 个 LE。两者所占资源相差明显。

上例资源共享的单元是乘法器，通过资源共享，节省了一个乘法器和一些选择器占用的资源。其实如果拓展一下思维，将乘法器换成加法器、除法器等，甚至推广到任何一个普通

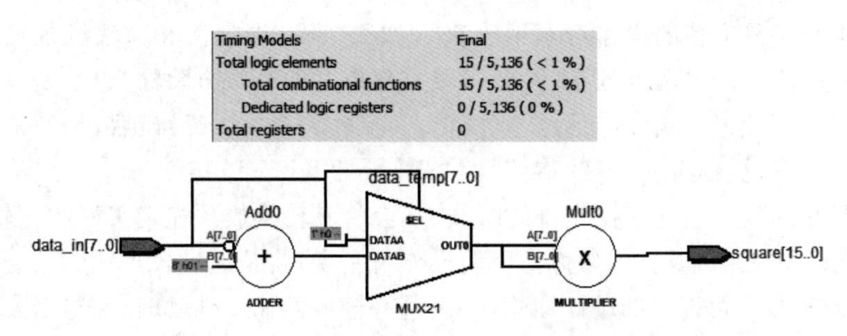

Timing Models	Final
Total logic elements	15 / 5,136 (< 1 %)
Total combinational functions	15 / 5,136 (< 1 %)
Dedicated logic registers	0 / 5,136 (0 %)
Total registers	0

图 7-16 Resource Sharing,一个乘法器的实现方案

的模块及后续结构含有选择器,都可以使用本例的设计思想,通过资源共享成倍地节省前级模块所消耗的资源。

目前很多综合工具都有"Resource Sharing"之类的优化参数,选择该参数,综合工具会自动考察设计中是否有可以资源共享的单元,在保证逻辑功能不变的情况下,进行资源共享以获得面积更小的综合结果。

最后需要强调的是,不能因为综合工具的优化能力增强,而片面依靠综合工具,放松对自己代码风格的要求。第一,综合工具的优化力度毕竟有限,很多情况下不能智能地发现需要资源共享的逻辑;第二,前面已经说过,"不同的综合工具、同一综合工具的不同版本、不同的优化参数、不同厂商的目标器件、同一厂商的不同器件族等因素"都会直接影响综合工具的优化能力和效果,所以依靠综合工具的优化能力不十分可靠;第三,在 ASIC 设计中,综合工具非常忠于用户意图,这时代码风格更加重要。所以,逻辑工程师必须注意自己代码风格方面的修养并不断提高。

另需强调:并不是在任何情况下都能实现资源优化。若对图 7-17 中输入与门之类的模块使用资源共享,通常是无意义的,有时甚至会增加资源的使用(多路选择器的面积显然要大于与门)。若对于多位乘法器、快速进位加法器等算术模块,使用资源共享技术往往能大大优化资源。能够实现面积优化关键取决于所增加的选择器及其他控制电路要比所共享的单元电路面积要少。

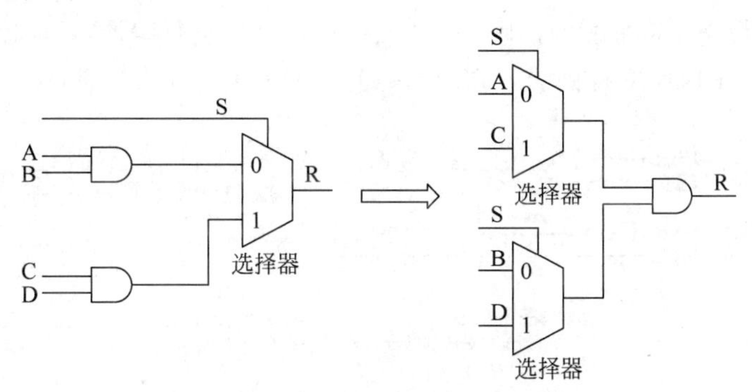

图 7-17 资源共享的反例

2. 平衡操作符

综合工具会将在代码中使用的操作符转换成预先定义好的逻辑模块,这些逻辑模块都是经过预先优化的模块。所以,设计者在书写代码的时候应该注意控制何时使用什么操作符,并且要控制使用多少操作符。

一般的综合工具支持的操作符常见的有“+”和“-”，即加法和减法及加减法；“ * ”和“/”，即乘法和除法。需要注意的是，除法一般只支持 2 的幂次方除法，也就是一般的右移操作；另外，综合工具也会有限地支持指数操作，其操作符是“ ** ”；最后，是经常会在代码中使用到的比较操作，操作符有“=”“/=”“<”“>”“<=”“>=”。

综合工具在遇到上述这些操作符的时候，都会将其转换成预先定义好的逻辑模块，然后才被编译优化以及映射到具体的硬件。所谓操作符平衡，就是通过合理使用括号来对逻辑进行分组，通过这种技术可以增加设计性能，平衡所有输入到输出的延时，而整个设计的功能并不会改变。通过合理使用括号，平衡乘法操作符，使得输入到输出的延时从三级乘法操作减少到两级。显然，通过操作符平衡后，关键路径延时得到减少，这种设计技巧本质上是采用了并行结构，即将前两个乘法同时并行执行。同样，操作符平衡还可以达到面积优化的目的。

【代码 7-5】

```
LIBRARY IEEE;
USE IEEE.STD_LOGIC_1164.ALL;
USE IEEE.STD_LOGIC_UNSIGNED.ALL;
USE IEEE.STD_LOGIC_ARITH.ALL;
ENTITY operator_nobla IS
PORT(
a: IN STD_LOGIC_VECTOR(3 DOWNTO 0);
b: IN STD_LOGIC_VECTOR(3 DOWNTO 0);
c: IN STD_LOGIC_VECTOR(3 DOWNTO 0);
d: IN STD_LOGIC_VECTOR(3 DOWNTO 0);
result:OUT STD_LOGIC_VECTOR(15 DOWNTO 0));
END entity;
ARCHITECTURE rtl OF operator_nobla IS
BEGIN
PROCESS(a,b,c,d)
BEGIN
result <= a * b * c * d;
END PROCESS;
END rtl;
```

对上述未进行操作符平衡的代码 7-5 在 Quartus Ⅱ 中进行编译，目标器件为 Intel 公司 Cyclone Ⅲ EP3C5E144C8，得到的 RTL 结果如图 7-18 所示器总共消耗 153 个 LE。

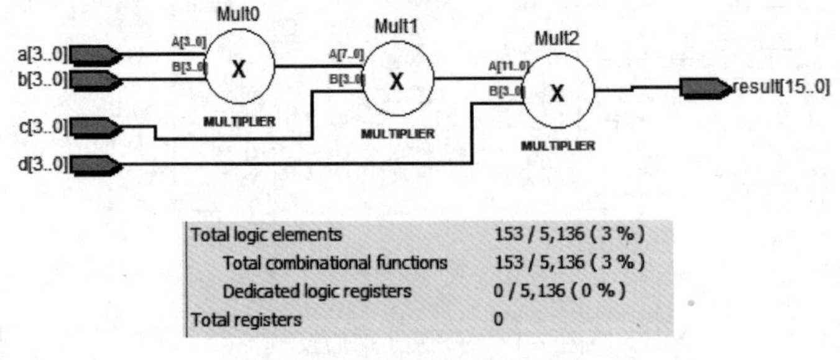

Total logic elements	153 / 5,136 (3 %)
Total combinational functions	153 / 5,136 (3 %)
Dedicated logic registers	0 / 5,136 (0 %)
Total registers	0

图 7-18 平衡操作符之前

【代码 7-6】

```
LIBRARY IEEE;
USE IEEE.STD_LOGIC_1164.ALL;
USE IEEE.STD_LOGIC_UNSIGNED.ALL;
```

```
USE IEEE.STD_LOGIC_ARITH.ALL;
ENTITY operator_bla IS
PORT(
a: IN STD_LOGIC_VECTOR(3 DOWNTO 0);
b: IN STD_LOGIC_VECTOR(3 DOWNTO 0);
c: IN STD_LOGIC_VECTOR(3 DOWNTO 0);
d: IN STD_LOGIC_VECTOR(3 DOWNTO 0);
result:OUT STD_LOGIC_VECTOR(15 DOWNTO 0));
END entity;
ARCHITECTURE rtl OF operator_bla IS
BEGIN
PROCESS(a,b,c,d)
BEGIN
result <= (a * b) * (c * d);
END PROCESS;
END rtl;
```

同样,对上述已经进行操作符平衡的代码 7-6 进行编译,其编译后的 RTL 结果如图 7-19 所示。通过查看映射后的视图,发现其消耗的逻辑资源大大减少,总共只有 62 个 LE。

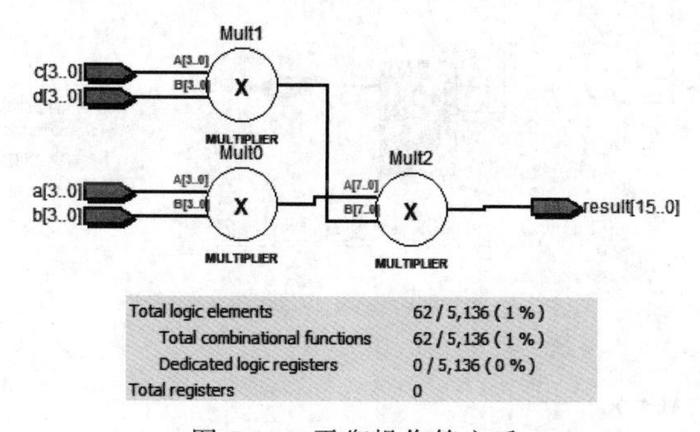

图 7-19 平衡操作符之后

可以看到,糟糕的代码习惯会给设计的速度和面积均带来负面影响。相反,良好的代码习惯则有可能会给设计的速度和面积均带来优化。

3. 逻辑优化

使用优化后的逻辑进行设计,可以明显减少资源的占用。在实际的设计中常常会遇到两个数相乘,而其中一个为常数的情况。代码 7-7 是一个较典型的例子,它构建了一个两输入的乘法器:mc <= ta * tb;然后再对其中一个端口赋予一个常数值。若按照代码 7-7 的设计方法处理,显然会引起较多的资源浪费,当用 Quartus Ⅱ 把此例适配在 Intel 公司 Cyclone Ⅲ EP3C5E144C8 上时,虽然编译报告给出的资源消耗情况相同,如图 7-20 和图 7-21 所示。但是从 RTL 的综合电路可见,如果按照代码 7-8 对其进行逻辑优化,采用常数乘法器,则在与代码 7-7 同样的条件下对其编译综合,使用的资源减少了一个寄存器。相对于上述器件型号而言,这个资源变化很微小,因此,在编译报告中体现不出来,如图 7-21 所示。但是它却为逻辑优化实现面积优化提供了一种思路。

【代码 7-7】

```
LIBRARY IEEE;
USE IEEE.STD_LOGIC_1164.ALL;
USE IEEE.STD_LOGIC_UNSIGNED.ALL;
USE IEEE.STD_LOGIC_ARITH.ALL;
```

```
ENTITY mult1 IS
   PORT(clk : IN STD_LOGIC;
        ma : IN STD_LOGIC_VECTOR(11 DOWNTO 0);
        mc : OUT STD_LOGIC_VECTOR(23 DOWNTO 0));
END mult1;
ARCHITECTURE rtl OF mult1 IS
   signal ta,tb : STD_LOGIC_VECTOR(11 DOWNTO 0);
BEGIN
PROCESS(clk) BEGIN
   if(clk'EVENT AND clk = '1') then
      ta <= ma;  tb <= "100110111001";  mc <= ta * tb;
   end if;
END PROCESS;
END rtl;
```

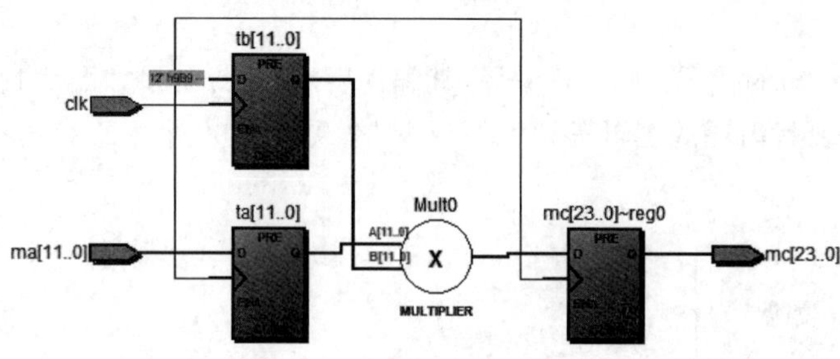

Total logic elements	79 / 5,136 (2 %)
Total combinational functions	73 / 5,136 (1 %)
Dedicated logic registers	36 / 5,136 (< 1 %)
Total registers	36

图 7-20　逻辑优化前

【代码 7-8】

```
LIBRARY IEEE;
USE IEEE.STD_LOGIC_1164.ALL;
USE IEEE.STD_LOGIC_UNSIGNED.ALL;
USE IEEE.STD_LOGIC_ARITH.ALL;
ENTITY mult2 IS
   PORT(clk : IN STD_LOGIC;
       ma : IN STD_LOGIC_VECTOR(11 DOWNTO 0);
       mc : OUT STD_LOGIC_VECTOR(23 DOWNTO 0));
END mult2;
ARCHITECTURE rtl OF mult2 IS
   SIGNAL ta : STD_LOGIC_VECTOR(11 DOWNTO 0);
   CONSTANT tb : STD_LOGIC_VECTOR(11 DOWNTO 0) := "100110111001";
BEGIN
PROCESS(clk) BEGIN
   IF(clk'EVENT AND clk = '1') THEN  ta <= ma; mc <= ta * tb;
   END IF;
END PROCESS;
END rtl;
```

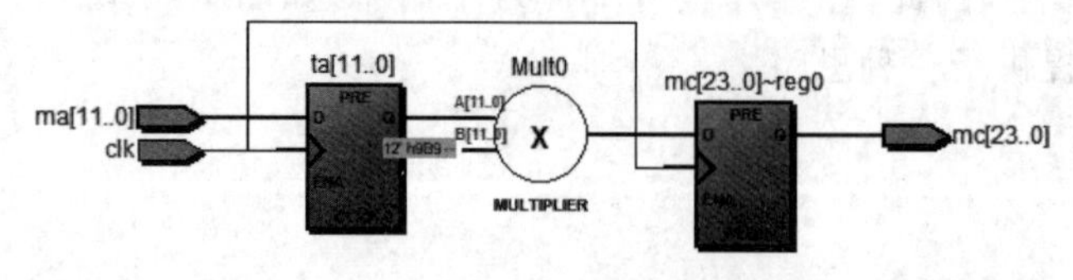

Total logic elements	79 / 5,136 (2 %)
Total combinational functions	73 / 5,136 (1 %)
Dedicated logic registers	36 / 5,136 (< 1 %)
Total registers	36

图 7-21　逻辑优化后

4. 串行化

串行化是指把原来耗用资源巨大、单时钟周期内完成的并行执行的逻辑块分割开来，提取出相同的逻辑模块（一般为组合逻辑块），在时间上复用该逻辑模块，用多个时钟周期完成相同的功能，其代价是工作速度被大为降低。事实上，诸如用 CPU 完成的操作可以看作是逻辑串行化的典型示例，它总是在时间上（表现在 CPU 上为指令周期）反复使用它的 ALU 单元来完成复杂的操作。代码 7-9 描述了一个乘法累加器，其位宽为 16 位，对 8 个 16 位数据进行乘法和加法运算，即

$$a_0 \cdot b_0 + a_1 \cdot b_1 + a_2 \cdot b_2 + a_3 \cdot b_3$$

代码 7-9 采用并行逻辑设计。由其 RTL 图可以看出，共耗用了 4 个 8 位乘法器和一些加法器，在 Quartus Ⅱ 中适配于 Intel 公司 Cyclone Ⅲ EP3C5E144C8 器件，共耗用 48 个 LE，如图 7-22 所示。如果把上述设计用串行化的方式进行实现，只需用 1 个 8 位乘法器和 1 个 16 位加法器（两输入的）。程序见代码 7-10。从综合后的电路可以看出，串行化后，电路逻辑明显复杂了，加入了许多时序电路进行控制，比如 2 位二进制计数器，另增加了多个选择器，代码 7-10 使用了相同的 Quartus Ⅱ 综合/适配设置，LE 的耗用数为 50 个，如图 7-23 所示。虽然本例中资源数略有增加，主要是由共享逻辑（乘法器）和控制逻辑（cnt 计数逻辑及选择器等）的大小关系决定，当共享逻辑足够复杂，大于控制逻辑时，资源数通常必然会降低。因此，不影响将此串行化思路作为实现面积优化的一种有效方法。它是前面提到的“速度换面积”的具体代码实现。应该注意，串行化后需要使用 4 个 clk 周期才完成一次运算；而对于并行设计，每个 clk 周期都可完成一次运算。

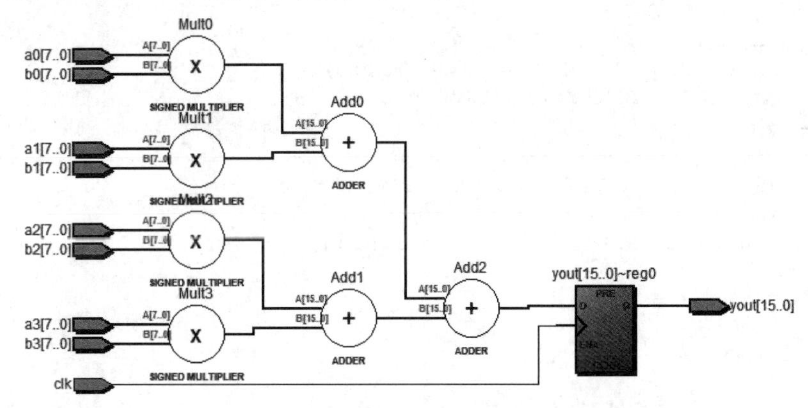

图 7-22　并行逻辑设计

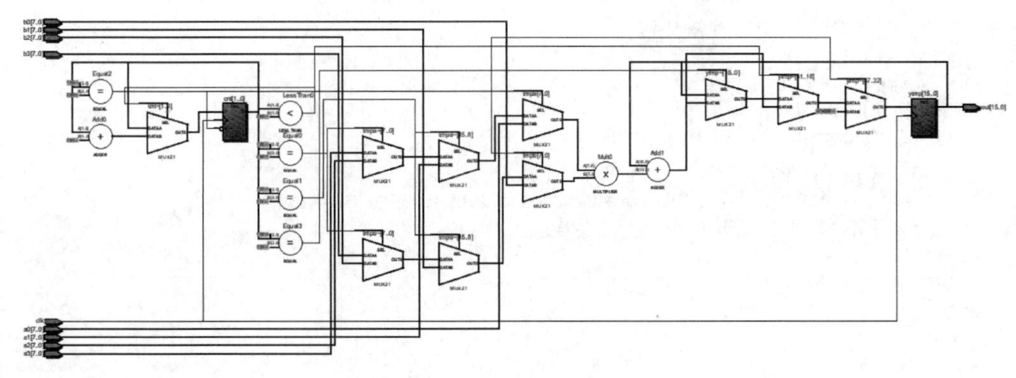

图 7-23　串行化之后

【代码 7-9】

```
LIBRARY IEEE;
USE IEEE.STD_LOGIC_1164.ALL;
USE IEEE.STD_LOGIC_SIGNED.ALL;
ENTITY no_sharing_ex2 IS
PORT( clk: IN STD_LOGIC;
a0, b0, a1, b1,a2, b2, a3,b3: IN STD_LOGIC_VECTOR (7 DOWNTO 0);
yout : OUT STD_LOGIC_VECTOR (15 DOWNTO 0));
END no_sharing_ex2;
ARCHITECTURE arch OF no_sharing_ex2 IS
BEGIN
PROCESS(clk)
BEGIN
IF (RISING_EDGE(clk)) THEN
yout <= (a0 * b0 + a1 * b1) + (a2 * b2 + a3 * b3)   ;
END IF;
END PROCESS;
END arch;
```

【代码 7-10】

```
LIBRARY IEEE;
USE IEEE.STD_LOGIC_1164.ALL;
USE IEEE.STD_LOGIC_UNSIGNED.ALL;
USE IEEE.STD_LOGIC_ARITH.ALL;
ENTITY sharing_ex2 IS
   PORT(clk: IN STD_LOGIC;
       a0,a1,a2,a3: IN STD_LOGIC_VECTOR(7 DOWNTO 0);
       b0,b1,b2,b3: IN STD_LOGIC_VECTOR(7 DOWNTO 0);
       yout : OUT STD_LOGIC_VECTOR(15 DOWNTO 0));
END sharing_ex2;
ARCHITECTURE s_arch OF sharing_ex2 IS
   SIGNAL cnt : STD_LOGIC_VECTOR(1 DOWNTO 0):="00";
   SIGNAL tmpa,tmpb : STD_LOGIC_VECTOR(7 DOWNTO 0);
   SIGNAL  tmp, ytmp : STD_LOGIC_VECTOR(15 DOWNTO 0);
  BEGIN
tmpa <= a0 WHEN cnt = 0 ELSE
        a1 WHEN cnt = 1 ELSE
        a2 WHEN cnt = 2 ELSE
        a3 ;
tmpb <= b0 WHEN cnt = 0 ELSE
        b1 WHEN cnt = 1 ELSE
        b2 WHEN cnt = 2 ELSE
        b3 ;
tmp <= tmpa * tmpb;
PROCESS(clk) BEGIN
   IF(clk'EVENT AND clk = '1') THEN
      IF(cnt=0) THEN ytmp <= (OTHERS=>'0');
      ELSIF (cnt<3) THEN  cnt <= cnt + 1; ytmp <= ytmp + tmp;
      ELSIF (cnt = 3) THEN  ytmp <= ytmp + tmp;
      END IF;
   END IF;
END PROCESS;
yout <= ytmp;
END s_arch;
```

另外还有一些其他优化面积的技巧，比如关于如果能不用复位，就不设计复位信号，否则尽量异步复位；再比如重复利用器件原语，可以有效降低面积等等，这些措施都有利于优化面积。除此之外，读者需要在实践过程积累更多的有代码技巧。

7.2.2　速度优化设计

“速度”是指设计结果在芯片上稳定运行时所能达到的最高频率，这个频率由设计的时序状况决定。与设计满足的时钟周期、焊盘到焊盘的时间、建立时间、保持时间和时钟到输出延时等众多时序特征向量密切相关。对大多数设计来说，速度优化比资源优化更重要，需要优先考虑。速度优化涉及的因素比较多，如 FPGA 的结构特性、HDL 综合器性能、系统电路特性、PCB 制版情况等，也包括 VHDL 的编码风格。本节主要讨论电路结构方面的速度优化方法。

1. 逻辑复制

逻辑复制与前面的资源共享(Resource Sharing)是两个对立统一的概念，资源共享的目的是节省面积资源，而逻辑复制的目的是提高工作频率。当使用逻辑复制手段提高工作频率的时候，必然会增加面积资源，这是与资源共享相对立的方面；正如前面介绍的面积与速度的对立统一一样，逻辑复制和资源共享都是要到达设计目标的两种手段，一个侧重于速度目标，一个侧重于面积目标，两者存在一种转换与平衡的关系，所以两者又是统一的。

逻辑复制是一种通过增加面积而改善时序条件的优化手段。逻辑复制最常使用的场合是调整信号的扇出。如果某个信号需要驱动后级的很多单元，换句话说，也就是其扇出非常大，为了增加这个信号的驱动能力，必须插入很多级缓冲器(Buffer)，这样就在一定程度上增加了这个信号路径的延时。这时可以复制生成这个信号的逻辑，使多路同频同相的信号驱动后续电路，使平均到每路的扇出变低，不需要加缓冲器也能满足驱动能力的要求，从而节约了该信号的路径时延，如图 7-24 所示，(a)图面积小，延时大，(b)图面积大，延时小。

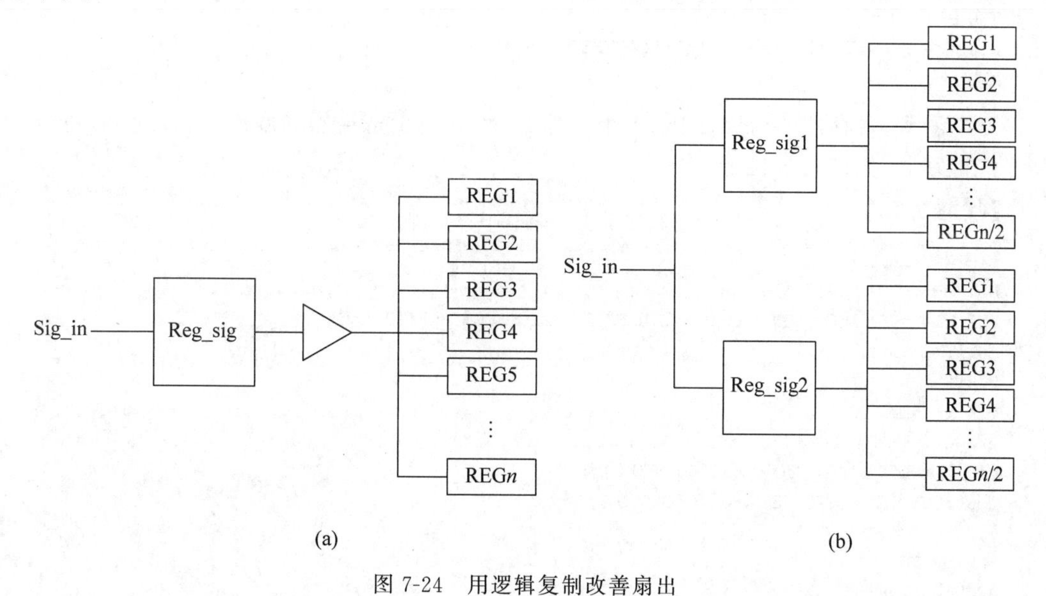

图 7-24　用逻辑复制改善扇出

在大部分逻辑设计中,高扇出信号多为同步信号,也即寄存器信号,所以进行逻辑复制时是对寄存器进行复制。由于高扇出信号会增加布局难度,减缓布线速度要求,可以通过寄存器复制解决两个问题:减少扇出,缩短布线延时;复制后每个寄存器可以驱动芯片的不同区域,有利于布局布线。

这里举例说明用逻辑复制手段调整扇出,达到优化路径延时的效果。在这个简单的例子中,寄存器 tri_end 驱动了 24 个输出,如图 7-25 所示,对应代码 7-11。

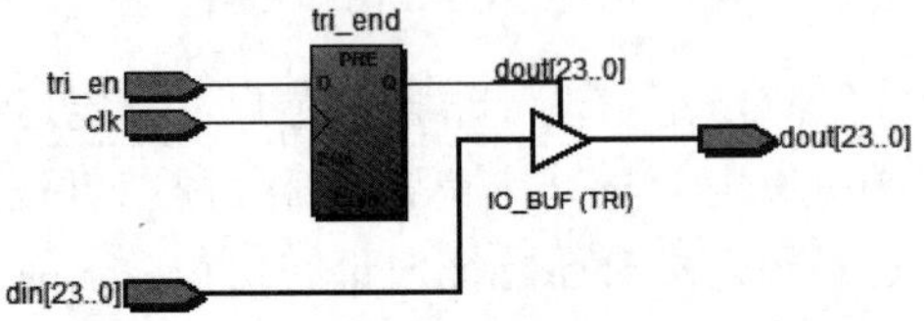

图 7-25　驱动 24 个输出

【代码 7-11】

```
LIBRARY IEEE;
USE IEEE.STD_LOGIC_1164.ALL;
USE IEEE.STD_LOGIC_UNSIGNED.ALL;
USE IEEE.STD_LOGIC_ARITH.ALL;
ENTITY regdup IS
PORT(
clk:IN STD_LOGIC;
tri_en: IN STD_LOGIC;
din: IN STD_LOGIC_VECTOR(23 DOWNTO 0);
dout: OUT STD_LOGIC_VECTOR(23 DOWNTO 0)
);
END ENTITY;
ARCHITECTURE rtl OF regdup IS
SIGNAL tri_end:STD_LOGIC;
BEGIN
PROCESS(clk)
BEGIN
IF clk'EVENT AND clk = '1' THEN
tri_end <= tri_en;
END IF;
END PROCESS;
dout <= din WHEN tri_end = '1' ELSE(OTHERS => 'Z');
END rtl;
```

可以看到,寄存器的扇出多达 24 个。那么,为了减少寄存器的扇出,可以对 tri_end 寄存器进行复制,如代码 7-12 所示。

【代码 7-12】

```
LIBRARY IEEE;
USE IEEE.STD_LOGIC_1164.ALL;
USE IEEE.STD_LOGIC_UNSIGNED.ALL;USE IEEE.STD_LOGIC_ARITH.ALL;
ENTITY regdup_op IS
PORT(
clk:IN STD_LOGIC;
tri_en: IN STD_LOGIC;
din: IN STD_LOGIC_VECTOR(23 DOWNTO 0);
dout:OUT STD_LOGIC_VECTOR(23 DOWNTO 0)
);
END ENTITY;
ARCHITECTURE rtl OF regdup_op IS
SIGNAL tri_enl,tri_en2: STD_LOGIC;BEGIN
```

```
PROCESS(clk)
BEGIN
IF clk'EVENT AND clk = '1'THEN
tri_enl <= tri_en;
tri_en2 <= tri_en;
END IF;
END PROCESS;
dout(11 DOWNTO 0)<= din(11 DOWNTO 0)WHEN tri_enl = '1'ELSE (OTHERS =>'Z');
dout(23 DOWNTO 12)<= din(23 DOWNTO 12) WHEN tri_en2 = '1'ELSE(OTHERS =>'Z');
END rtl;
```

将修改后的代码 7-12 编译以后得到如图 7-26 所示的结果。可以看到，两个寄存器分别驱动了 12 个输出。

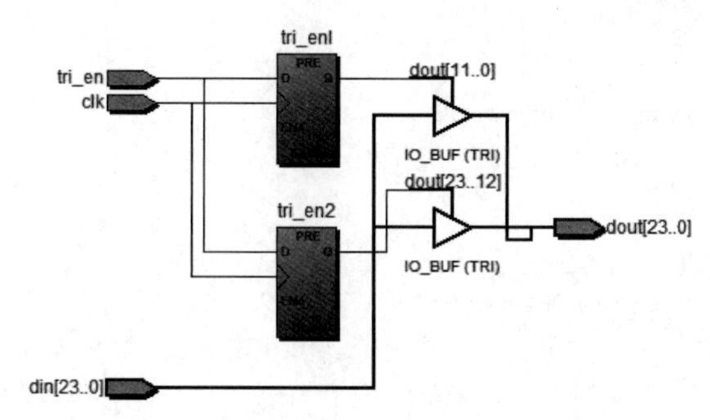

图 7-26　经逻辑复制之后驱动 12 个输出

2. 香农扩展运算提升频率

香农扩展(Shannon Expansion)也是一种逻辑复制、增加面积、提高频率的时序优化手段。其定义如下，布尔逻辑可以做如下扩展：

$$F(a,b,c)=aF(1,b,c)+\bar{a}F(0,b,c)$$

从上面的定义可以看到，香农扩展即布尔逻辑扩展，是卡诺逻辑简化反向运算，香农扩展相当于逻辑复制，可以提高频率；而卡诺逻辑化简相当于资源共享，可以节约面积。

香农扩展通过逻辑复制、增加 MUX(多路选择器)来缩短某个优先级高但组合路径长的信号的路径延时(信号 a)，从而提高该关键路径的工作频率，以增加面积换取电路时序性能的优化。

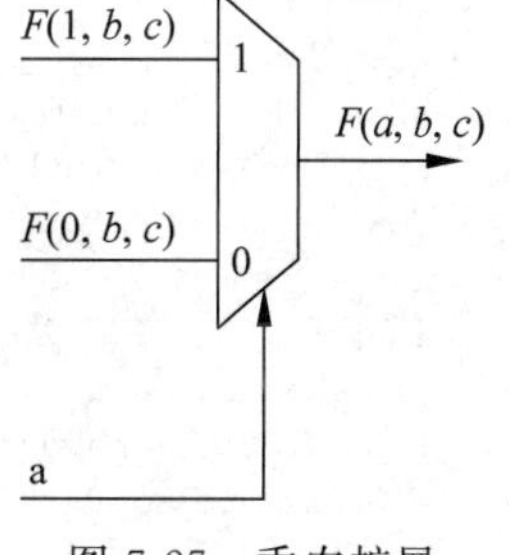

图 7-27　香农扩展

通过下面的例子，读者会对香农扩展有一个更全面的理解。

【例】 使用香农扩展优化组合逻辑时序。

设所需运算的逻辑表达式为

$$F=(((\{8\{late\}\}\mid in0)+in1)==in2)\&en;$$

其中，信号 in0、in1 和 in2 都是 8bit 的数据；信号 late 和信号 en 是控制信号；信号 late 是本逻辑运算的关键路径信号，延时最大。

使用香农扩展：

$$\begin{aligned}F &= late.F(late=1)+\sim late.F(late=0)\\ &= late.[(((\{8\{1'b1\}\}\mid in0)+in1)==in2)\&en]+\\ &\sim late.[(((\{8\{1'b0\}\}\mid in0)+in1)==in2)\&en]\\ &= late.[(8'b1+in1)==in2)\&en]+\sim late[((in0+in1)==in2)\&en]\end{aligned}$$

这相当于一个以 late 为选择信号，以[(8'b1+in1)==in2)&en]和[((in0+in1)==in2)&en]为两个输入信号的 2 选 1 的 MUX。因此，late 信号的优先级被提高，其信号路径的延时降低，但是其代价是设计的面积增加了，并且需要两个比较运算符。

未使用香农扩展的 VHDL 代码描述如代码 7-13 所示。

【代码 7-13】

```
LIBRARY IEEE;
USE IEEE.STD_LOGIC_1164.ALL;
USE IEEE.STD_LOGIC_SIGNED.ALL;
ENTITY shannon IS
PORT( in0, in1, in2 : IN STD_LOGIC_VECTOR (7 DOWNTO 0);
late,  en :  IN STD_LOGIC;
lout:   OUT  STD_LOGIC) ;
END shannon;
ARCHITECTURE arch_shannon OF shannon IS
SIGNAL temp_late :  STD_LOGIC_VECTOR(7 DOWNTO 0);
SIGNAL temp :  STD_LOGIC;
BEGIN
temp_late <= late&late&late&late&late&late&late&late;
temp <=  '1' WHEN(((temp_late OR in0) + in1) = in2) ELSE '0';
lout <=  temp AND en;
END arch_shannon;
```

综合所得到的 RTL 视图如图 7-28 所示。从图中可以清晰地看到，未使用香农扩展时，从输入引脚 late 到输出引脚 out 之间共有 4 个逻辑单元，5 段路径。其综合结果使用了 1 个 8b 或门，1 个 8b 输入加法器，1 个 8b 比较器，1 个 2 输入与门。不选择任何优化参数，用 Quartus Ⅱ 在上述目标器件上综合，其结果为共使用了 22 个 LE，late 路径对应的 T_{pd} 时间约为 13.524ns。

为了方便读者理解，在此一并提供使用香农扩展后对应的 VHDL 代码 7-14。

【代码 7-14】

```
LIBRARY IEEE;
USE IEEE.STD_LOGIC_1164.ALL;
USE IEEE.STD_LOGIC_SIGNED.ALL;
ENTITY shannon_fast IS
PORT( in0, in1, in2 : IN STD_LOGIC_VECTOR (7 DOWNTO 0);
late,  en :  IN STD_LOGIC;
lout:   OUT  STD_LOGIC) ;
END shannon_fast;
ARCHITECTURE arch_shannon_fast OF shannon_fast IS
SIGNAL late_eq_0,  late_eq_1,  late_0,  late_1 :  STD_LOGIC;
BEGIN
late_0 <=  '1' WHEN((("00000000" OR in0) + in1) = in2) ELSE '0';
late_eq_0 <=  late_0 AND en;
late_1 <=  '1' WHEN ((("11111111" OR in0) + in1)  = in2)  ELSE '0';
late_eq_1 <=  late_1 AND en;
lout <= late_eq_1 WHEN (late =  '1') ELSE late_eq_0;
END arch_shannon_fast;
```

同样，综合所得到的 RTL 视图如图 7-29 所示。

在图中可以清晰地看到，使用香农扩展后，从输入引脚 late 到输出引脚 out 之间共有 1 个逻辑单元，2 段路径。其综合结果使用了 2 个 8b 输入加法器，2 个 8b 比较器，2 个输入

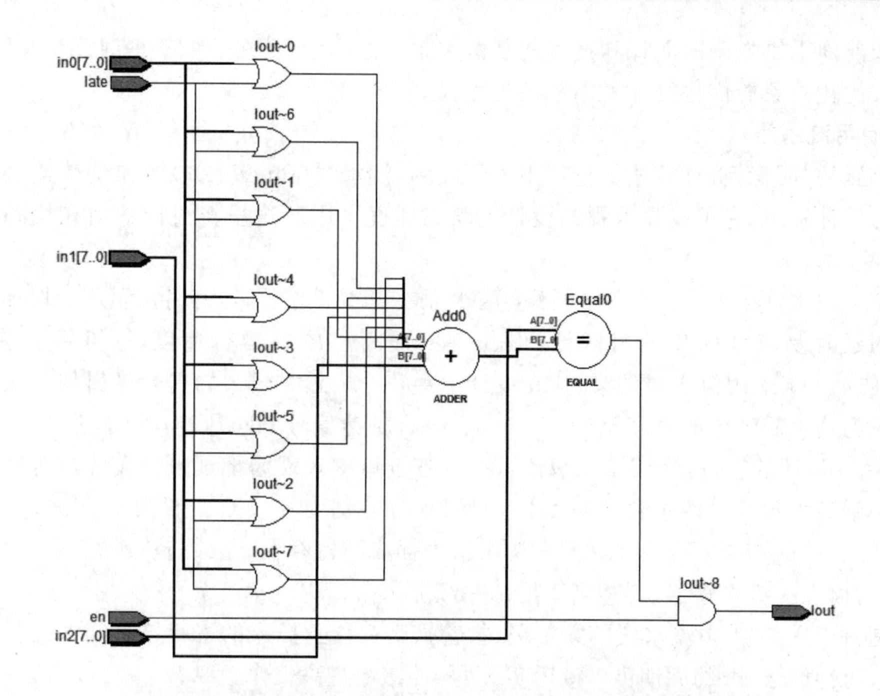

Propagation Delay

	Input Port	Output Port	RR	RF	FR	FF
1	in0[1]	lout	13.582	13.355	14.031	13.845
2	in0[0]	lout	13.533	13.306	13.652	13.466
3	late	lout	13.524	13.297	14.036	13.850
4	in0[2]	lout	13.395	13.168	13.594	13.408
5	in0[4]	lout	13.189	12.962	13.396	13.210

图 7-28 未使用香农扩展前的逻辑表达式对应的 RTL 视图

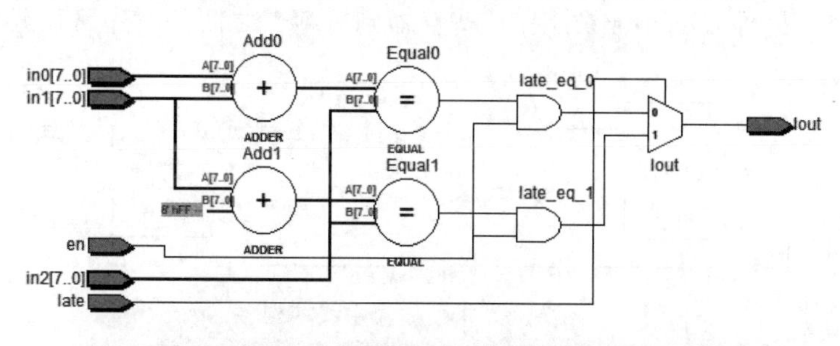

Propagation Delay

	Input Port	Output Port	RR	RF	FR	FF
1	late	lout	6.718	6.434	6.912	6.671
2	en	lout	9.597			9.604
3	in2[1]	lout	11.360	10.918	11.543	11.094

图 7-29 香农扩展后的逻辑表达式对应的 RTL 视图

与门和 1 个 2 输入选择器。采用默认参数，用 Quartus Ⅱ 综合实现，其结果为共使用了 27 个 LE，late 对应的 T_{pd} 时间约为 6.718ns。

从 RTL 视图可以清晰地看到，采用香农扩展后，对于 late 信号这一关键路径，消除了 3 个逻辑层次，从而在一定程度上提高了设计的工作频率。作为提高工作频率的代价，多用了 1 个加法器和选择器，消耗了更多的面积。由于本例十分简单，因此多消耗的 LUT 和缩短的路径时延都不十分显著，如果在复杂设计中运用香农扩展，就会取得更加显著的效果。

正如前面反复强调的面积和速度的平衡关系所述，是否使用香农扩展时序优化手段，关键要看被优化对象的优化目标是面积还是路径。

3. 使用流水线

在前面的“面积换速度”相关论述中已经提到，流水线(Pipeline)技术是优化速度广泛采用的一种设计思想，它可以显著提高设计电路的速度上限。这里将讨论如何在代码层面应用流水线技术。

事实上在设计中加入流水线，并不会减少原设计中的总延时，有时甚至还会增加插入的寄存器的延时及信号同步的时间差，但却可以提高总体的运行速度，这并不存在矛盾。图7-30是一个未使用流水线的设计，在设计中存在一个延时较大的组合逻辑块。显然该设计从输入到输出需经过的时间至少为 T_a，就是说，时钟信号 clk 周期不能小于 T_a。图7-31是对图7-30设计的改进，使用了二级流水线。在设计中表现为把延时较大的组合逻辑块切割成两块延时大致相等的组合逻辑块，它们的延时分别为 T_1、T_2。设置为 $T_1 \approx T_2$，与 T_a 存在关系式：$T_a = T_1 + T_2$。在这两个逻辑块中插入了寄存器，是改造流水线结构的最基本实现方式，插入一级寄存器，则相当于增加一级流水。

但是对于图7-31中流水线的第1级(指输入寄存器至插入的寄存器之间的新的组合逻辑设计)，时钟信号 clk 的周期可以接近 T_1，即第1级的最高工作频率 F_{max1} 可以约等于 $1/T_1$；同样，第2级的 F_{max2} 也可以约等于 $1/T_1$。由此可以得出图7-31中的设计，其最高频率为 $F_{max} \approx F_{max1} \approx F_{max2} \approx 1/T_1$。

显然，最高工作频率比图7-30设计的速度提升了近一倍。

需要注意的是：要讨论流水线改造技术，要求设计电路必须具有的结构特点为：其输入端和输出端均有寄存器结构，因为只有这样的结构，各个流水就寄存器才能在同步时钟的作用下统一动作；另外 Quartus 只能完成寄存器到寄存器之间的时序路径分析。

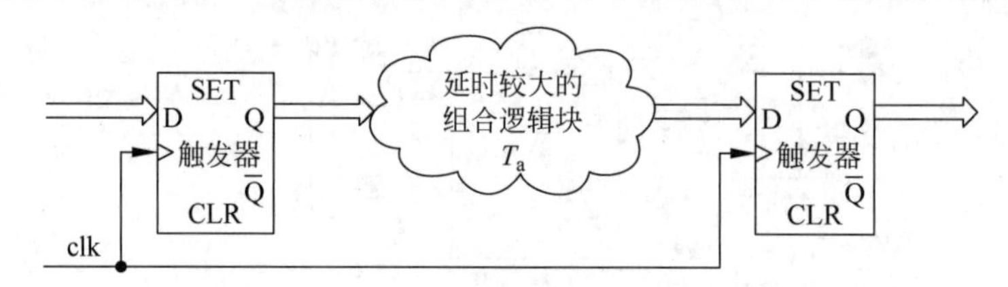

图7-30 未使用流水线结构

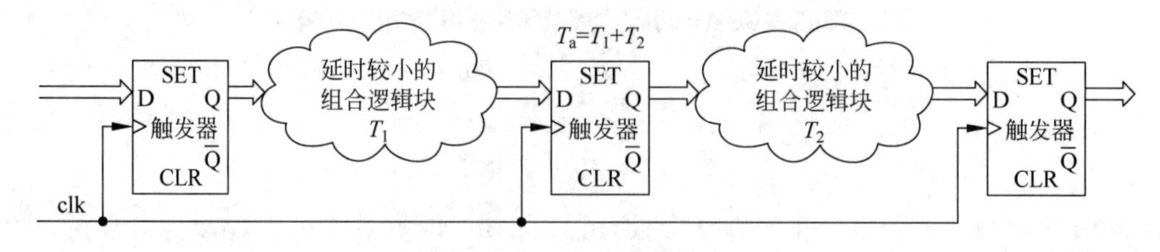

图7-31 使用流水线结构

下面以4个8位二进制数相加求和的设计电路为例，来对说明流水线改造的代码实现方法及效果对比。在不带流水线的代码7-15中，第一个进程实现了输入端寄存器的数据缓冲功能。第二个进程则实现了输出端寄存器的功能。其对应的综合结果如图7-32所示，电路的最大工作频率 F_{max} 为245.76MHz。

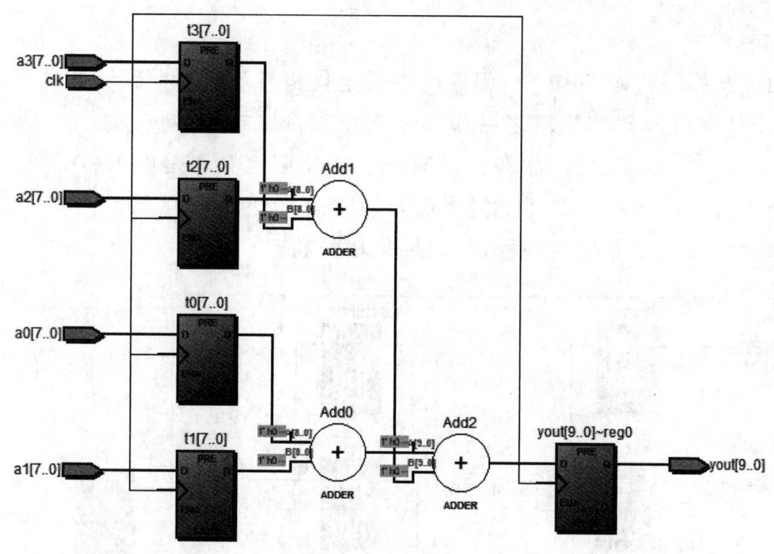

(a) 综合之后的RTL图

Slow 1200mV 85C Model Fmax Summary

	Fmax	Restricted Fmax	Clock Name	Note
1	245.76 MHz	245.76 MHz	clk	

(b) 最大频率

Total logic elements	42 / 5,136 (< 1 %)
Total combinational functions	28 / 5,136 (< 1 %)
Dedicated logic registers	42 / 5,136 (< 1 %)
Total registers	42

(c) 资源使用情况

图 7-32　不加流水的设计

【代码 7-15】

```
LIBRARY IEEE;
USE IEEE.STD_LOGIC_1164.ALL;
USE IEEE.STD_LOGIC_UNSIGNED.ALL;
USE IEEE.STD_LOGIC_ARITH.ALL;
ENTITY adder4 IS
   PORT(clk : IN STD_LOGIC;
        a0,a1,a2,a3 : IN STD_LOGIC_VECTOR(7 DOWNTO 0);
        yout : OUT STD_LOGIC_VECTOR(9 DOWNTO 0));
END adder4;
ARCHITECTURE normal_arch OF adder4 IS
   SIGNAL t0,t1,t2,t3 : STD_LOGIC_VECTOR(7 DOWNTO 0);
   SIGNAL addtmp0,addtmp1 : STD_LOGIC_VECTOR(8 DOWNTO 0);
BEGIN
PROCESS(clk)
BEGIN
   IF(clk'EVENT AND clk = '1') THEN
      t0 <= a0;  t1 <= a1;  t2 <= a2;   t3 <= a3;
   END IF;
END PROCESS;
addtmp0 <= '0'&t0 + t1;
addtmp1 <= '0'&t2 + t3;
PROCESS(clk) BEGIN
   IF(clk'EVENT AND clk = '1') THEN
       yout <= '0'&addtmp0 + addtmp1;
   END IF;
```

```
END PROCESS;
END normal_arch;
```

在添加流水线的代码 7-16 中，程序的主要变化是将灰色加框区域的两句移入第二个进程中，是本质是在这两句的赋值之后添加一级流水寄存器，其对应的综合结果如图 7-33 所示，电路的最大工作频率 F_{max} 为 372.58MHz。其中限制频率是由 I/O 切换率导致的，并不是电路的内在最大工作频率属性。但是需要说明的，灰色加框区域的两句移入第一个进程，或者为其单独增加一个专门的进程，其效果是相同的。

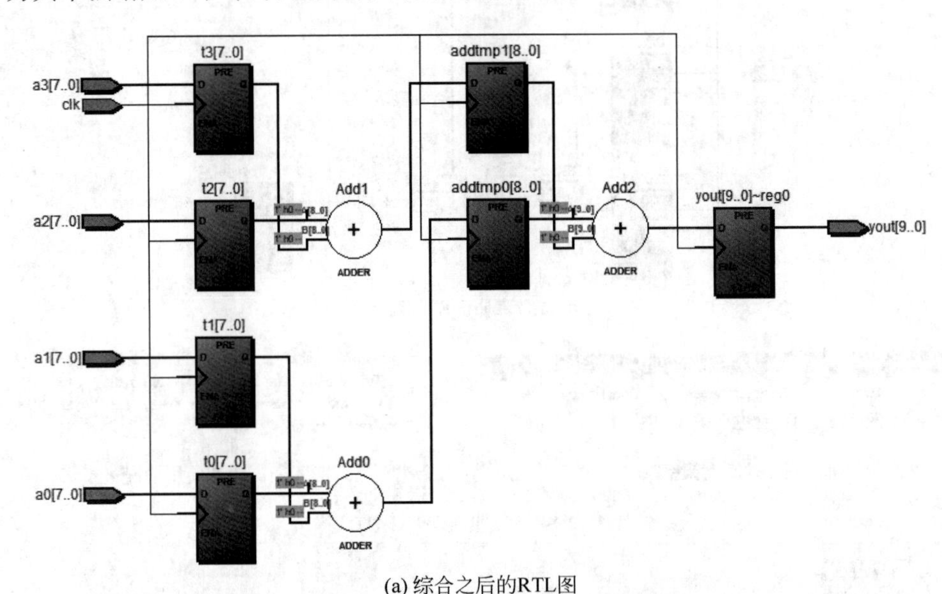

(a) 综合之后的RTL图

Slow 1200mV 85C Model Fmax Summary				
	Fmax	Restricted Fmax	Clock Name	Note
1	372.58 MHz	250.0 MHz	clk	limit due to minimum period restriction (max I/O toggle rate)

(b) 最大频率

Total logic elements	60 / 5,136 (1 %)
Total combinational functions	28 / 5,136 (< 1 %)
Dedicated logic registers	60 / 5,136 (1 %)
Total registers	60

(c) 资源使用情况

图 7-33　流水线改造之后

【代码 7-16】

```
LIBRARY ieee;
USE IEEE.STD_LOGIC_1164.ALL;
USE IEEE.STD_LOGIC_UNSIGNED.ALL;
USE IEEE.STD_LOGIC_ARITH.ALL;
ENTITY pipeadd IS
    PORT(clk : IN STD_LOGIC;
        a0,a1,a2,a3 : IN STD_LOGIC_VECTOR(7 DOWNTO 0);
        yout : OUT STD_LOGIC_VECTOR(9 DOWNTO 0));
END pipeadd;
ARCHITECTURE pipelining_arch OF pipeadd IS
    SIGNAL t0,t1,t2,t3 : STD_LOGIC_VECTOR(7 DOWNTO 0);
    SIGNAL addtmp0,addtmp1 : STD_LOGIC_VECTOR(8 DOWNTO 0);
```

```
BEGIN
PROCESS(clk) BEGIN
   IF(clk'EVENT AND clk = '1') THEN
      t0 <= a0; t1 <= a1;  t2 <= a2;  t3 <= a3;
   END IF;
END PROCESS;
PROCESS(clk) BEGIN
   IF(clk'EVENT AND clk = '1') THEN
      addtmp0 <= '0'&t0 + t1;
      addtmp1 <= '0'&t2 + t3;
yout <= '0'&addtmp0 + addtmp1;
   END IF;
END PROCESS;
END pipelining_arch;
```

4. 寄存器配平

有时也被称作流水线(Pipelining)技术,是流水线时序优化方法的特例,其本质是调整一个较长的组合逻辑路径中的寄存器位置,用寄存器合理分割该组合逻辑路径,从而降低对路径的时钟到输出(Clock-to-Output)和建立等时间参数的要求,达到提高设计频率的目的。必须要注意的是,使用流水线优化技术只能合理地调整寄存器位置,而不应该凭空增加寄存器级数,所以被称为寄存器配平(Register Balance)。

目前一些先进的综合工具能根据用户参数配置,自动运用流水线技术,通过调整寄存器位置平衡设计中的较长组合路径,在一定程度上提高设计的工作频率。这种时序优化手段对乘法器、ROM 等单元效果显著。

在一项设计中,如果其中的两个组合逻辑块的延时差别过大,$T_1>T_2$,如图 7-34 所示,于是其总体的工作频率 F_{max} 取决于 T_1,即最大的延时模块,从而导致设计的整体性能受到限制。在此进行改进后,使之成为图 7-35 的结构。就是把原设计中的组合逻辑 1 的部分逻辑转移到组合逻辑 2 中,以减小组合逻辑 1 的延时,使 $t_1\approx t_2$,且 $T_1+T_2=t_1+t_2$。当然这时组合逻辑 2 的延时增加了,由于整体的设计的 F_{max} 由最大的延时模块决定,又由于 $t_1<T_1$,显然设计的速度得到了提高。这种速度优化方法的关键是配平寄存器之间的组合延时逻辑块,因此这种速度优化方法称为寄存器配平。在 Intel 编译工具中被称作寄存器重定时(Retiming)。

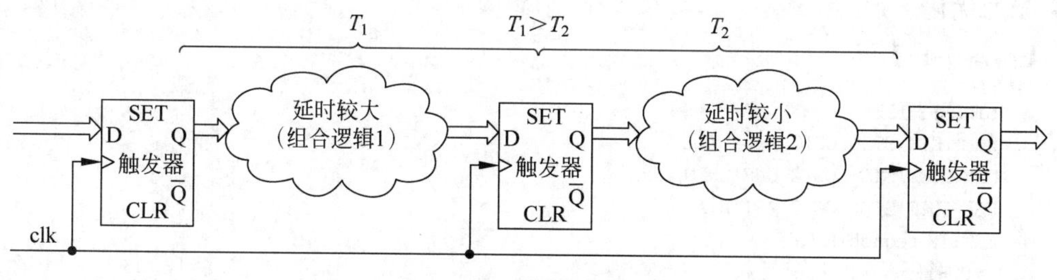

图 7-34　未配平的设计

以 5 个四位二进制数连乘法为例,说明寄存器配平的含义。对于没有配平的设计,中间级寄存器放在第一个乘法之后,距输入端寄存器和输出端寄存器的路径上逻辑分布不均衡,其代码 7-17 对应的综合结果如图 7-36 所示,$F_{max}=67.89$MHz;对于寄存器配平的设计,则

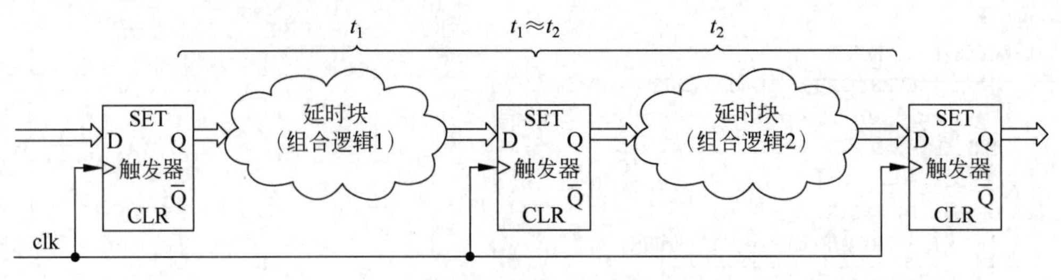

图 7-35　寄存器配平之后的设计

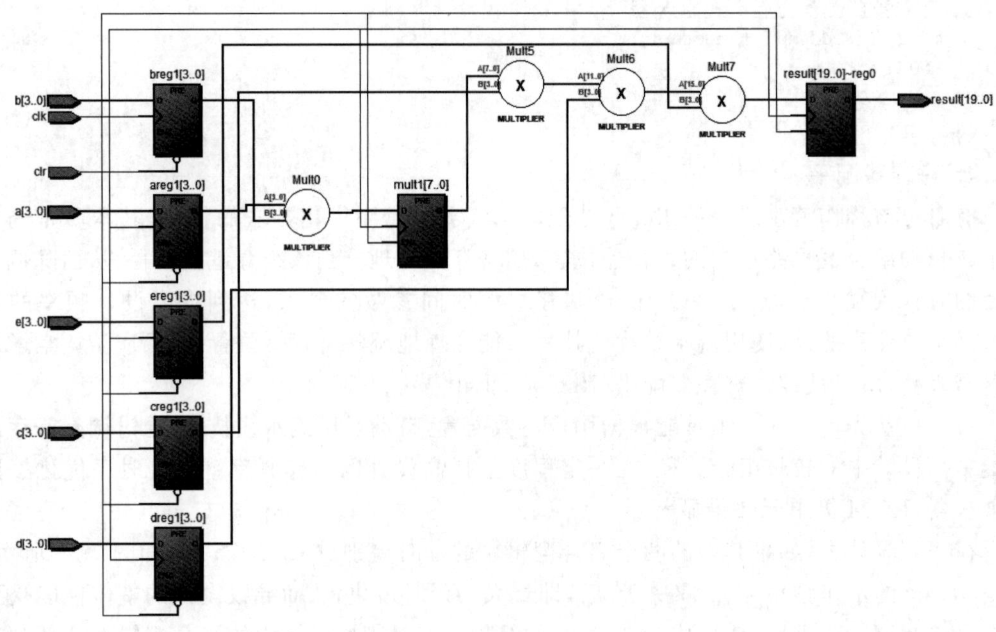

图 7-36　寄存器未配平

将中间级寄存器放在第二个乘法之后，这样使得其距输入端寄存器和输出端寄存器的路径上逻辑分布相对较为均衡，代码 7-18 对应的综合结果如图 7-37 所示，$F_{max}=92.61\text{MHz}$。如果去掉中间级寄存器，$F_{max}=52.13\text{MHz}$。则由此可见，由于添加中间级寄存器，尽管寄存器没有配平，但是仍然优化了速度；而调整寄存器位置，实现寄存器配平之后速度得到了进一步的优化。

【代码 7-17】

```
LIBRARY IEEE;
USE IEEE.STD_LOGIC_1164.ALL;
USE IEEE.STD_LOGIC_UNSIGNED.ALL;
USE IEEE.STD_LOGIC_ARITH.ALL;
ENTITY regnobla IS
  PORT(
      clk      : IN STD_LOGIC;
      clr      : IN STD_LOGIC;
      a        : IN STD_LOGIC_VECTOR(3 DOWNTO 0);
      b        : IN STD_LOGIC_VECTOR(3 DOWNTO 0);
      c        : IN STD_LOGIC_VECTOR(3 DOWNTO 0);
      d        : IN STD_LOGIC_VECTOR(3 DOWNTO 0);
```

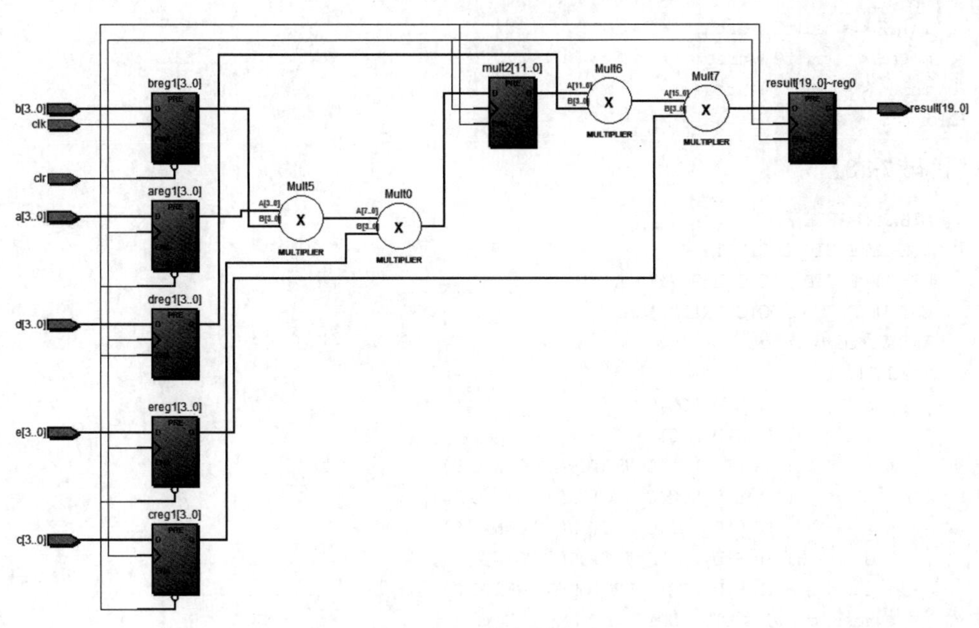

图 7-37　寄存器配平

```
      e       : IN STD_LOGIC_VECTOR(3 DOWNTO 0);
      result  : OUT STD_LOGIC_VECTOR(19 DOWNTO 0)
  );
END ENTITY;
ARCHITECTURE rtl OF regnobla IS
SIGNAL areg1,breg1,creg1,dreg1,ereg1: STD_LOGIC_VECTOR(3 DOWNTO 0);
SIGNAL creg2,dreg2,ereg2:STD_LOGIC_VECTOR(3 DOWNTO 0);
SIGNAL multab_reg:STD_LOGIC_VECTOR(7 DOWNTO 0);
SIGNAL multz_reg: STD_LOGIC_VECTOR(19 DOWNTO 0);
SIGNAL mult1: STD_LOGIC_VECTOR(7 DOWNTO 0);
SIGNAL mult2: STD_LOGIC_VECTOR(11 DOWNTO 0);
SIGNAL mult3: STD_LOGIC_VECTOR(15 DOWNTO 0);
SIGNAL mult4: STD_LOGIC_VECTOR(19 DOWNTO 0);
BEGIN
PROCESS (clk,clr)
BEGIN
   IF clr = '0' THEN
      areg1 <= (OTHERS => '0');
      breg1 <= (OTHERS => '0');
      creg1 <= (OTHERS => '0');
      dreg1 <= (OTHERS => '0');
      ereg1 <= (OTHERS => '0');
      ELSIF clk'EVENT AND clk = '1' THEN
      areg1 <= a;
      breg1 <= b;
      creg1 <= c;
      dreg1 <= d;
      ereg1 <= e;
      mult1 <= areg1 * breg1;
     result <= mult4;
   END IF;
END PROCESS;
```

```
    mult2 <=  mult1 * creg1;
    mult3 <=  mult2 * dreg1;
    mult4 <=  mult3 * ereg1;
END rtl;
```

【代码 7-18】

```
    LIBRARY IEEE;
    USE IEEE.STD_LOGIC_1164.ALL;
    USE IEEE.STD_LOGIC_UNSIGNED.ALL;
    USE IEEE.STD_LOGIC_ARITH.ALL;
    ENTITY regbalance IS
      PORT(
         clk    : IN STD_LOGIC;
         clr    : IN STD_LOGIC;
         a      : IN STD_LOGIC_VECTOR(3 DOWNTO 0);
         b      : IN STD_LOGIC_VECTOR(3 DOWNTO 0);
         c      : IN STD_LOGIC_VECTOR(3 DOWNTO 0);
         d      : IN STD_LOGIC_VECTOR(3 DOWNTO 0);
         e      : IN STD_LOGIC_VECTOR(3 DOWNTO 0);
         result : OUT STD_LOGIC_VECTOR(19 DOWNTO 0)
      );
    END ENTITY;
    ARCHITECTURE rtl OF regbalance IS
    SIGNAL areg1,breg1,creg1,dreg1,ereg1: STD_LOGIC_VECTOR(3 DOWNTO 0);
    SIGNAL creg2,dreg2,ereg2:STD_LOGIC_VECTOR(3 DOWNTO 0);
    SIGNAL multz_reg: STD_LOGIC_VECTOR(19 DOWNTO 0);
    SIGNAL mult1: STD_LOGIC_VECTOR(7 DOWNTO 0);
    SIGNAL mult2: STD_LOGIC_VECTOR(11 DOWNTO 0);
    SIGNAL mult3: STD_LOGIC_VECTOR(15 DOWNTO 0);
    SIGNAL mult4: STD_LOGIC_VECTOR(19 DOWNTO 0);
    BEGIN
    PROCESS (clk,clr)
    BEGIN
       IF clr = '0' THEN
         areg1 <=  (OTHERS  => '0');
         breg1 <=  (OTHERS  => '0');
         creg1 <=  (OTHERS  => '0');
         ereg1 <=  (OTHERS  => '0');
       ELSIF clk'EVENT AND clk = '1' THEN
         areg1 <=  a;
         breg1 <=  b;
         creg1 <=  c;
         dreg1 <=  d;
         ereg1 <=  e;
         mult2 <=  mult1 * creg1;
            result <= mult4;
       END IF;
    END PROCESS;
    mult1 <=  areg1 * breg1;
    mult3 <=  mult2 * dreg1;
    mult4 <=  mult3 * ereg1;
END rtl;
```

5. 关键路径法

关键路径是指设计中从输入到输出经过的延时最长的逻辑路径。优化关键路径是一种提高设计工作速度的有效方法。一般地，从输入到输出的延时取决于信号所经过的延时最长路径，而与其他延时小的路径无关。图 7-38 中，$T_{d1} > T_{d2}$，$T_{d2} > T_{d3}$，所以关键路径为延时 T_{d1} 的模块，减少该模块的延时，从输入到输出的总延时就能得到改善。在优化设计过程中，关键路径法可以反复使用，直到不可能减少关键路径延时为止。HDL 综合器及设计分析器通常都提供关键路径的信息以便设计者改进设计，提高速度。Quartus Ⅱ 中的时序分析可以帮助找到延时最长的关键路径。对设计者来说，对于一个结构已定的设计进行速度优化，关键路径法是首选的方法，它可以与其他优化技巧配合使用。

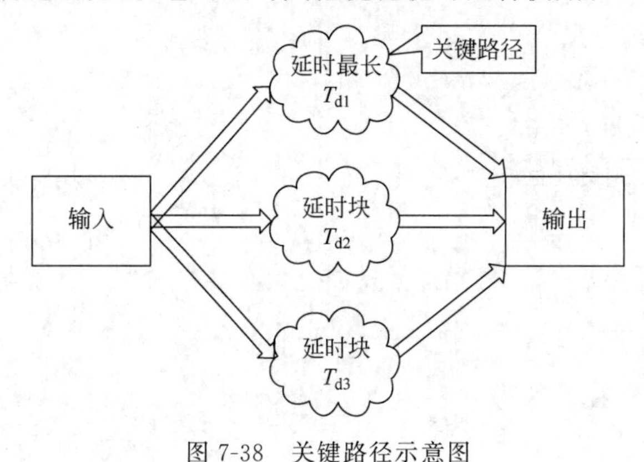

图 7-38　关键路径示意图

6. 乒乓操作法

见前面"面积换速度"中相关论述。

7. 加法树法

所谓加法树法，也就是使用并行结构可以优化关键路径上的延时。其实质就是通过重组组合逻辑达到提升设计性能的目的。类似的结构可以举出一些例子。

$$Out_1 \leqslant I_1 + I_2 + I_3 + I_4$$

和

$$Out_2 \leqslant (I_1 + I_2) + (I_3 + I_4)$$

从结构上看，第一种描述中并没有使用括号，电路结构为 3 层，加法一级一级地进行。它的特点是 4 个输入到达加法器的路径不相等；第二种描述中使用了括号，就是之前介绍的所谓的操作符平衡，电路结构分为两层，显然它的特点是 4 个输入信号到达加法器的路径是相等的。这两种结构的代码也非常容易实现，这里笔者不再详细给出，读者在实际应用根据实际情况综合考虑使用。需要提醒大家的是，不管是速度优化还是面积优化，使用括号来平衡操作符都能达到意想不到的效果。

现代 FPGA 中并行运算无处不在，不过在高速设计中体现得更是淋漓尽致。以 Intel 带高速串行收发器的器件为例，高速串行接收口就需要将接收到的数据进行串并转换，从而在逻辑内部进行并行处理，否则就无法达到高速串口的数据吞吐量。

8. 消除代码中的优先级

逻辑设计中大量使用 IF-ELSE 语句，但 IF-ELSE 嵌套层级不能过多。根据 Intel 公司器件的特点，一般 IF-ELSE 嵌套层数不要超过 7 级。所谓消除优先级，就是说设计功能可以通过无优先级方式来实现，对于那些对优先级有要求的功能模块无法使用这个技巧。来看这样一段代码实例：

【代码 7-19】

```
LIBRARY IEEE;
USE IEEE.STD_LOGIC_1164.ALL;
USE IEEE.STD_LOGIC_UNSIGNED.ALL;USE IEEE.STD_LOGIC_ARITH.ALL;
ENTITY ifelse IS
PORT(
clk: IN STD_LOGIC;
sel:IN STD_LOGIC_VECTOR(3 DOWNTO 0);
sig_out: OUT STD_LOGIC_VECTOR(3 DOWNTO 0)
);
END ENTITY;
ARCHITECTURE rtl OF ifelse IS BEGIN
PROCESS(clk)
BEGIN
IF clk'EVENT AND clk = '1'THEN
IF sel = "0001" THEN
sig_out <= "0001";
ELSIF sel = "0010"THEN
sig_out <= "0011";
ELSIF sel = "0100" THEN
sig_out <= "0101";
ELSIF sel = "1000" THEN
sig_out <= "0111";
ELSE
sig_out <= "1001";
END IF;
END IF;
END PROCESS;
END rtl;
```

代码 7-19 编译出来的结果如图 7-39 所示，可以看到优先级最低输入到输出要经过最长的逻辑延时路径。假如设计中可以不在意各个输入的优先级，那么可以将上述代码修改成代码 7-20。

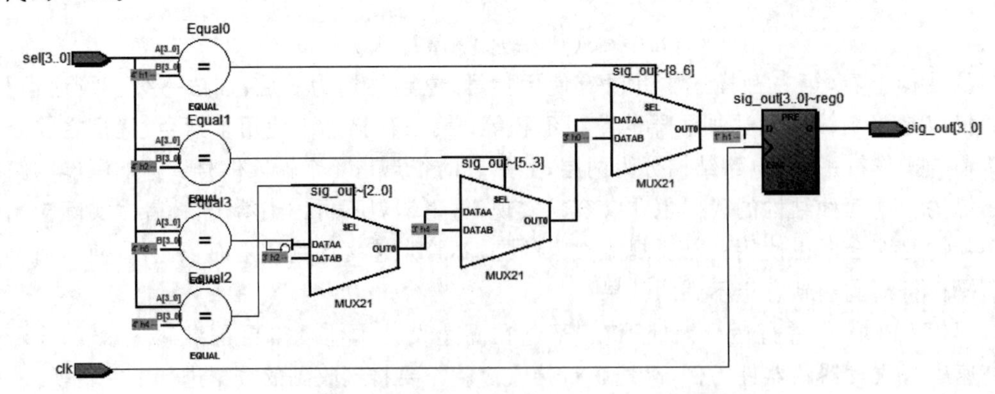

图 7-39 带优先级的多级 IF-ELSE 语句嵌套

【代码 7-20】

```
LIBRARY IEEE;
USE IEEE.STD_LOGIC_1164.ALL;
```

```
USE IEEE.STD_LOGIC_UNSIGNED.ALL;
USE IEEE.STD_LOGIC_ARITH.ALL;
ENTITY ifelse_opa IS
PORT(
clk: IN STD_LOGIC;
sel: IN STD_LOGIC_VECTOR(3 DOWNTO 0);
sig_out :OUT STD_LOGIC_VECTOR(3 DOWNTO 0)
);
END ENTITY;
ARCHITECTURE rtl OF ifelse_opa IS BEGIN
PROCESS(clk)BEGIN
IF clk'EVENT AND clk = '1'THEN
CASE sel IS
WHEN "0001" => sig_out <= "0001";
WHEN "0010" => sig_out <= "0011";
WHEN "0100" => sig_out <= "0101";
WHEN "1000" => sig_out <= "0111";
WHEN others => sig_out <= "1001";
END CASE;
END IF;
END PROCESS;
END rtl;
```

看到修改后的代码 7-20 其实就是使用 CASE 语句来替换 IF-ELSE 语句，这样进程中顺序执行的语句都改成了并行执行，各个条件入口之间并无优先级差别，其编译结果如图 7-40 所示。比较图 7-39 和图 7-40，可以发现代码修改后输入到输出只经过了一级组合逻辑，而修改之前需要经历 4 级逻辑，因此优化了设计速度。

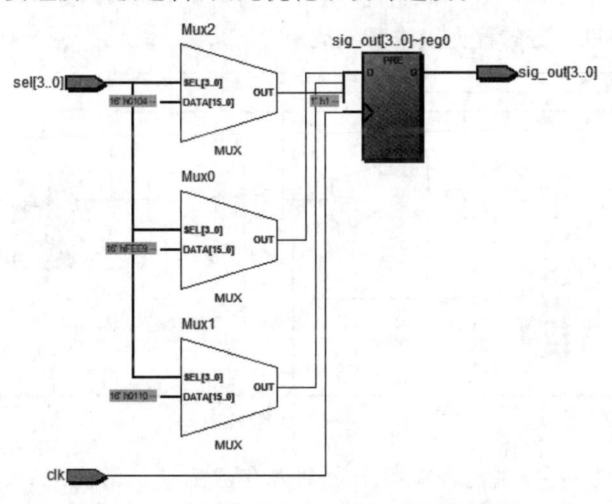

图 7-40　消除代码中优先级之后的优化结果

这种消除代码中的优先级的策略也称为代码结构平坦化技术。所谓平坦化，相当于采用并行结构改造那些带优先级的编码结构。现代的逻辑综合工具通常都会自动识别用户逻辑，并适时地通过逻辑复制来减少扇出。然而，工具却不能解决优先级编码平坦化的问题。下面来看另外一个例子，在代码 7-21 中，如果不使用 CASE 语句，又应该如何消除 IF 语句中的优先级呢？

【代码 7-21】

```
LIBRARY IEEE;
USE IEEE.STD_LOGIC_1164.ALL;
USE IEEE.STD_LOGIC_UNSIGNED.ALL;
USE IEEE.STD_LOGIC_ARITH.ALL;
ENTITY ifelse2 IS
PORT(
clk: IN STD_LOGIC;
din: IN STD_LOGIC;
ctrl:STD_LOGIC_VECTOR(3 DOWNTO 0);
dout:OUT STD_LOGIC_VECTOR(3 DOWNTO 0)
);
END ENTITY;
ARCHITECTURE rtl OF ifelse2 IS BEGIN
PROCESS(clk)
BEGIN
IF clk'EVENT AND clk = '1'THEN
IF ctrl(0) = '1'THEN
dout(0)<= din;
ELSIF ctrl(1) = '1'THEN
dout(1)<= din;
ELSIF ctrl(2) = '1'THEN
dout(2)<= din;
ELSIF ctrl(3) = '1'THEN
dout(3)<= din;
END IF;
END IF;
END PROCESS;
END rtl;
```

将上述代码 7-21 在 Quartus Ⅱ 中编译，可以得到如图 7-41 所示的编译结果。可以看到，各个控制信号都以一定的优先级进行编码。

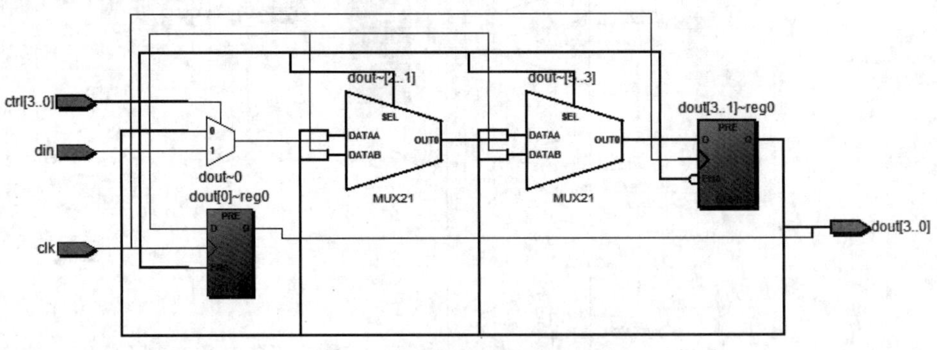

图 7-41 带优先级的编码结构

上面的代码 7-21 中，控制信号来源于 4 个寄存器的地址解码. 如果这些控制信号是从另外一个模块的地址解码器里选通输出的，那么这些控制线之间就应该是一个互斥的关系，因为每一个控制线对应唯一的地址。可以看到，上述代码显然是一种带有优先级的判决，根据上述分析，可以将上述代码改造成并行风格。这种改造是不可能依赖综合工具来实现的。那么，移除代码中的优先级判决，使得逻辑结构平坦化，前面的代码可以修改如下：

【代码 7-22】

```
LIBRARY IEEE;
```

```
USE IEEE.STD_LOGIC_1164.ALL;
USE IEEE.STD_LOGIC_UNSIGNED.ALL;
USE IEEE.STD_LOGIC_ARITH.ALL;
ENTITY ifelse2_opa IS
PORT(
clk:IN STD_LOGIC;
din:IN STD_LOGIC;
ctrl: IN STD_LOGIC_VECTOR(3 DOWNTO 0);
dout: OUT STD_LOGIC_VECTOR(3 DOWNTO 0)
);
END ENTITY;
ARCHITECTURE rtl OF ifelse2_opa IS
BEGIN
PROCESS(clk)
BEGIN
IF clk'EVENT AND clk = '1'THEN
IF ctrl(0) = '1'THEN
dout(0)<= din;
END IF;
IF ctrl(1) = '1'THEN
dout(1)<= din;
END IF;
IF ctrl(2) = '1'THEN
dout(2)<= din;
END IF;
IF ctrl(3) = '1'THEN
dout(3)<= din;
END IF;
END IF;
END PROCESS;
END rtl;
```

代码修改后为代码 7-22，其编译结果如图 7-42 所示，可以看到，每一个控制信号都独立地控制对应的 dout 输出比特。另外，每个控制都是独立并行地被执行。所以，通过移除不必要的优先级编码，可以使得代码逻辑结构平坦化，并减少路径延时，优化设计速度。

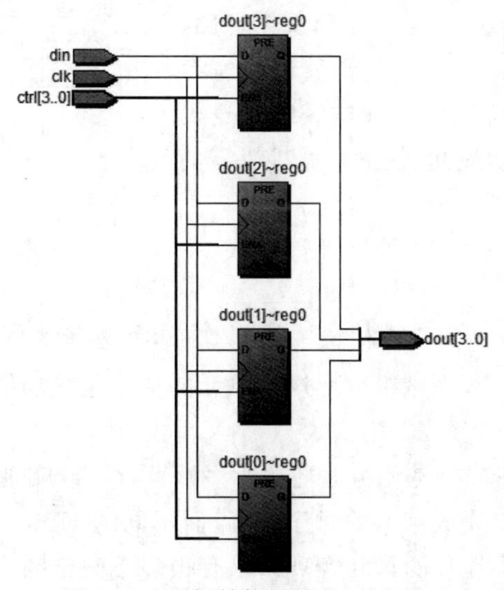

图 7-42　逻辑结构平坦化(并行化)

9. 逻辑扩展运算-超前进位加法器

在数字信号处理的快速运算电路中常常用到多位数字量的加法运算，这时需要用到并行加法器。现在普遍采用的超前进位加法器，只是在几个全加器的基础上增加了一个超前进位形成逻辑，以减少由于逐位进位信号的传递所造成的延时。逻辑图 7-43 表示了一个四位二进制超前进位加法电路。请读者自行查找代码实现方法。

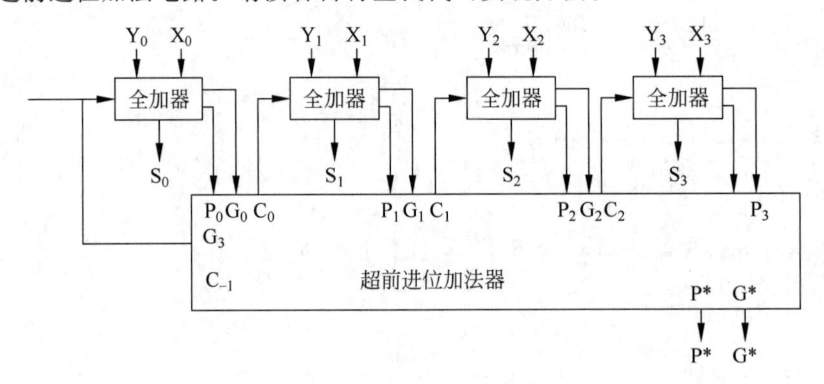

图 7-43 四位二进制超前进位加法器

7.3 其他设计技巧

7.3.1 组合逻辑的注意事项

相对复杂一些的设计都是由两部分组成的，分别为时序逻辑(Sequential Logic)和组合逻辑(Combination Logic)。同步时序设计系统中并不是不包含组合逻辑，而是要更加合理地设计、划分组合逻辑。对于组合逻辑，要注意以下问题。

1. 避免组合逻辑反馈环路

组合逻辑反馈环路(Combinational Loops)是 PLD 设计的大忌，它最容易因振荡、毛刺、时序违规等引起整个系统的不稳定和不可靠。

图 7-44 所示为一个典型的组合逻辑反馈环路，寄存器的 Q 端输出直接通过组合逻辑反馈到寄存器的异步复位端，如果 Q 输出为 0 时，经组合逻辑运算后为异步复位端有效，则电路进入不断清零的死循环。

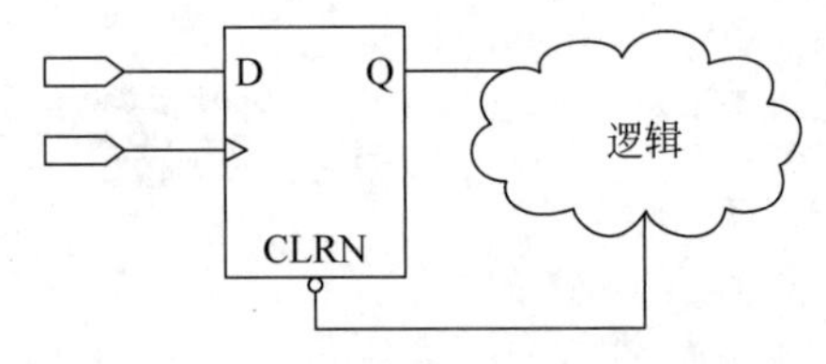

图 7-44 组合逻辑反馈环路示意图

组合逻辑反馈环路是一种高风险设计方式，主要原因如下：

① 组合反馈环的逻辑功能完全依赖于其反馈环路上组合逻辑的门延时和布线延时，如果这些传播延时有任何改变，则该组合反馈环单元的整体逻辑功能将彻底改变，而且改变后的逻辑功能很难确定。

② 组合反馈环的时序分析是无穷循环的时序计算，综合、实现等 EDA 工具迫不得已必须主动割断其时序路径，以完成相关的时序计算，而不同的 EDA 工具对组合反馈环的处理方法各不相同，所以组合反馈环的最终实现结果有很多不确定因素。

同步时序系统中应该避免使用组合逻辑反馈环路，具体操作方法主要有以下两种：

① 牢记任何反馈环路必须包含寄存器。

② 检查综合、实现报告的警告（Warning）信息，发现组合环路（Combinational Loops）后进行相应修改。

2. 替换延时链

延时链（Delay Chains）是异步时序延时链设计的常用手段，特别是在早期 PLD 设计和当代 ASIC 设计中，经常使用延时链实现两个节点间的延时调整。常见的延时链（Delay Chains）形式为添加延时缓冲器（Buffer）或利用门延时，如在 ASIC 设计领域，常用两个非门调整延时。

在进行 FPGA 设计时推荐使用同步实现设计方法，一般要避免使用异步的延时链，异步电路容易产生毛刺和引起亚稳态。

在同步时序设计中，取代异步延时链的常用方法是用分频或倍频的时钟或者同步计数器完成所需延时。当然，根据具体电路实现同步延时的方法还有很多，需要具体问题具体分析。

3. 替换异步脉冲产生单元

在异步时序设计中，常用延时链完成脉冲产生，常用的异步脉冲产生方法如图 7-45 所示。

这类异步方法设计的脉冲产生电路的脉冲宽度取决于延时链的门延时和线延时，而在 FPGA/CPLD 中，大多数定时驱动的综合、布线工具无法保证其布线延时恒定。另外，PLD 器件本身在不同的 PVT（工艺、电压、温度）环境下其延时参数也有微小波动，所以脉冲宽度无法可靠地确定。而且 STA（静态时序分析）工具也无法准确分析脉冲的特性，为时序仿真和验证带来了很多的不确定性。

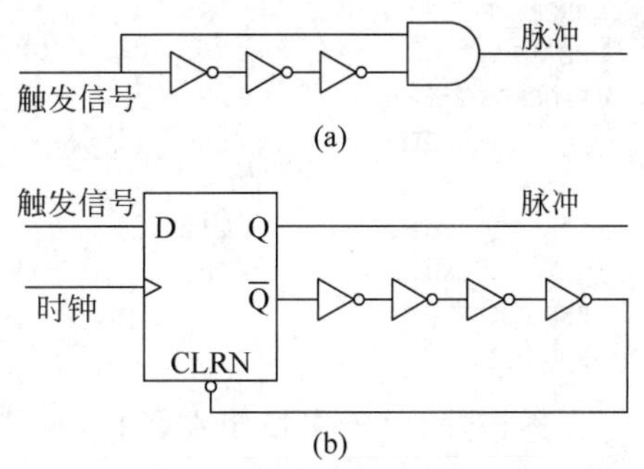

图 7-45　常用的异步脉冲产生方法示意图

异步脉冲序列产生电路（Multi-vibrators）也被称为毛刺生成器（Glitch Generator），利用组合反馈环路振荡而不断产生毛刺。正如前面所述，组合反馈环是同步时序必须避免的，这类基于组合反馈环的异步脉冲序列产生电路（Multi-vibrator）也会给设计带来稳定性、可靠性等方面的问题，必须避免使用。

同步时序设计脉冲电路的常用方法如图 7-46 所示。该设计的脉冲宽度不因器件改变或设计移植而改变，恒等于时钟周期，而且避免了异步设计的诸多不确定因素，其时序路径便于计算、STA 分析和仿真验证。

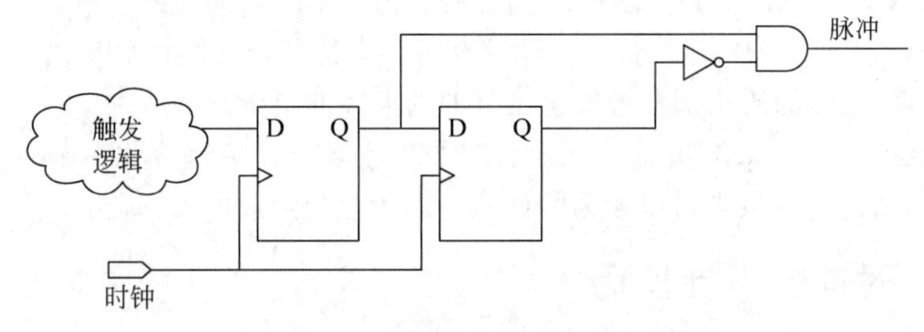

图 7-46　常用的同步脉冲产生方法示意图

4. 避免使用非目的性锁存器

同步时序设计要尽量避免使用非目的性锁存器(Latch)。综合出与设计意图不吻合的锁存器结构的主要原因在于：在设计组合逻辑时，使用不完全的条件判断语句，如有 IF 而没有 ELSE，或不完整的 CASE 语句等(常会生成非目的性锁存器)；另外一种情况是设计中有组合逻辑的反馈环路(并会生成非目的性锁存器)等异步逻辑，一旦产生了锁存器工具将无法正确分析锁存器所在的链路的静态时序，同时有可能出现仿真和硬件实测不一致的现象。

典型地生成锁存器的 VHDL 语句如下。

【代码 7-23】

```
LIBRARY IEEE;
USE IEEE.STD_LOGIC_1164.ALL;
ENTITY lat IS
PORT(
data_in: IN STD_LOGIC;
clk: IN STD_LOGIC;
data_out: OUT STD_LOGIC
);
END ENTITY;
ARCHITECTURE rtl OF lat IS
BEGIN
PROCESS (clk)
       BEGIN
       IF(clk = '1')THEN
         data_out <= data_in;
       END IF;
END PROCESS;
END rtl;
```

上述描述，由于未指定在条件"clk"等于"0"时的动作，相当于不完整条件语句，一般情况下会生成图 7-47 所示的锁存器结构。

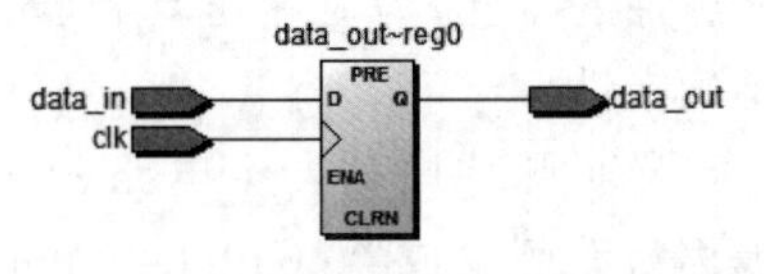

图 7-47　锁存器 Latch 的 RTL 示意图

防止产生非目的性的锁存器的措施如下：

① 使用完备的 IF...ELSE 语句。

② 检查设计中是否含有组合逻辑反馈环路。

③ 为每个输入条件设计输出操作，对 CASE 语句设置 DEFAULT 操作。特别是在状态机设计中，最好有一个 DEFAULT 的状态转移，而且每个状态最好也有一个 DEFAULT 的操作。

④ 使用 CASE 语句时，特别是在设计状态机时，尽量附加综合约束属性，综合为完全条件 CASE 语句(Full CASE)。目前，大多数综合工具支持完全条件 CASE 语句(Full CASE)的综合约束属性，具体的语法请参考综合工具的约束属性指南。

仔细检查综合器的综合报告，目前大多数的综合器对所综合出的锁存器都会报警"WARNING"，通过综合报告可以较为方便地找出无意中生成的锁存器。

7.3.2　时钟的设计技巧

时钟是同步设计的基础，在同步设计中，所有操作都是基于时钟沿触发的，所以时钟的设计对同步时序电路而言非常重要。组合逻辑设计时钟的方法多种多样，但是这些设计如果直接移植到同步时序电路中会带来各种各样的问题。本小节强调同步时序电路时钟的设计方法，并帮助读者辨析各种其他时钟设计方法的优劣。

1. 同步时序电路推荐的时钟设计方法

同步时序电路推荐的时钟使用方式为：时钟经全局时钟输入引脚输入，通过FPGA内部专用PLL(Intel公司、Lattice公司多为PLL)或DLL(AMD公司多为DLL)进行分频/倍频(一般可实现小数分频倍频)、移相等调整与运算，然后经FPGA内部全局时钟布线资源(一般为全铜工艺)驱动到达芯片内所有寄存器和其他模块的时钟输入端。这样做的好处有以下三点：

① 由全局时钟专用引脚输入，通过引脚焊点(PAD)的偏斜和抖动等都最小，而且专用全局时钟引脚到PLL和全局时钟驱动资源的路径最短。

② 使用PLL或DLL进行分频/倍频、移相等调整，附加偏斜和抖动都最小，而且操作简单，精度高。

③ 使用全局时钟布线资源驱动，到达芯片内部任何寄存器和其他单元时钟输入端的偏斜和抖动都最小，而且驱动能力最强。

通过以上三种措施，可以保证同步时序设计的时钟质量最佳，从而保证了设计的稳定性和可靠性。图7-48所示为同步时序电路推荐的全局时钟设计示意图。

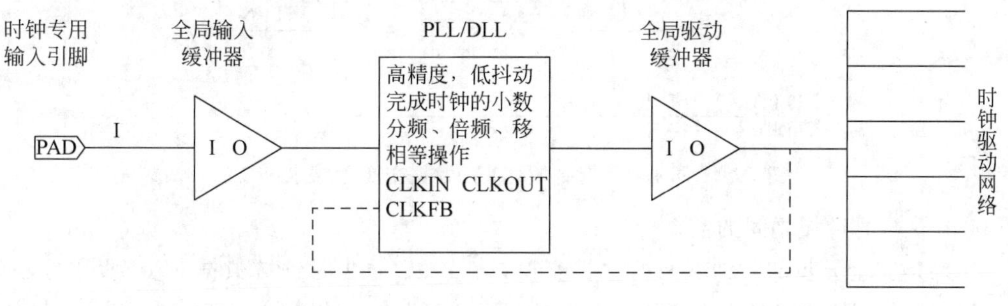

图7-48　同步时序电路推荐的全局时钟设计方法

当然，上述情况仅仅是理想情况，实际设计的时钟系统结构要复杂得多，可能会因为专用时钟输入端、PLL/DLL、全局时钟布线资源不够用，或者其他各种具体情况而无法按照理想情况设计时钟，这时有很多变通方法。

2. Intel公司器件的时钟和PLL资源

前面已经介绍过，Intel公司器件推荐使用PLL完成时钟的分频、倍频、移相等操作。Intel公司器件的PLL使用比较方便，一般都是用EDA辅助工具比如Mega Wizard生成IP，然后调用。Intel公司FPGA不同器件可用的PLL单元不同，使用时需要根据器件类型选择相应的资源。

在使用Intel公司PLL的时候，应该根据自己所选的器件类型，查看该器件可用的PLL资源，然后根据需要设计PLL的参数，通过Mega Wizard设置PLL的参数并生成IP核，在代码中调用即可。整个使用过程的关键在于弄清Intel公司PLL的常用参数含义。下面强调一下，不同时钟域数据交换时，使用Intel公司PLL时钟的注意事项。在不同时钟域间交换数据时，除了需要注意“异步时钟域数据同步”所述注意事项外，还要注意如下问题。

(1) 同步同型时钟域之间的数据交换。

如果两个PLL时钟是由同一个PLL产生的同类型的时钟(如都是全局时钟,或者都是区域性时钟),则这两个时钟域之间的寄存器到寄存器数据交换最为简单,不需要附加任何逻辑。因为从前面"异步时钟域数据同步"中提到,在这种情况下,使用一级寄存器采样就能完成数据的同步化过程,不会产生错误电平和亚稳态的传播。

(2) 同步异型时钟域之间的数据交换。

如果两个时钟信号是由不同的PLL产生,或者是不同类型的时钟(一个是全局时钟,一个是区域性时钟),且它们由无延时或相位差的同样的时钟源来驱动,则在进行数据交换时,数据路径上必须插入至少一级逻辑单元(Logic Element,LE),以保证图7-49所示的两个寄存器能够通过局部互连线资源链接。

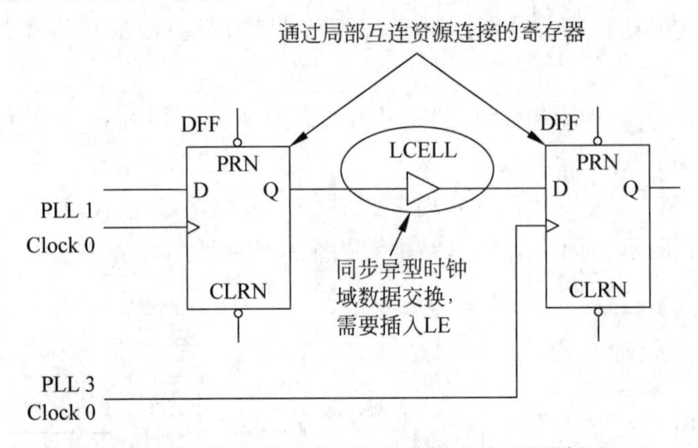

图7-49 同步异型时钟域之间的数据交换,需要插入LE

(3) 异步时钟域之间的数据交换。

如果是完全异步的时钟域间的数据交换,请按照"异步时钟域数据同步"所述方法,使用双口存储器(DPRAM)或先入先出存储器(FIFO)完成,可以简单地绕过异步时钟域数据同步的握手和错误电平或亚稳态等问题。

对于一些低频、低扇出、低精度要求的时钟,采用同步计数器或状态机完成分频运算也是可以接受的,但是必须要注意使用同步计数器或在时钟输出端插入寄存器,以完成毛刺的过滤。

3. 时钟布线资源

前面讲过,对于有高扇出、高精度、低抖动、低偏斜的时钟信号应尽量使用全局时钟资源驱动,如果全局时钟资源不够,还可以使用其他快速布线资源。Intel公司FPGA中包含丰富的快速布线资源,如Arria10系列器件,除了有专用全局时钟网络(Global Clock)外,还有区域时钟网络(Regional Clock)、外围时钟网络(Periphery Clock)等时钟布线与驱动资源和内部逻辑产生的时钟。

如果需要使用内部逻辑产生时钟,必须要在组合逻辑产生的时钟后插入寄存器,如图7-50所示。如果直接使用组合逻辑产生的信号作为时钟信号或异步置位/复位信号,会使设计不稳定。这是因为组合逻辑难免产生毛刺,这些毛刺到达一般数据路径,在经过寄存器采用后一般影响不大,但是作为时钟信号或异步置位/复位信号时,如果毛刺的宽度足以驱动寄存器的时钟端或异步置位/复位端,则必将产生错误的逻辑操作;即使毛刺的宽度不足以驱动时钟端或异步置位/复位端，也会带来寄存器的不稳定，甚至激发寄存器产生亚稳态。所以对于时钟路径，必须插入寄存器以过滤毛刺。

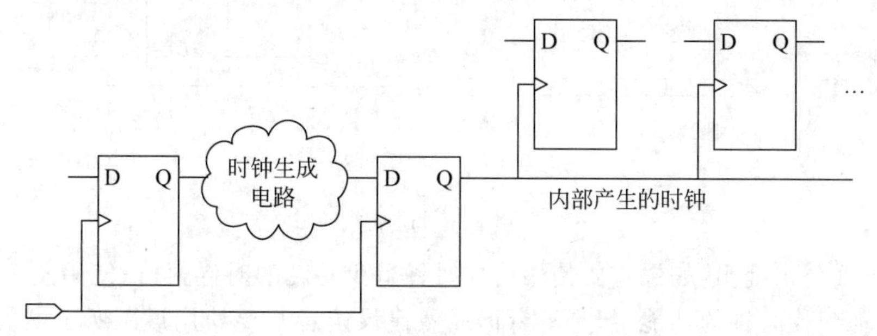

图 7-50　内部时钟设计必须插入寄存器

另一方面，组合逻辑产生的时钟还会带来另外一个问题，组合逻辑电路的抖动和偏斜都比较大，如果时钟产生逻辑的延时比数据路径的延时更大，会带来负的偏斜，负的偏斜对同步逻辑设计而言是灾难性的，所以使用组合逻辑产生内部时钟仅仅适用于时钟频率较低、时钟精度要求不高的情况。另外，这类时钟应该使用全局布线资源或者第二全局布线资源之类的快速布线资源布线，而且需要对组合逻辑电路附加一定的约束条件(如单路径的最大延时等)，以确保时钟质量。

4. 避免使用行波计数器

行波计数器(Ripple Counter)，其结构为：一组寄存器级联，每个寄存器的输出端接到下一级寄存器的时钟引脚，这种计数器常常用于异步分频电路。早期的 PLD 设计经常使用行波计数器以节约芯片资源。由于行波计数器是一种典型的异步时序逻辑，正如本章“同步设计原则”所述，异步时序逻辑会带来各种各样的时序问题，在同步时序电路设计中必须严格避免使用行波计数器。

5. 时钟选择

在通信系统中，为了适应不同的数据速率要求，经常要进行时钟切换。有时为了节约功耗，我们也会把高速时钟切换到低速时钟，或者进行时钟休眠操作。时钟切换的最佳途径是使用 FPGA/CPLD 内部的专用时钟选择器(Clock MUX)和 ALTCLKCTRL，这些选择器的反应速度快，锁定时间短，切换瞬间带来的冲击和抖动小。Cyclone Ⅲ和 Stratix Ⅳ系列的 FPGA 中都有这类资源。

如果所需器件没有专用的时钟选择器，应该尽量满足以下几点：

(1) 时钟切换控制逻辑在配置后将不再改变。

(2) 时钟切换后，对所有相关电路复位，以保证所有寄存器、状态机和 RAM 等电路的状态不会锁死或进入死循环。

(3) 所设计系统对时钟切换过程发生的短暂错误不敏感。

6. 门控时钟

门控时钟(Gated Clock)，如图 7-51 所示，是 IC 设计的一种常用减少功耗的手段。通过门控逻辑的控制，可以控制门后端的所有寄存器不再翻转，从而非常有效地节约功耗。但是门控逻辑不是同步时序电路，其门控逻辑会污染时钟的质量，产生毛刺，并使时钟的偏斜、抖动等指标恶化。正如“同步设计原则”所述，在同步时序电路中，应该尽量不使用门控时钟。使用 ALTCLKCTRL 来实现门控时钟，可以有效避免毛刺并使时钟的偏斜、抖动最小。

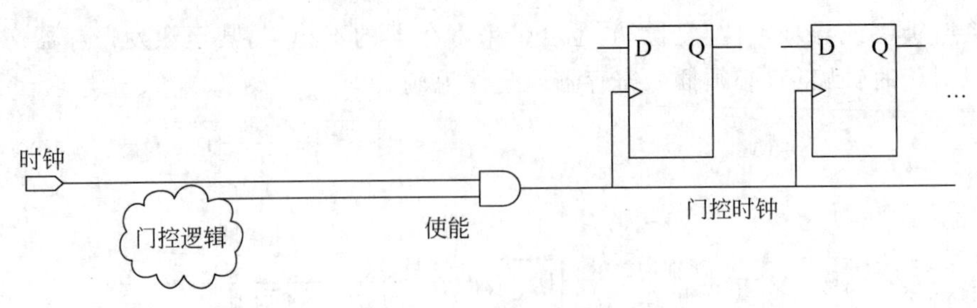

图 7-51 门控时钟

虽然 Intel 公司提出，如果非要使用门控时钟减少功耗的时候，可以使用图 7-52 所示的电路完成类似门控时钟的功能，但是笔者仍强烈建议读者不要使用该图所示的门控时钟改进电路。虽然这个改进电路已经在较大程度上解决了门控电路产生的毛刺，但是这个电路工作的前提是时钟源的占空比(Duty Cycle)是非常理想的 50%，如果时钟的占空比不能保证 50%，则会产生许多有规律的毛刺信号。另外这个电路还有一个前提，那就是时钟与使能信号的布线偏斜为 0，否则也会造成宽度为偏斜的毛刺。

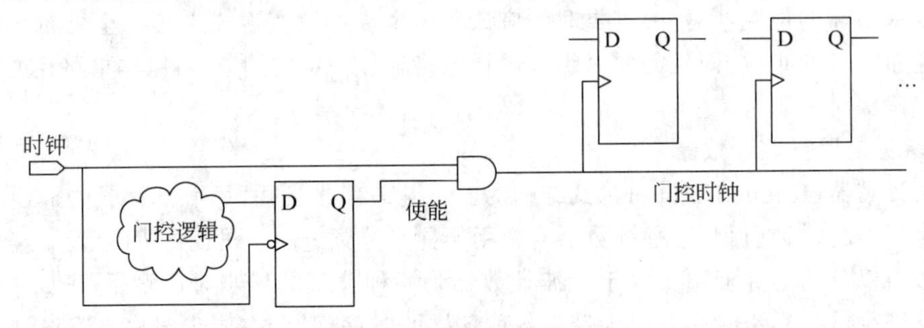

图 7-52 门控时钟改进电路

如果功耗真的成为了设计的首要问题，建议采用其他方法减少功耗。如最近发展起来的低核电压 FPGA(内核电压为 0.9V)、FPGA 休眠功能、动态部分重构技术和时钟选择器等技术，选择这些新技术器件能有效地节约芯片功耗。

7. 时钟同步使能端

大多数如寄存器等同步单元都支持同步时钟使能(Synchronous Clock Enable)，这是由于所有 FPGA 器件寄存器均有一个专用时钟使能信号可用。此方案通过禁用寄存器而实现与门控时钟相同的功能，但由于时钟网络在不断翻转，因此该方案降低的功耗不会像在源端对时钟进行门控降低的功耗那么多。在每个寄存器的数据输入之前插入一个多路复用器，以加载新数据或复制寄存器的输出，如图 7-53 所示。这样可以实现同步时钟使能(Synchronous Clock Enable)，非常方便。

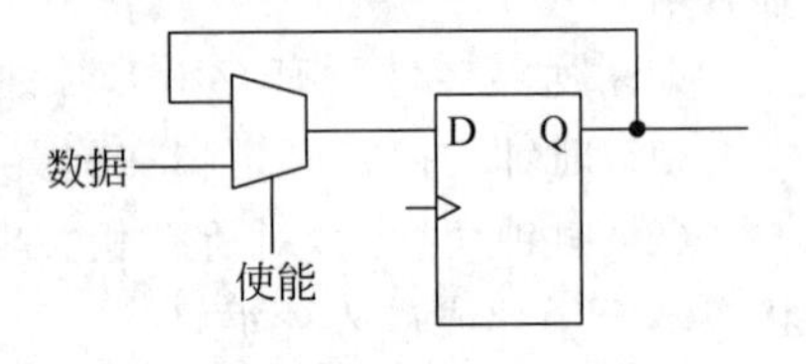

图 7-53 插入多路复用器

在目前大多数的器件上，也可以直接将使能信号连接到芯片特定的同步使能端实现，而不需要经过选择器。

第8章 FPGA电子系统设计项目

CHAPTER 8

8.1 串并行乘法器设计

乘法器是数字系统中的重要部件，常用于数字信号处理，例如傅里叶变换(FFT)、数字滤波、优化卷积相关以及矩阵运算等。常见的乘法器有串行乘法器、串并乘法器、移位相加乘法器、布斯(Booth)乘法器、wallace 树乘法器。其中，速度最快的是 wallace 树乘法器，以及改进型 wallace 树 Booth 乘法器。但是，后者硬件开销大，本节设计含有流水线结构的通用串并乘法器(Serial Parallel Multiplier，SPM)，能够大大减少电路资源消耗，连接非常有规律，其串行特性更适合实现大数乘法。

8.1.1 串并乘法器原理

所谓串并乘法器，即指输入既有串行数据，也有并行数据。通常，串行数据作为被乘数，并行数据作为乘数，乘积串行输出。串并乘法器的结构非常有规律，由与门、D 触发器和全加器构成。4 位串并乘法器的结构如图 8-1 所示。

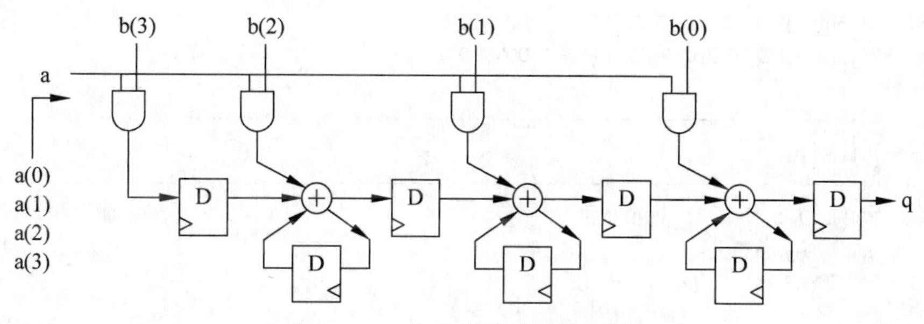

图 8-1 4 位串并乘法器结构图

a 端是串行输入端，每个时钟输入 1 个比特，从 LSB 到 MSB，作为被乘数；b 是并行输入端，所有比特同时输入，作为乘数。被乘数和乘数的位数可以不同，例如，被乘数为 M 位，乘数为 N 位，当第 M 个时钟到来后，被乘数输入完毕。然后，必须再串行输入 M 个逻辑"0"，以完成乘法操作。

从图中可以看出，乘法器是由时序电路控制的，其中，每两个 D 触发器和一个全加器组成一个流水线结构单元，乘法器的乘数位数越长，流水线级数越多。因此，对于 $M \times N$ 乘法器，需要 N 个流水线结构单元。

8.1.2 系统设计

为了设计一个通用串并乘法器，必须找出设计对象的规律，然后，利用模块化和循环迭代的方法实现。从图 8-1 中，可以看出，流水线结构单元是构成串并乘法器的主要模块，其个数与乘数的位数相等。因此，可以看出，系统中必然要将流水线结构单元设计成模块，然后利用生成语句(GENERATE)例化之。全加器是构成流水线结构单元的主要部件，关于全加器的设计方法前面已经有过介绍，例如，可以由两个半加器组成，这里将介绍另外一种设计方法。为了减少重复工作，将元件说明设计为程序包 mypackage，在程序开头中调用即可。

下面是描述串并乘法器顶层的 VHDL 程序。

【代码 8-1】 -- multiplier. vhd

```
LIBRARY IEEE;
USE IEEE.STD_LOGIC_1164.ALL;
USE IEEE.STD_LOGIC_UNSIGNED.ALL;
USE IEEE.STD_LOGIC_ARITH.ALL;
USE work.mypackage.ALL;
ENTITY multiplier IS
    GENERIC (n:INTEGER:= 8);
    PORT(
        rst     : IN        STD_LOGIC;                          -- 复位
        clk     : IN        STD_LOGIC;                          -- 时钟
        a       : IN        STD_LOGIC;                          -- 输入
        b       : IN        STD_LOGIC_VECTOR(n - 1 DOWNTO 0);   -- 输入
        q       : OUT       STD_LOGIC                           -- 输出
    );
END multiplier;
ARCHITECTURE structural OF multiplier IS
SIGNAL and_out: STD_LOGIC_VECTOR(n - 1 DOWNTO 0);
SIGNAL dff_out: STD_LOGIC_VECTOR(n - 1 DOWNTO 0);
BEGIN
    ------------------------------------------------------------
    -- 元件例化
    ------------------------------------------------------------
    G1: FOR i IN 0 TO n - 1 GENERATE
        ANDx: myand2
        PORT MAP
            (
            a   => a,
            b   => b(i),
            c   => and_out(i)
            );
    END GENERATE;
    G2: FOR i IN 0 TO n - 2 GENERATE
        PIPEx: pipe
        PORT MAP
            (
```

```
            rst => rst,                                    -- 复位
            clk => clk,                                    -- 时钟
            a   => and_out(i),                             -- 输入
            b   => dff_out(i+1),                           -- 输入
            q   => dff_out(i)                              -- 输出
            );
    END GENERATE;
    DFFx: mydff
    PORT MAP
        (
        rst     => rst,                                    -- 复位
        clk     => clk,                                    -- 时钟
        d       => and_out(n-1),                           -- 输入
        q       => dff_out(n-1)                            -- 输出
        );
    q <= dff_out(0);
END structural;
```

由图8-1可以看出,串并乘法器主要由与门、全加器和D触发器组成。在一个全加器和两个D触发器的基础上,构成流水线结构单元。

流水线单元模块是构成串并乘法器的重要部件,如图8-2所示。在流水线单元的实现过程中调用了程序包 mypackage,其中有全加器、D触发器的元件说明,还包括流水线单元本身的元件说明,以供顶层程序调用。

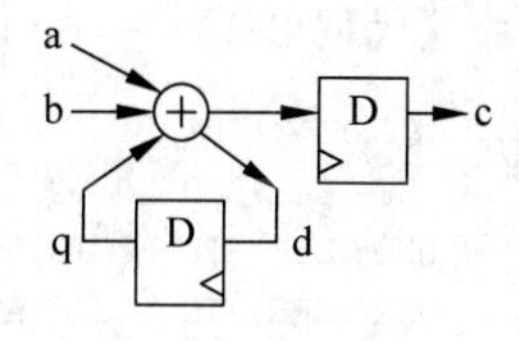

图8-2 流水线单元

下面是描述流水线单元的VHDL程序。

【代码8-2】 -- pipe. vhd

```
LIBRARY IEEE;
USE IEEE.STD_LOGIC_1164.ALL;
USE IEEE.STD_LOGIC_UNSIGNED.ALL;
USE IEEE.STD_LOGIC_ARITH.ALL;
USE work.mypackage.ALL;
ENTITY pipe IS
    PORT(
        rst     : IN        STD_LOGIC;                     -- 复位
        clk     : IN        STD_LOGIC;                     -- 时钟
        a       : IN        STD_LOGIC;                     -- 输入
        b       : IN        STD_LOGIC;
        q       : OUT       STD_LOGIC                      -- 输出
        );
END pipe;
ARCHITECTURE structural OF pipe IS
SIGNAL c            : STD_LOGIC;
SIGNAL cin          : STD_LOGIC;
SIGNAL cout         : STD_LOGIC;
BEGIN
    U1: COMPONENT full_adder
    PORT MAP(
        a       => a,
        b       => b,
        cin     => cin,
        c       => c,
```

```
            cout    => cout
            );
        U2: COMPONENT mydff
        PORT MAP(
            rst     => rst,
            clk     => clk,
            d       => cout,
            q       => cin
            );
        U3: COMPONENT mydff
        PORT MAP(
            rst     => rst,
            clk     => clk,
            d       => c,
            q       => q
            );
    END structural;
```

关于这个程序包描述在如下代码 8-3 所示，它实际上是包声明描述，省略了包体描述。但是程序包里涉及的全加器、D 触发器、与门留作读者根据前面所讲内容自行设计完成。

【代码 8-3】 -- mypackage. vhd--

```
LIBRARY IEEE;
USE IEEE.STD_LOGIC_1164.ALL;
USE IEEE.STD_LOGIC_UNSIGNED.ALL;
USE IEEE.STD_LOGIC_ARITH.ALL;
PACKAGE mypackage IS
COMPONENT myand2 IS
    PORT(
        a       : IN        STD_LOGIC;                  -- 输入
        b       : IN        STD_LOGIC;                  -- 输入
        c       : OUT       STD_LOGIC                   -- 输出
        );
END COMPONENT;
COMPONENT full_adder IS
    PORT(
        a       : IN        STD_LOGIC;                  -- 被加数
        b       : IN        STD_LOGIC;                  -- 加数
        cin     : IN        STD_LOGIC;                  -- 进位输入
        c       : OUT       STD_LOGIC;                  -- 和
        cout    : OUT       STD_LOGIC                   -- 进位输出
        );
END COMPONENT;
COMPONENT mydff IS
    PORT(
      rst       : IN        STD_LOGIC;                  -- 复位
        clk     : IN        STD_LOGIC;                  -- 时钟
        d       : IN        STD_LOGIC;                  -- 输入
        q       : OUT       STD_LOGIC                   -- 输出
        );
END COMPONENT;
COMPONENT pipe IS
    PORT(
        a       : IN        STD_LOGIC;                  -- 输入
```

```
        b      : IN       STD_LOGIC;                    -- 输入
        clk    : IN       STD_LOGIC;                    -- 时钟
        rst    : IN       STD_LOGIC;                    -- 复位
        q      : OUT      STD_LOGIC                     -- 时钟
        );
END COMPONENT;
END mypackage;
```

8.1.3 仿真结果

串并乘法器的顶层实体仿真波形如图8-3所示，a="1101100"，即十进制数108。输入顺序是从LSB到MSB，第1位(LSB)从400～600ns，最后1位(MSB)从1.6～1.8μs。然后，至少连续输入7个逻辑"0"才能完成乘法操作。乘数由并行输入，b="1111101"，即十进制数125。结果得到乘积是13500，从图中可以看到，q="1101001011100"。输出乘积的顺序也是从LSB到MSB，第1位(LSB)从复位后的第1个时钟上升沿开始，500～700ns，最后位(MSB)从3.1～3.3μs。当被乘数还在串行输入时，就得到部分乘积结果是串并乘法器的一大特色，因此，特别适合用做流水线处理。

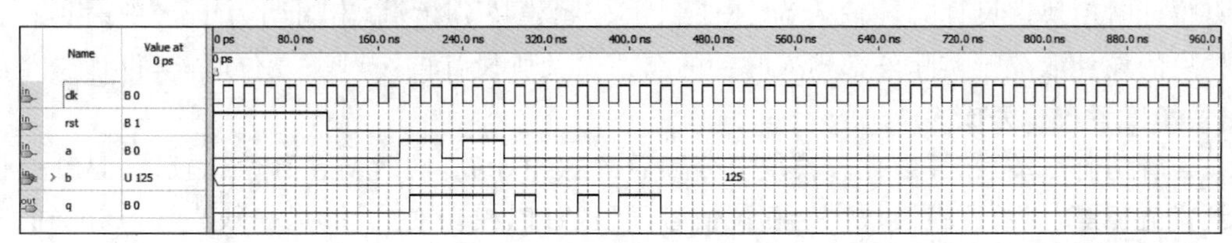

图8-3 串并乘法器仿真结果

8.2 看门狗设计

现代电子系统在运行时，常常会受到各种干扰，抗干扰能力也就成为衡量系统性能的一个重要指标。看门狗(WatchDog)电路是电子系统，尤其是嵌入式系统中常用的抗干扰措施之一，其作用是在程序"跑飞"后强制系统复位。这里采用自顶向下、模块化的设计方法，设计一种基于FPGA的看门狗电路，不仅体现了自顶向下的VHDL设计思路和方法，还具有较高的实用价值。在产品化的嵌入式系统中，为了使系统在异常情况下能自动复位，一般都需要引入看门狗。

8.2.1 看门狗的工作原理

看门狗实际上是一个计数器，它需要在一定的时间内被清零，否则，看门狗将产生一个复位信号以使系统重新启动，如图8-4所示。当看门狗启动后，计数器开始自动计数，经过一定时间，如果没有被复位，计数器溢出就会对嵌入式系统产生一个复位信号使系统重启(俗称"被狗咬")。系统正常运行时，需要在看门狗允许的时间间隔内对看门狗计数器清零(俗称"喂狗")，不让复位信号产生。如果系统不出问题，程序保证按时"喂狗"，一旦程序跑飞，没有"喂狗"，系统"被咬"复位，非常形象。

本节设计的看门狗有如下要求：

(1) 喂狗周期可以由用户定制。

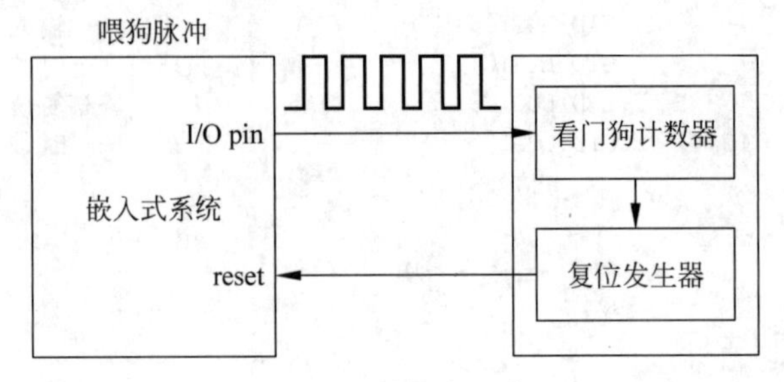

图 8-4 看门狗电路

(2) 喂狗脉冲宽度较窄。

(3) 复位脉冲宽度不小于 12ms。

(4) 看门狗启动后,除非重新上电,否则不能停止工作。

8.2.2 系统设计及仿真结果

看门狗电路的核心是一个计数比较模块,从结构上,可以分为分频模块、计数比较模块和复位计时模块。设计时钟输入为 1MHz,由分频模块分频,输出周期为 1ms 的时钟。分频模块的设计取决于实际外部输入时钟的频率以及所设计的"被咬"复位时长,设计思路简单,留作读者自行完成。

当看门狗启动后,计数比较模块对分频后的脉冲计数,同时与预置值比较,一旦计数值与预置值相等,计数比较模块产生复位信号,复位计时模块对其计时,一般来说,12ms 的复位脉冲可以保证嵌入式系统可靠地复位。12ms 后,复位计时模块输出自身清零信号,将计数比较模块和分频模块清零,从而取消复位信号,重新开始计数。嵌入式系统正常运行时,在计数值与预置值相等之前喂狗,则计数比较模块和分频模块都会被复位,不产生复位脉冲。

看门狗电路带有 8bit 宽度的数据总线、写信号 wr,在看门狗启动之前,可以通过数据总线和写信号 wr 配合将参数写入内部预置寄存器(PR)。具体方法是:在 wr 信号的下降沿将数据写入内部预置寄存器,参数将作为预置值,如果不写入参数,预置值默认为 FF. start 信号的上升沿启动看门狗,看门狗启动后,不会随 start 信号的状态改变而停止工作,除非重新上电。

描述看门狗电路顶层的 VHDL 程序如代码 8-4 所示。

【代码 8-4】 -- wd. vhd

```
LIBRARY IEEE;
USE IEEE.STD_LOGIC_1164.ALL;
USE IEEE.STD_LOGIC_UNSIGNED.ALL;
USE IEEE.STD_LOGIC_ARITH.ALL;
ENTITY wd IS
    PORT(
        clk     : IN     STD_LOGIC;                       -- 时钟
        start   : IN     STD_LOGIC;                       -- 看门狗使能
        wr      : IN     STD_LOGIC;                       -- 写信号
        feeddog : IN     STD_LOGIC;                       -- 喂狗信号
        data    : IN     STD_LOGIC_VECTOR(7 DOWNTO 0);    -- 数据输入
        reset   : OUT    STD_LOGIC                        -- 复位信号
```

```
        );
END wd;
ARCHITECTURE structural OF wd IS
COMPONENT wdcmp
    PORT(
        start  : IN      STD_LOGIC;                        -- 使能信号
        clr    : IN      STD_LOGIC;                        -- 清零信号
        clk    : IN      STD_LOGIC;                        -- 时钟信号
        wr     : IN      STD_LOGIC;                        -- 写信号
        data   : IN      STD_LOGIC_VECTOR(7 DOWNTO 0);     -- 数据输入
        reset  : OUT     STD_LOGIC                         -- 复位信号
        );
END COMPONENT;
COMPONENT wdclock
    PORT(
        clkin  : IN      STD_LOGIC;                        -- 使能信号
        clr    : IN      STD_LOGIC;                        -- 清零信号
        clk1ms : OUT     STD_LOGIC                         -- 看门狗时钟
        );
END COMPONENT;
COMPONENT wddelay
    PORT(
        clk    : IN      STD_LOGIC;                        -- 看门狗时钟
        clr    : IN      STD_LOGIC;                        -- 清零信号
        clrall : BUFFER  STD_LOGIC                         -- 看门狗复位
        );
END COMPONENT;
-- 信号声明
SIGNAL clk1ms    : STD_LOGIC;
SIGNAL clkcmp    : STD_LOGIC;
SIGNAL reset_reg : STD_LOGIC;
SIGNAL clrall    : STD_LOGIC;
SIGNAL clr       : STD_LOGIC;
BEGIN
    ------------------------------------------------------------------------
    --元件例化
    ------------------------------------------------------------------------
    U1: wdcmp
    PORT MAP
        (
        start   => start,
        clr     => clr,
        clk     => clkcmp,
        wr      => wr,
        data    => data,
        reset   => reset_reg
        );
    U2: wdclock
    PORT MAP
        (
        clkin   => clk,
        clr     => clr,
        clk1ms  => clk1ms
        );
    U3: wddelay
    PORT MAP
```

```
        (
        clk     => clk1ms,
        clr     => reset_reg,
        clrall  => clrall
        );
    clr <= feeddog OR clrall;
    clkcmp <= clk1ms AND NOT(reset_reg);
    reset <= reset_reg;
END structural;
```

顶层程序综合之后的 RTL 电路如图 8-5 所示。

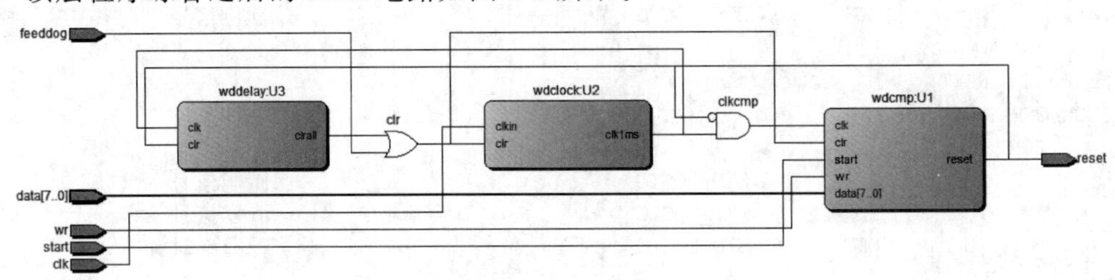

图 8-5　顶层程序综合的 RTL 图

1. 计数比较模块

在看门狗电路中,计数比较模块作用是在分频时钟作用下计数,并将计数值与预置值比较,如果相等,则输出复位信号。复位信号有效时,将分频时钟屏蔽,计数比较模块停止计数,直至复位计时模块将其清零,重新计数。预置值默认是 FF,也可以通过数据总线输入用户定义值,如前面所讲,在写信号 wr 的下降沿将数据存入内部的预置寄存器,此时,看门狗必须尚未启动,一旦启动,预置寄存器内容不可改变。看门狗工作在两个状态: notwatch、watch,前者可以转换至后者,但不支持逆过程。描述计数比较模块的 VHDL 程序,如代码 8-5。

【代码 8-5】 -- wdcmp. vhd

```
LIBRARY IEEE;
USE IEEE.STD_LOGIC_1164.ALL;
USE IEEE.STD_LOGIC_UNSIGNED.ALL;
USE IEEE.STD_LOGIC_ARITH.ALL;
ENTITY wdcmp IS
    PORT(
        start   : IN      STD_LOGIC;                        -- 使能信号
        clr     : IN      STD_LOGIC;                        -- 清零信号
        clk     : IN      STD_LOGIC;                        -- 时钟信号
        wr      : IN      STD_LOGIC;                        -- 写信号
        data    : IN      STD_LOGIC_VECTOR(7 DOWNTO 0);     -- 数据输入
        reset   : OUT     STD_LOGIC                         -- 复位信号
        );
END wdcmp;
ARCHITECTURE behave OF wdcmp IS
-- 定义状态
TYPE statetype IS (notwatch,watch);
SIGNAL state      : statetype;
-- 定义信号
SIGNAL pr         : STD_LOGIC_VECTOR(7 DOWNTO 0);
SIGNAL start_delay: STD_LOGIC;
SIGNAL wr_delay : STD_LOGIC;
BEGIN
```

```
    DELAY_PROC  : PROCESS(clk)
    BEGIN
        IF rising_edge(clk) THEN
           start_delay <= start;
           wr_delay <= wr;
        END IF;
    END PROCESS;
    PR_PROC     : PROCESS(clk)
    BEGIN
        IF rising_edge(clk) THEN
           IF start = '1' AND start_delay = '0' THEN
               state <= watch;
               IF pr = "00000000" THEN
                   pr <= "11111111";
               END IF;
           ELSIF state = notwatch AND wr = '0' AND wr_delay = '1' THEN
               pr <= data;
           END IF;
        END IF;
    END PROCESS;
    RESET_PROC: PROCESS(clk,clr)
    VARIABLE cnt : STD_LOGIC_VECTOR(7 DOWNTO 0): = "00000000";
    BEGIN
        IF clr = '1' THEN
           cnt : = "00000000";
           reset <= '0';
        ELSIF rising_edge(clk) THEN
           IF state = watch THEN
               IF cnt = pr THEN
                   reset <= '1';
               ELSE
                   cnt : = cnt + '1';
               END IF;
           ELSE
               reset <= '0';
           END IF;
        END IF;
    END PROCESS;
END behave;
```

模块仿真结果如图 8-6 所示。

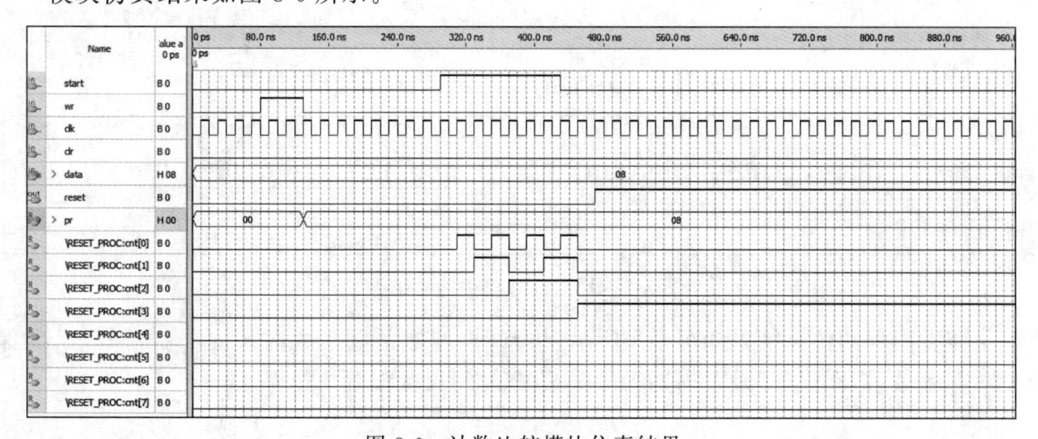

图 8-6　计数比较模块仿真结果

2. 复位计时模块

复位计时模块实际上也是一个计数器，当复位信号有效时开始计数，保证单片机已经可靠地复位后，发出清零信号，结束复位。清零信号将计数比较模块的计数器清零，使计数值和预置值不相等，重新开始计数。描述复位计时模块的 VHDL 程序如代码 8-6 所示。

【代码 8-6】 -- wddelay. vhd

```
LIBRARY IEEE;
USE IEEE.STD_LOGIC_1164.ALL;
USE IEEE.STD_LOGIC_UNSIGNED.ALL;
USE IEEE.STD_LOGIC_ARITH.ALL;
ENTITY wddelay IS
    PORT(
        clk    : IN       STD_LOGIC;                    -- 看门狗时钟
        clr    : IN       STD_LOGIC;                    -- 清零信号
        clrall : BUFFER   STD_LOGIC                     -- 看门狗复位
        );
END wddelay;
ARCHITECTURE behave OF wddelay IS
SIGNAL clrout: STD_LOGIC;
BEGIN
    clrall <= clrout;
    PROCESS(clk,clr)
    VARIABLE cnt: INTEGER RANGE 0 TO 11;
    BEGIN
        IF clr = '0' THEN
           cnt := 0;
           clrout <= '0';
        ELSIF rising_edge(clk) THEN
           IF cnt = 11 THEN
               clrout <= '1';
               cnt := 0;
           ELSE
               cnt := cnt + 1;
           END IF;
        END IF;
    END PROCESS;
END behave;
```

复位计时模块的仿真结果如图 8-7 所示。

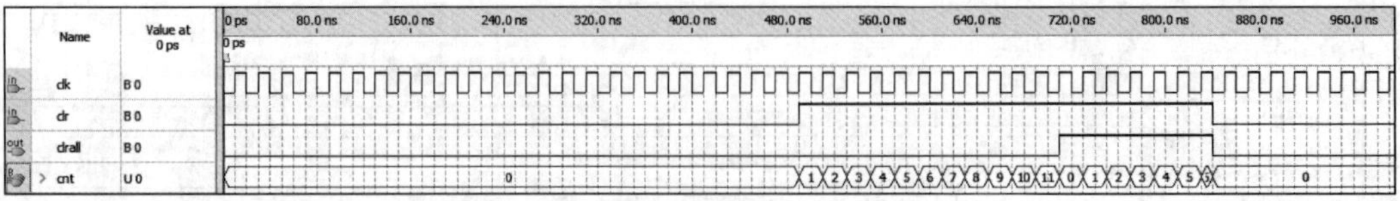

图 8-7 复位计时模块仿真结果

整体看门狗的仿真结果如图 8-8 所示，仿真时，考虑仿真最大时长的限制，同时又要保持相对频率关系，clk 信号设置周期为 2ns，仿真时间长度设置为 100μs。

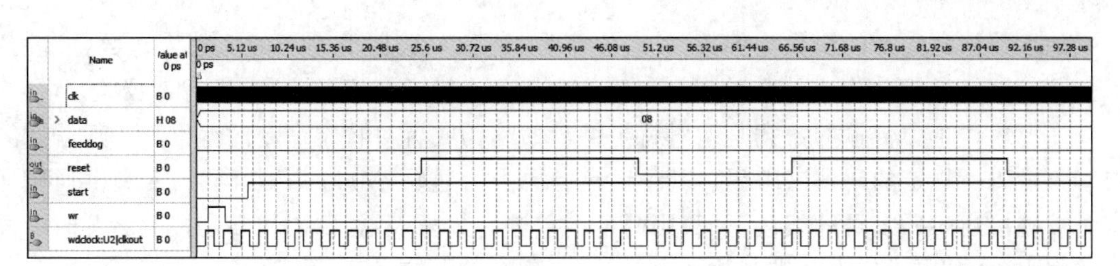

图 8-8 顶层模块整体仿真结果

8.3 PS/2 键盘接口设计

1987 年,IBM 推出了 PS/2 键盘接口标准。该标准仍旧定义了 84～101 键,但是采用 6 脚 mini-DIN 连接器,该连接器在封装上更小巧,仍然用双向串行通信协议并且提供有可选择的第三套键盘扫描码集,同时支持 17 个主机到键盘的命令。现在,市面上的键盘都和 PS/2 及 AT 键盘兼容,只是功能不同而已。

一般具有 5 脚连接器的键盘称为 AT 键盘,而具有 6 脚 mini-DIN 连接器的键盘则称为 PS/2 键盘。实际上这两种连接器都只有 4 个脚有意义。它们分别是时钟脚(Clock)、数据脚(Data)、电源脚 5V 和电源地(Ground)。在 PS/2 键盘与 PC 的物理连接上只要保证这 4 根线一一对应就可以了。PS/2 键盘靠主设备的 PS/2 端口提供 5V 电源,另外两个脚时钟脚(Clock)和数据脚(Data)都是集电极开路的,所以必须接大阻值的上拉电阻。它们平时保持高电平,有输出时才被拉到低电平,之后自动上浮到高电平,现在比较常用的 PS/2 接口的 6 脚 mini-DIN 连接器外形图及引脚定义如图 8-9 所示。

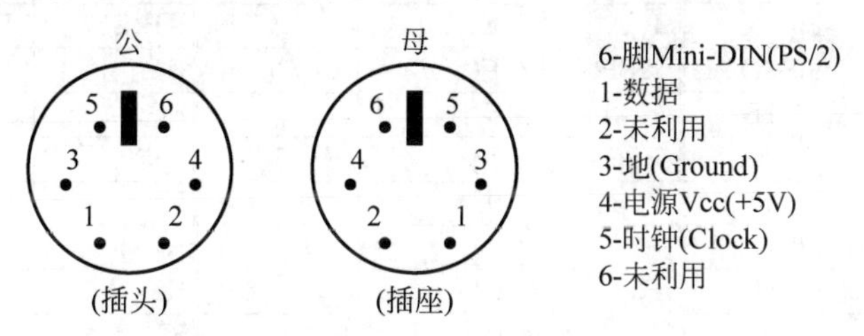

图 8-9 PS/2 接口的 6 脚 mini-DIN 连接器外形图及引脚

PS/2 通信协议是一种双向同步串行通信协议。通信的两端通过时钟脚(Clock)同步,并通过数据脚(Data)交换数据。任何一方如果想抑制另外一方通信时,只需要把时钟脚(Clock)拉到低电平。如果是 PC 和 PS/2 键盘间的通信,则 PC 必须做主机,也就是说,PC 可以抑制 PS/2 键盘发送数据,而 PS/2 键盘则不会抑制 PC 发送数据。一般设备间传输数据的最大时钟频率是 33kHz,大多数 PS/2 设备工作在 10～20kHz。推荐值在 15kHz 左右,也就是说,Clock(时钟脚)高、低电平的持续时间都为 40μs。每一数据帧包含 11～12 个位,具体含义如下:

① 1 个起始位总是逻辑 0。

② 8 个数据位(LSB)低位在前。

③ 1 个奇偶校验位奇校验。

④ 1 个停止位总是逻辑 1。

⑤ 1 个应答位仅用在主机对设备的通信中。

如果数据位中 1 的个数为偶数，校验位就为 1；如果数据位中 1 的个数为奇数，校验位就为 0；总之，数据位中 1 的个数加上校验位中 1 的个数总为奇数，总是进行奇校验。

在上述讨论中传输的数据是指对特定键盘的编码或者对特定命令的编码。一般采用第二套扫描码所规定的码值来编码。其中键盘键码分为通码(Make)和断码(Break)。通码通常是按键接通时所发送的编码，多数用两位十六进制数来表示，断码通常是按键断开时所发送的编码，多数用 4 位十六进制数来表示，第二套扫描码如表 8-1 所示。

表 8-1　第二套扫描码表

KEY	通码	断码	KEY	通码	断码	KEY	通码	断码
A	1C	F0 1C	9	46	F0 46	[	54	F0 54
B	32	F0 32	`	0E	F0 0E	INSERT	E0 70	E0 F0 70
C	21	F0 21	_	4E	F0 4E	HOME	E0 6C	E0 F0 6C
D	23	F0 23	=	55	F0 55	PG UP	E0 7D	E0 F0 7D
E	24	F0 24	\	5D	F0 5D	DELETE	E0 71	E0 F0 71
F	2B	F0 2B	BKSP	66	F0 66	END	E0 69	E0 F0 69
G	34	F0 34	SPACE	29	F0 29	PG DN	E0 7A	E0 F0 7A
H	33	F0 33	TAB	0D	F0 0D	U ARROW	E0 75	E0 F0 75
I	43	F0 43	CAPS	58	F0 58	L ARROW	E0 6B	E0 F0 6B
J	3B	F0 3B	L SHFT	12	F0 12	D ARROW	E0 72	E0 F0 72
K	42	F0 42	L CTRL	14	F0 14	R ARROW	E0 74	E0 F0 74
L	4B	F0 4B	L GUI	E0 1F	E0 F0 1F	NUM	77	F0 77
M	3A	F0 3A	L ALT	11	F0 11	KP/	E0 4A	E0 F0 4A
N	31	F0 31	R SHFT	59	F0 59	KP *	7C	F0 7C
O	44	F0 44	R CTRL	E0 14	E0 F0 14	KP-	7B	F0 7B
P	4D	F0 4D	R GUI	E0 27	E0 F0 27	KP+	79	F0 79
Q	15	F0 15	R ALT	E0 11	E0 F0 11	KP EN	E0 5A	E0 F0 5A
R	2D	F0 2D	APPS	E0 2F	E0 F0 2F	KP	71	F0 71
S	1B	F0 1B	ENTER	5A	F0 5A	KP0	70	F0 70
T	2C	F0 2C	ESC	76	F0 76	KP1	69	F0 69
U	3C	F0 3C	F1	05	F0 05	KP2	72	F0 72
V	2A	F0 2A	F2	06	F0 06	KP3	7A	F0 7A
W	1D	F0 1D	F3	04	F0 04	KP4	6B	F0 6B
X	22	F0 22	F4	0C	F0 0C	KP5	73	F0 73
Y	35	F0 35	F5	03	F0 03	KP6	74	F0 74
Z	1A	F0 1A	F6	0B	F0 0B	KP7	6C	F0 6C
0	45	F0 45	F7	83	F0 83	KP8	75	F0 75
1	16	F0 16	F8	0A	F0 0A	KP9	7D	F0 7D
2	1E	F0 1E	F9	01	F0 01	]	5B	F0 5B
3	26	F0 26	F10	09	F0 09	;	4C	F0 4C
4	25	F0 25	F11	78	F0 78	'	52	F0 52
5	2E	F0 2E	F12	07	F0 07	,	41	F0 41
6	36	F0 36	PRNT SCRN	E0 12 E0 7C	E0 F0 7C E0 F0 12	.	49	F0 49
7	3D	F0 3D	SCROLL	E0 7E	F0 7E	/	4A	F0 4A
8	3E	F0 3E	PAUSE	E1 14 77 E1 F0 14 F0 77	-NONE-			

FPGA 接收 PS/2 键盘发送一个字节可按照下面的步骤进行：

(1) 监测时钟线电平，如果时钟线由高变为低，则表示时钟线的下降沿到来。

(2) 检测数据线在时钟线的下降沿时是否为低，如果是则表示 PS/2 键盘有数据发送。

(3) 在接下来的 8 个时钟线下降沿按从低位到高位接收数据。

(4) 在第 10 时钟线下降沿接收奇校验位 P。

(5) 在第 11 时钟线的下降沿，如果数据线为高表示停止位，一帧数据接收结束。

时序图如图 8-10 所示。

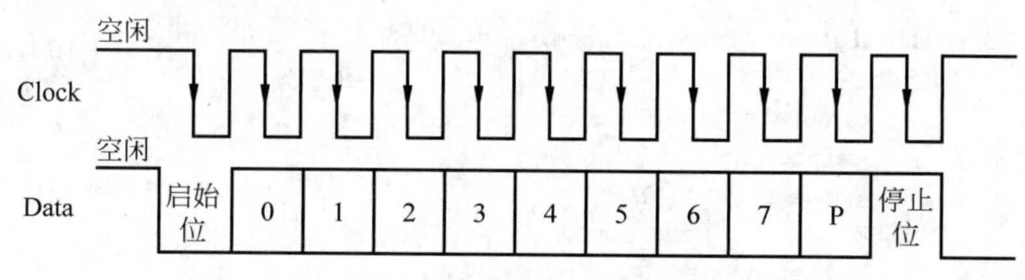

图 8-10　PS/2 键盘发送数据时序

由于第二套扫描码每个按键值由通码与断码组成，由第二套扫描码表 5-1 分析可知，一个按键被按下 PS/2 键盘发送通码数据，该按键被释放 PS/2 键盘发送断码数据。通码数据由 8 位的键值或是扩展类别 E0 与键值组成，断码由 F0 与通码数据组成。因此 FPGA 需要对 PS/2 键盘发送的数据进行判断，提取键值数据输出。

键盘接口的 VHDL 程序如下所示：

【代码 8-7】

```
LIBRARY IEEE;
USE IEEE.STD_LOGIC_1164.ALL;
USE IEEE.STD_LOGIC_ARITH.ALL;
USE IEEE.STD_LOGIC_UNSIGNED.ALL;
ENTITY pspro IS
PORT(clk : IN STD_LOGIC;                              -- 系统时钟输入
    kb_clk : IN STD_LOGIC;                            -- PS/2 键盘时钟输入
    kb_data : IN STD_LOGIC;                           -- PS/2 键盘数据输入
    keycode : OUT STD_LOGIC_VECTOR(7 DOWNTO 0);       -- PS/2 键盘键值输出
    keydown : OUT STD_LOGIC;                          -- 按键按下指示
    keyup : OUT STD_LOGIC;                            -- 按键弹起指示
    dataerror : OUT STD_LOGIC);                       -- 数据帧出错信号
END pspro;
ARCHITECTURE behave OF pspro IS
    SIGNAL shiftdata : STD_LOGIC_VECTOR(7 DOWNTO 0);
    SIGNAL kbcodereg : STD_LOGIC_VECTOR(7 DOWNTO 0);
    SIGNAL datacoming : STD_LOGIC;
    SIGNAL kbclkfall : STD_LOGIC;
    SIGNAL kbclkreg : STD_LOGIC;
    SIGNAL cnt : STD_LOGIC_VECTOR(3 DOWNTO 0);
    SIGNAL parity : STD_LOGIC;
    SIGNAL isfo : STD_LOGIC;
BEGIN
PROCESS(clk)                                          -- PS/2 键盘下降沿时钟捕获进程
BEGIN
    IF clk'EVENT AND clk = '1' THEN
        kbclkreg <= kb_clk;
```

```
        kbclkfall <= kbclkreg AND (NOT kb_clk);
    END IF;
END PROCESS;
PROCESS(clk)                                        -- PS/2 键盘数据接收进程
BEGIN
    IF clk'EVENT AND clk = '1' THEN
        IF kbclkfall = '1' AND datacoming = '0' AND kb_data = '0' THEN
            datacoming <= '1';
            cnt <= "0000";
            parity <= '0';
        ELSIF kbclkfall = '1' AND datacoming = '1' THEN
            IF cnt = 9 THEN                         -- 接收停止位
                IF kb_data = '1' THEN
                    datacoming <= '0';
                    dataerror <= '0';
                ELSE
                    dataerror <= '1';
                END IF;
                cnt <= cnt + 1;
            ELSIF cnt = 8 THEN                      -- 接收奇校验位
                IF kb_data = parity THEN
                    dataerror <= '0';
                ELSE
                    dataerror <= '1';
                END IF;
                cnt <= cnt + 1;
            ELSE                                    -- 接收数据位
                shiftdata <= kb_data & shiftdata(7 DOWNTO 1);
                parity <= parity XOR kb_data;
                cnt <= cnt + 1;
            END IF;
        END IF;
    END IF;
END PROCESS;
PROCESS(clk)                                        -- 对接收到的 PS/2 键盘数据分析处理
BEGIN
    IF clk'EVENT AND clk = '1' THEN
        IF cnt = 10 THEN
            IF shiftdata = "11110000" THEN          -- 接收到断码"F0"
                isfo <= '1';
            ELSIF shiftdata /= "11100000" THEN      -- 判断是不是"F0"
            -- 如果前面接收到"F0",则表示有键弹起,否则表示有键按下.
                IF isfo = '1' THEN
                    keyup <= '1';
                    keycode <= shiftdata;
                ELSE
                    keydown <= '1';
                    keycode <= shiftdata;
                END IF;
            END IF;
        ELSE
            keyup <= '0';
            keydown <= '0';
        END IF;
```

```
        END IF;
    END PROCESS;
    END behave;
```

仿真结果如图 8-11 所示，其中第一个操作是按下键为“X”，其对应的通码为“00100010”；第二个操作是按下键“Y”，其对应的通码为“00110101”。每次操作的数据帧，起始位为 0，停止位为 1，奇偶校验位为 0，构成 11 位长的帧。数据发送时低位在前，高位在后发送。如需要显示所操作键的编码，请读者自行完成译码和显示相关电路 VHDL 设计。

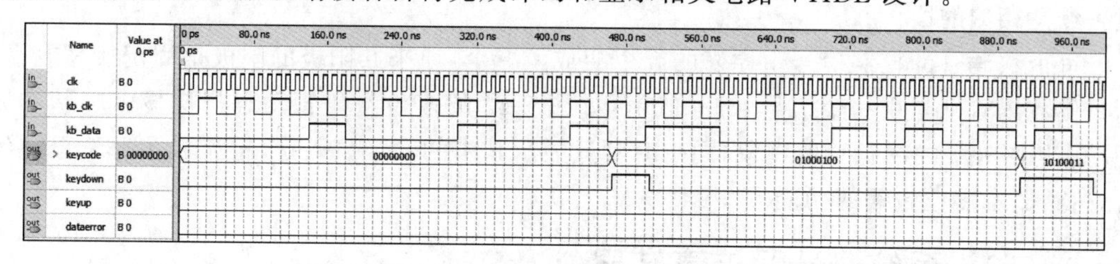

图 8-11 PS/2 键盘控制仿真结果

8.4 多位数码管的动态扫描显示

8.4.1 多位数码管的显示原理

由单个数码管的显示介绍可知，单个数码码（以共阳极为例）包括小数点是由 8 段发光二极管组成，其中，7 段发光二极管的不同亮灭情况可以组成不同的字符，另外一个发光二极管控制小数点的显示，4 个数码管的等效电路如图 8-12 所示。

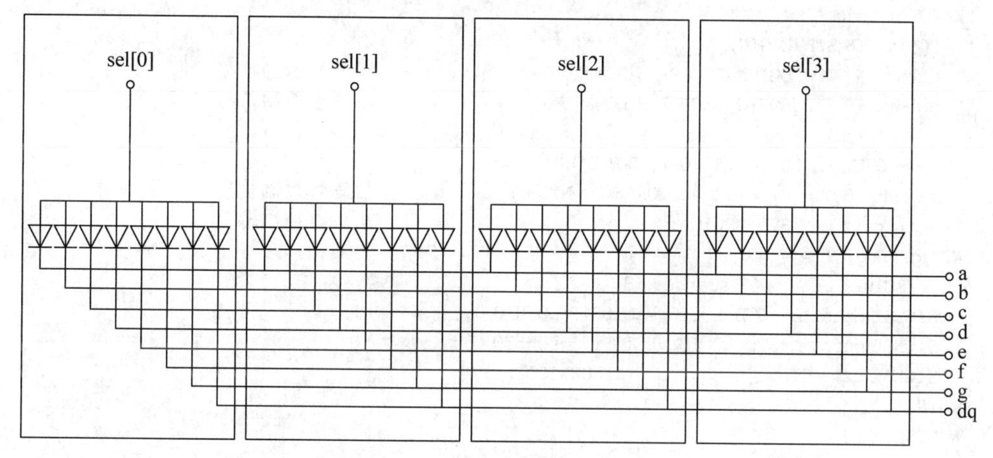

图 8-12 4 个数码管等效电路图

按图 8-12 的显示控制方法来控制一个数码的显示则需要 8 个 FPGA 的 I/O 引脚，如果要控制 4 位的数码管则需要 32 个。用这种方案来控制数码的显示虽然实现上相对简单，但占用了大量 FPGA 的 I/O 引脚资源。如果采用动态扫描的方式来控制多位数码管的显示，则可大大节约 FPGA 的 I/O 引脚资源。所谓动态扫描是指每个数码管不是时时显示，而是每隔一段时间显示一次，但从人眼的视觉上看是一直显示。这里用到了人眼的视觉暂留现象。人眼在观察景物时，光信号传入大脑神经需经过一段短暂的时间，光的作用结束后，视觉形象并不立即消失，这种残留的视觉称“后像”，视觉的这一现象则称为“视觉暂留”。物体在快速运动时，当人眼所看到的影像消失后，人眼仍能继续保留其影像 0.1～0.4s 的图像，这种现象被称为视觉暂留现象，是人眼的一种性质。通过电路控制保证同个数码两次显示的间隔不超过 0.1s，就可达到让眼睛感觉到发光管是在连续发光的效果。动态扫描多位(以 4 位为例)数码管的原理图如图 8-12 所示，对应的 sel 信号为 0 时，则相应的数码管 8 段均不能点亮。只有对应的 sel 信号为 1 时，则相应的数码管 8 段才会根据输入的 8 段编码情况去点亮相应的段。

每个数码管的控制信号由原来的 8 个变成了 9 个，原来共阳极的阳极是固定接高电平，而每位数码管则是由一个信号 sel 来控制，如图 8-12 的多位数码管动态扫描显示的基本原理是：利用人眼的视觉暂留现象，同一时刻只显示其中的一个数码管，轮流显示每一个数码管，达到显示多位数码的功能。

8.4.2 系统设计及仿真结果

以下程序代码为共阴极的 4 位数码管动态显示程序。第一个进程为计数进程，以实现依次显示各个数码管；第二个进程根据计数状态依次选中数码管，并指定要显示的小数点位置；第三个进程则根据是实现 7 段译码显示。

【代码 8-8】 4 位数码管显示程序。

```
——库的引用
LIBRARY IEEE;
USE IEEE. STD_LOGIC_1164. ALL;
USE IEEE. STD_LOGIC_UNSIGNED. ALL;
ENTITY scanseg IS
PORT(clk: IN STD_LOGIC;
   data: IN STD_LOGIC_VECTOR(15 DOWNTO 0);                --需要显示的数据
   point: IN STD_LOGIC_VECTOR(3 DOWNTO 0);                --小数点控制信号

   sel: OUT STD_LOGIC_VECTOR(3 DOWNTO 0);
   segout: OUT STD_LOGIC_VECTOR(6 DOWNTO 0);              --数码管控制输出
   pointout: OUT STD_LOGIC);                              --小数点控制输出
END scanseg;
ARCHITECTURE bebave OF scanseg IS
   SIGNAL databuf: STD_LOGIC_VECTOR(3 DOWNTO 0);
   SIGNAL datain: STD_LOGIC_VECTOR(15 DOWNTO 0);
   SIGNAL cnt: STD_LOGIC_VECTOR(1 DOWNTO 0);
BEGIN
PROCESS(clk)
BEGIN
   IF clk'EVENT AND clk = '1' THEN
      cnt <= cnt + "01";
   END IF;
END PROCESS;
PROCESS(clk)
BEGIN
   IF clk'EVENT AND clk = '1' THEN
      CASE cnt IS
      WHEN "00" =>
         databuf <= datain(3 DOWNTO 0);
```

```
            pointout <= point(0);
            sel <= "1110";
         WHEN "01" =>
            databuf <= datain(7 DOWNTO 4);
            pointout <= point(1) ;
            sel < = "1101" ;
         WHEN "10" = >
            databuf < = datain(11 DOWNTO 8);
            pointout < = point(2) ;
            sel < = "1011" ;
         WHEN "11" = >
            databuf < = datain(15 DOWNTO 12) ;
            pointout < = point(3) ;
            sel < = "0111" ;
            datain < = data;
         WHEN OTHERS = >
            databuf < = datain(3 DOWNTO 0) ;
            pointout < = point(0) ;
            sel < = "1111" ;
         END CASE;
      END IF;
   END PROCESS;
   PROCESS(databuf)
   BEGIN
      CASE databuf IS
      WHEN "0000" = >
         segout < = "1111110";                           -- 显示 0
      WHEN "0001" = >
         segout < = "0000110";                           -- 显示 1
      WHEN "0010" = >
         segout < = "1101101" ;                          -- 显示 2
      WHEN "0011" = >
         segout < = "1111001" ;                          -- 显示 3
      WHEN "0100" = >
         segout < = "0110011" ;                          -- 显示 4
      WHEN "0101" = >
         segout < = "1011011";                           -- 显示 5
      WHEN "0110" = >
         segout < = "1011111" ;                          -- 显示 6
      WHEN"0111" =>
         segout <= "1110000";                            -- 显示 7
      WHEN"1000" =>
         segout <= "1111111";                            -- 显示 8
      WHEN"1001" =>
         segout <= "1111011";                            -- 显示 9
      WHEN"1010" =>
         segout <= "1110111";                            -- 显示 A
      WHEN"1011" =>
         segout <= "0011111";                            -- 显示 b
      WHEN"1100" =>
         segout <= "1001110";                            -- 显示 c
      WHEN"1101" =>
         segout <= "0111101";                            -- 显示 d
      WHEN"1110" =>
```

```
        segout <= "10 01111";                              -- 显示 E
      WHEN"1111" =>
        segout <= "10 00111";                              -- 显示 F
      WHEN OTHERS =>
        segout <= "1111111";
      END CASE;
  END PROCESS;
  END behave;
```

代码 8-8 描述的共阴极数码管动态显示的仿真结果如图 8-13 所示。读者自行学习共阳极动态显示的程序设计，也可根据动态扫描的原理设计点阵 LED 显示的控制电路，多位数码管是一个一个轮流显示，而点阵 LED 可以一行一行轮流显示，达到显示全部 LED 的效果。

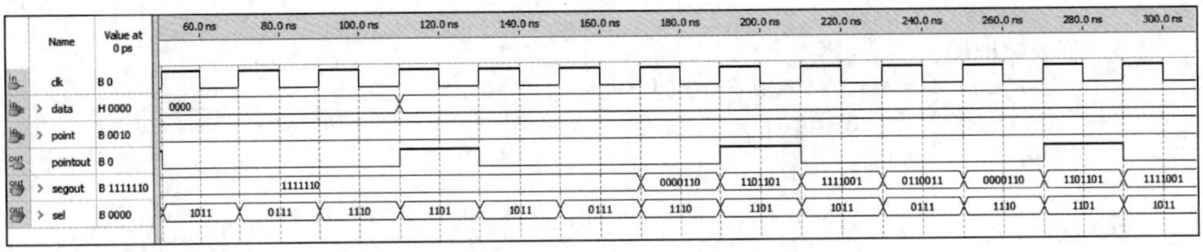

图 8-13　4 位数码管显示控制功能仿真后的波形

8.5 FPGA 控制数模转换器 DAC0832 实现锯齿波发生器

在现代数字系统设计中，系统处理的信号主要是数字量，而外界存在的却是模拟量，如温度、速度、电压、电流等。因此，如果利用数字系统与外界交流信息，必须进行模拟量向数字量的转换，即涉及 DAC 接口的使用。

本例中要设计一个锯齿波发生器，首先由 FPGA 生成锯齿波的二进制波形数据，然后在时钟 clk 信号的控制下，将其依次输出给 DAC0832。同时，FPGA 生成使 DAC0832 正常工作所需要的控制信号，控制其工作。然后二进制波形数据经 DAC0832 和放大器 LM324 转换成模拟电压，形成锯齿波的特定模拟波形。

8.5.1 DAC0832 转换器的工作原理

DAC0832 为电压输入、电流输出的 R-$2R$ 电阻网络型的 8 位 D/A 转换器，DAC0832 采用 CMOS 和薄膜 Si-Cr 电阻相容工艺制造，温漂低，逻辑电平输入与 TTL 电平兼容。DAC0832 是一个 8 位乘法型 CMOS 数模转换器，它可直接与微处理器相连，采用双缓冲寄存器，这样可在输出的同时，采集下一个数字量，以提高转换速度。

DAC0832 的内部功能框图如图 8-14 所示，其引脚排列如图 8-15 所示。

DAC0832 主要由三部分构成：第一部分是 8 位 D/A 转换器，输出为电流形式；第二部分是两个 8 位数据锁存器构成双缓冲形式；第三部分是控制逻辑。计算机可利用控制逻辑通过数据总线向输入寄存器锁存数据，因控制逻辑的连接方式不同，可使 D/A 转换器的数据输入具有双缓冲、单缓冲和直通三种方式。

当 $\overline{WR_1}$、$\overline{WR_2}$、$\overline{XFER}$ 及 $\overline{CS}$ 接低电平时，ILE 接高电平(即不用写信号控制)，使两个

运放的输出电压为：$U_O = -U_{ref} \times (D/2^8)$。其中，$D$ 为数字量的二进制数。

特别提示：参考电压 U_{ref} 接负值电源时，比如（$-5V$），输出电压 U_O 输出正电压。

本例中由于数据长度为8位，因此锯齿波形数据由256个数据点构成，可以保证数据从00000000变到11111111，即D/A转换的满量程。而DAC0832的最小转换周期为1μs，也就是输出一个数据点至少需要1μs，因而输出一个锯齿波周期至少需要256μs。也就是说锯齿波数据的频率最快是3906Hz。假设FPGA的系统时钟为50MHz，因此必须对其进行分频处理，这里进行64分频，得到的锯齿波的频率为762.9Hz。

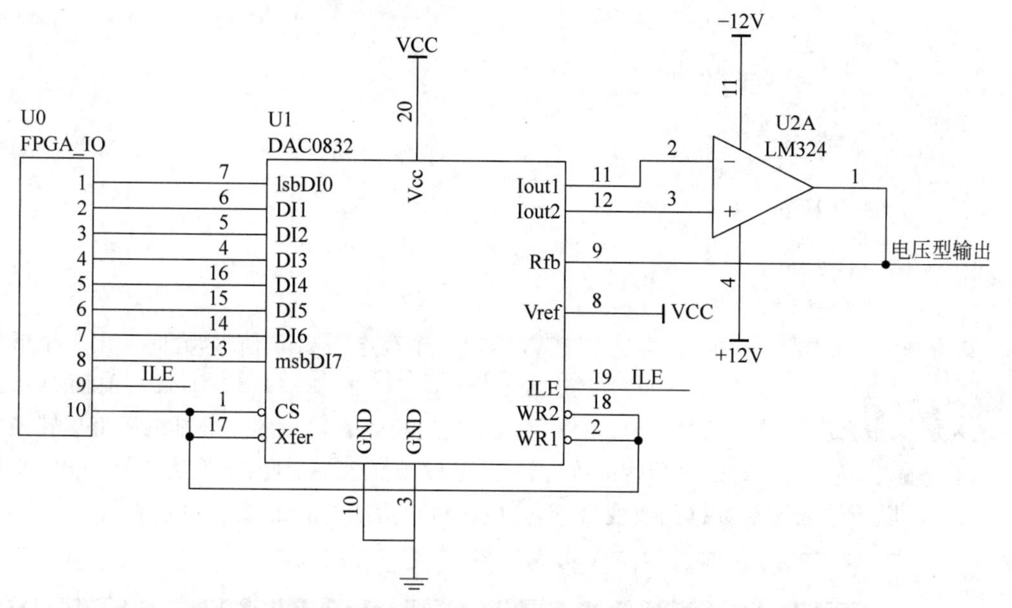

图8-17 FPGA控制的数模D/A转换电路

FPGA控制部分的VHDL程序实现如下所示：

【代码8-9】

```
LIBRARY IEEE;
USE IEEE.STD_LOGIC_1164.ALL;
USE IEEE.STD_LOGIC_ARITH.ALL;
USE IEEE.STD_LOGIC_UNSIGNED.ALL;
ENTITY DAC IS
    PORT(
            CLK:IN STD_LOGIC;                      --系统时钟
            RST:IN STD_LOGIC;                      --复位信号
            ILE,CONT:OUT STD_LOGIC;                --数据锁存允许信号和控制信号(WR1、WR2、CS、Xfer)
            Q:OUT STD_LOGIC_VECTOR(7 DOWNTO 0)--波形数据输出
        );
END DAC;
ARCHITECTURE example OF DAC IS
    SIGNAL QQ:INTEGER RANGE 0 TO 63;               --计数器
    SIGNAL DATA:STD_LOGIC_VECTOR(7 DOWNTO 0);  --波形数据
    BEGIN
        PROCESS(CLK)
        BEGIN
```

```
            IF RST = '1' THEN                      --复位,对计数器 QQ 清零
               QQ <= 0;
            ELSIF CLK'EVENT AND CLK = '1' THEN
               IF QQ = 63 THEN                     --此 IF 语句对系统时钟进行 64 分频
                  QQ <= 0;
                  IF DATA = "11111111" THEN        --此 IF 语句产生锯齿波波形数据
                       DATA <= "00000000";
                  ELSE
                       DATA <= DATA + 1;
                  END IF;
               ELSE
                  QQ <= QQ + 1;
               END IF;
            END IF;
               Q <= DATA;
        END PROCESS;
        ILE <= '1';
        CONT <= '0';
        END example;
```

其仿真结果如图 8-18 所示,可见,FPGA 输出一个高电平 ILE 信号,同时输出一个低电平控制信号 CONT 相当于使 WR1、WR2、CS、Xfer 四个控制信号均为 0,由前面介绍的 DAC0832 工作原理,可知,此时 DAC0832 工作在直通模式。输入的二进制编码直接转换模拟输出。输出 Q 的波形变化情况可知,符合锯齿波的变化规律,即从 00000000 变到 11111111。随着输入波形数据的改变,此部分电路可以应用于任意波形发生情况。

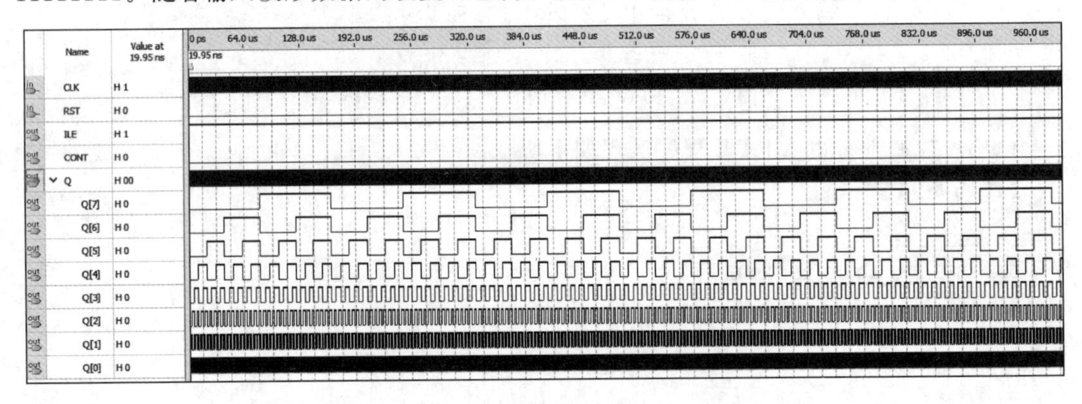

图 8-18 锯齿波仿真波形

8.6 FPGA 控制模数转换器 ADC0809 的应用

模拟量是表示各种实际系统信息的物理量。这些量可以是电量(如电压、电流等),也可以是来自传感器的非电量(如应变、温度、压力等)。因此,如何将一个模拟信号提取成一个数字信号就成了信息处理的关键环节。模拟数字转换器(ADC)就是在这种需求下应运而生的,它能够将模拟量的输入信号转换成数字量的输出信号。模拟信号在时间上是连续的变化量,而数字信号在时间上不连续的离散量。

本节针对模数 A/D 转换 ADC0809 的三种典型应用展开如下讨论。

(1) 设计一个用 ADC0809 对模拟信号采样,变为数字信号,由 FPGA 读入,再送到 DAC0832 将数字信号变为模拟信号的电路。其框图如图 8-19 所示。

图 8-19 模拟量采集再输出

(2) 设计一个用数码管显示模数 A/D 转换器采集输入电压的电路。其框图如图 8-20 所示:

(3) 设计一个用 ADC0809 转换模拟输入负电压电路。其框图如图 8-21 所示。

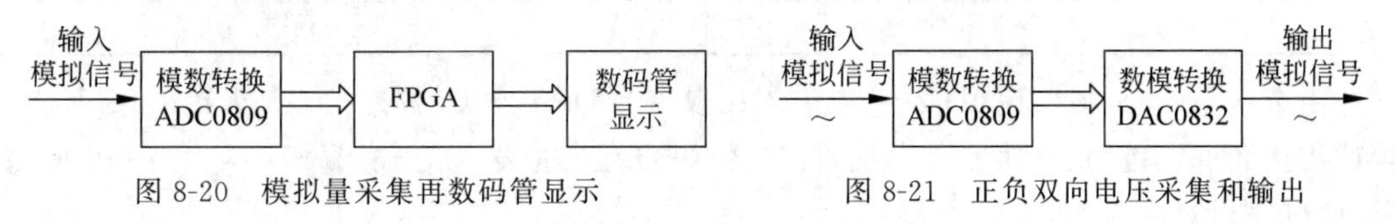

图 8-20 模拟量采集再数码管显示

图 8-21 正负双向电压采集和输出

8.6.1 ADC0809 转换器及其模数转换电路

1. ADC0809 转换器

ADC0809 带有 8 通道多路开关、单片 CMOS 器件,采用逐次逼近法进行转换。它的转换时间典型值为 100μs,分辨率为 8 位,转换误差小于$\pm$LSB/2,单电源 5V 供电,输入模拟电压范围为 0~5V,内部集成了可以锁存控制的 8 路模拟多路开关,输出采用三态输出锁存器,电平与 TTL 电平兼容。ADC0809 内部结构如图 8-22(a)所示,其引脚排列如图 8-22(b)所示。

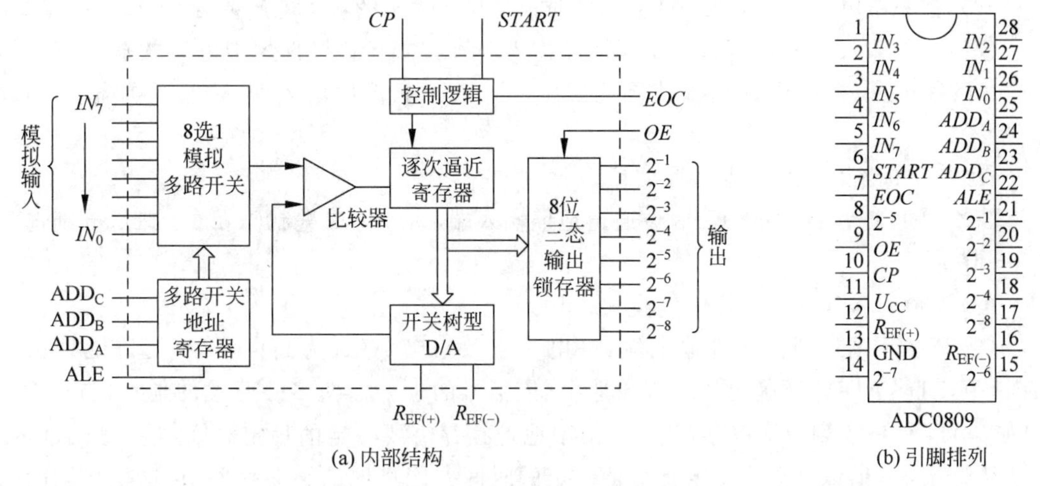

图 8-22 ADC0809 内部结构图及引脚排列

在 8 路模拟输入信号中选择哪一路输入信号进行转换,由多路开关地址寄存器决定。地址与输入选通对应关系见表 8-2。

表 8-2　地址与输入选通对应关系

备选模拟通道	地　　址		
	ADD_C	ADD_B	ADD_A
IN_0	0	0	0
IN_1	0	0	1
IN_2	0	1	0
IN_3	0	1	1
IN_4	1	0	0
IN_5	1	0	1
IN_6	1	1	0
IN_7	1	1	1

当选中某路时，该路模拟信号 V_X 进入比较器与 D/A 输出的 V_R 比较，直至 V_R 与 V_X 相等或到达允许误差为止，然后将对应 V_X 的数码寄存器值送三态输出锁存器。当 OE 有效时，便可输出对应 V_X 的 8 位数码。

ADC0809 的工作过程是：首先输入 3 位地址，并使 ALE=1，将地址存入地址寄存器中。此地址经译码选通 8 路模拟输入之一到比较器。START 上升沿将逐次逼近寄存器复位。下降沿启动 A/D 转换，之后 EOC 输出信号变低，指示转换正在进行。直到 A/D 转换完成，EOC 变为高电平，指示 A/D 转换结束，结果数据已存入锁存器，EOC 这个信号可用作中断申请。当 OE 输入高电平时，输出三态门打开，转换结果的数字量输出到数据总线上。

如果将 START 与 ALE 相连，则在通道地址选定的同时也开始 A/D 转换。若将 START 与 EOC 相连，上一次转换结束就开始下一次转换。当不需要高精度基准电压时，$R_{EF}(+)$、$R_{EF}(-)$，接系统电源 U_{CC} 和 GND 上。此时最低位所表示的输入电压值为 $5V/2^8=20mV$。

模拟量的输入有单极性输入和双极性输入两种方式。单极性模拟电压的输入范围为 0～5V，双极性模拟电压的输入范围为 −5～+5V。双极性输入时，需要外加输入偏置电路。

ADC0809 各引脚的功能说明如下：

(1) ADD_C、ADD_B、ADD_A：3 位通道地址输入端，为 3 位二进制码 000～111，分别选中 IN0～IN7。

(2) IN0～IN7：8 路模拟信号输入通道。

(3) ALE：地址锁存允许输入端(高电平有效)，当 ALE 为高电平时，允许地址信号 ADD_C、ADD_B、ADD_A 所确定的通道被选中(该信号的上升沿使多路开关的地址码 ADD_C、ADD_B、ADD_A 锁存到地址寄存器中)。由于地址锁存需要一定的稳定时间(最小为 100ns，最大为 200ns)，所以该电平一定要维持一定的时间方能将地址锁保存妥当，这里强调的是 ALE 一定为正脉冲。ALE 端可与 START 共用一正脉冲信号。

(4) START：启动信号输入端，此输入信号的上升沿使内部寄存器清零，下降沿使 A/D 转换器开始转换。

(5) EOC：A/D 转换结束信号，它在 A/D 转换开始时由高电平变为低电平，转换结束后，由低电平变为高电平，此信号的上升沿表示 A/D 转换完毕，常用做中断申请信号。当 ADC0809(0808)工作于自由运行方式时，START 端与 EOC 端相接，但转换开始时必须由外部加一启动正脉冲。

(6) OE：输出允许信号，高电平有效，用来打开三态输出锁存器，将数据送到数据总线。

(7) $D_0 \sim D_7$：8 位数字量输出端。

(8) CP：外部时钟信号输入端，改变外接 *RC* 元件，可改变时钟频率，从而决定 A/D 转换的速度。A/D 转换器的转换时间 T_C 约等于 64 个时钟周期，CP 的频率范围为 10～1280kHz。时钟脉冲典型频率为 640kHz 时，如果按照每通道的转换需 64 个时钟脉冲计算，则转换时间 T_C 为 100μs。当时钟脉冲频率为 500kHz 时，T_C 为 130μs。通常使用时，要求频率不超过 640kHz。

(9) $R_{EF(+)}$ 和 $R_{EF(-)}$：基准电压输入端，它们决定了输入模拟电压的最大值和最小值。

(10) GND：地线。

2. 模数转换电路

按图 8-23 所示电路接线，在这里采用"0"通道输入(不选择输入)，直通输入和输出，每按一次单脉冲按钮产生一次变换。首先调节输入电压，让输出刚好全为"1"，记下模拟电压值。然后调节输入模拟电压核对表 8-3 中输入模拟电压和输出的关系。

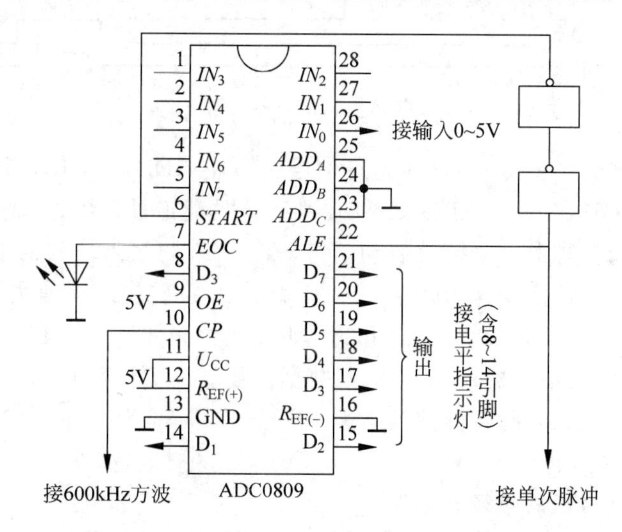

图 8-23 模数转换电路

表 8-3 输入模拟电压和输出的关系

输入模拟电压/V	输出							
	D_7	D_6	D_5	D_4	D_3	D_2	D_1	D_0
5.0000	1	1	1	1	1	1	1	1
2.5000	1	0	0	0	0	0	0	0
1.2500	0	1	0	0	0	0	0	0
0.6250	0	0	1	0	0	0	0	0
0.3125	0	0	0	1	0	0	0	0
0.1563	0	0	0	0	1	0	0	0

续表

输入模拟电压/V	输出							
	D_7	D_6	D_5	D_4	D_3	D_2	D_1	D_0
0.0781	0	0	0	0	0	1	0	0
0.0391	0	0	0	0	0	0	1	0
0.0195	0	0	0	0	0	0	0	1

特别提示：图 8-23 中的与非门是起延时作用，先给地址锁存信号 ALE，后给启动信号 START。每转换完一次 EOC 输出高电平。

8.6.2 FPGA 控制的模数转换电路

1. ADC0809 的工作时序图

ADC0809 的工作时序图如图 8-24 所示。

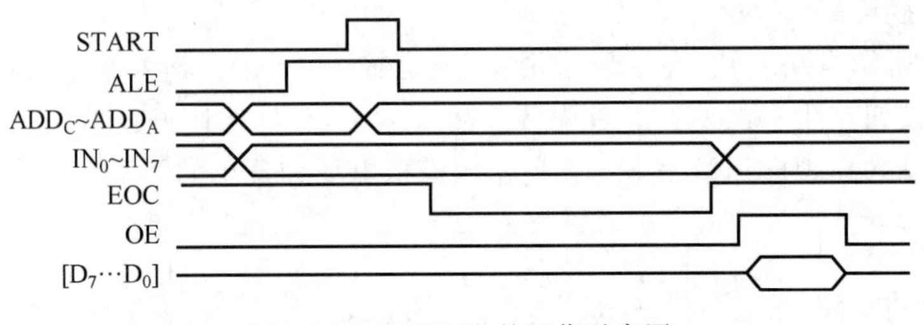

图 8-24 ADC0809 的工作时序图

首先给模拟信号输入 IN0～IN7 和地址信号 ADD_C、ADD_B、ADD_A，然后 ALE 地址锁存允许输入端为高电平时，ADD_C、ADD_B、ADD_A 所确定的通道被选中；地址码 ADD_C、ADD_B、ADD_A 锁存到地址寄存器中。紧接给启动信号 START，此输入信号的上升沿使内部寄存器清零，下降沿使 A/D 转换器开始转换。EOC 输出 A/D 转换结束信号，它在 A/D 转换开始时由高电平变为低电平，转换结束后，由低电平变为高电平。当 OE 输出允许信号，高电平有效时，打开三态输出锁存器，将数据送到数据总线。CP 外部时钟信号输入端，CP 的频率范围为 10～1280kHz。当时钟脉冲频率为 640kHz 时，T_C 为 100μs。当时钟脉冲频率为 500kHz 时，T_C 为 130μs。

2. FPGA 控制的模数转换硬件电路

此系统是用 ADC0809 对模拟信号采样后变为数字信号，由 FPGA 读入，再送到 DAC0832 将数字信号变为模拟信号，如图 8-25 所示。FPGA 内部的组成模块如图 8-26 所示。

特别提示：图 8-25 中的 10kΩ 电位器用于模拟信号输出调零，将 UA741 的 2 引脚接地，此时输入为 0，模拟信号输出也应为 0，如果不为零，就调节 10kΩ 电位器，使模拟信号输出为 0。

3. FPGA 控制的模数转换软件设计

图 8-25 中的 FPGA 是由程序生成的电路模块，如图 8-26 所示。包括两部分：分频电路 FEN 模块，将 4MHz 分频为 500kHz 给 ADC0809 的时钟输入 CLK。ADC0809 模块主要进行时序控制，对模拟信号采样，变为数字信号，由 FPGA 读入，再送到 DAC0832。

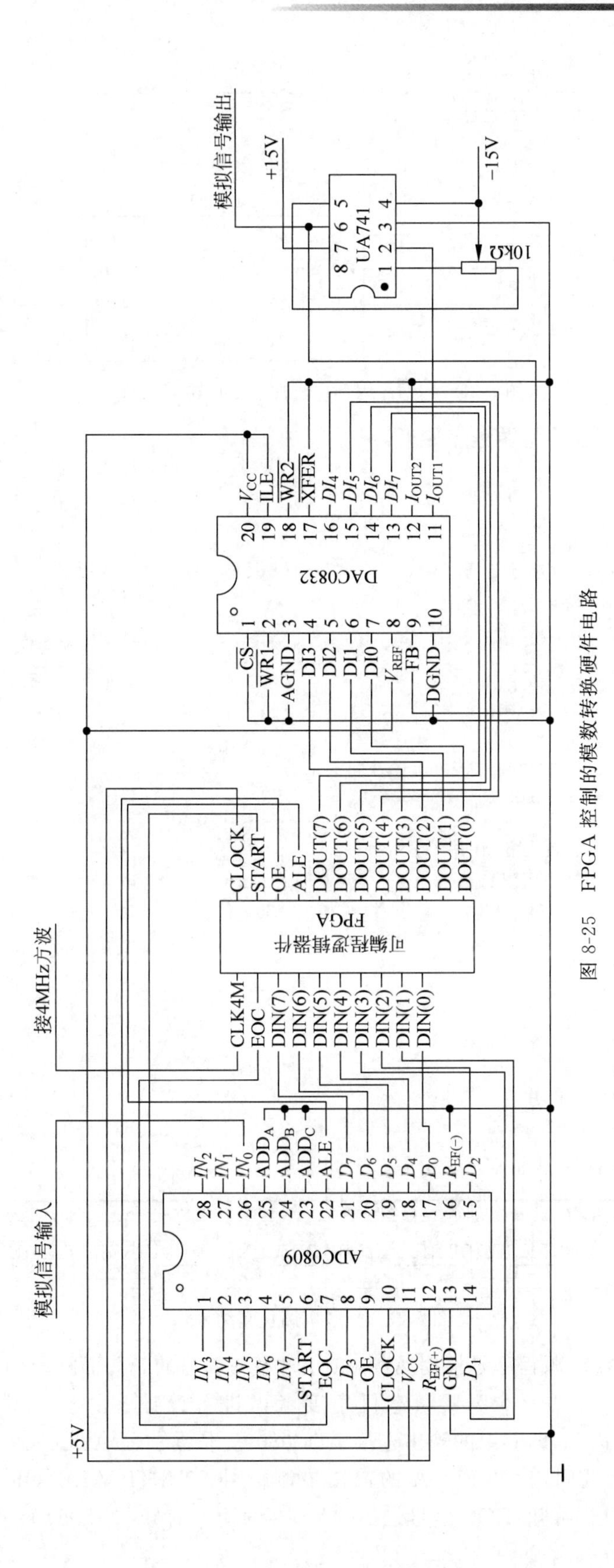

图 8-25 FPGA 控制的模数转换硬件电路

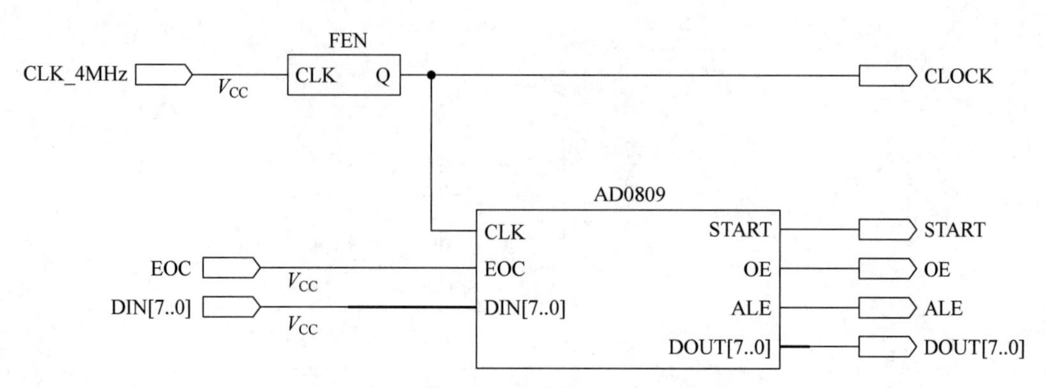

图 8-26　FPGA 内部由程序生成的电路模块

分频电路 FEN 模块的源程序如下：

【代码 8-10】

```
LIBRARY IEEE;
USE IEEE. STD_LOGIC_1164. ALL;
   ENTITY fen IS
      PORT( clk: IN STD_LOGIC;
         q:OUT STD_LOGIC);
   END fen;
   ARCHITECTURE fen_arc OF fen IS
   BEGIN
      PROCESS( clk)
      VARIABLE cnt:INTEGER RANGE 0 TO 3;
      VARIABLE x: STD_LOGIC;
      BEGIN
         IF clk'EVENT AND clk = '1' THEN
           IF cnt < 3 THEN
             cnt: = cnt + 1;
           ELSE
           cnt: = 0;
           x: = NOT x;
           END IF;
        END IF;
        q <= x;
      END PROCESS;
   END fen_arc;
```

分频电路的仿真结果如图 8-27 所示。

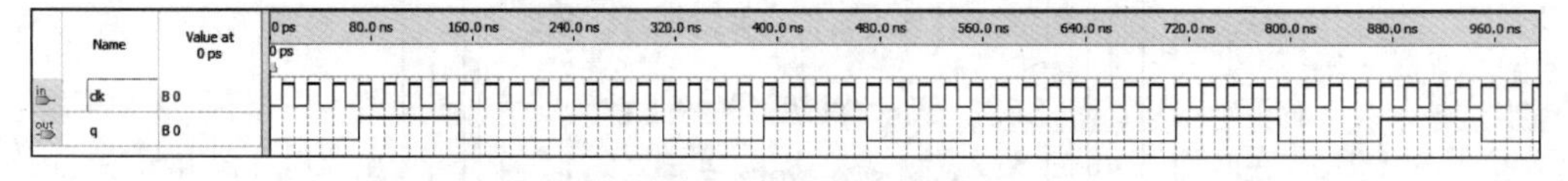

图 8-27　分频电路仿真结果

AD0809 控制模块源程序是根据 ADC0809 时序图编写的。前面提及，状态机是一种可以推广应用的思维方式。本例从状态机角度考虑进行设计。由于 FPGA 是用来控制 ADC0809 转换的，因此，FPGA 的输出连接 ADC0809。依据前面 ADC0809 的时序图，提取出关键信号：毫无疑问，包括 FPGA 的输出控制信号 START、ALE、OE。另外，由前面 ADC0809 的功能分析可知，EOC 信号是 ADC0809 的输出信号，在 A/D 转换开始时由高电平变为低电平，转换结束后，由低电平变为高电平，此信号的上升沿表示 A/D 转换完毕。它可以作为 FPGA 的输入信号，当转换结束时，可以开始下一个数据的转换，因此该信号也是影响状态 ADC0809 控制模块转换的输入信号。如图 8-28 所示，按照 ADC0809 控制模块各个信号取值的变化，可以依次划分成七个状态（st0，st1，st2，st3，st4，st5，st6），这些状态的转换依据时间顺序依次向下一个状态转换。状态转换如图 8-28 所示。

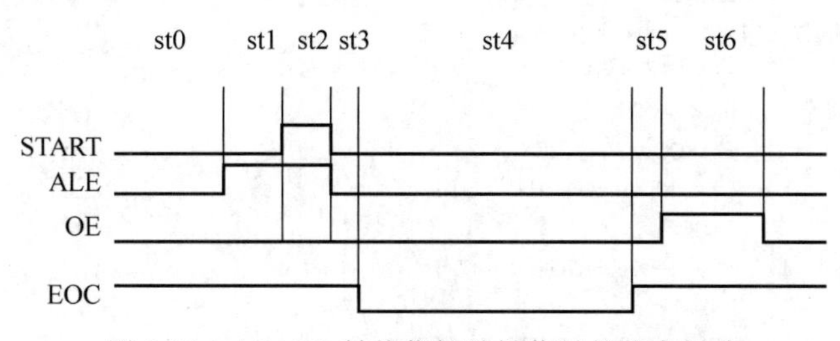

图 8-28 AD0809 转换依据关键信号的状态划分

ADC0809 控制模块源程序如下：

【代码 8-11】

```
LIBRARY IEEE;
USE IEEE.STD_LOGIC_1164.ALL;
USE IEEE.STD_LOGIC_ARITH.ALL;
USE IEEE.STD_LOGIC_UNSIGNED.ALL;
ENTITY ADC0809 IS
    PORT(
            Din:IN STD_LOGIC_VECTOR(7 DOWNTO 0);       --ADC0809 输出的采样数据
            CLK,EOC:IN STD_LOGIC;                      --时钟和转换标志信号
            START,ALE,OE:OUT STD_LOGIC;                --ADC0809 控制信号
            dout:OUT STD_LOGIC_VECTOR(7 DOWNTO 0)      --数码显示信号
        );
END AD0809;
ARCHITECTURE example OF ADC0809 IS
    TYPE STATES IS(ST0,ST1,ST2,ST3,ST4,ST5,ST6);      --定义子状态
    SIGNAL CURRENT_STATE,NEXT_STATE:STATES:= ST0;
    SIGNAL REGL:STD_LOGIC_VECTOR(7 DOWNTO 0);         --中间数据寄存信号
    SIGNAL QQ:STD_LOGIC_VECTOR(7 DOWNTO 0):= "00000000";
    BEGIN
    COM:PROCESS(CURRENT_STATE,EOC)
        BEGIN
            CASE CURRENT_STATE IS
              WHEN ST0 => NEXT_STATE <= ST1;
                  ALE <= '0';
                  START <= '0';
                  OE <= '0';
              WHEN ST1 => NEXT_STATE <= ST2;
                  ALE <= '1';
                  START <= '0';
                  OE <= '0';
              WHEN ST2 => NEXT_STATE <= ST3;
                  ALE <= '0';
                  START <= '1';
                  OE <= '0';
              WHEN ST3 => ALE <= '0';
```

```
                    START <= '0';
                OE <= '0';
                IF EOC = '1' THEN                        -- 检测 EOC 的下降沿
                    NEXT_STATE <= ST3;
                ELSE
                    NEXT_STATE <= ST4;
                END IF;
        WHEN ST4 => ALE <= '0';
                START <= '0';
                OE <= '0';
                IF EOC = '0' THEN
                    NEXT_STATE <= ST4;
                ELSE
                    NEXT_STATE <= ST5;
                END IF;
          WHEN ST5 => NEXT_STATE <= ST6;
                ALE <= '0';
                START <= '0';
                OE <= '1';
          WHEN ST6 => NEXT_STATE <= ST0;
                ALE <= '0';
                START <= '0';
                OE <= '1';
                REGL <= Din;
          WHEN OTHERS => NEXT_STATE <= ST0;
                ALE <= '0';
                START <= '0';
                OE <= '0';
        END CASE;
    END PROCESS;
CLOCK: PROCESS(CLK)                                      -- 状态转换
    BEGIN
        IF CLK'EVENT AND CLK = '1' THEN
          QQ <= QQ + 1;
          IF QQ = "11111111" THEN
              CURRENT_STATE <= NEXT_STATE;
          END IF;
        END IF;
    END PROCESS;
    dout <= REGL;
END example;
```

特别提示：ADC0809 控制模块源程序使用了状态机设计方法。

仿真结果如图 8-29 所示。

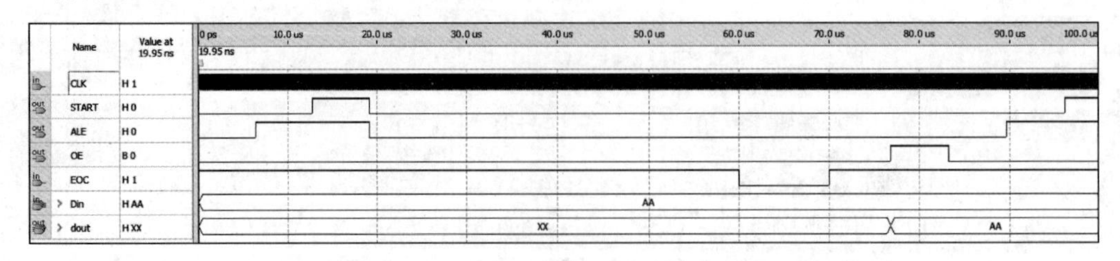

图 8-29　ADC0809 控制模块仿真结果

综合出来的状态转换图如图 8-30 所示,仔细分析,符合上面的状态划分的情况。

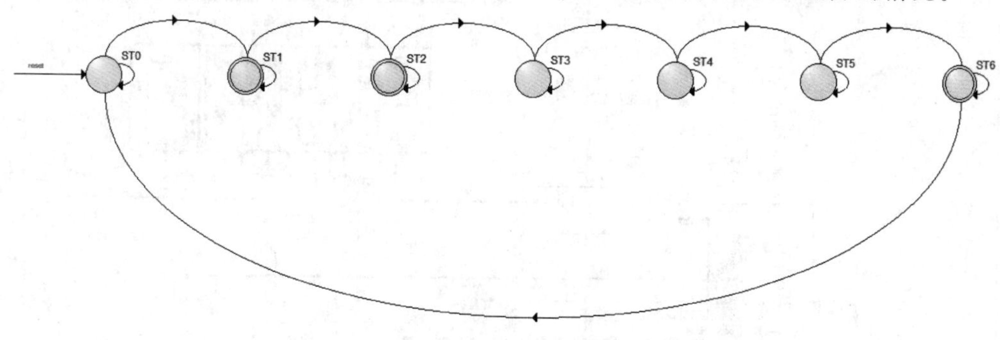

图 8-30 综合之后的状态转换图

8.6.3 用数码管显示模数转换器的输入电压

1. 用数码管显示模数转换器的输入电压电路图

用数码管显示模数转换器的输入电压电路图的输入部分如图 8-31 所示,图中 FEN 和 ADC0809 的设计同前所述;显示部分图 8-32 所示。

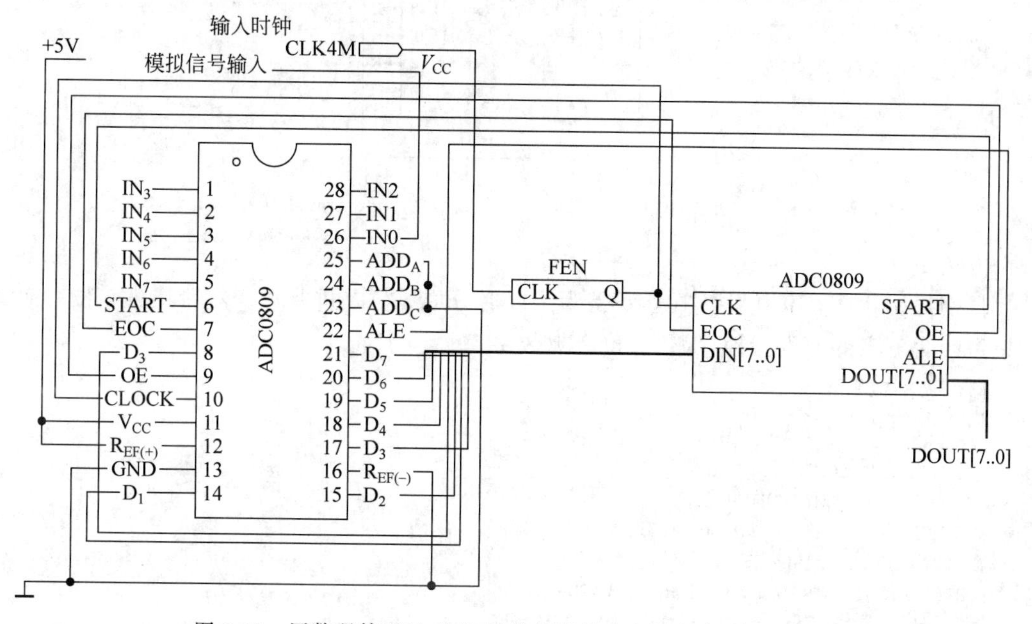

图 8-31 用数码管显示 A/D 转换器的输入电压电路(输入部分)

2. 用数码管显示模数转换器的输入电压源程序

前文看出,采用 VHDL 语言控制 ADC0809 对模拟量进行采集不难,难在将所得的数据进行转换,显示实际模拟量,这里以电压值为例(当然是 10 进制数),更难的是在转换方法上的运用,如何达到更高效率、资源占用率更低。

将二进制数转换 4 位十进数的 code_translate 模块如图 8-33 所示。

二进制数转换 4 位十进制数源程序,其思想是将输入二进制数变成十进制整数根据 $U_m = -U_{ref} \times [D_S/(2^8-1)]$是模拟电压,$D_S$ 是数字量二进制数,参考电压 U_{ref} 是 5V。将 D_S 乘以 5 除以 255,即除以 51,得到十进制数模拟电压。

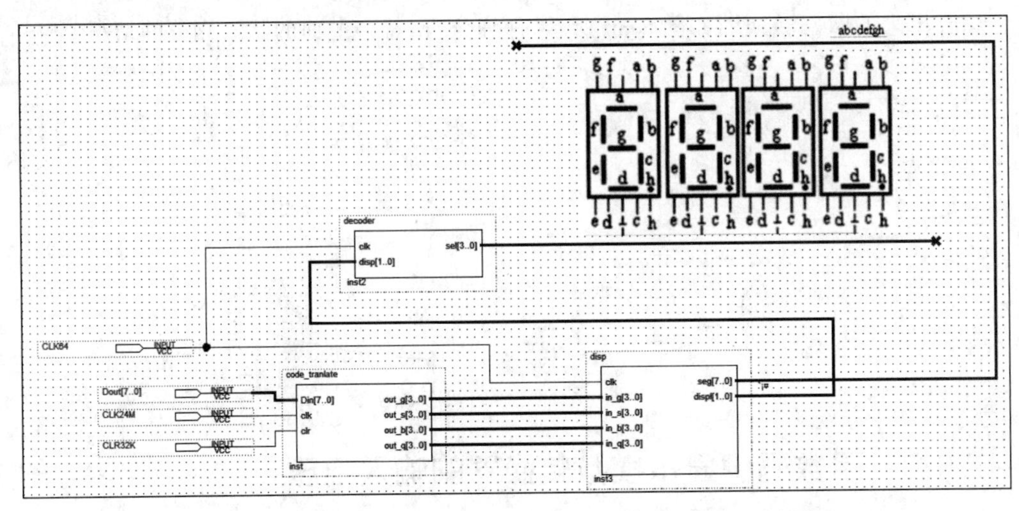

图 8-32　用数码管显示模数转换器的输入电压电路(显示部分)

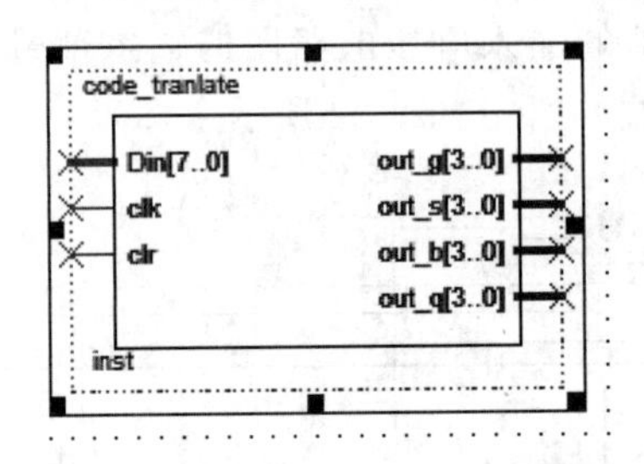

图 8-33　二进制数转换成 4 位十进制数的 code_translate 模块

方法 1

特别提示：源程序中乘以 10 000 是为了以后分成 5 位二进制数。然后将第 5 位有效数字按照四舍五入的原则去掉，保留 4 位有效数字。

【代码 8-12】

```
LIBRARY IEEE;
USE IEEE.STD_LOGIC_1164.ALL;
USE IEEE.STD_LOGIC_ARITH.ALL;
USE IEEE.STD_LOGIC_UNSIGNED.ALL;
ENTITY code_tranlate IS
PORT( Din: IN STD_LOGIC_VECTOR(7 DOWNTO 0);
    out_g,out_s,out_b,out_q:OUT STD_LOGIC_VECTOR(3 DOWNTO 0);
    clk, clr:IN STD_LOGIC);
END code_tranlate;
ARCHITECTURE def_arch OF code_tranlate IS
SIGNAL Dout_int : INTEGER RANGE 0 TO 50000;
SIGNAL Dout_int_div_10 : INTEGER RANGE 0 TO 5000;
SIGNAL Dout_vector_div_10 : STD_LOGIC_VECTOR(12 DOWNTO 0);
SIGNAL Dout_Lbit : INTEGER RANGE 0 TO 9;
SIGNAL Dout_round : INTEGER RANGE 0 TO 5000;
SIGNAL Dout_vector : STD_LOGIC_VECTOR(15 DOWNTO 0);
SIGNAL acc : STD_LOGIC;
FUNCTION HEX2DEC(data_in:STD_LOGIC_VECTOR(12 DOWNTO 0)) RETURN STD_LOGIC_VECTOR IS   -- 函数定义
VARIABLE data   : STD_LOGIC_VECTOR(12 DOWNTO 0);
```

```
VARIABLE data_out : STD_LOGIC_VECTOR(15 DOWNTO 0);
BEGIN
data : = data_in;
IF data > 4999 THEN
data_out(15 DOWNTO 12) : = "0101";
data : = data - 5000;
ELSIF data > 3999 THEN
data_out(15 DOWNTO 12) : = "0100";
data : = data - 4000;
ELSIF data > 2999 THEN
data_out(15 DOWNTO 12) : = "0011";
data : = data - 3000;
ELSIF data > 1999 THEN
data_out(15 DOWNTO 12) : = "0010";
data : = data - 2000;
ELSIF data > 999 THEN
data_out(15 DOWNTO 12) : = "0001";
data : = data - 1000;
ELSE
data_out(15 DOWNTO 12) : = "0000";
data : = data;
END IF;
IF data > 899 THEN
data_out(11 DOWNTO 8) : = x"9";
data : = data - 900;
ELSIF data > 799 THEN
data_out(11 DOWNTO 8) : = x"8";
data : = data - 800;
ELSIF data > 699 THEN
data_out(11 DOWNTO 8) : = x"7";
data : = data - 700;
ELSIF data > 599 THEN
data_out(11 DOWNTO 8) : = x"6";
data : = data - 600;
ELSIF data > 499 THEN
data_out(11 DOWNTO 8) : = x"5";
data : = data - 500;
ELSIF data > 399 THEN
data_out(11 DOWNTO 8) : = x"4";
data : = data - 400;
ELSIF data > 299 THEN
data_out(11 DOWNTO 8) : = x"3";
data : = data - 300;
ELSIF data > 199 THEN
data_out(11 DOWNTO 8) : = x"2";
data : = data - 200;
ELSIF data > 99 THEN
data_out(11 DOWNTO 8) : = x"1";
data : = data - 100;
ELSE
data_out(11 DOWNTO 8) : = x"0";
data : = data;
END IF;
IF data > 89 THEN
```

```
data_out(7 DOWNTO 4) := x"9";
data := data - 90;
ELSIF data > 79 THEN
data_out(7 DOWNTO 4) := x"8";
data := data - 80;
ELSIF data > 69 THEN
data_out(7 DOWNTO 4) := x"7";
data := data - 70;
ELSIF data > 59 THEN
data_out(7 DOWNTO 4) := x"6";
data := data - 60;
ELSIF data > 49 THEN
data_out(7 DOWNTO 4) := x"5";
data := data - 50;
ELSIF data > 39 THEN
data_out(7 DOWNTO 4) := x"4";
data := data - 40;
ELSIF data > 29 THEN
data_out(7 DOWNTO 4) := x"3";
data := data - 30;
ELSIF data > 19 THEN
data_out(7 DOWNTO 4) := x"2";
data := data - 20;
ELSIF data > 9 THEN
data_out(7 DOWNTO 4) := x"1";
data := data - 10;
ELSE
data_out(7 DOWNTO 4) := x"0";
data := data;
END IF;
data_out(3 DOWNTO 0) := data(3 DOWNTO 0);
RETURN data_out;
END HEX2DEC;                                              --函数定义结束
BEGIN                                                     --结构体开始
PROCESS(clk,Din,clr)
BEGIN
 IF clk'EVENT AND clk = '1' THEN
   IF clr = '0' THEN
      out_g <= "0000";
      out_s <= "0000";
      out_b <= "0000";
      out_q <= "0000";
    ELSE
        out_q <= Dout_vector(15 DOWNTO 12);               --高四位,千位
      out_b <= Dout_vector(11 DOWNTO 8);
      out_s <= Dout_vector(7 DOWNTO 4);
      out_g <= Dout_vector(3 DOWNTO 0);                   --低四位,个位
   END IF;
 END IF;
END PROCESS;
Dout_int <= CONV_INTEGER(Din) * 10000/51;
Dout_Lbit <= Dout_int - Dout_int/10 * 10;                 --得出 Dout_int 的个位数据
acc <= '1' WHEN Dout_Lbit > 4 AND Dout_Lbit < 10 ELSE '0'; --确定是否四舍五入
Dout_int_div_10 <= Dout_int/10;                           --不管怎样只要前4位有效数据
```

```
Dout_round <=  Dout_int_div_10 + 1 WHEN acc = '1' ELSE Dout_int_div_10;   -- 是否四舍五入
Dout_vector_div_10 <= CONV_STD_LOGIC_VECTOR(Dout_round,13);
Dout_vector <=  HEX2DEC(Dout_vector_div_10);          -- 得出千位、百位、十位、个位
END def_arch;
```

其仿真结果如图 8-34 所示。

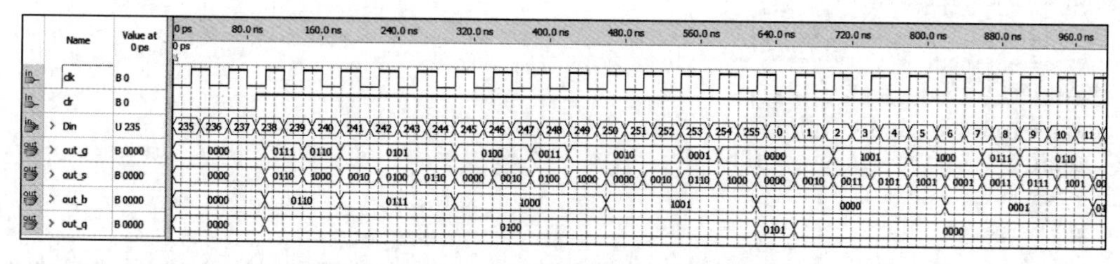

图 8-34　code_translate 模块仿真结果(方法 1)

方法 2

特别提示：以 230/51＝4.50 为例，方法 2 分三步计算得出每步的商。

被 除 数	除　数	商	余　数
230	51	4	26
26 * 10	51	5	5
5 * 10	51	0	50

此方法没有四舍五入。

【代码 8-13】

```
LIBRARY IEEE;
USE IEEE.STD_LOGIC_1164.ALL;
USE IEEE.STD_LOGIC_ARITH.ALL;
USE IEEE.STD_LOGIC_UNSIGNED.ALL;
ENTITY code_tranlate_2 IS
PORT( Din: IN STD_LOGIC_VECTOR(7 DOWNTO 0);
    out_g,out_s,out_b,out_q:OUT STD_LOGIC_VECTOR(3 DOWNTO 0);
    clk, clr:IN STD_LOGIC);
END code_tranlate_2;
ARCHITECTURE def_arch OF code_tranlate_2 IS
SIGNAL Dout_int : INTEGER RANGE 0 TO 255;
SIGNAL buf1000,buf100,buf10,buf1 : INTEGER RANGE 0 TO 50;
SIGNAL V3 : INTEGER RANGE 0 TO 5;
SIGNAL V2,V1,V0 : INTEGER RANGE 0 TO 9;
BEGIN
PROCESS(clk,Din,clr)
BEGIN
 IF clk'EVENT AND clk =  '1' THEN
   IF clr =  '0' THEN
      out_g <= "0000";
      out_s <= "0000";
      out_b <= "0000";
      out_g <= "0000";
    ELSE
        out_q <= CONV_STD_LOGIC_VECTOR(V3,4);          -- 高四位,千位
      out_b <= CONV_STD_LOGIC_VECTOR(V2,4);
      out_s <= CONV_STD_LOGIC_VECTOR(V1,4);
```

```
        out_g <= CONV_STD_LOGIC_VECTOR(V0,4);              -- 低四位,个位
        END IF;
      END IF;
  END PROCESS;
  Dout_int <= CONV_INTEGER(Din);
  V3 <= Dout_int/51;
  buf1000 <= (Dout_int - V3 * 51);
  V2 <= buf1000 * 10/51;
  buf100 <= (Dout_int - V2 * 51);
  V1 <= buf100 * 10/51;
  buf10 <= (buf100 * 10 - V1 * 51);
  V0 <= buf10 * 10/51;
  END def_arch;
```

仿真结果如图 8-35 所示,对比方法 1 和方法 2 所得仿真结果,发现方法 2 的精度略差,而方法 1 由于考虑了四舍五入原则,因而精度较高。请读者思考比较。

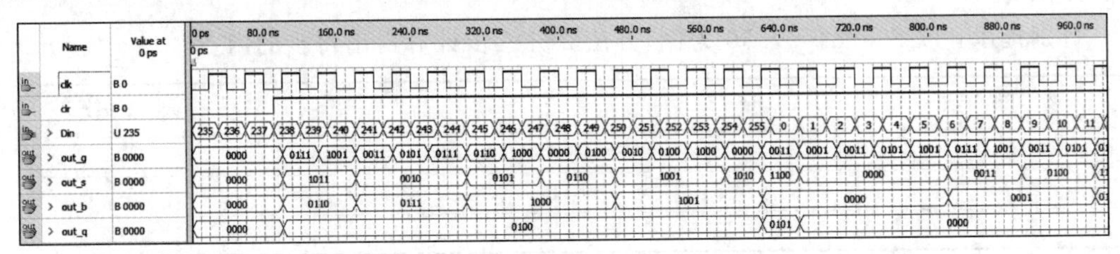

图 8-35　code_translate 模块仿真结果(方法 2)

将 4 位十进制数转换为数码管字符显示的 DISP 模块如图 8-36 所示。

图 8-36　4 位十进制转换数码管字符 DISP 模块

4 位十进制数转换为数码管字符显示的源程序如下:

【代码 8-14】

```
LIBRARY IEEE;
USE IEEE. STD_LOGIC_1164. ALL;
USE IEEE. STD_LOGIC_UNSIGNED. ALL;
USE IEEE. STD_LOGIC_ARITH. ALL;
ENTITY disp IS
   PORT ( clk: IN STD_LOGIC;
      in_g:IN STD_LOGIC_VECTOR( 3 DOWNTO 0) ;     -- 待显示个位
      in_s:IN STD_LOGIC_VECTOR( 3 DOWNTO 0) ;     -- 待显示十位
      in_b:IN STD_LOGIC_VECTOR( 3 DOWNTO 0) ;     -- 待显示百位
      in_q:IN STD_LOGIC_VECTOR( 3 DOWNTO 0) ;     -- 待显示千位
      seg:OUT STD_LOGIC_VECTOR( 7 DOWNTO 0) ;     -- 八段数码管
      displ:OUT STD_LOGIC_VECTOR(1 DOWNTO 0)      -- 数码管选择
   );
END disp;
ARCHITECTURE arch OF disp IS
SIGNAL mid: STD_LOGIC_VECTOR( 4 DOWNTO 0) ;
SIGNAL  disp2 : STD_LOGIC_VECTOR( 1  DOWNTO  0 ) ;
BEGIN
PROCESS ( clk, in_g, in_s, in_b, in_q)
BEGIN
   IF clk'EVENT AND clk  =  '1' THEN
      IF disp2  =  "11" THEN
```

```
        disp2 <= "00";
      ELSE
        disp2 <= disp2 + 1;
      END IF;
        displ <= disp2;
      CASE disp2 IS
      WHEN "10"  => mid <=  '0'&in_g;
      WHEN "01"  => mid <=  '0'&in_s;
      WHEN "00"  => mid <=  '0'&in_b;
      WHEN "11"  => mid <=  '1'&in_q;              -- 高位加小数点
      WHEN OTHERS   => NULL;
      END CASE;
      CASE mid IS
      WHEN "00000"  => seg <=  "00111111";
      WHEN "00001"  => seg <=  "00000110";
      WHEN "00010"  => seg <=  "01011011";
      WHEN "00011"  => seg <=  "01001111";
      WHEN "00100"  => seg <=  "01100110";
      WHEN "00101"  => seg <=  "01101101";
      WHEN "00110"  => seg <=  "01111101";
      WHEN "00111"  => seg <=  "00000111";
      WHEN "01000"  => seg <=  "01111111";
      WHEN "01001"  => seg <=  "01101111";
      WHEN "10000"  => seg <=  "10111111";
      WHEN "10001"  => seg <=  "10000110";
      WHEN "10010"  => seg <=  "11011011";
      WHEN "10011"  => seg <=  "11001111";
      WHEN "10100"  => seg <=  "11100110";
      WHEN "10101"  => seg <=  "11101101";
      WHEN "10110"  => seg <=  "11111101";
      WHEN "10111"  => seg <=  "10000111";
      WHEN "11000"  => seg <=  "11111111";
      WHEN "11001"  => seg <=  "11101111";
      WHEN OTHERS => NULL;
      END CASE;
    END IF;
  END PROCESS;
  END arch;
```

仿真结果如图8-37所示，显示顺序依次为百位、十位、个位、千位。数码管8段的对应关系请自行核对。

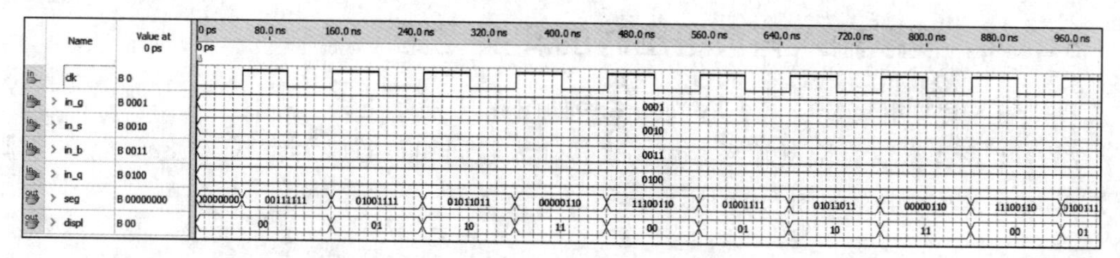

图8-37　DISP模块仿真波形

数码管阴极扫描 2 线-4 线译码模块如图 8-38 所示。

数码管阴极扫描 2 线-4 线译码源程序如下：

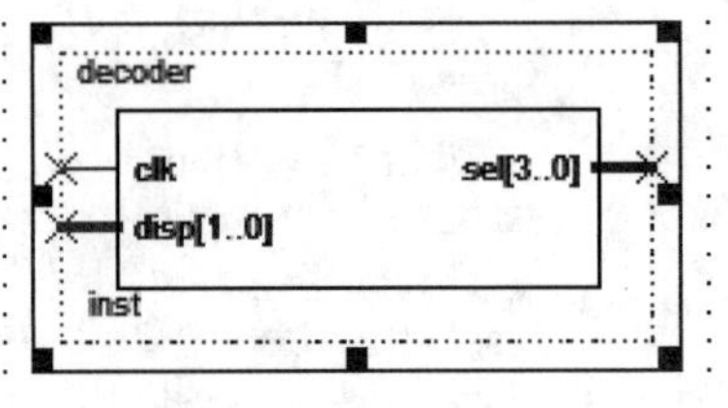

图 8-38 数码管阴极扫描 2 线-4 线译码模块

【代码 8-15】

```
LIBRARY IEEE;
 USE IEEE. STD_LOGIC_1164. ALL;
 USE IEEE. STD_LOGIC_UNSIGNED. ALL;
 USE IEEE. STD_LOGIC_ARITH. ALL;
 ENTITY decoder IS
   PORT ( clk: IN STD_LOGIC;
      disp:IN STD_LOGIC_VECTOR(1 DOWNTO 0) ;
      sel:OUT STD_LOGIC_VECTOR(3 DOWNTO 0)
  );
 END decoder;
 ARCHITECTURE arch OF decoder IS
 BEGIN
    PROCESS (clk)
    BEGIN
    IF clk'EVENT AND clk = '1' THEN
      CASE disp IS
         WHEN "10" => sel<= "0111";
         WHEN "01" => sel<= "1011";
         WHEN "00" => sel<= "1101";
         WHEN "11" => sel<= "1110";
         WHEN OTHERS   => NULL;
      END CASE;
    END IF;
    END PROCESS;
END arch;
```

2 线-4 线译码部分的仿真结果如图 8-39 所示。

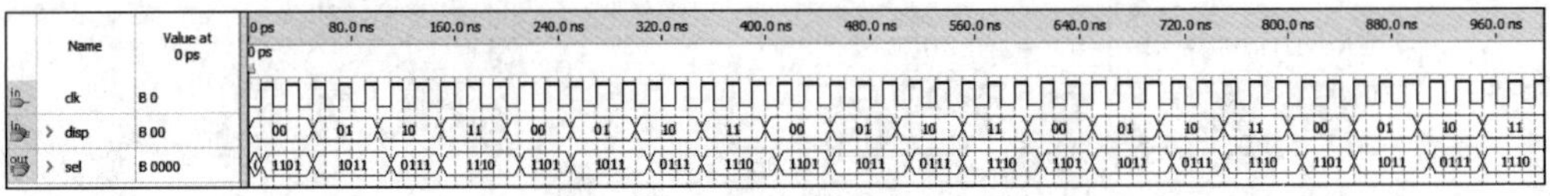

图 8-39 2 线-4 线译码部分的仿真结果

特别提示：QuartusⅡ支持整数乘法和除法，除法只能除以 2 的多少次方，如 2、4、8、16、32、64、128、256 等。系统规划整个电路的时钟信号。用一个高频率的时钟信号经适当的分频得到若干个时钟信号，使输入信号个数减少。即图 8-31 和图 8-32 中的所有时钟信号由高频率的时钟信号 24MHz，经适当的分频得到 4MHz、32kHz、64Hz 时钟信号。

8.6.4 模拟输入有负电压时的转换电路

模拟输入有负电压(−5～+5V)时，采用如图 8-40 所示电路。

图 8-40 中二极管是限制输入幅度。模拟输入经同相跟随放大使 ADC0809 的 26 引脚总是正电压。等效电路如图 8-41 所示。

$$V_0=\frac{V_i-5}{20}\times 10+5$$

由于 V_i(−5～+5V)变化，所以 26 引脚总是正电压。

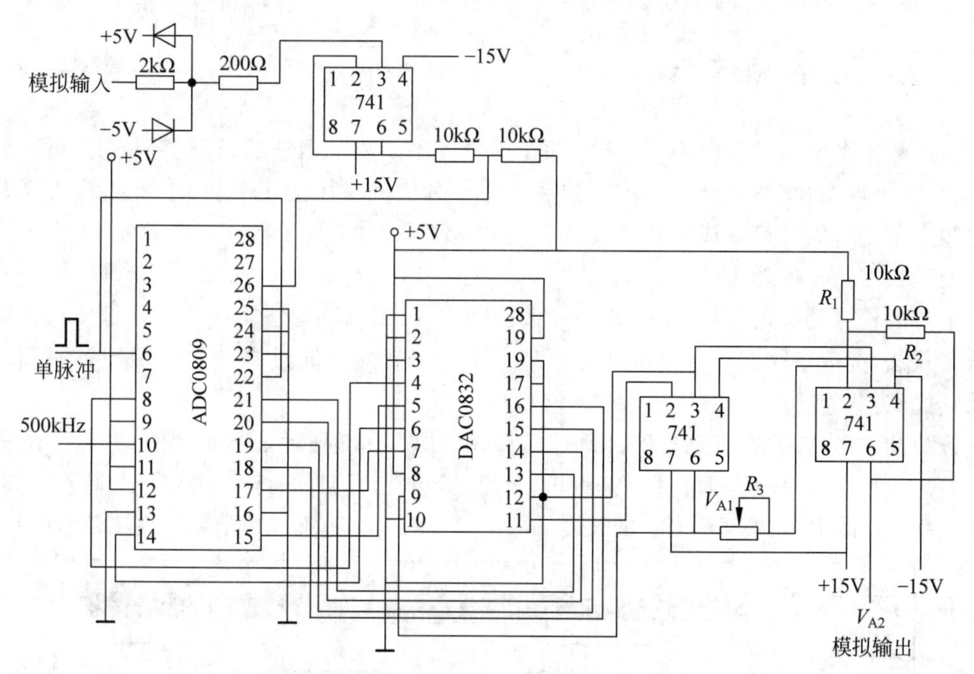

图 8-40　模拟输入有负电压时的转换电路

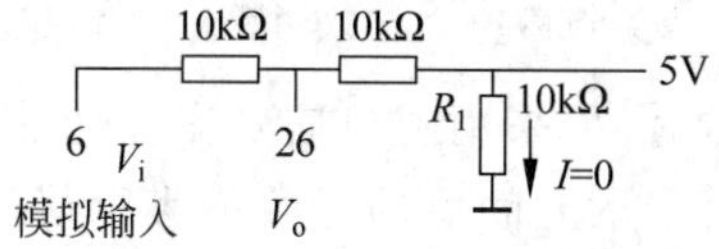

图 8-41　等效电路

为了将模拟电流转换为模拟电压，需把 DAC0832 的两个输出端 IOUT1 和 IOUT2 分别接到运算放大器的两个输入端，经过一级运放得到单极性输出电压 V_{A1}。当需要把输出电压转换为双极性输出时，可由第二级运放对 V_{A2} 及基准电压 U_{ref} 反相求和，得到双极性输出电压 V_{A2} 如图 8-40 所示，电路为 8 位数字量 DI7～DI0 经 D/A 转换器转换为双极性电压输出的电路图。

第一级运放的输出电压为

$$V_{A1} = -V_{ref} \times \frac{D}{2^8}$$

其中，D 为数字量的十进制数。

第二级运放的输出电压为

$$V_{A2} = -\left(\frac{R_2}{R_3}V_{A1} + \frac{R_2}{R_1}U_{ref}\right)$$

当 $R_1 = R_2 = 2R_3$ 时，则

$$V_{A2} = -(2V_{A1} + U_{ref}) = \frac{D-128}{128}U_{ref}$$

$D>128$ 时，V_{A2} 为正；$D<128$ 时，V_{A2} 为负。

8.7 数字频率计

现代数字系统的设计离不开各种先进的仪器，比如数字示波器、逻辑分析仪、频谱分析仪、信号发生器、数字频率计等。数字频率计是一种极其常用的工具，用于检测输入周期信号的频率。随着大规模集成电路的发展，很多芯片内部也集成了数字测频单元，大大增强了芯片处理数字信号的能力。

本节的任务是利用 VHDL 设计一种数字频率计，用两种方法实现。一种是使用传统的计数测频法，另一种是基于等精度测频原理。希望读者能够通过本节的学习理解测频的原理及其优缺点。

计数测频是传统的测频方法，原理非常简单，如图 8-42 所示，clk 是待测信号，gate 是闸门信号。所谓闸门信号是非常生动的称谓，意思是当闸门开启的时候计数，当闸门闭合的时候停止计数。在图中，如果闸门开启的长度 gate 等于 1s 的话，那么计数值就是被测信号的频率。

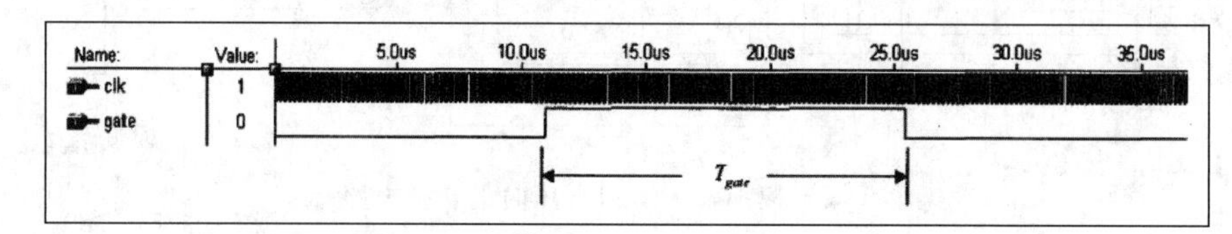

图 8-42 计数测频原理

实现方法是，在测量频率的时候，采用闸门信号作为计数使能，以待测信号作为计数时钟，用一个计数器在闸门信号开启的时间里的计数值表示待测信号的频率。实现起来非常简单，但是细心的读者可能已经发现，这种测频法可能在计数时少计或者多计被测信号周期，导致误差的发生。一般的，在测量高频信号时，误差可以近似忽略不计；随着测量频率降低，误差增大。

尽管如此，在一般的应用中，尤其待测信号频率较高时，这种方法能够满足要求。本章设计的计数式频率计在待测信号频率大于 1kHz 时，精度大于 99.9%。

8.7.1 总体设计要求和设计实现思路

在这个设计中，要设计的频率计测量范围是 1Hz～1MHz，结果用 4 个七段数码管显示。为了提高精度，量程分为 4 档，分别是：1～999Hz，1.000～9.999kHz，10.00～99.99kHz，100.0～999.9kHz。当频率超过量程时，4 个数码管全灭，具体功能如下：

(1) 测量时，读数不随计数变化；测量结束后，显示 3s，重新测量。

(2) 小数点自动移位。

(3) 超量程时，4 个数码管全灭。

(4) 自动清零，每 4 秒测量一次，每次测量无须复位。

本节设计的数字频率计系统，根据功能可以划分为四个模块：时钟模块、计数模块、锁存模块、显示模块。系统的组成如图 8-43 所示：

1. 时钟模块

时钟模块的输入是晶振频率，设计为 1MHz。对其分频，得到闸门信号和显示扫描信号，前者占空比为 1/4，频率为 0.25Hz，后者占空比为 1/2，频率为 1kHz。

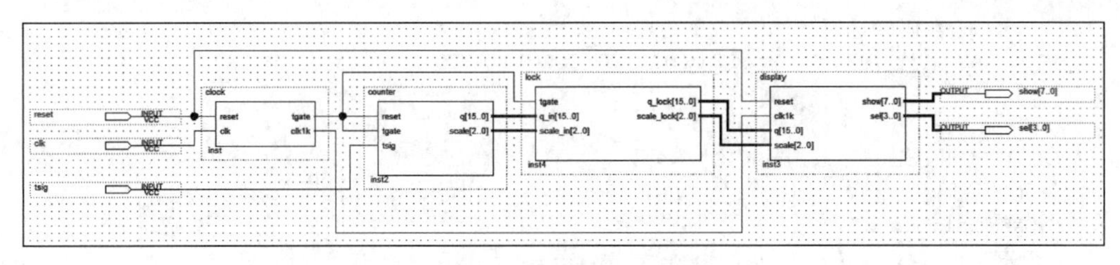

图 8-43 数字频率计整体组成

2. 计数模块

在闸门信号开启时计数，以被测信号为计数时钟，计数值从 0～999999，由于输出要求是 4 位十进制数，所以根据大小，分为 4 档，选择 4 位十进制数字输出，其余忽略，档位数据也一并输出。

3. 锁存模块

锁存模块的作用是在闸门信号的下降沿，将计数模块输出锁存，交给显示模块显示。

4. 显示模块

显示模块先将输入的 4 位十进制数译码，在七段数码管上显示。然后，在显示扫描时钟的作用下，将数码管逐个选通，输出译码，交替扫描。由于扫描频率为 1kHz，看起不会有闪烁的感觉。

主要根据小数点的位置辨别频率范围。

≥1MHz，数码管全灭；

100.0～999.9kHz，显示“xxx. X”；

10.00～99.99kHz. 显示“xx. XX”；

1.000～9.999kHz，显示“X. XXX”；

1～999Hz. 显示“XXX”，无小数点。

8.7.2 各模块具体设计实现及仿真

1. 顶层模块设计

顶层的文件 cymometer. vhd 如代码 8-16 所示。

【代码 8-16】

```
-- cymometer. vhd

LIBRARY IEEE;
USE IEEE.STD_LOGIC_1164.ALL;
USE IEEE.STD_LOGIC_UNSIGNED.ALL;
USE IEEE.STD_LOGIC_ARITH.ALL;
ENTITY cymometer IS
    PORT(
        -- 复位信号
        reset     : IN        STD_LOGIC;
        -- 时钟信号
        clk       : IN        STD_LOGIC;
        -- 待测信号
        tsig      : IN        STD_LOGIC;
        -- 显示输出
        show      : OUT       STD_LOGIC_VECTOR(7 DOWNTO 0);
```

```
        -- 数码管选通
        sel       : OUT       STD_LOGIC_VECTOR(3 DOWNTO 0)
        );
END cymometer;
ARCHITECTURE rtl of cymometer IS
-- 元件说明
COMPONENT clock
    PORT(
        -- 复位信号
        reset     : IN        STD_LOGIC;
        clk       : IN        STD_LOGIC;
        -- 闸门信号
        tgate     : OUT       STD_LOGIC;
        -- 1kHZ 显示扫描时钟
        clk1k     : OUT       STD_LOGIC
        );
END COMPONENT;
COMPONENT counter
    PORT(
        -- 全局复位
        reset     : IN        STD_LOGIC;
        -- 闸门信号
        tgate     : IN        STD_LOGIC;
        -- 待测信号
        tsig      : IN        STD_LOGIC;
        -- 计数输出
        q         : OUT       STD_LOGIC_VECTOR(15 DOWNTO 0);
        -- 档位输出
        scale     : OUT       STD_LOGIC_VECTOR(2 DOWNTO 0)
        );
END COMPONENT;
COMPONENT lock
    PORT(
        -- 闸门信号
        tgate     : IN        STD_LOGIC;
        -- 输入信号
        q_in      : IN        STD_LOGIC_VECTOR(15 DOWNTO 0);
        scale_in  : IN        STD_LOGIC_VECTOR(2 DOWNTO 0);
        -- 锁存信号
        q_lock    : OUT       STD_LOGIC_VECTOR(15 DOWNTO 0);
        scale_lock OUT        STD_LOGIC_VECTOR(2 DOWNTO 0)
        ) ;
END COMPONENT;
COMPONENT display
    PORT(
        -- 复位信号
        reset     : IN        STD_LOGIC;
        -- 时钟信号
        clk1k     : IN        STD_LOGIC;
        -- 计数值
        q         : IN        STD_LOGIC_VECTOR(15 DOWNTO 0);
        -- 档位
        scale     : IN        STD_LOGIC_VECTOR(2 DOWNTO 0);
        -- 7 段数码管译码输出
```

```
        show      : OUT       STD_LOGIC_VECTOR(7 DOWNTO 0);
        -- 数码管选择
        sel       : OUT       STD_LOGIC_VECTOR(3 DOWNTO 0)
        );
END COMPONENT;
-- 信号说明
SIGNAL tgate      : STD_LOGIC;
SIGNAL clk1k      : STD_LOGIC;
SIGNAL q_cnt      : STD_LOGIC_VECTOR(15 DOWNTO 0);
SIGNAL scale_cnt : STD_LOGIC_VECTOR(2 DOWNTO 0);
SIGNAL q_lock     : STD_LOGIC_VECTOR(15 DOWNTO 0);
SIGNAL scale_lock: STD_LOGIC_VECTOR(2 DOWNTO 0);
BEGIN
    --------------------------------------------------------------------
    --元件例化
    --------------------------------------------------------------------
    CLOCKING: clock
    PORT MAP(
          -- 复位信号
          reset   => reset,
          clk     => clk,
          -- 闸门信号
          tgate   => tgate,
          -- 1kHZ 显示扫描时钟
          clk1k   => clk1k
          );
    CNT_CONTROL: counter
    PORT MAP(
          -- 全局复位
          reset   => tgate,
          -- 闸门信号
          tgate   => tgate,
          -- 待测信号
          tsig    => tsig,
          -- 计数输出
          q       => q_cnt,
          -- 档位输出
          scale   => scale_cnt
      );
    LOCK_CINTROL: lock
    PORT MAP(
          -- 闸门信号
          tgate   => tgate,
          -- 输入信号
          q_in    => q_cnt,
          scale_in => scale_cnt,
          -- 锁存信号
          q_lock  => q_lock,
          scale_lock   => scale_lock
          ) ;
    DISPLAY_CONTROL: display
    PORT MAP(
          -- 复位信号
          reset   => reset,
```

```
        -- 时钟信号
        clk1k   => clk1k,
        -- 计数值
        q       => q_lock,
        -- 档位
        scale   => scale_lock,
        -- 7段数码管译码输出
        show    => show,
        -- 数码管选择
        sel     => sel
        );
END rtl;
```

图8-44和图8-45是系统的仿真波形图,预置晶振时钟为1MHz,待测周期信号频率为4kHz。从图8-44可以看到,数字频率计在测量的时候,4个数码管显示的都是0。当测量完成时,显示数据。图8-45可以看到测量的结果,扫描输出顺序从右至左,读数是0,0,0,4,小数点在左边第1位,即4.000kHz。

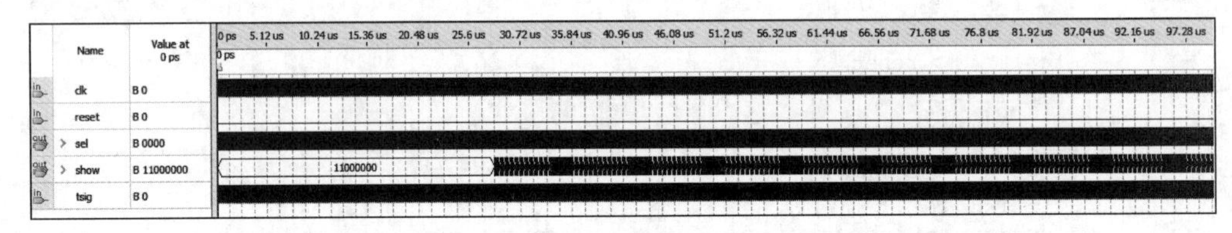

图8-44　顶层cymometer模块的仿真结果(整图)

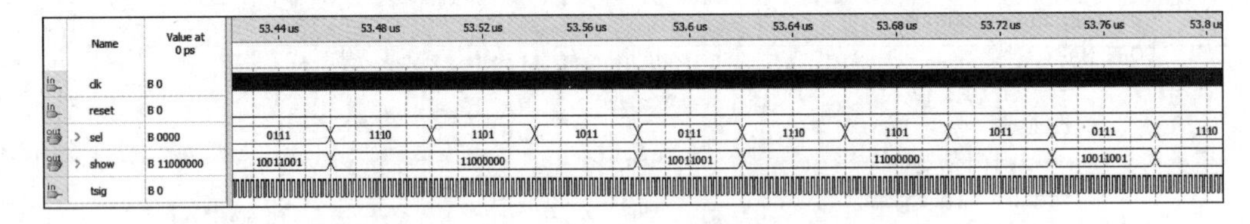

图8-45　顶层cymometer模块的仿真结果(局部放大图)

这里将介绍各个模块的设计思路与具体实现,并给出仿真波形。

2. 时钟模块

时钟模块产生显示扫描时钟和闸门信号,后者是占空比1/4,频率0.25Hz的方波,周期为4s,其中1s闸门开启,3s闸门闭合,显示测量值。为了节省可编程器件的资源,在显示扫描时钟的1kHz基础上,再进行分频,得到1Hz频率。至于调整占空比,非常简单,状态机或者整数计数都可以,这里使用的是后者。

描述时钟模块的VHDL程序。

【代码8-17】

```
-- clock.vhd
LIBRARY IEEE;
USE IEEE.STD_LOGIC_1164.ALL;
USE IEEE.STD_LOGIC_UNSIGNED.ALL;
USE IEEE.STD_LOGIC_ARITH.ALL;
ENTITY clock IS
    PORT(
        -- 复位信号
        reset     : IN          STD_LOGIC;
```

```
        clk       : IN        STD_LOGIC;
        -- 闸门信号
        tgate     : OUT       STD_LOGIC;
        -- 1kHZ 显示扫描时钟
        clk1k     : OUT       STD_LOGIC
        );
END clock;
ARCHITECTURE rtl OF clock IS
-- 常数说明
CONSTANT RESET_ACTIVE   : STD_LOGIC := '1';
-- 信号说明
SIGNAL clk1k_reg : STD_LOGIC;
SIGNAL clk1Hz    : STD_LOGIC;
SIGNAL tgate_reg : STD_LOGIC;

BEGIN
    ---------------------------------------------------------------
    -- 1KHz 显示扫描时钟
    ---------------------------------------------------------------
    Clk1k_Proc: PROCESS(reset,clk)
    VARIABLE cnt : INTEGER RANGE 0 TO 499;
    BEGIN
        IF reset = RESET_ACTIVE THEN
            cnt := 0;
        ELSIF RISING_EDGE(clk) THEN
            IF cnt = 99 THEN                    -- 499 THEN
                cnt := 0;
                clk1k_reg <= not clk1k_reg;
            ELSE
                cnt := cnt + 1;
            END IF;
        END IF;
    END PROCESS;
    clk1k <= clk1k_reg;
    ---------------------------------------------------------------
    -- 1KHz 分频得到 1Hz
    ---------------------------------------------------------------
    Clk1Hz_Proc: PROCESS(reset,clk1k_reg)
    VARIABLE cnt2 : INTEGER RANGE 0 TO 499;
    BEGIN
        IF reset = RESET_ACTIVE THEN
            cnt2 := 0;
        ELSIF RISING_EDGE(clk1k_reg) THEN
            IF cnt2 = 99 THEN                   -- 499 THEN
                cnt2 := 0;
                clk1Hz <= not clk1Hz;
            ELSE
                cnt2 := cnt2 + 1;
            END IF;
        END IF;
    END PROCESS;
    ---------------------------------------------------------------
    -- 占空比 1/4,频率 0.25Hz 的闸门信号
    ---------------------------------------------------------------
```

```
    Tgate_Proc: PROCESS(reset,clk1Hz)
    VARIABLE cnt3 : INTEGER RANGE 0 TO 3;
    BEGIN
        IF reset = RESET_ACTIVE THEN
            cnt3 := 0;
            tgate_reg <= '0';
        ELSIF RISING_EDGE(clk1Hz) THEN
            IF cnt3 = 2 THEN
                tgate_reg <= '1';
                cnt3 := 3;
            ELSIF cnt3 = 3 THEN
                tgate_reg <= '0';
                cnt3 := 0;
            ELSE
                cnt3 := cnt3 + 1;
            END IF;
        END IF;
    END PROCESS;
    tgate <= tgate_reg;
END rtl;
```

时钟模块的仿真波形如图 8-46 所示。

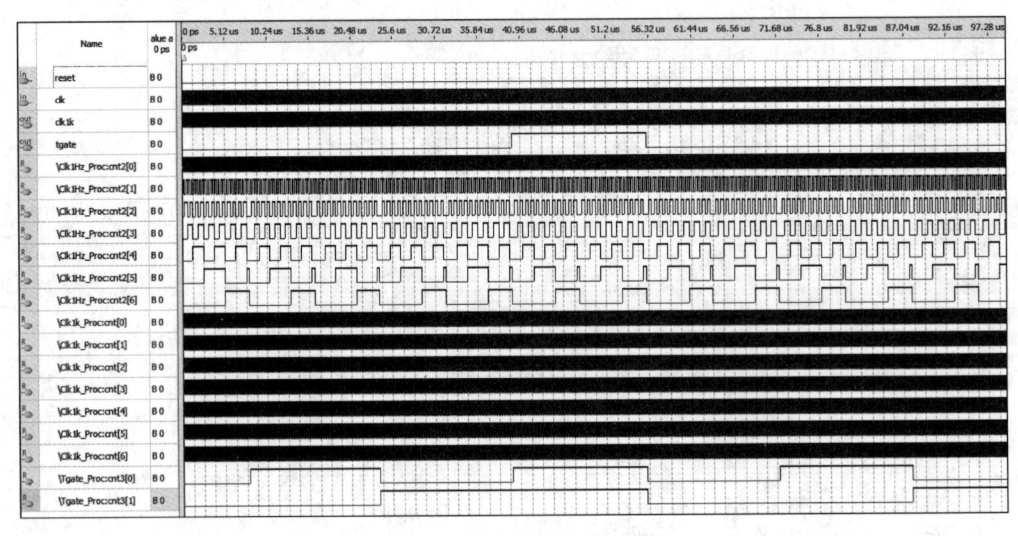

图 8-46　时钟模块仿真结果

3. 计数模块

计数模块以待测信号为输入时钟，在闸门开启时计数。值得注意的是，计数模块的复位信号输入也是闸门信号，其复位电平与其他模块相反，低电平复位，所以在闸门闭合时，计数模块数字频率计设计复位，准备下一次计数。

计数模块将计数值分为 5 档，其中 4 档在量程以内，输出的档位编码，如表 8-4 所示。

表 8-4　档位编码

频　率	档　位	频　率	档　位
≥1MHz	001	1.000kHz～999Hz	100
100.0kHz～999.9kHz	010	1Hz～999.9kHz	101
10.00kHz～99.99kHz	011		

描述计数模块的 VHDL 程序。

【代码 8-18】

```
 -- counter.vhd
LIBRARY IEEE;
USE IEEE.STD_LOGIC_1164.ALL;
USE IEEE.STD_LOGIC_UNSIGNED.ALL;
USE IEEE.STD_LOGIC_ARITH.ALL;
ENTITY counter IS
   PORT(
        -- 全局复位
        reset     : IN       STD_LOGIC;
        -- 闸门信号
        tgate     : IN       STD_LOGIC;
        -- 待测信号
        tsig      : IN       STD_LOGIC;
        -- 计数输出
        q         : OUT      STD_LOGIC_VECTOR(15 DOWNTO 0);
        -- 档位输出
        scale     : OUT      STD_LOGIC_VECTOR(2 DOWNTO 0)
        );
END counter;
ARCHITECTURE rtl OF counter IS
-- 常数说明
CONSTANT RESET_ACTIVE : STD_LOGIC := '0';
-- 信号说明
SIGNAL c1          : STD_LOGIC_VECTOR(3 DOWNTO 0);
SIGNAL c2          : STD_LOGIC_VECTOR(3 DOWNTO 0);
SIGNAL c3          : STD_LOGIC_VECTOR(3 DOWNTO 0);
SIGNAL c4          : STD_LOGIC_VECTOR(3 DOWNTO 0);
SIGNAL c5          : STD_LOGIC_VECTOR(3 DOWNTO 0);
SIGNAL c6          : STD_LOGIC_VECTOR(3 DOWNTO 0);
SIGNAL scale_reg   : STD_LOGIC_VECTOR(2 DOWNTO 0);
SIGNAL overflow    : STD_LOGIC;
BEGIN
    COUNT_PROC  : PROCESS(reset,tsig,tgate)
    BEGIN
        IF reset = RESET_ACTIVE THEN
            c1 <= "0000";
            c2 <= "0000";
            c3 <= "0000";
            c4 <= "0000";
            c5 <= "0000";
            c6 <= "0000";
            overflow <= '0';
        ELSIF RISING_EDGE(tsig) THEN
            IF tgate = '1' THEN
                IF c1 < "1001" THEN
                    c1 <= c1 + '1';
                ELSE
                    c1 <= "0000";
                    IF c2 < "1001" THEN
                        c2 <= c2 + '1';
                    ELSE
```

```
                        c2 <= "0000";
                        IF c3 < "1001" THEN
                            c3 <= c3 + '1';
                        ELSE
                            c3 <= "0000";
                            IF c4 < "1001" THEN
                                c4 <= c4 + '1';
                            ELSE
                                c4 <= "0000";
                                IF c5 < "1001" THEN
                                    c5 <= c5 + '1';
                                ELSE
                                    c5 <= "0000";
                                    IF c6 < "1001" THEN
                                        c6 <= c6 + '1';
                                    ELSE
                                        -- 计数溢出
                                        overflow <= '1';
                                    END IF;
                                END IF;
                            END IF;
                        END IF;
                    END IF;
                END IF;
            END IF;
        END IF;
    END PROCESS;
    SCALE_PROC:PROCESS(reset,c1,c2,c3,c4,c5,c6,overflow)
    BEGIN
        IF reset = RESET_ACTIVE THEN
            scale_reg <= "000";
        ELSIF overflow = '1' THEN
            -- >= 1MHz
            scale_reg <= "001";
        ELSIF c6 /= "0000" THEN
            -- 100.0KHz - 999.9KHz
            q <= c6 & c5 & c4 & c3;
            scale_reg <= "010";
        ELSIF c5 /= "0000" THEN
            -- 10.00KHz - 99.99KHz
            q <= c5 & c4 & c3 & c2;
            scale_reg <= "011";
        ELSIF c4 /= "0000" THEN
            -- 1.000KHz - 9.999Hz
            q <= c4 & c3 & c2 & c1;
            scale_reg <= "100";
        ELSE
            -- 1Hz - 999Hz
            q <= "1111" & c3 & c2 & c1;
            scale_reg <= "101";
        END IF;
    END PROCESS;
    scale <= scale_reg;
END rtl;
```

计数器的仿真波形如图 8-47 所示，可以看到，在闸门开启期间，计数值不停地变化，档位也随之变化，开始是 101(1Hz～999Hz)，然后是 100(1.000～9.999kHz)，最后是 011(00.00～99.99kHz)。综合计数值与档位可知，待测信号频率是 20.25kHz。

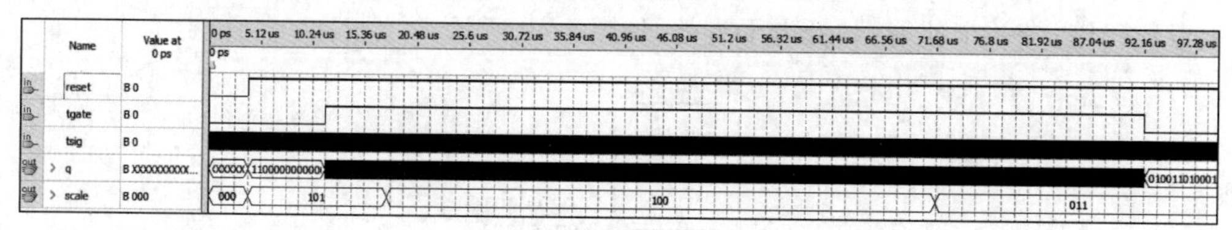

图 8-47　计数模块仿真结果

4. 锁存模块

锁存模块在闸门信号的下降沿锁存数据，可以起到的作用是：①避免计数值丢失；②在测量时，屏蔽计数值，否则数码管会不停地变化。

【代码 8-19】

```
-- lock.vhd
LIBRARY IEEE;
USE IEEE.STD_LOGIC_1164.ALL;
USE IEEE.STD_LOGIC_UNSIGNED.ALL;
USE IEEE.STD_LOGIC_ARITH.ALL;

ENTITY lock IS
    PORT(
        -- 闸门信号
        tgate     : IN        STD_LOGIC;
        -- 输入信号
        q_in      : IN        STD_LOGIC_VECTOR(15 DOWNTO 0);
        scale_in: IN          STD_LOGIC_VECTOR(2 DOWNTO 0);
        -- 锁存信号
        q_lock    : OUT       STD_LOGIC_VECTOR(15 DOWNTO 0);
        scale_lock:OUT        STD_LOGIC_VECTOR(2 DOWNTO 0)
        );
END lock;
ARCHITECTURE rtl OF lock IS
BEGIN

    LOCK_PROC:PROCESS(tgate)
    BEGIN
        IF FALLING_EDGE(tgate) THEN
            q_lock <= q_in;
            scale_lock <= scale_in;
        END IF;
    END PROCESS;
END rtl;
```

锁存模块波形仿真如图 8-48 所示。

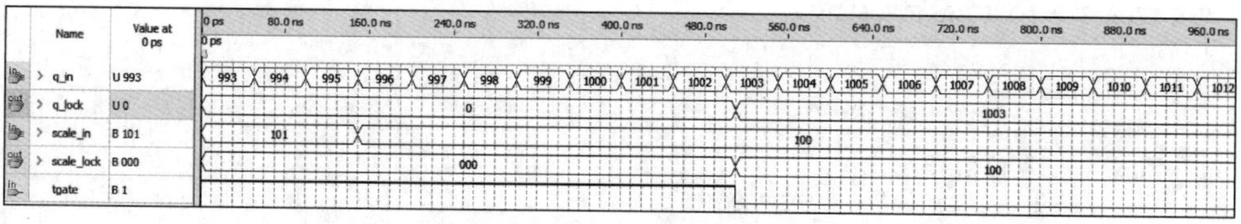

图 8-48　锁存模块仿真结果

5. 显示模块

显示模块将输入的位是二进制数，以七段译码的方式输出。这里，本设计使用的是共阴极七段数码管，带一个使能端，低电平有效，如图 8-49 所示。

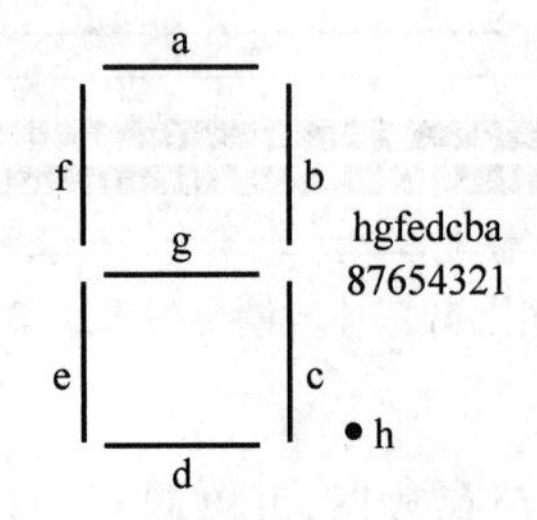

图 8-49　共阴极七段数码管

相应地，0～9，全灭，如表 8-5 所示。

表 8-5　共阴极七段数码管段位码

十进制数	段位码	十进制数	段位码
0	11000000	6	10000010
1	11111001	7	11011000
2	10100100	8	10000000
3	10011000	9	10010000
4	10011001	灭	11111111
5	10010010		

在程序中，使用了状态机来分别描述 4 个数码管，如图 8-50 所示。

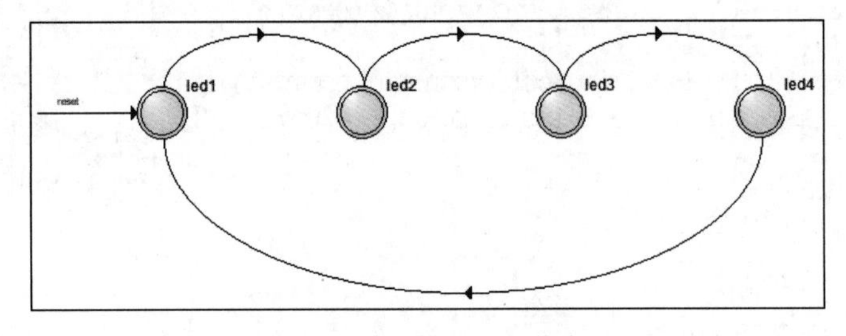

图 8-50　显示模块运行状态机

描述显示模块的 VHDL 程序。

【代码 8-20】

```
-- display.vhd
LIBRARY IEEE;
USE IEEE.STD_LOGIC_1164.ALL;
USE IEEE.STD_LOGIC_UNSIGNED.ALL;
USE IEEE.STD_LOGIC_ARITH.ALL;

ENTITY display IS
    PORT(
        -- 复位信号
        reset   : IN        STD_LOGIC;
        -- 时钟信号
        clk1k   : IN        STD_LOGIC;
```

```
        -- 计数值
        q       : IN        STD_LOGIC_VECTOR(15 DOWNTO 0);
        -- 档位
        scale   : IN        STD_LOGIC_VECTOR(2 DOWNTO 0);
        -- 7 段数码管译码输出
        show    : OUT       STD_LOGIC_VECTOR(7 DOWNTO 0);
        -- 数码管选择
        sel     : OUT       STD_LOGIC_VECTOR(3 DOWNTO 0)
        );
END display;

ARCHITECTURE rtl OF display IS
-- 常数说明
CONSTANT RESET_ACTIVE : STD_LOGIC := '1';
-- 状态机定义
TYPE state_type IS (led1, led2, led3, led4);
SIGNAL pre_state, next_state: state_type;
-- 信号定义
SIGNAL sel_reg      : STD_LOGIC_VECTOR(3 DOWNTO 0);
SIGNAL q_reg        : STD_LOGIC_VECTOR(3 DOWNTO 0);
SIGNAL show_reg     : STD_LOGIC_VECTOR(6 DOWNTO 0);
BEGIN

    Present_State_Register: PROCESS(reset,clk1k)
    BEGIN
        IF reset = RESET_ACTIVE THEN
            pre_state <= led1;
        ELSIF RISING_EDGE(clk1k) THEN
            pre_state <= next_state;
        END IF;
    END PROCESS;

    Sel_Process: PROCESS(reset,clk1k)
    BEGIN
        IF reset = RESET_ACTIVE THEN
            next_state <= led1;
        ELSIF RISING_EDGE(clk1k) THEN
            CASE next_state IS
                -- 第一个数码管亮
                WHEN led1 =>
                    sel_reg <= "1110";
                    q_reg <= q(3 DOWNTO 0);
                    next_state <= led2;
                -- 第二个数码管亮
                WHEN led2 =>
                    sel_reg <= "1101";
                    q_reg <= q(7 DOWNTO 4);
                    next_state <= led3;
                -- 第三个数码管亮
                WHEN led3 =>
                    sel_reg <= "1011";
                    q_reg <= q(11 DOWNTO 8);
                    next_state <= led4;
                -- 第四个数码管亮
```

```
                WHEN led4 =>
                    sel_reg <= "0111";
                    q_reg   <= q(15 DOWNTO 12);
                    next_state <= led1;

                WHEN OTHERS =>
                    -- 所有数码管全灭
                    sel_reg <= "1111";
                    q_reg <= "1111";
                    next_state <= led1;
            END CASE;
        END IF;
    END PROCESS;

    -- 共阴极数码管 hgfedcba - 76543210
    -- 注意: show_reg 不包含小数点位
    WITH q_reg SELECT
        show_reg <= "1000000" WHEN "0000",
                    "1111001" WHEN "0001",
                    "0100100" WHEN "0010",
                    "0110000" WHEN "0011",
                    "0011001" WHEN "0100",
                    "0010010" WHEN "0101",
                    "0000010" WHEN "0110",
                    "1011000" WHEN "0111",
                    "0000000" WHEN "1000",
                    "0010000" WHEN "1001",
                    "1111111" WHEN OTHERS;

    show <= '0' & show_reg WHEN (sel_reg = "1101" AND scale = "010") OR
                                (sel_reg = "1011" AND scale = "011") OR
                                (sel_reg = "0111" AND scale = "100") ELSE
            -- 超量程时,4 位数码管全灭
            "11111111"  WHEN  scale = "001" ELSE
            '1' & show_reg;

    sel <= sel_reg;
END rtl;
```

8.8 UART 通用异步收发器

UART(Universal Asynchronous Receiver Transmitter,通用异步收发器)是一种应用广泛的短距离串行传输接口。常常用于短距离、低速、低成本的通讯中。8250、8251、NS16450 等芯片都是常见的 UART 器件。本章具体介绍串行通信接口 UART 设计实现过程,首先介绍通信串口协议理论。

8.8.1 UART 协议基础

串行通信是指将构成字符的每个二进制数据位,依据一定的顺序逐位进行传送的通信方法。在串行通信中,有两种基本的通信方式:步通信和同步通信。

1. 异步通信

异步串行通信的数据格式如图 8-51 所示。

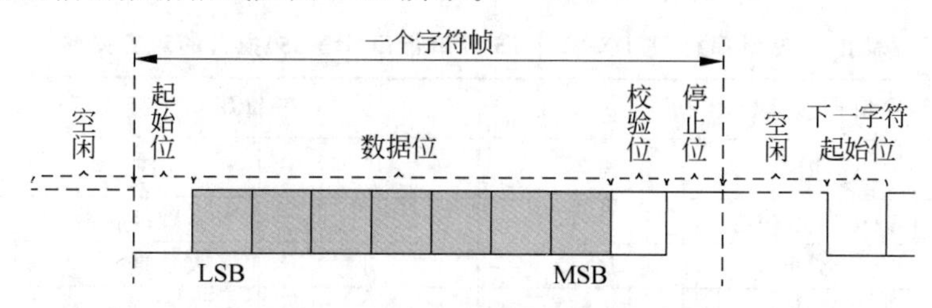

图 8-51 异步串行通信的数据格式

异步通信数据帧的第一位是开始位，在通信线上没有数据传送时处于逻辑“1”状态。当发送设备要发送一个字符数据时，首先发出一个逻辑“0”信号，这个逻辑低电平就是起始位。起始位通过通信线传向接收设备，当接收设备检测到这个逻辑低电平后，就开始准备接收数据位信号。因此，起始位所起的作用就是表示字符传送开始。

当接受设备收到起始位后，紧接着就会收到数据位。数据位的个数可以是 5、6、7 或 8 位的数据。在字符数据传送过程中，数据位从最低位开始传输。数据发送完之后，可以发送奇偶校验位。奇偶校验位用于有限差错检测，通信双方在通信时需约定一致的奇偶校验方式。就数据传送而言，奇偶校验位是冗余位，但它表示数据的一种性质。这种性质用于检错，虽有限但很容易实现。在奇偶位或数据位之后发送的是停止位，可以是 1 位、1.5 位或 2 位，停止位是一个字符数据的结束标志。

在异步通信中，字符数据以如图 8-51 所示的格式一个一个地传送。在发送间隙，即空闲时，通信线路总是处于逻辑“1”状态，每个字符数据的传送均以逻辑“0”开始。

2. 同步通信

在异步通信中，每一个字符要用到起始位和停止位作为字符开始和结束的标志，以致占用了时间。所以在数据块传送时，为了提高通信速度，常去掉这些标志，而采用同步传送。同步通信不像异步通信那样，靠起始位在每个字符数据开始时使发送和接收同步，而是通过同步字符在每个数据块传送开始时使收发双方同步。

同步通信的特点如下：

① 以同步字符作为传送的开始，从而使收发同步。

② 每位占用时间相同。

③ 字符数据间不允许有间隙，当线路空闲或没有字符可发时，发送同步字符。

3. RS232C 接口

串行通信标准是由美国电信工业协会(Telecommunications Industry Association)制定的 TIA/EIA-232C 标准。一个完整的 RS232C 接口有 22 根线，采用标准的 25 针插头座，而现代微机采用 9 针插头座，如图 8-52 所示。RS232C 采用负逻辑，即逻辑：“1”：－15V～－5V；逻

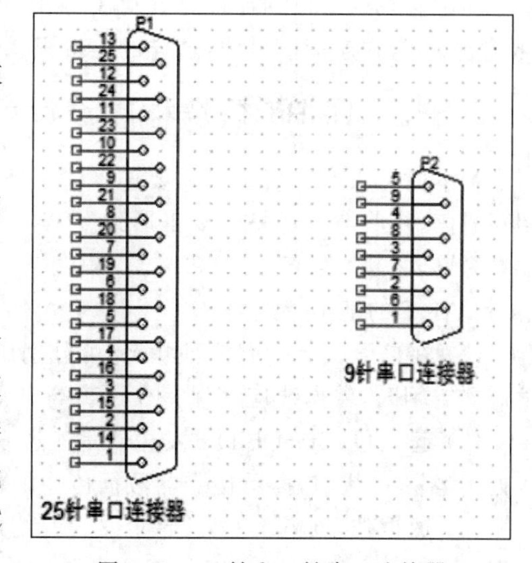

图 8-52 25 针和 9 针串口连接器

辑“0”：5V～15V。

9针串行口(DB-9)与25针串行口(DB-25)插针的功能对应关系如表8-6所示。

表8-6　9针串行口(DB-9)与25针串行口(DB-25)插针的对应关系

9针串口连接器(DB-25)			25针串口连接器(DB-25)		
针号	功能	缩写	针号	功能	缩写
1	数据载波检测	DCD	8	数据载波检测	DCD
2	接收数据	RXD	3	接收数据	RXD
3	发送数据	TXD	2	发送数据	TXD
4	数据终端准备	DTR	20	数据终端准备	DTR
5	信号地	GND	7	信号地	GND
6	数据设备准备好	DSR	6	数据准备好	DSR
7	请求发送	RTS	4	请求发送	RTS
8	清除发送	CTS	5	清除发送	CTS

计算机与终端之间利用RS232C进行进程连接时，可以用几根线实现交换连接。如图8-53(a)所示DB-9仅将发送数据与接收数据交叉连接，同一设备的“请求发送”被连接到自己的“清除发送”及“载波检测”，而它的“数据终端就绪”连到自己的“数据设备就绪”。

相应的DB-25的连接方法如图8-53(b)所示。

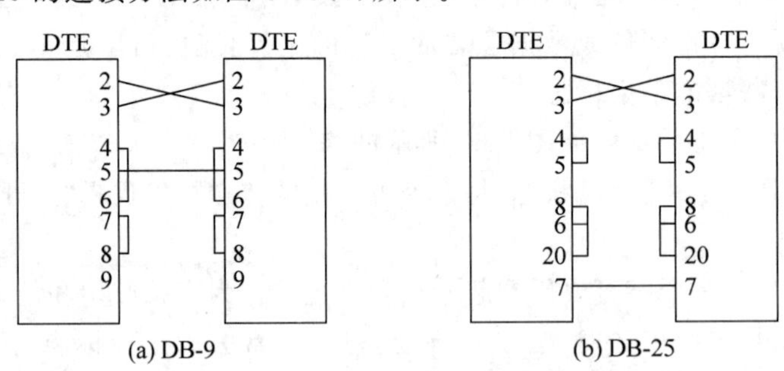

图8-53　DTE与DTE之间最简连接

本例实现的串口的连接方式比上述更简单，只需交叉连接两个DTE的“发送数据”和“接收数据”，并连接信号地，这样的连接只要3根线，即可模仿串口通信格式。

8.8.2 UART模块程序设计

基本的UART通信，只需要连接信号地和两条信号线(RXD、TXD)就可以完成数据的相互通信，接收与发送是全双工形式。TXD是UART发送端，为输出；RXD是UART接收端为输入。

UART的基本特点是：

(1) 在信号线上共有两种状态，可分别用逻辑1(高电平)和逻辑0(低电平)来区分。在发送器空闲时，数据线应该保持在逻辑高电平状态。

(2) 起始位(Start Bit)：发送器是通过发送起始位而开始一个字符传送，起始位使数据线处于逻辑0状态，提示接受器数据传输即将开始。

(3) 数据位(Data Bits)：起始位之后就是传送数据位。数据位一般为8位一个字节的数据(也有6位、7位的情况)，低位(LSB)在前，高位(MSB)在后。

(4) 校验位(Parity Bit):可以认为是一个特殊的数据位。校验位一般用来判断接收的数据位有无错误,一般是奇偶校验。在使用中,该位常常取消。

(5) 停止位:停止位在最后,用以标志一个字符传送的结束,它对应于逻辑1状态。

(6) 位时间:即每个位的时间宽度。起始位、数据位、校验位的位宽度是一致的,停止位有0.5位、1位、1.5位格式,一般为1位。

(7) 帧:从起始位开始到停止位结束的时间间隔称之为一帧。

(8) 波特率:UART的传送速率,用于说明数据传送的快慢。在串行通信中,数据是按位进行传送的,因此传送速率用每秒传送数据位的数目来表示,称之为波特率。如波特率9600=9600bps(位/秒)。

UART异步通信串口协议的VHDL实现的包括三个基本模块:波特率发生器、接收模块和发送模块,如图8-54所示。UART发送器的用途是将准备输出的并行数据按照基本UART帧格式转为TXD信号串行输出。UART接收器接收RXD串行信号,并将其转化为并行数据。波特率发生器就是专门产生一个远远高于波特率的本地时钟信号对输入RXD不断采样,使接收器与发送器保持同步。下面逐一介绍其程序实现方法。

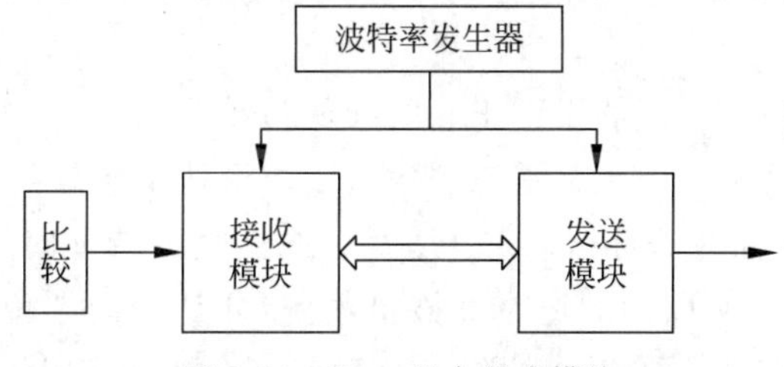

图8-54 Uart基本组成模块

1. 波特率发生器

波特率发生器实际上就是一个分频器。可以根据给定的系统时钟频率(晶振时钟)和要求的波特率算出波特率分频因子,算出的波特率分频因子作为分频器的分频数。波特率分频因子可以根据不同的应用需要更改。

本实验想要实现的波特率为9600,EDA实验箱上晶振频率为4MHz,波特率发生器的分频数计算为4000000/(16×9600)=26。该电路的VHDL程序代码如下:

【代码8-21】

```
LIBRARY IEEE;
USE IEEE.STD_LOGIC_1164.ALL;
USE IEEE.STD_LOGIC_ARITH.ALL;
USE IEEE.STD_LOGIC_UNSIGNED.ALL;
ENTITY baud IS
GENERIC(framlenr:INTEGER: = 26);
PORT (clk,resetb:IN STD_LOGIC;
bclk :OUT STD_LOGIC);
END baud;
ARCHITECTURE Behavioral OF baud IS
BEGIN
PROCESS(clk,resetb)
VARIABLE cnt:integer;
BEGIN
IF resetb = '1' THEN cnt: = 0; bclk <= '0';                    --复位
```

```
ELSIF RISING_EDGE(clk) THEN
IF cnt >= framlenr THEN cnt: = 0; bclk <= '1';          --设置分频系数
ELSE cnt: = cnt + 1; bclk <= '0';
END IF;
END IF;
END PROCESS;
END Behavioral;
```

波特率发生模块的仿真结果如图 8-55 所示，可见其本质上就是一个 26 分频的分频器。

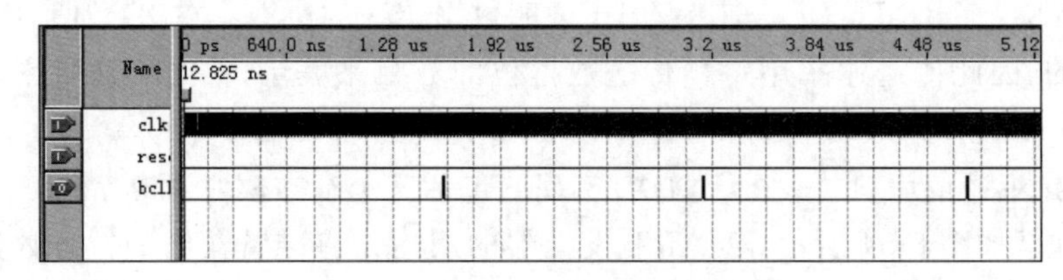

图 8-55　波特率发生器仿真结果

2. 异步接收模块

由于串行数据帧和接收时钟是异步的，由逻辑 1 转为逻辑 0 可以被视为一个数据帧的起始位。

然而，为了避免毛刺影响，能够得到正确的起始位信号，必须要求接收到的起始位在波特率时钟采样的过程中至少有一半都是属于逻辑 0 才可认定接收到的是起始位。由于内部采样时钟 bclk 周期(由波特率发生器产生)是发送或接收波特率时钟频率的 16 倍，所以起始位需要至少 8 个连续 bclk 周期的逻辑 0 被接收到，才认为起始位接收到，接着数据位和奇偶校验位将每隔 16 个 bclk 周期被采样一次(即每一个波特率时钟被采样一次)。

如果起始位的确是 16 个 bclk 周期长，那么接下来的数据将在每个位的中点处被采样。

一共有五个状态：R_START(等待起始位)，R_CENTER(求中点)，R_WAIT(等待采样)，R_SAMPLE(采样)，R_STOP(停止位接收)，用图 8-56 表示状态机描述。

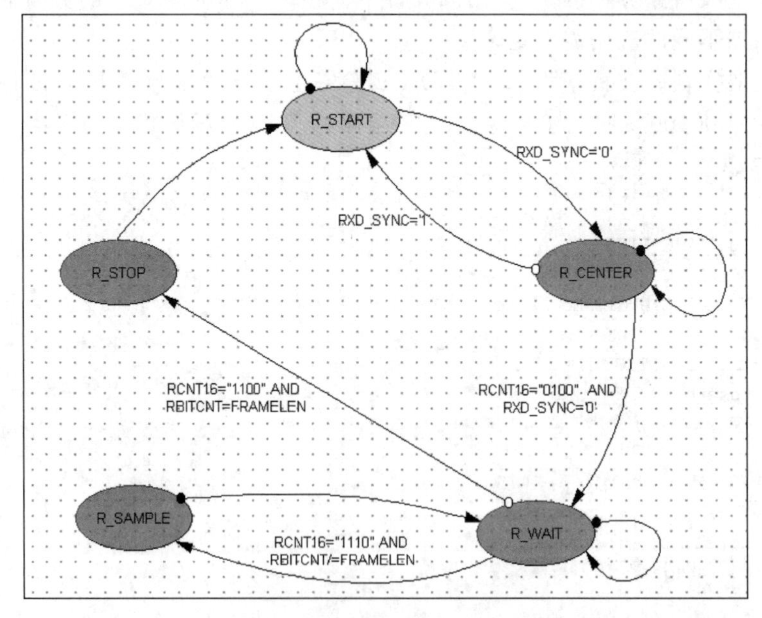

图 8-56　UART 接收状态机

1）R_START 状态

当 UART 接收器复位后，接收状态机将处于这一个状态。在此状态，状态机一直在等待 RXD 的电平跳转，从逻辑 1 变为逻辑 0，即起始位，这意味着新的一帧 UART 数据帧的开始，一旦起始位被确定，状态机将转入 R_CENTER 状态。状态图中的 RXD_SYNC 信号是 RXD 的同步信号，因为在进行逻辑 1 或逻辑 0 判断时，不希望检测的信号是不稳定的，所以不直接检测 RXD 信号，而是检测经过同步后的 RXD_SYNC 信号。

2）R_CENTER 状态

对于异步串行信号，为了使每一次都检测到正确的位信号，而且在较后的数据位检测时累计误差较小，显然在每位的中点检测是最为理想的。在本状态，就是由起始位求出每位的中点，通过对 bclk 的个数进行计数(RCNT16)，但计数值不是想当然的"1000"，要考虑经过一个状态，也即经过了一个 bclk 周期，所希望得到的是在采样时 1/2 位。另外，可能在 R_START 状态检测到的起始位不是真正的起始位，可能是一个偶然出现的干扰尖脉冲(负脉冲)。这种干扰脉冲的周期是很短的，所以可以认为保持逻辑 0 超过 1/4 个位时间的信号一定是起始位。

3）R_WAIT 状态

当状态机处于这一状态，等待计满 15 个 bclk，在第 16 个 bclk 是进入 R_SAMPLE 状态进行数据位的采样检测，同时也判断是否采集的数据位长度已达到数据帧的长度(FRAMELEN)，如果到来，就说明停止位来临了。FRAMELEN 在设计时是可更改的(使用了 Generic)，在本设计中默认为 8，即对应的 UART 工作在 8 位数据位、无校验位格式。

4）R_SAMPLE 状态

即数据位采样检测，完成后无条件状态机转入 R_WAIT 状态，等待下次数据位的到来。

5）R_STOP 状态

无论停止位是 1 还是 1.5 位，或是 2 位，状态机在 R_STOP 不具体检测 RXD，只是输出帧接收完毕信号(REC_DONE <=‘1’)，停止位后状态机转回到 R_START 状态，等待下一个帧的起始位。

该电路的 VHDL 程序代码如下：

【代码 8-22】

```
LIBRARY IEEE;
USE IEEE.STD_LOGIC_1164.ALL;
USE IEEE.STD_LOGIC_ARITH.ALL;
USE IEEE.STD_LOGIC_UNSIGNED.ALL;
ENTITY reciever IS
GENERIC(framlenr:INTEGER:=8);                            --传送的数据位为 8 位
PORT ( bclkr,resetr,rxdr:IN STD_LOGIC;                   --定义输入输出信号
r_ready :OUT STD_LOGIC;
rbuf :OUT STD_LOGIC_VECTOR(7 DOWNTO 0) );
END reciever;
ARCHITECTURE Behavioral OF reciever IS
TYPE states IS (r_start,r_center,r_wait,r_sample,r_stop); --定义各子状态
SIGNAL state:states:=r_start;
SIGNAL rxd_sync:STD_LOGIC;                               -- rxd_sync 内部信号,接受 rxd 输入
BEGIN
pro1:PROCESS(rxdr)
```

```
BEGIN
IF rxdr = '0' THEN rxd_sync <= '0';
ELSE rxd_sync <= '1';
END IF;
END PROCESS;
pro2:PROCESS(bclkr,resetr,rxd_sync)                          -- 主控时序、组合进程
VARIABLE count:STD_LOGIC_VECTOR(3 DOWNTO 0);                 -- 定义中间变量
VARIABLE rcnt:INTEGER: = 0;                                  -- rcnt 为接收的数据位数计数
VARIABLE rbufs:STD_LOGIC_VECTOR(7 DOWNTO 0);
BEGIN
IF resetr = '1' THEN state <= r_start; count: = "0000";      -- 复位
ELSIF RISING_EDGE(bclkr) THEN                                -- 波特率信号的上升沿
--状态机
CASE state IS
WHEN r_start =>                                              -- 状态 1,等待起始位
IF rxd_sync = '0' THEN state <= r_center;
r_ready <= '0';
rcnt: = 0;
ELSE state <= r_start; r_ready <= '0';
END IF;
WHEN r_center =>                                             -- 状态 2,求出每位的中点
IF rxd_sync = '0' THEN                                       -- 每个数据位被分为 16 等份,中点为 8
IF count = "0100" THEN state <= r_wait; count: = "0000";
ELSE count: = count + 1; state <= r_center;
END IF;
ELSE state <= r_start;
END IF;
WHEN r_wait =>                                               -- 状态 3,等待状态
IF count >= "1110" THEN
IF rcnt = framlenr THEN state <= r_stop;
-- rcnt = framlenr 表示数据接收够 8 位
ELSE state <= r_sample;
END IF;
count: = "0000";
ELSE count: = count + 1; state <= r_wait;
END IF;
WHEN r_sample => rbufs(rcnt): = rxd_sync;                    -- 状态 4,数据位采样检测
rcnt: = rcnt + 1;
state <= r_wait;
WHEN r_stop => r_ready <= '1'; rbuf <= rbufs;                -- 状态 5,输出帧接收完毕信号
state <= r_start;
WHEN OTHERS => state <= r_start;
END CASE;
END IF;
END PROCESS;
END Behavioral;
```

异步接收模块的仿真结果如图 8-57 所示。

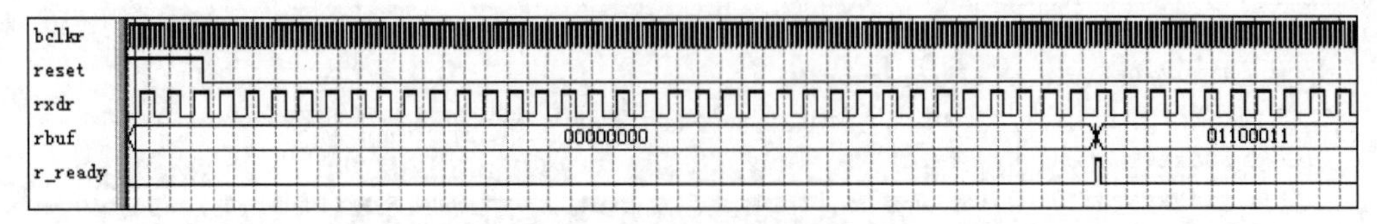

图 8-57 接收模块仿真结果

说明：① reset 为复位信号，高电平复位，初始时刻需要手动设置一段时间的高电平。

② bclkr 为波特率发生信号，用时钟信号定义，周期设为 10ns。

③ 为了得到完整的仿真结果，仿真时间要设的长一些(100μs)。

④ rxdr 为预接收的串行信号，这里用周期信号模拟，周期设为 50ns。

⑤ rbuf 为接收到的 8 位数据。

⑥ r_ready 为接收器接收满 8 位数据后发出的结束信号，高电平有效。

3. 异步发送模块

发送器只要每隔 16 个 bclk 周期输出 1 个数据即可，次序遵循第 1 位是起始位，第 8 位是停止位。在本设计中没有校验位，但只要改变 Generic 参数 FrameLen，也可以加入校验位，停止位是固定的 1 位格式。

发送状态机的状态图如图 8-58 所示，发送状态机一共有五个状态：X_IDLE(空闲)，X_START(起始位)，X_WAIT(移位 等待)，X_SHIFT(移位)，X_STOP(停止位)。

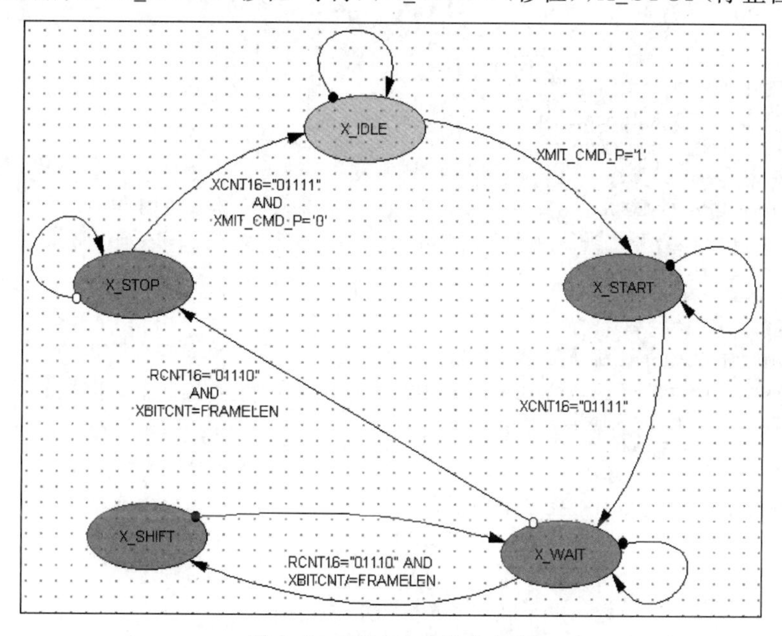

图 8-58 UART 发送状态机

1) X_IDLE 状态

当 UART 被复位信号复位后，状态机将立刻进入这一状态。在这个状态下，UART 的发送器一直在等待一个数据帧发送命令 XMIT_CMD。

XMIT_CMD_P 信号是对 XMIT_CMD 的处理，XMIT_CMD_P 是一个短脉冲信号。这是由于 XMIT_CMD 是一个外加信号，在 FPGA 之外，不可能对 XMIT_CMD 的脉冲宽度进行限制，如果 XMIT_CMD 有效在 UART 发完一个数据帧后仍然有效，那么就会错误地被认为，一个新的数据发送命令又到来了，UART 发送器就会再次启动 UART 帧的发送，显然该帧的发送是错误的。

在此对 XMIT_CMD 进行了脉冲宽度的限定，XMIT_CMD_P 就是一个处理后的信号。当 XMIT_CMD_P=“1”，状态机转入 X_START，准备发送起始位。

2) X_START 状态

在这个状态下，UART 的发送器一个位时间宽度的逻辑 0 信号至 TXD，即起始位。紧接着状态机转入 X_WAIT 状态。XCNT16 是 bclk 的计数器。

3）X_WAIT 状态

同 UART 接收状态机中的 R_WAIT 状态类似。

4）X_SHIFT 状态

当状态机处于这一状态时，实现待发数据的并串转换。转换完成立即回到 X_WAIT 状态。

5）X_STOP

停止位发送状态，当数据帧发送完毕，状态机转入该状态，并发送 16 个 bclk 周期的逻辑 1 信号，即 1 位停止位。状态机送完停止位后回到 X_IDLE 状态，并等待另一个数据帧的发送命令。

该电路的 VHDL 程序代码如下：

【代码 8-23】

```
LIBRARY IEEE;
USE IEEE.STD_LOGIC_1164.ALL;
USE IEEE.STD_LOGIC_ARITH.ALL;
USE IEEE.STD_LOGIC_UNSIGNED.ALL;
ENTITY transfer IS
GENERIC(framlent:INTEGER:= 8);                                    --类属说明
PORT (bclkt,resett,xmit_cmd_p:IN STD_LOGIC;                       --定义输入输出信号
txdbuf :IN STD_LOGIC_VECTOR(7 DOWNTO 0);
txd ,txd_done :OUT STD_LOGIC);
END transfer;
ARCHITECTURE Behavioral OF transfer IS
TYPE states IS (x_idle,x_start,x_wait,x_shift,x_stop);  --定义 5 个子状态
SIGNAL state:states:= x_idle;
SIGNAL tcnt:integer:= 0;
BEGIN
PROCESS(bclkt,resett,xmit_cmd_p,txdbuf)                            --主控时序进程
VARIABLE xcnt16:STD_LOGIC_VECTOR(4 DOWNTO 0):= "00000";   --定义中间变量
VARIABLE xbitcnt:INTEGER:= 0;
VARIABLE txds:STD_LOGIC;
BEGIN
IF resett = '1' THEN state <= x_idle;                              --复位,txd 输出保持 1
txd_done <= '0';
txds:= '1';
ELSIF RISING_EDGE(bclkt) THEN
CASE state IS
WHEN x_idle =>                                                     --状态 1,等待数据帧发送命令
IF xmit_cmd_p = '1' THEN state <= x_start;txd_done <= '0';
ELSE state <= x_idle;
END IF;
WHEN x_start =>                                                    --状态 2,发送信号至起始位
IF xcnt16 = "01111" THEN state <= x_shift; xcnt16:= "00000";
ELSE xcnt16:= xcnt16 + 1; txds:= '0'; state <= x_start;  --输出开始位,'0'
END IF;
WHEN x_wait =>                                                     --状态 3,等待状态
IF xcnt16 >= "01110" THEN
IF xbitcnt = framlent THEN state <= x_stop; xbitcnt:= 0; xcnt16:= "00000";
ELSE state <= x_shift;
```

```
END IF;
xcnt16: = "00000";
ELSE xcnt16: = xcnt16 + 1; state < = x_wait;
END IF;
WHEN x_shift = >                                          -- 状态 4,将待发数据进行并串转换
txds: = txdbuf(xbitcnt);
xbitcnt: = xbitcnt + 1;
state < = x_wait;
WHEN x_stop = >                                           -- 状态 5,停止位发送状态
IF xcnt16 > = "01111" THEN
IF xmit_cmd_p = '0' THEN state < = x_idle;   -- 高电平保持时间应低于一个帧发送的时间
xcnt16: = "00000";
ELSE xcnt16: = xcnt16; state < = x_stop;
END IF;
txd_done < = '1';
ELSE xcnt16: = xcnt16 + 1; txds: = '1'; state < = x_stop;
END IF;
WHEN OTHERS = > state < = x_idle;
END CASE;
END IF;
txd < = txds;
END PROCESS;
END Behavioral;
```

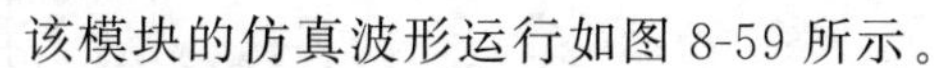
该模块的仿真波形运行如图 8-59 所示。

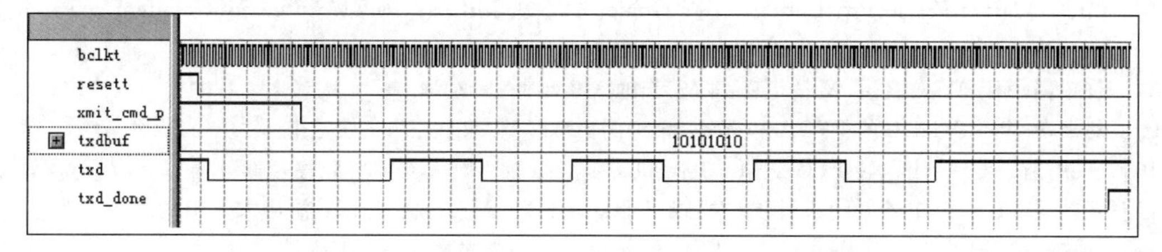

图 8-59　发送模块仿真波形

说明：① resett 为复位信号，高电平复位，初始时刻需要手动设置一段时间的高电平。

② Bclkt 为波特率发生信号，用时钟信号定义，周期设为 10ns。

③ 为了得到完整的仿真结果，仿真时间要设的长一些(100μs)。

④ xmit_cmd_p 为发送控制信号，开始时刻设置一段高电平。

⑤ txdbuf 为要发送的八位数据，点击“+”后，可对每一个位信号分别赋值，本波形设置为 txdbuf[7]、[5]、[3]、[1]位置“1”，[6]、[4]、[2]、[0]位置“0”。

⑥ txd 为发送器发出的串行信号。

⑦ txd_done：为发送结束信号，高电平有效。

参考文献

[1] WIDMER, A. X.; Franaszek, P. A., A DC-Balanced, Partitioned-Block, 8B/10B Transmission Code [J], IBM Journal of Research. Development, VOL. 27, NO. 5, September 1983. pdf.

[2] Intel, MAX V device hand book[EB/OL]https://www.intel.com/content/www/us/en/support/programmable/support-resources/fpga-documentation-index.html? s = Newest&f: guidetm83741EA404664A899395C861EDA3D38B=%5BIntel%C2%AE%20MAX%C2%AE%3BMAX%C2%AE%20V%20CPLDs%5D,2017.

[3] Intel, MAX 7000A device handbook[EB/OL]https://www.intel.com/content/www/us/en/support/programmable/support-resources/fpga-documentation-index.html?s=Newest&f: guidetm-83741EA404664A899395C861EDA3D38B=%5BIntel%C2%AE%20MAX%C2%AE%3BMax%C2%AE%207000A%20CPLD%5D,2009.

[4] Intel, Cyclone Ⅲ device handbook[EB/OL] https://www.intel.com/content/www/us/en/support/programmable/support-resources/fpga-documentation-index.html? s = Newest&f: guidetm-83741EA404664A899395C861EDA3D38B=%5BIntel%C2%AE%20Cyclone%C2%AE%3BCyclone%C2%AE%20Ⅲ%20FPGAs%5D,2012.

[5] PETER J A The designer's guide to VHDL, third edition[M]. USA: Morgan Kaufmann. 2008. 5.

[6] DOUGLAS L P. VHDL Programming by Example, fourth edition [M]. USA: McGraw Hill Professional, 2002. 5.

[7] Intel, Quartus Prime Pro Edition User Guide[EB/OL] https://www.intel.com/content/www/us/en/docs/programmable/683243/22-1/clock-hold-analysis.html,2022.

[8] 狄超,刘萌.FPGA之道[M].北京:西安交通大学出版社,2014.

[9] 刘福奇.基于VHDL的FPGA和Nios Ⅱ实例精炼[M].北京:北京航空航天大学出版社,2011.

[10] 吴厚航.深入浅出玩转FPGA[M].3版.北京:北京航空航天大学出版社,2017.

[11] 王振红.FPGA电子系统设计项目实践(VHDL语言)[M].2版.北京:清华大学出版社,2017.

[12] 潘松,等.EDA技术实用教程——VHDL(第6版)[M].北京:科学出版社,2018.

[13] 王江宏,等.Intel FPGA/CPLD设计(高级篇)[M].北京:人民邮电出版社,2017.

[14] 田亮,等.FPGA进阶开发与实践[M].北京:电子工业出版社,2020.

[15] 田野英晴.FPGA原理和结构[M].赵谦,译.北京:人民邮电出版社,2022.

[16] 雷伏容,等.EDA技术与VHDL程序开发基础教程[M].北京:清华大学出版社,2010.